Collection MÉTHO
& ANNALES

Chimie

2e année

PSI*, PSI

ISBN 10 : 2-7430-0857-1
ISBN 13 : 978-2-7430-0857-4

Collection MÉTHODES & ANNALES

Chimie

2e année

PSI*, PSI

Pierre GRÉCIAS
*Professeur de chaires supérieures – Spé PC**

Vincent TEJEDOR
Écoles normale supérieure (Ulm)

Editions TEC & DOC
11, rue Lavoisier
75008 Paris

LONDRES - PARIS - NEW YORK

Pour vous accompagner en prépa ou en université :

La collection Méthodes & Annales

Un ouvrage par matière et par année comprenant :

Une partie Méthodes
- Le cours en questions
- Les savoir-faire clefs

Une partie Annales
- Pour maîtriser les bases
- Pour approfondir

Physique :

- *M&A Physique 1re année PCSI* par P. Grécias et J.-P. Migeon.
- *M&A Physique 1re année MPSI-PTSI* par P. Grécias et J.-P. Migeon.
- *M&A Physique 1re année BCPST-VÉTO* par P. Grécias et J.-P. Migeon.

- *M&A Physique 2e année PC*, PC* par S. Olivier.
- *M&A Physique 2e année MP*, MP-PT*, PT* par D. Augier et C. More.
- *M&A Physique 2e année PSI*, PSI* par D. Augier et C. More.
- *M&A Physique 2e année BCPST-VÉTO* par J. Charlemagne et P. Grécias.

Chimie :

- *M&A Chimie 1re année PCSI* par P. Grécias et V. Tejedor.
- *M&A Chimie 1re année MPSI-PTSI* par P. Grécias et V. Tejedor.
- *M&A Chimie 1re année BCPST-VÉTO* par P. Grécias et V. Tejedor.

- *M&A Chimie 2e année PC*, PC* par P. Grécias et V. Tejedor.
- *M&A Chimie 2e année MP*, MP-PT*, PT* par P. Grécias et V. Tejedor.
- *M&A Chimie 2e année PSI*, PSI* par P. Grécias et V. Tejedor.
- *M&A Chimie 2e année BCPST-VÉTO* par P. Grécias et V. Tejedor.

Mathématiques :

- *M&A Mathématiques 2e année PC*, PC* (à paraître)
- *M&A Mathématiques 2e année MP*, MP* (à paraître)
- *M&A Mathématiques 2e année PSI*, PSI* (à paraître)

Mens sana in corpore sano

Avant-propos

Amis étudiants,

La collection Méthodes & Annales se donne comme objectif de répondre à vos besoins en mathématiques, physique ou chimie, pour toute CPGE, ***par une approche novatrice***.

Réduire le fossé ressenti entre :
« suivre un cours » et « passer une épreuve de concours ».

- ***Vous avez du mal à apprendre le cours ? Vous ne voyez pas l'essentiel ?***

La rubrique Méthodes « le cours en questions » vous précise les outils d'aide à l'apprentissage et à la compréhension en profondeur du cours. Elle n'a néanmoins pas vocation à se substituer à un ouvrage de cours traditionnel.

Sous forme de questions ponctuelles, cette partie vous permet de *mémoriser des points fondamentaux*.

- ***Vous avez du mal à passer du cours aux exercices ? Vous avez besoin que l'on vous guide ?***

La rubrique Méthodes « les savoir-faire clefs » structure les connaissances essentielles autour de quelques démarches fondamentales.

Sous forme d'exercices soigneusement sélectionnés, cette partie vous permet d'*acquérir des réflexes méthodologiques essentiels*.

- ***Vous souhaitez faire des « annales » pour préparer efficacement une colle, un DS, un concours ?***

La rubrique Annales « pour maîtriser les bases » vous permet de vous entraîner sur des exercices et problèmes de concours très classiques, en utilisant les repères acquis précédemment.

Sous forme d'extraits récents (des écrits ou des oraux), cette partie propose des solutions totalement rédigées qui viennent *asseoir définitivement vos connaissances*.

- ***Vous souhaitez optimiser vos chances aux concours et consolider votre formation ?***

La rubrique Annales « pour approfondir » vous propose d'accéder à un plus haut niveau, ou de vous confronter simplement à des situations nouvelles.

Sous forme de textes de concours (des écrits ou des oraux) plus pointus ou plus abrupts, cette partie nécessite souvent plus de réflexion, et *développe vos facultés d'adaptation ultérieures*.

◪ ***Cet ouvrage est un guide de travail complet*** qui doit vous accompagner *tout au long de votre année de prépa*.

De l'apprentissage à l'autonomie

• ***Cet ouvrage n'est pas conçu comme un simple ouvrage d'exercices et problèmes corrigés.***

Son but n'est pas seulement d'apprendre telle résolution mais d'*apprendre à apprendre*. D'où l'idée de montrer par chapitre que quelques savoir-faire clefs permettent de résoudre tous les problèmes. Tous les corrigés sont agrémentés de nombreuses aides ponctuelles du type Conseils méthodologiques, Erreurs à éviter, Éléments à mémoriser, Techniques de calculs…

Fournir des annales abordables à tout moment de l'année

• ***Cet ouvrage n'est pas conçu comme un ouvrage brut d'annales.***

Son but n'est pas d'aligner simplement tous les problèmes d'une filière. En général, ces sujets portent sur l'ensemble du programme de 1re et 2e années et ne sont faisables qu'une fois le cours achevé. Là, les sujets sont découpés, ce qui permet *l'apprentissage selon l'avancement de votre cours*.

En fin d'ouvrage, un dernier chapitre donne des annales dans leur intégralité : *Fenêtre sur les concours actuels*. C'est désormais l'occasion de mettre en oeuvre *de façon autonome* tous vos acquis sur des sujets actuels de votre filière.

• ***Vous trouverez dans M&A Chimie 2e année PSI*, PSI*** les thèmes suivants : Thermodynamique chimique, Oxydoréduction en voie sèche et en solutions aqueuses et Matériaux organiques, *couvrant la totalité du programme*.

En conclusion, nous souhaitons vous remercier pour avoir choisi ce livre, et nous espérons qu'il vous apportera toute l'aide efficace souhaitée.

Il reste sans doute de nombreuses imperfections et nous vous serions reconnaissants de nous faire part de vos critiques et suggestions.

Les auteurs
Pierre Grécias
Vincent Tejedor

Notations :

La nature des textes insérés en marge ou décrochement est précisée par l'un des quatre logos suivants :

 : résultat important (à mémoriser) ou remarque importante.

 : conseil méthodologique ou commentaire sur le contenu d'un exercice.

 : erreur à éviter.

 : rappel concernant les techniques de calcul.

Table des matières

Thermodynamique

CHAPITRE 1

Fonctions d'état et potentiel chimique

Le cours en questions

1 ■ Rappels de 1re année

1.1 Comment traduire le premier et le second principe pour un système physico-chimique fermé ?

• **Système physico-chimique** : ensemble de corps dans un état physique défini, limité par une surface Σ. *Un système fermé* suppose l'absence de transfert de matière à travers Σ (Fig. 1), mais permet les transferts d'énergie.

• **Le premier principe est un principe de conservation** : l'énergie *totale* d'un système fermé ($\mathscr{E} = \mathscr{E}_m + U$, avec $\mathscr{E}_m = \mathscr{E}_c + \mathscr{E}_p$ *énergie mécanique* macroscopique et U *énergie interne* microscopique) est *conservative*. Elle ne peut varier que par suite de transfert d'énergie :

En pratique : $\Delta\mathscr{E} = \Delta U = W + W' + Q$.

Cas usuels :

– Réacteur *isochore* (V = cte) : $\Delta U = W' + Q_V$ ($W = 0$).

– Réacteur *isobare* ($P_e = P$ = cte) : $\Delta H = W' + Q_P$ (car $W = -P\Delta V$),

où H est la fonction *enthalpie* $H = U + PV$.

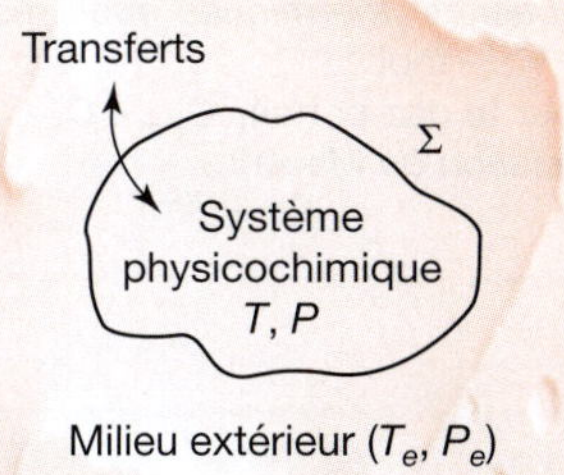

Figure 1

En chimie, les systèmes sont *macroscopiquement au repos* ($\Delta\mathscr{E}_m = 0$).

$W = -\int_{E.I.}^{E.F.} P_e dV$ est le *travail des forces de pression*. W' est le travail autre dit *utile*. Q est le transfert thermique. L'indice V ou P traduit la variable fixée.

L'entropie mesure le degré de *désorganisation interne* d'un système.

• **Le second principe est un principe d'évolution** : l'entropie d'un système fermé et thermiquement isolé ne peut qu'augmenter. L'*entropie* est une fonction d'état extensive *non conservative*.

$$\Delta S = S_e + S_c$$

entropie d'échange (S_e) *entropie de création* (S_c)

$$\text{avec : } S_e = \int_{\text{E.I.}}^{\text{E.F.}} \frac{\delta Q_e}{T_e} \quad \text{et} \quad S_c \underset{\text{rév}}{\overset{\text{irrév}}{\geqslant}} 0.$$

– Pour une transformation *réversible* ($T = T_e$ à chaque instant, éventuellement variable).

$$S_c = 0 \quad \text{et} \quad \Delta S = S_e = \int_{\text{E.I.}}^{\text{E.F.}} \frac{\delta Q_{\text{rév}}}{T}.$$

Par contre pour une transformation *irréversible* :

$$\Delta S > \int_{\text{E.I.}}^{\text{E.F.}} \frac{\delta Q_{\text{irrév}}}{T_e}.$$

– Pour une transformation *monotherme* quelconque (échange avec une seule source à T_e constante).

$$S_e = \frac{Q}{T_e} \quad \text{et} \quad S_c \geqslant 0 \Rightarrow \Delta S = \frac{Q}{T_e} + S_c.$$

1.2 Comment modéliser un corps pur monophasé et exprimer la variation de ses fonctions d'état ?

• **Modélisation** :

– *Un gaz* est modélisé en *gaz parfait* :

$$PV = nRT.$$

Il obéit aux deux lois de Joule :

$$dU = C_V dT = nC_{Vm} dT \quad \text{et} \quad dH = C_P dT = nC_{Pm} dT.$$

C_{Vm} et C_{Pm} sont les *capacités thermiques molaires* en $J \cdot K^{-1} \cdot mol^{-1}$.
Pour le gaz parfait, $C_{Pm} - C_{Vm} = R$ (*Relation de Mayer*).

– *Un état condensé* (liquide au solide) est modélisé incompressible et indilatable :

$$V = \text{cte}.$$

Il vérifie sensiblement :

$$dU \approx dH \approx C\,dT = nC_m dT.$$

C_m est la *capacité thermique molaire* du liquide (solide) en $J \cdot K^{-1} \cdot mol^{-1}$:

$$C_{P,m} \approx C_{V,m} \approx C_m.$$

Les capacités thermiques ne dépendent que de T et sont souvent prises constantes pour simplifier.

• **Identités thermodynamiques** :

– *Pour un système monophasé* (composition fixe), en l'absence de travail utile, nous disposons des identités valables pour toute transformation :

$$dU = -P dV + T dS \quad \text{et} \quad dH = V dP + T dS.$$

Il suffit d'intégrer ces relations entre l'E.I. et l'E.F. (états d'équilibre du système) : Fig. 2.

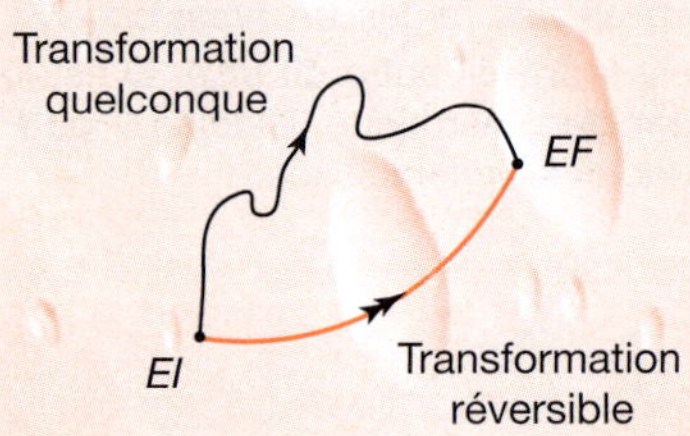

Figure 2

– *Pour le gaz parfait*, en variables T, P :

$$\mathrm{d}S = \frac{\mathrm{d}H}{T} - \frac{V}{T}\mathrm{d}P = nC_{P\mathrm{m}}\frac{\mathrm{d}T}{T} - nR\frac{\mathrm{d}P}{P}.$$

– *Pour l'état condensé*, en variable T (P sans influence) :

$$\mathrm{d}S = \frac{\mathrm{d}U}{T} = nC_{\mathrm{m}}\frac{\mathrm{d}T}{T}.$$

Erreur à éviter :
Dans les identités, P et T ne représentent pas nécessairement la pression et la température du système à chaque instant (éventuellement non définies).

2 ■ Potentiels thermodynamiques *F* et *G*

2.1 Qu'appelle-t-on potentiel thermodynamique d'un système fermé ?

Toute fonction d'état Ψ, adaptée aux variables d'état du système, dont le *minimum* d'écrit l'*état d'équilibre* du système.

Le système fermé peut voir *sa composition varier par transformation interne*.

2.2 Justifier que le potentiel thermodynamique d'un système fermé en évolution monotherme isochore est la fonction énergie libre *F*.

• **Évolution monotherme isochore** :

$$\Delta U = \cancel{W} + W' + Q \quad \text{et} \quad \Delta S = \frac{Q}{T_\mathrm{e}} + S_\mathrm{c}$$

$$\Rightarrow \Delta(U - TS) = \Delta U - T_\mathrm{e}\Delta S = W' - T_\mathrm{e}S_\mathrm{c}.$$

L'E.I. et l'E.F. sont des *états d'équilibre système-milieu extérieur* :

$$T_{\mathrm{E.I.}} = T_{\mathrm{E.F.}} = T_\mathrm{e}$$

(par contre, $T \neq T_\mathrm{e}$ à chaque instant).

• **Énergie libre *F*** (fonction de Helmholtz) :

On pose : $F = U - TS$ et $\Delta F \underset{\text{rév}}{\overset{\text{irrév}}{\leqslant}} W'$.

En l'absence de travail utile : $\Delta F \leqslant 0$.

Le système est en équilibre lorsque F *est minimale*.

Par exemple, pour un système en *réaction monotherme isochore* : F dépend de T, V, ξ.

$$F_{\min} \text{ si } \left(\frac{\partial F}{\partial \xi}\right)_{T,V} = 0.$$

2.3 Justifier que le potentiel thermodynamique d'un système fermé en évolution monotherme monobare est la fonction enthalpie libre *G*.

• **Évolution monotherme monobare** :

$$\Delta U = -P_\mathrm{e}\Delta V + W' + Q \quad \text{et} \quad \Delta S = \frac{Q}{T_\mathrm{e}} + S_\mathrm{c}$$

$$\Rightarrow \Delta(U + PV - TS) = \Delta U + P_\mathrm{e}\Delta V - T_\mathrm{e}\Delta S = W' - T_\mathrm{e}S_\mathrm{c}.$$

L'E.I. et l'E.F. sont des *états d'équilibre système-milieu* extérieur :

$$T_{\mathrm{E.I.}} = T_{\mathrm{E.F.}} = T_\mathrm{e}$$

$$\text{et } P_{\mathrm{E.I.}} = P_{\mathrm{E.F.}} = P_\mathrm{e}.$$

(Par contre, T et P peuvent varier à chaque instant).

• **Enthalpie libre *G*** (fonction de Gibbs) :

On pose : $G = H - TS$ et $\Delta G \underset{\text{rév}}{\overset{\text{irrév}}{\leqslant}} W'$.

En l'absence de travail utile : $\Delta G \leqslant 0$.

Le système est en équilibre lorsque G *est minimale*.

Pour un système en réaction monotherme, monobare (cas usuel), G dépend de T, P, ξ :

$$G_{\text{min}} \text{ si } \left(\frac{\partial G}{\partial \xi}\right)_{T,P} = 0 \quad .$$

2.4 Donner les identités thermodynamiques relatives à F et G (système monophasé de composition fixe).

- **Identités** : on les déduit de dU et dH :

$$dF = d(U - TS) = -P\,dV - S\,dT,$$

$$dG = d(H - TS) = +V\,dP - S\,dT \quad .$$

- **Relations de Gibbs Helmholtz** : on remarque que :

$$\left(\frac{\partial G}{\partial P}\right)_T = +V \quad \text{et} \quad \left(\frac{\partial G}{\partial T}\right)_P = -S \, .$$

D'où :

$$G = H + T\left(\frac{\partial G}{\partial T}\right)_P \quad \text{et} \quad \left(\frac{\partial\left(\frac{G}{T}\right)}{\partial T}\right)_P = -\frac{H}{T^2} \, .$$

En cas de *travail utile*, il faut rajouter le terme $\delta W'$. En cas de *variation de composition*, il faut rajouter un terme de transfert de matière.

3 Potentiel chimique du corps pur

3.1 Comment définir une grandeur molaire Z_m^* d'un corps pur ?

- **Définition générale** : soit Z une fonction extensive du corps pur. On choisit les *variables de Gibbs* (T, P, n).

$$Z_m^* = \left(\frac{\partial Z}{\partial n}\right)_{T,P} \quad \text{grandeur } \textit{intensive}.$$

Pour un système homogène (Z_m^* identique en tout point) :

$$Z_{(T,P,n)} = nZ^*_{m(T,P)} \, .$$

- **Exemples des volumes molaires** : V_m^*

– Cas du *gaz parfait* : $V_m^* = \dfrac{RT}{P}$.

– Cas d'un *état condensé* : $V_m^* \approx \text{cte} = \dfrac{M}{\rho}$.

L'astérisque * est caractéristique du *corps pur* et se lit « *propre* ». L'indice m signifie molaire. Z extensive peut être V, U, H, S, F, G.

Dans les c.n.t.p. :
(0 °C = 273,15 K
et 1 atm = 1,013 10^5 Pa) :
$V_m^* = 22{,}4 \text{ L} \cdot \text{mol}^{-1}$, pour tout gaz parfait.

3.2 Comment définir une grandeur molaire standard Z_m^0 d'un corps pur ? Peut-on confondre Z_m^* et Z_m^0 ?

- **Définition de l'état standard** : pour tout composé sous P, T et dans un état physique défini, l'état standard est un état *conventionnel à la même température* T de ce corps pur, sous $P^0 = 1$ bar $= 10^5$ Pa :

– gaz → gaz parfait sous $P^0 = 1$ bar ;

– état condensé → même état condensé sous $P^0 = 1$ bar.

- **Grandeur molaire standard** : valeur de $Z^*_{m(T,P)}$ dans l'état standard.

$$Z^*_{m(T,P)} \rightarrow Z^0_{m(T)}.$$

A priori, on ne peut confondre ces deux grandeurs dans le cas général (influence de P).

Par contre pour les *modélisations du gaz parfait* et de l'*état condensé*, énergie interne et enthalpie ne dépendent que de T :

$$H^*_{m(T,P)} = H^*_{m(T,P^0)} = H^0_{m(T)}.$$

L'exposant ^{0} est caractéristique de l'état *standard* et se lit « *zéro* ».

L'état standard peut n'être qu'*hypothétique* :

$H_2O_{(g)}$ à 25 °C, 10^{-3} bar
→ état *standard* $H_2O_{(g)}$ à 25 °C, 1 bar sous forme gp.

On a de même :

$$U^*_{m(T,P)} = U^0_{m(T)}$$

mais plus ces égalités au niveau de F_m ou G_m (2e variable).

3.3 Comment définir le potentiel chimique du corps pur monophasé ?

- **Enthalpie libre molaire** :

Dans le cas général $G(T, P, n)$ a pour différentielle :

$$dG = +VdP - SdT + \left(\frac{\partial G}{\partial n}\right)_{T,P} dn \quad \text{soit :} \quad \mu^* = \left(\frac{\partial G}{\partial n}\right)_{T,P}.$$

Système homogène : $G_{(T,P,n)} = n\mu^*_{(T,P)}$.

- **Propriétés du potentiel chimique** : $\mu^*_{(T,P)}$

$$d\mu^* = +V_m^* dP - S_m^* dT$$

$$\left(\frac{\partial \mu^*}{\partial P}\right)_T = V_m^* > 0 \quad \text{et} \quad \left(\frac{\partial \mu^*}{\partial T}\right)_P = -S_m^* < 0.$$

μ^* est une fonction croissante de P et décroissante de T.

μ^* représente « l'*énergie molaire utile* » en variables T, P.

On voit apparaître le terme de *variation de composition* $\mu^* dn$ (μ^* variable conjuguée de la quantité de matière).

Cette relation correspond à la précédente lorsque *n est fixé à 1*.

3.4 Comment exprimer le potentiel chimique d'un gaz parfait ? d'un état condensé ?

- **Gaz parfait** : $\left(\frac{\partial \mu^*}{\partial P}\right)_T = V_m^* = \frac{RT}{P}$.

Par intégration entre (T, P) et état standard (T, P^0) :

$$\mu^*_{(T,P)} = \mu^0_{(T)} + RT \ln\frac{P}{P^0}.$$

De façon générale, on pose :

$$\mu = \mu^0_{(T)} + RT \ln a$$

avec *a activité*.

- **Gaz parfait** : $a = \frac{P}{P^0}$.

• **État condensé** :

$$a = \exp\left[\frac{V_m^*}{RT}(P - P^0)\right].$$

On calcule $a \approx 1$ pour les P usuelles.

• **État condensé** : $\left(\frac{\partial \mu^*}{\partial P}\right)_T = V_m^* \approx \frac{M}{\rho}$ (cte).

De même : $\mu^*_{(T,\,P)} = \mu^0_{(T)} + \underbrace{V_m^*(P - P^0)}_{\text{terme quasi négligeable.}}$

4 ■ Changement de phase du corps pur

4.1 Quelles sont les conditions d'évolution et d'équilibre d'un corps pur sous deux phases ?

$$\begin{array}{lccc} & A_1 & \rightleftharpoons & A_2 \\ t & n_1 & & n_2 \\ t + dt & n_1 - d\xi & & n_2 + d\xi \end{array}$$

$d\xi$: *avancement élémentaire algébrique*.

La réaction s'arrête lorsqu'il n'y a plus de A_1.

On étudie : $A_{(\text{phase 1})} \rightleftharpoons A_{(\text{phase 2})}$ sous T, P fixées.

• **Condition d'évolution** : $G_{(T,\,P,\,n_1,\,n_2)}$

$$dG = \mu_1^* dn_1 + \mu_2^* dn_2 = (\mu_2^* - \mu_1^*)\,d\xi$$

$dG < 0$ suppose, si $\mu^*_{1(T,\,P)} > \mu^*_{2(T,\,P)}$, que $d\xi > 0$. Il y a évolution *irréversible* dans le sens des potentiels chimiques décroissants.

• **Condition d'équilibre** : $dG = 0$ (G minimale).

À toute température, il existe une valeur de P, notée $P^*_{(T)}$ pour laquelle l'équilibre est *possible*, quelles que soient les propositions des deux phases.

Cela suppose : $\mu^*_{1(T,\,P^*)} = \mu^*_{2(T,\,P^*)}$ ce qui donne une relation entre P^* (dite pression saturante) et T pour l'équilibre diphasé.

Pour une évolution $d\xi$, dG ne varie pas ce qui prouve que la transformation est *réversible* sous T, $P^*_{(T)}$.

4.2 Comment se présente le diagramme des phases (P, T) du corps pur ?

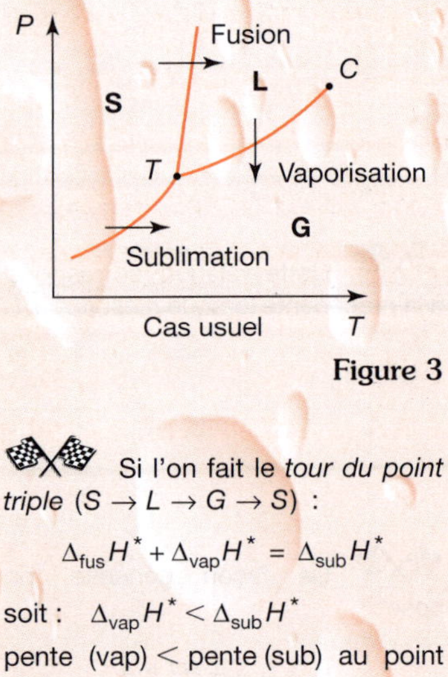

Figure 3

• **Allure des équilibres diphasés** (Fig. 3) :

– La courbe de fusion est *quasi verticale* (P sans influence).

– Les courbes de sublimation et vaporisation ont une *pression de vapeur saturante* P^* fonction croissante de T.

Si l'on fait le *tour du point triple* ($S \to L \to G \to S$) :

$$\Delta_{\text{fus}}H^* + \Delta_{\text{vap}}H^* = \Delta_{\text{sub}}H^*$$

soit : $\Delta_{\text{vap}}H^* < \Delta_{\text{sub}}H^*$

pente (vap) < pente (sub) au point triple.

• **Formule de Clapeyron** :

La pente de chaque courbe d'équilibre se déduit de $d\mu_1^* = d\mu_2^*$, soit :

$$\frac{dP^*}{dT} = \frac{S^*_{m_2} - S^*_{m_1}}{V^*_{m_2} - V^*_{m_1}} = \frac{\Delta S^*_{m_{1\to 2}}}{V^*_{m_2} - V^*_{m_1}} = \frac{\Delta H^*_{m_{1\to 2}}}{T(V^*_{m_2} - V^*_{m_1})}$$

ou $$\Delta H^*_{m_{1\to 2}} = T(V^*_{m_2} - V^*_{m_1})\frac{dP^*}{dT}$$

avec $\Delta H^*_{m_{1\to 2}}$ enthalpie molaire de changement de phase 1 à 2.

5 ▬ Potentiel chimique d'un constituant d'un mélange

5.1 Comment définir une grandeur molaire partielle $Z_{m,i}$?

• Si Z est une **fonction extensive** du système $\{T, P, n_1, n_2...n_i...n_N\}$, alors :

$$Z_{m,i} = \left(\frac{\partial Z}{\partial n_i}\right)_{T,P,n_j} \quad \text{et} \quad Z = \sum_i n_i Z_{m,i}.$$

Cette relation est dite *identité d'Euler.*

• $Z_{m,i}$ dépend de T, P mais **aussi de la composition** et *ne peut a priori être confondu* avec $Z^*_{m,i}$ de A_i pur à T, P :

Il existe *a priori* des *interactions de mélange* $A_i \leftrightarrow A_j$ variant avec la composition.

5.2 Comment définir le potentiel chimique d'un constituant d'un mélange ?

• **Enthalpie libre molaire partielle** :
Dans le cas général, $G(T, P,... n_i...)$ a pour différentielle :

$$dG = +VdP - SdT + \sum_i \left(\frac{\partial G}{\partial n_i}\right)_{T,P,n_j} dn_i$$

soit : $$\mu_i = \left(\frac{\partial G}{\partial n_i}\right)_{T,P,n_j} \quad \text{et} \quad G = \sum_i n_i \mu_i.$$

$\sum_i \mu_i dn_i$ est le terme *d'évolution de la composition*. On le retrouverait de même dans dF, dH ou dU :

$$d(F) = d(G - PV) = -PdV - SdT + \sum_i \mu_i dn_i.$$

• **Propriétés de μ_i** : μ_i dépend de T, P et x_i.

$$\left(\frac{\partial \mu_i}{\partial T}\right)_{P,n_i} = -S_{m,i} \quad \left(\frac{\partial \mu_i}{\partial P}\right)_{T,n_i} = V_{m,i}.$$

Relation de Gibbs Duhem : $VdP - SdT = \sum_i n_i d\mu_i$,
soit à T, P fixées dans une même phase :

$$\sum_i x_i d\mu_i = 0.$$

Dans le cas d'un *binaire* :
$$x_1 d\mu_1 + x_2 d\mu_2 = 0.$$
Connaissant μ_1, on peut déduire μ_2.

5.3 Comment exprimer le potentiel chimique d'un constituant quelconque d'un mélange ?

• **Expression générale** :

$$\mu_i = \mu^0_{i(T)} + RT\ln a_i \quad (a_i \text{ activité de } A_i).$$

– *Mélange idéal de gaz parfait* :

$$\mu_{i(T,P,x_i)} = \mu^0_{i(T)} + RT\ln\frac{P_i}{P^0}$$ avec P_i pression partielle de A_i.

Un mélange idéal correspond à l'absence d'interactions nouvelles lors du mélange.

Pression partielle de A_i :
$$P_i = x_i P.$$

On peut reconnaître dans le terme $RT\ln x_i$ le terme de mélange idéal :

$$\mu_i = \mu^0_{i(T)} + RT\ln\frac{P}{P^0} + RT\ln x_i = \mu^*_{i(T,\,P)} + RT\ln x_i.$$

– *Mélange idéal de liquides (ou de solides)* :

Par analogie : $\mu_i = \mu^*_{i(T,\,P)} + RT\ln x_i$, soit :

$$\mu_i = \mu^0_{i(T)} + \underbrace{V^*_{m,\,i}(P-P^0)}_{\text{négligeable}} + RT\ln x_i \quad .$$

On assimile ici $\mu^*_{i(T,\,P)}$ et $\mu^0_{i(T)}$.

– *Solutions aqueuses* : le solvant se comporte de façon idéale (quasi pur) et le soluté de façon diluée idéale (ne voit que le solvant).

Le solvant étant en *excès* : $a_{\text{solvant}} = x_{\text{solvant}} \approx 1$.

$$\mu_{\text{solvant}} = \mu^0_{\text{solvant}(T)} + RT\ln x_{\text{solvant}}$$

$$\mu_{\text{soluté}\,i} = \mu^0_{i(T,\,\text{solvant})} + RT\ln\frac{C_i}{C^0} \quad .$$

Il a fallu définir ici un *nouvel état standard* qui est le soluté infiniment dilué extrapolé à $C^0 = 1\ \text{mol}\cdot\text{L}^{-1}$.

Pour des mélanges non idéaux, on introduit des *coefficients d'activité* γ_i.

- **Conclusion** : tableau des activités

Gaz parfait pur : $a = \frac{P}{P^0}$.
Gaz parfait dans mélange idéal : $a_i = \frac{P_i}{P^0} = \frac{x_i P}{P^0}$.
État condensé pur : $a \approx 1$.
État condensé dans mélange idéal : $a_i \approx x_i$.
Solvant en solution : $a \approx 1$.
Soluté en solution diluée idéale : $a_i = \frac{C_i}{C^0}$.

Les savoir-faire clefs

Conseils méthodologiques

1.1 On remarque que la transformation étudiée est *monotherme*, *monobare* et que :

$T_{EI} = T_{EF} = T_0$

$P_{EI} = P_{EF} = P_0$

1 ■ Savoir utiliser la notion de potentiel thermodynamique d'un système.

1.1 Réaction monotherme monobare

Au cours d'une réaction chimique, un système réactionnel fermé, en contact avec un thermostat de température $T_0 = 298$ K et un réservoir de pression $P_0 = 1$ bar, subit une transformation au cours de laquelle il échange une énergie thermique Q avec le thermostat, et où il y a création d'entropie S_c. Les états initial et final sont des états d'équilibre où le système est à T_0, P_0.

a) Exprimer S_c en fonction de ΔS, Q et T_0.

b) Montrer que le potentiel thermodynamique de ce système est la fonction enthalpie libre G et exprimer ΔG en fonction de T_0 et S_c.

1.2 Fonctionnement optimal d'une pile

Le système étudié est désormais une pile, de force électromotrice supposée constante E.

Cette pile échange avec le milieu extérieur un travail utile $\delta W' = Edq$ en convention récepteur (Fig. 4).

a) Discuter du signe de $\delta W'$.

b) Lors du fonctionnement supposé réversible de cette pile, donner les expressions différentielles de dH et dG.

c) Dans des conditions isotherme, isobare, exprimer ΔG en fonction de E et Δq.

1.1.a) Appliquer le 2nd principe.

1.1.b) Appliquer le 1er principe et utiliser le 2nd principe.

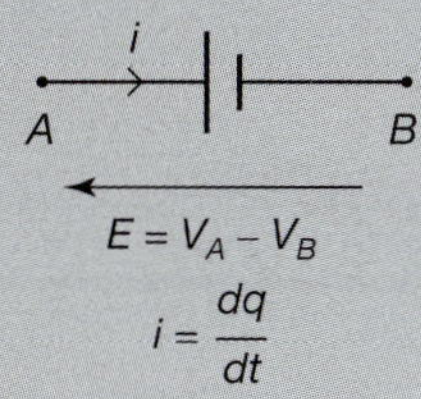

Figure 4

1.2.a) Discuter du signe de i.

1.2.b et c) Utiliser les *identités thermodynamiques* avec le terme $\delta W'$.

1.1 Le système d'étude est un système *fermé en réaction*. Ses variables sont $\{T, P, \ldots\, n_i \ldots\}$.

Appliquons les deux principes de la thermodynamique.

a) *Second principe* : $\Delta S = S_e + S_c$.

Comme la transformation est *monotherme* :

$$S_e = \frac{Q}{T_0} \Rightarrow S_c = \Delta S - \frac{Q}{T_0}.$$

b) *Premier principe* : $\Delta U = W + W' + Q$.

Par hypothèse : $W' = 0$, et transformation *monobare* $W = -P_0 \Delta V$.

On obtient : $\Delta U + P_0 \Delta V = Q = T_0 \Delta S - T_0 S_c$.

On voit apparaître la fonction *enthalpie libre* du système, car l'E.I. et l'E.F. vérifie :

$$T_{\text{E.I.}} = T_0 = T_{\text{E.F.}} \quad \text{et} \quad P_{\text{E.I.}} = P_0 = P_{\text{E.F.}}.$$

$$\Delta(U + P_0 V - T_0 S) = \Delta(U + PV - TS)_{\text{E.I.}}^{\text{E.F.}} = -T_0 S_c.$$

$$\boxed{\Delta G = -T_0 S_c}.$$

Le 2nd principe impose $S_c \geqslant 0$, donc $\boxed{\Delta G \leqslant 0}$.

L'enthalpie libre G du système ne peut que diminuer spontanément.

L'E.I. et l'E.F. sont des *états d'équilibre* système/milieu extérieur.

Le système est *à l'équilibre* lorsque G est *minimale*.

1.2 Les hypothèses du **1.1** sont complétées par l'existence d'un *travail utile* (d'origine électrique) et un *fonctionnement réversible*.

a) • Si la pile fonctionne en *mode générateur*, le sens réel du courant est inverse de celui conventionnel :

$$\boxed{\delta W' = Edq = Eidt} < 0.$$

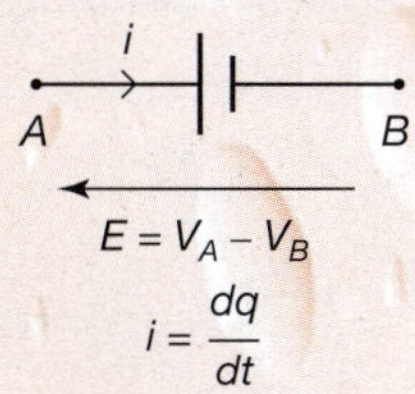

Le travail électrique est bien négatif car cédé au milieu extérieur (transformation d'énergie chimique en énergie électrique).

Le fonctionnement est supposé réversible.

Nous reviendrons sur l'importance de cette formule dans le *cours d'oxydoréduction*.

• Si la pile fonctionne en *mode récepteur*, désormais le travail utile est positif :

$$\delta W' = Ei\,\mathrm{d}t > 0.$$

(Transformation d'énergie électrique en énergie chimique).

b) Les identités thermodynamiques découlent de :

$$\mathrm{d}U = \delta Q + \delta W + \delta W' = T\mathrm{d}S - P\,\mathrm{d}V + E\mathrm{d}q.$$

On en déduit : $\mathrm{d}H = \mathrm{d}(U + PV) = T\mathrm{d}S + V\mathrm{d}P + E\mathrm{d}q$

$$\boxed{\mathrm{d}G = \mathrm{d}(H - TS) = -S\mathrm{d}T + V\mathrm{d}P + E\mathrm{d}q}.$$

c) La connaissance du *potentiel thermodynamique* $G_{(T,\,P,\,q)}$ permet de déduire la f.é.m. de cette pile :

$$E = \left(\frac{\partial G}{\partial q}\right)_{T,\,P}.$$

Pour un fonctionnement *isotherme*, *isobare* :

$$\mathrm{d}G_{[T,\,P]} = E\mathrm{d}q \Rightarrow \boxed{\Delta G = E\Delta q}.$$

Conseils méthodologiques

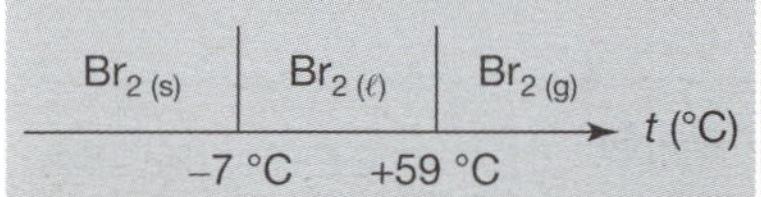

Figure 5

2.1.a) Traduire que le potentiel chimique du corps pur monophasé dépend des deux variables P et T grâce à la *relation* :

$$\mathrm{d}\mu^* = V_m^*\mathrm{d}P - S_m^*\mathrm{d}T.$$

2.1.b) Poser :

$$\mu^*_{(T,\,P)} = \mu^0_{(T)} + RT\ln a.$$

2.2.a) Bien préciser le sens physique du choix de l'*état standard*.

2 ■ Savoir établir l'expression du potentiel chimique d'un corps pur à l'état gazeux ou condensé.

Le dibrome est un liquide à l'état naturel dans les conditions usuelles (Fig. 5).

2.1 Potentiel chimique à l'état condensé

Connaissant la masse molaire du dibrome $M = 159{,}8\ \mathrm{g\cdot mol^{-1}}$ et sa masse volumique $\rho = 2{,}93\ 10^3\ \mathrm{kg\cdot m^{-3}}$ supposée constante dans l'intervalle d'étude, établir :

a) l'expression du potentiel chimique $\mu^*_{(T,\,P)}$ en fonction du potentiel chimique standard $\mu^0_{(T)}$, des conditions P, T et des données M, ρ, $P^0 = 1$ bar ;

b) l'expression de l'activité a du dibrome liquide.

La calculer pour $T = 300$ K et $P = 2{,}0$ bar.

2.2 Potentiel chimique à l'état gazeux

On se place désormais dans un domaine où le dibrome est gazeux.

a) Pour des basses pressions, $Br_{2(g)}$ est assimilé à un gaz parfait (gp). Établir l'expression du potentiel chimique $\mu^*_{(T,\,P)}$ en fonction du potentiel chimique standard $\mu^0_{(T)}$, des conditions P, T et des données R (constante des gaz parfaits) $= 8{,}31\ \mathrm{J\cdot K^{-1}\cdot mol^{-1}}$, $P^0 = 1$ bar.

Définir l'activité et la calculer pour $T = 500$ K et $P = 2{,}0$ bar.

b) Le dibrome est en réalité plus compressible que le gaz parfait. Son volume molaire mesuré dans les conditions (P, T) se met sous la forme :

$$V_m^* = \frac{RT}{P} - \varphi_{(T,\,P)}.$$

• Montrer que le potentiel chimique de ce gaz réel (gr) vérifie dans les conditions P, T :

$$\mu^*_{(gr)} - \mu^*_{(gp)} = RT\ln\gamma = -\int_0^P \varphi \, dP,$$

où γ est dit coefficient d'activité.

• Donner une méthode graphique pour estimer γ ? Quelle est la valeur moyenne de φ pour que l'écart des activités gr/gp n'excède pas 1,0 % pour $P = 2{,}0$ bar à $T = 500$ K fixée.

2.2.b) • φ est donc un *écart « expérimental »*, qui varie lorsque T et P varient.
• Traduire l'écart limite des activités par une *valeur limite* pour γ.

2.1. a) Nous partons de la relation différentielle :

$$d\mu^* = V^*_m dP - S^*_m dT.$$

À température fixée, $d\mu^* = V^*_m dP$.

Le modèle de $Br_{2(\ell)}$ choisi est celui d'un liquide *incompressible* et *indilatable* :

$$V^*_m = \frac{M}{\rho} = \text{cte}.$$

L'intégration entre l'*état d'étude* (T, P) et l'*état standard* (T, P^0) conduit à :

$$\mu^*_{(T,P)} - \mu^*_{(T,P^0)} = V^*_m(P - P^0) = \frac{M}{\rho}(P - P^0)$$

$$\boxed{\mu^*_{(T,P)} = \mu^0_{(T)} + \frac{M}{\rho}(P - P^0)}.$$

L'état standard correspond au corps pur *dans le même état physique condensé* sous $P^0 = 1$ bar.

b) On pose par convention $\mu^*_{(T,P)} = \mu^0_{(T)} + RT\ln a$ avec a activité : Par identification :

$$RT\ln a = \frac{M}{\rho}(P - P^0) \Rightarrow \boxed{a = \exp\left[\frac{M}{\rho RT}(P - P^0)\right]}.$$

À $T = 300$ K, et $P = 2{,}0$ bar, on trouve : $a = 1{,}002$.

Cela justifie de choisir $a_{\text{liquide pur}} \approx 1$ dans les conditions usuelles.

2.2. a) Le point de départ de la démonstration est le même : $d\mu^* = V^*_m dP$ à T fixée.

Le modèle de $Br_{2(g)}$ équivalent à *gaz parfait* donne :

$$V^*_m = \frac{RT}{P} \Rightarrow d\mu^* = RT\frac{dP}{P}.$$

L'intégration à T fixée conduit à : $\mu^*_{(T,P)} = RT\ln P + \text{cte}_{(T)}$.

On choisit donc pour *état standard* le gaz parfait sous $P^0 = 1$ bar à cette même température : $\mu^*_{(T,P^0)} = RT\ln P^0 + \text{cte}_{(T)} = \mu^0_{(T)}$.

Nous avons développé pour *justifier le choix de l'état standard*.

Il en résulte : $\boxed{\mu^*_{(T,P)} = \mu^0_{(T)} + RT\ln\frac{P}{P^0}}$.

L'activité de $Br_{2(g)}$ correspond à :

$\boxed{a = \frac{P}{P^0}}$. À 500 K, sous $P = 2{,}0$ bar, $a = 2{,}0$.

b) Pour un *gaz réel*, on pose $a = \frac{\gamma P}{P^0}$, avec γ coefficient d'activité. Dans les mêmes conditions d'étude T, P, il vient :

$$\mu^*_{(gr)} - \mu^*_{(gp)} = RT\ln\gamma.$$

Comme $d\mu^*_{(gr)} - d\mu^*_{(gp)} = (V^*_{m(gr)} - V^*_{m(gp)})dP$, à T fixée, il vient :

$$d\mu^*_{(gr)} - d\mu^*_{(gp)} = \left[\left(\frac{RT}{P} - \varphi\right) - \frac{RT}{P}\right]dP = -\varphi\, dP.$$

- Par intégration, sachant que $\mu^*_{(gr)} = \mu^*_{(gp)}$ si $P \to 0$, nous obtenons :

$$\boxed{\mu^*_{(gr)} - \mu^*_{(gp)} = RT\ln\gamma = -\int_0^P \varphi dP}.$$

- En mesurant, à T fixée et sous diverses pressions, le volume molaire du gaz réel, on dispose d'un tableau numérique φ en fonction de P et on peut tracer le graphe $\varphi_{(P)}$. l'intégrale $\int_0^P \varphi\, dP$ représente l'*aire* sous la courbe $\varphi_{(P)}$ limitée par la verticale P (Fig. 6).

En première approximation, on peut assimiler la courbe à un segment de droite et prendre la *valeur médiane* :

$$-\int_0^P \varphi\, dP = -\bar{\varphi} P = RT\ln\gamma.$$

Si l'on veut que $\gamma = \exp\left(-\frac{\bar{\varphi}P}{RT}\right) = 0{,}99$, on trouve pour $T = 500$ K et $P = 2{,}0$ bar :

$$\bar{\varphi} = 0{,}21\ 10^{-3}\ \text{m}^3 \cdot \text{mol}^{-1} = \boxed{0{,}21\ \text{L} \cdot \text{mol}^{-1}}.$$

REMARQUE. – Le volume molaire du gaz parfait à 500 K est de 41,6 L · mol^{-1} sous 1 bar et de 20,8 L · mol^{-1} sous 2 bar. Un écart d'activité de 1 % correspond à des écarts de V^*_m de l'ordre de 1 %.

L'état standard du gr est toujours le gp sous $P^0 = 1$ bar, à la même température T.

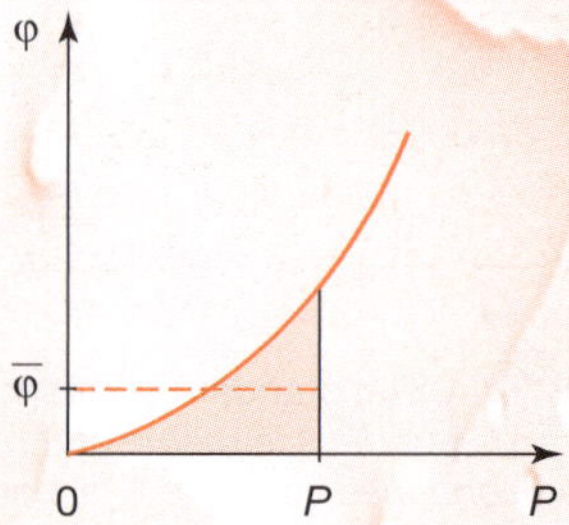

Figure 6

Comme $\ln\gamma < 0$, γ est nécessairement inférieur à 1.
Un écart de 1 % des activités

$$\frac{a_{gp} - a_{gr}}{a_{gp}} = 1 - \gamma = 0{,}01$$

donne $\gamma = 0{,}99$.

3 ■ Savoir étudier la transformation de phase d'un corps pur.

On donne la pression de vapeur saturante P^* de l'équilibre liquide-vapeur de l'eau :

$$\log_{10}P^* = 17{,}07 - \frac{2\,768}{T} - 3{,}75\log_{10}T$$

avec P^* en bar et T en Kelvin.

3.1 Condition d'évolution ou d'équilibre d'un mélange diphasé

a) Tracer dans un diagramme de phases (P, T) l'allure de la courbe d'équilibre $P^*_{(T)}$.
Attribuer les domaines.

Conseils méthodologiques

On vérifie que :

$P^* \approx 1$ atm $(= 1{,}013$ bar$)$

quand $T = 100$ °C $= 373{,}15$ K.

3.1.a) Il ne s'agit pas de faire des applications numériques mais juste de tracer l'allure de la courbe.

b) En un point M quelconque de cette courbe, donner la relation entre les potentiels chimiques du corps pur dans chaque phase.

Calculer la différence $\mu_\ell^0 - \mu_v^0$ à $T = 400$ K.

c) On dispose d'un mélange eau liquide-eau vapeur à $T = 400$ K, sous $P = 3{,}0$ bar.

Ce mélange peut-il être en équilibre ?

Calculer la différence $\mu_\ell^0 - \mu_v^0$ et prédire son évolution.

3.1.b) Utiliser pour la vapeur le modèle du gaz parfait.

3.1.c) Comparer P et $P^*_{(T)}$. L'évolution se fait dans le sens des potentiels chimiques décroissants.

3.2 Formule de Clapeyron

a) Si l'on se déplace sur la courbe d'équilibre $P^*_{(T)}$, montrer que :

$$\frac{dP^*}{dT} = \frac{\Delta S_m^*}{\Delta V_m^*}.$$

b) Exprimer l'enthalpie de vaporisation de l'eau (ou chaleur latente molaire de vaporisation) en fonction de la température.

La calculer à $T = 400$ K.

Donnée : $R = 8{,}31\ \text{J}\cdot\text{K}^{-1}\cdot\text{mol}^{-1}$.

3.2.a) En chaque point de la courbe, il y a toujours égalité des potentiels chimiques dans chaque phase : $d\mu_\ell^* = d\mu_v^*$.

3.2.b) Établir :

$$\Delta_{vap}H = RT^2\frac{d\ln P^*}{dT}.$$

3.1. a) *La pression de vapeur saturante* croît avec la température T (terme en $-\frac{\beta}{T}$ prédominant), d'où l'allure en Fig. 7.

Si à pression fixée, on élève la température par chauffage, on passe du *liquide* à la vapeur, d'où les domaines.

b) Si le corps pur est *en équilibre* sous deux phases, nécessairement les potentiels chimiques ont les *mêmes valeurs dans les deux phases*.

$$\mu^*_{\ell(T,P^*)} = \mu^*_{v(T,P^*)}.$$

Dans les modèles usuels : $\mu^0_{\ell(T)} = \mu^0_{v(T)} + RT\ln\frac{P^*}{P^0}$.

L'égalité précédente traduit donc l'équation de la courbe $P^*_{(T)}$.

$$\text{À } T = 400\text{ K} : \mu^0_{\ell(400)} - \mu^0_{v(400)} = RT_{400}\ln\frac{P^*_{400}}{P^0}.$$

On calcule $P^*_{400} = 2{,}47$ bar (Fig. 8).

D'où : $\boxed{\mu^0_{\ell(400)} - \mu^0_{v(400)} = 3{,}0\ \text{kJ}\cdot\text{mol}^{-1}}$.

c) Le mélange ne peut être en équilibre puisque sa pression $P = 3{,}0$ bar ne correspond pas à la pression d'équilibre à $T = 400$ K, soit $P^*_{400} \approx 2{,}5$ bar. On constate que l'on se situe dans le domaine du liquide stable.

Donc toute l'eau vapeur va se transformer en liquide.

On peut le vérifier avec les valeurs du potentiel chimique dans chaque phase :

Phase liquide : $\mu^*_{\ell(T=400\text{ K},\,P=3{,}0\text{ bar})} \approx \mu^0_{\ell(400)}$.

Phase vapeur : $\mu_v^* \approx \mu^0_{v(400)} + RT_{400}\ln\frac{P}{P^0}$

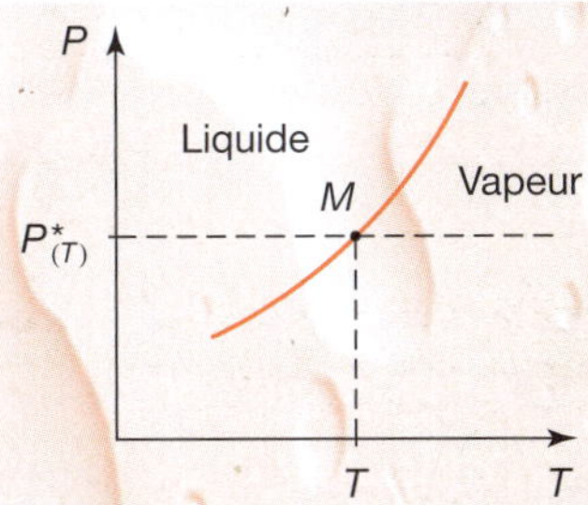

Figure 7

Modèles
- liquide incompressible ;
- vapeur = gaz parfait.

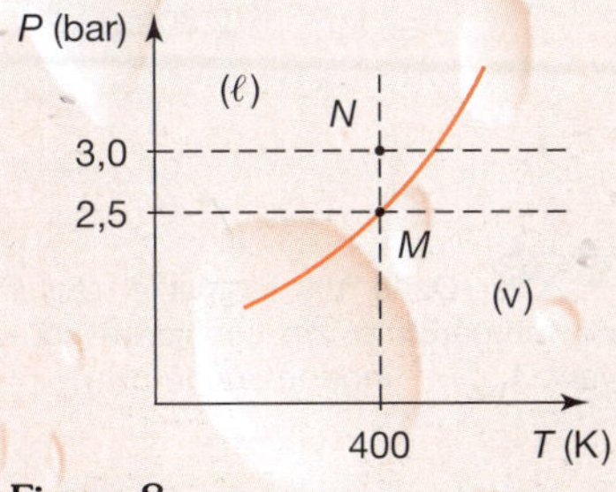

Figure 8

$$\mu_\ell^* - \mu_v^* \approx \mu^0_{\ell(400)} - \mu^0_{v(400)} - RT_{400}\ln\frac{P}{P^0}.$$

On trouve : $\boxed{\mu_\ell^* - \mu_v^* = -650 \text{ J}\cdot\text{mol}^{-1}}$.

Cela signifie que $\mu_\ell^* < \mu_v^*$ à T, P fixées.

Tout se retrouve sous forme liquide.

La matière s'écoule dans le *sens des potentiels chimiques décroissants* pour conduire à une enthalpie libre ($G = n\mu^*$) *minimale*.

3.2. a) Lorsque l'on considère un point M et un point M' infiniment voisins sur la courbe d'équilibre :

$$\mu^*_{\ell(T,\,P^*)} = \mu^*_{v(T,\,P^*)} \quad \text{et} \quad \mu^*_{\ell(T+\text{d}T,\,P^*+\text{d}P^*)} = \mu^*_{v(T+\text{d}T,\,P^*+\text{d}P^*)}.$$

Il en résulte : $\text{d}\mu_\ell^* = \text{d}\mu_v^*$, soit : $V^*_{m_\ell}\text{d}P^* - S^*_{m_\ell}\text{d}T = V^*_{m_v}\text{d}P^* - S^*_{m_v}\text{d}T$.

D'où la pente : $\boxed{\dfrac{\text{d}P^*}{\text{d}T} = \dfrac{S^*_{m_v} - S^*_{m_\ell}}{V^*_{m_v} - V^*_{m_\ell}} = \dfrac{\Delta S^*_m}{\Delta V^*_m}}$.

b) Pour l'équilibre de vaporisation :

Le changement d'état isobare, isotherme se fait *réversiblement* car $\mu_\ell^* = \mu_v^*$, soit $\Delta_{vap}G^* = 0$.

$$\Delta_{vap}S^* = \frac{\Delta_{vap}H^*}{T} \quad \text{à } P^*_{(T)} \text{ fixée,}$$

ou avec les notations précédentes :

$$\boxed{\Delta_{vap}H^* = T(V^*_{m_v} - V^*_{m_\ell})\frac{\text{d}P^*}{\text{d}T}}.$$

En assimilant la vapeur à un gaz parfait, et en négligeant le volume molaire du liquide devant celui de la vapeur, on obtient l'*enthalpie de vaporisation* :

$$\Delta_{vap}H^* = \frac{RT^2}{P^*}\frac{\text{d}P^*}{\text{d}T} = RT^2\frac{\text{d}\ln P^*}{\text{d}T}.$$

On nous a donné $\log_{10}P^*$, soit :

$$\log_{10}P^* = \frac{\ln P^*}{\ln 10} \Leftrightarrow \ln P^* = 2{,}30\log_{10}P^*.$$

On nous a donné la fonction $P^*_{(T)}$. Il suffit d'effectuer cette dérivation :

$$\ln P^* = 17{,}06\times 2{,}30 - \frac{2\,768\times 2{,}30}{T} - 3{,}75\ln T$$

$$\frac{\text{d}\ln P^*}{\text{d}T} = +\frac{2\,768\times 2{,}30}{T^2} - \frac{3{,}75}{T}.$$

On obtient : $\boxed{\Delta_{vap}H^* = 53{,}0\;10^3 - 31{,}2T}$ en $\text{J}\cdot\text{mol}^{-1}$.

Dans un intervalle *réduit* de température, on considère souvent $\Delta_{vap}H^*$ *indépendante* de T.

À $T = 400$ K, $\Delta_{vap}H^*_{400} = 40{,}5 \text{ kJ}\cdot\text{mol}^{-1}$.

4 Savoir mesurer une grandeur molaire partielle.

4.1 Préliminaire : on se propose d'étudier le mélange liquide binaire :

H_2O (eau notée 1) + CH_3OH (méthanol noté 2).

$M_{H_2O} = 18\ g \cdot mol^{-1}$ et $M_{CH_3OH} = 32\ g \cdot mol^{-1}$.

On donne : $\rho_1 = 1{,}0\ g \cdot cm^{-3}$ et $\rho_2 = 0{,}79\ g \cdot cm^{-3}$ pour les deux corps purs à 25 °C, sous 1 bar.

a) Calculer les volumes molaires des corps purs $V^*_{m,1}$ et $V^*_{m,2}$.

b) Expliquer pourquoi, lors d'un mélange isotherme isobare d'eau liquide et de méthanol liquide, on ne retrouve pas :

$$V = n_1 V^*_{m,1} + n_2 V^*_{m,2}.$$

c) On se propose dans ce qui suit de mesurer des volumes molaires partiels $V_{m,i}$.
Établir la relation de Gibbs-Duhem pour la fonction extensive V.

$$\sum_i n_i \, dV_{m,i} = 0 \text{ à } T, P \text{ fixées.}$$

4.2 Méthode point par point

Soit un mélange, à 25 °C et 1 bar fixées, contenant 60 cm^3 d'eau et 40 cm^3 de méthanol. On rajoute 0,10 mol de méthanol et on mesure un accroissement de volume de 3,9 cm^3.

a) Calculer le volume molaire partiel $V_{m,2}$ eau-méthanol dans ces proportions.

b) Comparer à $V^*_{m,2}$ et commenter.

4.3 Méthode des tangentes

On raisonne désormais sur une mole du mélange eau-méthanol. La mesure de V_m pour diverses compositions a permis de tracer la courbe $V_m = f(x_2)$ où x_2 est la fraction molaire en méthanol (Fig. 9).

a) Trouver la pente de la courbe en M puis l'équation de la tangente en M.

b) Montrer que cette tangente permet de lire graphiquement $V_{m,1}$ en H et $V_{m,2}$ en K pour le mélange M.

Conseils méthodologiques

4.1.a) et b) Distinguer le volume molaire d'un constituant pur ou dans un mélange.

4.1.c) On traduira le fait que V est une *fonction* de T, P et des n_i.

4.2 On assimilera les petites variations à leurs *différentielles*.

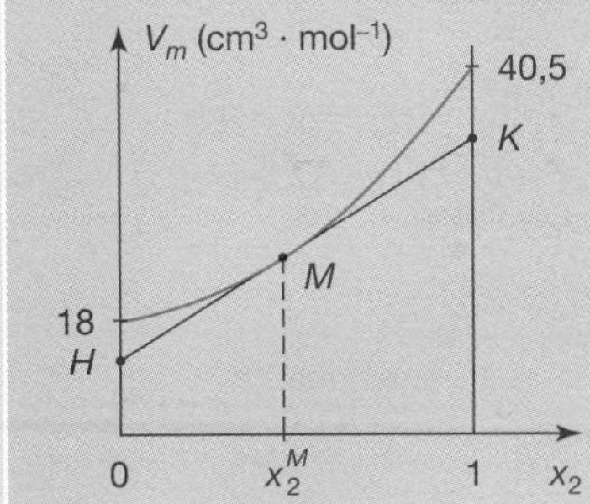

Figure 9

4.1. a) *Les volumes molaires* ont pour valeur :

$$V^*_{m,1} = \frac{M_1}{\rho_1} = 18\ cm^3 \cdot mol^{-1} \quad \text{et} \quad V^*_{m,2} = \frac{M_2}{\rho_2} = 40{,}5\ cm^3 \cdot mol^{-1}.$$

b) Lors d'un mélange, il se produit des *interactions nouvelles, dites de mélange*, qui ont pour conséquence de rendre le volume molaire de chaque constituant dépendant de la composition :

$$V = n_1 V_{m,1} + n_2 V_{m,2}, \quad \text{avec } V_{m,2} = \left(\frac{\partial V}{\partial n_2}\right)_{T,P,n_1}.$$

Dans le cas général : $V_{m,2} \neq V^*_{m,2}$.

Dans le cas d'un *mélange idéal*, l'absence d'interactions nouvelles de mélange se traduit par $V_{m,i} = V^*_{m,i}$.

c) La fonction extensive V dépend des paramètres T, P et n_i :

$$dV = \left(\frac{\partial V}{\partial T}\right)_{P,\,n_i} dT + \left(\frac{\partial V}{\partial P}\right)_{T,\,n_i} dP + \sum_i \left(\frac{\partial V}{\partial n_i}\right)_{T,\,P,\,n_j} dn_i.$$

Comme en outre $V = \sum_i n_i V_{m,\,i}$, il vient :

$$dV = \sum_i n_i \, dV_{m,\,i} + \sum_i V_{m,\,i} \, dn_i.$$

Cette relation peut s'établir pour toute *fonction extensive* $Z_{(T,\,P,\,n_i)}$.

En identifiant les deux expressions, on obtient *la relation de Gibbs-Duhem* :

$$\left(\frac{\partial V}{\partial T}\right)_{P,\,n_i} dT + \left(\frac{\partial V}{\partial P}\right)_{T,\,n_i} dP = \sum_i n_i \, dV_{m,\,i} = 0 \quad \text{à } T, P \text{ fixées}$$

$$\text{et} \quad dV_{[T,\,P]} = \sum_i V_{m,\,i} \, dn_i.$$

4.2. a) On provoque une *variation* du volume à T, P fixées, qui se traduit par :

$$dV_{[T,\,P]} = V_{m,\,1} dn_1 + V_{m,\,2} dn_2.$$

$+ n_1 dV_1 + n_2 dV_2 = 0$

À l'E.I., le mélange contient

$$n_2 = \frac{\rho_2 V_2}{M_2} \approx 0{,}99 \text{ mol},$$

dans $V = 100$ cm³. Il s'agit bien de *variations inférieures* à 10 %.

Le seul ajout concerne le méthanol : $dV = V_{m,\,2} dn_2$.

On assimile les *petites variations* à leur différentielle :

$$V_{m,\,2} \approx \frac{\Delta V}{\Delta n_2} = \frac{3{,}9}{0{,}1} = 39 \text{ cm}^3 \cdot \text{mol}^{-1}.$$

b) On constate que $V_{m,\,2} < V^*_{m,\,2}$, le mélange a provoqué une *contraction*.

4.3. a) Pour le mélange binaire : $V = n_1 V_{m,\,1} + n_2 V_{m,\,2}$
ou en divisant par $n_1 + n_2$: $V_m = x_1 V_{m,\,1} + x_2 V_{m,\,2}$.

- Toujours d'après la *relation de Gibbs-Duhem* :

Nous savons que :

$$x_1 dV_{m,\,1} + x_2 dV_{m,\,2} = 0$$

à T, P fixées.

$$dV_m = V_{m,\,1} dx_1 + V_{m,\,2} dx_2 \quad \text{à } T \text{ et } P \text{ fixées.}$$

Comme $x_1 + x_2 = 1$, il vient $dx_1 + dx_2 = 0$, soit :

$$\boxed{\frac{dV_m}{dx_2} = V_{m,\,2} - V_{m,\,1}}.$$

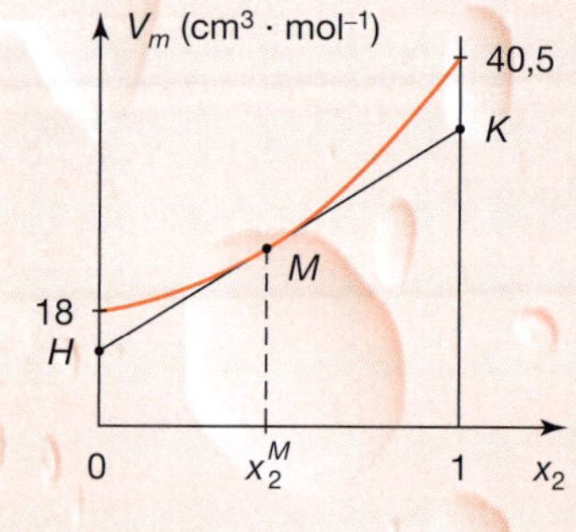

- *L'équation de la tangente* en M est donc :

$$y - y_M = y'_M \,(x_2 - x_2^M)$$

soit : $$y - (x_1^M V_{m,\,1} + x_2^M V_{m,\,2}) = (V_{m,\,2} - V_{m,\,1})(x_2 - x_2^M).$$

Comme $x_1^M = 1 - x_2^M$, il reste :

$$y - V_{m,\,1} = (V_{m,\,2} - V_{m,\,1}) x_2.$$

b) La tangente coupe l'axe vertical $x_2 = 0$ au point H, tel que :

$$y_H = V_{m,\,1}$$

et l'axe vertical $x_2 = 1$ au point K, tel que :

$$y_K = V_{m,\,1} + (V_{m,\,2} - V_{m,\,1}) = V_{m,\,2}.$$

On dispose donc d'une *méthode de lecture* simple et rapide des volumes molaires partiels pour toute composition.

On visualise l'*effet de contraction* car la tangente en tout point se situe sous la courbe expérimentale.

5 ■ Savoir exprimer le potentiel chimique des constituants d'un système en réaction.

On mélange à haute température dans un réacteur monotherme et monobare une mole de dioxyde de carbone et *n* mole ($n < 1$) de carbone à l'état de charbon.

Il se produit, dans les conditions T, $P = P^0 = 1$ bar fixées, une réaction supposée totale :

$$C_{(s)} + CO_{2(g)} \rightarrow 2\ CO_{(g)}.$$

5.1 Bilan d'évolution

a) Dresser un tableau d'avancement de la réaction. Déduire l'avancement final ξ.

b) Exprimer les pressions partielles des gaz à l'état final en fonction de ξ et P.

5.2 Bilan énergétique

a) Exprimer le potentiel chimique des divers constituants à l'état initial et à l'état final.

b) Exprimer la variation d'enthalpie libre du système ΔG entre ces deux états en fonction des potentiels chimiques standard, de R, T et de ξ.

Que peut-on présumer du signe de ΔG ?

Conseils méthodologiques

Cette réaction est dite réaction de *Boudouard*. La transformation en sens inverse a une cinétique infiniment lente.

5.1 On cherchera le réactif *limitant*.

5.2.a) On adopte le modèle du *mélange idéal de gaz parfaits*.

5.2.b) Revenir à la relation :

$$G = \left(\sum_i n_i \mu_i\right),$$

et exprimer $\Delta G = G_{E.F.} - G_{E.I.}$.

5.1. a) Dressons un *tableau d'avancement* :

	$C_{(s)}$	+ $CO_{2(g)}$	→ $2\ CO_{(g)}$	Total gaz
E.I.	n	1	0	1
E.F.	$n - \xi$	$1 - \xi$	2ξ	$1 + \xi$
	0	$1 - n$	$2n$	$1 + n$

Le réactif *limitant* est le carbone : $\boxed{\xi = n}$.

Prévoir une colonne *total gaz*.

Erreur à éviter :

Ne pas compter le $C_{(s)}$ dans le total gaz.

b) L'évolution est monotherme monobare.

Donc : $P_{E.I.} = P_{E.F.} = P_e = P$.

La pression partielle de $A_{i(g)}$ s'exprime selon :

$$P_i = \frac{n_i}{n_{tot}} P = x_i P, \quad \text{et ici } P = P^0.$$

D'où :

$$P_{CO_2} = \frac{1-\xi}{1+\xi} P^0 \quad \text{et} \quad P_{CO} = \frac{2\xi}{1+\xi} P^0.$$

5.2. a) Le carbone solide est *seul* dans sa phase :

$$\mu_C^{E.I.} \approx \mu_C^0 \quad \text{car } a_{solide} = 1.$$

Le potentiel chimique d'un *gaz parfait dans un mélange* idéal s'exprime selon :

$$\mu_i = \mu^0_{i(T)} + RT \ln \frac{P_i}{P^0}, \quad \text{avec } P_i = x_i P.$$

Simplification :
ici, P est choisie égale à P^0.

$$\ln \frac{P_i}{P^0} = \ln x_i.$$

À l'état initial : $\mu_{CO_2}^{E.I.} = \mu_{CO_2}^{0}$ car $P_{CO_2}^{E.I.} = P = P^0$.

À l'état final : $\mu_{CO_2}^{E.F.} = \mu_{CO_2}^{0} + RT\ln\dfrac{1-\xi}{1+\xi}$ et $\mu_{CO}^{E.F.} = \mu_{CO}^{0} + RT\ln\dfrac{2\xi}{1+\xi}$.

La température *ne variant pas*, les $\mu_{i(T)}^{0}$ sont notés μ_i^0.

b) *L'enthalpie libre du système* est définie à chaque instant par $G = \sum_i n_i \mu_i$.

$$G_{E.I.} = n\mu_C^{E.I.} + \mu_{CO_2}^{E.I.} = n\mu_C^0 + \mu_{CO_2}^0.$$

$$G_{E.F.} = (1-\xi)\mu_{CO_2}^{E.F.} + 2\xi\,\mu_{CO}^{E.F.} + (n-\xi)\mu_C^{E.F.},$$

soit :

$$G_{E.F.} = (1-\xi)\left[\mu_{CO_2}^0 + RT\ln\frac{1-\xi}{1+\xi}\right] + 2\xi\left[\mu_{CO}^0 + RT\ln\frac{2\xi}{1+\xi}\right] + (n-\xi)\mu_C^0.$$

Intérêt de la notion de *potentiel thermodynamique* d'un système.

D'où la *variation* d'enthalpie libre $\Delta G = G_{E.F.} - G_{E.I.}$:

$$\Delta G = \xi(2\mu_{CO}^0 - \mu_{CO_2}^0 - \mu_C^0) + RT\left[(1-\xi)\ln\frac{1-\xi}{1+\xi} + 2\xi\ln\frac{2\xi}{1+\xi}\right].$$

L'évolution étant monotherme monobare (sans travail utile), l'enthalpie libre ne peut que diminuer *spontanément* :

$$\Delta G < 0.$$

Pour maîtriser les bases

1. Expressions différentielles des fonctions d'état — D'après Oral CCP

On suppose l'absence de tout travail utile.

1. Considérons un système constitué par un corps pur sous une seule phase. Donner les expressions différentielles des fonctions d'état U, H, F, G dans l'hypothèse où ce corps pur est un système :

a) fermé : quantité de matière n constante ;

b) ouvert : quantité de matière n variable.

2. Le système correspond désormais à un mélange supposé monophasé $\{A_1, \ldots A_i, \ldots, A_N\}$. Même question pour :

a) système fermé et de composition invariable : quantités de matière n_i constantes ;

b) système ouvert ou fermé de composition variable.

3. Comment évolue un système monophasé lorsque sa température et sa pression sont à chaque instant celles du milieu extérieur T_e et P_e invariantes ?

Conseils méthodologiques : Utiliser les identités thermodynamiques et le savoir-faire 1.

1.a) Il suffit de repartir de la première *identité thermodynamique* et d'en déduire toutes les autres :

$$\mathrm{d}U = -P\mathrm{d}V + T\mathrm{d}S$$

$$\mathrm{d}H = \mathrm{d}(U + PV) = V\mathrm{d}P + T\mathrm{d}S$$

$$\mathrm{d}F = \mathrm{d}(U - TS) = -P\mathrm{d}V - S\mathrm{d}T$$

$$\mathrm{d}G = \mathrm{d}(H - TS) = V\mathrm{d}P - S\mathrm{d}T.$$

Remarque :

Utiliser : $\begin{array}{ccc} U & \xrightarrow{+PV} & H \\ \downarrow{\scriptstyle -TS} & & \downarrow{\scriptstyle -TS} \\ F & \xrightarrow{+PV} & G \end{array}$

b) Désormais, il faut tenir compte du *terme de transfert de matière*.

Par exemple G est une fonction désormais de T, P, n. Il en résulte :

$$\mathrm{d}G = \left(\frac{\partial G}{\partial T}\right)_{P,\,n}\mathrm{d}T + \left(\frac{\partial G}{\partial P}\right)_{T,\,n}\mathrm{d}P + \left(\frac{\partial G}{\partial n}\right)_{T,\,P}\mathrm{d}n = V\mathrm{d}P - S\mathrm{d}T + \mu^*\,\mathrm{d}n.$$

En redescendant à $\mathrm{d}F$, $\mathrm{d}H$ et $\mathrm{d}U$, on en déduit que ce terme est commun à toutes ces fonctions :

$$\mathrm{d}G = V\mathrm{d}P - S\mathrm{d}T + \mu^*\,\mathrm{d}n$$

$$\mathrm{d}F = \mathrm{d}(G - PV) = -P\mathrm{d}V - S\mathrm{d}T + \mu^*\,\mathrm{d}n$$

$$\mathrm{d}H = \mathrm{d}(G + TS) = V\mathrm{d}P + T\mathrm{d}S + \mu^*\,\mathrm{d}n$$

$$\mathrm{d}U = \mathrm{d}(F + TS) = -P\mathrm{d}V + T\mathrm{d}S + \mu^*\,\mathrm{d}n.$$

Remarque :

μ^* est le potentiel chimique propre du corps pur, ou enthalpie libre molaire.

2.a) Dans l'hypothèse où le système est fermé et de composition invariable, les expressions sont identiques à celles du **1.a)**.

b) Désormais le terme de transfert de matière s'exprime selon :

$$G_{(T,\,P,\,n_1 \dots n_i \dots n_N)} \Rightarrow \mathrm{d}G = V\mathrm{d}P - S\mathrm{d}T + \sum_i \left(\frac{\partial G}{\partial n_i}\right)_{T,\,P,\,n_j} \mathrm{d}n_i.$$

En posant $\mu_i = \left(\frac{\partial G}{\partial n_i}\right)_{T,\,P,\,n_j}$ potentiel chimique de A_i, il vient :

$$\mathrm{d}G = V\mathrm{d}P - S\mathrm{d}T + \sum_i \mu_i \mathrm{d}n_i,$$ terme que l'on retrouve dans les autres expressions.

$$\mathrm{d}F = V\mathrm{d}P - S\mathrm{d}T + \sum_i \mu_i \mathrm{d}n_i$$

$$\mathrm{d}H = V\mathrm{d}P + T\mathrm{d}S + \sum_i \mu_i \mathrm{d}n_i$$

$$\mathrm{d}U = -P\mathrm{d}V + T\mathrm{d}S + \sum_i \mu_i \mathrm{d}n_i.$$

3. Lorsque température et pression sont *fixées*, le bon potentiel thermodynamique est la fonction *enthalpie libre*. Il en résulte :

$$\mathrm{d}G_{[T,\,P]} = \sum_i \mu_i \mathrm{d}n_i.$$

Or si nous raisonnons sur le *chemin réel d'évolution* où se produisent des échanges, les premier et second principes donnent :

$$\mathrm{d}U = \delta W + \delta Q = -P\mathrm{d}V + \delta Q \quad \text{et} \quad \mathrm{d}S = \frac{\delta Q}{T} + \delta S_c$$

soit : $\mathrm{d}U = -P\mathrm{d}V + T\mathrm{d}S - T\delta S_c$.

On remonte à $G = U + PV - TS$:

$$\mathrm{d}G = V\mathrm{d}P - S\mathrm{d}T - T\delta S_c.$$

On identifie à T, P fixées :

$$\boxed{\mathrm{d}G_{[T,\,P]} = \sum_i \mu_i \mathrm{d}n_i = -T\delta S_c < 0}.$$

L'évolution *spontanée* nécessite une diminution d'enthalpie libre.

Erreur à éviter :

Le fait qu'il n'y ait pas d'irréversibilité thermique ($T = T_e$) ou mécanique ($P = P_e$) ne signifie pas que la transformation est réversible, car il reste *l'irréversibilité du transfert de matière*.

2. Influence de *T* et *P* sur le potentiel chimique du dibrome — D'après Oral Centrale

On appelle μ^* le potentiel chimique d'un corps pur monophasé. μ^* dépend des paramètres température T et pression P.

a) Rappeler la loi de variation $\mathrm{d}\mu^*$ en fonction de $\mathrm{d}T$ et $\mathrm{d}P$.

b) En travaillant à pression fixée, et en effectuant une approximation que l'on indiquera, donner la variation de $\mu^*_{(T)}$ lorsque la température varie et que le corps pur évolue de la phase solide à la phase gazeuse. Tracer l'allure de $\mu^*_{(T,\,P^0)}$ pour le dibrome.

Données (Br_2) : $S^0_{m(s)} = 112$ J · K^{-1} · mol^{-1}, $S^0_{m(\ell)} = 152$ J · K^{-1} · mol^{-1}, $S^0_{m(g)} = 245$ J · K^{-1} · mol^{-1}.

Sous 1 bar, $t^0_{\text{fus}} = -7{,}2$ °C et $t^0_{\text{vap}} = 58{,}8$ °C.

c) On veut corriger l'approximation effectuée : comment varie l'entropie molaire d'un corps pur avec T à pression fixée. Quelle est désormais la variation de $\mu^0_{(T)}$ avec T ?

d) En travaillant à température fixée, et en introduisant certaines approximations, donner la variation de $\mu^*_{(P)}$ lorsque la pression varie et que le corps pur évolue de la phase solide à la phase gazeuse. Tracer l'allure de $\mu^*_{(298,\,P)}$ pour le dibrome.

Données (Br_2) : $\rho_{(s)} \approx \rho_{(\ell)} = 3{,}1\ \text{g}\cdot\text{cm}^{-3}$; le gaz est assimilé à un gaz parfait.

Conseils méthodologiques : On part de $d\mu^* = V^*_m dP - S^*_m dT$, et on intègre par rapport à l'une des variables, l'autre étant fixée. Utiliser le savoir-faire 2.

a) Pour un corps pur, la fonction $G_{(T,\,P,\,n)}$ permet d'écrire :

$$dG = VdP - SdT + \mu^* dn.$$

Par dérivation croisée : $\left(\frac{\partial \mu^*}{\partial P}\right)_{T,\,n} = \left(\frac{\partial V}{\partial n}\right)_{T,\,P} = V^*_m$ et $\left(\frac{\partial \mu^*}{\partial T}\right)_{P,\,n} = -\left(\frac{\partial S}{\partial n}\right)_{T,\,P} = -S^*_m$.

Il en résulte pour $\mu^*_{(T,\,P)}$: $d\mu^* = \left(\frac{\partial \mu^*}{\partial P}\right)_T dP + \left(\frac{\partial \mu^*}{\partial T}\right)_P dT = \boxed{V^*_m dP - S^*_m dT}$.

b) À pression constante, il reste $d\mu^* = -S^*_m dT$. En supposant l'entropie molaire indépendante de la température, il vient :

$$\mu^*_{(T,\,P)} - \mu^*_{(T_1,\,P)} = -S^*_m(T - T_1) \text{ où } T_1 \text{ est une température origine choisie.}$$

- On observe une *variation affine de* μ^* avec T.
- Lors d'un *changement d'état*, nous savons qu'il y a égalité du potentiel chimique dans chaque phase, donc *continuité* de $\mu^*_{(T,\,P)}$. Seule la pente change.
- Dans le cas *du dibrome*, on constate :

$$S^0_{m(g)} > S^0_{m(\ell)} > S^0_{m(s)}.$$

Remarque : Ce résultat est général puisque le *désordre* augmente du solide au gaz.

Le choix de la pression est la pression standard P^0 et dans ce cas $S^*_{m(T,\,P^0)} = S^0_{m(T)}$ de même que $\mu^*_{(T,\,P^0)} = \mu^0_{(T)}$.

L'allure de la courbe de $\mu^0_{(T)}$ en fonction de T correspond à *trois segments de droite* (Fig. 10).

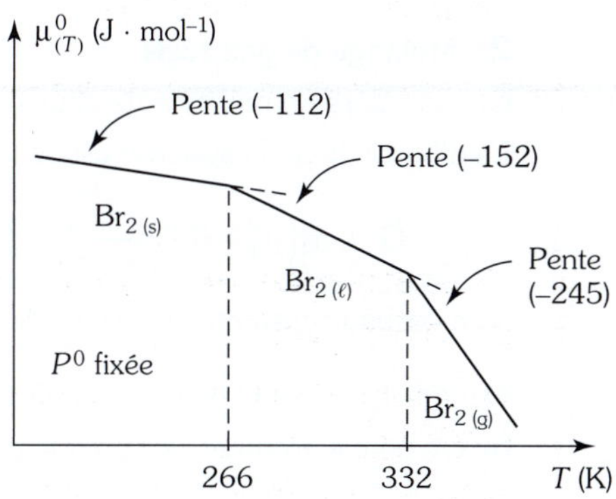

Figure 10

c) En réalité, l'entropie molaire du corps pur à pression P^0 varie avec la température selon $dS^0_m = C^0_{Pm}\frac{dT}{T}$, soit : $S^0_{m(T)} = S^0_{m(T_1)} + C^0_{Pm}\ln\frac{T}{T_1}$

avec T_1 température origine choisie. On suppose C^0_{Pm} indépendant de T.

Par conséquent, $d\mu^0_{(T)} = -S^0_{m(T)}dT = -(\alpha + C^0_{Pm}\ln T)dT$ où α est une constante.

L'intégration donne :

$$\mu^0_{(T)} - \mu^0_{(T_1)} = -\alpha(T - T_1) - C^0_{Pm}\Big[T\ln T - T\Big]_{T_1}^{T}.$$

Le second terme représente le *terme correctif*.

d) À température fixée, l'expression de $d\mu^*$ devient : $d\mu^* = +V^*_m dP$.

Pour un *état condensé*, on admet que V^*_m ne varie pas.

Par conséquent : $\mu^*_{(T,\,P)} - \mu^*_{(T,\,P^0)} = V^*_m(P - P^0)$ où $P^0 = 1$ bar est la pression de l'état standard.

On trouve donc un *segment de droite* pour $\mu^*_{(P)}$ à T fixée et état physique (ℓ ou s) fixé.

Le changement d'état solide → liquide se traduit par une *augmentation de pente* en général :

$$\rho_{(s)} > \rho_{(\ell)} \Rightarrow V_{m(s)} < V_{m(\ell)} \ll V_{m(g)}.$$

Le passage à l'état vapeur assimilé à un gaz parfait se traduit cette fois par $V^*_{m(g)} = \frac{RT}{P}$.

$$d\mu^* = RT\frac{dP}{P} \Rightarrow \mu^*_{(T,\,P)} - \mu^*_{(T,\,P^0)} = RT\ln\frac{P}{P_0}.$$

$\mu^*_{(P)}$ à T fixée croît de façon logarithmique avec P.

D'où l'allure de la courbe $\mu^*_{(P)}$ en Fig. 11. On part désormais des fortes pressions pour l'état solide, puis en diminuant la pression, la pente augmente pour l'état liquide, puis varie pour l'état gazeux.

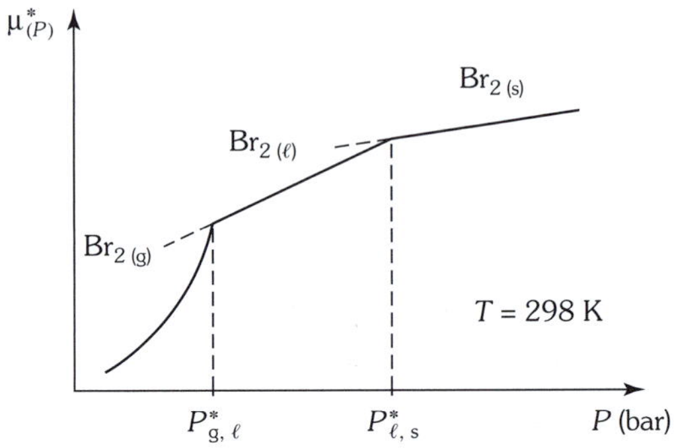

Figure 11

3. Étude d'un système de composition variable ____ D'après E3A

1. Étude d'un gaz parfait

La fonction d'état G est une fonction de la température T, de la pression P et de la quantité n du corps pur considéré assimilé à un gaz parfait.

a) Donner l'expression différentielle de G et la définition du potentiel chimique μ^* de ce gaz parfait.

b) Déduire la relation de Gibbs-Duhem, c'est-à-dire la relation différentielle entre les grandeurs V, S, n et les éléments dP, dT, $d\mu$. Interpréter.

c) Établir l'expression du potentiel chimique du gaz parfait et de l'entropie molaire correspondante.

2. Mélange de gaz réels

On considère un mélange de deux gaz réels à pression et température constante.

L'enthalpie libre du système est de la forme :

$$G = n_1\left(\mu_1^0 + RT\ln\frac{n_1}{n_1+n_2}\right) + n_2\left(\mu_2^0 + RT\ln\frac{n_2}{n_1+n_2}\right) + c\frac{n_1 n_2}{n_1+n_2},$$

où c est une constante, n_1 et n_2 les quantités de chaque gaz et x_1, x_2 les fractions molaires.

a) Établir les expressions de μ_1 et μ_2 en fonction de μ_1^0, μ_2^0, x_1, x_2, R, T et c.

b) On peut également exprimer le potentiel chimique de chaque gaz réel sous la forme $\mu_i = \mu^0_{i(T)} + RT\ln a_i$ avec $\mu^0_{i(T)}$ potentiel chimique standard identique à celui du gaz parfait et $a_i = \gamma_i x_i$ activité (γ_i est le coefficient d'activité). Exprimer γ_1 et γ_2 en fonction de R, T, c, x_1 et x_2. Commenter.

Conseils méthodologiques : Utiliser les identités thermodynamiques et le savoir-faire 2.

1.a) Puisque G est une fonction de T, P, n, il en résulte :

$$dG = \left(\frac{\partial G}{\partial T}\right)_{P,\,n} dT + \left(\frac{\partial G}{\partial P}\right)_{T,\,n} dP + \left(\frac{\partial G}{\partial n}\right)_{T,\,P} dn.$$

Par identification de chaque terme, nous avons :

$$\boxed{dG = -S\,dT + V\,dP + \mu^*\,dn}.$$

Le *potentiel chimique* propre correspond à l'enthalpie libre molaire du corps pur :

$$\boxed{\mu^* = \left(\frac{\partial G}{\partial n}\right)_{T,\,P}} \quad \text{et} \quad \boxed{G = n\mu^*} \quad \text{(extensivité).}$$

b) Nous avons une autre expression de dG grâce à $G = n\mu^*$:

$$dG = n\,d\mu^* + \mu^*\,dn, \quad \text{ce qui donne :} \quad \boxed{-S\,dT + V\,dP = n\,d\mu^*}.$$

Cette relation dite de *Gibbs-Duhem* traduit que le potentiel chimique du corps pur ne peut varier lorsque T et P sont fixées, ou encore μ^* fonction de T et P.

c) Comme la dérivation partielle est *commutative*, nous obtenons :

$$\frac{\partial}{\partial n}\left(\frac{\partial G}{\partial P}\right) = \frac{\partial}{\partial P}\left(\frac{\partial G}{\partial n}\right) \quad \text{soit :} \quad \left(\frac{\partial V}{\partial n}\right)_{T,\,P} = \left(\frac{\partial \mu^*}{\partial P}\right)_{T,\,n} \quad \text{ou encore :} \quad d\mu^* = V_m^* dP \ \text{à } T \text{ fixée.}$$

L'hypothèse *gaz parfait* donne $V_m^* = \dfrac{RT}{P}$ et le choix d'un état standard (gaz parfait sous $P^0 = 1$ bar à la même température) conduit à :

$$d\mu^* = RT\frac{dP}{P} \Rightarrow \mu^*_{(T,\,P)} - \mu^*_{(T,\,P^0)} = RT\ln\frac{P}{P^0}$$

$$\boxed{\mu^*_{(T,\,P)} = \mu^0_{(T)} + RT\ln\frac{P}{P^0}}.$$

Comme $\dfrac{\partial}{\partial n}\left(\dfrac{\partial G}{\partial T}\right) = \dfrac{\partial}{\partial T}\left(\dfrac{\partial G}{\partial n}\right)$, soit $\left(\dfrac{\partial(-S)}{\partial n}\right)_{T,\,P} = \left(\dfrac{\partial \mu^*}{\partial T}\right)_{P,\,n}$, il vient : $S_m^* = -\left(\dfrac{\partial \mu^*}{\partial T}\right)_P = S^0_{m(T)} - R\ln\dfrac{P}{P_0}$.

2.a) *L'enthalpie libre* dépend désormais de T, P, n_1 et n_2. Il en résulte :

$$\mu_1 = \left(\frac{\partial G}{\partial n_1}\right)_{T,\,P,\,n_2} = (\mu_1^0 + RT\ln x_1) + n_1 RT\frac{\partial \ln\left(\frac{n_1}{n_1+n_2}\right)}{\partial n_1} + n_2 RT\frac{\partial \ln\left(\frac{n_2}{n_1+n_2}\right)}{\partial n_1} + cn_2\frac{\partial\left(\frac{n_1}{n_1+n_2}\right)}{\partial n_1}.$$

Les 2nd et 3e termes s'annulent mutuellement :

$$n_1 RT\left[\frac{1}{n_1} - \frac{1}{n_1+n_2}\right] + n_2 RT\left[-\frac{1}{n_1+n_2}\right] = RT\left[1 - \frac{n_1+n_2}{n_1+n_2}\right] = 0.$$

Le 4e terme conduit à :

$$cn_2\left[\frac{1}{n_1+n_2} - \frac{n_1}{(n_1+n_2)^2}\right] = \frac{cn_2^2}{(n_1+n_2)^2} = cx_2^2 = c(1-x_1)^2.$$

Il reste donc : $\boxed{\mu_1 = \mu_1^0 + RT\ln x_1 + c(1-x_1)^2}$.

L'expression de μ_2 est identique avec l'indice 2.

b) Si l'on pose pour *chaque gaz réel* :

$$\mu_1 = \mu_1^0 + RT\ln x_1 + RT\ln\gamma_1,$$

l'identification conduit à :

$$RT\ln\gamma_1 = c(1-x_1)^2, \quad \text{soit : } \gamma_1 = \exp\left[\frac{c(1-x_1)^2}{RT}\right].$$

Remarque :

On vérifie bien que $\lim_{x_1 \to 1} \gamma_1 = 1$.

Chaque gaz quasi pur tend vers un *gaz parfait*.

4. Vaporisation de l'ammoniac — D'après Oral CCP

On s'intéresse à l'ammoniac dont la masse molaire est de 17 g · mol^{-1}. Ce fluide est parfois utilisé dans diverses machines thermiques.

On a mesuré la pression de vapeur saturante P^* (en bar) de l'ammoniac en fonction de la température T (en K) associée à l'équilibre $NH_{3(\ell)} = NH_{3(g)}$.

T	233	243	253	263	273	283	293	303
P^*	0,74	1,23	1,96	3,00	4,43	6,35	8,85	12,0

a) Tracer approximativement l'allure de la courbe $P^* = f(T)$. Attribuer les domaines.

b) Rappeler sans démonstration la formule de Clapeyron des changements d'état.

En admettant que la vapeur se comporte comme un gaz parfait, et que l'enthalpie de vaporisation soit indépendante de T, établir l'expression théorique de $\ln P^*$ en fonction de $\frac{1}{T}$.

c) Tracer avec soin $\ln P^*$ en fonction de $\frac{1}{T}$ (que pensez-vous des approximations précédentes ?). Déduire un ordre de grandeur de l'enthalpie molaire de vaporisation de l'ammoniac et conclure sur l'utilisation mentionnée ci-dessus.

Conseils méthodologiques : Utiliser la formule de Clapeyron du changement d'état d'un corps pur et le savoir-faire 3.

a) À chaque température T est associée une *pression d'équilibre* pour le changement d'état réversible $NH_{3(\ell)} = NH_{3(g)}$. Il en résulte une courbe d'équilibre (Fig. 12), avec P^* fonction croissante de T.

Le chauffage à pression fixée provoque le passage du liquide à la vapeur, d'où les *domaines* ci-contre.

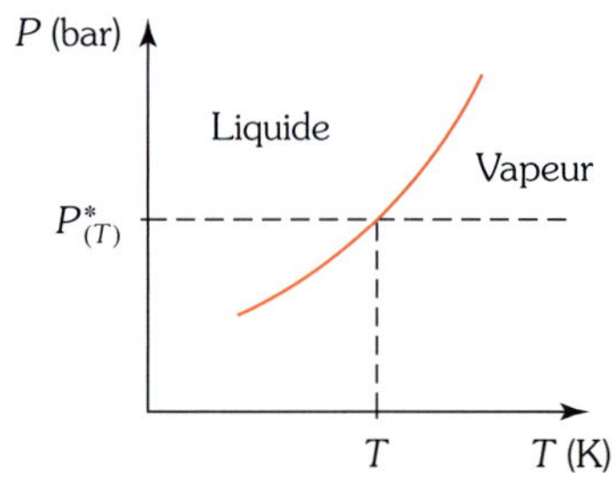

Figure 12

On pose la *formule de Clapeyron* : $\Delta_{\text{vap}}H_{(T)} = T(V^*_{m(v)} - V^*_{m(\ell)})\frac{dP^*}{dT}$.

Dans l'hypothèse où la vapeur est un gaz parfait $\left(V^*_{m(v)} = \frac{RT}{P^*}\right)$ et où l'on peut négliger le volume molaire du liquide, il vient :

$$\Delta_{\text{vap}}H = \frac{RT^2}{P^*}\frac{dP^*}{dT} = RT^2\frac{d\ln P^*}{dT} \Rightarrow d\ln P^* = \frac{\Delta_{\text{vap}}H}{R}\frac{dT}{T^2}.$$

L'intégration en supposant *l'enthalpie de vaporisation* indépendante de T donne la loi :

$$\ln P^* = -\frac{\Delta_{vap}H}{RT} + \text{cte}.$$

Le tracé de $\ln P^*$ en fonction de $\frac{1}{T}$ conduit à une droite (Fig. 13) ce qui justifie *a posteriori* nos hypothèses.

De la pente, on déduit :

$$\boxed{\Delta_{vap}H = 23{,}4 \text{ kJ} \cdot \text{mol}^{-1}}.$$

Cette valeur relativement *importante* justifie le rôle de l'ammoniac comme *fluide frigorigène*.

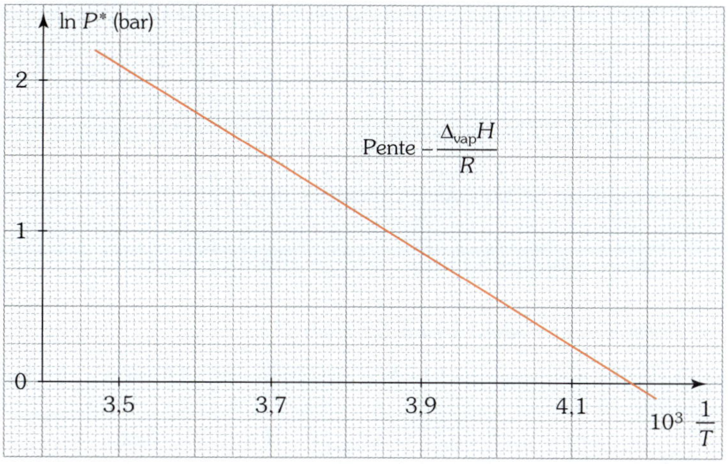

Figure 13

5. Changement d'état du soufre — D'après ENS

1. À l'état solide, le soufre se trouve principalement sous forme de cristal moléculaire, le motif étant une molécule cyclique c-S_8 (c signifie cyclo). À 25 °C, et sous 1 bar, la forme la plus stable est la forme c-$S_8\alpha$. Il existe d'autres formes allotropiques telles c-$S_8\beta$ et c-$S_8\gamma$ dites métastables. Le c-S_6 est également métastable.

Qu'appelle-t-on forme métastable ?

2. Par chauffage à très haute température, le soufre passe de l'état liquide à l'état gazeux selon :

$$\text{c-}S_8(\text{liq}) \rightleftharpoons \text{c-}S_8(\text{gaz}).$$

On donne P^*, pression de vapeur saturante du soufre, en fonction de la température :

P^* (bar)	1,32 10^{-2}	1,32 10^{-1}	1,00	2,00	5,00	10,0
θ (°C)	244,9	328,0	444,6	495,0	574,0	644,0

À très haute température (au-delà de 720 °C) ou à très faible pression, la forme gazeuse prédominante est S_2.

a) Écrire les expressions du potentiel chimique du soufre c-S_8 en phase gazeuse et en phase liquide.

b) Déduire l'expression qui relie P^* et $T = \theta + 273{,}15$ (T température kelvin).

c) Déterminer les valeurs de l'enthalpie et de l'entropie standard de vaporisation. On suppose ces dernières indépendantes de T dans l'intervalle considéré.

d) Expliquer par des considérations thermodynamiques l'apparition de la forme S_2 à faible pression ou haute température.

Conseils méthodologiques : Un corps pur est en *équilibre sous deux phases* s'il a le même potentiel chimique dans chaque phase. En tirer les conséquences.

1. Une forme métastable est une forme *instable thermodynamiquement* mais dont la cinétique de disparition est infiniment lente, donc *stable cinétiquement*.

2.a) Pour l'équilibre diphasé c-$S_{8(\ell)} \rightleftharpoons$ c-$S_{8(g)}$ noté plus simplement $L \rightleftharpoons G$, nous avons dans *chaque phase* :

- $\mu_L = \mu_{(T)}^{0(\ell)} + RT\ln a_{(\ell)}$ avec $RT\ln a_{(\ell)} = V_{m(\ell)}(P - P^0)$, soit : $a_{(\ell)} \approx 1$.
- $\mu_G = \mu_{(T)}^{0(g)} + RT\ln a_{(g)}$ avec $a_{(g)} = \dfrac{P^*}{P^0}$, où P^* est la pression de vapeur saturante à T.

b) À *l'équilibre*, les potentiels chimiques dans les deux phases sont *égaux* :

$$\mu_{(T)}^{0(\ell)} \approx \mu_{(T)}^{0(g)} + RT\ln\frac{P^*}{P^0} \Rightarrow P^* = P^0\exp\left[\frac{\mu_{(T)}^{0(\ell)} - \mu_{(T)}^{0(g)}}{RT}\right].$$

Le choix de T fixe totalement la pression $P^*_{(T)}$.

c) On se place dans un modèle dit d'Ellingham : $\Delta_{vap}H^0$ et $\Delta_{vap}S^0$ *indépendantes de la température*. On remarque que :

$$\Delta_{vap}G^0 = \mu_{(T)}^{0(g)} - \mu_{(T)}^{0(\ell)} = \Delta_{vap}H^0 - T\Delta_{vap}S^0, \quad \text{soit : } \ln\frac{P^*}{P^0} = -\frac{\Delta_{vap}H^0}{RT} + \frac{\Delta_{vap}S^0}{R}.$$

Il suffit donc de tracer $\ln P^*$ en fonction de $\dfrac{1}{T}$ pour obtenir une *droite* de pente $-\dfrac{\Delta_{vap}H^0}{R}$ et d'ordonnée à l'origine $\dfrac{\Delta_{vap}S^0}{R}$.

On peut également effectuer une *régression linéaire*.
On trouve avec un très bon coefficient de corrélation :

$$\boxed{\Delta_{vap}H^0 = 65{,}0 \text{ kJ} \cdot \text{mol}^{-1}} \quad \text{et} \quad \boxed{\Delta_{vap}S^0 = 90{,}3 \text{ J} \cdot \text{K}^{-1} \cdot \text{mol}^{-1}}.$$

Erreur à éviter :
Ne pas oublier de prendre la température en K.

REMARQUE. – On peut vérifier que $\Delta_{vap}S^0 = \dfrac{\Delta_{vap}H^0}{T^0_{vap}}$, avec T^0_{vap} température de vaporisation associée à $P^* = P^0$, soit : $T^0_{vap} = (447 + 273)$ K.

d) On peut schématiser l'apparition de S_2 ($\langle S{=}S \rangle$) par l'équation-bilan : $S_8 \rightleftharpoons 4S_2$.

- On constate qu'il faut casser des liaisons de type σ pour récréer des liaisons de type π plus faibles et donc que cette réaction sera endothermique, donc favorisée par de *hautes températures*.
- On constate qu'il y a apparition de molécules gazeuses. *Une diminution de pression*, donc des interactions moléculaires, provoque une réaction du système dans le sens d'une augmentation des molécules gazeuses, soit l'apparition de S_2.

6. Étude de la solubilité du diiode ______ D'après Centrale-Supelec

Données pouvant être utiles : on travaille à 25 °C.

Constante des gaz parfaits : $R = 8{,}31\ \text{J} \cdot \text{mol}^{-1} \cdot \text{K}^{-1}$.

Masses molaires atomiques en $\text{g} \cdot \text{mol}^{-1}$: H : 1,0 ; C : 12,0 ; O : 16,0.

Masse volumique en $\text{g} \cdot \text{cm}^{-3}$ à 25 °C : eau liquide : 1,0.

1. Étude d'une solution « diluée idéale »

On considère une solution « diluée idéale » formée d'un unique soluté (noté avec l'indice 2) dans un solvant (noté avec l'indice 1), En négligeant la dépendance en pression, donner l'expression, à une température donnée :

a) du potentiel chimique du soluté en fonction de sa concentration molaire et du potentiel chimique standard défini par référence à l'état du soluté en solution infiniment diluée, dans l'échelle des concentrations molaires,

b) du potentiel chimique du soluté en fonction de sa fraction molaire et du potentiel chimique standard défini par référence à l'état du soluté en solution infiniment diluée, dans l'échelle des fractions molaires,

c) du potentiel chimique du solvant en fonction de sa fraction molaire et du potentiel chimique standard défini par référence au corps pur liquide.

2. Application au diiode

Sachant que la solubilité du diiode dans l'eau pure à 25 °C vaut $s = 1{,}36\ 10^{-3}\ \text{mol} \cdot \text{L}^{-1}$, en déduire les valeurs des potentiels chimiques standard dans l'eau du diiode $\mu_{2,\,c,\,\infty}^{0\text{aq}}$ et $\mu_{2,\,x,\,\infty}^{0\text{aq}}$. On pose $\mu^0(I_2)_{\text{solide}} = 0$.

3. Équilibre de partage du diiode entre 2 solvants

On réalise, à 25 °C, un équilibre de partage du diiode entre une phase aqueuse et une phase constituée de tétrachlorométhane CCl_4 non miscible à l'eau.

- La concentration du diiode dans la phase organique, déterminée par spectrophotométrie, est égale à $[I_2]_{\text{org}} = 7{,}40\ 10^{-2}\ \text{mol} \cdot \text{L}^{-1}$.
- La concentration du diiode dans la phase aqueuse est déterminée par titrage. On titre $100{,}0\ \text{mL} = v_0$ de cette solution aqueuse préalablement séparée de la phase organique par une solution de thiosulfate de sodium $Na_2S_2O_3$ de concentration égale à $1{,}24\ 10^{-2}\ \text{mol} \cdot \text{L}^{-1}$; équivalence observée à $v_e = 13{,}7\ \text{mL}$ pour les couples I_2/I^- et $S_4O_6^{2-}/S_2O_3^{2-}$.

a) Rappeler le principe de la détermination d'une concentration par spectrophotométrie.

b) Comment détermine-t-on $[I_2]_{\text{aq}}$ dans la phase aqueuse ?

c) À partir des résultats obtenus, calculer le potentiel chimique standard du diiode dans CCl_4 : $\mu_{2,\,c,\,\infty}^{0\text{org}}$.

d) Calculer la solubilité du diiode dans CCl_4 à 25 °C.

Conseils méthodologiques : Cet extrait suppose connues les diverses expressions du *potentiel chimique* et vous fait réfléchir sur *le choix de l'état standard.* L'équilibre $I_{2(s)} \rightleftharpoons I_{2(aq)}$ suppose l'égalité du potentiel chimique dans les deux phases.

1. Nous utilisons les définitions du *potentiel chimique* du cours :

a) Pour un *soluté* dans l'hypothèse solution diluée idéale :

$$\mu_{2,\,c} = \mu_{2,\,c,\,\infty}^{0} + RT\ln\frac{C_2}{C^0}, \quad \text{avec : } C^0 = 1\ \text{mol} \cdot \text{L}^{-1}.$$

b) Pour un *soluté*, toujours dans l'hypothèse solution diluée idéale, mais dans l'échelle des fractions molaires :

$$\mu_{2,\,x} = \mu_{2,\,x,\,\infty}^{0} + RT\ln x_2 .$$

c) Pour un *solvant*, en référence corps pur (comportement idéal car $x_1 \to 1$) : $\mu_1 = \mu_1^0 + RT \ln x_1$.

2. On étudie l'équilibre de dissolution : $I_{2(s)} \rightleftharpoons I_{2(aq)}$.

On nous donne : $s = [I_{2(aq)}] = 1{,}36\ 10^{-3}\ \text{mol} \cdot \text{L}^{-1}$.

On peut en déduire : $x_{I_2} = x_2 = \dfrac{n_2}{n_1 + n_2} = \dfrac{s}{\dfrac{1000}{18} + s} = 2{,}45\ 10^{-5}$.

> **Remarque :**
> Nous avons raisonné sur 1 L d'eau, soit :
> $m_1 = 1\ 000$ g
> $M_{H_2O} = 18\ \text{g} \cdot \text{mol}^{-1}$.

L'équilibre suppose *l'égalité du potentiel chimique dans les deux phases* :

$$\mu_{2,\,c,\,\infty}^{0aq} + RT \ln \frac{s}{C^0} = \mu_{2,\,x,\,\infty}^{0aq} + RT \ln x_2 = \mu_{2,\,s}^{0} = 0.$$

On en déduit :

$$\boxed{\mu_{2,\,c,\,\infty}^{0aq} = +16{,}3\ \text{kJ} \cdot \text{mol}^{-1}} \quad \text{et} \quad \boxed{\mu_{2,\,x,\,\infty}^{0aq} = +26{,}3\ \text{kJ} \cdot \text{mol}^{-1}}.$$

3.a) La spectrophotométrie utilise la *loi de Beer-Lambert* :

$$A_{(\lambda)} = \varepsilon_{(\lambda)} \ell [I_2]_{org}$$

($A_{(\lambda)}$: absorbance ; $\varepsilon_{(\lambda)}$: coefficient d'extinction molaire ; ℓ : longueur de cuve)

> **Remarque :**
> Le diiode coloré absorbe dans le visible.

b) Un titrage redox permet de déterminer $[I_2]_{aq}$:

$$\left.\begin{array}{l} I_2 + 2\ e^- = 2\ I^- \\ 2\ S_2O_3^{2-} = S_4O_6^{2-} + 2\ e^- \end{array}\right\} \quad I_2 + 2\ S_2O_3^{2-} \to 2\ I^- + S_4O_6^{2-}.$$

À l'équivalence (décoloration de la solution de diiode et ajout éventuel d'un indicateur tel l'empois d'amidon ou le thiodène détectant les dernières traces de I_2), nous avons :

$$n_{I_2} = \frac{n_{S_2O_3^{2-}}}{2} \Rightarrow [I_2]_{aq} v_0 = \frac{1{,}24\ 10^{-2} v_e}{2}, \quad \text{soit : } [I_2]_{aq} = 8{,}5\ 10^{-4}\ \text{mol} \cdot \text{L}^{-1}.$$

c) *L'équilibre de partage* entre phases s'écrit :

$$I_{2,\,aq} \rightleftharpoons I_{2,\,org} \quad \text{avec : } K^0 = \frac{[I_2]_{org}}{[I_2]_{aq}} = 87.$$

Comme les potentiels chimiques sont les mêmes dans les deux phases :

$$\mu_{2,\,c,\,\infty}^{0org} + RT \ln \frac{[I_2]_{org}}{C^0} = \mu_{2,\,c,\,\infty}^{0aq} + RT \ln \frac{[I_2]_{aq}}{C^0}, \quad \text{soit : } \mu_{2,\,c,\,\infty}^{0org} = \mu_{2,\,c,\,\infty}^{0aq} + RT \ln \frac{1}{K^0} = \boxed{+5{,}3\ \text{kJ} \cdot \text{mol}^{-1}}.$$

d) La dissolution du solide directement dans la *phase organique* vérifie :

$$I_{2(s)} \rightleftharpoons I_{2(org)}.$$

À nouveau, l'égalité des potentiels chimiques donne $\mu_{2,\,s}^{0} = \mu_{2,\,c,\,\infty}^{0org} + RT \ln \dfrac{s_{org}}{C^0} = 0 \Rightarrow \boxed{s_{org} = 0{,}12\ \text{mol} \cdot \text{L}^{-1}}$.

7. Système en réaction — D'après Oral CCP

On mélange (état initial, noté E.I.) dans un réacteur isobare ($P = P^0 = 1$ bar) et isotherme ($T = 25$ °C $= 298$ K) $n = 10$ mol de dihydrogène et $n = 10$ mol d'air. Il se produit la réaction violente et totale :

$$2\ H_{2(g)} + O_{2(g)} \rightarrow 2\ H_2O_{(\ell)}.$$

On attend le retour à l'équilibre (état final, noté E.F.).

a) Déduire l'avancement final ξ_f et les pressions partielles des constituants à l'E.I. et à l'E.F.

b) Exprimer le potentiel chimique des divers constituants à l'E.I. et l'E.F. puis la variation d'enthalpie libre du système ΔG.

c) On pose $\Delta_r G^0 = 2\mu^0_{H_2O} - 2\mu^0_{H_2} - \mu^0_{O_2}$ (dite enthalpie libre standard de réaction). Quelle est la valeur limite de $\Delta_r G^0$ pour que cette réaction soit bien spontanée et totale dans ces conditions opératoires ?

Conseils méthodologiques : Utiliser le savoir-faire 5. G est le potentiel thermodynamique du système en réaction à T, P fixées.

a) Dressons un *tableau d'avancement* :

	$2\ H_{2(g)}$ +	$O_{2(g)}$ →	$2\ H_2O_{(\ell)}$	$N_{2(g)}$	Total gaz
E.I.	$n = 10$	$\frac{n}{5} = 2$		$\frac{4n}{5} = 8$	$2n = 20$ mol
	$n - 2\xi$	$\frac{n}{5} - \xi$	2ξ	$\frac{4n}{5}$	$2n - 3\xi$
E.F.	6	0	4	8	14 mol

Erreur à éviter :

Ne pas compter $H_2O_{(\ell)}$ dans le total gaz.

Ne pas oublier $N_{2(g)}$ de l'air.

Le réactif *limitant* est le dioxygène, ce qui a donné $\xi_f = 2$ mol à l'E.F.

L'évolution est *isotherme isobare* et les pressions partielles s'expriment aisément selon $P_i = x_i P = x_i P^0$.

- Dans l'E.I. : $P^{E.I.}_{H_2} = \frac{10}{20}P^0 = 0{,}50$ bar ; $P^{E.I.}_{O_2} = \frac{2}{20}P^0 = 0{,}10$ bar ; $P^{E.I.}_{N_2} = \frac{8}{20}P^0 = 0{,}40$ bar.

- Dans l'E.F. : $P^{E.F.}_{H_2} = \frac{6}{14}P^0 = 0{,}43$ bar ; $P^{E.F.}_{N_2} = \frac{8}{14}P^0 = 0{,}57$ bar.

Le potentiel chimique de chaque constituant s'exprime selon $\mu_i = \mu^0_{i(T)} + RT\ln a_i$, avec : $a_{H_2O_{(\ell)}} \approx 1$ et $a_{i,\,gaz} = \frac{P_i}{P^0}$.

- Dans l'E.I. : $\mu^{E.I.}_{H_2} = \mu^0_{H_2} + RT\ln\frac{P^{E.I.}_{H_2}}{P^0}$; et de même : $\mu^{E.I.}_{O_2}$ et $\mu^{E.I.}_{N_2}$.

- Dans l'E.F. : $\mu^{E.F.}_{H_2O} = \mu^0_{H_2O}$, tandis que : $\mu^{E.F.}_{H_2} = \mu^0_{H_2} + RT\ln\frac{P^{E.F.}_{H_2}}{P^0}$ et de même : μ_{N_2}.

Le système a vu son *enthalpie libre* varier de :

$$\Delta G = \left(\sum_i n_i\mu_i\right)_{E.F.} - \left(\sum_i n_i\mu_i\right)_{E.I.} \Rightarrow \Delta G = 6\mu^{E.F.}_{H_2} + 4\mu^{E.F.}_{H_2O} + 8\mu^{E.F.}_{N_2} - 10\mu^{E.I.}_{H_2} - 2\mu^{E.I.}_{O_2} - 8\mu^{E.I.}_{N_2}.$$

La température n'ayant pas varié, les $\mu^0_{(T)}$ se simplifient en partie. Il reste :

$$\Delta G = 4\mu^0_{H_2O} - 4\mu^0_{H_2} - 2\mu^0_{O_2} + 6RT\ln\frac{P^{E.F.}_{H_2}}{P^0} + 8RT\ln\frac{P^{E.F.}_{N_2}}{P^0} - 10RT\ln\frac{P^{E.I.}_{H_2}}{P^0} - 2RT\ln\frac{P^{E.I.}_{O_2}}{P^0} - 8RT\ln\frac{P^{E.I.}_{N_2}}{P^0}$$

soit : $$\Delta G = 2\Delta_r G^0 + RT\left[6\ln\frac{6}{14} + 8\ln\frac{8}{14} - 10\ln\frac{10}{20} - 2\ln\frac{2}{20} - 8\ln\frac{8}{20}\right] = 2\Delta_r G^0 + 23 \text{ (kJ).}$$

b) Une évolution spontanée à T, P fixées suppose que l'enthalpie libre du système *ne puisse que diminuer* :

$$\Delta G < 0 \Rightarrow 2\Delta_r G^0 + 23{,}0 < 0 \Rightarrow \boxed{\Delta_r G^0 < -11{,}5 \text{ kJ} \cdot \text{mol}^{-1}}.$$

Pour approfondir

8. L'acide chlorhydrique — D'après CCP

1. Variables de composition

Soit une solution de volume V, contenant n_s moles de solvant (de masse molaire M_s et de masse volumique ρ_s) et n_i moles de soluté i. Le contenu de cette solution peut être caractérisé à partir de différentes échelles de « composition » telles que la « concentration molaire », C_i, ou la « fraction molaire », x_i. Pour des raisons pratiques, la composition peut également s'exprimer en « molalité », m_i (nombre de moles de i introduit dans 1 kg de solvant pur).

a) Établir une relation entre la fraction molaire x_i et la molalité m_i de i dans le cas d'une solution diluée de i.

b) Établir une relation entre la concentration C_i et la molalité m_i de i dans les mêmes conditions.

2. Potentiel chimique d'un gaz i

On considère un mélange de gaz parfaits dont i est l'un des composés à la pression partielle P_i. L'expression du potentiel chimique de i, à la température T, s'écrit : $\mu_i(\text{gaz}) = \mu_i^0(T) + RT\ln\left(\frac{P_i}{P^0}\right)$.

a) Redémontrer l'expression du potentiel chimique de i.

b) Quelle est la signification de P^0 et de $\mu_i^0(T)$? Expliquer pourquoi $\mu_i^0(T)$ ne dépend que de la température.

3. Potentiel chimique d'un soluté moléculaire i

Soit un soluté moléculaire i *non dissocié* en solution. Pour exprimer son potentiel chimique, on adopte comme comportement de référence, celui d'un soluté dont la molalité tend vers 0 (« soluté infiniment dilué »). On définit une situation particulière pour laquelle le soluté possède le comportement de référence à une molalité égale à $m^0 = 1 \text{ mol} \cdot \text{kg}^{-1}$ (« solution hypothétique molale »). Le potentiel chimique de i, dans la solution hypothétique molale est noté $\mu^{\infty}_{i,\,m}(T, P)$.

a) Donner l'expression du potentiel chimique du soluté i, $\mu_i(\text{sol})$, à température T, pression P et très faible molalité m_i.

b) Que devient cette expression dans le cas où le comportement de ce soluté ne suit plus celui des « solutés infiniment dilués » ? On introduira la notion d'activité de i et de coefficient d'activité (a_i, γ_i).

4. Potentiel chimique d'un électrolyte fort MX

Soit un électrolyte fort MX, de molalité m_e, se ***dissociant entièrement*** en solution en ses ions M^+ et X^-.

On introduit les activités et les coefficients d'activité du cation (a_+ ; γ_+), de l'anion (a_- ; γ_-), et de l'électrolyte (a_e ; γ_e). On définit également des grandeurs « moyennes » :

$$a_+ \cdot a_- = (a_\pm)^2 \quad \text{et} \quad \gamma_+ \cdot \gamma_- = (\gamma_\pm)^2.$$

a) En supposant que les modèles de comportement évoqués ci-dessus s'appliquent pour chacun des ions, donner l'expression de leur potentiel chimique, en fonction de la molalité m_e, lorsque les solutions de MX sont concentrées.

Que deviennent ces expressions dans le cas limite de solutions de MX très diluées ?

b) Relier le potentiel chimique de MX à celui de ses ions, lorsque les solutions de MX sont concentrées. En déduire l'expression de l'activité de l'électrolyte MX en fonction des activités et coefficients d'activité de ses ions ainsi qu'en fonction des activités et coefficients d'activité moyens.

5. Application à l'étude de la solubilité de HCl dans l'eau

Soit un montage expérimental permettant de mettre en présence une phase liquide, l'eau, et une phase gazeuse à la pression totale égale à 1 bar. HCl dont la pression partielle à l'équilibre vaut P_{HCl} est l'un des constituants de cette phase gazeuse. La molalité de l'acide en solution à l'équilibre est notée m.

a) Expliquer *succinctement* pourquoi l'acide chlorhydrique est un gaz très soluble dans l'eau.

b) Écrire l'équation-bilan représentant l'équilibre de solubilisation de HCl(gaz) dans l'eau. Donner la condition thermodynamique d'équilibre exprimée à partir des potentiels chimiques, à température T et pression totale égale à 1 bar.

c) Établir à l'équilibre une relation entre la pression partielle de HCl et l'activité de HCl en solution. Montrer que pour les molalités les plus faibles, on obtient une relation simple entre la pression partielle de HCl et la molalité de l'acide.

d) Quelques résultats expérimentaux sont reportés dans le tableau ci-dessous. La pression partielle P_{HCl} est mesurée en fonction de la molalité de la solution de HCl, la pression totale de la phase gazeuse étant maintenue à 1 bar.

m (mol · kg^{-1})	0,5	1,2	1,5	2
P_{HCl} (Pa)	0,01	0,06	0,09	0,21

Ces valeurs expérimentales permettent-elles de vérifier l'expression établie à la question précédente ?

Conseils méthodologiques : 1. et **2.** : Revoir le cours en questions. **3.** : Poser l'expression de μ_i(sol) par analogie avec une solution diluée idéale. **4.** : Poser $\mu_{MX} = \mu_{M^+} + \mu_{X^-}$. **5.** : Montrer qu'à l'équilibre : $\mu_{HCl} + \mu_{H_2O} = \mu_{H_3O^+} + \mu_{Cl^-}$ et en tirer les conséquences.

1.a) Pour une solution diluée : $n_i \ll n_s$. Exprimons fraction molaire et molalité :

- *Fraction molaire* : $x_i = \dfrac{n_i}{n_i + n_s} \approx \dfrac{n_i}{n_s}$.
- *Molalité* : $m_i = \dfrac{n_i}{\rho_s V}$ avec V associée à 1 kg de solvant.

Comme $n_s = \dfrac{\rho_s V}{M_s}$, il vient $x_i \approx \dfrac{n_i M_s}{\rho_s V}$. D'où : $\boxed{x_i \approx m_i M_s}$.

b) Par définition, la *concentration molaire* C_i correspond à $C_i = \frac{n_i}{V}$ que l'on rapproche de la *molalité* $m_i = \frac{n_i}{\rho_s V}$.

Il en résulte : $\boxed{C_i = \rho_s m_i}$.

2.a) On peut soit démontrer *l'expression du potentiel chimique du gaz parfait* unique :

$$d\mu^* = dG_m = V^*_m dP, \text{ à } T \text{ fixée.}$$

$$V^*_m = \frac{RT}{P} \Rightarrow \mu^*_{(T,\,P)} = \mu^*{}_{(T,\,P^0)} + RT\ln\frac{P}{P^0},$$

puis généraliser à un mélange en rappelant la définition de la pression partielle P_i (pression qu'aurait ce gaz s'il occupait *seul* tout le volume à la même température T).

$$\mu^{\text{gaz}}_{i(T,\,P_i)} = \mu^*_{i(T,\,P^0)} + RT\ln\frac{P_i}{P^0} = \boxed{\mu^0_{i(T)} + RT\ln\frac{P_i}{P^0}}.$$

Soit démontrer directement *l'expression du potentiel chimique du gaz parfait dans un mélange idéal.*

$$dG = VdP - SdT + \sum_i \mu_i dn_i.$$

Par dérivation croisée : $\left(\frac{\partial \mu_i}{\partial P}\right)_{T,\,n_i} = \left(\frac{\partial V}{\partial n_i}\right)_{T,\,P,\,n_{j\neq i}} = V_{m,\,i}$.

On trouve le volume molaire du gaz parfait A_i d'après : $PV = \left(\sum_i n_i\right)RT \Rightarrow V_{m,\,i} = \frac{RT}{P}$.

Il en résulte : $d\mu_i = V_{m,\,i}dP = RT\frac{dP}{P}$ à T, n_i fixées.

Comme A_i est caractérisé par sa pression partielle $P_i = x_i P$ et qu'à composition fixée $\frac{dP_i}{P_i} = \frac{dP}{P}$, il vient :

$$d\mu_i = RT\frac{dP_i}{P_i}.$$

Le choix de l'état standard pour A_i est toujours ce gaz à l'état de gaz parfait pur sous $P^0 = 1$ bar à la même température. L'intégration conduit alors à :

$$\boxed{\mu^{\text{gaz}}_{i(T,\,P_i)} = \mu^0_{i(T)} + RT\ln\frac{P_i}{P^0}}.$$

b) P^0 *est la pression de référence ou standard* ($P^0 = 1$ bar) ; $\mu^0_{i(T)}$ est le potentiel standard de A_i.

3.a) Par analogie, nous posons :

$$\boxed{\mu_{i(\text{sol})} = \mu^{\infty}_{i,\,m(T,\,P)} + RT\ln\frac{m_i}{m^0}}.$$

b) On remplace $\frac{m_i}{m^0}$ par l'activité $a_i = \gamma_i\frac{m_i}{m^0}$, avec : $\boxed{\lim\gamma_i = 1 \text{ si } m_i \to 0}$ (soluté infiniment dilué).

4.a) Soit l'électrolyte fort : $MX \to M^+ + X^-$.

$$\mu_{M^+} = \mu^{\infty}_{M^+,\,m(T,\,P)} + RT\ln\left[\gamma_+\frac{m_e}{m^0}\right], \text{ où } a_+ = \gamma_+\frac{m_e}{m^0},$$

et $$\mu_{X^-} = \mu^{\infty}_{X^-,\,m(T,\,P)} + RT\ln\left[\gamma_-\frac{m_e}{m^0}\right], \text{ où } a_- = \gamma_-\frac{m_e}{m^0}.$$

Remarque :

Si les solutions deviennent très diluées :

$$\gamma_+ \to 1 \text{ et } \gamma_- \to 1.$$

b) On peut poser $\mu_{MX} = \mu_{M^+} + \mu_{X^-}$. Pour des solutions concentrées nous utilisons les activités :

$$\mu_{MX} = \underbrace{\mu^{\infty}_{M^+,\, m(T,\,P)} + \mu^{\infty}_{X^-,\, m(T,\,P)}}_{\mu^{\infty}_{MX,\, m(T,\,P)}} + RT\ln\underbrace{\left[\gamma_+\gamma_-\left(\frac{m_e}{m^0}\right)^2\right]}_{a_e}.$$

On trouve : $$\boxed{a_e = a_+a_- = (a_\pm)^2 = (\gamma_\pm)^2\left(\frac{m_e}{m^0}\right)^2}.$$

5.a) $HCl_{(g)}$ est très soluble dans l'eau, solvant *polaire*, *protique* (liaisons hydrogène) et *dispersant* (ε_r élevé).

b) $HCl_{(g)} + H_2O \rightleftharpoons H_3O^+_{aq} + Cl^-_{aq}$.

L'équilibre suppose l'enthalpie libre du système G minimale à T, P fixées :

$$dG_{[T,\,P]} = \sum_i\left(\frac{\partial G}{\partial n_i}\right)_{T,\,P,\,n_j} dn_i = \sum_i \mu_i dn_i = \left(\sum_i \mu_i\nu_i\right)d\xi,$$

soit : $$\left(\frac{\partial G}{\partial \xi}\right)_{T,\,P} = \sum_i \mu_i\nu_i = 0 = \mu_{H_3O^+} + \mu_{Cl^-} - \mu_{HCl} - \mu_{H_2O}.$$

Exprimons chacun des potentiels chimiques :

- $\mu_{HCl} = \mu^0_{HCl_{(T)}} + RT\ln\frac{P_{HCl}}{P^0}$.
- $\mu_{H_2O} = \mu^0_{H_2O_{(T)}}$
- $\mu_{H_3O^+} + \mu_{Cl^-} = \mu^{\infty}_{H_3O^+_{(T,\,P^0)}} + \mu^{\infty}_{Cl^-_{(T,\,P^0)}} + RT\ln\left[\gamma_+\gamma_-\left(\frac{m_e}{m^0}\right)^2\right]$.

Remarque : H_2O est le solvant : $a_{H_2O} = 1$.

D'où la condition d'équilibre, l'indice e étant relatif à l'électrolyte HCl_{aq}.

$$\mu^0_{HCl_{(T)}} + RT\ln\frac{P_{HCl}}{P^0} + \mu^0_{H_2O_{(T)}} = \mu^{\infty}_{H_3O^+_{(T,\,P^0)}} + \mu^{\infty}_{Cl^-_{(T,\,P^0)}} + RT\ln a_e.$$

c) Pour les solutions *quelconques* :

$$RT\ln\frac{P_{HCl}}{P^0} - RT\ln a_e = \mu^{\infty}_{H_3O^+_{(T,\,P^0)}} + \mu^{\infty}_{Cl^-_{(T,\,P^0)}} - \mu^0_{HCl_{(T)}} + -\mu^0_{H_2O_{(T)}}.$$

Le second membre ne dépend que de T : $\ln\frac{P_{HCl}}{a_eP^0} = \frac{\Phi(T)}{RT} = K^0_{(T)}$. D'où : $P_{HCl} = K^0_{(T)}a_eP^0$.

Pour les solutions *diluées* : $a_e = \left(\frac{m_e}{m^0}\right)^2 \Rightarrow$ $$\boxed{P_{HCl} = K^0_{(T)}\left(\frac{m_e}{m^0}\right)^2 P^0}.$$

Il suffit de vérifier que $\frac{P_{HCl}}{m_e^2}$ reste constant.

Remarque : Le modèle est valable pour les solutions *diluées* ($m \leqslant 1{,}5$ mol · kg^{-1}). Pour la dernière mesure, il faut tenir compte du coefficient d'activité.

m (mol · kg^{-1})	0,5	1,2	1,5	2
P_{HCl} (Pa)	0,01	0,06	0,09	0,21
P_{HCl}/m_e^2 (Pa · mol^{-2} · kg^2)	0,040	0,042	0,040	0,053

CHAPITRE 2

Grandeurs de réaction

Le cours en questions

1 ■ Notions sur les grandeurs de réaction

1.1 Comment définir la grandeur de réaction $\Delta_r Z$ d'un système fermé en réaction ?

Soit Z une fonction d'état extensive du système fermé d'étude évoluant selon la réaction d'équation bilan :

$$\sum_i \nu_i A_i = 0.$$

- **Variables de Gibbs** $(T, P, \ldots n_i \ldots)$:

$$dZ_{[T,\,P\text{ fixées}]} = \sum_i \left(\frac{\partial Z}{\partial n_i}\right)_{T,\,P,\,n_j} dn_i = \sum_i Z_{m,\,i}\, dn_i.$$

- **Variables de Donder** (T, P, ξ) :

$$dZ_{[T,\,P\text{ fixées}]} = \left(\frac{\partial Z}{\partial \xi}\right)_{T,\,P} d\xi.$$

Par identification, on définit *l'opérateur de Lewis* Δ_r :

$$\Delta_r Z = \sum_i \nu_i Z_{m,\,i} = \left(\frac{\partial Z}{\partial \xi}\right)_{T,\,P}.$$

$\Delta_r Z$ représente *la pente* de la courbe $Z = f(\xi)$ à chaque instant.

Convention algébrique : $\nu_i < 0$ réactifs, $\nu_i > 0$ produits.
$A_i : n_{i(t)} = n_{i(0)} + \nu_i \xi$
avec ξ *avancement* de réaction, soit : $dn_i = \nu_i d\xi$.

$\Delta_r Z$ est donc la grandeur de réaction relative à Z : elle est *intensive* et traduit une propriété *instantanée* du système (dépend de T, de P et de la composition).

1.2 Peut-on confondre grandeur de réaction $\Delta_r Z$ et grandeur standard de réaction $\Delta_r Z^0$?

• **La grandeur standard de réaction** est par définition :

$$\Delta_r Z^0_{(T)} = \sum_i \nu_i \, \Delta_r Z^0_{m,\, i(T)} \, .$$

Elle ne dépend que *de la température*, et correspond à la variation de la grandeur Z^0 du système *standard* (chaque constituant est supposé pris ou obtenu dans son état standard à T) *par mole d'avancement de réaction*.

• **On ne peut confondre** *a priori* $\Delta_r Z$ et $\Delta_r Z^0_{(T)}$ puisque $\Delta_r Z$ correspond au système réel et dépend de T, P, ξ dans le cas général.

$\Delta_r Z$ ou $\Delta_r Z^0$ nécessite de connaître l'équation-bilan de réaction.

1.3 Quel est le lien entre les grandeurs de réaction $\Delta_r Z$ et les grandeurs du système ΔZ ?

• **Transformation à *T*, *P* fixées** : la grandeur du système Z varie entre l'E.I. et l'E.F. de $\Delta Z = Z_{\text{E.F.}} - Z_{\text{E.I.}} = \int_{\text{E.I.}}^{\text{E.F.}} \mathrm{d}Z = \int_{\text{E.I.}}^{\text{E.F.}} \Delta_r Z \, \mathrm{d}\xi$.

Erreur à éviter :

Ne pas sortir $\Delta_r Z$ de l'intégrale dans le cas général car $\Delta_r Z$ varie avec ξ.

• **Système standard** : $\Delta_r Z$ devient $\Delta_r Z^0_{(T)}$ et alors :

$$\Delta Z = \Delta_r Z^0_{(T)}(\xi_f - \xi_0).$$

2 L'enthalpie de réaction

2.1 L'approximation idéalité : justifier que pour un mélange idéal on puisse confondre $\Delta_r H$ et $\Delta_r H^0_{(T)}$.

• **L'hypothèse mélange idéal** se traduit par : $\mu_i = \mu^*_{i(T,\,P)} + RT\ln x_i$.
D'après la relation de *Gibbs Helmholtz* :

$$\left(\frac{\partial\left(\frac{\mu_i}{T}\right)}{\partial T}\right)_{P,\, n_i} = -\frac{H_{m,\, i}}{T^2} \Rightarrow H^*_{m,\, i(T,\, P)} = H_{m,\, i(T,\, P,\, x_i)} \, .$$

Il s'agit d'un *mélange idéal* gazeux, liquide ou solide. $RT\ln x_i$ constitue le terme de mélange idéal et :

$$\left(\frac{\partial\left(\frac{RT\ln x_i}{T}\right)}{\partial T}\right)_{P,\, n_i} = 0.$$

• **L'hypothèse gaz parfait ou état condensé** incompressible se traduit par (indépendance de P) :

$$H^*_{m,\, i(T,\, P)} = H^*_{m,\, i(T)} = H^0_{m,\, i(T)} \, .$$

Dans les deux cas :

$$\mathrm{d}H^*_m = C_{Pm}\,\mathrm{dT}.$$

Il en résulte :

$$\sum_i \nu_i H_{m,\, i(T,\, P,\, x_i)} = \sum_i \nu_i H^0_{m,\, i(T)} \Rightarrow \Delta_r H = \Delta_r H^0_{(T)} \, .$$

Cela montre *tout l'intérêt a posteriori* du système standard et de la réaction standard.

2.2 Comment traduire le bilan des transferts thermiques d'un système selon le type de réacteur ?

- **Réacteur monotherme monobare** :

$$Q_P = \Delta H = \xi_f \; \Delta_r H^0_{(T)} \quad \text{si } \xi_{E.I.} = 0.$$

- **Réacteur monotherme isochore** :

$$Q_V = \Delta U = \xi_f \; \Delta_r U^0_{(T)} \quad \text{si } \xi_{E.I.} = 0.$$

En pratique, on déduit $\Delta_r U^0_{(T)}$ de $\Delta_r H^0_{(T)}$:

$$H = U + PV = U + n_{gaz}RT \Rightarrow \Delta_r H^0_{(T)} = \Delta_r U^0_{(T)} + RT\,\Delta_r n_{gaz}.$$

- **Réacteur adiabatique monobare** : la réaction s'effectue à $T_{E.I.} = T_0$ et le système s'échauffe ensuite de T_0 à $T_{E.F.} = T_f$ (*température de flamme*).

$$Q_P = 0 = \underbrace{\Delta H_1}_{\xi_f \Delta_r H^0_{(T_0)}} + \underbrace{\Delta H_2}_{\int_{T_0}^{T_f}\left(\sum_i n_i C_{Pm_i}\right)\mathrm{d}T}$$

- **Réacteur adiabatique isochore** : on atteint désormais une température T_f et une pression P_f dite *d'explosion*.

$$Q_V = 0 = \underbrace{\Delta U_1}_{\xi_f \Delta_r U^0_{(T_0)}} + \underbrace{\Delta U_2}_{\int_{T_0}^{T_f}\left(\sum_i n_i C_{Vm_i}\right)\mathrm{d}T}$$

2.3 Comment calculer d'après les tables une enthalpie standard de réaction ?

Les tables sont bâties à 298 K (25° C) et on commence à déterminer $\Delta_r H^0_{(298)}$ notée $\Delta_r H^0$.

- **À partir des enthalpies molaires standard de formation** :

$\Delta_f H_i^0$ est l'enthalpie standard de réaction associée à la formation d'une mole du composé A_i à partir de ses éléments constitutifs pris dans l'état standard de référence.

Loi de Hess pour $\sum_i \nu_i A_i = 0$: $\quad \Delta_r H^0 = \sum_i \nu_i \Delta_f H_i^0$.

- **À partir des enthalpies standard de liaison** :

Il suffit de décomposer les molécules *gazeuses* en leurs atomes constitutifs à l'état gazeux (réaction *d'atomisation*) puis de reconstituer les produits.

Loi de Hess : $\quad \Delta_r H^0 = -\sum_i k_i D_i$.

où k_i représente le nombre de liaisons de type i ($k_i < 0$ réactifs et $k_i > 0$ produits).

L'E.I. et l'E.F. sont des *états d'équilibre* du système/milieu extérieur.

Seule la quantité totale *gazeuse* intervient pour la différence entre H et U.

Erreur à éviter :
Il faut échauffer *tous* les constituants présents (actifs ou inertes) du système.
Attention à des changements d'état éventuels de T_0 à T_f.

Rappels :
gp : $C_{Pm} - C_{Vm} = R$
ec : $C_{Pm} \approx C_{Vm}$.

Réaction :
endothermique : $\Delta_r H^0 > 0$,
exothermique : $\Delta_r H^0 < 0$.

Par convention :

$\forall T \quad \Delta_f H^0_{(\text{corps pur simple, état standard de } \textit{référence})} = 0.$

L'état standard de référence est l'état d'agrégation *le plus stable* à T, sous P^0.
On rajoute, en solutions aqueuses, $\Delta_f H^0(H^+_{aq}) = 0$.

Convention :
$A-B_{(g)} \rightarrow A_{(g)} + B_{(g)}$
$\Delta_r H^0 \approx D_{A-B}$.

Erreur à éviter :
Il y a *discontinuité* de l'enthalpie de réaction lors des changements d'état. Rajouter les termes en $\Delta_{fus}H^0$ ou $\Delta_{vap}H^0$.

- **Influence de la température** : on passe de $\Delta_r H^0_{(298)}$ à $\Delta_r H^0_{(T)}$ soit en construisant un *cycle*, soit en intégrant la *loi de Kirchhoff* :

$$\frac{d\,\Delta_r H^0_{(T)}}{dT} = \Delta_r C_P^0 \; .$$

Le modèle d'Ellingham suppose $\Delta_r C_P^0 \approx 0$, soit $\Delta_r H^0$ = cte (en l'absence de changement d'état).

3 L'entropie de réaction

3.1 Justifier que, même pour un mélange idéal, on ne puisse confondre $\Delta_r S$ et $\Delta_r S^0_{(T)}$.

Même en l'absence d'interactions nouvelles de mélange, il y a *création d'entropie* par diffusion :

$$S_{m,\,i} > S^*_{m,\,i}.$$

Le modèle idéal $\mu_i = \mu^*_{i(T,\,P)} + RT\ln x_i$ conduit à :

$$S_{m,\,i} = -\left(\frac{\partial \mu_i}{\partial T}\right)_{P,\,n_i} = S^*_{m,\,i} - R\ln x_i \, .$$

On constate $S_{m,\,i} \neq S^*_{m,\,i}$ et *a fortiori* $\neq S^0_{m,\,i(T)}$ (car l'entropie molaire dépend de P pour l'état gazeux) $\Rightarrow \Delta_r S \neq \Delta_r S^0_{(T)}$.

3.2 Comment calculer d'après les tables une entropie standard de réaction ?

On commence à déterminer $\Delta_r S^0_{(298)}$ puis $\Delta_r S^0_{(T)}$.

- **À partir des entropies molaires standard**

– *Le 3e principe ou principe de Nernst* postule que :

$$S_{m\,(\text{tout corps pur au 0 K, } \forall P)} = 0 \; .$$

Au zéro kelvin, le corps pur est dans un état *d'ordre absolu* (cristal parfait).

– *On bâtit des tables* à T = 298 K (25 °C) sous P^0 par échauffement du cristal et changement d'état éventuel.

$H_2O_{(s)}$ à 0 K $\rightarrow H_2O_{(s)}$ à 273 K $\rightarrow H_2O_{(\ell)}$ à 273 K $\rightarrow H_2O_{(\ell)}$ à 298 K.

$$\Delta S_m = S^0_{m(298)} = \int_0^{273} C^0_{pm(s)} \frac{dT}{T} + \frac{\Delta_{fus}H^0}{T^0_{fus}} + \int_{273}^{298} C^0_{pm(\ell)} \frac{dT}{T}.$$

– On applique pour la réaction la *loi de Hess* :

$$\Delta_r S^0 = \sum_i \nu_i S^0_{m,\,i} \; .$$

On peut aussi utiliser les *entropies standard de formation* : $\Delta_r S^0 = \sum_i \nu_i \, \Delta_f S_i^0$ (peu fréquent).

Le signe de $\Delta_r S^0$ est le même que celui de $\Delta_r n_{gaz}$; si n_{gaz} croît : $\Delta_r S^0 > 0$.

Erreur à éviter :
Il y a *discontinuité* de l'entropie de réaction lors des changements d'état. Rajouter les termes en :

$$\Delta_{fus} S^0 = \frac{\Delta_{fus} H^0}{T^0_{fus}}$$

$$\text{et } \Delta_{vap} S^0 = \frac{\Delta_{vap} H^0}{T^0_{vap}}.$$

- **Influence de la température** : on passe de $\Delta_r S^0_{(298)}$ à $\Delta_r S^0_{(T)}$, soit en construisant un *cycle*, soit en intégrant la *loi de Kirchhoff* :

$$\frac{d\Delta_r S^0_{(T)}}{dT} = \frac{\Delta_r C_P^0}{T} \; .$$

Le modèle d'Ellingham suppose $\Delta_r C_P^0 \approx 0$, soit $\Delta_r S^0$ = cte (en l'absence de changement d'état).

4 ■ L'enthalpie libre de réaction

4.1 Comment définir $\Delta_r G$ et $\Delta_r G^0_{(T)}$?

- **Enthalpie libre de réaction** :

$$\Delta_r G = \left(\frac{\partial G}{\partial \xi}\right)_{T,P} = \sum_i \nu_i \mu_i \;.$$

Nous savons que $\mu_i = \mu^0_{i(T)} + RT\ln a_i$. D'où :

$$\Delta_r G = \Delta_r G^0_{(T)} + RT\ln\left(\prod_i a_i^{\nu_i}\right) \;.$$

On pose $Q = \prod_i a_i^{\nu_i}$ *quotient réactionnel*.

- **Enthalpie libre standard de réaction**

Système et réaction standard : $\Delta_r G^0_{(T)} = \sum_i \nu_i \mu^0_{i(T)}$.

- **Condition d'évolution** :

Un système évoluant de façon monotherme monobare suppose que son enthalpie libre ne peut que diminuer :

$$dG_{[T,P]} = \Delta_r G \, d\xi \leqslant 0 \;.$$

Le signe de $\Delta_r G$ et non de $\Delta_r G^0$ est nécessaire pour prédire le sens d'évolution $\xrightarrow{1}$ ou $\xleftarrow{2}$ du système selon la réaction.

4.2 Comment calculer d'après les tables une enthalpie libre standard de réaction ?

- **À partir de $\Delta_r H^0_{(T)}$ et $\Delta_r S^0_{(T)}$**

La définition de $G = H - TS$ conduit à : $\Delta_r G^0_{(T)} = \Delta_r H^0_{(T)} - T\Delta_r S^0_{(T)}$.

- **À partir des enthalpies libres standard de formation** :

Loi de Hess : $\Delta_r G^0 = \sum_i \nu_i \Delta_f G_i^0$.

Les tables sont bâties à 298 K.

- **Influence de la température**

– Dans le *modèle d'Ellingham* ($\Delta_r C_p^0 \approx 0$), $\Delta_r G^0_{(T)}$ est une fonction affine de T :

$$\Delta_r G^0_{(T)} = \Delta_r H^0 - T\Delta_r S^0 \;.$$

Système *fermé* évoluant selon $\sum_i \nu_i A_i = 0$.

Q dépend donc de T, P, ξ à chaque instant.

Réaction :
endergonique : $\Delta_r G^0 > 0$
exergonique : $\Delta_r G^0 < 0$.

Cf. prochain chapitre pour la *condition d'équilibre*.

Même convention :

$\forall T$, $\Delta_f G^0_{\text{(corps pur simple dans état standard de référence)}} = 0$.

Et en solutions aqueuses :

$\Delta_f G^0(H^+_{aq}) = 0$.

En effet, lors du changement d'état : $\Delta_{vap}S^0 = \frac{\Delta_{vap}H^0}{T^0_{vap}}$.

On appelle *température d'inversion* d'un équilibre la valeur $T = T_i$ pour laquelle $\Delta_r G^0_{(T_i)} = 0$.

REMARQUE. – Il y a *rupture de pente* lors du changement d'état d'un constituant, mais pas discontinuité de $\Delta_r G^0_{(T)}$, car $\Delta_{tra}G^0 = 0$.

– Dans le *cas général*, nous disposons des relations de Kirchhoff (déjà vues) et de *Gibbs Helmholtz* :

$$\frac{d\Delta_r G^0_{(T)}}{dT} = -\Delta_r S^0_{(T)} \quad \text{et} \quad \frac{d\left(\frac{\Delta_r G^0_{(T)}}{T}\right)}{dT} = -\frac{\Delta_r H^0_{(T)}}{T^2}.$$

Les savoir-faire clefs

Conseils méthodologiques

Toujours veiller à bien lire les *unités* des grandeurs proposées. Noter la différence entre kJ et J.

1.1.a) et b) Exploiter les *lois de Hess*.

1.1.c) et d) Utiliser la définition de $\Delta_r G^0_{(T)}$ et de T_i.

1.2.a) et b) Utiliser les *lois de Kirchhoff*.

1.2.c) Regrouper les termes en veillant aux unités.

1 ■ Savoir exploiter les tables pour exprimer $\Delta_r G^0_{(T)}$.

On étudie **l'hydrolyse du fluorure de zinc** :

$$ZnF_{2(s)} + H_2O_{(g)} = 2\ HF_{(g)} + ZnO_{(s)}$$

On lit dans les tables à 298 K :

	$H_2O_{(g)}$	$HF_{(g)}$	$ZnF_{2(s)}$	$ZnO_{(s)}$
$\Delta_f H^0$, kJ · mol⁻¹	–241,8	–271,1	–764,4	–348,3
S^0_m, J · K⁻¹ · mol⁻¹	188,7	173,7	73,7	43,6
C^0_{Pm}, J · K⁻¹ · mol⁻¹	33,6	29,1	65,6	40,6

1.1 Grandeurs standard de réaction à T_0 = 298 K

a) Calculer l'enthalpie standard de réaction à 298 K.

b) Calculer l'entropie standard de réaction à 298 K.

c) Calculer l'enthalpie libre standard de réaction à 298 K.

d) Exprimer l'enthalpie libre standard de réaction dans l'approximation d'Ellingham en fonction de la température T. En déduire une estimation de la température d'inversion T_i.

1.2 Grandeurs standard de réaction à T

En supposant l'absence de changement d'état entre 298 K et T (K), exprimer :

a) l'enthalpie standard de réaction à T ;

b) l'entropie standard de réaction à T ;

c) l'enthalpie libre standard de réaction à T.

d) En déduire la réelle température d'inversion.

1.1. a) Nous utilisons *la loi de Hess* :

$$\Delta_r H^0_{(298)} = \sum_i \nu_i \Delta_f H^0_i \quad \text{(tables à 298 K)}.$$

$$\Delta_r H^0_{(298)} = 2\Delta_f H^0(HF_{(g)}) + \Delta_f H^0(ZnO_{(s)}) - \Delta_f H^0(ZnF_{2(s)}) - \Delta_f H^0(H_2O_{(g)}).$$

$$\boxed{\Delta_r H^0_{(298)} = 115{,}7 \text{ kJ} \cdot \text{mol}^{-1}}.$$

b) Selon le même raisonnement :

$$\Delta_r S^0_{(298)} = \sum_i \nu_i S^0_{m_i} \quad \text{(tables à 298 K)}.$$

$$\Delta_r S^0_{(298)} = 2S^0_m(HF_{(g)}) + S^0_m(ZnO_{(s)}) - S^0_m(ZnF_{2(s)}) - S^0_m(H_2O_{(g)}).$$

$$\boxed{\Delta_r S^0_{(298)} = 128{,}6 \text{ J} \cdot \text{K}^{-1} \cdot \text{mol}^{-1}}.$$

c) *L'enthalpie libre standard* de réaction a pour expression :

$$\Delta_r G^0_{(T)} = \Delta_r H^0_{(T)} - T\Delta_r S^0_{(T)}.$$

Pour $T = 298$ K : $\Delta_r G^0_{(298)} = \Delta_r H^0_{(298)} - 298\Delta_r S^0_{(298)} = \boxed{77{,}4 \text{ kJ} \cdot \text{mol}^{-1}}$.

d) *L'approximation d'Ellingham* consiste à supposer $\Delta_r H^0$ et $\Delta_r S^0$ indépendantes de la température en l'absence de changement d'état (soit $\Delta_r C^0_P \approx 0$).

Donc : $\Delta_r G^0_{(T)} = \Delta_r H^0_{(298)} - T\Delta_r S^0_{(298)}$, soit :

$$\boxed{\Delta_r G^0_{(T)} = 115{,}7 - 128{,}6\ 10^{-3} T} \quad (\text{en kJ} \cdot \text{mol}^{-1}).$$

La température d'inversion correspond à la valeur T_i telle que :

$$\Delta_r G^0_{(T_i)} = 0 \Rightarrow \boxed{T_i = \frac{\Delta_r H^0}{\Delta_r S^0} = 900 \text{ K}}.$$

1.2 Nous utilisons désormais les *lois de Kirchhoff* :

a) $$\frac{d\Delta_r H^0_{(T)}}{dT} = \Delta_r C^0_P$$

$$= C^0_{Pm}(ZnO_{(s)}) + 2C^0_{Pm}(HF_{(g)}) - C^0_{Pm}(ZnF_{2(s)}) - C^0_{Pm}(H_2O_{(g)}).$$

On calcule $\Delta_r C^0_P = -0{,}40 \text{ J} \cdot \text{K}^{-1} \cdot \text{mol}^{-1}$.

L'intégration entre 298 K et T donne : $\Delta_r H^0_{(T)} - \Delta_r H^0_{(298)} = \Delta_r C^0_P (T - 298)$,

$$\boxed{\Delta_r H^0_{(T)} = 115{,}8 - 0{,}40\ 10^{-3} T}, \text{ en kJ} \cdot \text{mol}^{-1}.$$

b) De la même manière :

$$\frac{d\Delta_r S^0_{(T)}}{dT} = \frac{\Delta_r C^0_P}{T} \Rightarrow \Delta_r S^0_{(T)} - \Delta_r S^0_{(298)} = \Delta_r C^0_P \ln \frac{T}{298}$$

La variation d'enthalpie *ne dépend pas du chemin suivi*.

La réaction est *endothermique* : $\Delta_r H^0 > 0$.

La réaction se fait avec *augmentation du désordre* :

$\Delta_r n_{gaz} > 0 \Rightarrow \Delta_r S^0 > 0$.

La réaction est *endergonique* : $\Delta_r G^0 > 0$.

Dans le modèle d'Ellingham, $\Delta_r G^0_{(T)}$ est une *fonction affine de T*.

Erreur à éviter :

Attention aux unités :
$\Delta_r H^0$ en kJ · mol^{-1} ;
$\Delta_r S^0$ en J · K^{-1} · mol^{-1}.
Se ramener à une même unité.

On peut retrouver ce résultat en *construisant un cycle* avec réaction à 298 K et réaction à T, plus échauffement ou refroidissement.

Erreur à éviter :

Attention, ici encore à l'unité de C^0_{Pm}.

L'approximation d'Ellingham est *suffisante le plus souvent*.

$$\boxed{\Delta_r S^0_{(T)} = 130{,}9 - 0{,}40\ \ln T}\text{, en J} \cdot \text{K}^{-1} \cdot \text{mol}^{-1}.$$

c) *L'enthalpie libre standard* de réaction varie désormais avec T selon :

$$\Delta_r G^0_{(T)} = \Delta_r H^0_{(T)} - T\Delta_r S^0_{(T)}$$

$$\boxed{\Delta_r G^0_{(T)} = 115{,}8 - 131{,}3\ 10^{-3}T + 0{,}40\ 10^{-3}T\ln T}\text{, en kJ} \cdot \text{mol}^{-1}.$$

d) La résolution machine ou graphique de $\Delta_r G^0_{(T_i)} = 0$ conduit désormais à :

$$\boxed{T_i = 901\text{ K}}.$$

Conseils méthodologiques

2.1. Il faut utiliser les *relations de Gibbs Helmholtz*, pour déduire de $\Delta_r G^0_{(T)}$ à la fois $\Delta_r S^0_{(T)}$ et $\Delta_r H^0_{(T)}$.

2.2.a) Construire un *cycle* en effectuant la vaporisation réversiblement.

2.2.b) La pression n'a pas d'influence sur l'état liquide. Par contre, elle a une forte influence sur l'état gazeux supposé parfait.

2 ■ Savoir déduire de $\Delta_r G^0_{(T)}$ toutes les grandeurs de réaction et savoir calculer une entropie molaire standard.

On étudie la synthèse du méthanol selon :

$$CO_{(g)} + 2\ H_{2(g)} = CH_3OH_{(g)}.$$

2.1 Grandeurs standard de réaction

On donne l'enthalpie libre standard de réaction (en J · mol^{-1}) à une température T (kelvin) :

$$\Delta_r G^0_{(T)} = -73{,}7\ 10^3 - 249{,}1T - \frac{0{,}125}{2}T^2 + 75{,}8T\ln T.$$

Déduire de cette expression :

a) l'entropie standard de réaction à T ;

b) l'enthalpie standard de réaction à T ;

c) la capacité thermique de réaction $\Delta_r C^0_P$.

2.2 Entropie molaire standard

À 25 °C = 298 K, le méthanol gaz n'existe pas à l'état pur sous $P^0 = 1$ bar. En effet, le méthanol liquide est en équilibre avec le méthanol gaz à 298 K sous $P^* = 16\,510$ Pa.

L'enthalpie de vaporisation du méthanol est égale à 37,3 kJ · mol^{-1} à 298 K.

a) Par quelles étapes réversibles peut-on passer du méthanol liquide au gaz à 298 K, sous 1 bar ?

b) En déduire l'entropie molaire standard de $CH_3OH_{(\ell)}$ à 298 K connaissant $S^0_m(CH_3OH_{(g)}) = 238{,}0$ J · K^{-1} · mol^{-1} à 298 K.

2.1 D'après les relations de *Gibbs-Helmholtz* :

$$\frac{\mathrm{d}\Delta_r G^0_{(T)}}{\mathrm{d}T} = -\Delta_r S^0_{(T)} \quad \text{et} \quad \frac{\mathrm{d}\left(\dfrac{\Delta_r G^0_{(T)}}{T}\right)}{\mathrm{d}T} = -\frac{\Delta_r H^0_{(T)}}{T^2},$$

il vient :

a) $\Delta_r S^0_{(T)} = +249{,}1 + 0{,}125T - 75{,}8(\ln T + 1)$,

soit : $\boxed{\Delta_r S^0_{(T)} = 173{,}3 + 0{,}125T - 75{,}8\ln T}$, en $\mathrm{J \cdot K^{-1} \cdot mol^{-1}}$.

b) $\Delta_r H^0_{(T)} = -T^2\left[+\dfrac{73{,}7 \cdot 10^3}{T^2} - \dfrac{0{,}125}{2} + 75{,}8\left(\dfrac{1}{T}\right)\right]$

soit : $\boxed{\Delta_r H^0_{(T)} = -73{,}7 \cdot 10^3 - 75{,}8T + \dfrac{0{,}125}{2}T^2}$, en $\mathrm{J \cdot mol^{-1}}$.

c) D'après la *loi de Kirchhoff* :

$$\frac{\mathrm{d}\Delta_r H^0_{(T)}}{\mathrm{d}T} = \boxed{\Delta_r C^0_P = -75{,}8 + 0{,}125T}, \text{ en J} \cdot \mathrm{K^{-1} \cdot mol^{-1}}.$$

Si la fonction G est un *potentiel thermodynamique* d'un système qui évolue à T, P fixées, cela signifie que l'on peut déduire toutes les autres fonctions à partir de G. Il en va de même pour les *grandeurs de réaction* à partir de $\Delta_r G^0_{(T)}$.

2.2. a) On bâtit *le cycle suivant* :

$$\begin{array}{ccc} & \Delta_{vap}S^0 & \\ CH_3OH_\ell & \rightarrow & CH_3OH_g \\ P^0 = 1 \text{ bar, } 298\text{ K} & & 1 \text{ bar, } 298\text{ K} \\ \downarrow \Delta S_1 & & \uparrow \Delta S_2 \\ & \Delta_{vap}S^* & \\ CH_3OH_\ell & \rightarrow & CH_3OH_g \\ P^* = 16\,510 \text{ bar, } 298\text{ K} & & 16\,510 \text{ bar, } 298\text{ K} \end{array}$$

Le changement d'état a lieu désormais à 298 K, et $P^*_{(298)}$ = 16 510 Pa, c'est-à-dire dans les *conditions de réversibilité*.

b) L'entropie est une fonction d'état : sa variation ne dépend pas du chemin suivi.

$$\Delta_{vap}S^0 = \Delta S_1 + \Delta_{vap}S^* + \Delta S_2.$$

Calculons chacun de ces termes :

- *Compression isotherme* d'un liquide :

$$\Delta S_1 \approx 0 \text{ (pression sans influence sur état condensé).}$$

Identité thermodynamique $\mathrm{d}U = -P\mathrm{d}V + T\mathrm{d}S$ avec V = cte et $\mathrm{d}U \approx nC_m\mathrm{d}T$, pour l'état condensé.

- *Vaporisation réversible* à T et $P^*_{(T)}$ fixées :

$$\Delta_{vap}S^* = \frac{\Delta_{vap}H^*}{T} = 125{,}2 \text{ J} \cdot \mathrm{K^{-1} \cdot mol^{-1}}.$$

- *Détente isotherme* d'un gaz :

$$\Delta S_2 = \int_{E.I.}^{E.F.} \frac{\mathrm{d}H - V\mathrm{d}P}{T} = -R\ln\frac{P_{E.F.}}{P_{E.I.}} = -15{,}0 \text{ J} \cdot \mathrm{K^{-1} \cdot mol^{-1}}.$$

Identité thermodynamique $\mathrm{d}H = V\mathrm{d}P + T\mathrm{d}S$ avec $\mathrm{d}H = nC_{P,m}\mathrm{d}T$, pour le gaz parfait.

Il en résulte : $\Delta_{vap}S^0 = S^0_{m(g)} - S^0_{m(\ell)} = 110{,}2 \text{ J} \cdot \mathrm{K^{-1} \cdot mol^{-1}}$,

soit : $\boxed{S^0_{m(\ell)} = 127{,}8 \text{ J} \cdot \mathrm{K^{-1} \cdot mol^{-1}}}$.

Conseils méthodologiques

On raisonnera sur 100 mol du mélange.

3.1.a) et b) Choisir les plus petits coefficients entiers.

3.2 L'air a pour composition :

$20\ \%\ O_2 + 80\ \%\ N_2$.

Chercher la quantité de O_2 nécessaire, puis en déduire celle de N_2 rajoutée, qu'il faudra aussi échauffer de 298 K à T_f.

3 ■ Savoir calculer une température de flamme.

Une usine produisant du zinc rejette un gaz épuré à 298 K et 1 bar dont la composition molaire est la suivante : 22 % CO, 11 % CO_2, 1 % H_2 et 66 % N_2. Ce gaz est brûlé dans une chaudière avant d'être rejeté dans l'atmosphère.

3.1 Enthalpies standard de combustion

a) Écrire les réactions de combustion de H_2 notée (1) et de CO notée (2) à 298 K. On équilibrera avec $H_2O_{(g)}$.

b) Calculer les enthalpies standard de combustion $\Delta_r H_1^0$ et $\Delta_r H_2^0$.

3.2 Température de flamme dans la chaudière

Calculer la température maximale atteinte par l'ensemble des gaz en considérant la combustion totale, isobare et adiabatique et dans l'hypothèse où l'air juste nécessaire à la combustion est apporté à la chaudière.

Données :	$CO_{(g)}$	$CO_{2(g)}$	$H_2O_{(g)}$	$N_{2(g)}$
$\Delta_f H^0$ (kJ · mol⁻¹)	−110	−394	−242	0
$C_{P,m}^0$ (J · K⁻¹ · mol⁻¹)		$44 - 0{,}020T$	$30 + 0{,}010T$	$28 + 0{,}004T$

$H_2O_{(g)}$ est un *état standard hypothétique* à 298 K et non l'état standard de référence.

Les réactions de combustion sont *exothermiques*.

Il s'agit du *raisonnement classique* : on suppose que les réactions ont lieu à 298 K et que l'énergie thermique libérée sert à échauffer tous les constituants du système présents en fin de réaction de 298 K à T_f.

3.1.a) Équilibrons les *réactions de combustion* :

$$2\ H_{2(g)} + O_{2(g)} = 2\ H_2O_{(g)} \quad (1)$$

$$2\ CO_{(g)} + O_{2(g)} = 2\ CO_{2(g)} \quad (2)$$

b) *La loi de Hess* conduit à :

$$\Delta_r H_1^0 = 2\ \Delta_f H^0(H_2O_{(g)}) = -484\ \text{kJ} \cdot \text{mol}^{-1}$$

$$\Delta_r H_2^0 = 2\ \Delta_f H^0(CO_{2(g)}) - 2\Delta_f H^0(CO_{(g)}) = -568\ \text{kJ} \cdot \text{mol}^{-1}.$$

3.2 Nous raisonnons sur un *total* à l'E.I. de 100 mol.

$CO_{(g)}$: 22 mol ; $CO_{2(g)}$: 11 mol ; $H_{2(g)}$: 1 mol et $N_{2(g)}$: 66 mol.

La combustion nécessite pour (1) :

	$2\ H_{2(g)}$	$+\ O_{2(g)}$	$\rightarrow\ 2\ H_2O_{(g)}$
E.I.	1	0,5	
E.F.	0	0	1

et *libère* $\Delta H_1 = \xi_1 \Delta_r H_1^0$, avec $\xi_1 = 0{,}5$ mol.

La combustion nécessite pour (2) :

	$2\ CO_{(g)}$	$+\ O_{2(g)}$	$\rightarrow\ 2\ CO_{2(g)}$
E.I.	22	11	
E.F.	0	0	22

et *libère* $\Delta H_2 = \xi_2 \Delta_r H_2^0$, avec $\xi_2 = 11$ mol.

Le système à l'E.F. est constitué de :

$$CO_{2(g)} \ : \ 11 + 22 = 33 \text{ mol} \ ; \quad H_2O_{(g)} \ : \ 1 \text{ mol} \ ;$$
$$N_2 \ : \ 66 + 4(0{,}5) + 4(11) = 112 \text{ mol},$$

puisqu'à chaque O_2 consommé sont associés 4 N_2.
C'est ce système qui s'échauffe de $T_0 = 298$ K à T_f, le bilan étant adiabatique.

$$\Delta H = 0 = \xi_1 \Delta_r H_1^0 + \xi_2 \Delta_r H_2^0 + \int_{T_0}^{T_f} [C_{P,\,m}^0(H_2O_{(g)}) + 33\, C_{P,\,m}^0(CO_{2(g)}) + 112\, C_{P,\,m}^0(N_{2(g)})]\,dT$$

$$0 = -6\,490\ 10^3 + \int_{298}^{T_f} (4\,618 - 0{,}202T)\,dT.$$

On obtient l'équation du 2nd degré :

$$-0{,}101T_f^2 + 4\,618T_f - 7\,857\ 10^3 = 0,$$ dont la racine *acceptable* est :

$$\boxed{T_f = 1\,770 \text{ K}}.$$

Cette valeur de T_f est une valeur limite ou maximale, les *pertes* vis-à-vis du milieu extérieur imposant $T < T_f$.

4 ■ Savoir distinguer grandeurs de réaction et grandeurs standard de réaction.

4.1 Approximation du mélange idéal

a) Rappeler l'expression du potentiel chimique d'un constituant gazeux d'un mélange assimilé à un mélange idéal de gaz parfaits.

b) En déduire que pour un tel constituant :

$$H_{m,\,i} = H_{m,\,i}^* = H_{m,\,i}^0 \quad \text{et} \quad S_{m,\,i} \neq S_{m,\,i}^* \neq S_{m,\,i}^0.$$

c) Exprimer pour un tel mélange, en réaction selon l'équation bilan $\sum_i \nu_i A_i = 0$, les relations entre grandeurs de réaction et grandeurs standard de réaction pour H, S et G.

4.2 Application à la synthèse de l'ammoniac

On considère l'équation bilan :

$$N_{2(g)} + 3\,H_{2(g)} = 2\,NH_{3(g)}.$$

On lit dans les tables à 298 K pour $NH_{3(g)}$:

$$\Delta_f H^0 = -46{,}1 \text{ kJ} \cdot \text{mol}^{-1} \quad \text{et} \quad \Delta_f G^0 = -16{,}5 \text{ kJ} \cdot \text{mol}^{-1}.$$

a) Calculer les grandeurs standard de réaction à 298 K : $\Delta_r H^0$, $\Delta_r G^0$ et $\Delta_r S^0$.

b) Calculer les grandeurs de réaction $\Delta_r H$, $\Delta_r G$ et $\Delta_r S$ pour un système constitué de 1 mol N_2, 1 mol H_2 et 1 mol NH_3 à 298 K, sous $P = 30$ bar.

Conseils méthodologiques

4.1.a) On donne *deux expressions*, l'une utilisant le potentiel chimique propre $\mu_{i(T,\,P)}^*$, l'autre le potentiel chimique standard $\mu_{i(T)}^0$.

4.1.b) Utiliser les relations de *Gibbs-Helmholtz*.

4.1.c) Revenir à la définition $\Delta_r Z$.

4.2.a) Utiliser la relation entre $\Delta_r G^0$, $\Delta_r H^0$ et $\Delta_r S^0$.

4.2.b) Calculer le quotient réactionnel Q pour le mélange étudié.

4.1. a) Nous posons par définition :

$$\mu_i = \mu^*_{i(T,\,P)} + RT\ln x_i = \mu^0_{i(T)} + RT\ln\frac{P_i}{P^0}, \quad \text{avec } P_i = x_i P.$$

b) Nous disposons pour la *fonction enthalpie libre* des relations (Gibbs-Helmholtz) :

$$\left(\frac{\partial G}{\partial T}\right)_{P,\,n_i} = -S \quad \text{et} \quad \left(\frac{\partial \frac{G}{T}}{\partial T}\right)_{P,\,n_i} = -\frac{H}{T^2}.$$

En appliquant *l'opérateur* $\left(\frac{\partial}{\partial n_i}\right)_{T,\,P}$, nous obtenons :

$$\left(\frac{\partial \mu_i}{\partial T}\right)_{P,\,n_i} = -S_{m,\,i} \quad \text{et} \quad \left(\frac{\partial \frac{\mu_i}{T}}{\partial T}\right)_{P,\,n_i} = -\frac{H_{m,\,i}}{T^2}.$$

Les relations au niveau des fonctions d'état se conservent pour les grandeurs molaires partielles.

- En exprimant $\frac{\mu_i}{T} = \frac{\mu_i^*}{T} + R\ln x_i = \frac{\mu_i^0}{T} + R\ln\frac{x_i P}{P^0}$, nous constatons que la dérivée du 2nd terme par rapport à T, à P et n_i fixés, est nulle.

Il en résulte :

$$\left(\frac{\partial \frac{\mu_i}{T}}{\partial T}\right)_{P,\,n_i} = \left(\frac{\partial \frac{\mu_i^*}{T}}{\partial T}\right)_{P,\,n_i} = \left(\frac{\partial \frac{\mu_i^0}{T}}{\partial T}\right)_{P,\,n_i}$$

soit : $\boxed{H_{m,\,i_{(T,\,P,\,n_j)}} = H^*_{m,\,i_{(T,\,P)}} = H^0_{m,\,i_{(T)}}}$.

C'est l'approximation que nous avons toujours utilisée pour le gaz parfait, comme pour l'état condensé.

- Par contre, la dérivée $\left(\frac{\partial \mu_i}{\partial T}\right)_{P,\,n_i}$ fait apparaître un 2nd terme :

$$\left(\frac{\partial \mu_i}{\partial T}\right)_{P,\,n_i} = \left(\frac{\partial \mu_i^*}{\partial T}\right)_{P,\,n_i} + R\ln x_i = \left(\frac{\partial \mu_i^0}{\partial T}\right)_{P,\,n_i} + R\ln\frac{P_i}{P^0},$$

soit : $\boxed{S_{m,\,i_{(T,\,P,\,n_j)}} = S^*_{m,\,i_{(T,\,P)}} - R\ln x_i = S^0_{m,\,i_{(T)}} - R\ln\frac{P_i}{P^0}}$.

c) Pour l'équation bilan $\sum_i \nu_i A_i = 0$, la *grandeur de réaction* est définie par $\Delta_r Z = \sum_i \nu_i Z_{m,\,i}$.

Il en résulte :

$$\Delta_r H = \sum_i \nu_i H_{m,\,i} = \sum_i \nu_i H^0_{m,\,i_{(T)}} = \Delta_r H^0_{(T)}.$$

$$\Delta_r G = \sum_i \nu_i \mu_i = \sum_i \nu_i\left(\mu_i^0 + RT\ln\frac{P_i}{P^0}\right) = \Delta_r G^0_{(T)} + RT\ln\prod_i\left(\frac{P_i}{P^0}\right)^{\nu_i}$$

$$= \Delta_r G^0_{(T)} + RT\ln Q.$$

On appelle *quotient réactionnel* la grandeur $Q = \prod_i a_i^{\nu_i}$, sans dimension.
Elle *caractérise le système réel* à un instant donné.

$$\Delta_r S = -\left(\frac{\partial \Delta_r G}{\partial T}\right)_{P,\,n_i} = \boxed{\Delta_r S^0_{(T)} - R\ln Q}.$$

4.2. a) Les grandeurs standard de formation de $N_{2(g)}$ et $H_{2(g)}$ sont nulles (corps simples dans état standard de référence).
Il en résulte pour les *grandeurs standard de réaction* :

$$\Delta_r H^0 = 2\Delta_f H^0(NH_{3(g)}) = -92{,}2 \text{ kJ} \cdot \text{mol}^{-1}$$

$$\Delta_r G^0 = 2\Delta_f G^0(NH_{3(g)}) = -33{,}0 \text{ kJ} \cdot \text{mol}^{-1}.$$

De la relation $\Delta_r G^0 = \Delta_r H^0 - T\Delta_r S^0$, on tire à 298 K :

$$\Delta_r S^0 = \frac{\Delta_r H^0 - \Delta_r G^0}{298} = -199 \text{ J} \cdot \text{K}^{-1} \cdot \text{mol}^{-1}.$$

b) *Les grandeurs de réaction* sont des grandeurs « instantanées » :

$$\Delta_r H = \Delta_r H^0 = -92{,}2 \text{ kJ} \cdot \text{mol}^{-1}$$

$$\Delta_r G = \Delta_r G^0 + RT\ln\frac{P_{NH_3}^2 P^{02}}{P_{N_2} P_{H_2}^3}.$$

On constate que : $P_{NH_3} = P_{N_2} = P_{H_2} = \frac{1}{3}P = 10$ bar.

D'où : $Q = 10^{-2}$.
Il en résulte :

$\Delta_r G = -44{,}4 \text{ kJ} \cdot \text{mol}^{-1}$ et $\Delta_r S = \Delta_r S^0 - R\ln Q = -160 \text{ J} \cdot \text{K}^{-1} \cdot \text{mol}^{-1}$.

Les grandeurs standard de réaction ne nécessitent que la *connaissance de l'équation-bilan et de la température*, pas du système réel.

Les grandeurs de réaction nécessitent la *connaissance du système réel*.

On peut aussi déduire $\Delta_r S$ de $\Delta_r G = \Delta_r H - T\Delta_r S$.

Pour maîtriser les bases

1. À propos de la purification du nickel — D'après Agrégation physique

On fait passer du monoxyde de carbone gazeux à température modérée et pression ordinaire sur des pastilles de nickel impur. Aucun autre métal n'est susceptible de réagir dans ces mêmes conditions et il se forme du tétracarbonyle nickel selon :

$$Ni_{(s)} + 4\,CO_{(g)} = Ni(CO)_{4(g)\text{ ou }(\ell)} \quad (1)$$

Après séparation du milieu, le nickel carbonyle est décomposé, selon la réaction inverse pour donner du nickel pur (procédé Mond de raffinage du nickel).

Données (298 K)	$Ni_{(s)}$	$CO_{(g)}$	$Ni(CO)_{4(\ell)}$
$\Delta_f H^0$ (kJ · mol⁻¹)	0	–111	–632
S^0_m (J · K⁻¹ · mol⁻¹)	30	198	320

$Ni(CO)_{4(\ell)}$ bout sous 1 bar à $T^0_{vap} = 43\ °C = 316\ K$ et a une enthalpie standard de vaporisation $\Delta_{vap}H^0 = 30\ kJ \cdot mol^{-1}$. On rappelle $R = 8{,}31\ J \cdot K^{-1} \cdot mol^{-1}$.

On se place dans l'approximation d'Ellingham.

a) Calculer l'enthalpie standard de réaction de (1) à 298 K.

b) Calculer l'entropie standard de réaction de (1) à 298 K.

c) Établir en fonction de la température T les expressions de l'enthalpie libre standard de réaction de (1) dans les domaines [0 °C, 43 °C] puis [43 °C, 200 °C].

d) Pouvait-on prévoir le signe du coefficient de T dans ces expressions ?

e) Tracer le graphe $\Delta_r G^0_{(T)}$ en fonction de T. Quelle est la température d'inversion de l'équilibre ? Commenter.

Conseils méthodologiques : Utiliser le savoir-faire 1 : *lois de Hess*. Tenir compte d'un changement d'état physique.

a) À 25 °C = 298 K, le tétracarbonyle nickel est *liquide*.

D'après la *loi de Hess*, nous calculons l'enthalpie standard de réaction :

$$\Delta_r H^0_{(298)} = \sum_i \nu_i \Delta_f H^0_i$$

$$= \Delta_f H^0(Ni(CO)_{4(\ell)}) - 4\,\Delta_f H^0(CO_{(g)}) = \boxed{-188\ kJ \cdot mol^{-1}}.$$

La réaction est *exothermique*.

Remarque : $Ni_{(s)}$ est dans son état standard de référence.

b) Selon les tables d'entropie molaire standard, nous calculons l'entropie standard de réaction :

$$\Delta_r S^0_{(298)} = \sum_i \nu_i S^0_{m_i} = S^0_m(Ni(CO)_{4(\ell)}) - S^0_m(Ni_{(s)}) - 4\,S^0_m(CO_{(g)}) = \boxed{-502\ J\cdot K^{-1}\cdot mol^{-1}}.$$

L'entropie standard de réaction est *négative* car l'ordre augmente (disparition des molécules gazeuses).

c) Dans l'approximation d'Ellingham, $\Delta_r H^0$ et $\Delta_r S^0$ sont indépendantes de la température en l'absence de changements d'état. Donc entre 0 °C et 43 °C :

$$\Delta_r H^0 = -188\ 10^3\ J\cdot mol^{-1} \quad \text{et} \quad \Delta_r S^0 = -502\ J\cdot K^{-1}\cdot mol^{-1}.$$

Il en résulte : $\Delta_r G^0_{(1)} = \Delta_r H^0 - T\Delta_r S^0 = \boxed{-188\ 10^3 + 502T\ (J\cdot mol^{-1})}$.

- À 43 °C se produit le changement d'état : $Ni(CO)_{4(\ell)} \rightleftharpoons Ni(CO)_{4(g)}$

$$\Delta_{vap}H^0 = \Delta_f H^0(Ni(CO)_{4(g)}) - \Delta_f H^0(Ni(CO)_{4(\ell)})$$

$$\text{et} \quad \Delta_{vap}S^0 = \frac{\Delta_{vap}H^0}{T^0_{vap}} = S^0_m(Ni(CO)_{4(g)}) - S^0_m(Ni(CO)_{4(\ell)}).$$

- Entre 43 °C et 200 °C, nous retrouvons l'équilibre (1), mais désormais avec $Ni(CO)_{4(g)}$. Nous le noterons (2).

$$(2) = (1) + (vap) \Rightarrow \begin{cases} \Delta_r H^0_{(2)} = \Delta_r H^0_{(1)} + \Delta_{vap}H^0 = -158\ kJ\cdot mol^{-1} \\ \Delta_r S^0_{(2)} = \Delta_r S^0_{(1)} + \Delta_{vap}S^0 = -407\ J\cdot K^{-1}\cdot mol^{-1}. \end{cases}$$

Il en résulte : $\boxed{\Delta_r G^0_2 = -158\ 10^3 + 407T\ (J\cdot mol^{-1})}$.

d) Le coefficient de T ou la pente de la droite $\Delta_r G^0 = f(T)$ correspond à $-\Delta_r S^0$. Il mesure donc la variation de l'ordre au cours de la réaction. La pente est plus forte pour (1) (4 moles gazeuses disparaissent) que pour (2) (3 moles gazeuses disparaissent) et reste toujours positive ($\Delta_r S^0 < 0$ car $\Delta_r n_{gaz} < 0$).

e) Le graphe correspond à deux segments de droite (Fig. 1).

À l'échelle, la variation de pente est peu visible.

La température d'inversion est définie par $\Delta_r G^0_{(T_i)} = 0$.

Cela n'est possible que pour (2) :

$$T_i = \frac{158\ 10^3}{407} = \boxed{388\ K \text{ ou } 115\ °C}.$$

La réaction est thermodynamiquement favorisée dans le sens $\xrightarrow{1}$ ($\Delta_r G^0 < 0$) pour $T < T_i$ et favorisée dans le sens $\xleftarrow{2}$ pour $T > T_i$.

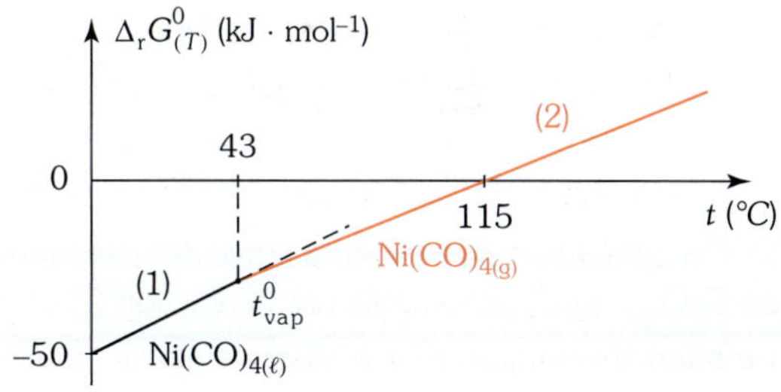

Figure 1

2. Autoentretien d'une réaction — D'après Oral Agro

a) On veut réduire à 1 000 °C = 1 273 K de l'oxyde ferreux $FeO_{(s)}$ par des réducteurs gazeux, le monoxyde de carbone CO et le dihydrogène H_2, selon :

① $FeO_{(s)} + CO_{(g)} = Fe_{(s)} + CO_{2(g)}$.

② $FeO_{(s)} + H_{2(g)} = Fe_{(s)} + H_2O_{(g)}$.

Calculer les enthalpies standard de réaction ① et ②.

b) On envoie un mélange gazeux de n moles de H_2 et λn moles de CO sur de l'oxyde ferreux dans un four à 1 000 °C sous 1 bar.

Déterminer λ pour que la réaction de réduction soit autoentretenue, c'est-à-dire que la réduction soit totale sans apport d'énergie.

On admet que les fuites thermiques vers l'extérieur sont de $f = 40$ kJ par kg de $FeO_{(s)}$ réduit.

Données à 1 000 °C	$H_2O_{(g)}$	$FeO_{(s)}$	$CO_{2(g)}$	$CO_{(g)}$
$\Delta_f H^0$ (kJ · mol⁻¹)	–241,8	–272,0	–393,5	–110,5

Masse molaire : Fe : 55,8 g · mol^{-1} ; O : 16,0 g · mol^{-1}.

Conseils méthodologiques : Utiliser le savoir-faire 3. Faire un *bilan enthalpique* au niveau du four qui doit se maintenir à 1 000 °C sans apport de l'opérateur.

a) La loi de Hess nous donne aisément les enthalpies standard de réaction :

$$\Delta_r H^0_{①} = \Delta_f H^0(CO_{2(g)}) - \Delta_f H^0(FeO_{(s)}) - \Delta_f H^0(CO_{(g)}) = -11{,}0 \text{ kJ} \cdot \text{mol}^{-1}.$$

$$\Delta_r H^0_{②} = \Delta_f H^0(H_2O_{(g)}) - \Delta_f H^0(FeO_{(s)}) = +30{,}2 \text{ kJ} \cdot \text{mol}^{-1}.$$

Remarque :

① est *exo*thermique

② est *endo*thermique.

b) On admet la consommation totale des réducteurs ce qui suppose que n moles de $FeO_{(s)}$ sont consommés par la réaction ② et λn moles par la réaction ①.

Le bilan thermique pour le système global {four + son contenu} correspond à :

$$\Delta H = n\Delta_r H^0_{②} + \lambda n \Delta_r H^0_{①} = \Delta H_{\text{fuites}}.$$

Pour $n(1+\lambda)$ moles de $FeO_{(s)}$, les fuites thermiques sont de :

$$\Delta H_{\text{fuites}} = -n(1+\lambda)M_{FeO} f.$$

Le signe – traduit une énergie cédée par le système au milieu extérieur.

D'où, après simplification par n :

$$\Delta_r H^0_{②} + \lambda \Delta_r H^0_{①} + (1+\lambda)M_{FeO} f = 0$$

$$\Rightarrow \boxed{\lambda = -\frac{\Delta_r H^0_{②} + M_{FeO} f}{\Delta_r H^0_{①} + M_{FeO} f} \approx 4{,}1}.$$

Erreur à éviter :

Si la réaction est *autoentretenue*, le four reste à 1 000 °C sans nécessité de le réchauffer. La réaction chimique exothermique ① compense ② endothermique et les pertes thermiques vers l'extérieur.

3. Formation des chlorures de cuivre — D'après Oral Agro

Le cuivre peut former deux chlorures selon :

① $2\ Cu_{(s)} + Cl_{2(g)} = 2\ CuCl_{(s)}$ chlorure cuivreux ;

② $Cu_{(s)} + Cl_{2(g)} = CuCl_{2(s)}$ chlorure cuivrique.

1. On donne les grandeurs standard à 25 °C ($\Delta_f H^0$ et S^0_m) supposées indépendantes de la température. Calculer :

a) l'enthalpie et l'entropie standard de réaction de ① et ② ;

b) l'enthalpie libre standard de réaction de ① et ②.

2.a) Écrire la réaction de dismutation de chlorure cuivreux en cuivre et chlorure cuivrique.

b) Justifier que cette réaction est impossible dans le sens direct.

On admet que les fuites thermiques vers l'extérieur sont de $f = 40$ kJ par kg de $FeO_{(s)}$ réduit.

Données : $R = 8{,}31\ J \cdot K^{-1} \cdot mol^{-1}$

	$Cu_{(s)}$	$Cl_{2(g)}$	$CuCl_{(s)}$	$CuCl_{2(s)}$
$\Delta_f H^0$ (kJ · mol⁻¹)	0	0	–137,2	–220,1
S^0_m (J · K⁻¹ · mol⁻¹)	33,2	223	86,2	108,1

Conseils méthodologiques : Utiliser les savoir-faire 1 et 4. La partie 1 calcule $\Delta_r G^0_{(T)}$ dans l'approximation d'Ellingham. La partie 2 nécessite de connaître le signe de $\Delta_r G$.

1.a) Nous utilisons la *loi de Hess* :

$$\Delta_r H^0_{①} = 2\Delta_f H^0(CuCl_{(s)}) = -274{,}4\ kJ \cdot mol^{-1}$$

et $$\Delta_r S^0_{①} = 2S^0_m(CuCl_{(s)}) - 2S^0_m(Cu_{(s)}) - S^0_m(Cl_{2(g)}) = -117{,}0\ J \cdot K^{-1} \cdot mol^{-1}.$$

De la même manière :

$$\Delta_r H^0_{②} = \Delta_f H^0(CuCl_{2(s)}) = -220{,}1\ kJ \cdot mol^{-1}$$

$$\Delta_r S^0_{②} = S^0_m(CuCl_{2(s)}) - S^0_m(Cu_{(s)}) - S^0_m(Cl_{2(g)}) = -148{,}1\ J \cdot K^{-1} \cdot mol^{-1}.$$

Remarque : Les deux réactions sont *exothermiques* et se font avec diminution du *désordre microscopique* ($\Delta_r n_{gaz} < 0$).

b) On se place dans *l'approximation d'Ellingham* où $\Delta_r H^0$ et $\Delta_r S^0$ ne varient pas avec T. L'enthalpie libre standard de réaction est alors une fonction affine de T.

$$\Delta_r G^0_{①} = \Delta_r H^0_{①} - T\Delta_r S^0_{①} = \boxed{-274{,}4 + 117{,}0\ 10^{-3}T}\ (kJ \cdot mol^{-1}).$$

et $$\Delta_r G^0_{②} = \Delta_r H^0_{②} - T\Delta_r S^0_{②} = \boxed{-220{,}1 + 148{,}1\ 10^{-3}T}\ (kJ \cdot mol^{-1}).$$

2.a) Le chlorure cuivreux *se dismute* en cuivre et chlorure cuivrique selon :

③ $2\ CuCl_{(s)} \rightleftharpoons Cu_{(s)} + CuCl_{2(s)}$.

b) On constate que ③ = − ① + ②, ce qui donne :

$$\Delta_r G^0_{③} = \Delta_r G^0_{②} - \Delta_r G^0_{①} = \boxed{54{,}3 + 31{,}1\ 10^{-3} T} \quad (\text{kJ} \cdot \text{mol}^{-1}).$$

Cette réaction ne fait intervenir que des *espèces solides* :

$$Q = 1 \Rightarrow \Delta_r G_{③} = \Delta_r G^0_{③} > 0,\ \forall T.$$

D'après le *principe d'évolution* $dG_{[T,\,P]} = \Delta_r G\, d\xi \leqslant 0$, cette réaction est *impossible* dans le sens $\xrightarrow{1}$ direct $(d\xi > 0)$.

Erreur à éviter :

Pour prédire l'impossibilité d'une réaction, on ne peut se contenter de raisonner sur $\Delta_r G^0$. Il faut revenir au second principe :

$$S_c \geqslant 0 \Rightarrow dG_{[T,\,P]} \leqslant 0,$$

c'est-à-dire à $\Delta_r G\ d\xi$.

4. Température de flamme pour Ariane V — D'après Enstim

On peut schématiser l'étage principal cryotechnique d'Ariane V en Fig. 2.

L'étage principal cryotechnique (EPC) et le moteur Vulcain

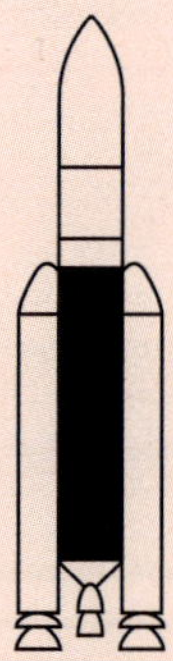

diamètre	5,4 m
hauteur	30 m
masse totale	170 tonnes
poussée	100 tonnes
contenance	25 tonnes de dihydrogène 130 tonnes de dioxygène liquide stockées à basse température
temps de consommation	570 secondes

Figure 2
Source : CNES.

Données (298 K) : enthalpie standard de formation de $H_2O_{(g)}$ $\Delta_f H^0(H_2O_{(g)}) = -241{,}8\ \text{kJ} \cdot \text{mol}^{-1}$.

Capacités thermiques isobares (en $\text{J} \cdot \text{K}^{-1} \cdot \text{mol}^{-1}$) :

$$H_{2(g)} : C^0_{Pm_1} = 27{,}28 + 3{,}26\ 10^{-3} T \ ; \quad H_2O_{(g)} : C^0_{Pm_2} = 30{,}54 + 10{,}29\ 10^{-3} T.$$

Les ergols (carburant H_2 et comburant O_2) sont vaporisés et réchauffés à environ $T_1 = 298$ K avant d'être mélangés.

On appelle $M_H = 1{,}00\ \text{g} \cdot \text{mol}^{-1}$ et $M_O = 16{,}0\ \text{g} \cdot \text{mol}^{-1}$.

1. Préliminaires

a) On note x_0 la fraction molaire initiale du comburant. Calculer x_0.

b) Écrire l'équation-bilan de la réaction de combustion entre les ergols.

Les ergols ne sont pas en proportion stœchiométrique. Lequel est en excès ?

c) Donner un ordre de grandeur des enthalpies standard de formation de $H_{2(g)}$ et $O_{2(g)}$. En déduire l'enthalpie standard de la réaction de combustion à 298 K.

Par la suite, on notera n_0 la quantité totale initiale (comburant et carburant).

2. Température de flamme

état initial : $(1-x_0)n_0$ mol de H_2 et x_0n_0 mol de O_2 gazeux à P^0, T_1 ;

état final : gaz résiduel à P^0, T_f.

On admet que l'air extérieur n'intervient pas lors de cette combustion. La transformation est supposée isobare (à la pression P^0) et adiabatique.

a) Donner la composition du gaz résiduel dans l'état final. On tiendra compte du fait qu'un ergol est en excès.

b) Déterminer la variation d'enthalpie ΔH du système entre l'état initial et l'état final.

c) Calculer la température de flamme adiabatique due à ce mélange en précisant bien votre raisonnement.

3. Puissance

Évaluer l'ordre de grandeur de la puissance moyenne du moteur Vulcain.

Conseils méthodologiques : Utiliser le savoir-faire 3. Bien préciser la nature des transformations réalisées pour effectuer un *bilan thermique* exact.

1.a) Dans les ergols, il y a à l'état initial $n_{O_2} = \dfrac{130\ 10^6}{32}$ mol de comburant pour $n_{H_2} = \dfrac{25\ 10^6}{2}$ mol de carburant, soit :

$$n_{O_2} = 4{,}06\ 10^6 \text{ mol} \quad \text{et} \quad n_{H_2} = 12{,}5\ 10^6 \text{ mol} \Rightarrow x_{O_2} = \frac{n_{O_2}}{n_{O_2}+n_{H_2}} = 0{,}245.$$

$$\boxed{x_{O_2} = 24{,}5\ \%}.$$

b) La réaction de *combustion* correspond à :

	$2H_{2(g)}$	+	$O_{2(g)}$	$= 2H_2O_{(g)}$ (1)
E.I.	$12{,}5\ 10^6$		$4{,}06\ 10^6$	

Les proportions stœchiométriques nécessitent $8{,}12\ 10^6$ mol H_2 pour $4{,}06\ 10^6$ mol O_2. On constate que le *dihydrogène est en excès*.

c) L'enthalpie standard de formation d'un corps pur simple est nulle à toute température si celui-ci est bien dans son état standard de référence.

$$\Delta_f H^0(H_{2(g)}) = 0 \quad \text{et} \quad \Delta_f H^0(O_{2(g)}) = 0.$$

La *loi de Hess* donne alors pour (1) :

$$\Delta_r H_1^0 = 2\,\Delta_f H^0(H_2O_{(g)}) = -483{,}6 \text{ kJ}\cdot\text{mol}^{-1}.$$

La réaction est fortement *exothermique*.

Remarque : À 298 K, l'eau gazeuse est dans un état standard hypothétique et non réel.

2.a) On suppose que la combustion se réalise à 298 K, puis que l'énergie thermique libérée sert à échauffer les constituants présents du système. D'où le *tableau d'avancement* :

	$2\,H_{2(g)}$	+ $O_{2(g)}$	$\rightarrow 2H_2O_{(g)}$ (1)	
E.I.	$n_0(1-x_0)$	n_0x_0		
E.F.	$n_0(1-x_0)-2\xi$	$n_0x_0-\xi$	2ξ	Réaction totale $\xi = n_0x_0$
↳	$n_0(1-3x_0)$	0	$2\,n_0x_0$	

b) Le bilan est *adiabatique* (réaction rapide) et *isobare* (P^0) : $\Delta H = Q_P = 0$.

Décomposons la transformation :

– réaction à $T_1 = 298$ K, P^0 : $\Delta H_1 = \xi \Delta_r H_1^0 = n_0 x_0 \Delta_r H_1^0$;

– échauffement de T_1 à T_f, P^0 : $\Delta H_2 = \int_{T_1}^{T_f} [n_0(1-3x_0)C^0_{Pm}(H_{2(g)}) + 2n_0 x_0 C^0_{Pm}(H_2O_{(g)})] dT$.

D'où le bilan : $\Delta H = \Delta H_1 + \Delta H_2 = 0$.

c) La résolution de l'équation précédente donne la *température de flamme*.

En simplifiant par n_0, nous avons :

$$0 = x_0 \Delta_r H^0 + \int_{T_1}^{T_f} [(1-3x_0)C^0_{Pm_1} + 2x_0 C^0_{Pm_2}] dT \Rightarrow$$

$$0 = -118{,}5\ 10^3 + \int_{298}^{T_f} 0{,}265(27{,}28 + 3{,}26\ 10^{-3}T) + 0{,}490(30{,}54 + 10{,}29\ 10^{-3}T) dT.$$

Par intégration :

$$0 = -118{,}5\ 10^3 + 22{,}19(T_f - 298) + \frac{5{,}906}{2} 10^{-3}(T_f^2 - 298^2) = 0 \Rightarrow$$

$$0 = -125{,}4\ 10^3 + 22{,}19 T_f + 2{,}953\ 10^{-3} T_f^2 \Rightarrow \boxed{T_f \approx 3\ 760 \text{ K}}.$$

Remarque :

Il s'agit d'une température *maximale* pouvant être atteinte.

3. *La puissance moyenne* correspond à l'énergie libérée par la combustion divisée par le temps de combustion.

Pour la contenance proposée est associé un temps de consommation $\tau = 570$ s.

Il en résulte :

$$\mathcal{P} = \frac{|\Delta H_1|}{\tau} = \frac{n_0 x_0 \Delta_r H_1^0}{\tau} = \frac{2n_0 x_0 \Delta_f H^0}{\tau} = 3{,}4\ 10^9 \text{ W}$$

$$\boxed{\mathcal{P} = 3{,}4 \text{ GW}}.$$

Remarque :

G : giga pour 10^9.

5. À propos de l'eau — D'après Centrale-Supelec

1. Aspect énergétique de la dissolution d'une mole d'un cristal de chlorure de sodium

Lorsqu'un composé ionique est introduit dans l'eau, il « s'hydrate ». Les ions sont entourés de molécules d'eau formant autour d'eux, une véritable cage. Cette hydratation s'accompagne généralement d'un échange énergétique appelé enthalpie standard d'hydratation $\Delta_{hyd}H^0$. La réaction chimique qui modélise la dissolution d'une mole de chlorure de sodium est la suivante :

$$NaCl_{(s)} = Na^+_{(aq)} + Cl^-_{(aq)} \quad \Delta_{diss}H^0(298 \text{ K})$$

Pour le chlorure de sodium, l'enthalpie réticulaire (passage du cristal aux ions gazeux) vérifie :

$$\Delta_{rét}H^0(298 \text{ K}) = 783 \text{ kJ} \cdot \text{mol}^{-1}.$$

Les enthalpies standard d'hydratation des ions chlorure et sodium gazeux valent respectivement :

$$\Delta_{hyd}H^0(Cl^-) = -381 \text{ kJ} \cdot \text{mol}^{-1}, \quad \Delta_{hyd}H^0(Na^+) = -409 \text{ kJ} \cdot \text{mol}^{-1}, \text{ à } 298 \text{ K}.$$

Calculer l'enthalpie standard de dissolution du chlorure de sodium à 298 K. Commenter le signe de cette enthalpie.

2. Dissociation d'une molécule d'eau

Comme la plupart des réactions chimiques s'opèrent dans l'eau, il est important d'étudier la stabilité de cette molécule. La réaction de décomposition d'une molécule d'eau s'écrit :

$$H_2O_{(\ell)} = H_{2(g)} + \frac{1}{2} O_{2(g)} .$$

Données :

$S^0(298 \text{ K})$: entropie molaire standard ; $\Delta_f H^0(298 \text{ K})$: enthalpie standard de formation ; T : température en Kelvin.

composé	$\Delta_f H^0(298 \text{ K})$ kJ · mol^{-1}	$S^0_m(298 \text{ K})$ J · mol^{-1} · K^{-1}
$H_{2(gaz)}$		130,46
$O_{2(gaz)}$		204,82
$H_2O_{(liquide)}$	–285,58	69,87

À l'aide des données qui figurent dans le tableau, calculer :

a) l'enthalpie standard de la réaction $\Delta_r H^0(298 \text{ K})$. La réaction est-elle endothermique ou exothermique ?

b) l'entropie standard de la réaction $\Delta_r S^0(298 \text{ K})$. Commenter le signe du résultat obtenu.

c) l'enthalpie libre standard de la réaction $\Delta_r G^0(298 \text{ K})$. Que vaut l'enthalpie libre de réaction $\Delta_r G$ du système où l'eau liquide est en présence de dihydrogène gazeux et de dioxygène gazeux tous deux à la pression partielle de 1 bar à 298 K ? La molécule d'eau est-elle stable à la température envisagée ?

Conseils méthodologiques : Le **1.** nécessite de bâtir un *cycle* exploitant les données de l'énoncé. Le **2.** utilise les savoir-faire 1 et 4 : bien distinguer $\Delta_r G^0$ et $\Delta_r G$ pour *la condition d'évolution* du système (**2.c)**).

1. Il suffit de bâtir un cycle thermochimique (*loi de Hess*) :

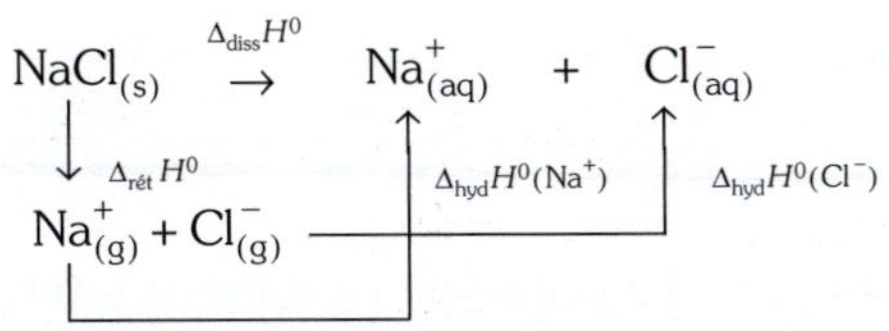

Il en résulte que : $\Delta_{diss}H^0 = \Delta_{rét}H^0 + \Delta_{hyd}H^0(Na^+) + \Delta_{hyd}H^0(Cl^-) = \boxed{-7 \text{ kJ} \cdot \text{mol}^{-1}}$.

La dissolution est *légèrement exothermique*.

On peut remarquer que selon que la cassure du cristal (toujours endothermique) l'emporte ou non sur l'hydratation (toujours exothermique) la dissolution d'un sel sera *endo* ou *exothermique*.

2. On étudie la dissociation de l'eau à 298 K.

a) *La loi de Hess* donne *l'enthalpie standard de réaction* :

$$\Delta_r H^0 = \Delta_f H^0(H_2) + \frac{1}{2}\Delta_f H^0(O_2) - \Delta_f H^0(H_2O)$$

$$= \boxed{+285{,}58 \text{ kJ} \cdot \text{mol}^{-1}}.$$

La réaction est *fortement endothermique*.

Remarque :

L'enthalpie de formation d'un corps pur simple dans son état standard de référence est nulle.

b) On calcule de même *l'entropie standard de réaction* :

$$\Delta_r S^0 = S_m^0(H_2) + \frac{1}{2} S_m^0(O_2) - S_m^0(H_2O) = \boxed{163{,}00 \text{ J} \cdot \text{K}^{-1} \cdot \text{mol}^{-1}}.$$

On constate que $\Delta_r S^0 > 0$, car le *désordre augmente* en raison de l'augmentation du nombre de molécules gazeuses.

c) *L'enthalpie libre standard de réaction* se déduit de la relation : $\Delta_r G^0_{(T)} = \Delta_r H^0_{(T)} - T \Delta_r S^0_{(T)}$.

À 298 K : $\boxed{\Delta_r G^0_{(298)} = 237{,}01 \text{ kJ} \cdot \text{mol}^{-1}}$.

Il ne faut pas confondre enthalpie libre de réaction et enthalpie libre standard :

$$\Delta_r G = \sum_i \nu_i \mu_i = \sum_i \nu_i (\mu_i^0 + RT \ln a_i) = \Delta_r G^0_{(T)} + RT \ln \prod_i a_i^{\nu_i},$$

soit : $\Delta_r G = \Delta_r G^0_{(T)} + RT \ln Q$.

Dans notre exemple : $a_{H_2O_{(\ell)}} = 1$ et $a_{H_2} = \dfrac{P_{H_2}}{P^0}$, $a_{O_2} = \dfrac{P_{O_2}}{P^0}$.

Comme chaque gaz est pris sous P^0, chaque activité est égale à 1 et $Q = 1$.

Par conséquent : $\Delta_r G = \Delta_r G^0_{(298)} = 237{,}01 \text{ kJ} \cdot \text{mol}^{-1}$.

Comme à T, P fixées, $\mathrm{d}G_{[T,\,P]} = \Delta_r G \mathrm{d}\xi \leqslant 0$, le système ne peut évoluer spontanément que dans le sens $\overset{2}{\leftarrow}$ ($\mathrm{d}\xi < 0$). La molécule d'eau est *donc stable*.

6. Énergie réticulaire — D'après Enstim

On s'intéresse à un solide ionique, l'iodure d'argent.

a) Déterminer l'enthalpie standard $\Delta_r H_1^0$ de la réaction à 298 K :

$$AgI_{(s)} \rightarrow Ag_{(s)} + \frac{1}{2} I_{2(s)} \quad (1).$$

b) Déterminer l'enthalpie standard $\Delta_r H_2^0$ de la réaction à 298 K :

$$Ag_{(s)} + \frac{1}{2} I_{2(s)} \rightarrow Ag_{(g)} + I_{(g)} \quad (2).$$

c) L'énergie réticulaire du cristal ionique $AgI_{(s)}$, notée $E_{\text{rét}}$, est égale à l'énergie interne standard à 0 K de la réaction :

$$AgI_{(s)} \rightarrow Ag^+_{(g)} + I^-_{(g)} \quad (3).$$

Dans (3), une mole de cristal $AgI_{(s)}$ est dissociée en ses ions à l'état gazeux et sans interaction les uns avec les autres ; on admet que l'énergie interne standard à 0 K est pratiquement égale à l'enthalpie standard réticulaire $\Delta_{\text{rét}} H^0$ à 298 K.

- Représenter le cycle thermochimique (cycle de Born-Haber) permettant de calculer l'enthalpie standard réticulaire de l'iodure d'argent.
- En déduire l'énergie réticulaire de l'iodure d'argent.

Données à 298 K	$AgI_{(s)}$	$Ag_{(g)}$	$I_{(g)}$	$Ag_{(s)}$	$I_{2(s)}$
$\Delta_f H^0$ (kJ · mol^{-1})	–61,8	284,6	106,8	0	0

Enthalpie standard de 1re ionisation de $Ag_{(g)}$: $\Delta_{ion}H^0(Ag_{(g)}) = 731$ kJ · mol^{-1}.

Enthalpie standard d'attachement électronique de $I_{(g)}$: $\Delta_{att}H^0(I_{(g)}) = -295$ kJ · mol^{-1}.

Conseils méthodologiques : Cet extrait illustre la *loi de Hess*. Le **c)** nécessite de bâtir un cycle exploitant les diverses données de l'énoncé.

a) *La loi de Hess* conduit pour la réaction (1) à :

$$\Delta_r H_1^0 = -\Delta_f H^0(AgI_{(s)}) = \boxed{61{,}8 \text{ kJ} \cdot \text{mol}^{-1}}.$$

b) Selon la même méthode pour la réaction (2) :

$$\Delta_r H_2^0 = \Delta_f H^0(Ag_{(g)}) + \Delta_f H^0(I_{(g)}) = \boxed{391{,}4 \text{ kJ} \cdot \text{mol}^{-1}}.$$

Remarque : $Ag_{(s)}$ et $I_{2(s)}$ sont dans leur état standard de référence : $\Delta_f H^0 = 0$.

Remarque : $\Delta_f H^0(Ag_{(g)})$ correspond en fait à $\Delta_{sub} H^0(Ag_{(s)})$.

c) On construit un cycle utilisant les réactions (1) et (2) et la perte ou la capture d'un électron pour l'atome gazeux.

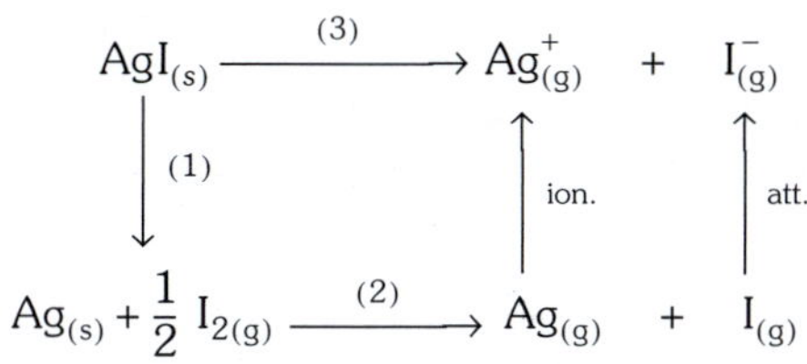

Loi de Hess :
(3) = (1) + (2) + (ion.) + (att.).

On déduit : $\Delta_{rét}H^0 = \Delta_r H_1^0 + \Delta_r H_2^0 + \Delta_{ion}H^0 + \Delta_{att}H^0 \approx E_{rét}$.

Le calcul numérique donne : $\boxed{E_{rét} = 889 \text{ kJ} \cdot \text{mol}^{-1}}$.

7. Dismutation de $CuO_{(s)}$ — D'après CCP

Soit l'équilibre hétérogène $4\ CuO_{(s)} \rightleftharpoons 2\ Cu_2O_{(s)} + O_{2(g)}$. On lit dans les tables les grandeurs standard à 298 K :

Composés	$CuO_{(s)}$	$Cu_2O_{(s)}$	$O_{2(g)}$
$\Delta_f H^0$ (kJ · mol^{-1})	–157,3	–168,6	0
S_m^0 (J · K^{-1} · mol^{-1})	42,60	93,10	205,0

$M_{Cu} = 63{,}5$ et $M_O = 16$ g · mol^{-1}.
$R = 8{,}314$ J · K^{-1} · mol^{-1}.
$P^0 = 1$ bar $= 10^5$ Pa.

a) Calculer l'enthalpie standard de réaction à 298 K.

b) Calculer l'énergie thermique nécessaire à la dismutation d'une masse $m = 1$ kg d'oxyde cuivrique $CuO_{(s)}$ à température et pression fixées (298 K, 1 bar).

c) Calculer l'entropie standard de réaction à 298 K.

d) Exprimer l'enthalpie libre standard de réaction dans le modèle d'Ellingham en fonction de la température T.

e) On se place dans un récipient $V = 10$ L, maintenu à $T = 1\,000$ K, et on introduit 0,10 mol d'oxyde cuivrique $CuO_{(s)}$, 0,01 mol d'oxyde cuivreux $Cu_2O_{(s)}$ et $n = 0{,}01$ mol de dioxygène. Calculer l'enthalpie libre de réaction à l'état initial et prévoir le sens de l'évolution du système.

Conseils méthodologiques : Cet exercice utilise le savoir-faire 4 : exprimer au **e)** *l'enthalpie libre de réaction* sous la forme $\Delta_r G = \Delta_r G^0 + RT \ln Q$.

a) *La loi de Hess* conduit à :

$$\Delta_r H^0 = 2\Delta_f H^0(Cu_2O_{(s)}) - 4\Delta_f H^0(CuO_{(s)}) = \boxed{+292{,}0 \text{ kJ} \cdot \text{mol}^{-1}}.$$

La réaction est endothermique.

b) La consommation de $n = \dfrac{m}{M_{CuO}}$ moles d'oxyde cuivrique nécessite *l'énergie thermique* :

$$Q_P = \Delta H = \xi_f \Delta_r H^0_{(298)} = \frac{n}{4} \Delta_r H^0_{(298)}$$

soit : $\boxed{Q_P = 918 \text{ kJ}}$.

Erreur à éviter :

	$4\ Cu_2O_{(s)} \rightarrow$
E.I.	n
E.F.	$n - 4\xi$

soit : $\xi_f = \dfrac{n}{4}$.

c) *L'entropie standard de réaction* se déduit de la relation $\Delta_r S^0 = \sum_i \nu_i S^0_{m,\,i}$:

$$\Delta_r S^0 = 2S^0_m(Cu_2O_{(s)}) + S^0_m(O_{2(g)}) - 4S^0_m(CuO_{(s)})$$

$$\boxed{\Delta_r S^0 = 220{,}8 \text{ J} \cdot \text{K}^{-1} \cdot \text{mol}^{-1}}.$$

On vérifie $\Delta_r S^0 > 0$ car le désordre augmente $(\Delta_r n_{gaz} = +1)$.

d) *Dans le modèle d'Ellingham*, on suppose l'enthalpie et l'entropie standard de réaction indépendantes de la température, ce qui conduit à :

$$\Delta_r G^0_{(T)} = \Delta_r H^0 - T\Delta_r S^0 = \boxed{292{,}0 - 220{,}8\ 10^{-3} T} \text{ en kJ} \cdot \text{mol}^{-1}.$$

e) *La pression initiale* en dioxygène est de :

$$P_{O_2} = \frac{nRT}{V} = 8\ 314 \text{ Pa}.$$

L'enthalpie libre de réaction s'exprime par :

$$\Delta_r G = \sum_i \nu_i \mu_i = \sum_i \nu_i(\mu_i^0 + RT \ln a_i) = \Delta_r G^0_{(T)} + RT \ln \prod_i a_i^{\nu_i}$$

soit ici : $\Delta_r G = \Delta_r G^0_{(T)} + RT \ln \dfrac{P_{O_2}}{P^0}$, car les activités des solides sont égales à 1.

On calcule à 1 000 K : $\Delta_r G = \Delta_r G^0_{(1\,000)} + 1\,000 R \ln \dfrac{P_{O_2}}{P^0} = \boxed{50{,}52 \text{ kJ} \cdot \text{mol}^{-1}}$.

On constate que $\Delta_r G$ est positive, ce qui entraîne une *évolution du système* en réaction dans le sens $\overset{2}{\leftarrow}$. En effet :

$$dG_{[T,\,P]} = \Delta_r G d\xi \leqslant 0.$$

Pour approfondir

8. Synthèse du chlorure de vinyle ______ D'après Polytechnique

1. La synthèse du chlorure de vinyle ou chloroéthène est réalisée en deux étapes à partir de l'éthène :

– Addition de dichlore : $CH_2{=}CH_2 + Cl_2 \rightleftharpoons Cl-CH_2-CH_2-Cl$ (1), soit en phase liquide, vers 40-70 °C, en présence de $FeCl_3$ ou $CuCl_2$ comme catalyseur, soit en phase gazeuse vers 90-130 °C.

– Élimination de chlorure d'hydrogène : $Cl-CH_2-CH_2-Cl \rightleftharpoons CH_2{=}CH-Cl + HCl$ (2), en phase gazeuse, vers 500-600 °C, sous pression 25-35 bar.

Les composés impliqués dans la synthèse du chlorure de vinyle sont caractérisés, à l'état gazeux supposé parfait, à 298 K par les grandeurs thermodynamiques standard suivantes :

	$\Delta_f H^0$ (kJ · mol^{-1})	S^0_m (J · K^{-1} · mol^{-1})	C^0_{Pm} (J · K^{-1} · mol^{-1})
$CH_2{=}CH_2$	52,2	219,2	43,5
CH_2ClCH_2Cl	–129,7	308,0	78,6
$CH_2{=}CHCl$	35,5	263,6	53,7
Cl_2	0	222,7	33,9
HCl	–92,2	186,6	29,1

a) Donner l'expression numérique de l'enthalpie libre standard $\Delta_r G^0$ (kJ · mol^{-1}) en fonction de la température T pour les réactions (1) et (2) en phase gazeuse. On supposera que dans l'intervalle de température considéré $\Delta_f H^0$ et S^0_m ont les mêmes valeurs qu'à 298 K.

b) Quelles erreurs relatives fait-on à 773 K sur les coefficients des relations ainsi déterminées ? L'hypothèse précédente est-elle raisonnable ?

2. Certains procédés industriels réalisent la synthèse (appelée *oxychloruration*) d'équation (3) du dichloroéthane, en utilisant le chlorure d'hydrogène formé notamment lors de la réaction d'élimination d'équation (2).

$$CH_2{=}CH_2 + 2\,HCl + \frac{1}{2}\,O_2 \rightarrow CH_2ClCH_2Cl + H_2O \quad (3)$$

Cette réaction est effectuée à 523 K, catalysée par le chlorure de cuivre (II), associé à des chlorures alcalins et de terres rares.

a) Quel est le rôle des chlorures associés au catalyseur ? Comment appelle-t-on ce genre de composés ?

b) Montrer que ce procédé équivaut formellement à une régénération intermédiaire du dichlore, appelée procédé Deacon, dont on écrira l'équation bilan (4).

c) Pour la réaction du procédé Deacon (4), la variation d'enthalpie libre standard par mole de dichlore formé s'écrit :

$$\Delta_r G^0(\text{kJ} \cdot \text{mol}^{-1}) = -57{,}2 + 0{,}0644T.$$

Calculer la température d'inversion. Quelle est sa signification ? Est-il raisonnable, en fonction des contraintes thermodynamiques, d'envisager une formation intermédiaire de dichlore dans la réaction d'oxychloruration (3) ? Quel autre élément important faut-il prendre en compte dans cette discussion ?

d) En fait, dans la réaction d'oxychloruration, il ne se forme pas de dichlore. L'explication communément proposée envisage la formation du dichloroéthane par action du chlorure de cuivre (II) sur l'éthène :

$$CH_2{=}CH_2 + 2\ CuCl_2 \rightarrow CH_2ClCH_2Cl + 2\ CuCl$$

Proposer une suite raisonnable de réactions justifiant la régénération du catalyseur dans le milieu réactionnel.

Conseils méthodologiques : Le **1.** est classique et utilise le savoir-faire 1 (Lois de Hess et de Kirchhoff). Le **2.** nécessite un peu d'*intuition chimique* : traduire le rôle d'intermédiaire réactionnel de Cl_2 et de catalyseur de $CuCl_2$.

1.a) Nous étudions les réactions :

$$CH_2{=}CH_2 + Cl_2 \rightleftharpoons ClCH_2CH_2Cl \quad (1)$$

$$ClCH_2CH_2Cl \rightleftharpoons CH_2{=}CHCl + HCl \quad (2)$$

Dans le cadre de l'*approximation d'Ellingham*.

$$\Delta_r G^0_{(T)} = \Delta_r H^0_{(T)} - T\Delta_r S^0_{(T)} \approx \Delta_r H^0_{(298)} - T\Delta_r S^0_{(298)}.$$

D'après *la loi de Hess* :

- $\Delta_r H^0_1 = \Delta_f H^0(ClCH_2CH_2Cl) - \Delta_f H^0(CH_2{=}CH_2) = -181{,}9\ kJ \cdot mol^{-1}$.

  $\Delta_r S^0_1 = S^0_m(ClCH_2CH_2Cl) - S^0_m(CH_2{=}CH_2) - S^0_m(Cl_2) = -133{,}9\ J \cdot K^{-1} \cdot mol^{-1}$.

  $\boxed{\Delta_r G^0_1 = -181{,}9\ 10^3 + 133{,}9T}$ en $J \cdot mol^{-1}$.

- De même : $\Delta_r H^0_2 = 73{,}0\ kJ \cdot mol^{-1}$, $\Delta_r S^0_2 = 142{,}2\ J \cdot K^{-1} \cdot mol^{-1}$,

  $\boxed{\Delta_r G^0_2 = 73{,}0 \cdot 10^3 - 142{,}2T}$ en $J \cdot mol^{-1}$.

b) *Les lois de Kirchhoff* nous donnent l'influence de la température.

$$\frac{d\Delta_r H^0_{(T)}}{dT} = \Delta_r C^0_P \quad \text{et} \quad \frac{d\Delta_r S^0_{(T)}}{dT} = \frac{\Delta_r C^0_P}{T}.$$

L'intégration donne l'erreur algébrique absolue entre 298 K et T :

$$\Delta_r H^0_{(T)} - \Delta_r H^0_{(298)} = \Delta_r C^0_P(T-298) \quad \text{et} \quad \Delta_r S^0_{(T)} - \Delta_r S^0_{(298)} = \Delta_r C^0_P \ln\frac{T}{298}$$

dont on déduit l'erreur algébrique relative :

$$\frac{\Delta(\Delta_r H^0)}{\Delta_r H^0} \approx \frac{\Delta_r C^0_P}{\Delta_r H^0_{298}}(T-298) \quad \text{et} \quad \frac{\Delta(\Delta_r S^0)}{\Delta_r S^0} \approx \frac{\Delta_r C^0_P}{\Delta_r S^0_{298}} \ln\frac{T}{298}.$$

En passant aux applications numériques :

	$\Delta_r C^0_P$ ($J \cdot K^{-1} \cdot mol^{-1}$)	$\frac{\Delta(\Delta_r H^0)}{\Delta_r H^0}$	$\frac{\Delta(\Delta_r S^0)}{\Delta_r S^0}$
(1)	1,2	–0,3 %	–0,9 %
(2)	4,2	+2,7 %	+2,8 %

Erreur à éviter :

Lois de Kirchhoff applicables car *absence* de changements d'état.

Remarque :

L'hypothèse d'Ellingham est excellente pour (1) et reste raisonnable pour (2) : erreur relative < 3 %.

2.a) On étudie désormais :

$$CH_2{=}CH_2 + 2\ HCl + \frac{1}{2}\ O_2 \rightarrow ClCH_2CH_2Cl + H_2O \quad (3)$$

Les chlorures permettent de former des complexes avec le cuivre (II) : $CuCl_4^{2-}$ par exemple. En outre, ils permettent de stabiliser le n.o. I du cuivre. On aura ainsi une catalyse redox Cu^{II}/Cu^{I} (*cf.* **d)**).

b) On peut supposer un chemin réactionnel en deux temps.

- Production de Cl_2 par le procédé Deacon :

$$2\ HCl + \frac{1}{2}\ O_2 \rightleftharpoons Cl_2 + H_2O \quad (4)$$

- Réaction de Cl_2 sur l'éthène :

$$CH_2{=}CH_2 + Cl_2 \rightleftharpoons ClCH_2CH_2Cl \quad (1)$$

On constate que (3) = (4) + (1).

c) La température d'inversion est définie par :

$$\Delta_r G_4^0 = 0 = -57{,}2 + 0{,}0644\,T_i \Rightarrow \boxed{T_i = 888\ K}\text{, soit 615 °C.}$$

On vérifie l'évolution de $\Delta_r G_4^0$ en fonction de T (Fig. 3).

À 523 K, la formation du dichlore est *thermodynamiquement favorisée* ($\Delta_r G_4^0 < 0$). Pour qu'elle ait lieu effectivement, il faut tenir compte de l'*aspect cinétique*.

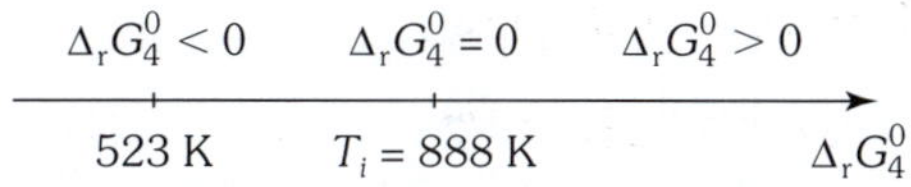

Figure 3

d) La réaction proposée étant :

$$CH_2{=}CH_2 + 2\ CuCl_2 \rightarrow ClCH_2CH_2Cl + 2\ CuCl,$$

Il faut désormais régénérer le catalyseur, soit retransformer CuCl en $CuCl_2$.

On propose la réaction suivante, pour la régénération du catalyseur :

$$\frac{1}{2}\ O_2 + 2\ HCl \rightleftharpoons H_2O + Cl_2$$

$$2\ CuCl + Cl_2 \rightleftharpoons 2\ CuCl_2$$

d'où le bilan : $2\ CuCl + \frac{1}{2}\ O_2 + 2\ HCl \rightleftharpoons 2\ CuCl_2 + H_2O$.

9. À propos du gypse — D'après Ensam

On considère la réaction de déshydratation du gypse ($CaSO_4$, 2 H_2O) en anhydrite soluble ($CaSO_4$, variété α) :

$$CaSO_4,\ 2\ H_2O_{(s)} \rightleftharpoons CaSO_{4(s)} + 2\ H_2O_{(g)}.$$

Dans les tables de données thermodynamiques standard, établies à 298 K, on trouve les valeurs de la page suivante, relatives aux enthalpies de formation ($\Delta_f H^0$), aux entropies molaires (S_m^0) et aux capacités thermiques molaires à pression constante (C_{Pm}^0) :

On admettra que les C_{Pm}^0 ne varient pas avec la température. R = 8,314 J · K^{-1} · mol^{-1}.

	$CaSO_4, 2\ H_2O_{(s)}$ (gypse)	$CaSO_{4\ (s)}$ anhydrite α	$H_2O_{(g)}$
$\Delta_f H^0$ ($kJ \cdot mol^{-1}$)	–2 022,6	– 1 425,3	–241,8
S^0_m ($J \cdot K^{-1} \cdot mol^{-1}$)	194,1	108,4	188,7
C^0_{Pm} ($J \cdot K^{-1} \cdot mol^{-1}$)	186,0	100,2	33,6

1. Pour la réaction de déshydratation du gypse à 298 K, calculer :

a) l'enthalpie standard $\Delta_r H^0$ et l'entropie standard $\Delta_r S^0$ de réaction ;

b) l'énergie interne de réaction $\Delta_r U^0$;

c) l'enthalpie libre de réaction $\Delta_r G$ à 298 K, pour $P_{H_2O} = 1$ bar. Conclusion ?

2. On étudie désormais la réaction à la température T.

a) Donner les expressions de $\Delta_r H^0_{(T)}$, $\Delta_r S^0_{(T)}$, et $\Delta_r G^0_{(T)}$ en fonction de la température.

b) Calculer l'enthalpie libre de réaction $\Delta_r G$ à 450 K, pour $P_{H_2O} = 1$ bar. Conclusion ?

c) Calculer la température d'inversion de l'équilibre en supposant que $\Delta_r H^0$ et $\Delta_r S^0$ ne varient pas avec la température.

3. Calculer l'activité du gypse à 298 K et sous la pression de 10 bar. Conclure.

Données : masse volumique du gypse : 2,32 $g \cdot cm^{-3}$; masse molaire du gypse : 172,17 $g \cdot mol^{-1}$.

4. L'anhydrite $(CaSO_4)\alpha$ et l'anhydrite $(CaSO_4)\beta$ sont les deux variétés allotropiques du sulfate de calcium. Pour la transformation $CaSO_4(\alpha) \rightleftharpoons CaSO_4(\beta)$, on donne en $J \cdot mol^{-1}$:

$$\Delta_r G^0(T) = 4\,857{,}6 - 8{,}00T + 1{,}20T \ln T.$$

a) La transformation $CaSO_4(\alpha) \rightleftharpoons CaSO_4(\beta)$ est-elle thermodynamiquement possible à 298 K et sous 1 bar ? Justifier la réponse.

b) Comparer à 298 K les potentiels chimiques standard des variétés α et β. Conclure.

c) Calculer $\Delta_f H^0$, S^0_m et C^0_{Pm} de $CaSO_4(\beta)$ à 298 K.

Conseils méthodologiques : Ce problème réalise une bonne *synthèse* de toutes les notions à connaître : savoir-faire 1, 2 et 4. La question **4.** nécessite la relation de Gibbs-Helmholtz.

1. On étudie la réaction : $CaSO_4, 2\ H_2O_{(s)} = CaSO_{4(s)} + 2\ H_2O_{(g)}$.

a) On utilise la *loi de Hess* :

$$\Delta_r H^0 = \Delta_f H^0(CaSO_{4(s)}) + 2\,\Delta_f H^0(H_2O_{(g)}) - \Delta_f H^0(CaSO_4, 2\ H_2O_{(s)}) = \boxed{+113{,}7\ kJ \cdot mol^{-1}}.$$

$$\Delta_r S^0 = S^0_m(CaSO_{4(s)}) + 2S^0_m(H_2O_{(g)}) - S^0_m(CaSO_4, 2\ H_2O_{(s)})$$

$$\boxed{\Delta_r S^0 = +291,7\ J \cdot K^{-1} \cdot mol^{-1}}.$$

Remarque : On constate que la réaction est *endothermique* et libère des molécules gazeuses, donc le désordre croît ($\Delta_r S^0 > 0$).

b) *La relation entre enthalpie et énergie interne* s'écrit :

$$H = U + PV = U + n_{gaz}RT \Rightarrow \Delta_r H^0 = \Delta_r U^0 + RT\Delta_r n_{gaz}.$$

Pour notre réaction :

$$\Delta_r n_{gaz} = +2 \Rightarrow \Delta_r U^0 = \Delta_r H^0 - 2RT = \boxed{108{,}7 \text{ kJ} \cdot \text{mol}^{-1}}.$$

c) *L'enthalpie libre standard de réaction* est définie par :

$$\Delta_r G^0_{(T)} = \Delta_r H^0_{(T)} - T\Delta_r S^0_{(T)}, \quad \text{soit à 298 K : } \Delta_r G^0 = +26{,}8 \text{ kJ} \cdot \text{mol}^{-1}.$$

Le système, sous $P_{H_2O} = P^0 = 1$ bar, a tous ses constituants dans l'état standard (les deux solides sont non miscibles, donc d'activité unité). Il en résulte :

$$\boxed{\Delta_r G = \Delta_r G^0 = +26{,}8 \text{ kJ} \cdot \text{mol}^{-1}} > 0.$$

Comme par définition $\Delta_r G = \left(\frac{\partial G}{\partial \xi}\right)_{T,\,P}$ ou $\text{d}G_{[T,\,P]} = \Delta_r G \text{d}\xi$, nous en déduisons que la réaction ne peut se faire spontanément ($\text{d}G_{[T,\,P]} < 0$) que si $\Delta_r G \text{d}\xi < 0$, soit $\text{d}\xi < 0$, c'est-à-dire sens $\overset{2}{\leftarrow}$.

La désyhdratation du gypse *ne se fait pas* à 298 K, 1 bar.

2. a) Appliquons les *lois de Kirchhoff* après avoir calculé la capacité thermique de réaction du système :

$$\Delta_r C_P^0 = C_{Pm}^0(CaSO_{4(s)}) + 2\, C_{Pm}^0(H_2O_{(g)}) - C_{Pm}^0(CaSO_4,\ 2\ H_2O_{(s)}) = -18{,}6 \text{ J} \cdot \text{K}^{-1} \cdot \text{mol}^{-1}.$$

- $$\frac{\text{d}\Delta_r H^0_{(T)}}{\text{d}T} = \Delta_r C_P^0 \Rightarrow \Delta_r H^0_{(T)} = \Delta_r H^0_{(298)} + \Delta_r C_P^0 (T - 298),$$

soit : $\boxed{\Delta_r H^0_{(T)} = 119{,}2 - 18{,}6\ 10^{-3} T}$ en $\text{kJ} \cdot \text{mol}^{-1}$.

Remarque :

Pas de changements d'état dans le domaine d'étude.

- $$\frac{\text{d}\Delta_r S^0_{(T)}}{\text{d}T} = \frac{\Delta_r C_P^0}{T} \Rightarrow \Delta_r S^0_{(T)} = \Delta_r S^0_{(298)} + \Delta_r C_P^0 \ln \frac{T}{198},$$

soit : $\boxed{\Delta_r S^0_{(T)} = 397{,}7 - 18{,}6 \ln T}$ en $\text{J} \cdot \text{K}^{-1} \cdot \text{mol}^{-1}$.

On déduit alors l'enthalpie libre standard de réaction :

$$\Delta_r G^0_{(T)} = \Delta_r H^0_{(T)} - T\Delta_r S^0_{(T)} = \boxed{119{,}2 - 416{,}3\ 10^{-3} T + 18{,}6\ 10^{-3} T \ln T} \text{ en kJ} \cdot \text{mol}^{-1}.$$

b) L'application numérique à 450 K conduit à : $\boxed{\Delta_r G^0_{(450)} = -17{,}0 \text{ kJ} \cdot \text{mol}^{-1}}$.

Comme précédemment $\Delta_r G = \Delta_r G^0_{(450)}$ car chaque constituant est dans son état standard, et $\text{d}G_{[T,\,P]} = \Delta_r G \text{d}\xi < 0$ permet donc désormais une évolution sens $\overset{1}{\rightarrow}$. La déshydratation du gypse est *possible* dans ces conditions.

c) *La température d'inversion* est définie par $\Delta_r G^0_{(T_i)} = 0$.

Dans le modèle d'Ellingham, on suppose $\Delta_r H^0_{(T)} \approx \Delta_r H^0_{(298)}$ et $\Delta_r S^0_{(T)} \approx \Delta_r S^0_{(298)}$, ce qui conduit pour l'enthalpie libre standard de réaction à une fonction affine de T :

$$\Delta_r G^0_{(T)} = \Delta_r H^0_{(298)} - T\Delta_r S^0_{(298)} = 113{,}7 - 291{,}7\ 10^{-3} T \text{ en kJ} \cdot \text{mol}^{-1}.$$

On trouve alors : $\boxed{T_i = \frac{\Delta_r H^0}{\Delta_r S^0} = 390 \text{ K}}$.

Remarque :

On trouve bien T_i comprise entre 298 K et 450 K.

3. L'activité d'un *solide pur* (V_m^* constant) se retrouve par :

$$\text{d}\mu^* = V_m^* \text{d}P \text{ à } T \text{ fixée} \Rightarrow \mu^*_{(T,\,P)} = \mu^0_{(T)} + V_m^*(P - P^0) = \mu^0_{(T)} + RT \ln a.$$

$$a = \exp\left[\frac{V_m^*(P-P^0)}{RT}\right] = \exp\left[\frac{M(P-P^0)}{\rho RT}\right] = \boxed{1{,}027} \approx 1.$$

Remarque :

L'activité d'un solide pur varie peu de l'unité, pour toute pression.

4. On étudie *la transformation allotropique* : $CaSO_{4(\alpha)} \rightleftharpoons CaSO_{4(\beta)}$

a) *L'enthalpie de réaction* $\Delta_r G$ s'exprime par $\Delta_r G = \Delta_r G^0 + RT\ln Q = \Delta_r G^0$, car $Q = 1$ ($a_{\text{solide}} = 1$).

À 298 K : $\Delta_r G = +4\,510 \text{ J} \cdot \text{mol}^{-1} > 0$.

La réaction *spontanée* nécessité $dG_{[T,\,P]} = \Delta_r G d\xi < 0$, soit $d\xi < 0$ (dans le sens $\overset{2}{\leftarrow}$). La transformation $(\alpha) \rightarrow (\beta)$ n'est *pas possible*.

b) Par définition : $\Delta_r G^0 = \mu_\beta^0 - \mu_\alpha^0 > 0 \Rightarrow \boxed{\mu_\beta^0 > \mu_\alpha^0}$.

La variété *stable* à 298 K est la variété α.

c) On utilise la méthode de *Gibbs-Helmholz*.

De $\Delta_r G^0_{(T)} = A - BT + CT\ln T$ on déduit :

- $\Delta_r S^0_{(T)} = -\dfrac{d\Delta_r G^0_{(T)}}{dT} = +B - C\ln T - C$;
- $\Delta_r H^0_{(T)} = \Delta_r G^0_{(T)} + T\Delta_r S^0_{(T)} = A - CT$;
- $\Delta_r C_p^0 = \dfrac{d\Delta_r H^0_{(T)}}{dT} = -C$;
- $\Delta_r S^0_{(298)} = -0{,}037 \text{ J} \cdot \text{K}^{-1} \cdot \text{mol}^{-1}$;
- $\Delta_r H^0_{(298)} = 4\,500 \text{ J} \cdot \text{mol}^{-1}$;
- $\Delta_r C_p^0 = -1{,}20 \text{ J} \cdot \text{K}^{-1} \cdot \text{mol}^{-1}$.

Comme l'on connaît les grandeurs $\Delta_f H^0$, S_m^0 et C_{Pm}^0 de la variété α, on déduit *les grandeurs standard de la variété β* :

$$\Delta_f H_\beta^0 = \Delta_r H^0 + \Delta_f H_\alpha^0 = -1\,420 \text{ kJ} \cdot \text{mol}^{-1} ;$$

$$S_\beta^0 = \Delta_r S^0 + S_\alpha^0 = 108 \text{ J} \cdot \text{K}^{-1} \cdot \text{mol}^{-1} ;$$

$$C^0_{Pm_\beta} = \Delta_r C_P + C^0_{Pm_\alpha} = 99{,}0 \text{ J} \cdot \text{K}^{-1} \cdot \text{mol}^{-1}.$$

10. Thermodynamique d'une pile SOFC — D'après E3A

Une pile à combustible SOFC (Solid Oxid Fuel Cell) est un système électrochimique (électrolyte multicouche de céramique) utilisant un combustible (gaz naturel source de dihydrogène) et un comburant (dioxygène de l'air) gazeux et fonctionnant à haute température, au voisinage de 1 000 °C (afin d'assurer une conduction suffisante de l'électrolyte qui permet la migration de O^{2-}).

La réaction chimique globale (réalisée à 1 000 °C, sous 5 bar) s'écrit :

$$H_{2(g)} + \frac{1}{2} O_{2(g)} \rightarrow H_2O_{(g)} \quad (1).$$

1. Retrouver cette réaction globale à partir des réactions se produisant à la cathode et à l'anode.

2.a) Exprimer, à la température T, le potentiel chimique μ_i d'un gaz d'un mélange en fonction du potentiel chimique standard de ce gaz et de sa pression partielle P_i.

Cette expression sera démontrée avec le modèle du gaz parfait.

ξ étant l'avancement de la réaction, considérons une évolution élémentaire de l'état (T, P, ξ) vers l'état $(T, P, \xi + d\xi)$.

b) À l'aide des grandeurs de réaction, exprimer les variations élémentaires d'enthalpie libre (dG) et d'enthalpie (dH) du système chimique. Expliquer pourquoi $\Delta_r H$ peut être considéré comme étant indépendant de ξ et de P. Exprimer $\Delta_r G$ en fonction des pressions partielles des gaz et de $\Delta_r G^0$.

3.a) Le rendement thermodynamique de la pile ε_{th} est le pourcentage de l'énergie électrique W' par rapport à l'énergie totale (électrique + thermique) fournie à l'extérieur (tous les rendements seront exprimés en pourcentages).

Montrer qu'en fonctionnement réversible, dH s'écrit : $dH = \delta W' + TdS$. En déduire l'expression de dG ainsi que la relation : $\varepsilon_{th} = \Delta_r G / \Delta_r H$.

b) *Application numérique* : En utilisant les données numériques ci-dessous et en se plaçant dans l'approximation d'Ellingham, calculer $\Delta_r H$, $\Delta_r G^0$ à 1 273 K, $\Delta_r G$ dans les conditions de pressions partielles suivantes : $P(H_2) = 2{,}0$ bar, $P(O_2) = 1{,}0$ bar, $P(H_2O) = 0{,}3$ bar et en déduire ε_{th} à 1 273 K.

Rappel : $R = 8{,}314\ J \cdot K^{-1} \cdot mol^{-1}$.

Données (298 K)	$\Delta_f H^0$ kJ · mol⁻¹	S^0_m J · K⁻¹ · mol⁻¹
$H_{2(g)}$	0	130,7
$O_{2(g)}$	0	205,2
$H_2O_{(g)}$	−241,8	188,8

Conseils méthodologiques : Ce problème nécessite de connaître les *identités thermodynamiques* en présence d'un travail utile, ici d'origine électrique. On reétablira $dG = \delta W' = \Delta_r G d\xi$ pour une évolution réversible à T, P fixées.

1. Il se produit une *réduction cathodique* et une *oxydation anodique*. Formellement :

$$\frac{1}{2} O_{2(g)} + 2\ e^- = O^{2-} \quad \text{et} \quad H_{2(g)} = 2\ H^+ + 2\ e^-.$$

L'électrolyte permet la migration des O^{2-} : $H_{2(g)} + O^{2-} = H_2O_{(g)} + 2\ e^-$.

Le bilan est donc bien la *synthèse de l'eau* :

$$H_{2(g)} + \frac{1}{2} O_{2(g)} \rightarrow H_2O_{(g)} \quad (1).$$

2.a) Considérons un gaz parfait A_i dans un *mélange* :

$$V_{m_i} = \left(\frac{\partial V}{\partial n_i}\right)_{T,\,P,\,n_j} \quad \text{et} \quad V = \left(\sum_i n_i\right)\frac{RT}{P} \Rightarrow V_{m_i} = \frac{RT}{P}.$$

En repartant de la différentielle de l'enthalpie libre du mélange : $dG = VdP - SdT + \sum_i \mu_i dn_i$, on obtient par dérivation croisée : $\left(\frac{\partial \mu_i}{\partial P}\right)_{T,\,n_i} = \left(\frac{\partial V}{\partial n_i}\right)_{T,\,P,\,n_j} = V_{m_i}$. Donc $d\mu_i = RT\frac{dP}{P}$ à T, n_i fixés.

Comme le gaz A_i est caractérisé par sa *pression partielle* : $P_i = x_i P \Rightarrow \frac{dP_i}{P_i} = \frac{dP}{P}$ à n_i fixés, il vient $d\mu_i = RT\frac{dP_i}{P_i}$ que l'on intègre entre l'état standard (A_i gaz parfait pur à T, sous $P^0 = 1$ bar) et l'état dans le mélange :

$$\boxed{\mu_{i(T,\,P,\,x_i)} = \mu^0_{i\ (T)} + RT \ln \frac{P_i}{P^0}}.$$

b) Pour une *évolution élémentaire* à T, P fixées, nous pouvons écrire :

$$dG = \left(\frac{\partial G}{\partial \xi}\right)_{T,\,P} d\xi = \Delta_r G\, d\xi \quad \text{et} \quad dH = \left(\frac{\partial H}{\partial \xi}\right)_{T,\,P} d\xi = \Delta_r H\, d\xi.$$

- Dans le cas d'un *mélange idéal de gaz parfaits* :

$$H_{m_i(T,\,P,\,n_i)} = H^*_{m_i(T,\,P)} = H^0_{m_i(T)}.$$

L'enthalpie de réaction $\Delta_r H$ *se confond avec l'enthalpie standard de réaction* $\Delta_r H^0_{(T)}$.

Remarque :
L'enthalpie du gaz parfait ne dépend que de T.

- Par contre, l'enthalpie libre de réaction fait apparaître un *terme de composition* :

$$\Delta_r G = \sum_i \nu_i \mu_i = \sum_i \nu_i \mu^0_{i(T)} + \sum_i \nu_i RT \ln \frac{P_i}{P^0} \Rightarrow \Delta_r G = \Delta_r G^0_{(T)} + RT \ln \prod_i \left(\frac{P_i}{P^0}\right)^{\nu_i}.$$

Pour notre système d'étude : $\Delta_r G = \Delta_r G^0_{(T)} + RT \ln \left[\frac{P_{H_2O}}{P_{H_2}}\left(\frac{P^0}{P_{O_2}}\right)^{\frac{1}{2}}\right]$.

3.a) *Le premier principe* appliqué au système pile donne : $dU = \delta W + \delta W' + \delta Q$.
En fonctionnement *réversible* : $\delta W = -PdV$ et $\delta Q = TdS \Rightarrow dU = -PdV + TdS + \delta W'$.
On passe aisément à dH et dG d'après :

$$\left.\begin{aligned} dH &= d(U+PV) = VdP + TdS + \delta W' = TdS + \delta W' \\ \text{et } dG &= d(H-TS) = VdP - SdT + \delta W' = \delta W' \end{aligned}\right\} \text{ à } T,\ P \text{ fixées.}$$

Comme nous travaillons à T, P fixées, nous retrouvons la correspondance :

$$\boxed{dG = \delta W' = \Delta_r G\, d\xi}.$$

Remarque :
On transforme de l'énergie chimique en travail *électrique utile*.

Le rendement thermodynamique de la pile correspond à :

$$\varepsilon_{th} = \frac{\delta W'}{\delta W' + \delta Q} = \frac{dG}{dH} = \boxed{\frac{\Delta_r G}{\Delta_r H}}.$$

b) D'après les tables de données, et selon la *loi de Hess* :

$$\Delta_r H^0_{(298)} = \sum_i \nu_i \Delta_f H^0_{i(298)} = \Delta_f H^0(H_2O_{(g)}) = -241{,}8 \text{ kJ} \cdot \text{mol}^{-1}.$$

$$\Delta_r S^0_{(298)} = \sum_i \nu_i S^0_{m_i(298)} = S^0_m(H_2O_{(g)}) - S^0_m(H_{2(g)}) - \frac{1}{2} S^0_m(O_{2(g)}) = -44{,}5 \text{ J} \cdot \text{K}^{-1} \cdot \text{mol}^{-1}.$$

Dans l'approximation d'Ellingham, ces valeurs sont *indépendantes de la température* :

- $\Delta_r H_{(1\,273)} = \Delta_r H^0_{(1\,273)} = \Delta_r H^0_{(298)} = -241{,}8 \text{ kJ} \cdot \text{mol}^{-1}$.
- $\Delta_r G^0_{(1\,273)} = \Delta_r H^0 - 1273\, \Delta_r S^0 = -185{,}2 \text{ kJ} \cdot \text{mol}^{-1} \Rightarrow$

$$\Delta_r G_{(1\,273)} = \Delta_r G^0_{(1\,273)} + 1273\, R \ln \left[\frac{P_{H_2O}}{P_{H_2}}\left(\frac{P^0}{P_{O_2}}\right)^{\frac{1}{2}}\right] = -205{,}2 \text{ kJ} \cdot \text{mol}^{-1}.$$

Le rendement est de : $\boxed{\varepsilon_{th} = \frac{\Delta_r G}{\Delta_r H} = 85\ \%}$.

CHAPITRE 3

Équilibres chimiques et déplacements

Le cours en questions

1 ■ Affinité chimique de réaction

1.1 Comment définir l'affinité chimique ?

• **À partir de l'enthalpie libre** d'un système fermé évoluant selon $\sum_i \nu_i A_i = 0$:

$$dG = +VdP - SdT - \mathcal{A}\,d\xi$$

soit : $\mathcal{A} = -\left(\frac{\partial G}{\partial \xi}\right)_{T,P} = -\Delta_r G = -\sum_i \nu_i \mu_i$.

REMARQUE – Dans les conditions *standard* :

$$\mathcal{A}^0_{(T)} = -\Delta_r G^0_{(T)} .$$

• **À partir des autres fonctions d'état** :
Comme $F = G - PV$, $dF = -PdV - SdT - \mathcal{A}\,d\xi$.

De même : $dH = d(G + TS) = VdP + TdS - \mathcal{A}\,d\xi$

$dU = d(H - PV) = -PdV + TdS - \mathcal{A}\,d\xi$.

REMARQUE – Pour une réaction monotherme monobare infiniment lente ($P = P_e$ et $T = T_e$ à chaque instant) dont l'irréversibilité est due à la seule transformation de la matière :

$$dU = \delta W + \delta Q \quad \text{avec} \quad \delta W = -PdV \quad \text{et} \quad dS = \frac{\delta Q}{T} + \delta S_c$$

$\mathcal{A}$ est la *variable intensive* ($J \cdot mol^{-1}$) *conjuguée de l'avancement de réaction* ξ.
$\mathcal{A}$ dépend de l'écriture de l'équation-bilan et de T, P, ξ.

On déduit :

$$\mathcal{A} = -\left(\frac{\partial F}{\partial \xi}\right)_{T,V} = -\left(\frac{\partial H}{\partial \xi}\right)_{P,S} = -\left(\frac{\partial U}{\partial \xi}\right)_{V,S}$$

on identifie : $\mathscr{A}\,\mathrm{d}\xi = T\delta S_c > 0$.

Le terme $\mathscr{A}\,\mathrm{d}\xi$ correspond à la *création d'entropie* due à l'*irréversibilité* de la réaction dans le sens spontané.

1.2 Comment traduire les conditions d'évolution et d'équilibre d'un système en réaction ?

L'affinité s'exprime par : $\mathscr{A} = \mathscr{A}^0_{(T)} - RT\ln Q$ avec $Q = \prod_i a_i^{\nu_i}$ quotient réactionnel (T, P, ξ).

- **Condition d'équilibre** : pour un système en évolution à T, P fixées, le potentiel thermodynamique G doit être *minimal* :

$$\mathscr{A}_{éq} = -\left(\frac{\partial G}{\partial \xi}\right)_{T,\,P,\,éq} = 0 = \mathscr{A}^0_{(T)} - RT\ln Q_{éq}$$

$Q_{éq}$ ne dépend donc que de T :

$$Q_{éq} = K^0_{(T)} = \exp\left(\frac{\mathscr{A}^0_{(T)}}{RT}\right) = \exp\left(-\frac{\Delta_r G^0_{(T)}}{RT}\right).$$

Pour un système *en évolution à T, V fixées*, on écrirait de même :

$$\mathscr{A}_{éq} = -\left(\frac{\partial F}{\partial \xi}\right)_{T,\,V,\,éq} = 0$$

et donc toujours :

$$\mathscr{A}^0_{(T)} = RT\ln K^0_{(T)}.$$

- **Condition d'évolution spontanée** : (Fig. 1) :

$$\mathscr{A}\,\mathrm{d}\xi \geqslant 0 \quad \text{avec} \quad \mathscr{A} = RT\ln\frac{K^0_{(T)}}{Q}$$

$$\begin{cases} Q < K^0_{(T)} \Rightarrow \mathscr{A} > 0 \text{ et évolution sens } \xrightarrow{1} \\ Q > K^0_{(T)} \Rightarrow \mathscr{A} < 0 \text{ et évolution sens } \xleftarrow{2} \\ Q = K^0_{(T)} \Rightarrow \mathscr{A}_{éq} = 0. \end{cases}$$

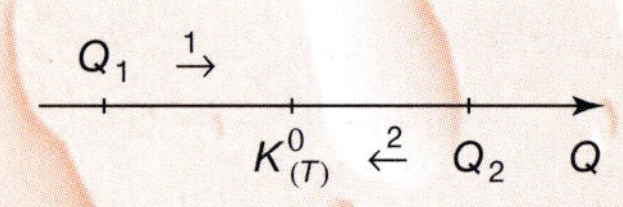

Figure 1

2 ■ Étude de l'équilibre chimique

2.1 Comment s'exprime la constante d'équilibre de la réaction ?

- **Loi de Guldberg et Waage**

Loi posée dès 1867 d'un point de vue *expérimental* (loi d'action des masses ou L.A.M.).

Les constituants de la réaction vérifient à l'équilibre : $K^0_{(T)} = \prod_i a_{i,\,éq}^{\nu_i}$, indépendamment de l'état initial (P, V composition).

Erreur à éviter :

Par contre, ξ_e dépend de l'état initial.

- **Systèmes divers**

– Homogène gazeux : $K^0_{(T)} = \prod_i \left(\frac{P_i}{P^0}\right)_{éq}^{\nu_i}$.

– Solutions aqueuses diluées : $K^0_{(T)} = \prod_i \left(\frac{C_i}{C^0}\right)_{éq}^{\nu_i}$.

– Hétérogène fluide-solide(s) : le(s) solide(s) ne figure(nt) pas dans $K^0_{(T)}$ car $a_{solide} = 1$.

Une constante d'équilibre (comme les activités) est *sans dimension*.

REMARQUE – Nous nous sommes limités aux mélanges *idéaux* ou *dilués idéaux*.

2.2 Comment paramétrer un équilibre chimique ?

- **Faire un tableau d'avancement** en premier lieu. Prévoir dans le cas des gaz une colonne pour les gaz inertes et une colonne pour total gaz. L'équilibre se traduit par la valeur $\xi = \xi_e$.
- **Taux de conversion** τ (ou degré d'avancement) : très utile pour des mélanges en proportions stœchiométriques.

$$\tau = \frac{\text{quantité de } A_i \text{ ayant réagi}}{\text{quantité initiale de } A_i} = \frac{|\nu_i \xi|}{n_{i(0)}}.$$

L'avantage de τ est d'être *intensif*.

Pour un équilibre *homogène* en solutions aqueuses, on préfère un tableau d'*avancement volumique* $x = \frac{\xi}{V}$.

En solutions aqueuses, on utilise souvent le *coefficient de dissociation* α (équivalent à τ).

2.3 Comment varie la constante d'équilibre avec la température ?

- **Loi de Van't Hoff** : $\frac{d\ln K^0_{(T)}}{dT} = \frac{\Delta_r H^0_{(T)}}{RT^2}$

$K^0_{(T)}$ croît avec T si $\Delta_r H^0_{(T)} > 0$.

Conséquence de la relation de *Gibbs-Helmholtz*.

- **Modèle d'Ellingham** : ($\Delta_r C^0_P \approx 0$) : $\Delta_r G^0_{(T)}$ est une *fonction affine* de T, donc $\ln K^0_{(T)}$ est une *fonction affine* de $\frac{1}{T}$.

$$\ln K^0_{(T)} = -\frac{\Delta_r G^0_{(T)}}{RT} = -\frac{\Delta_r H^0}{RT} + \frac{\Delta_r S^0}{R}.$$

La température d'inversion correspond à $K^0_{(T_i)} = 1$.

Dans le modèle *d'Ellingham* :

$$T_i = \frac{\Delta_r H^0}{\Delta_r S^0}.$$

3 Variance

3.1 Qu'appelle-t-on facteurs de l'équilibre ?

Il s'agit de tout paramètre *intensif* dont la variation entraîne une évolution du système préalablement à l'équilibre.

Par exemple, pour un *système gazeux* : P, T, pressions partielles $P_i = x_i P$.

3.2 Qu'appelle-t-on la variance d'un système physico-chimique ?

- **Définition** : nombre minimal de paramètres intensifs que l'expérimentateur peut fixer pour déterminer totalement l'état d'équilibre du système.
- **Calcul de** v : deux méthodes

– À partir de la *définition* :

$v = X - Y$ avec X nombre de paramètres intensifs et Y nombre de relations indépendantes entre ces paramètres.

– *Règle des phases de Gibbs* :

$v = C + 2 - \varphi$ avec C nombre de constituants indépendants, 2 décrivant les paramètres P et T, et φ le nombre de phases. C se calcule selon N (nombre de constituants) – k (nombre d'équilibres indépendants ;

Erreur à éviter :

- T n'est *pas facteur d'équilibre* si $\Delta_r H^0 \approx 0$ (réaction *athermique*).
- P n'est pas *facteur d'équilibre* si $\Delta_r n_{gaz} \approx 0$ (en particulier, réactions en phase condensée).

On passe alors à une *variance réduite* :

$$v = C + 1 - \varphi, \quad \forall T \text{ (ou } P\text{)}.$$

Au moment de la perturbation, seul un paramètre est modifié, les autres étant *bloqués*.

On comprend aisément, par exemple pour $v = 1$, $P = f(T)$, que si l'on modifie T à P fixée, on *rompt l'équilibre*.

Le système est supposé fermé et préalablement à l'équilibre à T et P fixées.

Erreur à éviter :

À V fixé : $Q_V = \Delta U$.

$T \nearrow \Rightarrow$ sens $\Delta_r U^0 > 0$.

cf. savoir-faire 4 avec influence de l'ajout d'un constituant actif ou inactif.

on dispose de $K^0_{(T)}$) $- r$ (conditions particulière dues à l'expérimentateur se traduisant par des relations à l'équilibre).

Lorsque l'expérimentateur choisit de fixer certains paramètres (système particularisé), il diminue d'autant la variance générale. On peut alors parler de *degrés de liberté* restants.

3.3 Quelle est la différence entre un déplacement et une rupture d'équilibre ?

Lorsque l'on modifie un facteur d'équilibre, le système préalablement à l'équilibre subit :

- **un déplacement d'équilibre** si l'E.F. est un *nouvel état d'équilibre*. Cela suppose : $v \geqslant 2$.
- **une rupture d'équilibre** si l'E.F. correpond à un nouveau système physico-chimique car l'un des constituants *a disparu*. Cela suppose : $v \leqslant 1$.

4 Le sens de déplacement (ou de rupture) d'équilibre.

4.1 Énoncer le principe qualitatif de modération et l'illustrer avec l'influence de *T* ou *P*.

Le Châtelier a postulé que l'évolution d'un système se produit dans un sens *s'opposant à la cause* (la perturbation) et en modérant ainsi ses effets.

- **Influence de *P* (loi de Le Châtelier)** : une augmentation de P (à T fixée) provoque une évolution dans le sens où la quantité de gaz diminue.

$$P \nearrow \Rightarrow \text{sens } \Delta_r n_{gaz} < 0 .$$

- **Influence de *T* (loi de Van't Hoff)** : une augmentation de T (à P fixée) provoque une évolution dans le sens endothermique (absorption d'énergie thermique).

$$T \nearrow \Rightarrow \text{sens } \Delta_r H^0 > 0 .$$

4.2 Comment utiliser l'affinité chimique pour prévoir la réponse à une perturbation élémentaire ?

- À l'E.I., le système est **en équilibre** : $\mathcal{A}_{E.I.} = 0$.
- Au moment de la perturbation, on raisonne sur le **système perturbé**, avant toute évolution :

$$\mathcal{A}_{pert} = \mathcal{A}_{E.I.} + d\mathcal{A} = d\mathcal{A}.$$

- **Le principe d'évolution** nous dit :

$$\mathcal{A}_{pert}\, d\xi \geqslant 0 \Rightarrow d\mathcal{A}\, d\xi \geqslant 0 .$$

Il suffit de calculer $d\mathcal{A}$ à partir de $\mathcal{A} = \mathcal{A}^0_{(T)} - RT\ln Q$ et d'étudier son signe.

4.3 Comment traduire le retour à l'équilibre ?

- À l'E.F., le système est **à nouveau en équilibre** :

$$\mathcal{A}_{E.F.} = 0 \Rightarrow \text{ constante d'équilibre vérifiée.}$$

- De la variation (ou non) de $\mathcal{A}^0_{(T)}$, on peut déduire la *composition* de l'E.F.

On a supposé ici une *non-rupture* de l'équilibre.

Les savoir-faire clefs

1 Savoir utiliser l'affinité chimique pour prévoir évolution ou équilibre.

Dans un tube en fer, à 800 °C, on fait passer un mélange gazeux $H_2 + HCl$, sous $P = P^0 = 1$ bar.

On appelle x la fraction molaire du dihydrogène dans ce mélange.

Le fer peut être corrodé en chlorure ferreux selon la réaction :

$$Fe_{(s)} + 2\,HCl_{(g)} = FeCl_{2(s)} + H_{2(g)}$$

On donne à 800 °C les enthalpies libres standard de formation de $FeCl_{2(s)}$, $\Delta_f G^0 = -196$ kJ · mol^{-1}, et de $HCl_{(g)}$, $\Delta_f G^0 = -103$ kJ · mol^{-1}.

1.1 Condition d'équilibre

a) Calculer l'affinité chimique standard $\mathcal{A}^0$ à 800 °C.

b) En déduire la constante d'équilibre K^0 à 800 °C.

c) Quelle est la composition du mélange gazeux à l'équilibre, caractérisée par x_e ?

1.2 Condition d'évolution spontanée

a) En fait, le mélange gazeux $H_2 + HCl$ circule dans le tube en fer avec une fraction molaire à l'entrée $x_0 = 0{,}25$.

Peut-il y avoir corrosion ?

b) Un étranglement du tube provoque une surpression. Pour quelle pression, pour le même mélange, y a-t-il corrosion ?

Conseils méthodologiques

1.1.a) Il suffit de calculer l'enthalpie libre standard $\Delta_r G^0$.

1.1.b) et c) Traduire l'équilibre et utiliser la LAM de Guldberg et Waage.

1.2.a) Calculer l'affinité chimique du système à l'entrée et commenter son signe.

1.2.b) On peut utiliser l'affinité ou comparer directement K^0 et Q.

1.1.a) L'affinité chimique standard correspond à :

$$\mathcal{A}^0_{(T)} = -\Delta_r G^0_{(T)} = -\sum_i \nu_i \Delta_f G^0_{i(T)}.$$

On calcule à 800 °C :

$$\mathcal{A}^0 = -\Delta_f G^0(FeCl_{2(s)}) + 2\Delta_f G^0(HCl_{(g)}) = -10 \text{ kJ} \cdot \text{mol}^{-1}.$$

Les enthalpies libres standard de formation des corps simples dans *leur état standard de référence* sont nulles.

Autre forme :
$\Delta_r G^0_{(T)} + RT \ln K^0_{(T)} = 0.$

b) *À l'équilibre*, l'affinité chimique de la réaction est nulle :

$$\mathcal{A}_{\text{éq}} = 0 = \mathcal{A}^0_{(T)} - RT \ln K^0_{(T)} \Rightarrow K^0 = \exp\left(\frac{\mathcal{A}^0}{RT}\right).$$

On trouve $\boxed{K^0 = 0{,}33}$, à 800 °C.

c) Pour la réaction : $Fe_{(s)} + 2\,HCl_{(g)} = FeCl_{2(s)} + H_{2(g)}$.
Les activités des solides (seuls dans leur phase) valent un. Dans la *phase gazeuse* :

$$x_{H_2} = x_e \quad \text{et} \quad x_{HCl} = 1 - x_e,$$

$$\text{donc :} \quad P_{H_2} = x_e P \quad \text{et} \quad P_{HCl} = (1 - x_e)P.$$

$$K^0 = \frac{\dfrac{P_{H_2}}{P^0}}{\left(\dfrac{P_{HCl}}{P^0}\right)^2} = \frac{P_{H_2}P^0}{P_{HCl}^2} = \frac{x_e P^0}{(1 - x_e)^2 P}.$$

Un tableau d'avancement n'est *pas nécessaire ici* car l'énoncé nous fait raisonner en fraction molaire.

Comme, en outre, $P = P^0$, il reste : $K^0 = \dfrac{x_e}{(1 - x_e)^2}$.

La résolution de l'équation du 2nd degré donne : $\boxed{x_e = 0{,}21}$.

1.2. a) Il suffit de calculer *l'affinité chimique du système en entrée* :

L'affinité est toujours *définie* vis-à-vis d'une réaction donnée.

$$\mathcal{A} = \mathcal{A}^0 - RT \ln Q, \quad \text{avec } Q = \left(\frac{P_{H_2}P^0}{P_{HCl}^2}\right)_0 = \frac{x_0 P^0}{(1 - x_0)^2 P}.$$

À 800 °C, et $P = P^0$, on trouve : $Q = 0{,}44$ et $\mathcal{A} = -2{,}8\ \text{kJ} \cdot \text{mol}^{-1}$.

L'affinité étant *négative*, la réaction ne peut se produire dans le sens $\xrightarrow{1}$. Il n'y a pas corrosion du fer.

La condition d'*évolution spontanée* est $\mathcal{A}\,d\xi \geqslant 0$:
le sens $\xrightarrow{1}$ suppose $d\xi > 0$, donc $\mathcal{A} > 0$.

b) *La corrosion* a lieu si $\mathcal{A} \geqslant 0$.

Comme $\mathcal{A} = RT \ln \dfrac{K^0}{Q}$, cette condition est équivalente à $K^0 \geqslant Q$, soit :

$$\frac{x_e}{(1 - x_e)^2} \geqslant \frac{x_0 P^0}{(1 - x_0)^2 P} \Rightarrow \boxed{P \geqslant 1{,}32\ \text{bar}}.$$

Conseils méthodologiques

2.1.a) Faire un tableau d'*avancement* (ξ) en premier lieu puis utiliser la définition du *taux de conversion* (τ).

2 ■ Savoir paramétrer un équilibre ou deux équilibres simultanés.

2.1 Synthèse du trioxyde de soufre

Dans un réacteur isotherme (500 °C) et isobare (1 bar), on introduit un mélange équimolaire de dioxyde de soufre et de dioxygène. Il se produit la réaction d'équation bilan :

$$2\,SO_{2(g)} + O_{2(g)} = 2\,SO_{3(g)}.$$

a) On mesure un taux de conversion de dioxyde de soufre à l'équilibre de 97 %. Calculer la constante d'équilibre à 500 °C.

b) On remplace le mélange équimolaire SO_2/O_2 par un mélange équimolaire SO_2/air, dans les mêmes conditions *T*, *P*. Quel est le nouveau taux de conversion en SO_2 ?

2.2 Dissociation du sulfate de manganèse

Dans un réacteur isotherme (1 300 K) et isochore, initialement vide, on introduit un excès de $MnSO_{4(s)}$.

Il se produit les réactions :

$$(1) \quad 3\,MnSO_{4(s)} = Mn_3O_{4(s)} + 2\,SO_{3(g)} + SO_{2(g)}$$

$$(2) \quad 2\,SO_{3(g)} = 2\,SO_{2(g)} + O_{2(g)}$$

On mesure à l'équilibre la pression totale $P = 1{,}03$ bar et la pression partielle $P_{SO_2} = 0{,}730$ bar.

a) Faire un tableau d'évolution du système en utilisant les avancements de réaction ξ_1 et ξ_2, puis en définissant le coefficient de dissociation du trioxyde de soufre selon (2), c'est-à-dire α.

b) Exprimer la pression partielle P_{SO_2} et en déduire α, puis calculer les constantes d'équilibre, à 1 300 K, K_1^0 et K_2^0.

2.1.b) L'air a pour modèle :
20 % O_2 + 80 % N_2.
Le dioxygène devient le *limitant*.
Estimer rapidement τ.

2.2.a) Tenir compte des évolutions dues à (1) et (2) (simultanées) pour déduire l'E.F. Le coefficient de dissociation α se définit ici par $\frac{\xi_2}{\xi_1}$.

2.2.b) Déduire α du rapport $\frac{P_{SO_2}}{P}$, et calculer les diverses pressions partielles.

2.1. On dresse un *tableau d'avancement* :

	$2\,SO_{2(g)}$ +	$O_{2(g)}$ =	$2\,SO_{3(g)}$	Total gaz
E.I.	n	n		$2n$
E.F.	$n-2\xi$	$n-\xi$	2ξ	$2n-\xi$
	$n(1-\tau)$	$n\left(1-\frac{\tau}{2}\right)$	$n\tau$	$n\left(2-\frac{\tau}{2}\right)$

On a utilisé ci-dessus le *taux de conversion* de SO_2 :

$$\tau = \frac{\text{quantité ayant réagi}}{\text{quantité initiale}} = \frac{2\xi}{n}.$$

La constante d'équilibre a pour expression :

$$K^0 = \frac{P_{SO_3}^2 P^0}{P_{SO_2}^2 P_{O_2}} = \frac{n_{SO_3}^2 n_{tot} P^0}{n_{SO_2}^2 n_{O_2} P} = \frac{\tau^2}{(1-\tau)^2}\frac{\left(2-\frac{\tau}{2}\right)}{\left(1-\frac{\tau}{2}\right)}\frac{P^0}{P}, \quad \text{avec } P = P^0.$$

L'application numérique donne : $\boxed{K^0 = 3{,}08\ 10^3}$.

a) Il faut désormais tenir compte du gaz inerte N_2.

	$2\,SO_{2(g)}$ +	$O_{2(g)}$ =	$2\,SO_{3(g)}$	$N_{2(g)}$	Total gaz
E.I.	n	$\frac{n}{5}$		$\frac{4n}{5}$	$2n$
E.F.	$n-2\xi$	$\frac{n}{5}-\xi$	2ξ	$\frac{4n}{5}$	$2n-\xi$
	$n(1-\tau)$	$n\left(\frac{1}{5}-\frac{\tau}{2}\right)$	$n\tau$	$\frac{4n}{5}$	$n\left(2-\frac{\tau}{2}\right)$

L'avantage de τ (paramètre *intensif*) est de permettre une *simplification* par n dans les pressions partielles et la constante d'équilibre. L'emploi de τ est recommandé chaque fois que possible.

Erreur à éviter :

Ne pas oublier le gaz inerte, car il intervient dans le total gaz, donc dans la constante d'équilibre.

La définition du taux de conversion de $SO_{2(g)}$ est inchangée. Par contre, le limitant est désormais $O_{2(g)}$, et le large excès de $SO_{2(g)}$ nous laisse à penser que : $\xi \to \frac{n}{5}$, soit $\tau \to \frac{2}{5}$. Posons $\tau = 0{,}40 - \varepsilon$.

La constante d'équilibre s'écrit :

$$K^0 = \frac{n_{SO_3}^2 n_{tot} P^0}{n_{SO_2}^2 n_{O_2} P} = \frac{\tau^2}{(1-\tau)^2} \frac{\left(2 - \frac{\tau}{2}\right)}{\left(\frac{1}{5} - \frac{\tau}{2}\right)}, \quad \text{avec } P = P^0.$$

Cette démarche est une *vérification rapide*. Elle est équivalente à un D.L. à l'ordre 1.

L'hypothèse $\tau \approx 0{,}40$ conduit à :

$$3{,}08\,10^3 = \left(\frac{0{,}40}{0{,}60}\right)^2 \frac{1{,}80}{\frac{\varepsilon}{2}} \Rightarrow \varepsilon = 5{,}2\,10^{-4}.$$

On conclut bien : $\boxed{\tau \approx 40\ \%}$.

2.2. a) Dressons un tableau d'évolution de toutes les espèces présentes :

Seuls l'E.I. et l'E.F. ont un sens physico-chimique. Les lignes (1) et (2) traduisent les évolutions selon les réactions séparément. L'E.F. traduit la *simultanéité* de (1) + (2).

	$MnSO_{4(s)}$	$Mn_3O_{4(s)}$	$SO_{3(g)}$	$SO_{2(g)}$	$O_{2(g)}$	Total gaz
E.I.	n					0
(1) (2)	$-3\xi_1$	ξ_1	$2\xi_1$ $-2\xi_2$	ξ_1 $2\xi_2$	 ξ_2	
E.F.	$n - 3\xi_1$	ξ_1	$2(\xi_1 - \xi_2)$	$\xi_1 + 2\xi_2$	ξ_2	$3\xi_1 + \xi_2$

Le coefficient de dissociation de $SO_{3(g)}$ selon (2) est :

$$\alpha = \frac{\text{quantité dissociée}}{\text{quantité initiale}} = \frac{2\xi_2}{2\xi_1} = \frac{\xi_2}{\xi_1}.$$

L'emploi du coefficient de dissociation (*intensif*) a permis de s'affranchir de ξ_1 et ξ_2 pour la suite des calculs.

On en déduit en phase gazeuse :

$SO_{3(g)}$	$SO_{2(g)}$	$O_{2(g)}$	Total gaz
$2\xi_1(1-\alpha)$	$\xi_1(1+2\alpha)$	$\xi_1\alpha$	$\xi_1(3+\alpha)$

b) Par définition de la *pression partielle* :

$$P_{SO_2} = \frac{n_{SO_2}}{n_{tot}} P = \frac{1+2\alpha}{3+\alpha} P,$$

on calcule le coefficient de dissociation :

$$\boxed{\alpha = \frac{3P_{SO_2} - P}{2P - P_{SO_2}} = 0{,}872}.$$

On déduit aisément les autres pressions partielles :

$$P_{SO_3} = \frac{2(1-\alpha)}{3+\alpha} P = 0{,}068 \text{ bar} \quad \text{et} \quad P_{O_2} = \frac{\alpha}{3+\alpha} P = 0{,}232 \text{ bar}$$

puis les *constantes d'équilibre* :

$$K_1^0 = \left(\frac{P_{SO_3}}{P^0}\right)^2 \frac{P_{SO_2}}{P^0} = 3{,}38\ 10^{-3} \quad \text{et} \quad K_2^0 = \left(\frac{P_{SO_2}}{P_{SO_3}}\right)^2 \frac{P_{O_2}}{P^0} = 26{,}7.$$

3 ■ Savoir utiliser la notion de variance pour optimiser une synthèse industrielle ou prévoir une rupture d'équilibre.

3.1 Optimisation de la synthèse de l'ammoniac

On synthétise l'ammoniac en industrie selon la réaction :

$$N_{2(g)} + 3\,H_{2(g)} = 2\,NH_{3(g)}$$

Les tables thermodynamiques donnent pour cette réaction :

$\Delta_r H^0 = -92{,}2$ kJ · mol^{-1} et $T_i = 191$ °C (température d'inversion).

a) Quelle est la variance du système $\{N_2, H_2, NH_3\}$ le plus général ? Quelle est la variance si l'on part à l'E.I. d'un mélange stœchiométrique 1 N_2 / 3 H_2.

b) Quelle est l'influence de la température sur cet équilibre ? Comment justifier le choix industriel de 450 °C ?

c) Quelle est l'influence de la pression sur cet équilibre ? Est-ce en accord avec le choix industriel de 250 bar ?

d) On veut étudier l'influence de la composition. On part à l'E.I. du mélange $1-\lambda$ mol N_2 et λ mol H_2 à T, P fixées. Exprimer la constante d'équilibre en fonction de P, P^0, λ et ξ avancement de réaction. Montrer que le meilleur rendement correspond au choix des proportions stœchiométriques.

3.2 Rupture d'un équilibre hétérogène

Soit la dissociation du bromure cuivrique :

$$2\,CuBr_{2(s)} = 2\,CuBr_{(s)} + Br_{2(g)}$$

a) Quelle est la variance de ce système dans le cas général ? si l'on part à l'E.I. de $CuBr_{2(s)}$ seulement ? si l'on a fixé la température à 550 K ?

b) L'équilibre étant réalisé à 550 K, on mesure $P_{Br_2}^{éq} = 510$ mmHg. Que se passe-t-il si l'on produit à température fixée une détente imposant $P_{Br_2} = 300$ mmHg ?

Conseils méthodologiques

3.1.a) On pourra calculer la variance selon deux *méthodes distinctes*.

3.1.b) Utiliser la loi qualitative de *Van't Hoff*.

3.1.c) Utiliser la loi qualitative de *Le Châtelier*.

3.1.d) Traduire la condition :

$$\frac{d\xi}{d\lambda} = 0.$$

Une *différenciation logarithmique* est conseillée.

3.2.a) Chacun des constituants est seul dans sa phase.

3.2.b) Utiliser l'*affinité chimique* pour prévoir le sens de *rupture*.

3.1. a) On peut utiliser deux méthodes :

• *Définition de la variance* : $v = X - Y$ avec paramètres intensifs $X = 5$ (T, P, x_{N_2}, x_{H_2} et x_{NH_3}) et relations entre eux $Y = 2$ ($x_{N_2} + x_{H_2} + x_{NH_3} = 1$ et $K^0_{(T)}$).

D'où : $\boxed{v = 3}$: choix de T, P et un paramètre de composition.

• *Règle des phases de Gibbs* :

$$v = C + 2 - \varphi \text{ avec } C = N - k - r = 3 - 1 - 0 = 2 \text{ et } \varphi = 1.$$

D'où : $\boxed{v = 3}$.

• Si l'on part d'un *mélange stœchiométrique* à l'E.I., on a nécessairement à l'équilibre : $x_{H_2} = 3\,x_{N_2} \Rightarrow$ une relation supplémentaire ($r = 1$) et $\boxed{v = 2}$: choix de T, P.

Règle des phases :
N : nombre de constituants.
k : nombre d'équilibres indépendants.
r : relations particulières.
2 : T, P.
φ : nombre de phases

Tout mélange de N_2 et H_2 particulier revient à choisir une *variable de composition* et à ramener v à 2.

b) D'après la *loi de Van't Hoff*, une élévation de température provoque un déplacement dans le sens endothermique ($\Delta_r H^0 > 0$), soit le sens $\overset{2}{\leftarrow}$.

Il faut donc pour la synthèse (sens $\overset{1}{\rightarrow}$) travailler *a priori à basse température* ($T < T_i = 191$ °C).

Néanmoins, la cinétique de la réaction devient trop lente à ces températures, d'où le choix industriel d'une *température de compromis*.

Cela nécessite donc en industrie un *recyclage* des réactifs n'ayant pas réagi pour améliorer le rendement.

c) D'après la *loi de Le Châtelier*, une élévation de pression provoque un déplacement dans le sens $\Delta_r n_{gaz} < 0$, soit le sens $\overset{1}{\rightarrow}$.

Une forte pression (en accord avec contrainte technique et coût) est donc favorable, d'où le choix de $P = 250$ bar.

Certains procédés industriels ont été jusqu'à 1 000 bar.

d) Traduisons l'*avancement de réaction* :

	$N_{2(g)}$	$+ \ 3\,H_{2(g)}$	$=$	$2\,NH_{3(g)}$	Total gaz
E.I.	$1-\lambda$	λ			1
E.F.	$1-\lambda-\xi$	$\lambda-3\xi$		2ξ	$1-2\xi$

À l'équilibre : $$K^0 = \frac{P_{NH_3}^2 P^{02}}{P_{N_2} P_{H_2}^3} = \frac{n_{NH_3}^2 n_{tot}^2 P^{02}}{n_{N_2} n_{H_2}^3 P^2}$$

$$K^0 = \frac{4\xi^2(1-2\xi)^2}{(1-\lambda-\xi)(\lambda-3\xi)^3}\frac{P^{02}}{P^2}.$$

Optimiser le rendement revient à $\frac{d\xi}{d\lambda} = 0$, à T et P fixées.

Utilisons la différenciation logarithmique :

$$\ln\frac{K^0P^2}{4P^{02}} = \text{cte} = 2\ln\xi + 2\ln(1-2\xi) - \ln(1-\lambda-\xi) - 3\ln(\lambda-3\xi).$$

$$0 = 2\frac{d\xi}{\xi} - 4\frac{d\xi}{1-2\xi} + \frac{d\lambda + d\xi}{1-\lambda-\xi} - 3\frac{d\lambda - 3d\xi}{\lambda-3\xi},$$

soit une expression du type $A\,d\xi + B\,d\lambda = 0$.

On peut vérifier dans ce cas : $A \neq 0$.

La condition est donc : $\frac{d\xi}{d\lambda} = 0 \Rightarrow B = 0$.

$$\frac{1}{1-\lambda-\xi} - \frac{3}{\lambda-3\xi} = 0, \quad \text{soit : } \lambda - 3\xi = 3 - 3\lambda - 3\xi.$$

On trouve $\boxed{\lambda = \frac{3}{4}}$, soit 3 H_2 pour 1 N_2 à l'E.I. (les proportions stœchiométriques).

3.2. a) Toujours selon les deux méthodes :

- *Définition de la variance* : $v = X - Y$ avec $X = 2$ (T, P) et $Y = 1$ $(K^0_{(T)})$ car désormais chacun des constituants est seul dans sa phase.

D'où : $\boxed{v = 1}$: choix de T.

Cela signifie encore que : $x_{CuBr_2} = 1$, $x_{CuBr} = 1$, $x_{Br_2} = 1$ au sein de chaque phase.

- *Règle des phases de Gibbs* :

$$v = C + 2 - \varphi \quad \text{avec } C = N - k - r = 3 - 1 - 0 = 2 \text{ et } \varphi = 3.$$

D'où : $\boxed{v = 1}$.

• Si l'on part à l'E.I. de $CuBr_{2(s)}$ *seul,* cela n'apporte aucun renseignement supplémentaire entre paramètres intensifs. On a toujours $v = 1$.

• *Le système particularisé* où la température est fixée correspond désormais à $v' = 0$.

Il n'a plus aucun degré de liberté.

b) À 550 K, $K^0 = \frac{P_{Br_2}^{éq}}{P^0}$. On mesure $P_{Br_2}^{éq} = 510$ mm Hg (fixée par la température).

La modification de P_{Br_2} est interdite par $v' = 0$. On provoque donc une *rupture d'équilibre*.

L'affinité du système en réaction s'écrit :

$$\mathcal{A} = \mathcal{A}^0_{(T)} - RT\ln Q = RT\ln\frac{K^0}{Q} = RT\ln\frac{P_{Br_2}^{éq}}{P_{Br_2}}.$$

Comme l'on impose $P_{Br_2} < P_{Br_2}^{éq}$, on impose en fait $Q < K^0$ ou $\mathcal{A} > 0$. La réaction se poursuit jusqu'à *disparition* de $CuBr_{2(s)}$.

Erreur à éviter :

Le fait que $n_{CuBr} = n_{Br_2}$ à l'équilibre ne nous donne rien de plus car $CuBr_{(s)}$ et $Br_{2(g)}$ sont dans des phases différentes.

La nature du système physico-chimique *change* car il y a *disparition* de l'un des constituants.

4 ■ Savoir utiliser l'affinité chimique pour prévoir les déplacements d'équilibre.

4.1 Influence de l'ajout à *T*, *P* fixées d'un constituant

On étudie la synthèse du méthanol selon :

$$CO_{(g)} + 2\,H_{2(g)} = CH_3OH_{(g)}$$

à température et pression fixées.

a) Que se passe-t-il si l'on ajoute à l'équilibre une faible quantité d'un gaz inerte ?

b) Que se passe-t-il si l'on ajoute à l'équilibre une petite quantité de dihydrogène ?

c) Que se passe-t-il si l'on ajoute à l'équilibre une petite quantité de monoxyde de carbone ?

4.2 Ajout à *T*, *V* fixés et retour à l'équilibre

On étudie la dimérisation du dioxyde d'azote selon :

$$2\,NO_{2(g)} = N_2O_{4(g)}$$

à température et volume fixés (300 K, $V = 5{,}90$ L).

À l'équilibre, on dispose de 73 mmol de N_2O_4 et de 163 mmol de NO_2.

a) Calculer la constante d'équilibre à 300 K.

b) Que se passe-t-il si l'on ajoute 1 mmol de dioxyde d'azote à l'équilibre ?

c) Calculer l'avancement élémentaire $d\xi$ qui en résulte.

Conseils méthodologiques

4.1 Exprimer l'affinité chimique du système en réaction sous la forme $\mathcal{A} = \mathcal{A}^0_{(T)} - RT\ln Q$ et voir dans chaque cas quelle(s) grandeurs varie(nt) *au moment de la perturbation*. Exprimer $d\mathcal{A}$ et conclure.

4.2.a) et b) Même méthode, mais utiliser les variables T et V dans l'expression de $\mathcal{A}$ ou de Q.

4.2.c) La perturbation plus l'évolution donnent un *nouvel état d'équilibre* (K^0 vérifiée).

Les variables T et P étant fixées, il faut exprimer K^0 ou Q avec ces variables.

Comme $\ln ab = \ln a + \ln b$, $\mathrm{d}\ln ab = \mathrm{d}\ln a + \mathrm{d}\ln b = \frac{\mathrm{d}a}{a} + \frac{\mathrm{d}b}{b}$

Ajouter un gaz inerte à P totale fixée revient à *diminuer P utile*, d'où évolution dans sens $\Delta_r n_{gaz} > 0$.

Évolution en accord avec le *principe de modération*.

Erreur à éviter :

Lors d'un ajout actif à T, P fixées, on peut très bien provoquer une évolution dans le *sens inverse de la consommation* de l'ajout.

L'autre expression :

$$K^0 = \frac{n_{N_2O_4} n_{tot} P^0}{n_{NO_2}^2 P}$$

est *moins pratique* puisque si T et V sont fixés, P peut par contre varier.

4.1 À l'équilibre, la *constante d'équilibre* est vérifiée :

$$K^0_{(T)} = \frac{P_{CH_3OH} P^{02}}{P_{CO} P^2_{H_2}} = \frac{n_{CH_3OH} n^2_{tot}}{n_{CO} n^2_{H_2}} \frac{P^{02}}{P^2}.$$

Nous allons raisonner au moment de l'ajout, avant toute évolution :

$$\mathcal{A} = \mathcal{A}^0 - RT\ln Q.$$

On part de l'équilibre $Q = K^0$ et $\mathcal{A}_{éq} = 0$.
Lors de la perturbation à T, P fixées, on passe à :

$$\mathcal{A}_{éq} + \mathrm{d}\mathcal{A} = \mathrm{d}\mathcal{A} = -RT\mathrm{d}\ln Q \Rightarrow \mathrm{d}\mathcal{A} = -RT\mathrm{d}\ln\left(\frac{n_{CH_3OH} n^2_{tot}}{n_{CO} n^2_{H_2}} \frac{P^{02}}{P^2}\right),$$

et nous allons étudier son signe selon le cas.

a) L'ajout d'un *gaz inerte* ne modifie que n_{tot}. Il en résulte :

$$\mathrm{d}\mathcal{A} = -RT\mathrm{d}\ln n^2_{tot} = -2RT\frac{\mathrm{d}n_{tot}}{n_{tot}} < 0.$$

L'évolution se fait dans le sens $\overset{2}{\leftarrow}$, c'est-à-dire dans le sens où $\Delta_r n_{gaz} > 0$.

b) L'ajout d'un *gaz actif* H_2 se traduit par une même modification de n_{H_2} et n_{tot} :

$$\mathrm{d}\mathcal{A} = -RT\mathrm{d}\ln\left(\frac{n^2_{tot}}{n^2_{H_2}}\right) = -RT\mathrm{d}n_{tot}\left[\frac{2}{n_{tot}} - \frac{2}{n_{H_2}}\right].$$

Comme $n_{tot} > n_{H_2}$, $\frac{2}{n_{tot}} < \frac{2}{n_{H_2}}$ et $\mathrm{d}\mathcal{A} > 0$.

L'évolution se fait dans le sens $\overset{1}{\rightarrow}$, c'est-à-dire dans le sens de la *consommation* de l'ajout actif.

c) L'ajout d'un *gaz actif*, CO, se traduit par une même modification de n_{CO} et n_{tot} :

$$\mathrm{d}\mathcal{A} = -RT\mathrm{d}\ln\left(\frac{n^2_{tot}}{n_{CO}}\right) = -RT\mathrm{d}n_{tot}\left[\frac{2}{n_{tot}} - \frac{1}{n_{CO}}\right].$$

On ne peut conclure *a priori*. Il y a *trois cas possibles* :

- Si $\frac{2}{n_{tot}} > \frac{1}{n_{CO}}$, soit $x_{CO} > \frac{1}{2}$ dans l'état d'équilibre précédent, alors $\mathrm{d}\mathcal{A} < 0$: évolution sens $\overset{2}{\leftarrow}$.
- Si $x_{CO} < \frac{1}{2}$, $\mathrm{d}\mathcal{A} > 0$: évolution sens $\overset{1}{\rightarrow}$.
- Si $x_{CO} = \frac{1}{2}$, $\mathrm{d}\mathcal{A} = 0$: pas d'évolution.

4.2. a) Exprimons la *constante d'équilibre* en utilisant la variable V :

$$K^0 = \frac{P_{N_2O_4} P^0}{P^2_{NO_2}} = \frac{n_{N_2O_4} V P^0}{n^2_{NO_2} RT}$$

car : $P_{N_2O_4}V = n_{N_2O_4}RT$ et $P_{NO_2}V = n_{NO_2}RT$.

On part d'un premier état d'équilibre pour lequel :

$$K^0 = \frac{73\ 10^{-3}}{(163\ 10^{-3})^2}\frac{(5{,}90\ 10^{-3})10^5}{8{,}31\cdot 300} = \boxed{0{,}65}.$$

b) On réalise un *ajout actif* à T, V fixés.

$$\mathcal{A} = \mathcal{A}^0 - RT\ln Q \Rightarrow \mathrm{d}\mathcal{A} = -RT\,\mathrm{d}\ln Q$$

$$\mathrm{d}\mathcal{A} = -RT\,\mathrm{d}\ln\frac{n_{N_2O_4}VP^0}{n_{NO_2}^2RT}.$$

Seul n_{NO_2} varie au moment de l'ajout :

$$\mathrm{d}\mathcal{A} = +RT\,\mathrm{d}\ln n_{NO_2}^2 = +2RT\frac{\mathrm{d}n_{NO_2}}{n_{NO_2}} > 0.$$

Il y a évolution dans le sens $\xrightarrow{1}$, soit selon le *principe de modération*.

c) Dressons un *tableau d'évolution* :

	$2\,NO_2$	=	N_2O_4	Total gaz
E.I. d'équilibre	n_{NO_2}		$n_{N_2O_4}$	n_{tot}
ajout	$+\mathrm{d}\lambda$			$+\mathrm{d}\lambda$
évolution	$-2\mathrm{d}\xi$		$+\mathrm{d}\xi$	$-\mathrm{d}\xi$
E.F. d'équilibre	$n_{NO_2}\underbrace{+\mathrm{d}\lambda-2\mathrm{d}\xi}_{\mathrm{d}n_{NO_2}}$		$n_{N_2O_4}\underbrace{+\mathrm{d}\xi}_{\mathrm{d}n_{N_2O_4}}$	$n_{tot}+\underbrace{\mathrm{d}\lambda-\mathrm{d}\xi}_{\mathrm{d}n_{tot}}$

La température étant inchangée, la constante d'équilibre $K^0_{(T)}$ n'a pas varié :

$$K^0 = \frac{n_{N_2O_4}VP^0}{n_{NO_2}^2RT} \Rightarrow \ln K^0 = \ln n_{N_2O_4} - 2\ln n_{NO_2} + \ln\frac{P^0V}{RT},$$

$$\text{soit : } \mathrm{d}\ln K^0 = 0 = \frac{\mathrm{d}n_{N_2O_4}}{n_{N_2O_4}} - \frac{2\,\mathrm{d}n_{NO_2}}{n_{NO_2}} = \frac{\mathrm{d}\xi}{n_{N_2O_4}} - \frac{2(\mathrm{d}\lambda-2\mathrm{d}\xi)}{n_{NO_2}}.$$

On obtient : $\mathrm{d}\xi\left(\frac{1}{n_{N_2O_4}}+\frac{4}{n_{NO_2}}\right) = 2\frac{\mathrm{d}\lambda}{n_{NO_2}}$.

Comme $n_{N_2O_4} = 73$ mmol, $n_{NO_2} = 163$ mmol, $\mathrm{d}\lambda = 1$ mmol, il en résulte :

$$\boxed{\mathrm{d}\xi = 0{,}32\ \text{mmol}}.$$

Erreur à éviter :

Chaque fois que l'on utilise $PV = nRT$ dans K^0, P doit s'exprimer en Pa (unité SI).

Contrairement à T, P fixées, le *principe de modération* est toujours vérifié à T, V fixées.

Cette méthode permet de décomposer en *deux étapes* :
- perturbation ;
- évolution.

E.I. : $\mathcal{A}_{éq} = 0$

↓

État perturbé : $\cancel{\mathcal{A}_{éq}} + \mathrm{d}\mathcal{A}_{pert}$

↓

E.F. : $\cancel{\mathcal{A}_{éq}} + \mathrm{d}\mathcal{A}_{pert} + \mathrm{d}\mathcal{A}_{évol}$

L'E.F. est un nouvel état d'équilibre :

$$\boxed{\mathrm{d}\mathcal{A}_{pert} + \mathrm{d}\mathcal{A}_{évol} = 0}$$

(version moderne du *principe de modération*).

Pour maîtriser les bases

1. Synthèse du méthanol — D'après Véto

Soit la réaction industrielle de synthèse du méthanol, en présence de catalyseur à base de cuivre, à $t_1 = 250$ °C et sous une pression totale $P_1 = 50$ bar :

$$CO_{(g)} + 2\ H_{2(g)} \rightleftharpoons CH_3OH_{(g)}$$

On dispose des données thermodynamiques suivantes, à 298 K :

$\Delta_f H^0$: enthalpie de formation standard.

S_m^0 : entropie molaire standard (indépendante de la température).

	$CO_{(g)}$	$H_{2(g)}$	$CH_3OH_{(g)}$
$\Delta_f H^0$ ($kJ \cdot K^{-1} \cdot mol^{-1}$)	–111	0	–201
S_m^0 ($J \cdot K^{-1} \cdot mol^{-1}$)	198	131	240

$R = 8{,}31\ J \cdot mol^{-1} \cdot K^{-1}$ et t (°C) $= T$ (K) – 273.

a) Quelle est la variance de cet équilibre ? Justifier la valeur trouvée.

b) Calculer l'enthalpie de réaction à 298 K : $\Delta_f H^0(298\ K)$. On la supposera indépendante de la température.

c) Calculer l'enthalpie libre de réaction à 298 K : $\Delta_r G^0(298\ K)$.

d) Calculer la valeur de la constante d'équilibre K_{298}^0 à cette température.

e) Calculer la valeur de la constante d'équilibre K_1^0 à la température $t_1 = 250$ °C.

f) Calculer les pressions partielles à l'équilibre si l'on part des conditions stœchiométriques, avec à l'équilibre la température t_1 et la pression P_1.

g) Quelle est l'influence d'une élévation de température, à pression constante ?

h) Quelle est l'influence d'une élévation de pression, à température constante ?

Conseils méthodologiques : Ce problème utilise la relation $\Delta_r G^0_{(T)} + RT \ln K^0_{(T)} = 0$ et l'expression de la *constante d'équilibre en fonction des pressions partielles*. Traduire les conditions stœchiométriques par une relation entre pressions partielles.

On étudie la synthèse du méthanol (phase gazeuse) : $CO + 2\ H_2 \rightleftharpoons CH_3OH$

a) D'après la *règle de Gibbs* : $\upsilon = C + 2 - \varphi$, avec $C = N - k - r$.

Il y a $N = 3$ constituants indépendants, $k = 1$ (constante d'équilibre K^0) et $r = 0$ (mélange initial quelconque des divers constituants $\Rightarrow$ pas de relation).

D'où : $C = 2$, $\varphi = 1 \Rightarrow \boxed{\upsilon = 3}$. L'équilibre est *trivariant* : choix de T, P et une variable de composition.

b) On applique la *loi de Hess* : $\Delta_r H^0 = \sum_i \nu_i \Delta_f H_i^0$

$$\Delta_r H^0 = \Delta_f H^0(CH_3OH) - \Delta_r H^0(CO) = \boxed{-90{,}0 \text{ kJ} \cdot \text{mol}^{-1}}.$$

Remarque :

L'enthalpie de formation du corps pur simple H_2 est nulle.

c) D'après la *loi de Kirchhoff*, $\dfrac{d\Delta_r H^0}{dT} = \Delta_r C_p^0 = 0$ si l'on suppose l'enthalpie de réaction indépendante de la température.

On se situe donc dans le *modèle d'Ellingham* : $\Delta_r G^0 = \Delta_r H^0 - T\Delta_r S^0$ (fonction affine de T).

Comme $\Delta_r S^0 = \sum_i \nu_i S_i^0 = S_m^0(CH_3OH) - S_m^0(CO) - 2S_m^0(H_2) = -220 \text{ J} \cdot \text{K}^{-1} \cdot \text{mol}^{-1}$, on obtient :

$$\Delta_r G_{(T)}^0 = -90{,}0\ 10^3 + 220T, \quad \text{soit à 298 K : } \boxed{\Delta_r G_{(298)}^0 = -24,4 \text{ kJ} \cdot \text{mol}^{-1}}.$$

d) D'après la loi d'action de masse $\Delta_r G_{(T)}^0 + RT\ln K_{(T)}^0 = 0$, on calcule K^0 à $T = 298$ K :

$$\boxed{K_{(298)}^0 = \exp\left(-\frac{\Delta_r G_{298}^0}{298R}\right) = 1{,}93\ 10^4}.$$

Remarque :

La réaction est très avancée dans le sens $\overset{1}{\rightarrow}$.

e) Par la même relation à 523 K : $K_1^0 = \exp\left(-\dfrac{\Delta_r G_{523}^0}{523R}\right) = 3{,}13\ 10^{-3}$.

REMARQUE. – On pouvait également utiliser *la relation de Van't Hoff* :

$$\frac{d\ln K_{(T)}^0}{dT} = \frac{\Delta_r H^0}{RT^2} \Rightarrow K_1^0 = K_{298}^0 \exp\left[-\frac{\Delta_r H^0}{R}\left(\frac{1}{T_1} - \frac{1}{T_{298}}\right)\right].$$

f) Si nous raisonnons directement en pressions partielles, nous avons les relations :

$$P_1 = P_{CO} + P_{H_2} + P_{CH_3OH}, \quad P_{H_2} = 2P_{CO} \text{ (stœchiométrie), et } K_1 = \frac{P_{CH_3OH}(P^0)^2}{P_{CO}P_{H_2}^2} = \frac{(P_1 - 3P_{CO})(P^0)^2}{4P_{CO}^3}.$$

On obtient l'équation du 3e degré en P_{CO}, exprimée en bar : $4K_1 P_{CO}^3 + 3P_{CO} - P_1 = 0$, dont la résolution (machine) donne : $\boxed{P_{CO} \approx 11 \text{ bar}}$. D'où : $P_{H_2} \approx 22$ bar et $P_{CH_3OH} \approx 17$ bar.

g) D'après la *loi de Van't Hoff*, une élévation de température provoque un déplacement d'équilibre dans le sens endothermique ($\Delta_r H^0 > 0$), c'est-à-dire ici le sens $\overset{2}{\leftarrow}$.

h) D'après la *loi de Le Chatelier*, une élévation de pression provoque un déplacement d'équilibre dans le sens d'une diminution de la quantité gazeuse, c'est-à-dire ici le sens $\overset{1}{\rightarrow}$ ($\Delta_r n_{gaz} < 0$).

2. Décomposition d'un complexe — D'après Oral

Tous les gaz sont parfaits. On donne : $R = 8{,}314 \text{ J} \cdot \text{K}^{-1} \cdot \text{mol}^{-1}$. Les solides $[CaCl_2, NH_3]_{(s)}$ et $CaCl_{2(s)}$ ne sont pas miscibles.

1. On considère l'équilibre de décomposition du complexe solide chlorure de calcium-ammoniac, noté (1) :

$$[CaCl_2, NH_3]_{(s)} = CaCl_{2(s)} + NH_{3(g)} \quad (1)$$

a) Calculer la variance du système composé de tous les constituants intervenant dans la réaction (1) à l'équilibre.

b) À partir d'un état d'équilibre du système, quel est l'effet d'une augmentation de pression à température constante ?

2. On mesure la pression en ammoniac à l'équilibre $P_{éq}$ en fonction de la température T et on obtient la relation suivante :

$$\ln \frac{P_{éq}}{P^0} = A - \frac{B}{T}$$

avec : $P^0 = 1{,}00$ bar, $A = 19{,}38$ et $B = 9\,380$ K.

Calculer l'enthalpie standard et l'entropie standard de la réaction (1), supposées indépendantes de la température. Le signe de l'entropie standard de réaction était-il prévisible ?

3. Dans un réacteur initialement vide, on introduit $n = 0{,}100$ mol de $[CaCl_2,NH_3]_{(s)}$. La température est alors fixée à $T = 500$ K et la pression à $P^0 = 1{,}00$ bar.

a) L'équilibre chimique peut-il être atteint ? Quel est l'état final du système ?

b) Calculer le transfert thermique reçu par le système, Q, entre l'état initial ($[CaCl_2,NH_3]_{(s)}$, T, P^0) et l'état final.

Conseils méthodologiques : Cet exercice suppose acquis les savoir-faire 1 et 3. Utiliser la *loi de Van't Hoff* au **2.** et *l'affinité chimique* au **3.** pour prévoir l'équilibre ou la rupture d'équilibre.

1.a) Les paramètres intensifs *facteurs d'équilibre* sont au nombre de $X = 2$, soit P et T seulement, car chacun des constituants est seul dans sa phase. Le nombre de relations est $Y = 1$ (la constante d'équilibre).

D'où : $\boxed{v = X - Y = 1}$ (système monovariant).

On peut calculer directement cette variance par la *règle de Gibbs* :

$$v = C + 2 - \varphi = (N - k - r) + 2 - \varphi = (3 - 1 - 0) + 2 - 3 = 1.$$

b) D'après la *loi de Le Châtelier*, une augmentation de pression (à T fixée) provoque une évolution dans le sens $\Delta_r n_{gaz} < 0$, soit le sens $\overset{2}{\leftarrow}$. On provoque ici une *rupture d'équilibre* car à T fixée, la pression d'équilibre était fixée ($v' = 0$). Si $P > P_{éq}$, réaction totale sens $\overset{2}{\leftarrow}$.

2. Par définition de la *constante d'équilibre* :

$$K^0_{(T)} = \frac{a_{NH_3}\, a_{CaCl_2}}{a_{CaCl_2,\,NH_3}} = \frac{P_{éq}}{P^0}, \quad \text{car } a_{solide} = 1.$$

La loi de Van't Hoff permet de déduire l'enthalpie standard de réaction :

$$\frac{d\ln K^0_{(T)}}{dT} = \frac{d\ln\left(\frac{P_{éq}}{P^0}\right)}{dT} = \frac{\Delta_r H^0}{RT^2}, \quad \text{soit : } +\frac{B}{T^2} = \frac{\Delta_r H^0}{RT^2}$$

$$\Rightarrow \boxed{\Delta_r H^0 = BR = 78{,}0 \text{ kJ} \cdot \text{mol}^{-1}}.$$

Remarque : On vérifie bien l'indépendance avec la température (*modèle d'Ellingham*).

Comme $\ln K^0_{(T)} = -\frac{\Delta_r G^0_{(T)}}{RT} = -\frac{\Delta_r H^0}{RT} + \frac{\Delta_r S^0}{R}$ dans le modèle d'Ellingham, on déduit l'entropie standard de réaction : $\boxed{\Delta_r S^0 = RA = 161 \text{ J} \cdot \text{K}^{-1} \cdot \text{mol}^{-1}}$.

Remarque : La réaction correspond à : $\Delta_r n_{gaz} = +1 > 0$. Le désordre croît : $\Delta_r S^0 > 0$.

3.a) À température $T = 500$ K, la pression à l'équilibre vaut :

$$P_{éq} = P^0 \exp\left[A - \frac{B}{T}\right] = 1{,}86 \text{ bar}.$$

L'équilibre ne peut être atteint puisque P reste fixée à 1 bar. Il suffit d'utiliser l'affinité chimique pour justifier la réponse :

$$\mathscr{A} = RT\ln\frac{K^0}{Q} = RT\ln\frac{P_{éq}}{P_0} > 0 \Rightarrow$$ évolution sens $\xrightarrow{1}$ jusqu'à *disparition totale du complexe solide.*

L'état final du système correspond à :

	$[CaCl_2, NH_3]_{(s)}$	$\rightarrow$ $CaCl_{2(s)}$	+ $NH_{3(g)}$	à T et $P = P^0$.
E.I.	$n = 0{,}100$ mol	0	0	
E.F.	0	n	n	

b) Pour une évolution à T et $P = P^0$ fixées, le transfert thermique Q_P correspond à la *variation d'enthalpie du système* :

$$\boxed{Q_P = \Delta H = n\,\Delta_r H^0 = 7{,}80 \text{ kJ}}.$$

3. Synthèse de SO_3 — D'après Polytechnique

On étudie : $2\ SO_{2(g)} + O_{2(g)} \rightleftharpoons 2\ SO_{3(g)}$ dont la constante d'équilibre varie selon : $\ln K^0_{(T)} = \dfrac{21\,400}{T} - 22{,}6$.

On donne $R = 8{,}31\ J \cdot K^{-1} \cdot mol^{-1}$.

1.a) Déterminer le signe et la valeur de $\Delta_r H^0$: la réaction est-elle endothermique ou exothermique ?

b) Déterminer $\Delta_r S^0$ et justifier son signe.

2. On brûle dans un four de l'air (80 % N_2 + 20 % O_2) de sorte que la moitié du dioxygène soit consommée par $S_{(s)} + O_2 \rightarrow SO_{2(g)}$.
Donner les pourcentages molaires de O_2 et SO_2 à l'état final en considérant que la réaction est totale.

3. On envoie le mélange vers l'équilibre $2\ SO_{2(g)} + O_{2(g)} \rightleftharpoons 2\ SO_{3(g)}$ réalisé à T et P fixées.

a) Déterminer n_t la quantité totale de gaz en fonction de α, rapport entre la quantité de O_2 ayant réagi et a, sa quantité initiale.

b) Donner les différentes pressions partielles.

c) Calculer les pressions pour que 90 % de SO_2 réagisse si la pression totale vaut $P = 10^5$ Pa puis calculer T.

Conseils méthodologiques : Cet exercice utilise le savoir-faire 2 : il faut *paramétrer* avec soin la réaction totale du **2.** et la réaction équilibrée du **3.** Attention à la définition de α.

1.a) Il suffit d'utiliser la *loi de Van't Hoff* :

$$\frac{d\ln K^0_{(T)}}{dT} = \frac{\Delta_r H^0}{RT^2} \Rightarrow \Delta_r H^0 = RT^2\frac{d}{dT}\left[\frac{21\,400}{T} - 22{,}6\right] = -21\,400R.$$

On trouve $\Delta_r H^0 < 0$ (réaction *exothermique*) et sa valeur est de $\Delta_r H^0 = 178\ kJ \cdot mol^{-1}$.

b) De la relation $\Delta_r G^0_{(T)} = \Delta_r H^0_{(T)} - T\Delta_r S^0_{(T)}$, utilisée ici dans l'approximation d'Ellingham $\Delta_r G^0_{(T)} = \Delta_r H^0 - T\Delta_r S^0$, on déduit l'*entropie standard de réaction* :

$$-RT\ln K^0_{(T)} = \Delta_r H^0 - T\Delta_r S^0 \Rightarrow -21\,400R + 22{,}6RT = \Delta_r H^0 - T\Delta_r S^0,$$

soit : $\Delta_r S^0 = -22{,}6R = -188\ J \cdot K^{-1} \cdot mol^{-1}$.

Remarque :
On constate que $\Delta_r S^0 < 0$ car le *désordre diminue* ($\Delta_r n_{gaz} = -1$).

2. Faisons un *bilan de matière* :

	$S_{(s)}$	$+\ O_{2(g)}$ $\xrightarrow{\text{Totale}}$	$SO_{2(g)}$	$N_{2(g)}$	Total gaz
E.I.	$\frac{n}{2}$	n		$4n$	$5n$
E.F.	$\frac{n}{2}-\xi$	$n-\xi$	ξ	$4n$	$5n$
(énoncé)	0	$\frac{n}{2}$	$\frac{n}{2}$	$4n$	$5n$

Remarque : L'énoncé nous dit que O_2 est consommé à moitié.

Les *pourcentages molaires* de O_2 et SO_2 sont de $\dfrac{\frac{n}{2}}{5n} = 0{,}10$, soit 10 %.

3.a) On appelle désormais a la quantité initiale en O_2, soit $a = \frac{n}{2}$.

	$2\ SO_{2(g)}$	$+\ O_{2(g)}$	$\rightleftharpoons\ 2\ SO_{3(g)}$	$N_{2(g)}$	Total gaz
E.I.	a	a		$8a$	$10a$
E.F.	$a-2\xi$	$a-\xi$	2ξ	$8a$	$10a-\xi$
	$a(1-2\alpha)$	$a(1-\alpha)$	$2a\alpha$	$8a$	$a(10-\alpha)$

Erreur à éviter : Proportions non stœchiométriques. α est défini par rapport à O_2 :

$$\alpha = \frac{\text{quantité ayant réagi}}{\text{quantité initiale}} = \frac{\xi}{a}.$$

b) On déduit les *pressions partielles* d'après $P_i = x_i P$.

$$P_{SO_2} = \frac{1-2\alpha}{10-\alpha}P\ ;\quad P_{O_2} = \frac{1-\alpha}{10-\alpha}P\ ;\quad P_{SO_3} = \frac{2\alpha}{10-\alpha}P\ ;\quad P_{N_2} = \frac{8}{10-\alpha}P.$$

c) On veut obtenir $2\alpha = 0{,}90$ pour $P = 1$ bar $= 10^5$ Pa, soit $\alpha = 0{,}45$.

On calcule alors :

$P_{SO_2} = 10{,}5$ mbar ; $P_{O_2} = 57{,}6$ mbar ;

$P_{SO_3} = 94{,}2$ mbar ; $P_{N_2} = 838$ mbar.

Erreur à éviter : La condition porte sur O_2 :

$$\frac{\text{quantité ayant réagi}}{\text{quantité initiale}} = \frac{2\xi}{n} = 2\alpha = 90\ \%.$$

On en déduit alors la *constante d'équilibre* puis la température de travail :

$$K^0_{(T)} = \frac{P^2_{SO_3}P^0}{P^2_{SO_2}P_{O_2}} = \frac{4\alpha^2}{(1-2\alpha)^2}\frac{(10-\alpha)}{(1-\alpha)}\frac{P^0}{P} = 1{,}41$$

et $\quad \ln K^0_{(T)} = \dfrac{21\,400}{T} - 22{,}6 \Rightarrow \boxed{T = 717\text{ K}}$.

4. Décomposition de HI — D'après Mines-Ponts

On considère l'équilibre chimique décrit par l'équation-bilan : $2\ HI_{(g)} = H_{2(g)} + I_{2(g)}$.

1. Aspect thermodynamique

a) Définir en quelques mots la variance d'un système à l'équilibre. Calculer la variance d'un système contenant $HI_{(g)}$, $H_{2(g)}$ et $I_{2(g)}$ à l'équilibre. Conclure. Que devient cette valeur lorsque le système ne contient initialement, avant établissement de l'équilibre, que $HI_{(g)}$? Conclure.

Pour les questions suivantes, on considérera que le système ne contient initialement que $HI_{(g)}$.

b) Soit α, le coefficient de dissociation de $HI_{(g)}$ en $I_{2(g)}$ et $H_{2(g)}$. On constate qu'à $T_1 = 600$ K, $\alpha_1 = 0{,}10$ et à $T_2 = 1\ 000$ K, $\alpha_2 = 0{,}17$; quel est le signe de l'enthalpie standard de la réaction précédente ? (on doit répondre à cette question sans effectuer de calculs.)

c) Exprimer la constante de l'équilibre précédent, notée K^0, en fonction du coefficient de dissociation α.

d) Expliquer comment, en utilisant la question précédente et moyennant une hypothèse simplificatrice que l'on explicitera, on peut calculer la valeur de l'enthalpie standard de réaction. Donner alors son expression littérale.

e) On donne : $D(\text{H—H}) = 435$; $D(\text{I—I}) = 150$; $D(\text{H—I}) = 435$ kJ · mol^{-1}.
Calculer, en utilisant la donnée des enthalpies de dissociation, l'enthalpie standard de la réaction.

f) Faut-il travailler à basse ou à haute température lorsque l'on cherche à optimiser la synthèse de $HI_{(g)}$ à partir de $H_{2(g)}$ et $I_{2(g)}$? Commenter. Même question concernant l'influence de la pression totale sur la position de l'équilibre.

g) L'enthalpie standard de formation du diiode gazeux est non nulle à 298 K tandis qu'elle est nulle dans le cas du dichlore gazeux ou du difluor gazeux. Expliquer pourquoi et préciser le signe de $\Delta_f H^0(I_{2(g)})$.

2. Aspect cinétique

a) La réaction de formation de HI : $H_{2(g)} + I_{2(g)} \rightarrow 2\ HI_{(g)}$ admet pour loi de vitesse : $v = k[H_2]\cdot[I_2]$. Peut-on déduire de cette loi de vitesse si la réaction de synthèse est ou non un processus élémentaire ?

b) La réaction inverse : $2\ HI_{(g)} \rightarrow H_{2(g)} + I_{2(g)}$ admet pour loi de vitesse : $v' = k'[HI]^2$. Établir la relation liant k, k' et K^0.

c) La décomposition photochimique de HI a pour équation $2\ HI_{(g)} = H_{2(g)} + I_{2(g)}$. Elle est observée lorsque l'échantillon est irradié par les radiations de fréquence voisine de $9\ 10^{14}$ Hz. On suppose que la première étape de cette réaction est : $HI_{(g)} \rightarrow H_{(g)} + I_{(g)}$. Cette réaction est-elle plausible d'un point de vue purement énergétique ?

Conseils méthodologiques : Ce problème utilise les savoir-faire 2 et 3 pour la partie thermodynamique. Le lien entre *thermodynamique* et *cinétique* se fait grâce à la relation « vitesse nulle » pour l'équilibre atteint.

1.a) *La variance* d'un système à l'équilibre correspond au nombre de paramètres intensifs que l'opérateur peut choisir pour fixer totalement l'état d'équilibre du système.

Pour notre système, nous relevons :

$X = 5$ paramètres intensifs : $T, P, x_{HI}, x_{I_2}, x_{H_2}$.

$Y = 2$ relations entre eux : $K^0_{(T)}$ et $\sum_i x_i = 1$.

Il en résulte : $\boxed{v_1 = X - Y = 3}$.

Remarque :
On pouvait obtenir ce résultat en utilisant directement la règle de Gibbs.

Si le système ne contient initialement que $HI_{(g)}$, nous aurons nécessairement une *relation supplémentaire* à l'équilibre : $x_{H_2} = x_{I_2}$.

La nouvelle variance est $v_2 = 2$.

REMARQUE. – En réalité, pour cette réaction, la pression n'est pas facteur d'équilibre car $\Delta_r n_{gaz} = 0$. On utilise souvent dans ce cas une *pseudovariance* ou *variance réduite* consistant à exclure P des variables intensives.

Dans ce cas : $v'_1 = 2$ et $v'_2 = 1$ $(\forall P)$.

b) On constate que le coefficient de dissociation augmente quand la température augmente. La réaction est donc favorisée dans le sens $\xrightarrow{1}$, lorsque T croît. Elle est *endothermique* d'après la loi de Van't Hoff :

$$\frac{\mathrm{d}\ln K^0_{(T)}}{\mathrm{d}T} = \frac{\Delta_r H^0}{RT^2} > 0.$$

c) D'après le *tableau d'avancement* :

	$2\ HI_{(g)}$	$\rightleftharpoons$ $H_{2(g)}$	$+\ I_{2(g)}$	Total gaz
E.I.	n			n
E.F.	$n-2\xi$	ξ	ξ	n
	$n(1-\alpha)$	$n\dfrac{\alpha}{2}$	$n\dfrac{\alpha}{2}$	n

Erreur à éviter :

Ne pas écrire $n_{HI} = n(1-2\alpha)$.
Le coefficient de dissociation est défini par $\alpha = \dfrac{\text{quantité ayant réagi}}{\text{quantité initiale}}$, soit $\alpha = \dfrac{2\xi}{n}$.

On exprime la *constante d'équilibre* :

$$K^0 = \frac{P_{H_2}P_{I_2}}{P_{HI}^2} = \frac{\left(\frac{\alpha}{2}P\right)^2}{(1-\alpha)^2P^2} = \frac{\alpha^2}{4(1-\alpha)^2}.$$

d) Les deux expériences à $T_1 = 600$ K et $T_2 = 1\ 000$ K, nous donnant α_1 et α_2, permettent de calculer $K^0_{(T_1)} = K^0_1$ et $K^0_{(T_2)} = K^0_2$. En supposant alors $\Delta_r H^0$ indépendante de la température, on peut intégrer la *loi de Van't Hoff* entre T_1 et T_2 :

$$\int_{K_1^0}^{K_2^0} \mathrm{d}\ln K_T^0 = \frac{\Delta_r H^0}{R}\int_{T_1}^{T_2}\frac{\mathrm{d}T}{T^2} \Rightarrow \ln\frac{K_2^0}{K_1^0} = \frac{\Delta_r H^0}{R}\left(-\frac{1}{T_2}+\frac{1}{T_1}\right).$$

On peut ainsi en déduire l'*enthalpie standard de réaction* :

$$\Delta_r H^0 = \frac{R\ln\dfrac{K_2^0}{K_1^0}}{\dfrac{1}{T_1}-\dfrac{1}{T_2}}.$$

e) D'après les *enthalpies de dissociation*, nous obtenons :

$$\Delta_r H^0 = 2D_{HI} - D_{H_2} - D_{I_2} = \boxed{15\ \text{kJ}\cdot\text{mol}^{-1}}.$$

f) • La synthèse de HI étant exothermique ($-\Delta_r H^0 < 0$), il faut *a priori* utiliser une *basse température* (se placer à $T \ll T_i$, où T_i est la température d'inversion).
Mais se pose alors le problème de la cinétique. Il faut souvent un compromis thermo-cinétique.

• La synthèse de HI est *indépendante de la pression* ($\Delta_r n_{gaz} = 0$).

g) L'état standard de référence à la température de travail pour $Cl_{2(g)}$ est $Cl_{2(g)}$ (de même pour $F_{2(g)}$).
Par contre, l'état standard de référence du diiode est $I_{2(s)}$ à 298 K. Il en résulte que la réaction standard de formation de $I_{2(g)}$ sera :

$$I_{2(s)} \rightarrow I_{2(g)} \text{ à } 298\text{ K} \Rightarrow \Delta_f H^0(I_{2(g)}) = \Delta_{sub}H^0_{(I_{2(s)})} > 0.$$

Cette réaction est *endothermique* (il faut chauffer).

2.a) La loi de Van't Hoff est vérifiée mais ce n'est qu'une condition nécessaire, mais *non suffisante*.
Cette réaction peut être un processus élémentaire.

b) L'équilibre étudié en partie **1.** est : $2\ HI_{(g)} \underset{k}{\overset{k'}{\rightleftharpoons}} H_{2(g)} + I_{2(g)}$.

Il a pour constante d'équilibre :

$$K^0 = \frac{P_{H_2}P_{I_2}}{P_{HI}^2} = \frac{[H_2]_e[I_2]_e}{[HI]_e^2} \quad \text{car } P_i = C_iRT.$$

Or, en exprimant $v = -\frac{1}{2}\frac{\mathrm{d}[HI]}{\mathrm{d}t} = k'[HI]^2 - k[H_2][I_2]$, nous avons *à l'équilibre* :

$$v = 0 \Rightarrow \frac{[H_2]_e[I_2]_e}{[HI]_e^2} = \boxed{\frac{k'}{k} = K^0}.$$

c) La première étape correspond à une *collision* entre un photon et une molécule d'iodure d'hydrogène $HI_{(g)}$ permettant ainsi sa dissociation :

$$N_A h\nu \geqslant D_{HI} \Rightarrow \nu > \frac{300 \cdot 10^3}{(6{,}02\ 10^{23})(6{,}62\ 10^{-34})}, \quad \text{soit : } \boxed{\nu \geqslant 7{,}5\ 10^{14}\ \text{Hz}}.$$

La condition est bien vérifiée : la réaction est *plausible*.

5. Rupture d'équilibre ____ D'après Agro

L'hydrogénocarbonate de calcium peut se dissocier selon la réaction suivante :

$$2\ NaHCO_{3(s)} = Na_2CO_{3(s)} + CO_{2(g)} + H_2O_{(g)}.$$

Les solides $NaHCO_3$ *et* Na_2CO_3 *sont non miscibles.*

1. Calculer l'enthalpie standard de la réaction supposée indépendante de la température.

2. La constante de l'équilibre vaut $4{,}9\ 10^{-7}$ à une température de 298 K. Calculer la constante à 350 K.

3. Dans une enceinte de volume constant, $V = 30{,}0$ L, initialement vide, on introduit $n = 5{,}00\ 10^{-2}$ mol de $NaHCO_{3(s)}$.

a) Quand l'équilibre est atteint, calculer la pression totale dans l'enceinte à une température de 298 K ainsi que les quantités de matière des différents composés. Que vaut alors l'affinité chimique du système ?

b) Le volume est maintenu constant à $V = 30$ L, on augmente régulièrement la température de l'enceinte jusqu'à 370 K.

On relève la pression totale en fonction de la température. Le graphe correspondant est donné en Fig. 2.

Interpréter l'allure de la courbe en précisant l'état du système dans les deux domaines. Donner les expressions littérales des équations des deux parties de la courbe ainsi que le signe de l'affinité chimique du système dans chaque domaine.

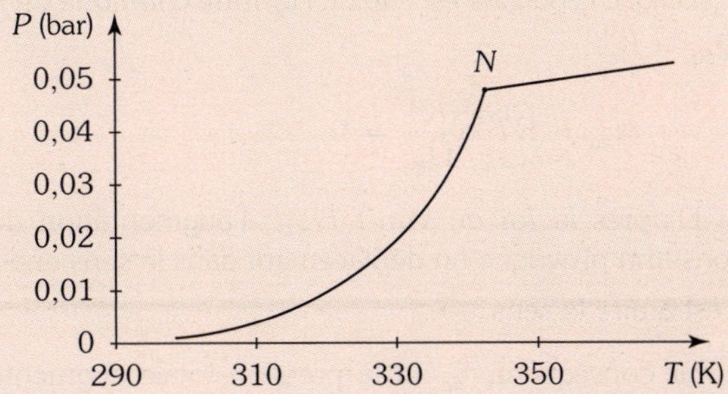

Figure 2

Données :

Constante des gaz parfaits : $R = 8{,}31\ \text{J} \cdot \text{K}^{-1} \cdot \text{mol}^{-1}$.

Composé	$NaHCO_{3(s)}$	$Na_2CO_{3(s)}$	$CO_{2(g)}$	$H_2O_{(g)}$
Enthalpie standard de formation en $\text{kJ} \cdot \text{mol}^{-1}$	−950,8	−1 130,7	−393,5	−241,8

Conseils méthodologiques : Utiliser les savoir-faire 1 et 3 : l'*affinité chimique* permet de prévoir équilibre, déplacement ou rupture d'équilibre.

1. Il suffit d'utiliser l'extrait des tables et la *loi de Hess* :

$$\Delta_r H^0 = \sum_i \nu_i \Delta_f H_i^0 = \Delta_f H^0(H_2O_{(g)}) + \Delta_f H^0(CO_{2(g)}) + \Delta_f H^0(Na_2CO_{3(s)}) - 2\Delta_f H^0(NaHCO_{3(s)})$$

$$\boxed{\Delta_r H^0 = +135{,}6 \text{ kJ} \cdot \text{mol}^{-1}}.$$

2. Utilisons la *loi de Van't Hoff* : $\dfrac{d\ln K^0}{dT} = \dfrac{\Delta_r H^0}{RT^2}$. Par intégration entre $T_1 = 298$ K et $T_2 = 350$ K :

$$\ln\frac{K_2^0}{K_1^0} = \frac{\Delta_r H^0}{R}\left(-\frac{1}{T_2} + \frac{1}{T_1}\right) \Rightarrow K_2^0 = K_1^0 \exp\left[\frac{\Delta_r H^0}{R}\frac{(T_2 - T_1)}{T_1 T_2}\right] = \boxed{1{,}7\ 10^{-3}}.$$

La réaction est *endothermique*, donc la constante d'équilibre croît avec T.

3.a) Dressons un *tableau d'avancement* :

	$2\ NaHCO_{3(s)}$	$=\ Na_2CO_{3(s)}$	$+\ CO_{2(g)}$	$+\ H_2O_{(g)}$	Total gaz
E.I.	n				
E.F.	$n - 2\xi_e$	ξ_e	ξ_e	ξ_e	$2\xi_e$

- À l'équilibre, *la constante* K_1^0 est vérifiée :

$$K_1^0 = \left(\frac{P_{CO_2}}{P^0}\frac{P_{H_2O}}{P^0}\right)_{\text{éq}} \quad \text{avec } P_{CO_2} = P_{H_2O} = \frac{1}{2}P, \quad \text{soit : } K_1^0 = \frac{P^2}{4P^{0\,2}} \Rightarrow \boxed{P = 2P^0\sqrt{K_1^0} = 1{,}4\ 10^{-3} \text{ bar}}.$$

L'équation d'état du mélange *idéal de gaz parfaits* donne :

$$PV = (2\xi_e)RT \Rightarrow \boxed{\xi_e = \frac{PV}{2RT} = 8{,}5\ 10^{-4} \text{ mol}}.$$

- Lorsque l'équilibre est atteint, l'*affinité chimique* est nulle par définition puisque $Q_{\text{éq}} = K^0_{(T)}$:

$$\mathcal{A}_{\text{éq}} = RT\ln\frac{K^0}{Q_{\text{éq}}} = 0.$$

b) D'après la *loi de Van't Hoff*, l'augmentation de température (à volume constant) provoque un déplacement dans le sens endothermique ($\Delta_r U^0 > 0$), c'est-à-dire le sens $\xrightarrow{1}$.

- Par conséquent, ξ_e et la pression totale augmentent régulièrement jusqu'à *rupture* de l'équilibre, au point N ($\xi = \dfrac{n}{2} = 2{,}50\ 10^{-2}$ mol).

Avant N, l'équilibre vérifie la loi de Van't Hoff :

$$\ln K^0 = -\frac{\Delta_r H^0}{RT} + \alpha \quad \text{avec } K^0 = \left(\frac{P}{P^0}\right)^2,$$

d'où l'équation de la courbe : $P = P^0 \exp\left[-\dfrac{\Delta_r H^0}{2RT} + \dfrac{\alpha}{2}\right]$.

Après N, la quantité gazeuse ne varie plus :

$$P = 2\xi_{max}\frac{RT}{V} = \frac{nR}{V}T.$$

C'est l'équation d'une droite de pente $\dfrac{nR}{V}$. On vérifie pour N : $T_N \approx 342$ K $\Rightarrow P_N = 4{,}7\ 10^{-2}$ bar.

Erreur à éviter :

P doit être en Pa et V en m^3 pour l'A.N. de ξ_e. Le nombre de chiffres significatifs est de 2 comme dans K_1^0.

Erreur à éviter :

$\Delta_r H^0 = \Delta_r U^0 + RT\Delta_r n_{gaz}$

$\Delta_r H^0 = \Delta_r U^0 + 2RT$

soit $\Delta_r U^0 = \Delta_r H^0 - 2RT$ du signe de $\Delta_r H^0$ car $2RT \ll \Delta_r H^0$.

Remarque :

La constante α se calcule par exemple pour T_1 et K_1^0.

• Au niveau des affinités, *la première partie* de la courbe correspond à des états d'équilibre du système ($\mathscr{A}_{éq} = 0$) sur lesquels on provoque des perturbations ($dT > 0 \Rightarrow d\mathscr{A} > 0$) et donc des déplacements d'équilibre.

La seconde partie correspond à un nouveau système physico-chimique (absence de $NaHCO_{3s}$). La notion d'affinité de réaction n'a plus de sens ici.

6. Cuisson du calcaire — D'après G2E

Sous l'effet de la chaleur, le carbonate de calcium (présent en grande quantité dans les roches calcaires) $CaCO_3$ solide se décompose en oxyde de calcium (II) CaO solide et dioxyde de carbone gazeux.

1. Écrire l'équation de cette réaction, notée (1).

2. Calculer la variance de ce système réactionnel.

3. Si la pression totale P_{tot} est imposée, peut-on envisager l'existence d'un équilibre du système à toute température ?

4. Donner l'expression de la constante thermodynamique de réaction K_1^0.

5. Calculer :

a) l'enthalpie standard de réaction $\Delta_r H^0(1\ 000\ K)$;

b) l'entropie standard de réaction $\Delta_r S^0(1\ 000\ K)$; commenter son signe ;

c) la pression d'équilibre $P^{éq}_{(CO_2)}$ à la température de 1 000 K.

6. En considérant l'enthalpie standard de réaction $\Delta_r H^0$ constante, déterminer la pression d'équilibre $P^{éq}_{(CO_2)}$ à la température $T = 1\ 173$ K.

7. Lors de la décomposition du carbonate de calcium, un équilibre est établi à température constante.

a) Étudier la réponse du système réactionnel au maintien d'une pression en dioxyde de carbone inférieure à la pression $P^{éq}_{(CO_2)}$.

b) L'addition, à pression totale constante, d'un constituant gazeux chimiquement inactif entraîne-t-elle la même réponse ? Justifier.

8. Dans l'industrie, la réaction est conduite dans un « four à chaux », à la température de 1 173 K (900 °C) grâce à des brûleurs au gaz naturel (gaz naturel = méthane). Le calcaire y est calciné sous la pression totale $P_{tot} = 1{,}00$ bar. Dans le réacteur, le mélange gazeux est un mélange de CO_2 et de vapeur d'eau.

a) Quelle est l'origine probable de cette vapeur d'eau ?

b) La pression partielle en eau vapeur est estimée à $P_{(H_2O)} = 0{,}40$ bar. Les conditions expérimentales, choisies dans l'industrie, sont-elles favorables à la production de chaux vive ? Justifier.

• *Données thermodynamiques*, à 1 000 K :

Composé	$CaCO_{3(s)}$	$CaO_{(s)}$	$CO_{2(g)}$
$\Delta_f H^0$ (kJ · mol⁻¹)	–1 149,0	–605,4	–367,4
S^0_m (J · mol⁻¹ · K⁻¹)	192,8	88,9	258,7

$R = 8{,}31$ J · K⁻¹ · mol⁻¹.

Conseils méthodologiques : Ce problème illustre une *rupture d'équilibre* provoquée. Utiliser en **6.** la *loi de Van't Hoff* et en **7.** l'*affinité chimique*.

1. L'*équation* de dissociation du calcaire s'écrit :

$$CaCO_{3(s)} = CaO_{(s)} + CO_{2(g)} \quad (1).$$

2. La variance se déduit de la *règle de Gibbs* : $v = C + 2 - \varphi$:

– trois constituants $N = 3$
– une relation à l'équilibre $(K^0_{(T)})$: $k = 1$
} $C = N - k = 2$.

La température et la pression sont bien facteurs d'équilibre. Le nombre de phases est $\varphi = 3$ (solides non miscibles). D'où : $v = 2 + 2 - 3 = 1$. L'équilibre est monovariant : choix de $T \Rightarrow P = f(T)$.

3. Si l'on impose la pression totale P, le système ainsi particularisé a une *variance nulle* $v' = 0$. L'équilibre ne peut avoir lieu qu'à une seule température qui est $T_{éq} = f^{-1}(P)$.

4. *La constante d'équilibre* est par définition :

$$K^0_{(T)} = \frac{a_{CaO}\, a_{CO_2}}{a_{CaCO_3}} = \frac{P_{CO_2}}{P^0},$$ car les activités des solides purs valent 1.

5.a) Nous utilisons la *loi de Hess* et les tables thermodynamiques à 1 000 K pour calculer l'*enthalpie standard de réaction* :

$$\Delta_r H^0 = \sum_i \nu_i \Delta_f H^0_i = \Delta_f H^0(CaO_{(s)}) + \Delta_f H^0(CO_{2(g)}) - \Delta_f H^0(CaCO_{3(s)}) = 176{,}2 \text{ kJ} \cdot \text{mol}^{-1}.$$

b) De la même façon, pour *l'entropie standard de réaction* :

$$\Delta_r S^0 = \sum_i \nu_i S^0_{m_i} = S^0_m(CaO_{(s)}) + S^0_m(CO_{2(g)}) - S^0_m(CaCO_{3(s)})$$
$$= 154{,}8 \text{ J} \cdot \text{mol}^{-1} \cdot \text{K}^{-1}.$$

Remarque :

Notons que $\Delta_r S^0 > 0$ car le *désordre* augmente $\Delta_r n_{gaz} = +1$.

c) Nous pouvons déduire l'enthalpie libre standard de réaction puis la constante d'équilibre à $1\ 000 \text{ K} = T_1$.

$$\Delta_r G^0 = \Delta_r H^0_{(T)} - T\,\Delta_r S^0_{(T)} = -RT \ln K^0_{(T)} \Rightarrow \boxed{K^0 = 7{,}6\ 10^{-2}}, \text{ soit : } \boxed{P^{éq}_{CO_2} = 76 \text{ mbar}}, \text{ notée } P_1.$$

6. La variation de la constante d'équilibre avec la température est donnée par la *loi de Van't Hoff* :

$$\frac{d\ln K^0}{dT} = \frac{\Delta_r H^0}{RT^2} \Rightarrow \int_{K_1^0}^{K_2^0} d\ln K^0 = \int_{T_1}^{T_2} \frac{\Delta_r H^0}{R}\frac{dT}{T^2}.$$

L'hypothèse $\Delta_r H^0 \approx$ cte nous permet d'intégrer aisément :

$$\ln\frac{K_2^0}{K_1^0} = \ln\frac{P_2}{P_1} = \frac{\Delta_r H^0}{R}\left(-\frac{1}{T_2} + \frac{1}{T_1}\right).$$

On déduit la pression à l'équilibre à 1 173 K : $\boxed{P_2 = 1{,}73 \text{ bar}}$.

7.a) Le système est donc *bloqué hors état d'équilibre*.
Comme $v = 1$, le fait de fixer la température a supprimé tout degré de liberté au système. Si l'on impose $P_{CO_2} < P^{éq}_{CO_2}$, il se produit une réaction totale et une *rupture d'équilibre*.

Considérons l'affinité chimique de réaction $\mathcal{A} = RT\ln\frac{K^0}{Q} = RT\ln\frac{P^{éq}_{CO_2}}{P_{CO_2}}$. Comme l'on impose $\mathcal{A} > 0$, il y a *décomposition totale du calcaire* (sens $\xrightarrow{1}$).

b) Lorsque l'on ajoute un constituant inactif gazeux à pression totale constante, cela revient à diminuer la pression partielle en dioxyde de carbone :

$$P_{CO_2} < P_{CO_2}^{éq} \Rightarrow \text{évolution sens} \xrightarrow{1} \text{d'après le a).}$$

On provoque la *même rupture d'équilibre*.

8.a) Dans un brûleur au gaz naturel, il se produit :

$$CH_{4(g)} + 2\ O_{2(g)} \rightarrow CO_{2(g)} + 2\ H_2O_{(g)}$$

Il y a production de *vapeur d'eau*.

b) Nous avons la relation : $P_{tot} = 1$ bar $= P_{CO_2} + P_{H_2O}$, qui nous donne $P_{CO_2} = 0{,}60$ bar.

Comme à 1 173 K, nous avons trouvé $P_{CO_2}^{éq} = 1{,}73$ bar, nous imposons bien $P_{CO_2} < P_{CO_2}^{éq}$, soit une réaction totale dans le sens $\xrightarrow{1}$ de *production de chaux vive* $CaO_{(s)}$.

7. Bilan énergétique d'une synthèse industrielle — D'après CCP

On étudie la synthèse du méthanol selon :

$$CO_{(g)} + 2\ H_{2(g)} = CH_3OH_{(g)}.$$

On appelle a la quantité initiale de CO, b celle de H_2, c celle de CH_3OH, d celle de gaz inertes éventuellement présents.

1. Analyse d'une expérience

En présence d'un catalyseur, pour un état initial $a = 1{,}0$ mol, $c = 0$, b et d à déterminer, une expérience à 309 °C sous pression constante 172,2 bar conduit à la composition à l'équilibre (pourcentage molaire) :

H_2 : 60,9 %   CO : 13,5 % CH_3OH : 21,3 %   Gaz inertes : 4,3 %.

a) Déduire les pressions partielles à l'équilibre puis la constante d'équilibre K^0 à 309 °C = 582 K.

b) Calculer l'avancement de réaction à l'équilibre ξ_e ainsi que les quantités initiales b et d.

c) Quelle est l'influence de la pression P à justifier sur le déplacement d'équilibre à température et composition constantes ?

d) Quelle est l'influence de la présence de gaz inertes à température et pression fixées ?

2. Étude énergétique

On réalise une nouvelle expérience à 523 K, P fixée, avec un mélange initial $a = 1{,}0$ mol, $b = 2{,}0$ mol et $c = d = 0$.

Soient $G_{(0)}$ l'enthalpie libre du mélange initial ($\xi = 0$), $G_{(\xi)}$ l'enthalpie libre du mélange correspondant à un avancement ξ de la réaction isotherme et isobare.

a) Écrire la relation de définition de l'enthalpie libre de réaction $\Delta_r G$ à partir de $G_{(\xi)}$ ou de $\Delta G = G_{(\xi)} - G_{(0)}$.

b) Soient P_{0i} et P_i les pressions partielles correspondant à $\xi = 0$ et ξ quelconque.
Exprimer les pressions partielles des trois constituants en fonction de ξ et de la pression totale.

c) Démontrer la relation $\Delta G = \xi \Delta_r G + 3RT \ln \dfrac{P_{(CO)}}{P_{0(CO)}}$.

d) La température est fixée à 523 K où $K^0 = 2{,}0\ 10^{-3}$. On désire un avancement à l'équilibre $\xi_e = 0{,}80$.
À quelle pression totale P faut-il travailler ?

e) Quelle est la valeur de $\Delta G = G_{(\xi)} - G_{(0)}$? Interpréter son signe dans l'hypothèse isobare isotherme.

Conseils méthodologiques : Le **1.** utilise les savoir-faire 2 et 4 : savoir *paramétrer* un équilibre et exploiter l'*affinité chimique* pour prévoir les déplacements d'équilibre. Le **2.** revient à l'origine physique de la *condition d'équilibre* : le minimum de la fonction G, potentiel thermodynamique du système à T, P fixées.
Utiliser $G = \sum_i n_i \mu_i$ et le fait que $\Delta_r G = 0$ à l'équilibre.

1.a) Dressons un *tableau d'avancement* :

	CO	+ 2 H_2	= CH_3OH	Inertes	Total gaz
E.I.	$a = 1$	b	$c = 0$	d	$1 + b + d$
E.F.	$1 - \xi_e$	$b - 2\xi_e$	ξ_e	d	$1 + b + d - 2\xi_e$

L'énoncé nous donne les fractions molaires, donc les *pressions partielles* :

$$P_{H_2} = 0{,}609P = 105 \text{ bar} \; ; \quad P_{CO} = 0{,}135P = 23{,}2 \text{ bar} \; ;$$

$$P_{CH_3OH} = 0{,}213P = 36{,}7 \text{ bar} \; ; \quad P_{\text{inertes}} = 0{,}043P = 7{,}40 \text{ bar}.$$

On en déduit la *constante d'équilibre* :

$$K^0 = \frac{P_{CH_3OH}\, P^{0\,2}}{P_{CO}\, P_{H_2}^2} = \frac{(0{,}213P)\, P^{0\,2}}{(0{,}135P)(0{,}609P)^2} = \boxed{1{,}43\ 10^{-4}}.$$

b) Du *paramétrage* de l'équilibre, on déduit :

$$\frac{P_{CH_3OH}}{P_{CO}} = \frac{\xi_e}{1 - \xi_e} = \frac{0{,}213P}{0{,}135P} \Rightarrow \boxed{\xi_e = 0{,}612 \text{ mol}}.$$

Remarquons qu'il est plus simple d'utiliser le rapport des pressions partielles que l'expression de la constante d'équilibre.

Puis $$\frac{P_{\text{inertes}}}{P_{CH_3OH}} = \frac{d}{\xi_e} = \frac{0{,}043P}{0{,}213P} \Rightarrow \boxed{d = 0{,}124 \text{ mol}}.$$

et $$\frac{P_{H_2}}{P_{CH_3OH}} = \frac{b - 2\xi_e}{\xi_e} = \frac{0{,}609P}{0{,}213P} \Rightarrow \boxed{b = 2{,}97 \text{ mol}}.$$

Remarque :
Nous nous sommes limités à trois chiffres significatifs comme les données des pourcentages molaires.

c) On utilise la *méthode de l'affinité* au moment de la perturbation pour prévoir le sens de déplacement de l'équilibre.

Dans le cas général : $$\mathcal{A} = \mathcal{A}^0_{(T)} - RT\ln Q = \mathcal{A}^0_{(T)} - RT \ln \frac{n_{CH_3OH}}{n_{CO}\, n_{H_2}^2} \frac{n_{tot}^2\, P^{0\,2}}{P^2}.$$

On part d'un état d'équilibre ($\mathcal{A}_{éq} = 0$) et on perturbe le système (on passe à $\mathcal{A}_{éq} + \mathrm{d}\mathcal{A} = \mathrm{d}\mathcal{A}$).
Cherchons le signe de $\mathrm{d}\mathcal{A}$.
Une élévation de pression ($\mathrm{d}P > 0$) provoque :

$$\mathrm{d}\mathcal{A} = -RT\,\mathrm{d}\ln\left(\frac{1}{P^2}\right) = +RT\,\mathrm{d}\ln(P^2) = +2RT\frac{\mathrm{d}P}{P} > 0.$$

L'affinité est *positive* : évolution sens $\xrightarrow{1}$.

d) Un ajout de *gaz inertes* ($\mathrm{d}n_{tot} > 0$) provoque :

$$\mathrm{d}\mathcal{A} = -RT\,\mathrm{d}\ln(n_{tot}^2) = -2RT\frac{\mathrm{d}n_{tot}}{n_{tot}} < 0.$$

Remarque :
Le 2nd principe impose $\mathrm{d}\mathcal{A}\,\mathrm{d}\xi \geqslant 0$.

L'affinité est *négative* : évolution sens $\xleftarrow{2}$.

La synthèse est donc favorisée par une *pression élevée* et l'*absence de gaz inertes*.

2.a) Par définition de l'*opération de Lewis* Δ_r :

$$\Delta_r G = \left(\frac{\partial G}{\partial \xi}\right)_{T,P} = \left[\frac{\partial(G_{(\xi)} - G_{(0)})}{\partial \xi}\right]_{T,P} = \left(\frac{\partial \Delta G}{\partial \xi}\right)_{T,P}.$$

L'enthalpie libre de réaction $\Delta_r G$ est la dérivée à chaque instant de l'enthalpie libre du système par rapport à l'avancement de réaction.

b) Dressons un *tableau d'avancement* :

	$CO_{(g)}$	$+ \; 2\,H_{2(g)}$	$= \; CH_3OH_{(g)}$	Total gaz
E.I.	$a = 1$	$b = 2$		$a + b = 3$
à t	$1 - \xi$	$2 - 2\xi$	ξ	$3 - 2\xi$
E.F.	$1 - \xi_e$	$2 - 2\xi_e$	ξ_e	$3 - 2\xi_e$

Remarque :

On est dans les proportions stœchiométriques et le taux de conversion se « confond » avec l'avancement :

$$\tau = \frac{\xi}{1} \equiv \xi$$

Les pressions partielles s'expriment à l'instant t selon :

$$P_{CO} = \frac{1-\xi}{3-2\xi}P, \quad P_{H_2} = \frac{2-2\xi}{3-2\xi}P \quad \text{et} \quad P_{CH_3OH} = \frac{\xi}{3-2\xi}P.$$

c) *L'enthalpie libre du système* d'exprime par :

$$G(\xi) = \sum_i n_i \mu_i = (1-\xi)\mu_{CO} + (2-2\xi)\mu_{H_2} + \xi\,\mu_{CH_3OH}$$

avec $\mu_i = \mu^0_{i(T)} + RT\ln\frac{P_i}{P^0}$ (modèle du gaz parfait).

À L'E.I. : $G_{(0)} = \mu^{E.I.}_{CO} + 2\mu^{E.I.}_{H_2} = \left[\mu^0_{CO} + RT\ln\frac{P^{E.I.}_{CO}}{P^0}\right] + 2\left[\mu^0_{H_2} + RT\ln\frac{P^{E.I.}_{H_2}}{P^0}\right]$, avec $P^{E.I.}_{H_2} = 2P^{E.I.}_{CO} = 2\left(\frac{1}{3}P\right)$.

Il en résulte pour la *variation d'enthalpie libre du système* :

$$\Delta G = G_{(\xi)} - G_{(0)} = \mu_{CO} + 2\mu_{H_2} + \xi(\mu_{CH_3OH} - \mu_{CO} - 2\mu_{H_2}) - \mu^{E.I.}_{CO} - 2\mu^{E.I.}_{H_2}$$

$$\Delta G = \xi\Delta_r G + RT\ln\frac{P_{CO}}{P^{E.I.}_{CO}} + 2RT\ln\frac{P_{H_2}}{P^{E.I.}_{H_2}}.$$

Comme $\frac{P_{CO}}{P^{E.I.}_{CO}} = \frac{\frac{1-\xi}{3-2\xi}P}{\frac{1}{3}P} = \frac{P_{H_2}}{P^{E.I.}_{H_2}}$, il reste : $\boxed{\Delta G = \xi\Delta_r G + 3RT\ln\frac{P_{CO}}{P_{0(CO)}}}$.

d) À l'équilibre, $\Delta_r G = \left(\frac{\partial G}{\partial \xi}\right)_{T,P}$ est nulle. Nous retrouvons la *constante d'équilibre* vérifiée :

$$K^0 = \frac{P_{CH_3OH}\,P^{0\,2}}{P_{CO}\,P^2_{H_2}} = \frac{\xi_e}{(1-\xi_e)}\frac{(3-2\xi_e)^2}{(2-2\xi_e)^2}\frac{P^{0\,2}}{P^2}.$$

De $K^0 = 2\;10^{-3}$ à $T = 523$ K, et $\xi_e = 0{,}80$ mol, on déduit :

$\boxed{P = 157 \text{ bar}}$.

e) Tout est désormais connu pour calculer ΔG :

$$\Delta G = 3RT\ln\frac{P_{CO}}{P_{0(CO)}} = 3RT\ln\left[\frac{\frac{1-\xi_e}{3-2\xi_e}}{\frac{1}{3}}\right] = \boxed{-11{,}0\ \text{kJ}}.$$

Pour une évolution isotherme et isobare :

$$\Delta G = \Delta(U+PV-TS) = \Delta U + P\Delta V - T\Delta S.$$

Les premier et second principes donnent les relations :

$$\Delta U = W + Q = -P\Delta V + Q \quad \text{et} \quad \Delta S = S_e + S_c = \frac{Q}{T} + S_c.$$

Il en résulte : $\boxed{\Delta G = -TS_c < 0}$.

Remarque :

Pour une évolution à T, P fixées, l'enthalpie libre du système ne peut que diminuer (en l'absence de travail utile).

8. Préparation du dihydrogène par reformage externe du méthane — D'après E3A

1. Le reformage du méthane à la vapeur d'eau (procédé appelé vaporeformage) sur catalyseur au nickel est la réaction la plus appropriée à la production de dihydrogène.

Les combustibles utilisés renferment des produits sulfurés qui sont des poisons vis-à-vis du catalyseur ; aussi un réactif de désulfuration à base d'oxyde de zinc est-il placé en amont du reformeur. La réaction de désulfuration qui s'opère à 400 K, s'écrit :

$$H_2S_{(g)} + ZnO_{(s)} \rightleftharpoons ZnS_{(s)} + H_2O_{(g)} \quad (2)$$

avec : $\Delta_r G_2^0 = -81\,300 + 39{,}2T - 5{,}4T\ln T$ (J · mol^{-1}).

a) Calculer la constante d'équilibre K_2^0 de cette réaction à 400 K. La pression a-t-elle une influence sur cet équilibre ?

b) À l'entrée de cette unité de traitement, le mélange gazeux enferme 70,6 % de H_2O, 25 % de CH_4 et 4,4 % de H_2S (pourcentages molaires). Évaluer la composition du mélange à l'issue de cette étape de désulfuration.

2. Ce mélange est ensuite porté à 1 273 K sous pression constante puis le nickel permet de catalyser la réaction de vaporeformage du méthane :

$$CH_{4(g)} + H_2O_{(g)} \rightleftharpoons CO_{(g)} + 3\,H_{2(g)} \quad (3)$$

(la cinétique de réaction serait beaucoup trop lente, sans catalyseur).

a) Calculer à 298 K l'enthalpie standard de réaction, $\Delta_r H_3^0$ (298 K) puis exprimer $\Delta_r H_3^0(T)$ en fonction de la température.

b) Calculer à 298 K l'entropie standard de réaction, $\Delta_r S_3^0$ (298 K) puis exprimer $\Delta_r S_3^0(T)$ en fonction de la température.

c) K_3^0 désignant la constante d'équilibre, donner l'expression de $\ln K_3^0(T)$ en fonction de la température. Calculer K_3^0 à 1 273 K. Qu'en déduire sur le déplacement de cette réaction ?

d) Partant du mélange obtenu à la fin de l'opération de désulfuration et sachant que le reformage s'effectue sous une pression totale P constante égale à 5,0 bar, déterminer la composition du mélange gazeux (en pourcentages molaires) à la sortie du reformeur.

3. En réalité, l'équilibre de reformage du méthane s'accompagne toujours de l'équilibre suivant :

$$CO_{(g)} + H_2O_{(g)} \rightleftharpoons CO_{2(g)} + H_{2(g)} \quad (4)$$

pour lequel sont données la constante d'équilibre à 1 273 K : $K_4^0(1273\ \text{K}) = 0{,}409$ ainsi que l'enthalpie standard de réaction $\Delta_r H_4^0(1\ 273\ \text{K}) = -38{,}1\ \text{kJ} \cdot \text{mol}^{-1}$.

Considérons le mélange d'une mole de méthane et de la quantité d'eau correspondant au mélange obtenu à la fin de l'étape de désulfuration : appelons « x » le degré d'avancement de la réaction (3) et « y » celui de la réaction (4).

a) Justifier que x puisse être choisi égal à 1 et en déduire la valeur de y.

b) La pression totale demeurant égale à 5,0 bar, déterminer les pressions partielles en CO, H_2, H_2O, CO_2 et CH_4 à la sortie du reformeur. Vérifier l'approximation faite à la question précédente.

c) Préciser l'avantage apporté par la réaction (4).

4. Du carbone est susceptible de se déposer *simultanément* à la conversion du méthane, selon deux réactions.

- Équilibre de Boudouard :

$$2\ CO_{(g)} \rightleftharpoons CO_{2(g)} + C_{graphite} \quad (5)$$

pour lequel : $\Delta_r G_5^0(1\ 273\ \text{K}) = 62{,}4\ \text{kJ} \cdot \text{mol}^{-1}$ et $\Delta_r H_5^0(1\ 273\ \text{K}) = -184{,}8\ \text{kJ} \cdot \text{mol}^{-1}$.

- Réaction directe de craquage du méthane :

$$CH_{4(g)} \rightleftharpoons C_{graphite} + 2\ H_{2(g)} \quad (6)$$

pour lequel : $\Delta_r G_6^0(1\ 273\ \text{K}) = -55{,}4\ \text{kJ} \cdot \text{mol}^{-1}$ et $\Delta_r H_6^0(1\ 273\ \text{K}) = 104{,}4\ \text{kJ} \cdot \text{mol}^{-1}$.

a) Calculer les affinités chimiques $\mathcal{A}_5$ et $\mathcal{A}_6$.

b) Étudier, dans chacun des cas, la possibilité pour le carbone de se déposer (mêmes conditions de température et de pression).

Constante des gaz parfaits : $R = 8{,}31\ \text{J} \cdot \text{K}^{-1} \cdot \text{mol}^{-1}$.

Élément ou composé	Enthalpie standard de formation à 298 K $\Delta_r H^0$ en kJ · mol^{-1}	Entropie molaire standard à 298 K S_m^0 en J · K^{-1} · mol^{-1}	Capacité thermique à pression standard constante C_{Pm}^0 en J · K^{-1} · mol^{-1}
$CH_{4(g)}$	−74,4	186,3	35,3
$H_2O_{(g)}$	−241,8	188,8	33,6
$C_{graphite}$	0	5,7	8,5
$O_{2(g)}$	0	205,2	29,4
$CO_{(g)}$	−110,5	197,7	29,1
$CO_{2(g)}$	−393,5	213,8	37,1
$H_{2(g)}$	0	130,7	28,8

Les capacités thermiques molaires standard à pression constante sont supposées *indépendantes* de la température.

Conseils méthodologiques : Ce problème est un très bon sujet de *synthèse* : il utilise la plupart des outils de la thermochimie : lois de Hess, de Kirchhoff, d'action de masse, équilibres simultanés ou successifs.

1.a) On étudie l'équilibre : $H_2S_{(g)} + ZnO_{(s)} \rightleftharpoons ZnS_{(s)} + H_2O_{(g)}$ (2).

• *La constante d'équilibre* a pour expression :

$$K^0_{2(T)} = \exp\left[-\frac{\Delta_r G^0_2}{RT}\right], \quad \text{soit à 400 K :} \quad \boxed{K^0_2 = 1{,}8\ 10^{10}}.$$

• *La pression n'a pas d'influence* sur (2) car l'on constate que $\Delta_r n_{gaz} = \sum_{i,\ gaz} \nu_i = +1 - 1 = 0$. P n'est pas un facteur d'équilibre.

b) Dressons un *tableau d'avancement* au niveau de la phase gazeuse :

	$H_2S_{(g)}$	+ $ZnO_{(s)}$	$\rightleftharpoons$	$ZnS_{(s)}$	+	$H_2O_{(g)}$	Total gaz (CH_4 inclus)
E.I.	4,4					70,6	100
E.F.	$4{,}4 - \xi_2$					$70{,}6 + \xi_2$	100

La valeur de K^0_2 est très élevée, ce qui suppose une réaction totale : $\xi_2 \approx 4{,}4$ mol.

À la sortie, le mélange a pour composition : 75 % de H_2O, et 25 % de CH_4, soit 3 fois plus d'eau que de méthane.

Vérification : calculons les traces (ε mol) de H_2S.

$$K^0_2 = 1{,}8\ 10^{-10} = \frac{P_{H_2O}}{P_{H_2S}} = \frac{75}{\varepsilon} \Rightarrow \varepsilon = 4\ 10^{-9}\ \text{mol}.$$

2.a) On exploite *les tables* de données à 298 K :

$$\Delta_r H^0_{(298)} = \sum_i \nu_i\, \Delta_f H^0_{i(298)} = \Delta_f H^0(CO_{(g)}) + \Delta_f H^0(CH_{4(g)}) - \Delta_f H^0(H_2O_{(g)}) = +205{,}7\ \text{kJ}\cdot\text{mol}^{-1}.$$

Pour passer à une température T, on utilise la *loi de Kirchhoff* :

$$\frac{d\Delta_r H^0_{(T)}}{dT} = \Delta_r C^0_P = C^0_{Pm}(CO_{(g)}) + 3\,C^0_{Pm}(H_{2(g)}) - C^0_{Pm}(CH_{4(g)}) - C^0_{Pm}(H_2O_{(g)}) = 46{,}6\ \text{J}\cdot\text{K}^{-1}\cdot\text{mol}^{-1}.$$

$$\Delta_r H^0_{(T)} = \Delta_r H^0_{(298)} + \int_{298}^{T} \Delta_r C^0_P\, dT = 205{,}7 + 46{,}6\cdot 10^{-3}(T - 298) = 191{,}8 + 46{,}6\ 10^{-3}\,T \quad (\text{en kJ}\cdot\text{mol}^{-1}).$$

Nous appliquons la *même méthode* pour l'entropie :

$$\Delta_r S^0_{(298)} = \sum_i \nu_i\, S^0_{m_i(298)} = S^0_m(CO_{(g)}) + 3S^0_m(H_{2(g)}) - S^0_m(CH_{4(g)}) - S^0_m(H_2O_{(g)}) = 214{,}7\ \text{J}\cdot\text{K}^{-1}\cdot\text{mol}^{-1}.$$

D'après la *loi de Kirchhoff* :

$$\frac{d\Delta_r S^0_{(T)}}{dT} = \frac{\Delta_r C^0_P}{T} \Rightarrow \Delta_r S^0_{(T)} = \Delta_r S^0_{(298)} + \int_{298}^{T} \frac{\Delta_r C^0_P}{T}\, dT = 214{,}7 + 46{,}6 \ln\frac{T}{298} = -50{,}8 + 46{,}6 \ln T$$

(en $\text{J}\cdot\text{K}^{-1}\cdot\text{mol}^{-1}$).

b) On déduit alors l'*enthalpie libre standard* de réaction puis la *constante d'équilibre* K^0_3 :

$$\Delta_r G^0_3 = \Delta_r H^0_{3(T)} - T\Delta_r S^0_{3(T)} = 191{,}8 + 46{,}6\ 10^{-3}\,T + 50{,}8\ 10^{-3}T - 46{,}6\ 10^{-3}\,T \ln T \quad (\text{en kJ}\cdot\text{mol}^{-1}).$$

et $$\boxed{\ln K^0_3 = -\frac{\Delta_r G^0_3}{RT} = -11{,}7 - \frac{23\,070}{T} + 5{,}61 \ln T}.$$

Application numérique : à $T = 1\,273$ K, $K^0_3 = 2{,}93\ 10^4$.

Remarque :

La réaction est *quantitative* : on produit bien ainsi du dihydrogène.

c) Dressons à nouveau un tableau d'avancement :

	$CH_{4(g)}$	+ $H_2O_{(g)}$	$\rightleftharpoons$ $CO_{(g)}$	+ 3 $H_{2(g)}$	Total gaz
E.I.	25	75			100
E.F.	$25-\xi_3$	$75-\xi_3$	ξ_3	$3\xi_3$	$100+2\xi_3$

En supposant la réaction totale : $\xi_3 \to 25$ mol, on obtient à l'E.F. les quantités et pourcentages molaires :

$H_2O_{(g)}$	$CO_{(g)}$	$H_{2(g)}$	Total gaz
50	25	75	150
33,3 %	16,7 %	50 %	

Vérification : si on appelle ε les traces (mol) en $CH_{4(g)}$:

$$K_3^0 = 2{,}93\ 10^4 = \frac{P_{CO}\,P_{H_2}^3}{P_{CH_4}\,P_{H_2O}\,P^{02}} = \frac{n_{CO}\,n_{H_2}^3\,P^2}{n_{CH_4}\,n_{H_2O}\,n_{tot}^2\,P^{02}} = \frac{25\times 75^3\times 5^2}{\varepsilon\times 50\times 150^2}$$

$\Rightarrow \varepsilon = 8\ 10^{-3}$ mol (hypothèse vérifiée).

3. Nous devons désormais considérer *deux équilibres simultanés* (3) et (4). Dressons un tableau d'évolution.

	$CH_{4(g)}$	$H_2O_{(g)}$	$CO_{(g)}$	$H_{2(g)}$	$CO_{2(g)}$	Total gaz
E.I.	1	3	0	0	0	4
(3)	$-x$	$-x$	x	$3x$		
(4)		$-y$	$-y$	$+y$	$+y$	
E.F.	$1-x$	$3-x-y$	$x-y$	$3x+y$	$+y$	$4+2x$

a) La constante K_3^0 est très grande, donc on peut supposer (3) totale dans le sens $\xrightarrow{1}$, et donc $x \approx 1$.
On déduit alors y d'après K_4^0 :

$$K_4^0 = \frac{P_{CO_2}\,P_{H_2}}{P_{CO}\,P_{H_2O}} = \frac{y(3x+y)}{(x-y)(3-x-y)} \approx \frac{y(3+y)}{(1-y)(2-y)} = 0{,}409$$

$\Rightarrow$ par résolution de l'équation du 2nd degré : $\boxed{y = 0{,}19}$.

b) Par définition des pressions partielles :

$$P_{CO} = \frac{x-y}{4+2x}P \approx \frac{1-y}{6}P = 0{,}68 \text{ bar} \ ; \quad P_{H_2} = \frac{3x+y}{4+2x}P \approx \frac{3+y}{6}P = 2{,}66 \text{ bar} \ ;$$

$$P_{H_2O} = \frac{3-x-y}{4+2x}P \approx \frac{2-y}{6}P = 1{,}51 \text{ bar} \ ; \quad P_{CO_2} = \frac{y}{4+2x}P \approx \frac{y}{6}P = 0{,}158 \text{ bar.}$$

Vérification : on estime P_{CH_4} d'après K_3^0. $K_3^0 = \dfrac{P_{CO}\,P_{H_2}^3}{P_{H_2O}\,P_{CH_4}\,P^{02}} \Rightarrow P_{CH_4} = 3\ 10^{-4}$ bar (*très faible*, soit $x \to 1$).

c) Le gaz CO est à la fois toxique et poison des catalyseurs. Il est donc intéressant de le transformer en CO_2 (beaucoup moins toxique et plus volumineux).

4. Pour voir si les réactions (5) et (6) peuvent se produire, il suffit d'étudier le signe de leur affinité chimique :

$$\mathcal{A} = \mathcal{A}^0_{(T)} - RT\ln Q.$$

$$\mathcal{A}_5 = -\Delta_r G^0_5 - RT\ln\frac{P_{CO_2}P^0}{P^2_{CO}} = -62{,}4 - 8{,}31\ 10^{-3}(1\ 273)\ln\frac{0{,}16}{0{,}68^2} = -51{,}2\ \text{kJ}\cdot\text{mol}^{-1}.$$

$$\mathcal{A}_6 = -\Delta_r G^0_6 - RT\ln\frac{P^2_{H_2}}{P_{CH_4}P^0} = +55{,}4 - 8{,}31\ 10^{-3}(1\ 273)\ln\frac{2{,}66^2}{3\cdot 10^{-4}} = -51{,}1\ \text{kJ}\cdot\text{mol}^{-1}.$$

Dans les deux cas : $\mathcal{A} < 0$. Comme $\mathcal{A}\,d\xi \geqslant 0$, cela ne permet qu'une réaction dans le sens $\overset{2}{\leftarrow}$ $(d\xi < 0)$.

Il ne peut y avoir dépôt de carbone.

9. Équilibre de dissociation de l'oxyde de cuivre (II) — D'après Agro

On s'intéresse dans cette partie à la dissociation de l'oxyde de cuivre (II) CuO en oxyde de cuivre (I) Cu_2O et en dioxygène selon l'équation bilan (1).

$$4\ CuO_{(s)} = 2\ Cu_2O_{(s)} + O_{2(g)} \quad (1).$$

L'oxyde de cuivre (II) et l'oxyde de cuivre (I) sont deux solides non miscibles, de volumes molaires négligeables, et le dioxygène est considéré comme un gaz parfait.

On donne $R = 8{,}314\ \text{J}\cdot\text{K}^{-1}\cdot\text{mol}^{-1}$. On donne les enthalpie et entropie standard de la réaction (1) à $T_1 = 1\ 300\ \text{K}$: $\Delta_r H^0_1(1\ 300\ \text{K}) = 279\ \text{kJ}\cdot\text{mol}^{-1}$; $\Delta_r S^0_1(1\ 300\ \text{K}) = 202\ \text{J}\cdot\text{K}^{-1}\cdot\text{mol}^{-1}$.

1. Variance du système

a) Calculer la variance υ d'un système constitué par deux oxydes de cuivre et de dioxygène à l'équilibre chimique.

b) Cette valeur de υ est-elle modifiée si le système initial est constitué d'oxyde de cuivre (II) seul ?

c) En partant d'oxyde de cuivre (II) seul, l'opérateur peut-il fixer indépendamment la température et le volume du système ?

d) En partant d'oxyde de cuivre (II) seul, l'opérateur peut-il fixer indépendamment la température et la pression du système ?

2. Constante d'équilibre et influence de *T* et *P*

a) Calculer la constante d'équilibre K^0_1 (1 300 K) de la réaction (1).

b) À partir d'un état d'équilibre chimique d'un système fermé constitué des deux oxydes de cuivre et de dioxygène à une température T et sous une pression P, prévoir qualitativement comment évolue le système lors d'une augmentation de température à pression constante.

c) Dans un réacteur thermostaté à $T = 1\ 300\ \text{K}$, initialement vide de tout gaz, on introduit une quantité suffisante d'oxyde de cuivre (II) pour atteindre l'équilibre chimique correspondant à l'équation-bilan (1). Quelle est alors la pression P dans le réacteur ? Calculer l'affinité chimique du système (que l'on notera $\mathcal{A}_1$).

d) On impose alors brutalement une pression P' différente de P, à température $T = 1\ 300\ \text{K}$ constante. Exprimer littéralement l'affinité chimique (que l'on notera $\mathcal{A}_2$) du système juste après cette variation de pression, avant que le système chimique n'ait eu le temps d'évoluer, en fonction des données utiles.

e) La pression P' est toujours imposée, on laisse le système évoluer. Quel est l'état final du système, en fonction de la valeur de P' ?

3. Influence de V

On considère dans cette question un réacteur thermostaté à $T_1 = 1\,300$ K, de volume *V*, initialement vide de tout gaz, dans lequel on introduit une quantité *n* d'oxyde de cuivre (II) $CuO_{(s)}$.

a) On prend ici $V = 10{,}0\ dm^3$.

• En admettant que l'équilibre chimique correspondant à l'équation-bilan (1) soit atteint, quelle est la quantité de dioxygène formé ?

• En déduire la valeur minimale n_{min} de *n* pour atteindre l'équilibre chimique.

b) On prend ici $V = 10{,}0\ dm^3$ et $n = 5{,}00\ 10^{-2}$ mol.

L'équilibre chimique est-il atteint ? Décrire le système à l'état final (quantités de matière et pression).

c) On ajoute au système précédent **b)** $n' = 1{,}00\ 10^{-2}$ mol d'oxyde de cuivre $Cu_2O_{(s)}$. Déterminer le nouvel état d'équilibre thermodynamique.

d) Même question en ajoutant au système **b)** $n' = 1{,}00\ 10^{-2}$ mol de dioxygène.

e) On introduit dans le réacteur à $T_1 = 1\,300$ K de volume *V* variable $n = 5{,}00\ 10^{-2}$ mol d'oxyde de cuivre (II). Tracer l'allure de la courbe donnant la pression *P* dans le réacteur à l'équilibre thermodynamique en fonction du volume *V* imposé (pour *V* variant de 0 à 20 dm³), en précisant les valeurs de *P* et *V* au(x) point(s) particulier(s).

Conseils méthodologiques : Pour un système *monovariant*, on peut provoquer une *rupture d'équilibre* aisément. Ce problème illustre diverses méthodes. Traduire essentiellement le lien nécessaire à l'équilibre entre volume, pression et quantité gazeuse.

1.a) On étudie *l'équilibre* $4\ CuO_{(s)} \rightleftharpoons 2\ Cu_2O_{(s)} + O_{2(g)}$.

La variance du système est donnée par la règle de Gibbs :

$\upsilon = C + 2 - \varphi$, où *C* est le nombre de constituants indépendants ($C = 3 - 1 = 2$), les variables intensives *P* et *T*, et φ le nombre de phases ($\varphi = 3$, les deux solides étant non miscibles).

$\boxed{\upsilon = 1}$ Système *monovariant* : le choix de *T* fixe l'état d'équilibre.

b) Le fait de partir d'oxyde cuivrique $CuO_{(s)}$ seul ne donne pas de relations supplémentaires entre paramètres intensifs, chaque constituant étant seul dans sa phase.

$\boxed{\upsilon = 1}$, *pour toute composition initiale.*

c) *Oui*, l'opérateur peut fixer indépendamment la température et le volume car *V* n'est *pas un paramètre intensif*.

Remarquons cependant que si *n* représente la quantité initiale de $CuO_{(s)}$, la quantité de O_2 est limitée par $\frac{n}{4}$.

Les valeurs du volume compatibles pour un état d'équilibre du système sont :

$$T \Rightarrow P_{O_2(T)} \text{ fixée} \Rightarrow V = \frac{\xi RT}{P_{O_2(T)}} \leqslant \frac{nRT}{4P_{O_2(T)}}.$$

Remarque : *Cf.* partie 3.

d) *Non*, l'opérateur ne peut fixer indépendamment température et pression qui sont des *paramètres intensifs*. Le choix de l'un fixe l'autre d'après $K^0_{(T)}$.

2.a) *L'enthalpie libre standard de réaction* à 1 300 K vaut :

$$\Delta_r G^0_{(1)} = \Delta_r H^0_{(1)} - T_1 \Delta_r S^0_{(1)} = 16{,}4\ kJ \cdot mol^{-1}.$$

La relation $\Delta_r G^0_{(1)} + RT_1 \ln K^0_1 = 0$ conduit à la valeur de la *constante d'équilibre* : $\boxed{K^0_{(1)} = 0{,}219}$.

On remarque que le choix de $T_1 = 1\,300$ K a fixé $P_{O_2} = K^0_{(1)} P^0 = 0{,}219$ bar.

b) La loi *qualitative de Van't Hoff* nous dit qu'une élévation de température à P fixée provoque un déplacement ou une rupture d'équilibre dans le sens *endothermique*, c'est-à-dire ici le sens $\xrightarrow{1}$. Comme le système est monovariant, il s'agit ici d'une *rupture d'équilibre*.

c) Le dioxygène est assimilé à un gaz parfait, donc la constante d'équilibre a pour expression :

$$K_1^0 = \frac{P_{O_2}}{P^0} = \frac{n_{O_2}RT}{VP^0} \Rightarrow \boxed{P_{O_2} = 0{,}219 \text{ bar}} = P.$$

L'affinité chimique du système à l'équilibre est nulle par définition : $\boxed{\mathcal{A}_1 = 0}$.

Si l'on impose P' différente de P, l'affinité chimique du système perturbé avant toute évolution, est :

$$\mathcal{A}_2 = RT \ln \frac{K_1^0}{Q} = \boxed{RT \ln \frac{P}{P'}}.$$

d) La condition d'évolution spontanée du système est $\mathcal{A}_2 \mathrm{d}\xi \geqslant 0$. Il en résulte :

- $P' > P \Rightarrow \mathcal{A}_2 < 0 \Rightarrow$ évolution sens $\xleftarrow{2}$ jusqu'à rupture d'équilibre (disparition de $Cu_2O_{(s)}$).
- $P' < P \Rightarrow \mathcal{A}_2 > 0 \Rightarrow$ évolution sens $\xrightarrow{1}$ jusqu'à rupture d'équilibre (disparition de $CuO_{(s)}$).

Remarque :

Le cas $P' = P$, soit $\mathcal{A}_2 = 0$ (pas d'évolution) est exclu par l'énoncé.

3.a) Dressons un tableau d'avancement :

	$4\,CuO_{(s)}$	$\rightleftharpoons$ $2\,Cu_2O_{(s)}$	$+\ O_2(g)$	Total gaz
E.I.	n			
E.F.	$n - 4\xi$	2ξ	ξ	ξ

- À 1 300 K, la *quantité* ξ de dioxygène formé vérifie :

$$P_{O_2} = P = \frac{\xi RT_1}{V} \Rightarrow \xi = \frac{(0{,}219\ 10^5)(10\ 10^{-3})}{(8{,}314)(1\ 300)} = \boxed{2{,}03\ 10^{-2} \text{ mol}}.$$

Erreur à éviter :

Utiliser unités S.I. : P en Pa, V en m^3.

- Il faut donc $n \geqslant 4\xi$, ce qui nous donne la valeur minimale de n pour atteindre l'équilibre :

$$\boxed{n_{\min} = 8{,}1\ 10^{-2} \text{ mol} = 81 \text{ mmol}}.$$

b) On part de $n = 50$ mmol $< n_{\min}$. On ne peut atteindre l'équilibre avec les trois constituants présents. Il y a *rupture d'équilibre* par disparition de $CuO_{(s)}$.

À l'état final : $n_{Cu_2O} = 2\xi_{\max} = 2\frac{n}{4} = \frac{n}{2} = 25$ mmol et $n_{O_2} = \frac{n}{4} = 12{,}5$ mmol.

La pression correspond à : $P_{O_2} = \frac{n}{4}\frac{RT_1}{V} = 0{,}135\ 10^5 \text{ Pa} = \boxed{0{,}135 \text{ bar}}$.

c) L'ajout de $Cu_2O_{(s)}$ au système précédent ne modifie pas le système du b). L'activité de $Cu_2O_{(s)}$ reste égale à 1.
À l'état final : $n'_{Cu_2O} = 35$ mmol et $n'_{O_2} = 12{,}5$ mmol.

d) Le système final du **b)** disposait de $n_{O_2} = 12{,}5$ mmol.

L'ajout de 10 mmol conduit à une quantité totale $n''_{O_2} = 22{,}5$ mmol, donc à une pression $P''_{O_2} = n''_{O_2}\frac{RT}{V} = 0{,}243$ bar.

Cette valeur est supérieure à $P = 0{,}219$ bar, donc le système peut désormais évoluer vers un *état d'équilibre* en présence des trois constituants. L'évolution se fait dans le sens $\xleftarrow{2}$.

	$4\,CuO_{(s)}$	$\rightleftharpoons$ $2\,Cu_2O_{(s)}$	+ $O_2(g)$
E.I.		$2{,}5\ 10^{-2}$	$2{,}25\ 10^{-2}$
E.F.	$4\xi''$	$2{,}5\ 10^{-2} - 2\xi''$	$2{,}25\ 10^{-2} - \xi''$

À l'équilibre $P_{O_2} = P = 0{,}219$ bar et $2{,}25\ 10^{-2} - \xi'' = 2{,}03 \cdot 10^{-2}$ mol.

$\xi'' = 0{,}22\ 10^{-2}$ mol $= 2{,}2$ mmol .

e) L'équilibre impose $P_{O_2} = P = \xi \dfrac{RT_1}{V} = K_1^0 P^0$, et il n'est observé que si $n \geqslant 4\,\xi$, soit :

$$n \geqslant 4\frac{PV}{RT_1} \Leftrightarrow V \leqslant \frac{nRT_1}{4P}.$$ On calcule : $V_{lim} = 6{,}17$ dm^3.

Pour $V > V_{lim}$, il y a rupture d'équilibre, tout l'oxyde cuivrique $CuO_{(s)}$ ayant disparu.

Le système $\{Cu_2O_{(s)} + O_{2(g)}\}$ a alors une variance :

$$v = C + 2 - \varphi = 2 + 2 - 2 = 2,$$

et la pression peut varier, à T_1 fixée, selon la loi du gaz parfait $P = \xi_{max}\dfrac{RT_1}{V}$ avec $\xi_{max} = \dfrac{n}{4} = 1{,}25\ 10^{-2}$ mol.

D'où la figure 3.

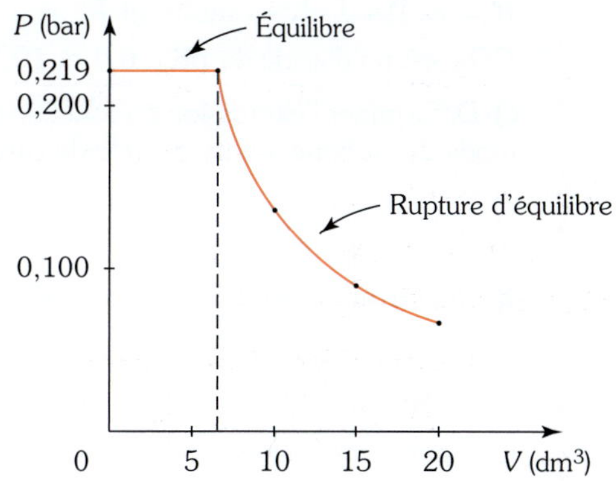

Figure 3

Pour approfondir

10. Oxydes de carbone _______ D'après Centrale-Supelec

1. Détermination de $\Delta_r G^0$

On se place dans l'approximation d'Ellingham.

a) Justifier la présence de valeurs nulles dans le tableau de données.

b) Déterminer l'expression en fonction de T du $\Delta_r G^0$ de la réaction (1) de sublimation du graphite (écrite pour une mole de carbone).

Données :

Enthalpies standard de formation et entropies molaires standard à 300 K :

Composé	$\Delta_f H^0$ en kJ · mol^{-1}	S^0 en kJ · mol^{-1}
Carbone graphite $C_{(s)}$	0	5,7
$CO_{(g)}$	−110,5	197,7
$CO_{2(g)}$	−393,5	213,0
$O_{2(g)}$	0	205,2
Carbone gazeux $C_{(g)}$	716,7	158,1

$R = 8{,}314$ J · K^{-1} · mol^{-1} et $P^0 = 1$ bar.

CO_2 est un diacide de pK_A 6,4 et 10,3 ; pK_A du rouge de crésol = 8,3 ; pK_A de l'hélianthine = 3,7.

c) Déterminer l'expression en fonction de T du $\Delta_r G^0$ de la réaction (2) d'oxydation du graphite (écrite pour une mode de carbone) en monoxyde de carbone.

d) Déterminer l'expression en fonction de T du $\Delta_r G^0$ de la réaction (3) d'oxydation du graphite (écrite pour une mode de carbone) en dioxyde de carbone.

2. Détermination de constantes d'équilibre

a) Donner les valeurs numériques des constantes (K_1^0, K_2^0, K_3^0) des équilibres (1) à (3) à $T = 1\,200$ K.

b) La littérature donne : $K_1^0 = 10^{-23}$, $K_2^0 = 10^{9,5}$ et $K_3^0 = 10^{17,2}$ à 1 200 K.

Comparer ces valeurs à celles trouvées au **2.a)** et conclure.

3. Diagramme de volatilité du carbone

On considère maintenant les réactions (1), (2) et (3) à température constante égale à 1 200 K et on prendra les valeurs des constantes d'équilibre données dans la littérature.

a) Établir l'expression de :

- $\log_{10}\left(\dfrac{P_C}{P^0}\right) = f\left(\log_{10}\left(\dfrac{P_{O_2}}{P^0}\right)\right)$ quand l'équilibre (1) est établi,
- $\log_{10}\left(\dfrac{P_{CO}}{P^0}\right) = g\left(\log_{10}\left(\dfrac{P_{O_2}}{P^0}\right)\right)$ quand l'équilibre (2) est établi,
- $\log_{10}\left(\dfrac{P_{CO_2}}{P^0}\right) = h\left(\log_{10}\left(\dfrac{P_{O_2}}{P^0}\right)\right)$ quand l'équilibre (3) est établi.

b) Tracer le graphe des fonctions f, g et h.

Échelles : 1 cm = 5 unités $\log_{10}\left(\dfrac{P_i}{P^0}\right)$. Limites du tracé $-70 <$ abscisse < 10 ; $-60 <$ ordonnée < 20.

c) À l'aide d'un raisonnement basé sur des déplacements ou des ruptures d'équilibre, démontrer que chacune des courbes précédemment tracées constitue une limite de domaine de stabilité du $C_{(s)}$.

d) Déterminer graphiquement les limites :

- des domaines de prédominance de $C_{(g)}$ et de $CO_{(g)}$;
- des domaines de prédominance de $CO_{(g)}$ et de $CO_{2(g)}$.

L'affectation de chaque domaine de prédominance à une espèce devra être clairement justifiée. Que peut-on dire de la limite des domaines de prédominance de $C_{(g)}$ et de $CO_{2(g)}$?

e) Représenter sur un nouveau graphique (dans le même système d'axes) le diagramme complet et légendé des domaines de stabilité ou de prédominance (préciser pour chaque espèce) de $C_{(s)}$, $C_{(g)}$, $CO_{(g)}$ et $CO_{2(g)}$.

4. Applications à l'étude d'équilibres (tous les gaz sont supposés parfaits).

a) On réalise à 1 200 K l'oxydation du carbone C par le dioxygène en imposant $P_{O_2} = 1$ bar ; quel sera le produit d'oxydation obtenu majoritairement ? Justifier à l'aide du diagramme précédent.

On se place maintenant dans un récipient de volume constant égal au volume molaire d'un gaz parfait sous la pression P^0 à la température de 1 200 K. Cette température est constante.

b) On introduit 3 moles de dioxygène et 2 moles de carbone solide. Déterminer l'état final du système. Indiquer son point représentatif P_1 sur le diagramme construit à la question **3.e)**.

c) On introduit 1 mole de dioxygène et 3 moles de carbone solide. Déterminer l'état d'équilibre du système. Indiquer son point représentatif P_2 sur le diagramme construit à la question **3.e)**.

5. Applications à l'étude de l'évolution d'un système

On considère le système envisagé au **4.c)**. La réaction de O_2 sur le carbone étant assez lente, on s'intéresse à l'évolution du système *depuis* l'état initial *jusqu*'à l'état final déterminé précédemment.

a) Que vaut la pression initiale du dioxygène ? En déduire la nature chimique du produit d'oxydation obtenu au début de la réaction.

b) Quelle réaction se produit ultérieurement ? Montrer que lorsque la pression du dioxygène diminue, une autre réaction dont on écrira l'équation-bilan se produit.

c) Proposer une méthode physique pour suivre l'évolution du système en continu.

Les deux questions suivantes peuvent être traitées indépendamment des précédentes.

d) On prélève un échantillon du mélange en évolution. On notera n_1 la quantité de CO_2 contenue dans cet échantillon. On l'injecte dans une solution aqueuse d'hydroxyde de sodium de concentration C_0 et de volume V_0 connus. Après réaction, il reste dans la solution un excès d'hydroxyde de sodium.

Indiquer quelles sont les espèces majoritairement présentes dans la solution obtenue. Préciser leur quantité de matière en fonction de n_1, C_0 et V_0. On titre cette solution par de l'acide chlorhydrique de concentration C_2 connue. Quelles réactions se produisent successivement au cours du dosage ? En notant V_2 le volume de solution versé quand on observe le virage du rouge de crésol, montrer que la connaissance de V_2 permet de déterminer n_1. Exprimer n_1 en fonction de C_0, V_0, C_2 et V_2.

e) Si le dosage du **4.** était réalisé en présence d'hélianthine, permettrait-il de déterminer la quantité de matière de dioxyde de carbone prélevée dans l'échantillon ? (Justifier clairement la réponse.)

Conseils méthodologiques : La question délicate est la **3.**. Exprimer les *constantes d'équilibre* pour tracer le diagramme et utiliser l'*affinité chimique* pour attribuer les domaines. Distinguer *domaine d'existence* du $C_{(s)}$ et *domaines de prédominance* des gaz $C_{(g)}$, $CO_{(g)}$ et $CO_{2(g)}$ en présence de $O_{2(g)}$.

1.a) Les enthalpies standard de formation de corps purs simples dans leur *état standard de référence* sont nulles : $C_{(s)}$ graphite et $O_{2(g)}$: $\Delta_f H^0 = 0$.

b) Pour la réaction (1) de sublimation du graphite, $C_{(s)} \rightleftharpoons C_{(g)}$ nous avons dans le *modèle d'Ellingham* :

$$\Delta_r G_1^0 = \Delta_r H_1^0 - T\Delta_r S_1^0 = 716{,}7 - (158{,}1 - 5{,}7)10^{-3}T = \boxed{716{,}7 - 152{,}4 \cdot 10^{-3}T \text{ (kJ} \cdot \text{mol}^{-1})}.$$

c) Pour la réaction (2) d'oxydation du graphite en monoxyde de carbone, $C_{(s)} + \frac{1}{2} O_{2(g)} \rightleftharpoons CO_{(g)}$, nous avons dans le modèle d'Ellingham :

$$\Delta_r G_2^0 = \Delta_r H_2^0 - T\Delta_r S_2^0 = -110{,}5 - \left[197{,}7 - 5{,}7 - \frac{1}{2}(205{,}2)\right]10^{-3}T = \boxed{-110{,}5 - 89{,}4\ 10^{-3}T \text{ (kJ} \cdot \text{mol}^{-1})}.$$

d) Pour la réaction (3) d'oxydation du graphite en dioxyde de carbone, $C_{(s)} + O_{2(g)} \rightleftharpoons CO_{2(g)}$, nous avons dans le modèle d'Ellingham :

$$\Delta_r G_3^0 = \Delta_r H_3^0 - T\Delta_r S_3^0 = -393{,}5 - [213{,}0 - 5{,}7 - 205{,}2]\ 10^{-3}\,T = \boxed{-393{,}5 - 2{,}1\ 10^{-3}\,T\ (\text{kJ} \cdot \text{mol}^{-1})}.$$

2.a) On se place à $T = 1\,200$ K et on applique pour chaque équilibre (i) la relation $\Delta_r G_i^0 + RT\ln K_i^0 = 0$. On obtient :

$$\boxed{K_1^0 = 5{,}8\ 10^{-24}}\ ;\quad \boxed{K_2^0 = 3{,}0\ 10^{9}}\ ;\quad \boxed{K_3^0 = 1{,}7\ 10^{17}}.$$

b) Le modèle d'Ellingham nous donne de *bons ordres de grandeur*.

3.a) On exprime les *constantes d'équilibre*, ce qui donne les relations cherchées :

$$(1)\quad K_1^0 = \frac{P_C}{P^0} \Rightarrow \boxed{\log\frac{P_C}{P^0} = \log K_1^0 = -23}.$$

$$(2)\quad K_2^0 = \frac{\dfrac{P_{CO}}{P^0}}{\sqrt{\dfrac{P_{O_2}}{P^0}}} \Rightarrow \log\frac{P_{CO}}{P^0} = \log K_2^0 + \frac{1}{2}\log\frac{P_{O_2}}{P^0} = \boxed{9{,}5 + 0{,}5\ \log\frac{P_{O_2}}{P^0}}.$$

$$(3)\quad K_3^0 = \frac{\dfrac{P_{CO_2}}{P^0}}{\dfrac{P_{O_2}}{P^0}} \Rightarrow \log\frac{P_{CO_2}}{P^0} = \log K_3^0 + \log\frac{P_{O_2}}{P^0} = \boxed{17{,}2 + \log\frac{P_{O_2}}{P^0}}.$$

b) Le graphe est représenté en Fig. 4 (page suivante).

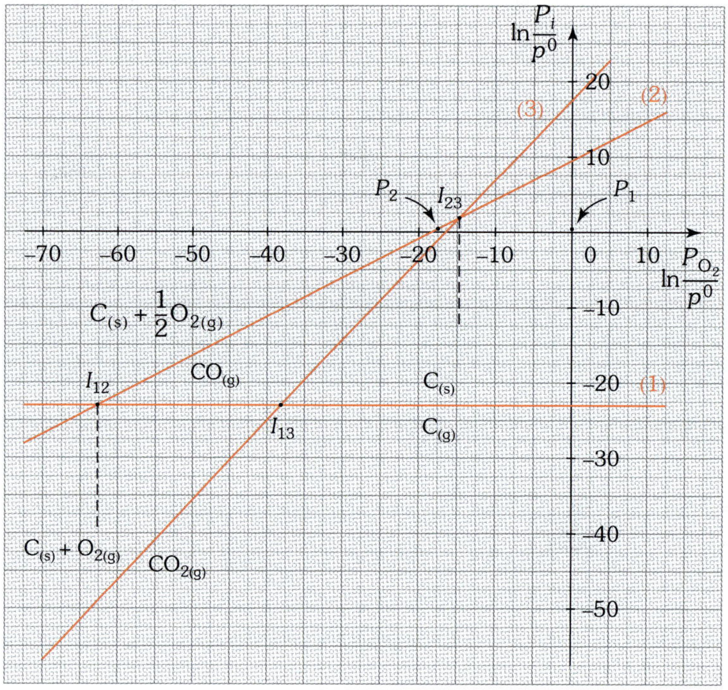

Figure 4

c) • Pour l'équilibre (1) : $C_{(s)} \rightleftharpoons C_{(g)}$, si on choisit un point M représentatif au-dessus de la droite (1), on constate que l'affinité chimique vérifie :

$$\mathcal{A}_1 = RT\ln\frac{K_1^0}{Q_1} = 2{,}3RT\log\frac{P_C^{éq}}{P_C} < 0 \Rightarrow \text{évolution sens} \overset{2}{\leftarrow} \text{ et domaine de } C_{(s)}.$$

L'équilibre (1) est monovariant ($v = 1$) et ne peut donc avoir lieu à $T = 1\,200$ K que sur la droite (1) d'équilibre. Il y a donc rupture d'équilibre en dehors. $C_{(s)}$ *ne peut exister* qu'au-dessus de la droite (1) : *domaine d'existence*.

• Par le même raisonnement pour (2) : $C_{(s)} + \frac{1}{2} O_{2(g)} \rightleftharpoons CO_{(g)}$, pour un point M situé au-dessus de la droite (2) :

$$\mathcal{A}_2 = RT\ln\frac{K_2^0}{Q_2} = 2{,}3RT\log\frac{P_{CO}^{éq}}{P_{CO}} < 0 \Rightarrow \text{évolution sens} \overset{2}{\leftarrow} \text{ : domaine de } C_{(s)}.$$

Attention la variance est désormais $v = 2$ et l'équilibre peut avoir lieu à T fixée pour diverses valeurs de P_{O_2} donc en dehors de la droite (2). Il s'agit ici de *domaines de prédominance* pour les gaz : $O_{2(g)}$ au-dessus, $CO_{(g)}$ en dessous de la droite (2). Il y a rupture d'équilibre sous (2) : tout le carbone solide est consommé.

• (3) est identique à (2) : le domaine de stabilité du $C_{(s)}$ se situe au-dessus de la droite (3).

d) On constate que $(1) \cap (2)$ correspond à $\log\frac{P_{O_2}}{P^0} = -65$, que $(2) \cap (3)$ correspond à $\log\frac{P_{O_2}}{P^0} = -15{,}4$, et que $(3) \cap (1)$ correspond à $\log\frac{P_{O_2}}{P^0} = -40{,}2$.

• Pour $\log\frac{P_{O_2}}{P^0} < -65$, on constate que (2) se situe sous (1), ce qui signifie que $P_C > P_{CO}$ et que $C_{(g)}$ prédomine devant $CO_{(g)}$. Inversement pour $\log\frac{P_{O_2}}{P^0} > -65$. D'où une *frontière verticale* (Fig. 5) séparant les domaines de prédominance de $C_{(g)}$ et $CO_{(g)}$. Le domaine d'existence de $C_{(s)}$ se situe toujours au-dessus des segments conservés (1) et (2).

• Pour $\log\frac{P_{O_2}}{P^0} < -15{,}4$, on constate que (3) se situe sous (2) ce qui signifie que $P_{CO} > P_{CO_2}$ et que $CO_{(g)}$ prédomine devant $CO_{2(g)}$. D'où la nouvelle frontière verticale à –15,4.

e) On obtient le *diagramme de stabilité* de $C_{(s)}$ et de *prédominance* de $C_{(g)}$, $CO_{(g)}$ et $CO_{2(g)}$ en Fig. 6.

• La frontière entre $C_{(g)}$ et $CO_{2(g)}$ n'est pas à considérer car elle se situe dans le domaine de prédominance de $CO_{(g)}$.

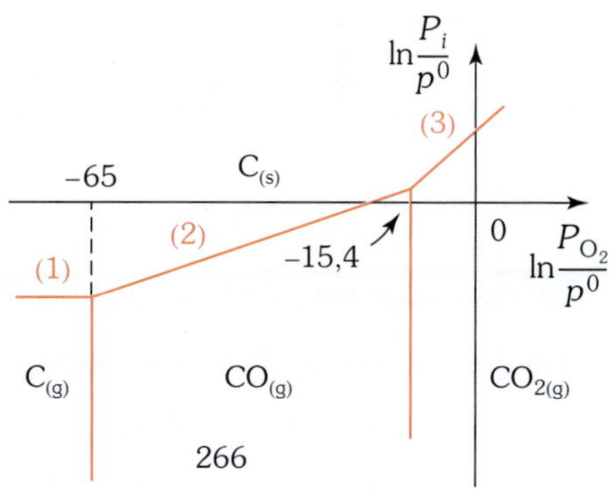

Figure 5

4.a) On impose $T = 1\,200$ K et $\frac{P_{O_2}}{P^0} = 1$. Le point représentatif de ce système se situe sur la verticale $\ln\frac{P_{O_2}}{P^0} = 0$, donc dans le domaine de prédominance de $CO_{2(g)}$.
La réaction prépondérante est : $C_{(s)} + O_{2(g)} \rightleftharpoons CO_{2(g)}$.

b) Si nous effectuons un tableau d'avancement en constatant que $K_3^0 \gg 1$ et que le dioxygène est en excès :

(3)	$C_{(s)}$	+ $O_{2(g)}$	$\rightleftharpoons$	$CO_{2(g)}$
E.I.	2	3		
E.F.	/	1		2

On suppose une *rupture d'équilibre* ce que l'on retrouve bien avec le point P_1 hors du domaine de stabilité de $C_{(s)}$ et dans le domaine de prédominance de $CO_{2(g)}$.

c) Désormais le dioxygène est en défaut : on suppose donc qu'à l'équilibre la valeur de P_{O_2} sera faible et donc $\ln \frac{P_{O_2}}{P^0}$ également.

Postulons désormais que le carbone est oxydé en $CO_{(g)}$.

(2)	$C_{(s)}$	+ $\frac{1}{2} O_{2(g)}$	$\rightleftharpoons$	$CO_{(g)}$
E.I.	3	1		
E.F.	1	ε (traces)		2

On suppose une réaction quasi-totale dans le sens $\xrightarrow{1}$, ce que l'on retrouve bien avec le point P_2 sur la courbe (2) dans le domaine en prédominance de $CO_{(g)}$.

5.a) En début de réaction $P_{O_2} = P^0$ et le *premier produit formé par oxydation* est $CO_{2(g)}$ selon (3).

b) Comme on a en présence $C_{(s)}$ et $CO_{2(g)}$, il se produit une *rétrodismutation* conduisant à l'espèce $CO_{(g)}$ stable :

$$C_{(s)} + CO_{2(g)} \rightleftharpoons 2\ CO_{(g)} \quad (4).$$

Quand P_{O_2} diminue, alors $CO_{(g)}$ peut être obtenu directement selon (2) :

$$C_{(s)} + \frac{1}{2} O_{2(g)} \rightleftharpoons CO_{(g)}.$$

Remarque :

Le point représentatif P_1 correspond à :

$$P_{O_2} = 1\frac{RT}{V} = P^0$$

et $P_{CO_2} = 2\frac{RT}{V} = 2P^0$,

soit :

$$P_1\left(\ln \frac{P_{O_2}}{P^0} = 0\ ;\ \ln \frac{P_{CO_2}}{P^0} = 0{,}3\right).$$

Remarque :

Le point représentatif P_2 correspond à : $P_{CO} = 2\frac{RT}{V} = 2P^0$, et

$$K^0_{(2)} = \frac{\frac{P_{CO}}{P^0}}{\sqrt{\frac{P_{O_2}}{P^0}}} \Rightarrow P_{O_2} = 2\ 10^{19}\ \text{bar},$$

$$P_2\left(\ln \frac{P_{O_2}}{P^0} = -18{,}4\ ;\ \ln \frac{P_{CO}}{P^0} = 0{,}3\right).$$

Remarque :

Équilibre dit *de Boudouard*.

c) On peut suivre par *manométrie* la pression totale et par *une sonde à dioxygène* la pression partielle de $O_{2(g)}$.

d) *On dose le dioxyde de carbone* présent par les ions hydroxyle :

	$2\ HO^-$	+ CO_2	$\rightarrow$	CO_3^{2-}	+ H_2O
E.I.	C_0V_0	n_1			
E.F.	$C_0V_0 - 2n_1$			n_1	

On dose les ions hydroxyle en excès et les ions carbonate (Fig. 7) par l'acide chlorhydrique :

RPQ_1 : $HO^- + H_3O^+ \rightarrow 2\ H_2O$

RPQ_2 : $CO_3^{2-} + H_3O^+ \rightarrow HCO_3^- + H_2O$

RPQ_3 : $HCO_3^- + H_3O^+ \rightarrow CO_2 + 2\ H_2O$.

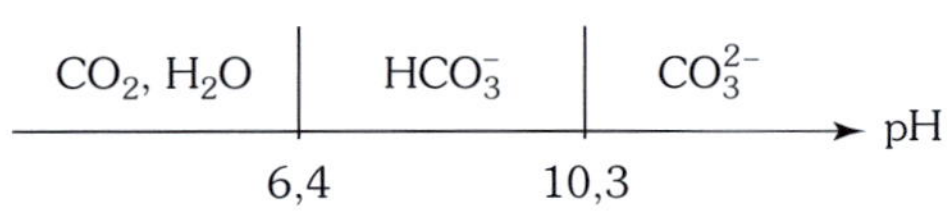

Figure 6

Le virage du rouge de crésol ($pK_A = 8{,}3$) suppose le domaine de majorité de HCO_3^-, donc la 2e équivalence :

$$(C_0V_0 - 2n_1) + n_1 = C_2V_2 \Rightarrow \boxed{n_1 = C_0V_0 - C_2V_2}.$$

e) *Le virage de l'hélianthine* ($pK_A = 3{,}7$) suppose le domaine de majorité de $CO_{2(aq)}$, donc la 3e équivalence :

$$(C_0V_0 - 2n_1) + n_1 + n_1 = C_2V_3 \Rightarrow C_0V_0 = C_2V_3.$$

On ne peut par cette technique que doser l'hydroxyde de sodium et non la quantité n_1 de CO_2 prélevée.

Oxydoréduction et métallurgie

CHAPITRE 4

Diagrammes d'Ellingham Pyrométallurgie

Le cours en questions

1 Formation des oxydes

1.1 Quelle est la définition d'un oxyde ? Sa nature ?

• **Définition** : on appelle *oxyde* d'un élément M le composé M_xO_y dans lequel l'oxygène est au nombre d'oxydation –II.

Exemples : Na_2O, Al_2O_3, H_2O, CO_2, SO_2...

• **Nature** : les oxydes *métalliques* sont *ioniques* (l'ion oxyde O^{2-} est une base forte) tandis que les oxydes des *non métaux* sont *covalents* (une fois dissous dans l'eau, ces derniers ont un caractère acide).

Erreur à éviter :

Ne pas confondre avec les *peroxydes* tels Na_2O_2 ou H_2O_2 (l'oxygène est au n.o. –I).

Na_2O	Al_2O_3	SO_2
↓	↓	↓
$NaOH$	$Al(OH)_3$	H_2SO_3
base forte	*amphotère*	*diacide*

1.2 Comment décrire la formation d'un oxyde dans l'approximation d'Ellingham ?

• **Réaction de formation** : le métal est oxydé par le dioxygène selon :

$$2\frac{x}{y}M + O_{2(g)} = \frac{2}{y}M_xO_y \qquad \Delta_r G^0_{(T)}.$$

La réaction est écrite pour *une mole* de $O_{2(g)}$ selon la *convention* la plus répandue.

C'est une réaction redox en voie sèche :

$$\text{Ox} = \text{oxyde} \quad \text{et} \quad \text{Red} = \text{M}.$$

Exemples :

$2\ Mg + O_{2(g)} = 2\ MgO$

$\frac{4}{3}\ Al + O_{2(g)} = \frac{2}{3}\ Al_2O_3.$

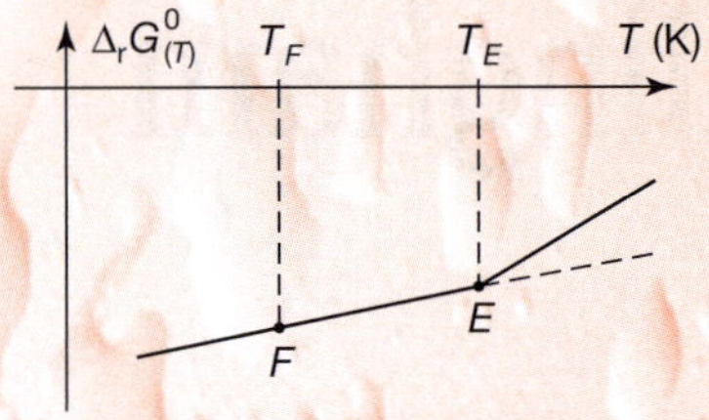

Pente en $-\Delta_r S^0$, soit en $+\frac{2x}{y}S^0_M$: si S^0_M augmente, la pente augmente.

Figure 1

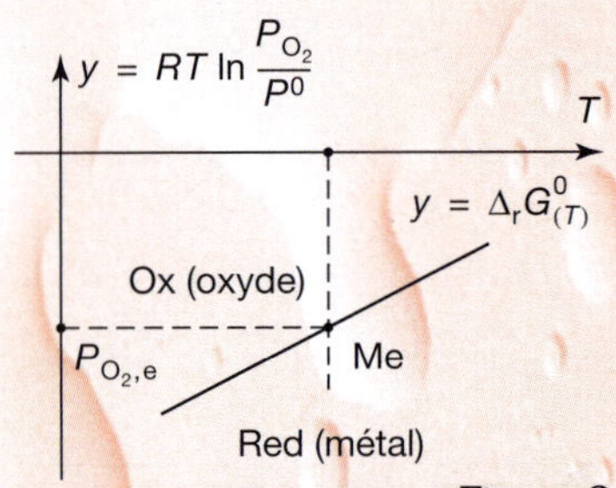

Figure 2

La coexistence des trois phases, c'est-à-dire l'équilibre, ne peut avoir lieu que sur la droite.

Erreur à éviter :

L'équilibre peut désormais avoir lieu *en tout point du plan* (y, T) puisque T et P_{O_2} peuvent varier librement.

• **Approximation d'Ellingham** : on suppose $\Delta_r H^0$ et $\Delta_r S^0$ *indépendantes* de la température en l'absence de changement d'état.

$$\Delta_r G^0_{(T)} = \Delta_r H^0 - T\Delta_r S^0 \quad \text{(fonction } \textit{affine} \text{ de } T\text{)}.$$

• **Tracé de l'enthalpie libre standard** de formation d'un oxyde : on observe une continuité de $\Delta_r G^0_{(T)}$ lors des changements d'état mais une rupture de pente (Fig. 1) :

– pente plus forte lorsque $M_{(s)} \rightarrow M_{(\ell)} \rightarrow M_{(g)}$;

– pente plus faible lorsque $M_xO_{y(s)} \rightarrow M_xO_{y(\ell)} \rightarrow M_xO_{y(s)}$.

En général, le métal fond avant l'oxyde…

2 ■ Diagramme d'Ellingham

2.1 Comment attribuer les domaines de prédominance ou d'existence oxyde/métal ?

• **Domaine d'existence exclusif à l'état condensé** :

Lorsque oxyde et métal sont à l'état (s) ou (ℓ), $P_{O_2,e}$ *à l'équilibre* ne dépend que de T (système *monovariant*) :

$$2\ Mg_{(s)} + O_{2(g)} = 2\ MgO_{(s)} \qquad K^0_{(T)} = \frac{P^0}{P_{O_2,e}}.$$

– La droite $y_e = RT \ln \frac{P_{O_2,e}}{P^0}$ correspond à $\Delta_r G^0_{(T)} = -RT \ln K^0_{(T)}$.

– En dehors de cette droite, on a *rupture d'équilibre* (Fig. 2) :

$$y > y_e \Leftrightarrow P_{O_2} > P_{O_2,e} \Leftrightarrow \mathcal{A} = RT \ln \frac{K^0}{Q} = RT \ln \frac{P_{O_2}}{P_{O_2,e}} > 0 \quad (\text{sens } \xrightarrow{1}).$$

Le domaine exclusif (ou d'existence) de l'oxyde se situe au-dessus.

• **Domaine de prédominance à l'état gazeux** :

Lorsque le métal est à l'état (g) par exemple, le système devient *divariant*.

$$2\ Mg_{(g)} + O_{2(g)} = 2\ MgO_{(\ell)} \qquad K^0_{(T)} = \frac{P^{0^3}}{P^2_{Mg,e}P_{O_2,e}}.$$

– La droite $y_e = RT \ln \frac{P_{O_2,e}}{P^0}$ correspond à :

$$y_e = RT \ln \frac{P^{0^2}}{K^0_{(T)}P^2_{Mg,e}} = \Delta_r G^0_{(T)} + RT \ln \frac{P^2_0}{P^2_{Mg,e}}.$$

La droite $y_e = RT \ln \frac{P_{O_2,e}}{P^0}$ correspond encore à :

$$\Delta_r G^0_{(T)} = -RT \ln K^0_{(T)} \quad \text{si : } P_{Mg,e} = P^0.$$

– Si $y > y_e$, cela signifie $P_{Mg} < P^0$ et si $y < y_e$, cela signifie $P_{Mg} > P^0$ (domaine de *prédominance* du métal gazeux).

2.2 Que signifient la pression de corrosion ou la température limite de corrosion d'un métal ?

- **Corrosion sèche** : oxydation par le dioxygène.

On appelle *pression de corrosion* P_c la valeur de $P_{O_2,e}$ à la température T.

$$\text{Si } P_{O_2}(T) \geqslant P_{O_2,e}(T) \Rightarrow \text{domaine de l'oxyde.}$$

- **Température limite de corrosion** : si on impose P_c (par exemple P_{O_2} de l'air = 0,20 bar), la quantité $y_c = RT\ln\frac{P_c}{P^0}$ est une droite et la corrosion a lieu si $T \leqslant T_c$ (Fig. 3) car $y_c > y_e$ (domaine de l'oxyde).

La plupart des métaux sont *corrodés* à l'air car : $P_{O_2} = 0{,}20$ bar $> P_{O_2,e}$ à T ambiante.

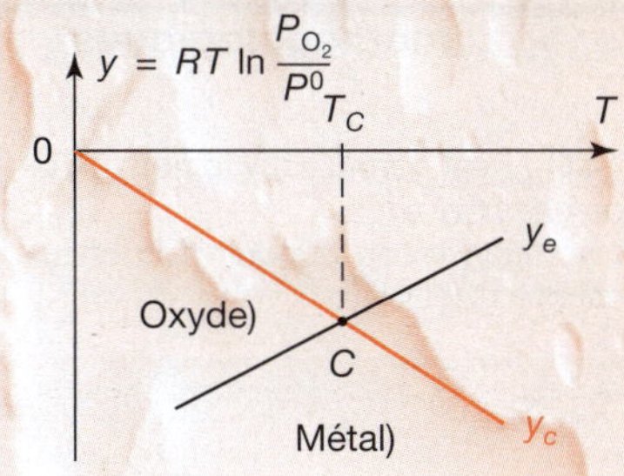

Figure 3

3 ■ Réduction des oxydes – Pyrométallurgie

3.1 Citer et justifier la règle graphique d'Ellingham de réduction des oxydes.

- **Réaction totale à l'état condensé** : un oxyde est réduit totalement par *tout réducteur dont la droite d'Ellingham se situe au-dessous* de la sienne (domaines exclusifs disjoints : Fig. 4).

$$Ox_2 + Red_1 \rightleftharpoons Ox_1 + Red_2 \quad (3) = (1) - (2)$$

$$\mathcal{A}_3 = \mathcal{A}_3^0 - RT\ln Q_3 = \mathcal{A}_3^0 = \Delta_r G_2^0 - \Delta_r G_1^0 > 0 \text{ : réaction totale sens } \xrightarrow{1}.$$

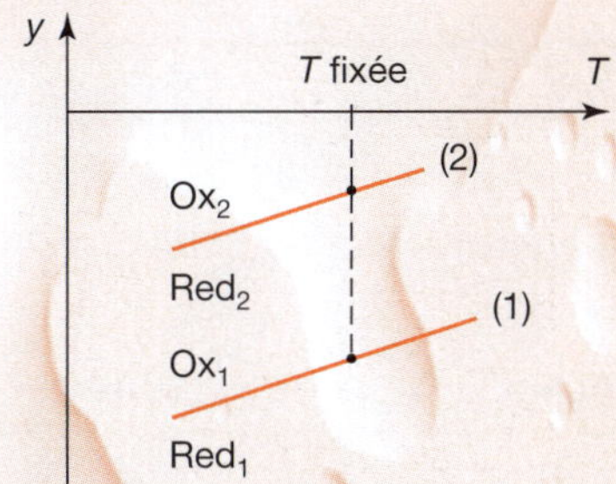

Figure 4

- **Réaction thermodynamiquement favorisée en cas de phase gazeuse** : le changement d'état $M_{(\ell)} \rightarrow M_{(g)}$ provoque une forte variation de pente et l'existence d'une *température d'inversion* T_i (Fig. 5).

$$\text{Si } T > T_i : \frac{4}{3}Al + 2\,MgO \rightleftharpoons 2\,Mg_{(g)} + \frac{2}{3}Al_2O_3 \quad K^0_{(T)} > 1.$$

On peut rendre la réaction totale par aspiration du gaz.

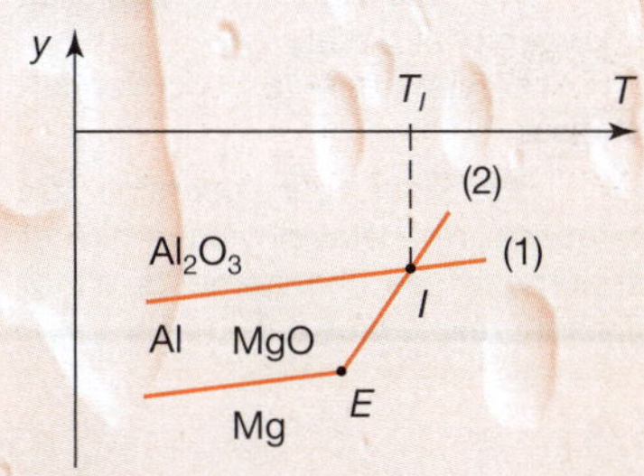

Figure 5

3.2 Citer les divers types de pyrométallurgie.

La pyrométallurgie ou *métallurgie thermique* consiste à préparer un métal *à partir de son minerai oxydé* (oxyde mais aussi sulfure, chlorure...) par réduction thermique.

- **Métallothermie** : emploi d'un métal plus réducteur.
- **Réducteur gazeux** : emploi du monoxyde de carbone CO (couple $CO_{2(g)}/CO_{(g)}$).
- **Carbothermie** : emploi du coke (le carbone dans le couple $CO_{(g)}/C_{(s)}$, seul couple de pente < 0 dans le diagramme d'Ellingham).

$CO_{(g)}$ est un réducteur *peu coûteux* présentant une *bonne cinétique* de réduction.

Le coke est le réducteur *thermodynamique* universel car il réduit tous les oxydes aux hautes températures.

Les savoir-faire clefs

Conseils méthodologiques

$CaO_{(s)}$ est connu sous le nom trivial de *chaux vive*.
L'addition d'eau conduit à la *chaux éteinte* $Ca(OH)_2$.

1 ■ Savoir tracer le diagramme d'Ellingham d'un couple oxyde/métal.

On se propose de tracer le diagramme d'Ellingham relatif au couple CaO/Ca.
Données à 298 K :

	$Ca_{(s)}$	$O_{2(g)}$	$CaO_{(s)}$
$\Delta_f H^0$ ($kJ \cdot mol^{-1}$)	0	0	−635,1
S^0_m ($J \cdot K^{-1} \cdot mol^{-1}$)	41,4	205	39,7

Changements d'états sous $P_{atm} \approx P^0 = 1$ bar.

	T^0_{fus} (K)	T^0_{vap} (K)	$\Delta_{fus}H^0$ ($kJ \cdot mol^{-1}$)	$\Delta_{vap}H^0$ ($kJ \cdot mol^{-1}$)
Ca	1 112	1 757	9,2	151
CaO	2 853	3 123		

1.1 Tracé du diagramme

a) Préciser la nature de l'approximation d'Ellingham.

b) Écrire la réaction de formation de l'oxyde de calcium rapportée à une mole de dioxygène.

c) Calculer l'enthalpie libre standard de cette réaction pour T variant de 298 à 2 000 K.

d) Tracer $\Delta_r G^0 = f(T)$.

1.1.a) Ne pas oublier le rôle des *changements d'état*.
1.1.b) Respecter la convention choisie.
1.1.c) Procéder par domaine de température à état physique fixé et superposer les changements d'état (ils sont *réversibles* à T^0, P^0).

1.2 Lecture du diagramme

a) On choisit comme nouvelle ordonnée $y = RT \ln \frac{P_{O_2}}{P^0}$. Montrer qu'à l'état condensé la formation de l'oxyde ne peut se faire que lorsque $y = y_e = \Delta_r G^0_{(T)}$, c'est-à-dire le long de la courbe d'équilibre.

b) Attribuer en conséquence les domaines de $Ca_{(s)}$, $Ca_{(\ell)}$, $CaO_{(s)}$. S'agit-il de domaines de prédominance ou de domaines exclusifs d'existence ?

c) Montrer que lorsqu'il existe l'un des constituants du couple à l'état gazeux, la droite $y = y_e = \Delta_r G^0_{(T)}$ garde le même sens physique au prix d'une nouvelle convention.

d) Attribuer en conséquence le domaine de $Ca_{(g)}$. S'agit-il d'un domaine de prédominance ou d'un domaine exclusif d'existence ?

1.2.a) Exprimer la constante d'équilibre.

1.2.b) Utiliser l'affinité chimique pour un système hors équilibre.

1.2.c) Quelle valeur de P_{Ca} permet de retrouver $y_e = \Delta_r G^0_{(T)}$?

1.2.d) Faire varier P_{Ca}.

1.1. a) L'approximation d'Ellingham consiste à supposer $\Delta_r H^0$ et $\Delta_r S^0$ *indépendantes de la température* en l'absence de changements d'état. Il en résulte que l'enthalpie libre standard de réaction est une fonction *affine* de T.

Cela correspond à : $\Delta_r C_p^0 \approx 0$.

b) *La formation* de l'oxyde de calcium s'écrit :

$$2\ Ca + O_{2(g)} = 2\ CaO\ .$$

c) On constate que le métal a des *constantes physiques plus basses* que l'oxyde.

Cette propriété est *quasi générale*. Les oxydes sont souvent *réfractaires*.

On rencontre successivement :

- (1) $2\ Ca_{(s)} + O_{2(g)} = 2\ CaO_{(s)}$ pour $T < 1\ 112$ K.

$$\Delta_r G_1^0 = \Delta_r H_1^0 - T\Delta_r S_1^0$$

avec $\Delta_r H_1^0 = 2\Delta_f H^0(CaO_{(s)}) = -1\ 270\ 200\ J \cdot mol^{-1}$,

$$\Delta_r S_1^0 = 2S_m^0(CaO_{(s)}) - 2S_m^0(Ca_{(s)}) - S_m^0(O_{2(g)}) = -208{,}4\ J \cdot K^{-1} \cdot mol^{-1}.$$

$$\boxed{\Delta_r G_1^0 = -1\ 270\ 200 + 208{,}4T} \quad (J \cdot mol^{-1}).$$

- (F) à 1 112 K : $Ca_{(s)} = Ca_{(\ell)}$ $\quad \Delta_{fus} H^0 = 9\ 200\ J \cdot mol^{-1}$

$$\text{et } \Delta_{fus} S^0 = \frac{\Delta_{fus} H^0}{T_{fus}^0} = 8{,}3\ J \cdot K^{-1} \cdot mol^{-1}.$$

Pour un changement d'état : $\Delta_{fus} G^0 = 0$ (Égalité des potentiels chimiques des corps purs dans les deux phases en équilibre).

- (2) $2\ Ca_{(\ell)} + O_{2(g)} = 2\ CaO_{(s)}$, avec (2) = (1) – 2(F), pour $T < 1\ 757$ K.

$$\Delta_r H_2^0 = \Delta_r H_1^0 - 2\Delta_{fus} H^0 = -1\ 288\ 600\ J \cdot mol^{-1}$$

$$\text{et } \Delta_r S_2^0 = \Delta_r S_1^0 - 2\Delta_{fus} S^0 = -224{,}9\ J \cdot K^{-1} \cdot mol^{-1}.$$

$$\boxed{\Delta_r G_2^0 = -1\ 288\ 600 + 224{,}9T} \quad (J \cdot mol^{-1}).$$

Erreur à éviter :

La propriété ci-dessus n'est vraie que si $T = T_{fus}^0$ (température d'équilibre à P^0).

En répétant ce raisonnement, on trouve :

- (E) à 1 757 K : $Ca_{(\ell)} = Ca_{(g)}$ $\quad \Delta_{vap} H^0 = 151\ 000\ J \cdot mol^{-1}$

$$\text{et } \Delta_{vap} S^0 = \frac{\Delta_{vap} H^0}{T_{vap}^0} = 85{,}9\ J \cdot K^{-1} \cdot mol^{-1}.$$

- (3) $2\ Ca_{(g)} + O_{2(g)} = 2\ CaO_{(s)}$, avec (3) = (2) – 2(E) pour $T < 2\ 853$ K.

$$\Delta_r H_3^0 = \Delta_r H_2^0 - 2\Delta_{vap} H^0 = -1\ 590\ 600\ J \cdot mol^{-1}$$

$$\text{et } \Delta_r S_3^0 = \Delta_r S_2^0 - 2\Delta_{vap} S^0 = -396{,}8\ J \cdot K^{-1} \cdot mol^{-1}$$

$$\boxed{\Delta_r G_3^0 = -1\ 590\ 600 + 396{,}8T} \quad (J \cdot mol^{-1}).$$

Seul le passage $(\ell) \to (g)$ donne une *variation* de pente importante.

Le domaine utile s'arrêtant à 2 000 K, il est inutile d'envisager les changements d'état de l'oxyde.

d) On trace, en Fig. 6, $\Delta_r G_{(T)}^0 = f(T)$. On note :

– la *continuité* des $\Delta_r G^0$ aux changements d'état ;

– les *ruptures de pente* aux changements d'état (surtout visible pour $(\ell) \rightarrow (g)$).

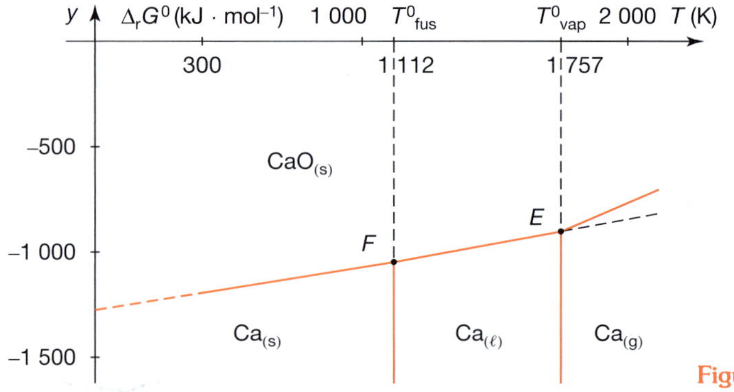

Figure 6

L'intervalle utile de température est usuellement : 298 K, 2 000 K.

1.2. a) Considérons *l'équilibre de formation* :

$$2\,Ca_{(s)} + O_{2(g)} \rightleftharpoons 2\,CaO_{(s)} \qquad K^0_{(T)} = \frac{P^0}{P_{O_2,e}}.$$

Nous avons la relation : $\Delta_r G^0_{(T)} = -RT \ln K^0_{(T)} = +RT \ln \frac{P_{O_2,e}}{P^0}$.

Pour donner un *sens physique* à tous les points du plan, on porte en ordonnée $y = RT \ln \frac{P_{O_2}}{P^0}$.

Chacun des solides est seul dans sa phase. La *variance* est de :
$$v = C + 2 - \varphi = (3-1) + 2 - 3 = 1.$$
Le choix de T fixe $P_{O_2,e}$.

On retrouve si l'équilibre est vérifié, à température T choisie, $P_{O_2} = P_{O_2,e}(T)$ lorsque $y = \Delta_r G^0_{(T)}$, c'est-à-dire sur la *droite d'équilibre*.

b) En un point M tel que $y > y_e$, c'est-à-dire $P_{O_2} > P_{O_2,e}$, l'affinité est positive :

$$\mathcal{A} = RT \ln \frac{K^0}{Q} = RT \ln \frac{P_{O_2}}{P_{O_2,e}} > 0.$$

Pour un *système monovariant*, la modification de P_{O_2}, à T fixée, provoque une rupture d'équilibre.

Il y a *rupture d'équilibre* dans le sens $\xrightarrow{1}$. Il s'agit du *domaine exclusif d'existence* de l'oxyde $CaO_{(s)}$.
Réciproquement, si $y < y_e$, on trouve les *domaines exclusifs d'existence* de $Ca_{(s)}$ et de $Ca_{(\ell)}$ selon la température.

c) Considérons désormais l'équilibre :

$$2\,Ca_{(g)} + O_{2(g)} \rightleftharpoons 2\,CaO_{(s)} \qquad K^0_{(T)} = \frac{P^0}{P_{O_2,e}}\left(\frac{P^0}{P_{Ca,e}}\right)^2.$$

Désormais, le système est *divariant* :
$$v = C + 2 - \varphi = (3-1) + 2 - 2 = 2.$$
Le choix de T ne fixe $P_{O_2,e}$ que si l'on impose une valeur de $P_{Ca,e}$.

Pour que la droite $y = RT \ln \frac{P_{O_2}}{P^0}$ corresponde à la droite d'équilibre $y_e = \Delta_r G^0_{(T)} = -RT \ln K^0_{(T)} = +RT \ln \frac{P_{O_2,e}}{P^0}\left(\frac{P_{Ca,e}}{P^0}\right)^2$, il faut en outre fixer $P_{Ca,e}$ à P^0.

d) On retrouve comme précédemment le domaine de $Ca_{(g)}$ lorsque $y < y_e$. Mais il s'agit dorénavant simplement d'un *domaine de prédominance*. L'équilibre peut avoir lieu en dehors de la droite d'Ellingham (il suffit que $P_{Ca,e}$ soit différent de P^0).

Une variance de 2 permet désormais des *déplacements d'équilibre*.

2 ■ Savoir tracer un diagramme de stabilité dans le cas de plusieurs oxydes (ou chlorures).

2.1 Dismutation de l'oxyde ferreux

Le fer présente trois oxydes : l'oxyde ferreux FeO, l'oxyde ferrique Fe_2O_3 et l'oxyde magnétique (ou magnétite) Fe_3O_4.

On donne les réactions de formation standard des oxydes ($\Delta_f G^0$ en $kJ \cdot mol^{-1}$) :

(1) $Fe_{(s)} + \frac{1}{2} O_{2(g)} = FeO_{(s)}$ $\quad \Delta_f G_1^0 = -265,1 + 0,072T.$

(2) $3\,Fe_{(s)} + 2\,O_{2(g)} = Fe_3O_{4(s)}$ $\quad \Delta_f G_2^0 = -1\,091 + 0,324T.$

(3) $2\,Fe_{(s)} + \frac{3}{2} O_{2(g)} = Fe_2O_{3(s)}$ $\quad \Delta_f G_3^0 = -816,1 + 0,255T.$

a) Classer les oxydes de fer selon le nombre d'oxydation croissant du fer et étudier les couples redox successifs en partant du fer, (4), (5) et (6).

b) Pour chacun, exprimer l'enthalpie libre standard de réaction ramenée à une mole d'élément oxygène, soit $\frac{1}{2}$ mol O_2.

c) Construire le diagramme d'Ellingham du fer et de ses oxydes et en déduire le domaine de stabilité de chaque espèce.

d) On étudie la dismutation de $FeO_{(s)}$. Écrire cette réaction. Quelle est sa variance ? Conclure.

2.2 Stabilité du chlorure cuivreux

Le cuivre donne, avec le dichlore gazeux, les deux chlorures solides CuCl et $CuCl_2$.

	Cu	CuCl	$CuCl_2$	Cl_2
$\Delta_f H^0$ $kJ \cdot mol^{-1}$	0	–134,8	–205,9	0
S_m^0 $J \cdot K^{-1} \cdot mol^{-1}$	33,5	87,0	113	221,8

a) Par analogie avec les diagrammes d'Ellingham des oxydes, écrire les deux réactions d'oxydation ramenées à 1 Cl_2 et calculer $\Delta_r G^0$ de (1) et (2).

b) Tracer le diagramme d'Ellingham correspondant. Observe-t-on une réaction de dismutation ?

c) Cl_2, sous 0,03 bar, circule dans une canalisation en cuivre, à 80 °C. Le métal est-il attaqué ? Si oui, sous quelle forme ?

Donnée : $R = 8,31\ J \cdot K^{-1} \cdot mol^{-1}$.

Conseils méthodologiques

La magnétite contient dans son réseau cristallin des ions oxyde O^{2-}, des ions ferreux Fe^{2+} et des ions ferrique Fe^{3+}.

2.1.a) Le n.o. de *l'oxygène* est -II par définition.

2.1.b) Noter la *convention* utilisée ici : $\frac{1}{2}$ O_2 (au lieu de 1 O_2 plus fréquente).

2.1.c) Placer les domaines et étudier alors nécessairement un *nouveau couple* (7).

2.1.d) Calculer la *température d'inversion* de l'équilibre (8) de dismutation.

2.2.a) Suivre le *plan* du **2.1**. Le *chlore* est au n.o. –I.

2.2.b) Tracer $y = RT \ln \frac{P_{Cl_2}}{P^0}$ en fonction de T.

2.2.c) Chercher le *point de fonctionnement* du système.

2.1. a) L'oxygène est au n.o. –II dans un *oxyde*.
Il en résulte pour le n.o. du fer dans chaque oxyde :

$$FeO \ : \ n.o.\ (Fe) = +II \ ; \quad Fe_2O_3 \ : \ n.o.\ (Fe) = +III \ ;$$

$$Fe_3O_4 \ : \ n.o.\ (Fe) = \frac{+VIII}{III} \ \text{(n.o. moyen)}.$$

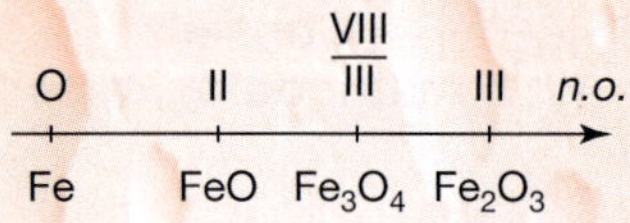

Figure 7

En fait :
$Fe_3O_4 \equiv FeO + Fe_2O_3$
soit : $1\ Fe^{II} + 2\ Fe^{III}$.

Les couples Ox/Red *successifs* sont (Fig. 7) :

$$(4)\ FeO_{(s)}/Fe_{(s)} \quad (5)\ Fe_3O_{4(s)}/FeO_{(s)} \quad (6)\ Fe_2O_{3(s)}/Fe_3O_{4(s)}.$$

b) En respectant la *convention* ($\frac{1}{2}\ O_2$) de l'énoncé, nous équilibrons les couples redox :

$$(4)\ Fe_{(s)} + \frac{1}{2}\ O_{2(g)} = FeO_{(s)}, \quad \text{soit : } (4) = (1).$$

$$\Delta_r G_4^0 = \Delta_f G_1^0 = -265{,}1 + 0{,}072T.$$

$$(5)\ 3\ FeO_{(s)} + \frac{1}{2}\ O_{2(g)} = Fe_3O_{4(s)}, \quad \text{soit : } (5) = (2) - 3(1).$$

$$\Delta_r G_5^0 = \Delta_f G_2^0 - 3\Delta_f G_1^0 = -295{,}7 + 0{,}108T.$$

Cela revient à utiliser *la loi de Hess* relative aux enthalpies libres standard de formation.

$$(6)\ 2\ Fe_3O_{4(s)} + \frac{1}{2}\ O_{2(g)} = 3\ Fe_2O_{3(s)}, \quad \text{soit : } (6) = 3(3) - 2(2).$$

$$\Delta_r G_6^0 = 3\Delta_f G_3^0 - 2\Delta_f G_2^0 = -266{,}3 + 0{,}117T.$$

Pour chaque réaction (4), (5) ou (6), nous avons :

$$\Delta_r G_{(T)}^0 = -RT \ln K_{(T)}^0 = +RT \ln \sqrt{\frac{P_{O_2,e}}{P^0}} = \frac{1}{2}RT \ln \frac{P_{O_2,e}}{P^0}$$

d'où le *choix* de y.
La *signification* des droites correspond à $y = y_e = \Delta_r G_{(T)}^0$.

c) On trace le diagramme $y = \frac{1}{2}RT \ln \frac{P_{O_2}}{P^0}$ en fonction de T, appelé *diagramme d'Ellingham*.
Les droites (4) et (5) se coupent pour T = 850 K (Fig. 8).

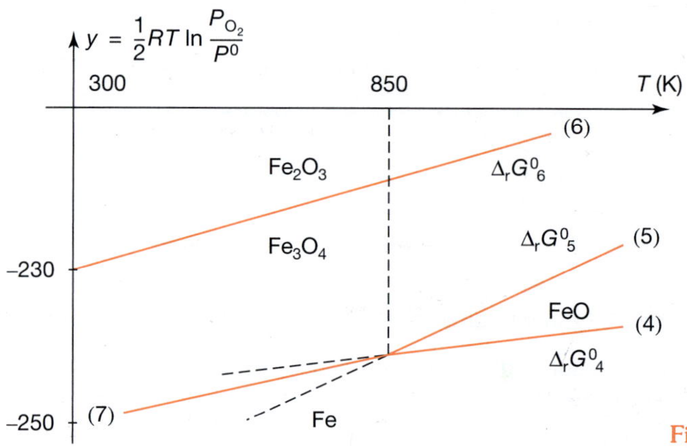

Figure 8

- Pour $T > 850$ K, *les domaines exclusifs* de chaque oxyde sont parfaitement définis. L'oxyde ferreux $FeO_{(s)}$ est stable.
- Pour $T < 850$ K, $FeO_{(s)}$ présente deux domaines disjoints ce qui est impossible. Cela signifie qu'il se dismute en $Fe_{(s)}$ et $Fe_3O_{4(s)}$, couple qu'il nous faut étudier.

Il s'agit de domaines *exclusifs* car métal et oxydes sont à l'état *solide*.

le réaction Fe / Fe_3O_4

(7) $\frac{3}{4}\,Fe_{(s)} + \frac{1}{2}\,O_{2(g)} = \frac{1}{4}\,Fe_3O_{4(s)}$, soit : $(7) = \frac{1}{4}(2)$.

$$\Delta_r G_7^0 = \frac{1}{4}\Delta_f G_2^0 = -272{,}8 + 0{,}081T.$$

On peut donc compléter le diagramme et définir tous les *domaines exclusifs* du fer et de ses oxydes.

d) La *dismutation* de $FeO_{(s)}$ s'écrit :

(8) $4\,FeO_{(s)} = Fe_{(s)} + Fe_3O_{4(s)}$, soit : $(8) = (2) - 4(1)$

$$\Delta_r G_8^0 = \Delta_f G_2^0 - 4\Delta_f G_1^0 = -30{,}6 + 0{,}036T.$$

- Sa *température d'inversion* est $\boxed{T_i = 850\ \text{K}}$.
- La *variance* correspond à $v = C + 2 - \varphi = (3-1) + 2 - 3 = 1$, mais comme la pression n'est pas facteur d'équilibre, la pseudo-variance est $v' = 0$ $(\forall P)$. Cet équilibre ne peut avoir lieu qu'à 850 K, donc au *point triple*. $FeO_{(s)}$ *ne peut exister* à $T < 850$ K.

Pour ce système en réaction :

$$\mathcal{A} = \mathcal{A}_8^0 - RT\ln Q_8.$$

Comme $Q_8 = 1$ (états condensés), il vient $\mathcal{A} = \mathcal{A}_8^0$.

$\mathcal{A}_{éq} = 0 \Rightarrow T = T_i$ *exclusivement*.

2.2. a) Nous classons le cuivre et ses oxydes selon le nombre d'oxydation croissant du *cuivre* (Fig. 9).

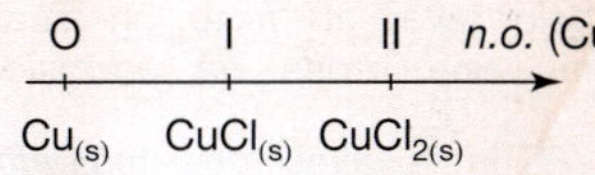

Figure 9

Il suffit d'étudier :

(1) $2\,Cu_{(s)} + Cl_{2(g)} = 2\,CuCl_{(s)}$ $\quad \Delta_r G_1^0$.

(2) $2\,CuCl_{(s)} + Cl_{2(g)} = 2\,CuCl_{2(s)}$ $\quad \Delta_r G_2^0$.

Dans *l'approximation d'Ellingham*, les enthalpies et entropies standard de réaction ne dépendent pas de la température et se calculent d'après *la loi de Hess* :

$$\Delta_r H^0 = \sum_i \nu_i \Delta_f H_i^0 \quad \text{et} \quad \Delta_r S^0 = \sum_i \nu_i S_{m,\,i}^0.$$

Nous obtenons en $kJ \cdot mol^{-1}$:

$$\boxed{\Delta_r G_1^0 = -269{,}6 + 0{,}115T} \quad \text{et} \quad \boxed{\Delta_r G_2^0 = -142{,}2 + 0{,}170T}.$$

b) Pour chacune de ces réactions, la *condition d'équilibre* se traduit par :

$$\Delta_r G_{(T)}^0 + RT\ln K_{(T)}^0 = 0 \quad \text{avec} \quad K_{(T)}^0 = \frac{P^0}{P_{Cl_2,\,e}}.$$

Le diagramme d'Ellingham consiste donc à tracer $y = RT\ln\frac{P_{Cl_2}}{P^0}$ en fonction de T.

On constate que si : $P_{Cl_2} = P_{Cl_2,\,e}$, la droite $y_e = RT\ln\frac{P_{Cl_2,\,e}}{P^0}$ correspond à $\Delta_r G_{(T)}^0$.

On obtient la figure 10. On constate que chaque espèce possède un *domaine d'existence exclusif*. Il ne se produit *pas de dismutation* du chlorure cuivreux.

Au-dessus de la droite d'équilibre, se situe *l'oxydant* c'est-à-dire ici le chlorure du couple $CuCl_{(s)}/Cu_{(s)}$ et de même on place $CuCl_{2(s)}/CuCl_{(s)}$.

Si seule la pression de corrosion avait été fixée, on aurait obtenu une *droite de corrosion* $y_c = RT \ln \frac{P_c}{P^0}$ avec des *températures limites* pour :

$CuCl_{2(s)}$ ou $CuCl_{(s)}$.

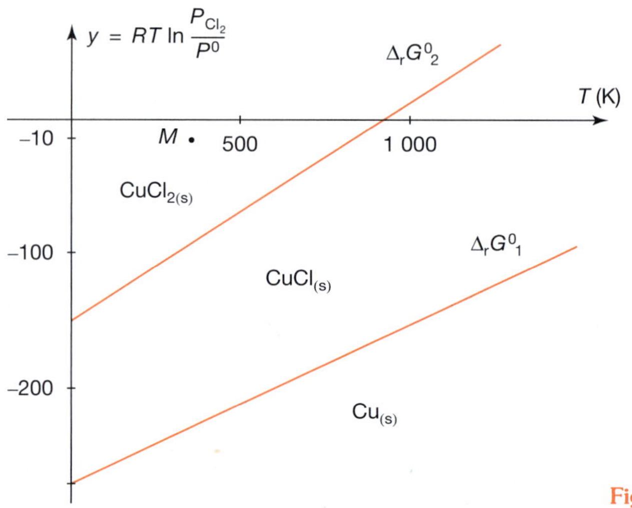

Figure 10

c) On nous impose une *pression de corrosion* $P_c = P_{Cl_2} = 0{,}03$ bar et une *température* 80 °C = 80 + 273 = 353 K. Calculons la quantité :

$$y_c = RT \ln \frac{P_c}{P^0} = -10{,}3 \text{ kJ} \cdot \text{mol}^{-1}.$$

Le point de fonctionnement, noté *M*, se situe dans le domaine d'existence de $CuCl_{2(s)}$. Il y a donc *corrosion* selon la réaction totale :

$$Cu_{(s)} + Cl_{2(g)} \rightarrow CuCl_{2(s)}.$$

Conseils méthodologiques

Le minerai de zinc est en fait le sulfure de zinc ou *blende* ZnS. Un premier traitement (*grillage*) a permis de le transformer en oxyde de zinc ZnO.

3.1.a) Attention à *bien équilibrer* les réactions.

3.1.b) Se reporter aux données en fin d'énoncé selon *l'état physique*.

3.1.c) et d) Deux espèces ayant des *domaines d'existence disjoints* ne peuvent coexister.

3.1.e) Ce diagramme ne donne que *l'aspect thermodynamique*.

3 ■ Savoir utiliser le diagramme d'Ellingham en pyrométallurgie.

Le but est d'obtenir du zinc à partir de l'oxyde de zinc. Le zinc, sous $P_{atm} \approx P^0 = 1$ bar, fond à 693 K et bout à 1 180 K. L'oxyde de zinc reste solide dans le domaine de température étudié (300 K, 2 000 K).

3.1 Réduction par aluminothermie

L'aluminium, sous $P_{atm} \approx P^0 = 1$ bar, fond à 934 K. En se limitant à un domaine de température (300 K, 1 100 K) où l'aluminium gazeux n'apparaît pas, établir :

a) Les équations de formation des oxydes de zinc et d'aluminium ramenées à une mole de dioxygène, notées (a) et (b).

b) Les expressions des enthalpies libres standard $\Delta_r G^0_a$ et $\Delta_r G^0_b$ en fonction de T.

c) Tracer le diagramme d'Ellingham associé à ces deux couples. Placer les domaines.

d) Justifier qu'il est possible de préparer du zinc à partir d'oxyde de zinc par aluminothermie : écrire la réaction (c) et prouver qu'elle est totale.

e) Cette technique n'est pas utilisée en pratique. Pourquoi ?

3.2 Réduction par le monoxyde de carbone

Le monoxyde de carbone est réducteur dans le couple $CO_{2(g)}/CO_{(g)}$.

a) Écrire la réaction, notée (d), ramenée à une mole de dioxygène.

b) Calculer l'enthalpie libre standard $\Delta_r G_d^0$ en fonction de T.

c) Le domaine de température étant désormais (300 K, 2 000 K), compléter les expressions de $\Delta_r G_a^0$ en fonction de T, puis tracer le diagramme d'Ellingham relatif aux couples (a) et (d).

d) D'après le diagramme, à partir de quelle température la réduction de ZnO par le monoxyde de carbone est-elle possible dans les conditions standard ? Dans quel état physique se trouve le zinc ?
Écrire la réduction de ZnO dans ces conditions standard, notée (e), en indiquant l'état physique des espèces en présence.

e) Dans l'industrie, la réduction de ZnO se fait à 1 300 K, sous une pression totale de 1 bar. Calculer l'enthalpie libre standard de la réaction à cette température. Calculer le rapport minimal des pressions partielles P_{CO}/P_{CO_2} nécessaire pour déplacer la réaction de fabrication du zinc dans le sens $\xrightarrow{1}$, si on désire une pression de vapeur de zinc P_{Zn} = 0,5 bar.

Données thermodynamiques à 298 K :

Composé	$Zn_{(s)}$	$Zn_{(\ell)}$	$Zn_{(g)}$	$ZnO_{(s)}$	$O_{2(g)}$	$Al_{(s)}$
$\Delta_f H^0$ (kJ · mol⁻¹)	0	6,7	121,4	–348,0	0	0
S_m^0 (J · K⁻¹ · mol⁻¹)	41,6	51,3	148,5	43,5	205,0	28,3

Composé	$Al_{(\ell)}$	$Al_2O_{3(s)}$	$C_{(s)}$	$CO_{(g)}$	$CO_{2(g)}$
$\Delta_f H^0$ (kJ · mol⁻¹)	10,9	–1 676	0	–110,5	–393,5
S_m^0 (J · K⁻¹ · mol⁻¹)	40,0	50,9	5,7	197,9	213,6

R = 8,31 J · K⁻¹ · mol⁻¹.

3.2.a) et b) Il n'y a pas de changement d'état pour ce couple dans le domaine d'étude.

3.2.c) Il faut désormais tenir compte de $Zn_{(g)}$.

3.2.d) Chercher une solution graphique.

3.2.e) Utiliser l'affinité chimique. Donner la condition pour provoquer un déplacement sens $\xrightarrow{1}$.

3.1. a) Écrivons les réactions de formation :

- *du zinc* :

(a₁) : $2\,Zn_{(s)} + O_{2(g)} = 2\,ZnO_{(s)}$ si $T \leqslant 693$ K.

(a₂) : $2\,Zn_{(\ell)} + O_{2(g)} = 2\,ZnO_{(s)}$ si $693 \leqslant T \leqslant 1\,100$ K.

- *de l'aluminium* :

(b₁) : $\frac{4}{3}\,Al_{(s)} + O_{2(g)} = \frac{2}{3}\,Al_2O_{3(s)}$ si $T \leqslant 1\,100$ K.

(b₂) : $\frac{4}{3}\,Al_{(\ell)} + O_{2(g)} = \frac{2}{3}\,Al_2O_{3(s)}$ si $934 \leqslant T \leqslant 1\,100$ K.

On se place dans le modèle d'Ellingham, où $\Delta_r H^0$ et $\Delta_r S^0$ sont supposées *indépendantes de la température* en l'absence de changement d'état.

Erreur à éviter :
Synchroniser les unités pour $\Delta_r H^0$ (données en $\text{kJ} \cdot \text{mol}^{-1}$) et $T\Delta_r S^0$ (données en $\text{J} \cdot \text{mol}^{-1}$).

b) En utilisant la *loi de Hess* $\Delta_r H^0 = \sum_i \nu_i \Delta_f H_i^0$ et $\Delta_r S^0 = \sum_i \nu_i S^0_{m,\,i}$, il vient en $\text{J} \cdot \text{mol}^{-1}$.

- *pour le zinc* :

$$\boxed{\Delta_r G^0_{a_1} = -696\,000 + 201{,}2T} \quad \text{et} \quad \boxed{\Delta_r G^0_{a_2} = -709\,400 + 220{,}6T}.$$

pour l'aluminium :

$$\boxed{\Delta_r G^0_{b_1} = -1\,117\,000 + 208{,}8T} \quad \text{et} \quad \boxed{\Delta_r G^0_{b_2} = -1\,132\,000 + 224{,}4T}.$$

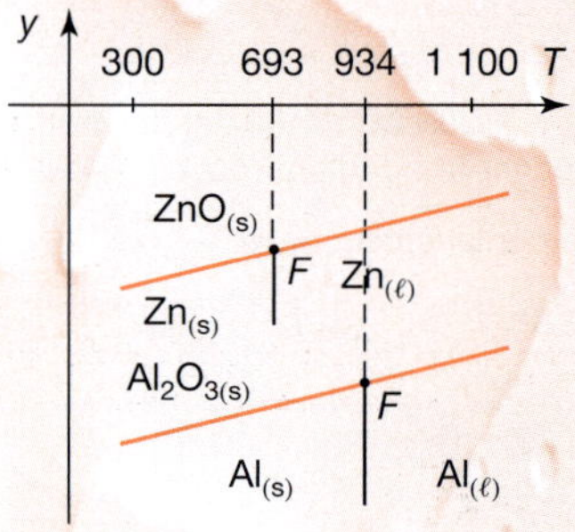

Figure 11

c) On porte $y = RT \ln \dfrac{P_{O_2}}{P^0}$ en fonction de T.

Comme pour les réactions (a) et (b), nous avons :

$$\Delta_r G^0_{(T)} = -RT \ln K^0_{(T)} = +RT \ln \frac{P_{O_2,\,e}}{P^0},$$

Les courbes d'équilibre $P_{O_2} = P_{O_2,\,e}$ à T choisie sont *des segments de droite* (Fig. 11).

Pour $P_{O_2} > P_{O_2,\,e}$, nous sommes dans le domaine de l'oxyde par rupture d'équilibre, d'où les domaines d'existence sur la figure 11.

d) *La règle d'Ellingham* nous dit que tout métal réduit tout oxyde dont la courbe d'équilibre se situe au-dessus de la sienne (traduction de domaines d'existence disjoints).

$$\text{(c)} \quad 2\,ZnO_{(s)} + \frac{4}{3}\,Al_{(s)} \rightarrow 2\,Zn_{(s)} + \frac{2}{3}\,Al_2O_{3(s)} \quad \text{si } T < 693 \text{ K}.$$

L'affinité de cette réaction s'écrit :

$$\mathcal{A} = \mathcal{A}^0 - RT \ln Q = \mathcal{A}^0, \quad \text{car } Q = 1.$$

Soit : $\mathcal{A} = -\Delta_r G^0 = -\Delta_r G^0_{b_1} + \Delta_r G^0_{a_1} > 0$.

L'affinité est strictement positive dans le domaine de température étudié : *réaction totale* sens $\xrightarrow{1}$. Rupture d'éq => une des espèce réactif disparaît réact totale.

La *variance* du système en réaction (c) est de :

$v = C + 2 - \varphi$

$= (4 - 1) + 2 - 4 = 1.$

Comme la pression est sans influence à l'état condensé :

$v' = 0.$

Le système ne pourrait être en équilibre que s'il y avait un point d'intersection (a) ∩ (b).

e) *La cinétique* de réaction à l'état condensé est souvent médiocre. On préfère la plupart du temps (lorsque c'est possible) un *réducteur gazeux*.

3.2. a) La réaction liée au couple $CO_{2(g)}/CO_{(g)}$ s'écrit pour *une mole* de dioxygène :

$$\text{(d)} \quad 2\,CO_{(g)} + O_{2(g)} = 2\,CO_{2(g)}.$$

b) On calcule aisément en $\text{J} \cdot \text{mol}^{-1}$: $\boxed{\Delta_r G^0_d = -566\,000 + 173{,}6T}$.

c) Il nous faut désormais envisager :

$$(a_3) \quad 2\,Zn_{(g)} + O_{2(g)} = 2\,ZnO_{(s)} \qquad \boxed{\Delta_r G^0_{a_3} = -938\,800 + 415T}.$$

On trace alors le *diagramme d'Ellingham* relatif à (a) et (d) en Fig. 12.

Le zinc bout à 1 180 K sous $P_{atm} \approx P^0$.
On pourrait retrouver ces températures de changement d'état en écrivant la *continuité* des $\Delta_r G^0$.

$\Delta_r G^0_{a_2} = \Delta_r G^0_{a_3} \Rightarrow T^0_{vap} = 1\,180$ K.

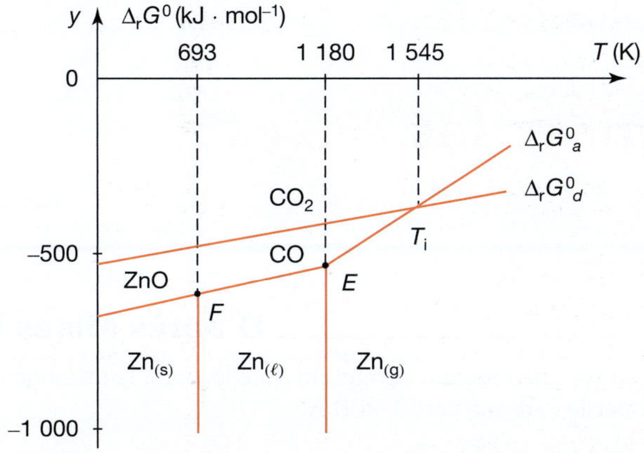

Figure 12

d) D'après la *règle d'Ellingham*, la réduction de $ZnO_{(s)}$ par $CO_{(g)}$ est *thermodynamiquement* favorisée si le réducteur a sa courbe d'équilibre sous celle de l'oxyde à réduire.

$\Delta_r G^0_d \leq \Delta_r G^0_a \Rightarrow T \geq T_i$, T_i température d'inversion, $\boxed{T_i = 1\,544 \text{ K}}$.

Le zinc est alors *gazeux* et la *réduction* s'écrit :

$$2\,ZnO_{(s)} + 2\,CO_{(g)} = 2\,Zn_{(g)} + 2\,CO_{2(g)} \quad (d) - (a_3)$$

$$\text{ou} \quad ZnO_{(s)} + CO_{(g)} = Zn_{(g)} + CO_{2(g)} \quad (e) = \frac{1}{2}[(d) - (a_3)]$$

e) À $T = 1\,300$ K, on calcule :

$$\Delta_r G^0_e = \frac{1}{2}(\Delta_r G^0_d - \Delta_r G^0_{a_3}) = 29{,}5 \text{ kJ} \cdot \text{mol}^{-1}.$$

On déduit : $K_e = \exp\left(-\dfrac{\Delta_r G^0_e}{RT}\right) = \boxed{6{,}52\ 10^{-2}}$.

Pour déplacer la réaction dans le sens $\xrightarrow{1}$, il suffit *d'imposer une affinité positive* :

$$\mathcal{A}_e = RT\ln\frac{K^0_e}{Q} > 0 \Rightarrow 6{,}52 \cdot 10^{-2} > \frac{P_{Zn}}{P^0}\frac{P_{CO_2}}{P_{CO}}.$$

Pour obtenir du zinc sous $P_{Zn} = 0{,}5$ bar, il faut imposer :

$$\frac{P_{CO_2}}{P_{CO}} < \frac{6{,}52 \cdot 10^{-2}}{0{,}5}, \quad \text{soit :} \quad \boxed{\frac{P_{CO}}{P_{CO_2}} > 7{,}7}.$$

On attribue les domaines selon le pouvoir oxydant ou la température.

On remarque que le passage $Zn_{(\ell)} \rightarrow Zn_{(g)}$ a provoqué une *nette variation de pente* et l'existence d'une intersection (a) ∩ (d).

La *variance* est désormais :
$v = C + 2 - \varphi$
$= (4 - 1) + 2 - 2 = 3,$
Choix de $T + 2$ autres pressions.

On se situe à $T < T_i$, donc il est logique de trouver $\Delta_r G^0_e > 0$ et $K^0_e < 1$.

Cela signifie un excès du réducteur $CO_{(g)}$.

Pour maîtriser les bases

1. Métallurgie du cadmium — D'après Mines-Ponts

Le plus souvent, l'élaboration du cadmium repose sur une réaction commune avec le zinc : le mélange d'oxydes (contenant jusqu'à 10 % de cadmium) est réduit par le carbone vers 1 200 K :

(1) : $CdO + C = CO + Cd$ et (2) : $ZnO + C = CO + Zn$.

a) On donne en Fig. 13 le diagramme d'Ellingham faisant intervenir les couples CdO/Cd, ZnO/Zn, MgO/Mg et $CO_{(g)}/C_{(s)}$. Déduire les températures de changement d'état « visibles », sous $P^0 = 1$ bar.

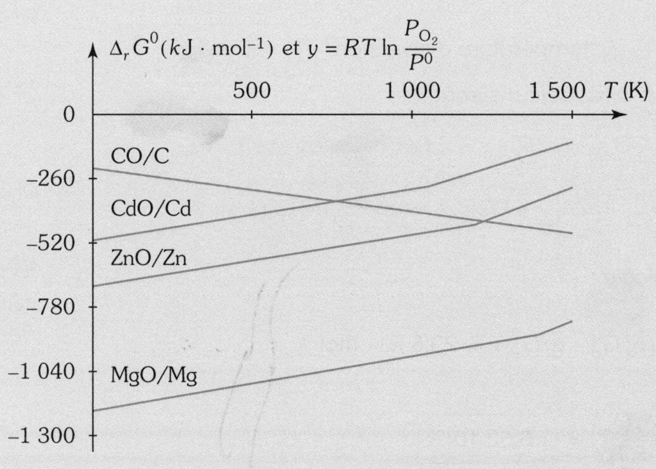

Figure 13

b) Les oxydes CdO, ZnO et MgO, ainsi que le carbone C sont en phase solide dans la plage de température considérée. CO est gazeux dans toute la plage d'intérêt pratique. Pour $P = P^0 = 1$ bar, la température d'ébullition du zinc est de 1 180 K, la température d'ébullition du cadmium est de 1 040 K.

Pourquoi peut-on préparer assez facilement du cadmium pur à partir d'un mélange d'oxydes de cadmium et de zinc ?

c) Winkler a proposé une méthode de préparation du cadmium en réduisant son oxyde (pur dans ce cas) par le magnésium Mg. Justifier cette méthode d'un point de vue thermodynamique (on fera une démonstration rigoureuse faisant intervenir l'affinité chimique).

Conseils méthodologiques : Utiliser le savoir-faire 3 : on distinguera les réductions thermodynamiquement favorisées des réductions totales grâce à l'*affinité chimique*.

a) Les changements d'état *visibles* correspondent au changement d'état $(\ell) \rightarrow (g)$ du métal qui provoque une augmentation de la pente $(-\Delta_r S^0)$.

On peut estimer sur la figure 13 :

$T^0_{vap}(Cd) \approx 1\,040$ K ; $T^0_{vap}(Zn) \approx 1\,180$ K ; $T^0_{vap}(Mg) \approx 1\,360$ K.

Remarque :

$S^0_{\text{métal(s)}} < S^0_{(\ell)} \ll S^0_{(g)}$.

b) L'estimation des T^0_{vap} est *en accord* avec les données de l'énoncé. La courbe CO/C coupe celle du couple CdO/Cd vers 780 K et celle du couple ZnO/Zn vers 1 200 K.

Par combinaison de ces trois couples :

$$(a) :\ 2\ Cd + O_{2(g)} = 2\ CdO_{(s)} \quad (b) :\ 2\ Zn + O_{2(g)} = 2\ ZnO_{(s)} \quad (c) :\ 2\ C_{(s)} + O_{2(g)} = 2\ CO_{(g)},$$

on obtient les réactions :

$$(1) = \frac{1}{2}[(c) - (a)] :\quad CdO_{(s)} + C_{(s)} = CO_{(g)} + Cd$$

$$\text{et}\quad (2) = \frac{1}{2}[(c) - (b] :\quad ZnO_{(s)} + C_{(s)} = CO_{(g)} + Zn.$$

Remarque :

L'état physique de Cd et Zn varie avec *T*.

Il suffit de travailler entre 780 K et 1 200 K pour que la réaction (1) soit *thermodynamiquement favorisée* dans le sens $\xrightarrow{1}$ ($K^0_1 > 1$) et la réaction (2) thermodynamiquement favorisée dans le sens $\xleftarrow{2}$ ($K^0_2 < 1$).

En se plaçant vers 1 050 K, le cadmium produit est gazeux ce qui permet de l'extraire plus facilement. On peut rendre la réaction (1) totale dans le sens $\xrightarrow{1}$ par *déplacement d'équilibre*.

c) La méthode de Winkler correspond à de la *magnésiothermie* : réduction thermique par le magnésium. On utilise les couples CdO/Cd et MgO/Mg :

$$(a) :\ 2\ Cd + O_{2(g)} = 2\ CdO_{(s)} \quad \text{et} \quad (d) :\ 2\ Mg + O_{2(g)} = 2\ MgO_{(s)}$$

ce qui conduit à la réaction de réduction :

$$(3) = \frac{1}{2}[(d) - (a)] :\ CdO_{(s)} + Mg = Cd + MgO_{(s)}.$$

En se plaçant à $T < 1\ 040$ K, Mg et Cd sont *à l'état condensé* et $Q_3 = 1$ ($a_i = 1$ pour chaque constituant).

$$\mathcal{A}_3 = \mathcal{A}^0_3 - RT\ln Q_3 = \mathcal{A}^0_3 = \frac{1}{2}[\Delta_r G^0_a - \Delta_r G^0_d] > 0.$$

L'affinité est toujours positive puisque la droite (a) est toujours au-dessus de la droite (d). La réaction (3) est donc *totale* dans le sens $\xrightarrow{1}$ direct.

2. Corrosion sèche du cuivre ______ D'après Centrale-Supelec

1. On envisage ici la corrosion d'un métal par le dioxygène gazeux, à haute température.

a) Rappeler brièvement les caractéristiques du diagramme d'Elingham : grandeur portée en ordonnée, grandeur portée en abscisse, courbes dessinées et leur allure.

b) On envisage le cas de l'oxydation d'un métal (solide) en oxyde (solide) par le dioxygène. Pour une valeur donnée de la pression de dioxygène, montrer que l'on peut trouver une gamme de valeurs de la température pour lesquelles la réaction d'oxydation est totale et non renversable.

c) Dans l'approximation d'Ellingham, exprimer l'enthalpie libre standard en fonction de la température pour les réactions chimiques :

$$(1)\ 4\ Cu_{(s)} + O_{2(g)} = 2\ Cu_2O_{(s)} \quad \text{et} \quad (2)\ 2\ Cu_{(s)} + O_{2(g)} = 2\ CuO_{(s)}.$$

On donne l'extrait de tables thermodynamiques à 298 K :

Espèce chimique	$\Delta_r H^0$ à 298 K (kJ · mol^{-1})	S_m^0 (298 K) (J · K^{-1} · mol^{-1})
$CuO_{(s)}$	–161,9	42,59
$Cu_2O_{(s)}$	–173,0	92,84
$O_{2(g)}$		204,8
$Cu_{(s)}$		33,2

2.a) Écrire l'équation de la réaction (3) de dismutation de l'oxyde de cuivre I en oxyde de cuivre II et en cuivre métal.

b) Exprimer la loi de variation de $\Delta_r G^0_{(3)}$ en fonction de T.

c) Que peut-on conclure sur la dismutation de Cu_2O ?

3. Soit la réaction (4) d'oxydation de Cu_2O en CuO par O_2 :

a) Écrire l'équation de cette réaction et calculer l'expression de $\Delta_r G^0_{(4)}$ en fonction de la température. Tracer le diagramme d'Ellingham du cuivre et de ses oxydes.

b) Que va-t-il se passer si du cuivre métal est soumis à un courant d'air porté à 800 K ? On rappelle que l'air contient environ 20 % (en moles) de dioxygène, et que $P_{atm} \approx P^0 = 1$ bar.

c) Calculer la valeur de la température à partir de laquelle un courant d'air à pression atmosphérique ne peut plus oxyder le cuivre jusqu'à l'état de CuO.

Conseils méthodologiques : Utiliser le savoir-faire 2. Une fois le diagramme de stabilité du cuivre et de ses oxydes établi, on cherche les *conditions de corrosion* par voie graphique.

1.a) Se reporter au cours en questions.

b) On envisage la réaction : $\frac{2x}{y} M_{(s)} + O_{2(g)} = \frac{2}{y} M_xO_{y(s)}$.

• *La variance* du système en réaction est $v = C + 2 - \varphi = (3-1) + 2 - 3 = 1$. Cela signifie que pour une pression de dioxygène donnée, l'équilibre n'est *possible qu'à une seule température* T_e (et réciproquement). Le lien correspond à :

$$\boxed{K^0_{(T_e)} = \frac{P^0}{P_{O_2,e}}}.$$

En dehors de T_e, il y a rupture d'équilibre, pour $P_{O_2,e}$ fixée.

La formation d'un oxyde métallique est *exothermique*. Une diminution de température favorise donc la réaction dans le sens $\xrightarrow{1}$ (direct). Il suffit de se placer à $T < T_e$ pour rendre la réaction *totale* dans le sens $\xrightarrow{1}$.

c) On étudie la formation des oxydes cuivreux $Cu_2O_{(s)}$ et cuivrique $CuO_{(s)}$. D'après la loi de Hess :

• (1) : $4\ Cu_{(s)} + O_{2(g)} = 2\ Cu_2O_{(s)}$ $\quad \Delta_r G_1^0 = \Delta_r H_1^0 - T\Delta_r S_1^0$,

$$\Delta_r H_1^0 = 2\ \Delta_f H^0(Cu_2O_{(s)}) = -346{,}0 \text{ kJ} \cdot \text{mol}^{-1}$$

et $\Delta_r S_1^0 = 2S^0_m(Cu_2O_{(s)}) - 4\,S^0_m(Cu_{(s)}) - S^0_m(O_{2(g)}) = -151{,}92 \text{ J} \cdot \text{K}^{-1} \cdot \text{mol}^{-1}$.

• (2) : $2\ Cu_{(s)} + O_{2(g)} = 2\ CuO_{(s)}$ $\quad \Delta_r G_2^0 = \Delta_r H_2^0 - T\Delta_r S_2^0,$

$$\Delta_r H_2^0 = 2\Delta_f H^0(CuO_{(s)}) = -323{,}8\ \text{kJ}\cdot\text{mol}^{-1}$$

et $\Delta_r S_2^0 = 2S_m^0(CuO_{(s)}) - 2S_m^0(Cu_{(s)}) - S_m^0(O_{2(g)}) = -186{,}02\ \text{J}\cdot\text{K}^{-1}\cdot\text{mol}^{-1}$.

Nous obtenons donc en $\text{kJ}\cdot\text{mol}^{-1}$:

$$\boxed{\Delta_r G_1^0 = -346{,}0 + 151{,}92\ 10^{-3}T} \quad \text{et} \quad \boxed{\Delta_r G_2^0 = -323{,}8 + 186{,}02\ 10^{-3}T}.$$

2.a) Considérons les nombres d'oxydation *successifs* du cuivre (Fig. 14).

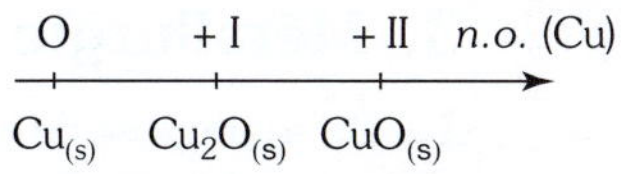

Figure 14

Le cuivre I peut *se dismuter* en Cu^0 et Cu^{II} selon :

(3) : $Cu_2O_{(s)} = Cu_{(s)} + CuO_{(s)}$.

b) On constate que $(3) = \frac{1}{2}[(2)-(1)]$, et donc $\Delta_r G_3^0 = \frac{1}{2}(\Delta_r G_2^0 - \Delta_r G_1^0)$.

On trouve : $\boxed{\Delta_r G_3^0 = 11{,}1 + 17{,}05\ 10^{-3}T}$ $\text{kJ}\cdot\text{mol}^{-1}$.

c) On remarque que $\Delta_r G_3^0$ est toujours positive. Cette réaction de dismutation est impossible dans le sens direct car :

$$\mathcal{A}_3 = \mathcal{A}_3^0 - RT\ln Q_3 = \mathcal{A}_3^0 = -\Delta_r G_3^0 < 0,\ \forall T.$$

L'oxyde cuivreux est *thermodynamiquement stable pour toute température*.

3.a) *L'oxydation* de Cu^I en Cu^{II} se produit selon :

(4) : $2\ Cu_2O_{(s)} + O_{2(g)} = 4\ CuO_{(s)}$.

Remarque :

L'équation (4) est écrite pour une mole de O_2.

• On constate que $(4) = 2(2) - (1)$, et donc $\Delta_r G_4^0 = 2\,\Delta_r G_2^0 - \Delta_r G_1^0$.

On trouve : $\boxed{\Delta_r G_4^0 = -301{,}6 + 220{,}12\ 10^{-3}T}$ $\text{kJ}\cdot\text{mol}^{-1}$.

• On connaît désormais les enthalpies libres standard des couples :

$$Cu_2O_{(s)}/Cu_{(s)}\ (\Delta_r G_1^0)\ \text{et}\ CuO_{(s)}/Cu_2O_{(s)}\ (\Delta_r G_4^0),$$

donc on peut tracer le *diagramme d'Ellingham* du cuivre et de ses oxydes (Fig. 15).

On vérifie bien l'existence de *domaines propres* à chaque espèce.

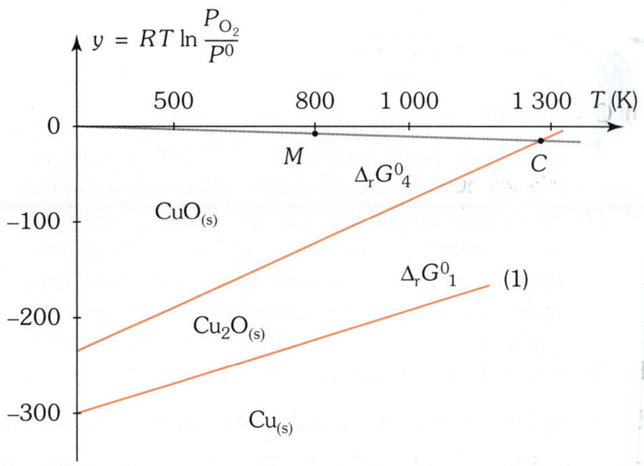

Figure 15

b) Cherchons le *point de fonctionnement* imposé par le milieu extérieur (l'atmosphère).

$$P_{O_2} = \frac{1}{5}P^0 \quad \text{et} \quad T = 800\ \text{K},$$

soit : $\boxed{y = RT\ln\frac{1}{5} = -10{,}7\ \text{kJ}\cdot\text{mol}^{-1}}$.

Le point M se situe dans le domaine de $CuO_{(s)}$. Le métal cuivre va donc être oxydé en $Cu_2O_{(s)}$ lui-même oxydé en $CuO_{(s)}$. *il y a à chaque fois rupture d'équilibre (ex pr (1) total Cu → Cu₂O …)*

c) La droite de corrosion $y_c = RT\ln\frac{P_c}{P^0}$, avec $P_c = \frac{1}{5}P^0$, coupe la droite (4) d'oxydation de $Cu_2O_{(s)}$ en $CuO_{(s)}$ lorsque :

$$RT\ln\frac{1}{5} = \Delta_r G_4^0(T), \quad \text{soit pour :} \quad \boxed{T_c = 1\ 292\ \text{K}}.$$

T_c représente la *température limite de corrosion* du cuivre en $CuO_{(s)}$.

– Pour $T < T_c$: domaine de $CuO_{(s)}$, donc corrosion en $CuO_{(s)}$.

– Pour $T > T_c$: domaine de $Cu_2O_{(s)}$, donc corrosion en $Cu_2O_{(s)}$ tant que la droite de corrosion ne coupe pas (1).

Remarque :

Cette nouvelle intersection se situe à 2 093 K en l'absence de changement d'état.

3. Métallurgie du zirconium — D'après Banque PT

1. On se propose de construire le diagramme d'Ellingham relatif à la formation de la zircone ZrO_2, selon la réaction d'équation-bilan : $Zr + O_2 = ZrO_2$ (1).

On souhaite également étudier les conditions standard de réduction de cet oxyde par le carbone.

a) Qu'est ce qu'un diagramme d'Ellingham ?

b) En quoi consiste l'approximation d'Ellingham ? Nous travaillerons dans le cadre de cette approximation pour les questions suivantes.

2. La figure 16 représente le diagramme d'Ellingham associé à la réaction de formation d'une mole de ZrO_2, pour des températures comprises entre 1 200 K et 2 700 K. Il se compose de deux segments de droite, dont les équations sont les suivantes :

$$1\,200 \text{ K} < T < 2\,133 \text{ K} : \Delta_r G_1^0(T) = -1\,086 + 0{,}1934T \text{ kJ} \cdot \text{mol}^{-1}$$

$$\text{et } 2\,133 \text{ K} < T < 2\,700 \text{ K} : \Delta_r G_1^0(T) = -1\,106 + 0{,}2028T \text{ kJ} \cdot \text{mol}^{-1}.$$

a) Pourquoi le tracé du diagramme est-il constitué de deux droites distinctes ?

b) À l'aide du tableau de données thermodynamiques fournies, retrouver les deux équations des segments de droite données ci-dessus.

c) Justifier la continuité de $\Delta_r G_1^0(T)$ à la température de 2 133 K.

d) Justifier la variation de pente (peu visible sur le graphe) constatée à 2 133 K.

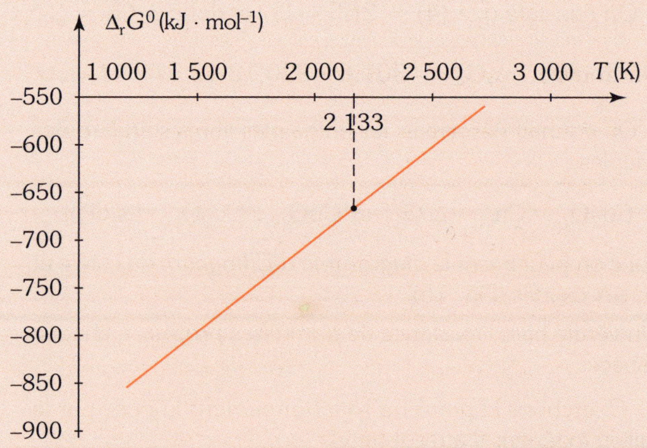

Figure 16

3. On envisage la réduction de la zircone en zirconium par le carbone solide, avec formation de monoxyde de carbone gazeux. On se place dans les conditions où les réactifs et les éventuels produits en phase condensée sont placés dans une atmosphère constituée de monoxyde de carbone pur (assimilé à un gaz parfait), sous une pression totale de 1 bar.

a) On souhaite superposer au diagramme d'Ellingham du zirconium, le diagramme d'Ellingham du carbone, correspondant à la réaction (2) :

$$2\,C_{(s)} + O_{2(g)} = 2\,CO_{(g)} \quad (2) \quad \text{avec } 1\,200 \text{ K} < T < 2\,700 \text{ K}.$$

Calculer l'enthalpie libre standard $\Delta_r G_2^0$ de cette réaction.

b) Donner l'allure du diagramme obtenu en précisant les coordonnées du (des) point(s) remarquable(s).

c) Écrire l'équation bilan de la réaction de réduction de la zircone en zirconium par le carbone solide.

d) Définir et déterminer la variance du système physico-chimique envisagé.

e) L'équilibre précédent peut-il être réalisé ? Si oui dans quelles conditions ?

f) La réduction de la zircone est-elle réalisable ? Si oui dans quelles conditions ? Sous quelle forme physique obtient-on le zirconium ?

Justifier votre réponse par le calcul de l'affinité chimique de la réaction.

Données thermodynamiques à 298 K, $P^0 = 1$ bar.

Composé	$\Delta_r H^0$ (kJ · mol^{-1})	S^0_m (J · K^{-1} · mol^{-1})	T^0_{fus} (K)	L^0_{fus} (kJ · mol^{-1})	$T^0_{éb}$ ou T^0_{sub} (K)
$Zr_{(s)}$	0	39	2 133	20	4 682 (éb)
$ZrO_{2(s)}$	–1 086	50,6	2 950	87	
$C_{(s)}$	0	5,7			3 650 (sub)
$CO_{(g)}$	–110	197,9			
$O_{2(g)}$	0	205,0			

Conseils méthodologiques : Utiliser les savoir-faire 1 et 3. Montrer que *le choix des conditions opératoires* permet de rendre la réduction de la zircone *totale*.

1.a) et b) Se reporter au *cours en questions*.

2.a) En regardant les données, on constate que le zirconium a une *température de fusion* de 2 133 K. Ce changement d'état $Zr_{(s)} \to Zr_{(\ell)}$ justifie deux équations différentes :

$$Zr_{(s)} + O_{2(g)} = ZrO_{2(s)} \quad (1) \quad \text{et} \quad Zr_{(\ell)} + O_{2(g)} = ZrO_{2(s)} \quad (1').$$

b) Dans le modèle d'Ellingham, $\Delta_r G^0_{(T)} = \Delta_r H^0 - T\Delta_r S^0$, avec $\Delta_r H^0 = \sum_i \nu_i \Delta_f H^0_i$ et $\Delta_r S^0 = \sum_i \nu_i S^0_{m,\,i}$.

- (1) : $\Delta_r H^0_1 = \Delta_f H^0(ZrO_{2(s)}) = -1\ 086$ kJ · mol^{-1}

  et $\Delta_r S^0_1 = S^0_m(ZrO_{2(s)}) - S^0_m(Zr_{(s)}) - S^0_m(O_{2(g)}) = -193{,}4$ J · K^{-1} · mol^{-1}.

- (F) : $Zr_{(s)} = Zr_{(\ell)}$. Cet équilibre de fusion à 2 133 K est caractérisé par :

$$\Delta_r H^0_{(F)} = L_{fus} \quad \text{et} \quad \Delta_r S^0_{(F)} = \frac{L_{fus}}{T_{fus}} = 9{,}4 \text{ J} \cdot \text{K}^{-1} \text{ mol}^{-1}.$$

- (1′) : on constate que (1′) = (1) – (F). On déduit alors :

$$\Delta_r H^{0\prime}_1 = \Delta_r H^0_1 - L_{fus} = -1\ 106 \text{ kJ} \cdot \text{mol}^{-1} \quad \text{et} \quad \Delta_r S^{0\prime}_1 = \Delta_r S^0_1 - \frac{L_{fus}}{T_{fus}} = -202{,}8 \text{ J} \cdot \text{K}^{-1} \cdot \text{mol}^{-1}.$$

On retrouve donc bien les *deux équations* données par l'énoncé.

c) Puisque (1′) = (1) – (F), on en déduit $\Delta_r G^{0\prime}_1 = \Delta_r G^0_1 - \Delta_r G^0_{(F)}$.

Or le changement d'état à 2 133 K (T_{fus} à P^0) suppose $\Delta_r G^0_{(F)} = \mu^0(Zr_{(\ell)}) - \mu^0(Zr_{(s)}) = 0$ (*équilibre des phases* à T_{fus}).

Il y a donc bien *continuité* à 2 133 K : $\Delta_r G^0_1 = \Delta G^{0\prime}_1$.

d) Le passage $Zr_{(s)} \to Zr_{(\ell)}$ s'accompagne d'une augmentation de *désordre* microscopique : $S^0_m(Zr_{(\ell)}) > S^0_m(Zr_{(s)})$.

La pente correspond à $-\Delta_r S^0_{(1)}$ et sa variation entre (1) et (1′) vaut : $S^0_m(Zr_{(\ell)}) - S^0_m(Zr_{(s)}) > 0$.

3.a) On étudie la réaction : $2\ C_{(s)} + O_{2(g)} = 2\ CO_{(g)}$ (2).
Il n'y a pas de changement d'état physique dans le domaine considéré. Donc, d'après la *loi de Hess* :

$$\Delta_r H_2^0 = 2\Delta_f H^0(CO_{(g)}) = -220\ \text{kJ} \cdot \text{mol}^{-1}$$

et $\Delta_r S_2^0 = 2S_m^0(CO_{(g)}) - 2S_m^0(C_{(s)}) - S_m^0(O_{2(g)}) = 179{,}4\ \text{J} \cdot \text{K}^{-1} \cdot \text{mol}^{-1}$.

On déduit : $\boxed{\Delta_r G_2^0 = -220 - 179{,}4 \cdot 10^{-3}T}$ kJ · mol^{-1}.

b) Le diagramme *complété* est donné en Fig. 17.
Le point d'intersection I correspond à :

$$\Delta_r G_{1'}^0 = \Delta_r G_2^0, \quad \text{soit : } \boxed{T_I = 2\ 318\ \text{K}}.$$

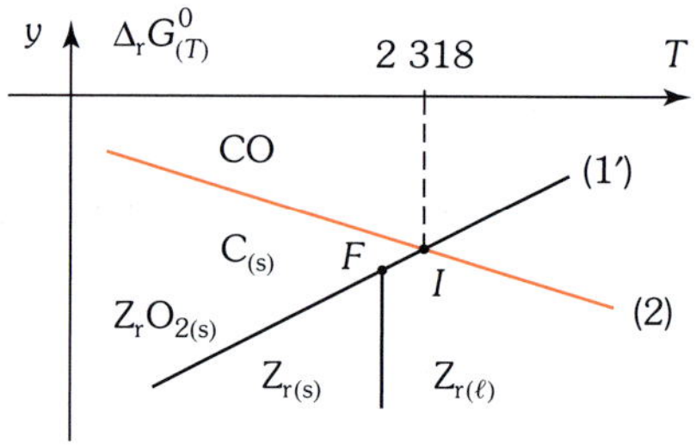

Figure 17

c) La *réduction* de la zircone par le carbone solide correspond à :

(3) : $ZrO_{2(s)} + 2\ C_{(s)} = Zr_{(s\ ou\ l)} + 2\ CO_{(g)}$.

d) *La variance* du système envisagé correspond à :

$$v = C + 2 - \varphi = (4 - 1) + 2 - 4 = 1.$$

Comme la pression est fixée ($P_{CO} = P^0 = 1$ bar), on obtient une variance réduite $v' = 0$.

Remarque :

Le zirconium peut être obtenu *solide* ou *liquide* selon que l'on opère à $T < T_{fus}$ ou $T > T_{fus}$.

Le système étudié (coexistence des 4 phases) n'a *aucun degré de liberté*, en particulier la température est *fixée* ($T_I = 2\ 318$ K).

e) Comme l'on vient de le voir ci-dessus ($v' = 0$), l'équilibre ne peut être réalisé que pour *une seule température*. En dehors de cette température, il y a *rupture d'équilibre*.

f) *La réduction* de la zircone est réalisable si $T > T_I$. On voit d'après le diagramme qu'on obtient du zirconium liquide.

La réaction est totale car $\mathcal{A}_3$ est *positive* : $\mathcal{A}_3 = \mathcal{A}_3^0 - RT\ln Q$ avec $Q = \left(\dfrac{P_{CO}}{P^0}\right)^2$ puisque $a = 1$ pour les divers états condensés purs. Comme l'on a fixé $P_{CO} = P^0$, il reste $\mathcal{A}_3 = \mathcal{A}_3^0 = -\Delta_r G_{(3)}^0 = -(\Delta_r G_2^0 - \Delta_r G_1^{0\prime})$.
Comme la droite (2) se situe sous la droite (1′) pour $T > T_I$, on vérifie bien $\mathcal{A}_3 > 0$.

4. Carbone, oxydes de carbone et silicium — D'après CCP

Données thermodynamiques :

Composé	Enthalpie standard de formation à 298 K, $\Delta_f H^0$ (kJ · mol^{-1})	Entropie standard absolue à 298 K, S_m^0 (J · K^{-1} · mol^{-1})
$Si_{(s)}$		19
$SiO_{2(s)}$	−910	40
$C_{(s)}$		6
$O_{2(g)}$		205
$CO_{(g)}$	−110	200
$CO_{2(g)}$	−390	210

$R = 8{,}31\ \text{J}\cdot\text{K}^{-1}\cdot\text{mol}^{-1}$; $T^0_{\text{fus}}(\text{Si}) = 1\,683\ \text{K}$; $\Delta_{\text{fus}}H^0(\text{Si}) = 46\ \text{kJ}\cdot\text{mol}^{-1}$.

Le silicium peut être obtenu par réduction de la silice solide, SiO_2. Cette réduction est étudiée à l'aide des diagrammes d'Ellingham.

a) En quoi consiste l'approximation d'Ellingham ?

b) Les droites d'Ellingham ont été tracées pour une mole de dioxygène (Fig. 18) pour le carbone et ses oxydes (droites 1, 2 et 3). Attribuer chacune des droites à un couple en fonction du signe de la pente. En déduire les domaines d'existence ou de prédominance des différentes espèces ainsi que le diagramme d'Ellingham des différents couples.

c) Donner les équations des droites (ou segments) d'Ellingham pour le silicium dans le domaine de température [0-2 000 K]. Ces segments sont représentés sur la figure 18 (segments de droite 4).

d) Pour quelle température et avec quel réducteur peut-on obtenir du silicium ? Sous quelle forme physique ce dernier est-il récupéré ? Comment rendre la réaction totale ?

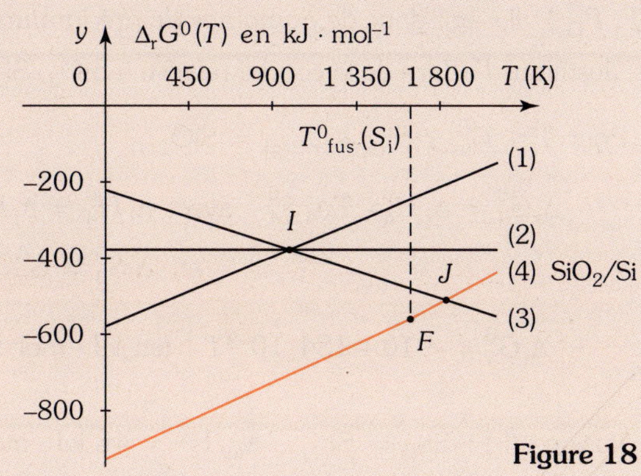

Figure 18

Conseils méthodologiques : Utiliser les savoir-faire 2 et 3. Le diagramme de stabilité du carbone et de ses oxydes est un *grand classique* qu'il faut connaître.

a) Se reporter au « Cours en questions ».

b) Nous considérons les couples CO/C, CO_2/CO, CO_2/C (Fig. 19).

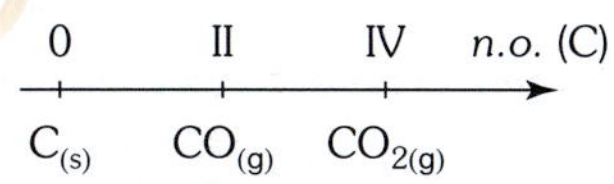

Figure 19

(1) : $2\,CO_{(g)} + O_{2(g)} = 2\,CO_{2(g)}$ $\Delta_r n_{gaz} = -1 \Rightarrow \Delta_r S_1^0 < 0$ et pente positive.

(2) : $C_{(s)} + O_{2(g)} = CO_{2(g)}$ $\Delta_r n_{gaz} = 0 \Rightarrow \Delta_r S_2^0 \approx 0$ et pente nulle.

(3) : $2\,C_{(s)} + O_{2(g)} = 2\,CO_{(g)}$ $\Delta_r n_{gaz} = +1 \Rightarrow \Delta_r S_3^0 > 0$ et pente négative.

D'après les *lois de déplacement* des équilibres, un excès de dioxygène déplace vers la forme la plus oxydée, ce qui permet de placer les espèces (Fig. 20).

On constate que le monoxyde de carbone *se dismute* pour $T < T_I$ (≈ 980 K). Il ne faut alors plus considérer que le seul couple CO_2/C pour ces températures.

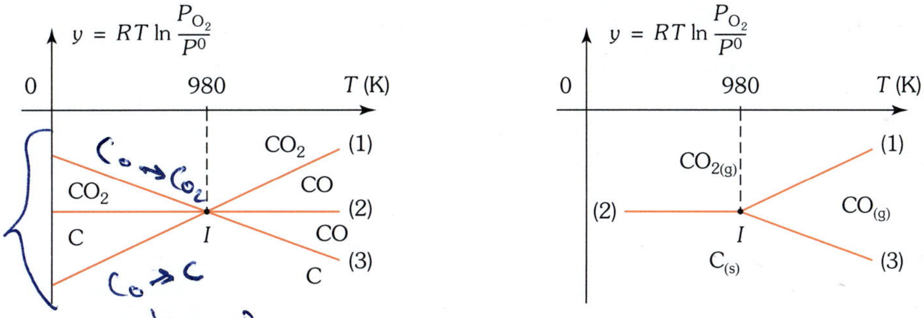

Figure 20

puis le $\Delta_r G^\circ$ de CO_2/C et on l'aurait mis .

- L'équilibre entre les trois n.o. du carbone s'écrit :

(5) : $CO_{2(g)} + C_{(s)} = 2\ CO_{(g)}$ (Équilibre de *Boudouard*).

$$\Delta_r G_5^0 = \frac{1}{2}[\Delta_r G_3^0 - \Delta_r G_1^0], \text{ et } \Delta_r G_5^0 = 0 \quad \text{pour } (1) \cap (3), \quad \text{soit : } \boxed{T = T_I}.$$

La variance de cet équilibre est $v = C + 2 - \varphi = (3-1) + 2 - 2 = 2$. Il peut donc se produire pour tout point M du plan (T, P_{O_2}). Il s'agit donc de *domaines de prédominance*, et non d'existence.

c) Justifions *l'allure* de la courbe relative à SiO_2/Si :

- Pour $T \leqslant T^0_{fus}$: $Si_{(s)} + O_{2(g)} = SiO_{2(s)}$

$$\Delta_r G_4^0 = \Delta_r H_4^0 - T\Delta_r S_4^0 \quad \text{avec } \Delta_r H_4^0 = \Delta_f H^0(SiO_{2(s)}) = -910 \text{ kJ . mol}^{-1}$$

$$\text{et } \Delta_r S_4^0 = S^0_m(SiO_{2(s)}) - S^0_m(Si_{(s)}) - S^0_m(O_{2(g)}) = -184 \text{ J . K}^{-1}\cdot\text{mol}^{-1}.$$

$$\boxed{\Delta_r G_4^0 = -910 + 184\ 10^{-3}T} \quad (\text{en kJ} \cdot \text{mol}^{-1}).$$

- Fusion : (F) : $Si_{(s)} = Si_{(\ell)}$ $\Delta_{fus}H^0 = 46 \text{ kJ} \cdot \text{mol}^{-1}$ et $\Delta_{fus}S^0 = \dfrac{\Delta_{fus}H^0}{T^0_{fus}} = 27{,}3 \text{ J} \cdot \text{K}^{-1} \cdot \text{mol}^{-1}$.

- Pour $T \geqslant T^0_{fus}$: $Si_{(\ell)} + O_{2(g)} = SiO_{2(s)}$

$$\Delta_r G_4^{0\prime} = \Delta_r H_4^{0\prime} - T\Delta_r S_4^{0\prime} \quad \text{avec } (4') = (4) - (F),$$

soit : $\Delta_r H_4^{0\prime} = -956 \text{ kJ} \cdot \text{mol}^{-1}$ et $\Delta_r S_4^{0\prime} = -211 \text{ J} \cdot \text{K}^{-1} \text{ mol}^{-1}$.

$$\boxed{\Delta_r G_4^{0\prime} = -956 + 211\ 10^{-3}T} \quad (\text{en kJ} \cdot \text{mol}^{-1}).$$

d) On utilise la *carbothermie* ; le carbone solide peut réduire SiO_2 selon :

(6) : $SiO_{2(s)} + 2\ C_{(s)} = Si_{(\ell)} + 2\ CO_{(g)}$, avec (6) = (3) – (4′).

Cette réaction est *thermodynamiquement favorisée* pour $T > T_J$ (domaines de $SiO_{2(s)}$ et $C_{(s)}$ disjoints).

On peut estimer T_J graphiquement à 1 850 K.

Le silicium est récupéré sous forme liquide.

Il suffit d'aspirer le monoxyde de carbone au fur et à mesure de sa formation pour rendre la réaction *totale* dans le sens direct $\xrightarrow{1}$.

$$\mathcal{A}_6 = \mathcal{A}_6^0 - RT\ln Q_6 = RT\ln\frac{K_6^0}{Q_6} = RT\ln\frac{P_{CO,\,e}}{P_{CO}}$$

si $P_{CO} < P_{CO,\,e}$, alors $\mathcal{A}_6$ est *toujours positive*.

Remarque :

Le calcul donne T_J = 1 870 K.

5. Métallurgie du niobium — D'après E3A

Données : Le niobium Nb est l'élément $Z = 41$, de masse molaire $M = 92{,}0\ \text{g} \cdot \text{mol}^{-1}$. On étudie sa formation puis sa préparation à l'aide d'aluminium ou de carbone. On prendra : $R = 8{,}31\ \text{J} \cdot \text{K}^{-1} \cdot \text{mol}^{-1}$.

Composé	$\Delta_f H^0$ (kJ · mol^{-1})	S^0_m (J · K^{-1} · mol^{-1})	C^0_{Pm} (J · K^{-1} · mol^{-1})
$Nb_{(s)}$	0	36,5	26,0
$Nb_2O_{5(s)}$	−1 900	137	150
$O_{2(g)}$	0	205	33,0
$Al_{(s)}$	0	28,3	24,0
$Al_{(\ell)}$	10,6	39,6	32,0
$Al_2O_{3(s)}$	−1 680	50,9	80,0

1. Étude de l'oxydation du Niobium

a) Le niobium peut former plusieurs oxydes, dont le plus fréquent à l'état naturel a pour formule Nb_2O_5.

– Quel est le nombre d'oxydation du niobium dans cet oxyde ?

– Déterminer la structure électronique de l'atome de niobium dans son état fondamental et justifier rapidement la stabilité de cet oxyde.

b) Écrire l'équation-bilan d'obtention de $Nb_2O_{5(s)}$ à partir de $Nb_{(s)}$ et de $O_{2(g)}$ (gazeux) avec un coefficient stœchiométrique unité pour le dioxygène (réaction (1)).

Calculer numériquement l'enthalpie standard de réaction et l'entropie standard de réaction de la réaction (1) à 298 K.

c) Quel est l'effet d'une augmentation de température sur la constante d'équilibre de la réaction (1) ?

d) Est-il possible à un opérateur d'imposer indépendamment la température et la pression d'un système contenant du $Nb_{(s)}$, du $Nb_2O_{5(s)}$ et du dioxygène gazeux en équilibre ?

Qu'en est-il si le système contient en plus un gaz inerte (par exemple, dans le cas de l'air, du diazote) ?

e) Pour la réaction (1), exprimer la pression partielle d'équilibre en dioxygène à la température T, $P_{O_2,\,e}(T)$, en fonction de P^0, T, R, $\Delta_r G^0$.

Calculer numériquement $\ln\left(\dfrac{P_{O_2,\,e}(T = 298\ \text{K})}{P^0}\right)$ et commenter le résultat.

f) La pression partielle en $O_{2(g)}$ est fixée à P_{O_2}. Exprimer l'affinité chimique $\mathscr{A}(T)$ de la réaction (1) à la température T, en fonction de R, T, P_{O_2} et $P_{O_2,\,e}(T)$.

– Calculer numériquement $\mathscr{A}(T = 298\ \text{K})$ quand la pression partielle en dioxygène est $P_{O_2} = 0{,}2$ bar.

– Qu'en déduisez-vous quant à l'oxydation du niobium à l'air libre ?

g) En dehors de ses applications comme supraconducteur, le niobium est utilisé en tant que métal exceptionnellement résistant à la corrosion, même à très haute température (par exemple dans le revêtement de réacteurs chimiques).

Cela peut-il s'expliquer à l'aide de l'étude thermodynamique précédente ? Si ce n'est pas le cas, proposer une interprétation possible de ces propriétés.

2. Diagramme d'Ellingham

a) Qu'est ce qu'un diagramme d'Ellingham ? Qu'appelle-t-on approximation d'Ellingham ? Comment cette approximation se traduit-elle géométriquement sur un diagramme d'Ellingham ?

Le diagramme d'Ellingham des couples Nb_2O_5/Nb (courbe (1)), Al_2O_3/Al (courbe (2)) et CO/C (courbe (3)) est donné en Fig. 21, en se ramenant à une mole de O_2.

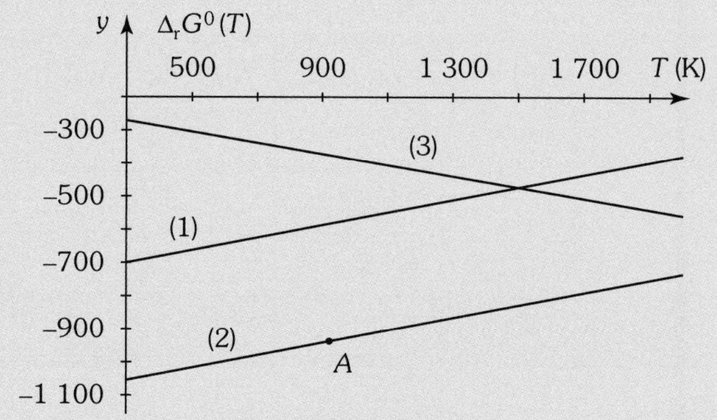

Figure 21

b) Le point A de la courbe (2) est un point anguleux (ce qui se voit mal, compte tenu des échelles du diagramme).

Proposer une interprétation et calculer numériquement sa température, T_A, en utilisant les données thermodynamiques.

c) Dans tout le domaine de température considéré, CO est gazeux et C est solide. Interpréter le signe de la pente de la courbe (3).

3. Exploitation du diagramme

a) Réduction de l'oxyde par le carbone

– Dans quel domaine de température peut-on obtenir du niobium en réduisant Nb_2O_5 par le carbone ?

– Écrire l'équation-bilan traduisant cette réaction (avec un coefficient stœchiométrique de 1 pour Nb_2O_5).

– S'agit-il d'une réaction endo ou exothermique ?

– Quelles conclusions pratiques peut-on tirer de ces résultats ?

b) – Justifier à l'aide du diagramme que, dans tout le domaine de température envisagé sur le diagramme, on peut également obtenir $Nb_{(s)}$ par réduction de l'oxyde $Nb_2O_{5(s)}$ par l'aluminium, et écrire l'équation-bilan correspondante (avec un coefficient stœchiométrique de 1 pour $Nb_2O_{5(s)}$).

– Calculer numériquement l'enthalpie standard de réaction associée (en supposant que l'aluminium est liquide).

c) On considère un mélange réactionnel à 1 000 K comprenant du $Nb_2O_{5(s)}$ et de l'aluminium liquide dans les proportions stœchiométriques. On laisse évoluer le système de façon adiabatique.

Calculer numériquement la température finale atteinte par le système réactionnel (on admettra que le niobium et son oxyde restent solides).

Conseils méthodologiques : Utiliser les savoir-faire 1 et 3. L'intérêt de ce problème est de revenir sur le cours de thermochimie : *déplacements d'équilibre* au **1.c)** et **d)**, *température de flamme* au **3.c)**.

1.a) L'oxygène est au nombre d'oxydation –II dans un oxyde. Il en résulte :

$$2\,\mathrm{no(Nb)} + 5(-\mathrm{II}) = 0 \Rightarrow \boxed{\mathrm{no(Nb)} = +\mathrm{V}}.$$

La configuration électronique de Nb($Z = 41$) correspond à :

$1s^2\ 2s^2\ 2p^6\ 3s^2\ 3p^6\ 4s^2\ 3d^{10}\ 4p^6\ 5s^2\ 4d^3$ (règle de Klechkowsky).

En réalité, le niobium est une *irrégularité*.

$\mathrm{Nb} = {}_{36}\mathrm{Kr}\ 4d^4\ 5s^1$ (effet de spin maximum).

Dans les deux cas, on voit que la perte de cinq électrons conduit à la structure stable du gaz noble : $\boxed{Nb^{5+} = Kr}$.

b) La formation de l'oxyde Nb_2O_5 a pour équation-bilan :

$$(1) : \frac{4}{5} Nb_{(s)} + O_{2(g)} = \frac{2}{5} Nb_2O_{5(s)}.$$

La loi de Hess nous donne aisément les grandeurs standard à 298 K :

$$\Delta_r H_1^0 = \frac{2}{5} \Delta_f H^0(Nb_2O_{5(s)}) = \boxed{-760 \text{ kJ} \cdot \text{mol}^{-1}}$$

$$\text{et } \Delta_r S_1^0 = \frac{2}{5} S_m^0(Nb_2O_{5(s)}) - S_m^0(O_{2(g)}) - \frac{4}{5} S_m^0(Nb_{(s)}) = \boxed{-179{,}4 \text{ J} \cdot \text{K}^{-1} \cdot \text{mol}^{-1}}.$$

c) La loi de Van't Hoff stipule qu'une élévation de température provoque un déplacement dans le sens $\overset{2}{\leftarrow}$ endothermique, donc la constante d'équilibre K_1^0 diminue :

$$\frac{d\ln K_{1(T)}^0}{dT} = \frac{\Delta_r H_1^0}{RT^2} < 0 \Rightarrow K_1^0 \textit{ fonction décroissante de } T.$$

d) La variance du système en réaction (1) est $v = C + 2 - \varphi = (3-1) + 2 - 3 = 1$. On ne peut fixer qu'un seul paramètre, par exemple la température. La pression $P = P_{O_2}$ est nécessairement à l'équilibre une fonction de T.

$$\boxed{K_{1(T)}^0 = \frac{P^0}{P_{O_2}}}.$$

L'ajout d'un gaz inerte (en l'absence de toute relation supplémentaire) fait augmenter le nombre de constituants et la variance d'une unité : $v = 2$. Désormais, on peut fixer indépendamment T et P. Par contre, $P_{O_2,e}$ est toujours fixée par T.

> **Remarque :**
> P_{N_2} joue le rôle de variable « tampon ».

e) La condition d'équilibre $\Delta_r G_{(T)}^0 + RT\ln K_{(T)}^0 = 0$ se traduit pour (1) par :

$$\ln\left(\frac{P_{O_2,e}}{P^0}\right) = -\frac{\Delta_r G_1^0}{RT} \Rightarrow \boxed{P_{O_2,e} = P^0 \exp\left[-\frac{\Delta_r G_1^0}{RT}\right]}.$$

À 298 K, on calcule $\ln \dfrac{P_{O_2,e}}{P^0} = -285{,}3$, soit : $P_{O_2,e} = 1{,}41\ 10^{-124}$ bar !

> **Remarque :**
> La pression d'équilibre (ou de corrosion) est excessivement faible.

f) On fixe P_{O_2} à une valeur hors équilibre. L'affinité du système en réaction devient positive :

$$\mathcal{A}_1 = RT\ln\frac{K_1^0}{Q_1} = RT\ln\frac{P_{O_2}}{P_{O_2,e}} \quad \text{avec } P_{O_2} \gg P_{O_2,e}.$$

À 298 K et $P_{O_2} = 0{,}2$ bar, on trouve : $\boxed{\mathcal{A}_1 = 703 \text{ kJ} \cdot \text{mol}^{-1}}$.

Le niobium à l'air libre ($P_{O_2} \approx \frac{1}{5} P_{atm} = 0{,}2$ bar et $T \approx 298$ K) est donc *oxydé de façon totale*.

g) La thermodynamique nous dit que le niobium doit subir la corrosion sèche.

Seule une *cinétique* de réaction infiniment lente permet d'expliquer une *résistance exceptionnelle* à la corrosion.

2.a) Se reporter au « cours en questions ».

b) Le point A correspond au passage de l'aluminium de l'état *solide* à l'état *liquide* (variation de pente peu visible).

$$\frac{4}{3} Al + O_{2(g)} = \frac{2}{3} Al_2O_{3(s)} \quad \Delta_r G_2^0.$$

- Si $T \leqslant T_A$, Al est (s), et la pente vaut $-\Delta_r S_2^0 = \frac{4}{3} S_m^0(Al_{(s)}) + S_m^0(O_{2(g)}) - \frac{2}{3} S_m^0(Al_2O_{3(s)})$.
- Si $T \geqslant T_A$, Al est (ℓ), et la pente vaut $-\Delta_r S_2^{0\prime} = \frac{4}{3} S_m^0(Al_{(\ell)}) + S_m^0(O_{2(g)}) - \frac{2}{3} S_m^0(Al_2O_{3(s)})$.

Comme $S^0_m(Al_{(\ell)}) > S^0_m(Al_{(s)})$, la pente augmente.

Pour $T_A = T^0_{fus}(Al)$, $\Delta_{fus}G^0 = \mu^0_l - \mu^0_\ell = 0 \Rightarrow T^0_{fus} = \dfrac{\Delta_{fus}H^0}{\Delta_{fus}S^0}$,

soit : $T^0_{fus} = \dfrac{\Delta_f H^0(Al_{(\ell)}) - \Delta_f H^0(Al_{(s)})}{S^0_m(Al_{(\ell)}) - S^0_m(Al_{(s)})} = \boxed{938\ K}$.

c) Pour le couple CO/C, il y a croissance de la quantité gazeuse selon :

$$(3) : 2\ C_{(s)} + O_{2(g)} = 2\ CO_{(g)} \quad \Delta_r n_{gaz} = +1 \Rightarrow \text{désordre} \nearrow \Rightarrow \Delta_r S^0_3 > 0.$$

Ce couple a donc une pente $(-\Delta_r S^0_3)$ *négative* dans le diagramme d'Ellingham.

3.a) La réduction par le carbone ou *carbothermie* est *thermodynamiquement favorisée* pour $T > T_i$ (= 1 500 K). On obtient l'équation de réduction selon :

$$(3) : 2\,C_{(s)} + O_{2(g)} = 2\,CO_{(g)} \quad \text{et} \quad (1) : \frac{4}{5}Nb_{(s)} + O_{2(g)} = \frac{2}{5}Nb_2O_{5(s)}$$

$$(3) - (1) : 2\ C_{(s)} + \frac{2}{5}Nb_2O_{5(s)} = 2\ CO_{(g)} + \frac{4}{5}Nb_{(s)}$$

$$\frac{5}{2}[(3) - (1)] = (4) : 5\,C_{(s)} + Nb_2O_{5(s)} = 5\,CO_{(g)} + 2\,Nb_{(s)}.$$

• *L'enthalpie standard* de cette réaction correspond à :

$$\Delta_r H^0_4 = \frac{5}{2}[\Delta_r H^0_3 - \Delta_r H^0_1] > 0,$$

d'après les ordonnées à l'origine des courbes (3) et (1).

• La réaction est *endothermique* et favorisée d'après la loi de Van't Hoff par une température élevée (en pratique ici supérieure à T_i).

Remarque :

L'existence de $CO_{(g)}$ permet à l'équilibre d'avoir lieu de part et d'autre de T_i).

b) La réduction par l'aluminium ou *aluminothermie* est *totale* pour toute température d'après la règle d'Ellingham :

$$(2) : \frac{4}{3}Al_{(ec)} + O_{2(g)} = \frac{2}{3}Al_2O_{3(s)}$$

$$(1) : \frac{4}{5}Nb_{(s)} + O_{2(g)} = \frac{2}{5}Nb_2O_{5(s)}$$

$$(2) - (1) : \frac{4}{3}Al_{(ec)} + \frac{2}{5}Nb_2O_{5(s)} = \frac{2}{3}Al_2O_{3(s)} + \frac{4}{5}Nb_{(s)}$$

$$\frac{5}{2}[(2) - (1)] = (5) : \frac{10}{3}Al_{(ec)} + Nb_2O_{5(s)} = \frac{5}{3}Al_2O_{3(s)} + 2\,Nb_{(s)}.$$

Remarque :

ec pour état condensé (s) ou (ℓ).

• *L'enthalpie standard* correspond à :

$$\Delta_r H^0_5 = \frac{5}{3}\Delta_f H^0(Al_2O_{3(s)}) - \Delta_f H^0(Nb_2O_{5(s)}) - \frac{10}{3}\Delta_f H^0(Al_{(\ell)}) = \boxed{-935\ kJ \cdot mol^{-1}}.$$

La réaction est exothermique (logique, *cf*. ordonnées à l'origine).

• *L'affinité* est toujours positive, car $\mathcal{A}_5 = \mathcal{A}^0_5 - RT\ln Q_5 = \mathcal{A}^0_5 = \frac{5}{2}[\Delta_r G^0_1 - \Delta_r G^0_2]$, ce qui traduit la réaction totale dans le sens $\xrightarrow{1}$.

c) L'évolution *monobare* (P^0) et adiabatique suppose que l'énergie thermique libérée par la réaction totale à 1 000 K sert à échauffer le système jusqu'à T_f. Il en résulte (pour $\xi = 1$ mol) :

$$\Delta_r H_5^0 + \int_{298}^{T_f} \left[\frac{5}{3} C_{Pm}^0(Al_2O_{3(s)}) + 2C_{Pm}^0(Nb_{(s)})\right] dT = 0 \Rightarrow \boxed{T_f = 5\,343 \text{ K}}.$$

Remarque :
Le modèle est *irréaliste*.

6. Métallurgie du chrome — D'après Mines-Ponts

Le chrome est un élément essentiel de la métallurgie moderne. Son nom proposé par Vauquelin qui avait isolé ce métal en 1798, vient d'un mot grec signifiant « couleur », car des colorations vives et variées sont observées dans les nombreux dérivés étudiés. Goldschmidt en 1898, découvrit l'aluminothermie qui, seule, permettait de préparer de grandes quantités de chrome pur. Nous proposons d'étudier quelques propriétés chimiques de l'élément chrome et de ses principaux composés, largement utilisés dans la vie courante. Certains dérivés, tel Cr_2O_3 vert sont employés comme pigments dans les peintures. Par chromage, on recouvre pour les protéger le cuivre, le fer, des aciers. Les aciers à forte teneur en chrome (18 %) sont inoxydables. Certains alliages permettent de réaliser des aimants permanents, des résistances chauffantes, des couples thermoélectriques.

Tableau 1 – Propriétés physiques de quelques corps purs

Nom	Formule	Température de fusion (°C)	Température d'ébullition (°C)
Aluminium	Al	660	2 520
Alumine	Al_2O_3	2 050	2 980
Chrome	Cr	1 910	2 670
Oxyde de chrome (III)	Cr_2O_3	2 440	4 000

Tableau 2 – Grandeurs thermodynamiques standard (supposées indépendantes de la température)

Formule	État	$\Delta_f H^0$ kJ · mol^{-1}	S_m^0 J · K^{-1} · mol^{-1}	$\Delta_{fus} H^0$ kJ · mol^{-1}	$\Delta_{vap} H^0$ kJ · mol^{-1}
Al	Solide	0	27	10	290
Al_2O_3	Solide	−1 700	51	110	
Cr	Solide	0	24	20	350
CrO_3	Solide	−590	73		
Cr_2O_3	Solide	−1 140	81		
O_2	Gaz	0	205		

1. Le trioxyde de chrome (VI)

Ce composé est utilisé dans la synthèse des rubis artificiels, solutions solides d'alumine et d'oxyde de chrome (III). On étudie ci-dessous sa stabilité à l'air libre. On considère la réaction suivante :

$$4\ CrO_{3(s)} = 2\ Cr_2O_{3(s)} + 3\ O_{2(g)}.$$

a) Calculer l'enthalpie standard et l'entropie standard de cette réaction, puis son enthalpie libre standard à 300 K.

b) Montrer que le trioxyde de chrome est instable à 300 K en présence d'air (on prendra $P_{O_2} = 0{,}2$ bar dans l'air). Que doit-il advenir, théoriquement, d'un cristal de trioxyde de chrome laissé à l'air ambiant ?

On donne : $RT \ln 0{,}2 \approx -4$ kJ · mol^{-1} à 300 K.

c) Montrer, sans calcul supplémentaire, que cette instabilité demeure si $T > 300$ K.

2. Étude de la réduction de l'oxyde de chrome (III) par l'aluminium métal

Cette réduction constitue l'étape-clé de la métallurgie du chrome. Si Moissan en 1893 mit au point la réduction de l'oxyde de chrome par le carbone, c'est Goldschmidt qui découvrit l'aluminothermie qui, seule, permettait de préparer de grandes quantités de chrome pur. Étudions, avec les moyens actuels, les aspects thermodynamiques de cette réaction.

a) Le diagramme d'Ellingham des systèmes Cr_2O_3/Cr et Al_2O_3/Al est fourni, entre 300 K et 2 500 K : Fig. 22.

Ce diagramme représente l'enthalpie libre de formation des oxydes (de chrome ou d'aluminium) pour une mole de dioxygène, en fonction de la température.

Écrire les équations bilan donnant la réaction de formation de chaque oxyde avec la convention indiquée.

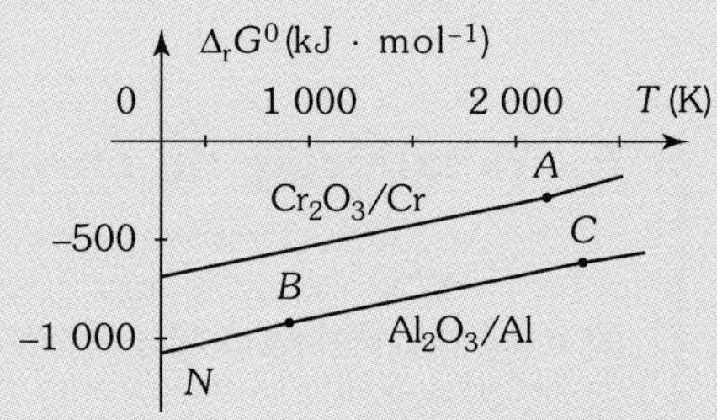

Figure 22

b) Aux points A, B et C, on observe un faible changement de pente. À quel phénomène physique correspond chacun de ces points ? Donner le sens de variation de la pente, lorsque T augmente, pour le point B, grâce à un raisonnement qualitatif que l'on exposera clairement.

c) Calculer la pente du segment NB, puis celle du segment BC.

d) Écrire l'équation-bilan de la réduction d'une mole de Cr_2O_3, oxyde de chrome (III) par l'aluminium à 300 K. On précise qu'à l'état solide ou liquide, les espèces Al, Al_2O_3, Cr et Cr_2O_3 sont totalement non miscibles.

e) L'enthalpie standard de cette réaction vaut -560 kJ · mol^{-1}. Utiliser le diagramme pour déterminer le signe de l'affinité chimique de cette réaction, à toute température. Conclure sur la possibilité thermodynamique de la réduction de l'oxyde de chrome (III) par l'aluminium et sur l'évolution du système lorsque l'on part des espèces Cr_2O_3 et Al ?

f) On mélange 0,90 mol d'oxyde de chrome (III) et 1,80 mol d'aluminium, à 300 K. On amorce la réaction, qui est alors instantanée. Quelle est la quantité de chrome obtenue ?

On suppose que l'énergie thermique dégagée par la réaction est théoriquement suffisante pour que le chrome et l'alumine se trouvent en totalité à l'état liquide en fin de réaction, pour un système isolé. Calculer la température finale atteinte. L'hypothèse de calcul est-elle correcte ?

On prendra pour capacités thermiques moyennes sur l'intervalle de température utile 40 J · mol^{-1} · K^{-1} pour le chrome (liquide ou solide) et 120 J · mol^{-1} · K^{-1} pour l'alumine (liquide ou solide).

g) Sachant que la densité de l'alumine liquide est nettement inférieure à celle du chrome liquide, pourquoi est-il intéressant, industriellement, d'obtenir le chrome et l'alumine à l'état liquide ?

Remarque : en fait, 10 % de la chaleur dégagée est perdue. Industriellement, on ajoute toujours à l'oxyde de chrome (III) une certaine quantité de trioxyde de chrome de façon à obtenir effectivement du chrome et de l'alumine à l'état liquide en fin de réaction.

Conseils méthodologiques : Utiliser le savoir-faire 3. Noter bien dans les questions **2.e)**, **f)**, **g)** *la méthode industrielle* pour effectuer la réduction de Cr_2O_3 en chrome et pour l'isoler.

1.a) À partir des données thermodynamiques, on calcule facilement :

$$\Delta_r H^0 = 80{,}0 \text{ kJ} \cdot \text{mol}^{-1} \quad \text{et} \quad \Delta_r S^0 = 485 \text{ J} \cdot \text{K}^{-1} \cdot \text{mol}^{-1}.$$

On déduit, à $T = 300$ K : $\boxed{\Delta_r G^0 = -65{,}5 \text{ kJ} \cdot \text{mol}^{-1}}$.

b) Calculons *l'affinité chimique* de la réaction :

$$4\,CrO_3 = 2\,Cr_2O_3 + 3\,O_2$$

$$\mathcal{A} = -\Delta_r G^0 - RT\ln Q \quad \text{avec} \quad Q = \left(\frac{P_{O_2}}{P^0}\right)^3.$$

> **Remarque :**
> *Échelle* des n.o. du Cr :
>
> 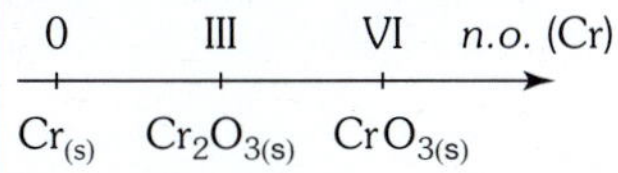
>
>
> Figure 23

On trouve à $T = 300$ K, : $\boxed{\mathcal{A} = 77{,}5 \text{ kJ} \cdot \text{mol}^{-1}}$.

Dans l'air, P_{O_2} est maintenu constant, et du point de vue thermodynamique, la réaction se poursuit jusqu'à disparition de CrO_3 : cette réaction est donc totale. En fait (point de vue cinétique), la vitesse d'une réaction mettant en jeu des solides est très lente et CrO_3 persiste dans un état de métastabilité.

c) La réaction endothermique (loi de Van't Hoff) est favorisée par une élévation de température ; mais la valeur très fortement positive de $\mathcal{A}$ maintient cette instabilité pour $T > 300$ K (l'instabilité disparaît pour une valeur de T telle que $\mathcal{A} = 0$).

2. a) On donne les équations-bilan, par *mole* de dioxygène :

$$\frac{4}{3}\,Cr + O_2 = \frac{2}{3}\,Cr_2O_3 \quad \text{et} \quad \frac{4}{3}\,Al + O_2 = \frac{2}{3}\,Al_2O_3.$$

b) Les points A et B correspondent à la *fusion* des deux métaux, le point C étant le point de fusion de l'alumine (Fig. 24).

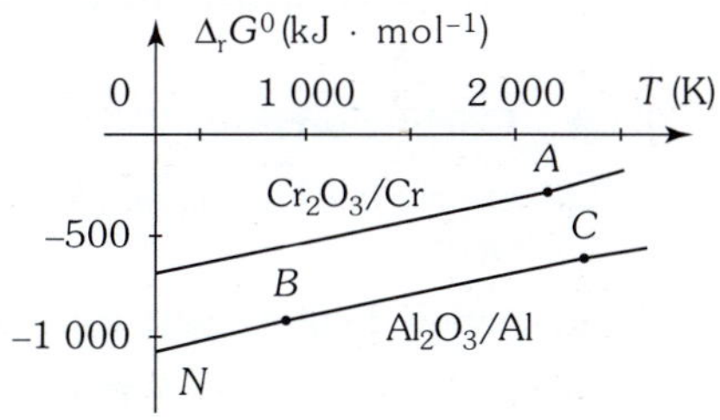

Figure 24

La pente de la droite d'Ellingham est égale à $-\Delta_r S^0$ soit :

$$-\Delta_r S^0 = \frac{4}{3}\,S^0_{Al} + S^0_{O_2} - \frac{2}{3}\,S^0_{Al_2O_2}.$$

En B, l'aluminium fond et *son entropie augmente* (le liquide étant plus désorganisé que le solide). Il en résulte que la pente, $-\Delta_r S^0$, augmente également.

c) Pour la partie NB, on calcule la pente : $-\Delta_r S^0 = 207 \text{ J} \cdot \text{K}^{-1} \cdot \text{mol}^{-1}$.

En B, il y a équilibre entre le solide et le liquide, soit :

$$\Delta_{fus}G^0 = \Delta_{fus}H^0 - T_B\Delta_{fus}S^0 = 0 \Rightarrow \Delta_{fus}S^0 = \frac{10\,000}{933} = 10{,}7 \text{ J} \cdot \text{K}^{-1} \cdot \text{mol}^{-1}.$$

On déduit l'entropie de l'aluminium liquide :

$$\Delta_{fus}S^0 = S^0_\ell - S^0_s \Rightarrow S^0_\ell = 27 + 10{,}7 = 37{,}7 \text{ J} \cdot \text{K}^{-1} \cdot \text{mol}^{-1}.$$

On calcule *la nouvelle pente* :

$$\boxed{-\Delta_r S^0 = 221 \text{ J} \cdot \text{K}^{-1} \cdot \text{mol}^{-1}}.$$

d) *La réduction s'écrit* : $Cr_2O_3 + 2\,Al = Al_2O_3 + 2\,Cr$, toutes les espèces étant solides.

e) Les deux droites d'Ellingham étant sensiblement *parallèles*, le $\Delta_r G^0$ de la réaction de réduction se ramène à $\Delta_r H^0$, soit : $\Delta_r G^0 \approx \Delta_r H^0 \approx -560 \text{ kJ} \cdot \text{mol}^{-1}$, soit une *affinité* : $\mathcal{A} = +560 \text{ kJ} \cdot \text{mol}^{-1}$.

Il s'agit donc d'une réaction *thermodynamiquement* totale (en fait, il existe un problème de cinétique).

f) Les réactifs étant en quantités *stœchiométriques*, on obtient $\boxed{2\xi = 1{,}8 \text{ mol}}$ de chrome (réaction totale).

L'énergie thermique dégagée par la réaction, à $T = 300$ K, sert à chauffer les produits formés :

$$0 = \xi\Delta_r H^0 + [2\xi C_{Pm}(Cr) + \xi C_{Pm}(Al_2O_3)](T_f - T_0) \Rightarrow -560\,000 + (40 \times 2 + 120)(T_f - 300) = 0$$

$$\text{d'où : } \boxed{T_f = 3\,100 \text{ K}}.$$

L'hypothèse est donc valable ($T_f > T_{fusion}$ de Cr et Al_2O_3).

g) Ainsi, la séparation par décantation est beaucoup plus facile.

Pour approfondir

7. Réduction de l'alumine – Formation d'un carbure parasite — D'après Centrale-Supelec

On admettra que ces valeurs numériques sont constantes dans l'intervalle de température étudié. La constante des gaz parfaits vaut $R = 8{,}31\ \text{J} \cdot \text{K}^{-1} \cdot \text{mol}^{-1}$.

Composé	Al	Al	Al_2O_3	Al_4C_3	C (graphite)	CO	CO_2	O_2
État physique	sol.	liq.	sol.	sol.	sol.	gaz	gaz	gaz
$\Delta_r H^0$ (kJ · mol^{-1})	0	10,9	–1 674	–129	0	–110	–393	0
S^0_m (J · mol^{-1} · K^{-1})	28	40	51	105	6	197	213	205

A. Carbothermie

On rappelle que l'aluminium fond à 660 °C. Par souci de simplification, on ne tiendra pas compte de l'aluminium à l'état gazeux.

1. Action du dioxygène sur l'aluminium

a) Écrire l'équation (1) de la réaction du dioxygène sur l'aluminium.

b) $\Delta_r G_1^0(T)$ est l'enthalpie libre standard de formation de l'oxyde d'aluminium pour une réaction faisant intervenir une demi-mole de dioxygène. À l'aide des valeurs numériques contenues dans le tableau, étudier $\Delta_r G_1^0(T)$ en fonction de T pour T compris entre 300 K et 2 500 K. Tracer le diagramme d'Ellingham correspondant.

2. Reprendre l'étude du **1.b)** à propos de la réaction (2) dont l'équation chimique s'écrit :

$$C_{(s)} + \frac{1}{2}O_{2(g)} = CO_{(g)} \quad \Delta_r G_2^0(T).$$

Étudier $\Delta_r G_2^0(T) = f(T)$ pour T compris entre 300 K et 2 500 K. Reporter sur le diagramme.

3. Le carbone peut-il réagir sur l'oxyde d'aluminium ? Si oui, à partir de quelle température la réduction de l'oxyde d'aluminium sera-t-elle favorisée ?

B. Formation d'un carbure « parasite »

En réalité, le problème de l'action du carbone sur l'oxyde d'aluminium est plus complexe car il peut se former un autre corps : le carbure d'aluminium de formule Al_4C_3. On peut montrer que, selon les conditions expérimentales, le système est le siège de deux réactions suivantes :

$$(3) : \ 3\ C + Al_2O_3 = 3\ CO + 2\ Al \quad \Delta_r G^0_{(3)} \quad \text{et} \quad (4) : \ 9\ C + 2\ Al_2O_3 = 6\ CO + Al_4C_3 \quad \Delta_r G^0_{(4)}.$$

1. À l'aide des valeurs contenues dans le tableau, donner les expressions de $\ln P_{CO}$ (P_{CO} en bar) en fonction de $\frac{1}{T}$ pour les équilibres (3) et (4) pour T compris entre 1 000 K et 2 500 K .

2. Chacune des droites (3) et (4) obtenues dans la question précédente partage le plan $\left(\frac{1}{T}, \ln P_{CO}\right)$ en deux régions. Indiquer, de part et d'autre de chacune de ces droites, quelle est l'espèce stable qui contient l'élément Al ; justifier la réponse.

3. Étude du point triple

a) Les deux droites (3) et (4) se coupent à une température notée T_0.

Calculer la variance du système à l'équilibre en ce point. Qu'en conclure ?

Montrer qu'à cette température il existe un troisième équilibre (5) non indépendant des deux précédents, (3) et (4), et qui ne fait intervenir que des phases condensées.

b) Calculer $\Delta_r G_5^0$ pour l'équilibre (5). En déduire T_0. Comment peut-on représenter, par une droite du plan $\left(\frac{1}{T}, \ln P_{CO}\right)$, l'équilibre (5) réalisé en présence de monoxyde de carbone ?

c) Dans le plan $\left(\frac{1}{T}, \ln P_{CO}\right)$, tracer le diagramme complet mettant en évidence les domaines d'existence de Al, Al_2O_3 et Al_4C_3. En déduire les conditions qui permettent d'obtenir l'aluminium par réduction de l'alumine par le carbone.

Conseils méthodologiques : Utiliser le savoir-faire 3. Le handicap de la carbothermie est la formation à hautes températures de *carbure parasite*. Ce problème étudie sa formation et optimise les conditions pour l'éviter.

A.1.a) La formation de l'alumine, ramenée à $\frac{1}{2}$ O_2, s'écrit :

$$(1) : \frac{2}{3} Al_{(s)} + \frac{1}{2} O_{2(g)} = \frac{1}{3} Al_2O_{3(s)}$$

Remarque : Attention à la *convention* utilisée ici : $\frac{1}{2}$ mol O_2.

b) D'après les données, selon l'approximation d'Ellingham :

$$\boxed{\Delta_r G_1^0 = -558\,000 + 104\,T} \quad (J \cdot mol^{-1}), \text{ pour } T \leqslant 933 \text{ K.}$$

$(\Delta_r G_1^0 = -461 \text{ kJ} \cdot mol^{-1}$ à $T = 933$ K$)$.

- Lorsque $T \geqslant 933$ K, Al est liquide : $\frac{2}{3} Al_{(\ell)} + \frac{1}{2} O_{2(g)} = \frac{1}{3} Al_2O_{3(s)}$ (1′)

$$\boxed{\Delta_r G_{1'}^0 = -565\,000 + 112\,T} \quad (J \cdot mol^{-1})$$

et $\Delta_r G_{1'}^0 = -461$ kJ · mol^{-1} à $T = 933$ K.

- On déduit le diagramme d'Ellingham (Fig. 25) en notant un changement de pente quasiment non visible. On attribue les domaines d'existence exclusive au métal et à son oxyde.

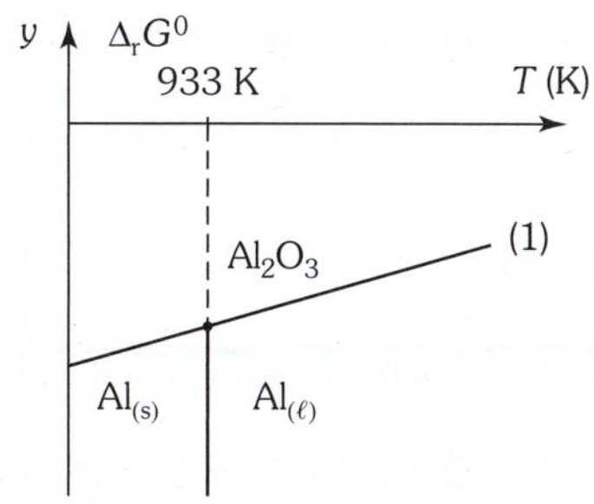

Figure 25

2. On s'intéresse désormais au couple CO/C.

$$C_{(s)} + \frac{1}{2} O_{2(g)} = CO_{(g)} \quad (2)$$

$$\boxed{\Delta_r G_2^0 = -110\,000 - 89\,T} \quad (J \cdot mol^{-1}).$$

On constate désormais que la pente est négative : $\Delta_r n_g = +\frac{1}{2} \Rightarrow$ désordre ↗.

Cela permet à la droite d'Ellingham de CO/C de couper celle de Al_2O_3/Al aux hautes températures (Fig.26).

$$\Delta_r G_1^0 = \Delta_r G_2^0 \Rightarrow \boxed{T_i = 2\,260 \text{ K}}.$$

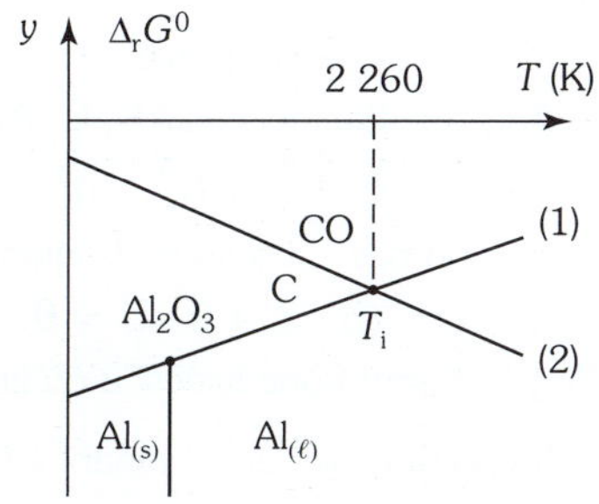

Figure 26

3. Le carbone peut réduire l'alumine selon :

$$\frac{1}{3}\,Al_2O_{3(s)} + C_{(s)} = \frac{2}{3}\,Al_{(\ell)} + CO_{(g)} \quad (R)$$

$$(R) = (2) - (1') \Rightarrow \Delta_r G^0_R = 455\,000 - 201T \ (J \cdot mol^{-1})$$ dont la température d'inversion est $T_i = 2\,260$ K.

La réaction (R) sera thermodynamiquement favorisée dans le sens $\overset{1}{\rightarrow}$ pour $T > T_i$ selon la règle d'Ellingham (droite de l'oxyde Al_2O_3 au-dessus de celle du réducteur C), mais elle ne sera pas totale car CO est gazeux.

$$\mathcal{A} = \mathcal{A}^0_{(T)} - RT\ln Q = -\Delta_r G^0_R - RT\ln\frac{P_{CO}}{P^0} = RT\ln\frac{(P_{CO})_{éq}}{P_{CO}}.$$

Pour la rendre totale, il suffit d'éliminer CO au fur et à mesure de sa formation. Ainsi, on a toujours $P_{CO} < (P_{CO})_{éq}$ et donc $\mathcal{A} > 0 \Rightarrow$ déplacement sens $\overset{1}{\rightarrow}$.

B.1. Considérons les deux réactions compétitives :

$$(3): \ Al_2O_{3(s)} + 3\,C_{(s)} = 2\,Al_{(\ell)} + 3\,CO_{(g)} \quad \text{et} \quad (4): \ 2Al_2O_{3(s)} + 9C_{(s)} = Al_4C_{3(s)} + 6CO_{(g)}$$

À l'aide des données, on obtient :

$$\Delta_r G^0_3 = 1\,366\,000 - 602\,T \ (J \cdot mol^{-1}) \quad \text{et} \quad \Delta_r G^0_4 = 2\,559\,000 - 1\,131 \ (J \cdot mol^{-1}).$$

En appliquant la LAM à chaque réaction, on obtient avec P_{CO} en bar :

$$\Delta_r G^0_3 = -RT\ln\left(\frac{P_{CO}}{P^0}\right)^3_{(3)} \Rightarrow \ln P_{CO\,(3)} = -\frac{\Delta_r G^0_3}{3RT}, \quad \text{soit :} \quad \boxed{\ln P_{CO\,(3)} = 24{,}2 - \frac{54\,800}{T}}.$$

$$\Delta_r G^0_4 = -RT\ln\left(\frac{P_{CO}}{P^0}\right)^6 \Rightarrow \ln P_{CO\,(4)} = -\frac{\Delta_r G^0_4}{6RT}, \quad \text{soit :} \quad \boxed{\ln P_{CO\,(4)} = 22{,}7 - \frac{51\,300}{T}}.$$

2. Raisonnons d'abord sur (3) : Fig. 27 ; si on se place à $P_{CO} > P_{CO\,(3)}$ qui représente la pression à l'équilibre pour (3) à T fixée ; on a :

$$\mathcal{A}_{(3)} = \mathcal{A}^0_{(3)} - RT\ln\left(\frac{P_{CO}}{P^0}\right)^3 = 3RT\ln\frac{P_{CO\,(3)}}{P_{CO}} \Rightarrow \mathcal{A}_{(3)} < 0.$$

L'évolution a lieu dans le sens $\overset{2}{\leftarrow}$, c'est-à-dire le sens de formation de Al_2O_3.

Dans le plan $\left(\frac{1}{T}, \ln P_{CO}\right)$, la droite (3) délimite deux domaines :

- au-dessus : domaine de Al_2O_3 ;
- au-dessous : domaine de Al.

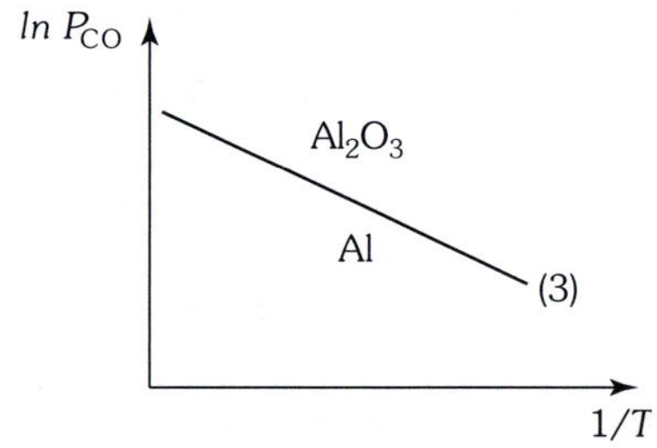

Figure 27

Par le même raisonnement, on obtient la figure 28, relative à (4).

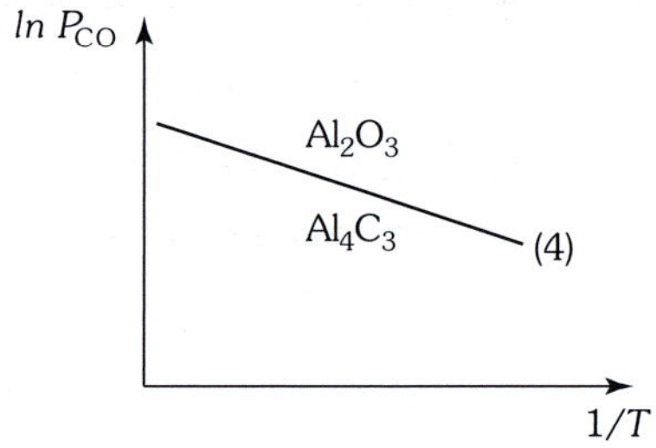

Figure 28

3.a) • Considérons le système $(3) \cup (4)$:

$$v = C + 2 - \varphi \text{ avec :}$$

- cinq constituants : Al_2O_3, C, Al, Al_4C_3, CO,
- deux LAM : K^0_3 et K^0_4 vérifiées au point d'intersection,
- cinq phases : 3 solides, 1 liquide, 1 gaz.

$$v = (5 - 2) + 2 - 5 = 0.$$

P_{CO} et T sont donc fixées, d'où la notion de point triple.

• Au point triple, en éliminant CO, coexistent : $3\,C_{(s)} + 4\,Al_{(\ell)} = Al_4C_{3(s)}$ $\quad (5) = (4) - 2(3)$.

Le calcul direct de la variance à ce niveau redonnerait $v = 0$.

b) On déduit : $\Delta_r G_5^0 = \Delta_r G_4^0 - 2\Delta_r G_3^0 \Rightarrow$ $\boxed{\Delta_r G_5^0 = -172\,600 + 73T}$ $J \cdot mol^{-1}$,

dont la température d'inversion, correspondant au point d'intersection, $\ln P_{CO(3)} = \ln P_{CO(4)}$, est de : $\boxed{T_0 = 2\,360 \text{ K}}$.

- L'équilibre, ne faisant intervenir que des phases condensées, impose $K^0 = 1$, soit d'après la LAM :

  $\Delta_r G^0 = -RT\ln K^0 = 0 \Rightarrow T = T_0$.

- L'équilibre (5) peut donc être représenté par une droite verticale : $\dfrac{1}{T} = \dfrac{1}{T_0}$, $\forall \ln P_{CO}$.

- Pour $T < T_0$, $\mathcal{A}_5 = -\Delta_r G_5^0 > 0 \Rightarrow$ évolution sens $\xrightarrow{1}$: Al_4C_3.

Nous pouvons ainsi attribuer le domaine de Al_4C_3 au demi-plan $\dfrac{1}{T} > \dfrac{1}{T_0}$.

c) D'où le diagramme complet : Fig. 29.

- Pour $T < T_0$, la réduction de l'alumine conduit au carbure d'aluminium, ce que l'on veut éviter.

- Il faut donc se placer à $T > T_0$ (soit $\dfrac{1}{T} < \dfrac{1}{T_0}$).

  $\boxed{T > 2\,360 \text{ K}}$.

Ce résultat est compatible avec celui de la 1re partie ($T > T_1 = 2\,260$ K). '

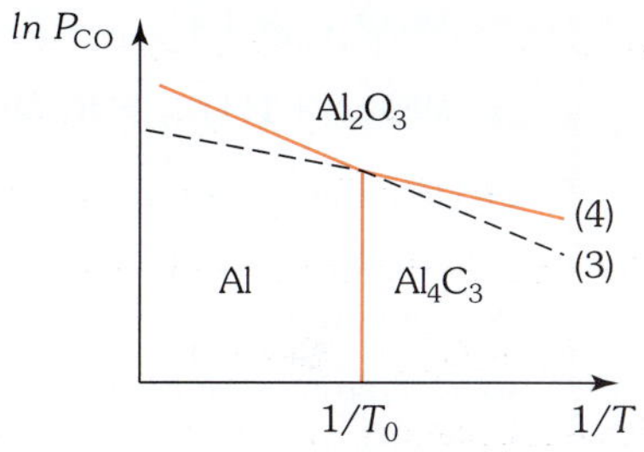

Figure 29

8. Métallurgie du tungstène ______ D'après Centrale-Supelec

Le diagramme d'Ellingham du tungstène et de ses oxydes (Fig. 30) fait intervenir les équilibres suivants :

($\Delta_r G^0$ en $kJ \cdot mol^{-1}$, avec T en K)

$$2\ W_{10}O_{29(s)} + O_{2(g)} = 20\ WO_{3(s)} \qquad \Delta_r G_6^0 = -620{,}78 + 267{,}47 \cdot 10^{-3}T \quad (6)$$

$$\frac{10}{3}\ W_4O_{11} + O_{2(g)} = \frac{4}{3}\ W_{10}O_{29(s)} \qquad \Delta_r G_7^0 = -668{,}24 + 307{,}32 \cdot 10^{-3}T \quad (7)$$

$$\frac{8}{3}\ WO_{2(s)} + O_{2(g)} = \frac{2}{3}\ W_4O_{11(s)} \qquad \Delta_r G_8^0 = -530{,}41 + 146{,}57 \cdot 10^{-3}T \quad (8)$$

$$W_{(s)} + O_{2(g)} = WO_{2(s)} \qquad \Delta_r G_9^0 = -584{,}76 + 175{,}04 \cdot 10^{-3}T \quad (9)$$

1. Généralités sur les diagrammes d'Ellingham

a) Quelles conditions doivent respecter les équations stœchiométriques des réactions étudiées ?

b) En quoi consiste l'approximation d'Ellingham ?

2. Formation de l'eau

$$2\ H_{2(g)} + O_{2(g)} = 2\ H_2O_{(g)} \qquad \Delta_r G_{10}^0 = -495{,}84 + 111{,}94 \cdot 10^{-3}T \quad (10)$$

La droite correspondante est tracée sur le diagramme de la figure 30.

a) Dans quelles conditions de pression et de température est-il *a priori* possible de réduire les oxydes du tungstène par le dihydrogène ?

b) Dans les équations des réductions successives des oxydes de tungstène par le dihydrogène écrites avec le même nombre stœchiométrique égal à 1 devant H_2 et H_2O, déterminer les nombres stœchiométriques α et β des oxydes de tungstène :

$$\alpha_{11}WO_{3(s)} + 1\ H_{2(g)} = \beta_{11}W_{10}O_{29(s)} + 1\ H_2O_{(g)} \quad (11)$$

$$\alpha_{12}W_{10}O_{29(s)} + 1\ H_{2(g)} = \beta_{12}W_4O_{11(s)} + 1\ H_2O_{(g)} \quad (12)$$

$$\alpha_{13}W_4O_{11(s)} + 1\ H_{2(g)} = \beta_{13}WO_{2(s)} + 1H_2O_{(g)} \quad (13)$$

$$\alpha_{14}WO_{2(s)} + 1H_{2(g)} = \beta_{14}W_{(s)} + 1\ H_2O_{(g)} \quad (14)$$

c) Déterminer l'expression de l'enthalpie libre standard de la réaction (12) $\Delta_r G^0_{12}$ en fonction de la température.

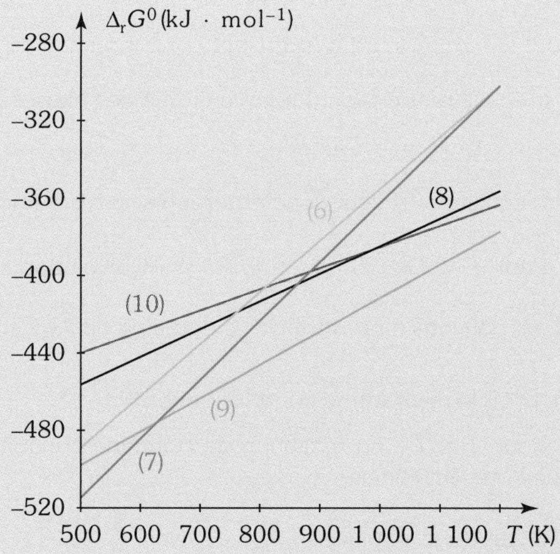

Figure 30

3. La variance

a) Définir la variance d'un système en équilibre et la calculer lorsqu'un seul des équilibres précédents (11) à (14) est établi.

b) Ces équilibres sont-ils sensibles à une modification de la pression totale P ? Conclure.

c) À température fixée, ces équilibres peuvent-ils être simultanés ? Combien de phases solides peuvent-elles coexister ?

4. Diagramme $\log K = f\left(\frac{1}{T}\right)$

a) Les droites $\log(K) = f\left(\frac{1}{T}\right)$ sont tracées pour les équilibres (11), (13) et (14). Donner l'expression numérique correspondant à l'équilibre (12) et tracer la droite sur le diagramme joint à l'énoncé (annexe à rendre avec la copie, Fig. 31).

b) Si l'on introduit dans un réacteur initialement vide, les oxydes $WO_{3(s)}$ et $W_{10}O_{29(s)}$, de la vapeur d'eau et du dihydrogène de telle sorte que le quotient de réaction $Q = \dfrac{P(H_2O)}{P(H_2)}$ ait constamment une valeur supérieure à celle qu'il doit avoir si l'équilibre (11) est réalisé à la température T, quel est le signe de l'affinité chimique du système vis-à-vis de la réaction (11) ? Que se passe-t-il alors ? Quel est l'oxyde stable ?

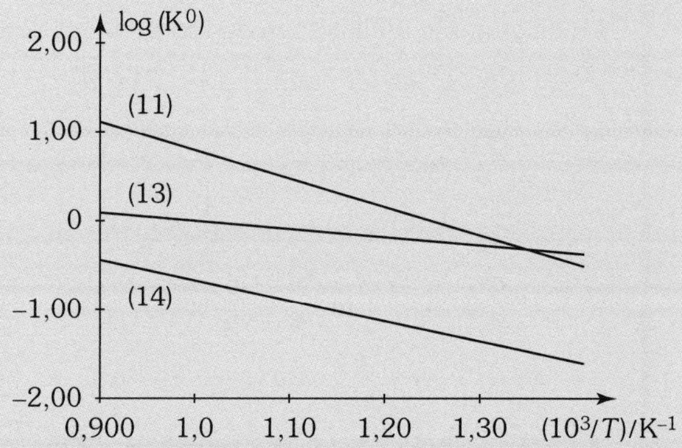

Figure 31

c) Attribuer une espèce stable à chacun des domaines délimités par les droites sur la figure 2 de l'annexe jointe. Montrer qu'un des oxydes se dismute. Lequel ? Écrire l'équation de la réaction de dismutation. Sans calcul, corriger le diagramme dans cette partie en traçant approximativement une demi-droite supplémentaire et en rayant les parties devenues inutiles.

d) La réduction d'un minérai contenant l'oxyde $WO_{3(s)}$ par le dihydrogène s'opère généralement vers 750 K. Décrire les différentes étapes du processus. Comment varie le rapport $\dfrac{P(H_2O)}{P(H_2)}$ au fur et à mesure de l'introduction du dihydrogène (seule une étude qualitative est demandée) ?

Conseils méthodologiques : Utiliser les savoir-faire 2 et 3. L'énoncé nous propose au **4.** une *autre forme de diagramme de stabilité*, $\log K^0 = f\left(\frac{1}{T}\right)$, mais sa lecture se fait de la même manière qu'un diagramme d'Ellingham. Un *point de fonctionnement* correspond à $\left(\log Q, \frac{1}{T}\right)$.

1.a) Les équations sont toutes ramenées à *une même quantité* de dioxygène : ici, une mole de O_2.

b) *L'approximation d'Ellingham* consiste à supposer $\Delta_r H^0$ et $\Delta_r S^0$ indépendantes de la température, en l'absence de changement d'état.

2.a) Le dihydrogène est un réducteur gazeux. La réduction des divers oxydes de tungstène est *thermodynamiquement favorisée* ($K^0_{(T)} > 1$) lorsque la droite du couple H_2O/H_2 *se situe sous celles des* oxydes dans le diagramme d'Ellingham. Prenons l'exemple du couple (6) : $2\ W_{10}O_{29(s)} + O_{2(g)} = 20\ WO_{3(s)}$. Le point d'intersection avec le couple (10) (lu graphiquement) est de l'ordre de $810\ K = T_i$. Pour $T > 810$ K, la réduction est favorisée.

Remarquons que du fait de *l'existence de phases gazeuses* ($H_{2(g)}$, $H_2O_{(g)}$), la réduction est *également possible* pour $T < T_i$: il suffit alors de jouer sur le rapport $\frac{P_{H_2}}{P_{H_2O}}$ pour rendre l'affinité positive (mettre le réducteur *en excès*).

b) Il suffit d'effectuer une combinaison linéaire de (10) avec successivement (6), (7), (8) et (9) :

$$\frac{1}{2}[(10)-(6)] = (11) : \ 10\ WO_{3(s)} + H_{2(g)} = W_{10}O_{29(s)} + H_2O_{(g)}$$

$$\frac{1}{2}[(10)-(7)] = (12) : \ \frac{2}{3}\ W_{10}O_{29(s)} + H_{2(g)} = \frac{5}{3}\ W_4O_{11(s)} + H_2O_{(g)}$$

$$\frac{1}{2}[(10)-(8)] = (13) : \ \frac{1}{3}\ W_4O_{11(s)} + H_{2(g)} = \frac{4}{3}\ WO_{2(s)} + H_2O_{(g)}$$

$$\frac{1}{2}[(10)-(9)] = (14) : \ \frac{1}{2}\ WO_{2(s)} + H_{2(g)} = \frac{1}{2}\ W_{(s)} + H_2O_{(g)}$$

c) Pour la réaction (12) : $\Delta_r G^0_{12} = \frac{1}{2}(\Delta_r G^0_{10} - \Delta_r G^0_7)$.

$$\boxed{\Delta_r G^0_{12} = 82{,}20 - 97{,}63 \cdot 10^{-3} T}$$ (en $kJ \cdot mol^{-1}$).

Remarque :
On vérifie $\Delta_r G^0_{12} = 0$ pour $T = 883$ K, soit le point $(7) \cap (10)$.

3.a) Le *variance* correspond au nombre de paramètres intensifs indépendants que l'opérateur peut fixer librement pour déterminer totalement l'état d'équilibre du système.
Pour l'équilibre (11) par exemple : $v = C + 2 - \varphi = (4-1) + 2 - 3 = 2$. L'opérateur peut choisir T et P.

b) On constate que $\Delta_r n_{gaz} = 0$. La pression totale P n'est *pas un facteur d'équilibre*.
La variance réduite est $v' = 1$: choix de T, $\forall P$. L'état d'équilibre *ne dépend que de la température*.

c) Nous remarquons que pour chaque équilibre : $K^0_i(T) = \left(\frac{P_{H_2O}}{P_{H_2}}\right)_{éq}$.

- Si l'on fixe la température, on fixe donc le rapport des pressions partielles à l'équilibre. Deux équilibres (i) et (j) ne peuvent être *simultanés* que si $K^0_i(T) = K^0_j(T)$, c'est-à-dire à la *seule température* T_{ij} (si elle existe) où $\Delta_r G^0_{(i)} = \Delta_r G^0_{(j)}$.
- Si deux équilibres ont lieu simultanément à T_{ij}, en éliminant $H_{2(g)}$ et $H_2O_{(g)}$ entre les deux équations, on obtient :

$$(11)-(12) : \ 10\ WO_{3(s)} + \frac{5}{3}\ W_4O_{11(s)} = \frac{5}{3}\ W_{10}O_{29(s)}$$

soit un équilibre *triphasé* de variance $v = C + 2 - \varphi = (3-1) + 2 - 3 = 1$, soit $v' = 0$. La température est prédéterminée à $T_{ij} = T_{(11)\cap(12)}$. En dehors de cette température, il y a rupture d'équilibre.

4.a) Nous avons établi au **2.b)** que :

$$\Delta_r G_{12}^0 = 86{,}20 - 97{,}63\ 10^{-3} T \text{ (en kJ · mol}^{-1}\text{)}.$$

D'après la relation $\Delta_r G_{(T)}^0 + RT \ln K_{(T)}^0 = 0$,

$$\log K_{12}^0 = \frac{\ln K_{12}^0}{\ln 10} = -\frac{\Delta_r G_{12}^0}{2{,}3RT} \Rightarrow \boxed{\log K_{12}^0 = 4{,}89 - 4{,}50 \frac{10^3}{T}}.$$

On trace cette droite sur la figure 32.

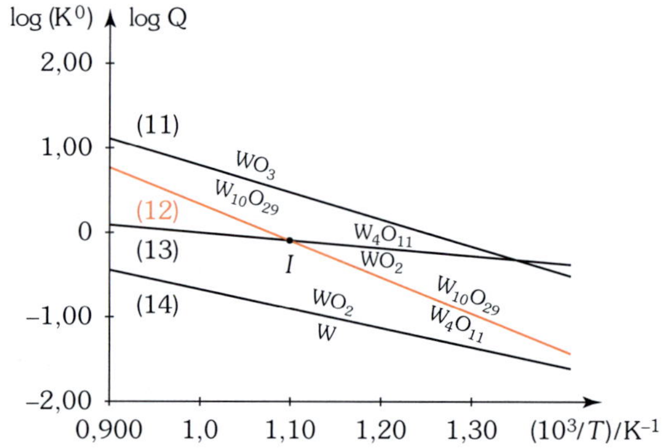

Figure 32

b) On étudie l'équilibre (11) :

$$10\ WO_{3(s)} + H_{2(g)} = W_{10}O_{29(s)} + H_2O_{(g)}.$$

L'affinité du système en réaction s'exprime selon :

$$\mathcal{A}_{11} = \mathcal{A}_{11}^0 - RT \ln Q_{11} = RT \ln \frac{K_{11}^0}{Q_{11}}, \text{ avec } Q_{11} = \frac{P_{H_2O}}{P_{H_2}} > K_{11}^0.$$

Il en résulte : $\mathcal{A}_{11} < 0 \Rightarrow$ déplacement dans le sens $\overset{2}{\leftarrow}$.

Si l'on maintient *constamment* cette condition, il y a consommation totale de l'oxyde $W_{10}O_{29(s)}$ et *rupture d'équilibre*. L'oxyde stable est le plus oxydé : $WO_{3(s)}$.

c) Si l'on change l'ordonnée $\log K^0$ en $\log Q$, chacun des points du diagramme a désormais un *sens physique*.

- Les droites correspondent aux équilibres : $Q = K_{(T)}^0$.
- Pour un point M de *fonctionnement* au-dessus de la droite d'équilibre : $Q > K^0 \Rightarrow \mathcal{A} < 0 \Rightarrow$ *rupture* sens $\overset{2}{\leftarrow}$ et domaine de la forme la plus oxydée. On place ainsi tous les oxydes sur la figure précédente.
- On constate que l'oxyde $W_4O_{11(s)}$ a des *domaines d'existence disjoints* pour $T > T_I$. Il ne peut donc exister dans ces conditions et *se dismute* :

$$(13) - (12) = (15) : 2\ W_4O_{11(s)} = \frac{4}{3}\ WO_{2(s)} + \frac{2}{3}\ W_{10}O_{29(s)}$$

Il apparaît une nouvelle droite (15) qui se situe entre (12) et (13) que l'on doit éliminer pour $T < T_I$ (Fig. 33). On place alors tous les domaines.

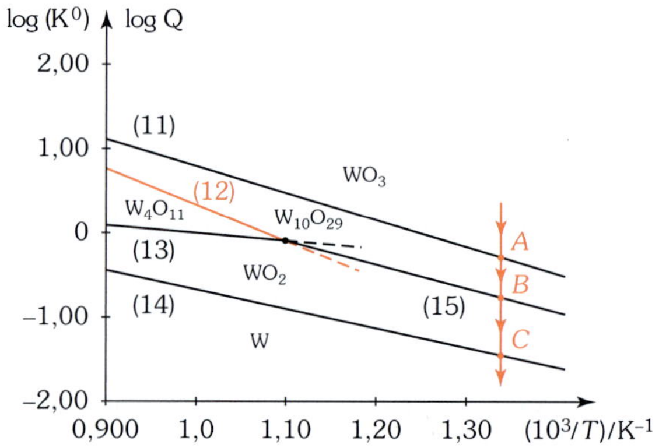

Figure 33

d) Le minerai correspond à la forme la plus oxydée $WO_{3(s)}$.

En traçant une verticale pour $T = 750$ K, soit : $\frac{1}{T} = 1{,}33\ 10^{-3}$ K^{-1}, nous constatons que nous effectuerons successivement :

$$WO_{3(s)} \xrightarrow{A} W_{10}O_{29(s)} \xrightarrow{B} WO_{2(s)} \xrightarrow{C} W_{(s)}.$$

L'ajout de $H_{2(g)}$ fait diminuer $\log Q = \log \frac{P_{H_2O}}{P_{H_2}}$ jusqu'à atteindre le point B, où se produit une nouvelle réduction et ainsi de suite jusqu'à l'obtention de tungstène (Fig. 34).

Les paliers correspondent aux équilibres, les portions curvilignes au système hors équilibres.

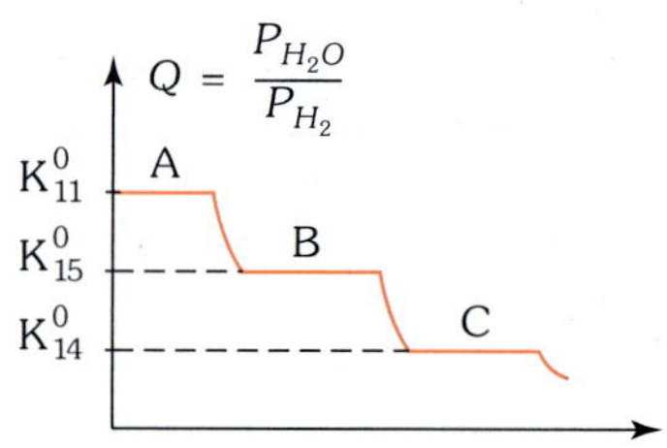

Figure 34

CHAPITRE 5

Thermodynamique Redox – Diagrammes E-pH

Le cours en questions

1 ■ Rappels : couples redox et cellules électrochimiques

Le lecteur peut se reporter au chapitre « *Équilibres d'oxydo-réduction* » de M & A chimie 1re année.

1.1 Comment définir les transferts électroniques ?

- **Couple redox Ox/Red** :

$$\alpha\ \mathrm{Ox} + ne^- \underset{\text{oxydation}}{\overset{\text{réduction}}{=}} \beta\ \mathrm{Red}\ .$$

- **Équilibre d'oxydo-réduction** :

– Soit *en solution* : il met en jeu deux couples :

$$\alpha_1\,\mathrm{Ox}_1 + \beta_2\,\mathrm{Red}_2 \rightleftharpoons \beta_1\,\mathrm{Red}_1 + \alpha_2\,\mathrm{Ox}_2\,.$$

Il y a transformation d'énergie chimique en énergie thermique (réaction *spontanée*).

– Soit *dans une cellule électrochimique* : le transfert d'électrons se fait à travers un circuit électrique extérieur.

Il y a transformation d'énergie chimique en énergie électrique (réaction *spontanée* ⇔ *pile en mode générateur*) ou réciproquement (réaction *forcée* ⇔ cellule réceptrice ou *électrolyseur*).

Pour équilibrer une équation redox, on utilise *l'outil nombre d'oxydation :*
molécule : Σn.o. = 0,
ion : Σn.o. = nbre de charge
avec usuellement n.o.(H) = +I, n.o.(O) = –II sauf exceptions.

L'électron *ne peut exister* à l'état libre en solution aqueuse.

Les demi-piles sont reliées par une *paroi poreuse* ou un *pont salin*.

Exemple : Pile Daniell
⊖ $Zn_{(s)}$ | $ZnSO_4$ ⁞⁞ $CuSO_4$ | $Cu_{(s)}$ ⊕.
La fermeture sur une résistance impose un fonctionnement *générateur* (Fig. 1).
Le courant I sort de la borne ⊕

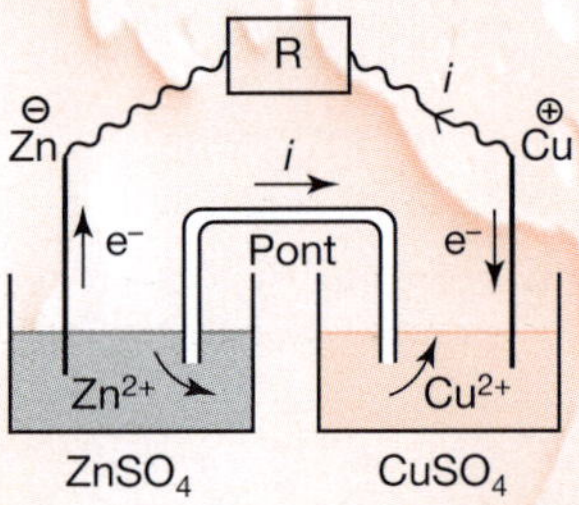

Figure 1

En pratique, on utilise, comme électrode de référence, *l'électrode au calomel saturé* (ECS) qui a un potentiel de l'ordre de +0,25 V/ESH.

$Hg_{(\ell)}|Hg_2Cl_{2(s)}|KCl_{sat}$.

Le *faraday* correspond à :

$F = N_A e = 96\,500\ C \cdot mol^{-1}$.

On vérifie :

$\Delta E > 0 \Leftrightarrow \mathscr{A} > 0 \Leftrightarrow$

réaction spontanée sens $\xrightarrow{1}$.

1.2 Comment fonctionnent les cellules électrochimiques ?

- **Association de deux demi-piles** : une demi-pile est constituée par une électrode métallique au contact de l'un de ses ions ($Ag_{(s)}$ | Ag^+) ou d'un couple redox ($Pt_{(s)}$ | Fe^{3+}, Fe^{2+}).
- **Réactions aux électrodes** : une demi-pile a deux modes de fonctionnement.

– Soit *oxydation anodique* : $\beta\,\text{Red} \rightarrow \alpha\,\text{Ox} + ne^-$.

– Soit *réduction cathodique* : $\alpha\,\text{Ox} + ne^- \rightarrow \beta\,\text{Red}$.

- **Fonctionnement de la cellule électrochimique** :

	Pile	*Électrolyseur*
mode	générateur	récepteur
cathode	réduction au pôle ⊕	réduction au pôle ⊖
anode	oxydation au pôle ⊖	oxydation au pôle ⊕

On définit la *f.é.m. de la cellule électrochimique* par :

$$e_{pile} = \Delta E = E_{\oplus} - E_{\ominus}$$ avec *E potentiel d'électrode*.

On peut mesurer ΔE à l'aide d'un voltmètre numérique.
Le choix d'une *électrode de référence* (ESH : Pt | $H_{2(g)}$, $P^0 = 1$ bar | H^+_{aq}, $C^0 = 1\ mol \cdot L^{-1}$) permet en posant $E_{ESH} = 0{,}00$ V de mesurer les potentiels d'électrode.

2 ■ Thermodynamique

2.1 Quelle est la relation entre la f.é.m. d'une pile et l'affinité chimique de la réaction associée ?

- **Pile électrochimique réversible** : pour un fonctionnement générateur à courant quasi-nul (critère de réversibilité), à T et P fixées :

$$dG_{[T,P]} = \delta W_{el} = -dq\,\Delta E \quad < 0,$$

où dq est la charge positive *transférée* lors d'une évolution élémentaire $d\xi$ de la réaction échangeant n moles d'électrons.

$$dq = n(N_A e)\,d\xi = nF\,d\xi.$$

- **Affinité de réaction** : dans le même temps, l'enthalpie libre du système chimique a varié de : $dG_{[T,P]} = \Delta_r G\,d\xi = -\mathscr{A}\,d\xi$.

D'où la correspondance :

$$\Delta_r G = -\mathscr{A} = -nF\Delta E = -nFe_{pile}.$$

2.2 Comment déduire l'expression de la f.é.m. d'une pile ?

- **Conditions standard** : f.é.m. standard $e^0_{(T)}$

$$\Delta_r G^0_{(T)} = -\mathcal{A}^0_{(T)} = -nFe^0_{(T)} .$$

- **Pile en fonctionnement** :

$$\mathcal{A} = \mathcal{A}^0_{(T)} - RT\ln Q \Rightarrow e_{\text{pile}} = e^0_{(T)} - \frac{RT}{nF}\ln Q.$$

$$e_{\text{pile}} = e^0_{(298)} - \frac{0{,}06}{n}\log Q \quad \text{à 25 °C} = 298\text{ K}.$$

Lorsque la pile cesse de débiter $(\Delta E = 0)$, le système est à *l'équilibre* :

$$e^0_{(298)} = E^0_{\oplus} - E^0_{\ominus} = \frac{0{,}06}{n}\log K^0_{(298)} .$$

On pose *usuellement* :

$$\frac{2{,}3RT}{F} = 0{,}06\text{ V à 25 °C}.$$

Erreur à éviter :

Dans un énoncé qui donne une précision au mV, il faut prendre 0,059 V.

2.3 Comment déduire la formule de Nernst du potentiel d'électrode ?

On sépare $e_{\text{pile}} = \Delta E$ en deux termes relatifs à chaque couple redox.

- **Conditions standard** : potentiel redox standard $E^0_{(\text{Ox/Red})}$:

$$\alpha\ \text{Ox} + ne^- = \beta\ \text{Red} \qquad \Delta_r G^0_{(\text{Ox/Red})} = -nFE^0_{(\text{Ox/Red})} .$$

- **Influence des concentrations** :

$$E = E^0_{(\text{Ox/Red})} + \frac{RT}{nF}\ln\frac{a^{\alpha}_{\text{Ox}}}{a^{\beta}_{\text{Red}}}, \quad \text{avec } a_i \text{ activité.}$$

À 25 °C = 298 K, $$E = E^0 + \frac{0{,}06}{n}\log\frac{a^{\alpha}_{\text{Ox}}}{a^{\beta}_{\text{Red}}} .$$

Erreur à éviter :

Pour la réaction écrite en *sens inverse* :

$$\beta\ \text{Red} = \alpha\ \text{Ox} + ne^-$$

$$\Delta_r G^0 = +nFE^0_{(\text{Ox/Red})}.$$

Par contre, la formule du potentiel d'un couple est *indépendante* du sens de la transformation.

2.4 Comment définir la notion de potentiel redox d'une solution ?

- **Unicité du potentiel** : si plusieurs couples sont présents en solution, le système évolue spontanément pour que tous les couples aient le *même potentiel d'électrode à l'équilibre*.

$$\mathcal{A}\,d\xi > 0 \Leftrightarrow (E_2 - E_1)\,d\xi > 0$$

$$\text{équilibre } \mathcal{A}_{\text{eq}} = 0 \Leftrightarrow \quad E_{2,\text{eq}} = E_{1,\text{eq}} = E_{\text{solution}} .$$

- **Formule de Nernst** : le potentiel de la solution se déduit de la formule de Nernst appliquée à tout couple redox à l'équilibre.

Pour mesurer ce potentiel, il suffirait de plonger une *électrode de platine* et une ESH.

2.5 Quel est l'intérêt de l'échelle des E^0 ?

• **Prévision des réactions favorisées** : règle du *gamma* donnant $K^0 > 1$ (Fig. 2).

• **Calcul d'un nouvel E^0**, à partir de $\Delta_r G^0 = -nFE^0$, par la *relation barycentrique* : $(c-a)\,E^0_{c/a} = (b-a)\,E^0_{b/a} + (c-b)\,E^0_{c/b}$

avec a, b, c nombres d'oxydation d'un même élément.

• **Déplacement d'un E^0 par précipitation ou complexation** : il suffit de superposer les diverses équations chimiques ($\Delta_r G^0 = -RT\ln K^0$) ou demi-équations redox ($\Delta_r G^0 = -nFE^0$) pour calculer le nouvel E^0. On peut ainsi *inverser* le sens de certaines réactions (Fig. 3) : l'argent est attaqué par les acides en milieu iodure.

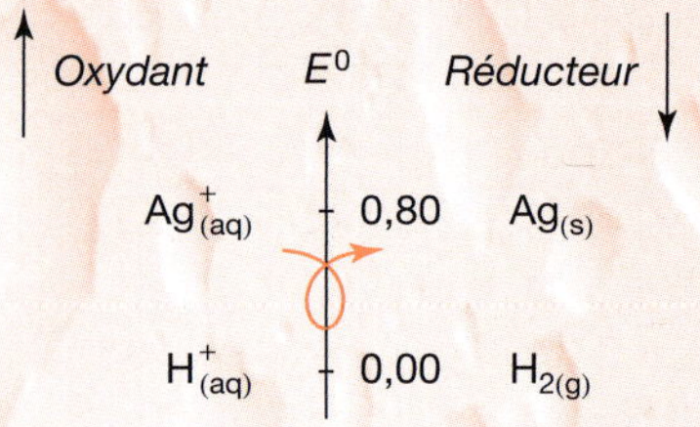

Figure 2

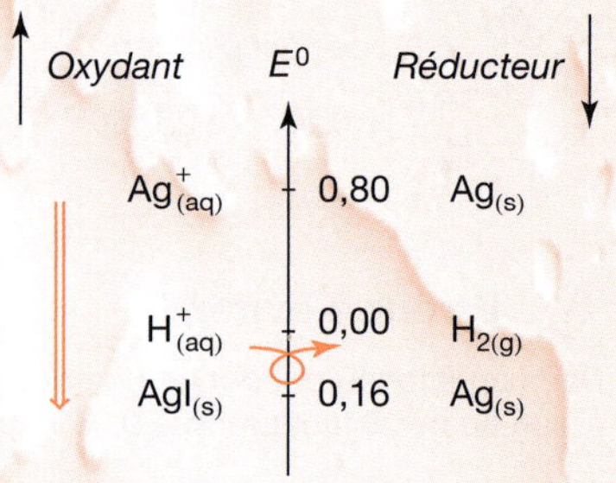

Figure 3

3 ▬ Diagrammes potentiel – pH

3.1 Préciser les conventions d'établissement des diagrammes de prédominance ou d'existence pour un couple redox.

• **Cas de $Fe^{3+}_{(aq)}/Fe^{2+}_{(aq)}$** : Fe^{3+} *prédomine* si $[Fe^{3+}] > [Fe^{2+}]$, soit si : $E > E^0$ (Fig. 4).

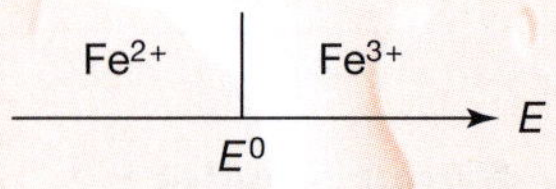

Figure 4

Erreur à éviter :

Lire attentivement l'énoncé pour voir la convention choisie.

• **Cas de $Br_{2(aq)}/Br^-_{(aq)}$** : il y a deux conventions possibles pour la *prédominance* :

– *Convention* (1) : chaque forme a une concentration à la frontière égale à une concentration arbitraire de tracé C_f

$$Br_2 + 2e^- = 2\,Br^- \quad E_f = E^0 + \frac{0{,}06}{2}\log\frac{C_f}{C_f^2} = E^0 - 0{,}03\,\log C_f.$$

La frontière dépend du *choix* de C_f.

– *Convention* (2) : la concentration *totale en élément* Br est fixée à C_f et à la frontière, il y a équirépartition de l'élément entre les 2 n.o.

$$C_f = 2[Br_2] + [Br^-] \text{ et à la frontière (Fig. 5) :}$$

$$[Br^0] = [Br^{-I}] \quad \text{soit : } 2[Br_2] = [Br^-] = \frac{C_f}{2}$$

$$E_f = E^0 + \frac{0{,}06}{2}\log\frac{\frac{C_f}{4}}{\left(\frac{C_f}{2}\right)^2} = E^0 - 0{,}03\,\log C_f.$$

C'est un *hasard* si les deux conventions donnent la même frontière.

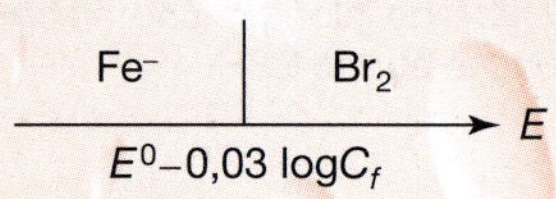

Figure 5

• **Cas de $Fe^{2+}_{(aq)}/Fe_{(s)}$** : la frontière traduit pour $[Fe^{2+}]_0 = C_f$ *fixée*, l'apparition de $Fe_{(s)}$:

$$E_f = E^0 + \frac{0{,}06}{2}\log C_f \;;\quad \text{si } E \leqslant E_f : \textit{domaine d'existence} \text{ du fer.}$$

REMARQUE. – Dans le cas d'une espèce gazeuse, on choisit arbitrairement une *pression de tracé* (en général, $P = P^0 = 1$ bar).

3.2 Comment établir un diagramme potentiel – pH ?

• **Un diagramme *E*-pH** définit les domaines de prédominance ou d'existence des diverses formes de l'élément étudié dans le plan (E, pH).

• **Méthode de construction** :

– *choix* des espèces étudiées : *classer* selon n.o. de l'élément étudié ;

– *recherche* des données (E^0, pK_A, pK_s, $\log\beta_n$) ; *lecture* des conventions (C_f) ;

– détermination des domaines de *prédominance* (ou *d'existence* en cas de précipités) acido-basiques selon pK_A (ou pH de précipitation) ;

– étude par couple de n.o. *successifs* : équation redox puis formule de *Nernst*, selon zone de pH ;

– 1er tracé d'un diagramme : recherche des *dismutations* éventuelles (DP ou DE disjoints pour une même espèce) conduisant à un nouveau couple à étudier ;

– *diagramme final* avec attribution des domaines thermodynamiquement *stables*.

3.3 Comment lire un diagramme potentiel – pH ?

• **La donnée d'un diagramme** se traduit par les questions suivantes :

– attribution de domaines ;

– lecture graphique de E^0, pK_A, pK_s, $\log\beta_n$;

– vérification de pentes.

• **La superposition de deux diagrammes** permet de prévoir les réactions *spontanées* (DP disjoints). Notamment la superposition *du diagramme de l'eau solvant* (Fig. 7) permet de visualiser la stabilité dans l'eau, dans les acides ou les bases. Un métal est *corrodé* lorsqu'il est oxydé en une *forme soluble*.

On construit de même par analogie des E-pL (avec L ligand).

Exemple : *E*-pH du fer (Fig. 6) :

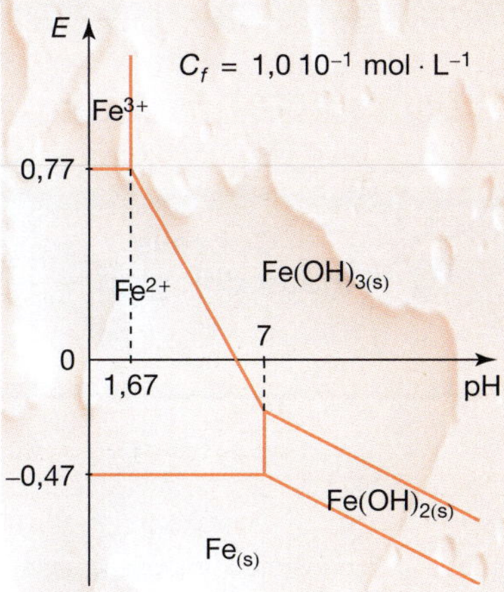

Figure 6

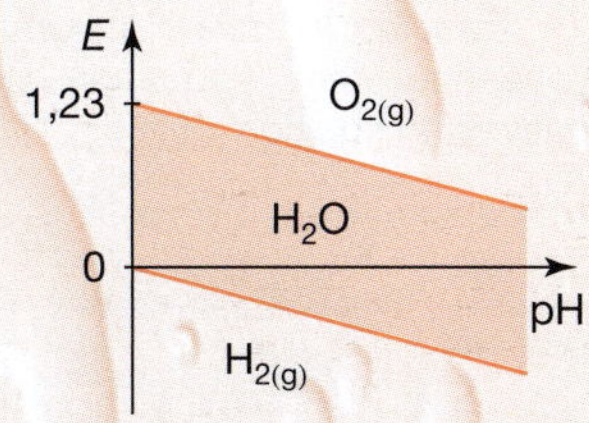

$P = P^0 = 1$ bar.

Figure 7

4 ■ Hydrométallurgie

4.1 Comment définir l'hydrométallurgie ?

Il s'agit de l'*obtention d'un métal* à partir de son minerai (souvent un oxyde) par des techniques de séparation des impuretés et de réduction en solution aqueuse.

Exemple : ZnO impur $\xrightarrow[\text{préparation}]{}$ Zn^{2+} $\xrightarrow[\text{électrolyse}]{}$ $Zn_{(s)}$.

4.2 Que signifient les termes lixiviation ou cémentation d'origine industrielle ?

On les rencontre dans la phase de préparation :

• **Lixiviation** : attaque d'un minerai par une solution aqueuse (acide ou basique) conduisant à *sa solubilisation* (apparition des cations métalliques).

Exemple de *l'hydrométallurgie du zinc*.

• *Minerai* : $ZnS_{(s)}$ transformé par grillage en $ZnO_{(s)}$.

• *Lixiviation acide* : attaque par $H_2SO_4 \Rightarrow Zn^{2+}$ + impuretés.

• *Précipitation sélective* de certaines impuretés (rôle du pH).

• *Cémentation* : ajout de poudre de zinc éliminant les métaux moins électropositifs :

$Cu^{2+} + Zn_{(s)} \longrightarrow Cu_{(s)} + Zn^{2+}$.

• *Électrolyse* :

$Zn^{2+} + 2e^- \longrightarrow Zn_{(s)}$ pur.

• **Cémentation** : dans une solution électrolytique contenant des impuretés métalliques, on élimine certains cations métalliques par *réduction par un métal* (dépôt métallique = cément éliminé par filtration). Le métal choisi est celui que l'on veut préparer.

REMARQUE. – L'électrolyse est étudiée dans le prochain chapitre.

Les savoir-faire clefs

Conseils méthodologiques

1.1.a) Un générateur impose le sens du courant au circuit extérieur. Il y a donc *réduction* au pôle ⊕ (*cathode*).

1.1.b) Traduire le *milieu chlorure*, et l'absence dans l'équation-bilan d'espèces en solution.

1.2.a) Utiliser la *relation fondamentale :*

$dG_{[T,\,P]} = \delta W_{el} \Rightarrow \Delta_r G = -nFe_{pile}$.

1.2.b) Utiliser la relation du cours de thermochimie :

$$\Delta_r S^0 = -\frac{d(\Delta_r G^0)}{dT}.$$

1.2.c) Utiliser la *loi de Hess*.

1 ■ Savoir réaliser l'étude thermodynamique d'une pile.

1.1 Fonctionnement de la pile

On réalise la pile suivante :

$$\ominus\ Ag_{(s)}\,|\,AgCl_{(s)}\,|\,KCl\ 0{,}10\ mol\cdot L^{-1}\,|\,Hg_2Cl_2\,|\,Hg_{(\ell)}\ \oplus.$$

a) Schématiser cette pile. Préciser le sens du courant, du mouvement des électrons, des ions libres dans un mode générateur. Écrire les équations aux électrodes.

b) Déduire l'équation-bilan. Montrer que la f.é.m. ne dépend que de la température.

1.2 Étude des grandeurs standard de réaction

On mesure à 25 °C = 298 K la f.é.m. $e^0 = 46$ mV et sur un certain intervalle de température le coefficient de température :

$$k = \frac{de}{dT} = 0{,}346\ mV\cdot K^{-1}.$$

On donne $\frac{2{,}3\,RT}{F} = 0{,}059$ V et 1 F = 96 500 C · mol⁻¹.

a) Calculer l'enthalpie libre standard et l'affinité chimique standard de la réaction de fonctionnement de la pile à 25 °C.

b) Calculer l'entropie standard et l'enthalpie standard de réaction dans le modèle d'Ellingham.

c) En déduire l'entropie molaire standard et l'enthalpie de formation standard du calomel $Hg_2Cl_{2(s)}$ à 25 °C.

Données à 25 °C :

	$Ag_{(s)}$	$AgCl_{(s)}$	$Hg_{(\ell)}$
$\Delta_f H^0$ (kJ · mol⁻¹)	0	–127,1	0
S^0_m (J · K⁻¹ · mol⁻¹)	42,6	96,2	76,0

1.1. a) Dans une pile en fonctionnement générateur, le courant sort de la borne ⊕ vers le circuit extérieur, et les électrons arrivent au ⊕, où il se produit une réduction cathodique (Fig. 8).

$$\oplus : \; Hg_2^{2+} + 2e^- = 2\,Hg_{(\ell)}.$$

Comme on se trouve en milieu chlorure :

$$Hg_2Cl_{2(s)} + 2e^- = 2\,Hg_{(\ell)} + 2\,Cl^-.$$

De même, au pôle ⊖, se produit une oxydation anodique en milieu chlorure :

$$\ominus : \; Ag_{(s)} = Ag^+ + e^-$$

$$Ag_{(s)} + Cl^- = AgCl_{(s)} + e^-.$$

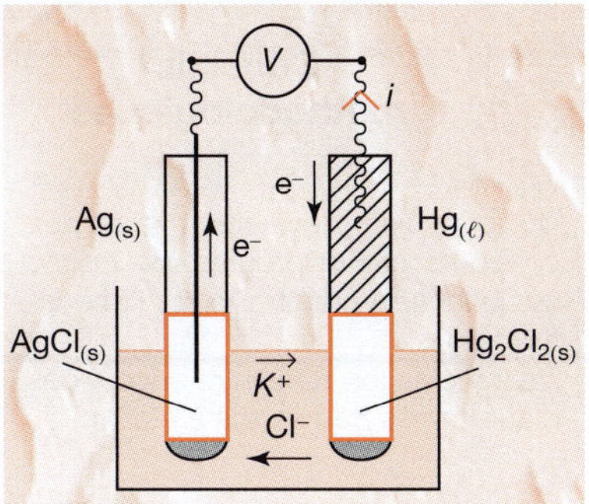

Figure 8

b) L'équation bilan de la pile ne fait intervenir que des espèces seules dans leur phase ($a_i = 1$).

$$2\,Ag_{(s)} + Hg_2Cl_{2(s)} = 2\,AgCl_{(s)} + 2\,Hg_{(\ell)}.$$

Le quotient réactionnel Q vaut 1, à tout instant de fonctionnement. Il en résulte que :

$$\boxed{e = e^0_{(T)} - \frac{RT}{nF}\ln Q = e^0_{(T)}}.$$

1.2. a) *Le bilan énergétique* de la pile se traduit par :

$$\boxed{\Delta_r G^0_{(T)} = -\mathscr{A}^0_{(T)} = -nFe^0_{(T)}}, \quad \text{avec } n = 2.$$

À 25 °C, on trouve : $\Delta_r G^0_{(298)} = -\mathscr{A}^0 = -8{,}88\ \text{kJ}\cdot\text{mol}^{-1}$.

On vérifie :

$$\mathscr{A} = \mathscr{A}^0_{(T)} - RT\ln Q$$

$$= \mathscr{A}^0 > 0, \text{ spontanée sens } \xrightarrow{1}.$$

b) *Dans le modèle d'Ellingham*, l'enthalpie et l'entropie standard sont indépendantes de la température, ce qui suppose que l'enthalpie libre standard donc la f.é.m. sont des *fonctions affines* de *T*.

ou $\Delta_rG^0 = \Delta_rH^0 - T\Delta_rS$ (manuscrit)

- *Entropie standard de réaction* :

$$\Delta_r S^0 = -\frac{d\Delta_r G^0}{dT} = \frac{d\mathscr{A}^0}{dT} = \boxed{+nF\frac{de^0_{(T)}}{dT} = +nFk}.$$

- *Enthalpie standard de réaction* :

$$\Delta_r G^0_{(T)} = \Delta_r H^0 - T\Delta_r S^0 \;\Rightarrow\; \boxed{\Delta_r H^0 = -nF\left(e^0_{(T)} - T\frac{de^0_{(T)}}{dT}\right)}.$$

L'application numérique à 298 K donne :

$$\Delta_r S^0 = 66{,}8\ \text{J}\cdot\text{K}^{-1}\ \text{mol}^{-1} \quad \text{et} \quad \Delta_r H^0 = 11{,}0\ \text{kJ}\cdot\text{mol}^{-1}.$$

Modèle d'Ellingham

$$\Delta_r G^0_{(T)} = \Delta_r H^0 - T\Delta_r S^0$$

$$\text{ou } e^0 = -\frac{\Delta_r H^0}{nF} + T\frac{\Delta_r S^0}{nF}.$$

L'énoncé nous a donné $\frac{de^0_{(T)}}{dT} = k$ indépendant de *T*, ce qui confirme le *modèle choisi*.

c) On trouve les grandeurs standard du calomel en utilisant la *loi de Hess* :

- $\Delta_r H^0 = \sum_i \nu_i \Delta_f H^0_i \Rightarrow \Delta_r H^0 = 2\Delta_f H^0(AgCl_{(s)}) - \Delta_f H^0(Hg_2Cl_{2(s)})$.

$$\boxed{\Delta_f H^0(Hg_2Cl_{2(s)}) = -265\ \text{kJ}\cdot\text{mol}^{-1}}.$$

- $\Delta_r S^0 = \sum_i \nu_i S^0_{m,i} \Rightarrow \Delta_r S^0 = 2\,S^0_m(Hg_{(\ell)}) + 2\,S^0_m(AgCl_{(s)})$
$$- 2\,S^0_m(Ag_{(s)}) - S^0_m(Hg_2Cl_{2(s)}).$$

$$\boxed{S^0_m(Hg_2Cl_{2(s)}) = 192\ \text{J}\cdot\text{K}^{-1}\cdot\text{mol}^{-1}}.$$

Conseils méthodologiques

De tels sujets deviennent *rares* aux concours car le programme insiste sur *la lecture* plutôt que sur la construction.
Néanmoins, on rencontre encore des diagrammes *peu lourds* à établir.

2 ■ Savoir bâtir un diagramme potentiel – pH.

2.1 Diagramme de l'iode

On donne à pH = 0, à 25 °C :

O_2 / H_2O : 1,23 V ; IO_3^- / I_3^- : 1,17 V ; I_3^- / I^- : 0,54 V ; H^+ / H_2 : 0,00 V.

On prend : $\frac{RT}{F}\ln 10 = 0{,}06$ V.

On se propose d'établir le diagramme *E*-pH de l'iode en se limitant aux espèces iodure I^-, iodate IO_3^- et l'ion complexe I_3^- (ce dernier traduit le fait que $I_{2(s)}$ est très peu soluble dans l'eau, mais par contre soluble dans KI, sous forme de complexe $I_2 + I^- = I_3^-$).
Pour chaque frontière, la concentration de chaque espèce est prise égale à $1{,}0\ 10^{-1}$ mol · L^{-1}.

a) Étudier les couples ① I_3^-/I^- et ② IO_3^-/I_3^-. Tracer un premier diagramme.

b) Après avoir prouvé l'existence d'une dismutation, tracer le diagramme définitif.

c) Discuter de la stabilité des diverses espèces dans l'eau.

2.1.a) *Chercher* les divers n.o. de l'iode.
2.1.b) Il y a *dismutation* lorsqu'une même espèce a des DP disjoints.

2.1.c) *Superposer* le diagramme de l'eau.

2.2 Réaction fondamentale d'iodométrie

Le diode dans l'iodure de potassium est dosé par le thiosulfate de sodium $Na_2S_2O_3$. *On donne* : $E_4^0(S_4O_6^{2-}/S_2O_3^{2-}) = 0{,}09$ V.

a) Justifier que le couple tétrathionate/thiosulfate est indépendant du pH.

b) Écrire la réaction de titrage et calculer sa constante d'équilibre.

c) Comment visualise-t-on l'équivalence ?

2.2.a) *Équilibrer* la demi-équation redox.
2.2.b) Utiliser la *relation* $\Delta_r G^0 = -nFE^0$.
2.2.c) Changement de *couleur*...

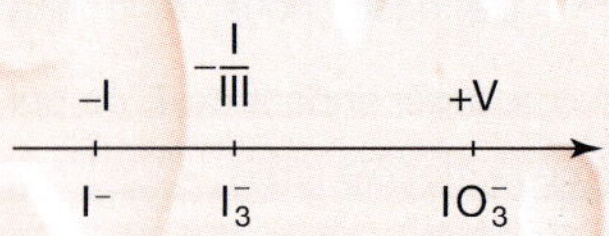

Figure 9

2.1. a) On se limite aux trois n.o. de l'iode –I, $-\frac{I}{III}$ et +V (Fig. 9).

Il n'y a pas de frontière acido-basique, HI et HIO_3 étant des acides forts.

- Couple $I_3^- \mid I^-$: $I_3^- + 2e^- = 3I^-$ ①

$$E_1 = 0{,}54 + \frac{0{,}06}{2}\log\frac{[I_3^-]}{[I^-]^3}.$$

À la frontière : $E_1 = 0{,}54 + \frac{0{,}06}{2}\log\frac{1}{C_f^2} = 0{,}60$ V.

- Couple $IO_3^- \mid I_3^-$: $3\ IO_3^- + 16e^- + 18\ H^+ = I_3^- + 9\ H_2O$ ②

$$E_2 = 1{,}17 + \frac{0{,}06}{16}\log\frac{[IO_3^-]^3 h^{18}}{[I_3^-]}.$$

À la frontière : $E_2 = 1{,}17 + \frac{0{,}06}{16}\log C_f^2 h^{18} = 1{,}16 - 0{,}07$ pH.

Les chiffres *exacts* sont gardés dans la calculatrice pour les continuités :

$$E = 1{,}1625 - 0{,}0675\ \text{pH}.$$

Le résultat est donné au cV comme l'énoncé.

- Ces deux segments de droite se coupent pour $E_1 = E_2$, soit pH = 8,3. D'où le diagramme transitoire (Fig. 10).

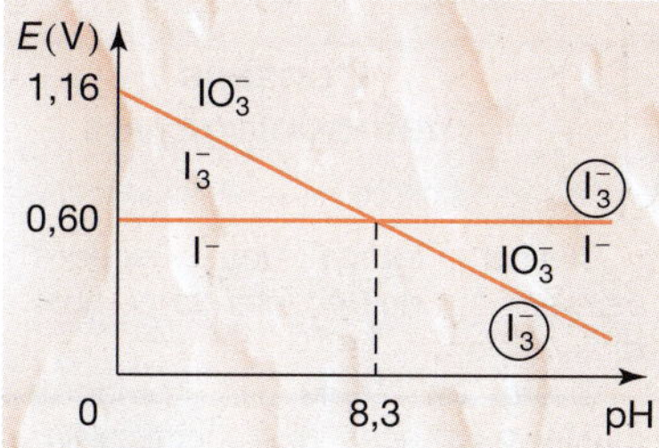

Figure 10

b) On constate que I_3^- se dismute en milieu ~~basique~~ selon :

$$8\,①-② : 9\ I_3^- + 9\ H_2O = 3\ IO_3^- + 24\ I^- + 18\ H^+$$

$$\text{soit : } 3\ I_3^- + 3\ H_2O = IO_3^- + 8\ I^- + 6\ H^+$$

ou en milieu basique : $3\ I_3^- + 6\ HO^- = IO_3^- + 8\ I^- + 3\ H_2O$.

Le seul couple à considérer pour pH > 8,3 est IO_3^-/I^- :

$$IO_3^- + 6e^- + 6\ H^+ = I^- + 3\ H_2O$$

$$E_3 = E_3^0 + \frac{0{,}06}{6}\log\frac{[IO_3^-]h^6}{[I^-]}.$$

À la frontière : $E_3 = E_3^0 - 0{,}06$ pH.

On trouve E_3^0 par continuité à pH = 8,3. On peut également déduire E_3^0 de la formule barycentrique à partir de $E^0(IO_3^-/I_3^-)$ et $E^0(I_3^-/I^-)$.

D'où le diagramme définitif (Fig. 11).

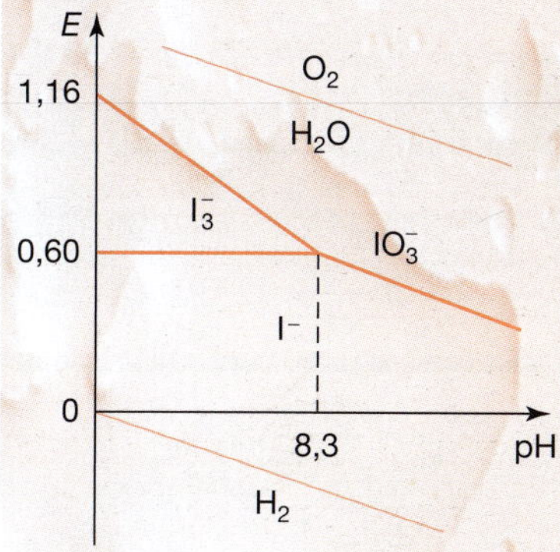

Figure 11

c) On superpose les couples de l'eau :

- O_2/H_2O : $O_{2(g)} + 4e^- + 4\ H^+ = 2\ H_2O$, $E = 1{,}23 - 0{,}06$ pH.
- H_2O/H_2 : $2\ H^+ + 2e^- = H_{2(g)}$, $E = 0{,}00 - 0{,}06$ pH.

Les droites sont parallèles à la droite du couple IO_3^-/I^-

On constate que toutes les espèces ont un domaine de prédominance commun avec l'eau, donc sont *stables* dans l'eau.

2.2. a) L'équilibrage du couple ne fait pas intervenir de proton :

$$④\ S_4O_6^{2-} + 2e^- = 2\ S_2O_3^{2-} \quad \Delta_rG_4^0 = -2\ FE_4^0$$

b) On se situe dans le domaine de *réduction* de I_3^- en I^- avec $E_4^0 = 0{,}09$ V.

$$①\ I_3^- + 2e^- = 3\ I^- \quad \Delta_rG_1^0 = -2\ FE_1^0$$

D'où la *réaction de titrage* : ① – ④ = (*R*)

$$I_3^- + 2\ S_2O_3^{2-} = S_4O_6^{2-} + 3\ I^- \quad \Delta_rG^0_{(R)} = -RT\ln K^0$$

Comme (*R*) = (1) – (4), il vient :

$$-2{,}3\ RT\log K^0 = -2\ FE_1^0 - (-2\ FE_4^0)$$

$$\frac{2{,}3\ RT}{2F}\log K^0 = E_1^0 - E_4^0 \quad \text{ou} \quad \frac{0{,}06}{2}\log K^0 = E_1^0 - E_4^0.$$

On trouve : $K^0 = 10^{15}$ (*réaction totale*).

c) Le diiode est brun violet quand il est concentré et jaune pâle quand il est très dilué, les ions I^-, $S_2O_3^{2-}$ et $S_4O_6^{2-}$ sont incolores. La *disparition de la couleur* de $I_3^- = I_2$, I^- *nous donne l'équivalence*.

Pour la distinguer avec plus de netteté, on utilise un indicateur de diode tel l'empois d'amidon ou le thiodène (complexe de couleur bleue).

Il suffit de raisonner sur le *n.o. moyen* du soufre dans $S_4O_6^{2-}$ ou $S_2O_3^{2-}$.

On peut également trouver la constante d'équilibre par *l'égalité des potentiels à l'équilibre* : le potentiel de la solution.

Technique fréquente en TP.

Conseils méthodologiques

- Classer *toutes les espèces étudiées* sur une échelle de nombre d'oxydation.
- Quand un même n.o. comporte plusieurs espèces, chercher *les relations* entre elles, en général *acido-basiques*

3 ■ Savoir lire un diagramme potentiel – pH : cas du titane.

- Le diagramme potentiel-pH simplifié du titane (donné en Fig. 12 à 298 K) a été tracé pour une concentration totale C_f de titane dissout par litre de solution (en l'absence de métal), pour un pH variant entre 0 et 15, en ne considérant que les espèces dissoutes suivantes : Ti^{2+}, Ti^{3+}, TiO^{2+}, $HTiO_3^-$, en ne considérant que les espèces solides : Ti, $Ti(OH)_2$, $Ti(OH)_3$, $TiO(OH)_2$, et en utilisant les constantes :

$$\frac{RT}{F}\ln(10) = 0{,}06 \text{ V} \quad \text{et} \quad K_e = [H_3O^+][HO^-] = 10^{-14}.$$

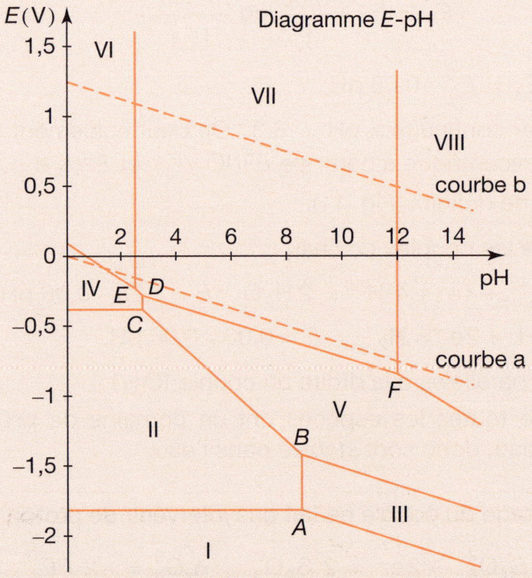

Figure 12

- Les courbes *a* et *b* correspondent aux limites du domaine de stabilité de l'eau. Les coordonnées de quelques points remarquables sont données dans le tableau suivant :

	A	*B*	*C*	*D*	*E*	*F*
pH	8,5	8,5	2,67	2,67	2,5	12,0
Potentiel (V)	–1,81	–1,42	–0,37	–0,24	–0,20	–0,80

- Autres données à 298 K :

couple	$H^+/H_{2(g)}$	$O_{2(g)}/H_2O$	$Ti^{2+}/Ti_{(s)}$	Ti^{3+}/Ti^{2+}	TiO^{2+}/Ti^{3+}
E^0(V)	0,00	1,23	–1,63	–0,37	0,10

$$K_s[Ti(OH)_3] = K_{s3} = 10^{-40} \text{ et } K_s[TiO(OH)_2] = K_{s4} = 10^{-29}$$

3.1 Déductions graphiques

a) Indiquer dans chacun des domaines numérotés I, II, III, IV, V, VI, VII, et VIII, l'espèce stable ou prédominante. Que peut-on dire de l'espèce VII ?

b) Déterminer la concentration C_f utilisée pour ce tracé.

c) Calculer le produit de solubilité de $Ti(OH)_2$ qui sera noté K_{s2}.

d) Justifier le parallélisme des courbes délimitant les domaines I/III et III/V.

e) Retrouver par le calcul les coordonnées de *C* et *E* en utilisant les données situées ci-dessus.

3.2 Stabilité dans l'eau

a) Écrire les demi-équations électroniques correspondant aux courbes *a* et *b*.

b) Indiquer sur ce diagramme les zones d'immunité, de corrosion et de passivité.

c) Montrer que le titane est instable dans l'eau. Écrire la (les) réaction(s) mise(s) en jeu. Quelles sont les espèces stables dans l'eau ?

3.1.a) *Classer les composés* selon n.o. croissant donc potentiel croissant.
3.1.b) Utiliser une *frontière horizontale* dépendant de C_f.
3.1.c) Lire sur la verticale le pH *de précipitation*.
3.1.d) Équilibrer les couples redox avec H^+.
3.1.e) Chercher à quelles intersections ils correspondent.

3.2.a) Étudier les couples de *l'eau solvant*.
3.2.b) La *corrosion* est la zone d'oxydation du métal en espèce soluble.
3.2.c) Discuter la position du couple H_2O/H_2 *selon* le pH.

3.1.a) Classons les diverses espèces selon une échelle de nombre d'oxydation du titane (Fig. 13) :

n.o.(Ti)	0	I	II	III	IV
	$Ti_{(s)}$		Ti^{2+}	Ti^{3+}	TiO^{2+}
			$Ti(OH)_{2(s)}$	$Ti(OH)_{3(s)}$	$TiO(OH)_{2(s)}/HTiO_3^-$

Figure 13

Les hydroxydes précipitent par ajout de HO^- aux ions libres, donc sont stables en milieu de pH plus élevé.

On peut ainsi attribuer les domaines selon les n.o. croissants par potentiel croissant.

$$\boxed{I} = Ti_{(s)}\ ;\ \boxed{II} = Ti^{2+} \text{ et } \boxed{III} = Ti(OH)_{2(s)}\ ;$$
$$\boxed{IV} = Ti^{3+} \text{ et } \boxed{V} = Ti(OH)_{3(s)}\ ;$$
$$\boxed{VI} = TiO^{2+}\ ;\ \boxed{VII} = TiO(OH)_{2(s)} \text{ et } \boxed{VIII} = HTiO_3^-.$$

L'espèce VII est un *hydroxyde amphotère*.

b) La frontière horizontale entre $Ti_{(s)}$ et Ti^{2+} correspond à $E_A = -1{,}81$ V.

$$Ti^{2+} + 2e^- = Ti_{(s)} \qquad E = E^0_{(Ti^{2+}/Ti)} + \frac{0{,}06}{2}\log[Ti^{2+}].$$

À la frontière : $[Ti^{2+}] = C_f$ et $E = E_A$:

$$-1{,}81 = -1{,}63 + 0{,}03\log C_f \Rightarrow \boxed{C_f = 1{,}0\ 10^{-6}\ \text{mol}\cdot\text{L}^{-1}}$$

c) La frontière verticale entre Ti^{2+} et $Ti(OH)_{2(s)}$ correspond au pH de précipitation de l'hydroxyde avec $[Ti^{2+}] = C_f = 1{,}0\ 10^{-6}$ mol · L^{-1}

$$K_{s2} = [Ti^{2+}]\omega^2 = C_f\frac{K_e^2}{h_A^2} \Rightarrow \boxed{pK_{s2} = 17}.$$

On remarque que l'hydroxyde $TiO(OH)_2$ *peut se noter* H_2TiO_3 et que sa *base conjuguée* est $HTiO_3^-$.

$TiO(OH)_{2(s)}$ est :
- *basique* dans le couple $TiO^{2+}/TiO(OH)_2$;
- *acide* dans le couple $TiO(OH)_2/HTiO_3^-$.

Il s'agit de la convention usuelle pour les diagrammes *E*-pH de *corrosion*.

On équilibre en utilisant H^+_{aq} pour lire directement *les pentes* en $+\frac{0{,}06}{n}\log h^q = -0{,}06\frac{q}{n}$ pH.

d) Le couple III/I correspond à $Ti(OH)_{2(s)}/Ti_{(s)}$:

$$Ti(OH)_{2(s)} + 2\ H^+ + 2e^- = Ti_{(s)} + 2\ H_2O\ :\ \textit{pente}\text{ en } -0{,}06\ \text{pH}.$$

Le couple V/III correspond à $Ti(OH)_{3(s)}/Ti(OH)_{2(s)}$:

$$Ti(OH)_{3(s)} + H^+ + e^- = Ti(OH)_{2(s)} + H_2O\ :\ \textit{pente}\text{ en } -0{,}06\ \text{pH}.$$

Les deux segments de droite sont bien *parallèles*.

e) • *Le point C* est obtenu par l'intersection de IV/II, soit Ti^{3+}/Ti^{2+}, et V/II, soit $Ti(OH)_{3(s)}/Ti^{2+}$.

On part de $Ti^{3+} + e^- = Ti^{2+}$, $E = -0{,}37 + 0{,}06 \log \frac{[Ti^{3+}]}{[Ti^{2+}]}$.

À la frontière : $\boxed{E_f = -0{,}37\ \text{V}}$.

Le précipité apparaît pour $K_{s3} = C_f\omega^3$, soit :

$$\omega = \left(\frac{10^{-40}}{10^{-6}}\right)^{1/3} \Rightarrow \boxed{pH_C = 2{,}67}.$$

• *Le point E* est obtenu par l'intersection de VI/IV, soit TiO^{2+}/Ti^{3+} et VII/IV, soit : $TiO(OH)_{2(s)}/Ti^{3+}$.

On part de : $TiO^{2+} + e^- + 2\ H^+ = Ti^{3+} + H_2O$,

$$E = 0{,}10 + \frac{0{,}06}{1}\log\frac{[TiO^{2+}]}{[Ti^{3+}]}h^2.$$

À la frontière : $[TiO^{2+}] = [Ti^{3+}] \Rightarrow E = 0{,}10 - 0{,}12$ pH.

Le précipité apparaît pour $K_{s4} = C_f\omega^2$, soit :

$$\omega = \left(\frac{10^{-29}}{10^{-6}}\right)^{1/2} \Rightarrow \boxed{pH_E = 2{,}5}\ \text{et}\ \boxed{E_E = -0{,}20\ \text{V}}.$$

3.2. a) Les courbes *a* et *b* délimitent le domaine de *stabilité de l'eau*.

H₂O : n.o. + I ; n.o. – II

• Oxydation de l'eau en O_2 ($P_{O_2} = P^0 = 1$ bar) :

$$O_{2(g)} + 4\ H^+ + 4e^- = 2\ H_2O \quad E_{(b)} = 1{,}23 - 0{,}06\text{pH}.$$

• Réduction de l'eau en H_2 ($P_{H_2} = P^0$) :

$$2\ H^+ + 2e^- = H_{2(g)} \quad E_{(a)} = 0{,}00 - 0{,}06\ \text{pH}.$$

b) Le domaine d'*immunité* correspond au domaine de stabilité du métal : I.

Le domaine de *corrosion* correspond au domaine d'oxydation du métal en une forme soluble : II, IV, VI, VIII.

Le domaine de *passivité* correspond à la protection par un film d'oxyde solide : III, V et VII.

Cela ne correspond qu'au seul *aspect thermodynamique*. Encore faut-il voir l'aspect cinétique.

Il faut que la couche d'oxyde soit bien *imperméable*.

c) Le domaine du titane est *totalement extérieur* au domaine de stabilité de l'eau. Il est donc en théorie oxydé (aspect thermodynamique) :

$$pH \leqslant 1{,}7\ :\ 2\ Ti_{(s)} + 6\ H^+ = 2\ Ti^{3+} + 3\ H_{2(g)}$$

$$1{,}7 \leqslant pH \leqslant 2{,}5\ :\ Ti_{(s)} + 2\ H^+ + H_2O = TiO^{2+} + 2\ H_{2(g)}$$

Le titane a une *excellente résistance à la corrosion* (en particulier en milieu marin) en raison de très fortes surtensions cinétiques.

Ti se transforme en une espèce qui est stable dans H_2O de que a un domaine de stabilité commun.

$$2{,}5 \leqslant pH \leqslant 12 : Ti_{(s)} + 3\ H_2O = TiO(OH)_{2(s)} + 2\ H_{2(g)}$$

$$pH \geqslant 12 : Ti_{(s)} + 2\ H_2O + HO^- = HTiO_3^- + 2\ H_{2(g)}$$

Les seules formes stables dans l'eau sont celles qui ont une portion de domaine commun avec l'eau : Ti^{3+}, TiO^{2+}, $TiO(OH)_{2(s)}$, $HTiO_3^-$.

4 ■ Savoir interpréter un procédé hydrométallurgique.

Le cobalt n'existe que dans des minerais complexes et il est toujours le coproduit d'autres métaux. À partir d'un minerai africain (Zambie, Zaïre), on obtient par pyrométallurgie un alliage $Cu_{(s)} - Co_{(s)} - Mn_{(s)}$.

Le but est d'imaginer un procédé hydrométallurgique permettant d'obtenir séparément les métaux cuivre, cobalt et manganèse.

4.1 Examen des diagrammes *E*-pH

On donne les diagrammes potentiel-pH simplifiés du cobalt, du cuivre et du manganèse en Fig. 14.

a) Les trois métaux sont-ils stables dans l'eau ?

b) Que se passe-t-il lors d'une attaque de l'alliage à l'acide sulfurique (H_2SO_4 2 mol · L^{-1}) ? Montrer que l'on peut isoler un métal et qu'il nous reste deux ions à séparer.

4.2 Traitements chimiques

a) Montrer que l'hypochlorite de sodium, à un pH que l'on précisera permet de séparer les deux ions métalliques.

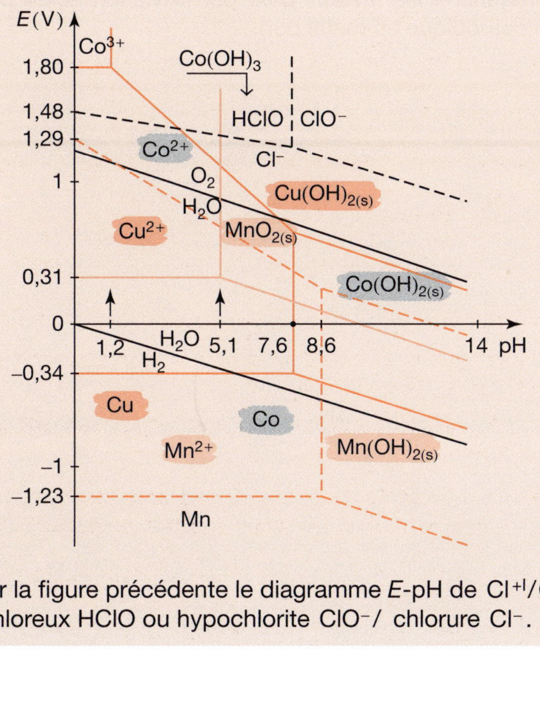

Figure 14

On donne sur la figure précédente le diagramme *E*-pH de Cl^{+I}/Cl^{-I}, à savoir acide hypochloreux HClO ou hypochlorite ClO^-/ chlorure Cl^-.

Conseils méthodologiques

L'intérêt de ce type de problème est de *traiter simultanément plusieurs E*-pH.

4.1 Vous familiariser avec la *superposition des E*-pH en séparant les divers traits frontières.

Convention de tracé (C_f)

Co —— C_f = 1,0 10^{-2} mol · L^{-1}
Cu —— C_f = 1,0 10^{-1} mol · L^{-1}
Mn - - - C_f = 1,0 10^{-2} mol · L^{-1}
Cl - - - C_f = 1,0 10^{-1} mol · L^{-1}

4.1.a) On suppose *l'eau désaérée* (pas de O_2 dissous).
L'eau ne peut oxyder les métaux que selon le couple H_2O/H_2.
Observer sa *position* vis-à-vis de chaque métal (Fig. 15).

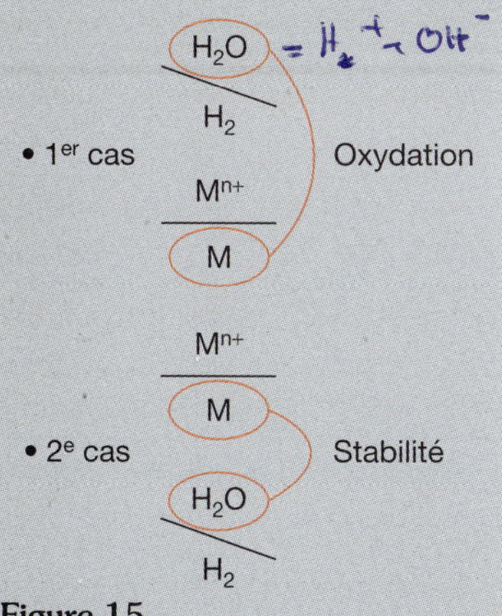

Figure 15

4.2.a) Montrer qu'il y a *oxydation* et *précipitation sélective* selon pH.

4.2.b) Il s'agit désormais d'une réaction *acido-basique* pour isoler par *filtration* une espèce solide.

4.2.c) Revenir aux *métaux purs*.

b) Montrer qu'une neutralisation de la solution à l'aide de carbonate de sodium ($Na_2CO_{3(s)}$ tel que $pK_A(HCO_3^-/CO_3^{2-}) = 10,3$) en présence d'un excès d'hypochlorite, permet d'obtenir une espèce purifiée du 3e métal.

c) Que reste-t-il à faire pour chacune des espèces isolées ?

La droite H^+/H_2 coupe la droite Co^{2+}/Co vers pH 5,5. Avant ce pH, le cobalt est oxydé selon :

$$Co + 2\ H^+ \rightarrow Co^{2+} + H_{2(g)}.$$

De même :

$$Mn + 2\ H^+ \rightarrow Mn^{2+} + H_{2(g)}.$$

Il se produit une oxydation-précipitation *sélective*.

L'électrolyse est étudiée en détail dans le prochain chapitre.

4.1. a) Le couple H_2O/H_2 ou H^+/H_2 a pour frontière $E = 0,00 - 0,06$ pH.

Seul le cuivre est *stable* pour tout pH car la droite H^+/H_2 appartient à son domaine d'*immunité*.

Le cobalt n'est stable qu'en milieu basique, et le manganèse *instable* pour tout pH.

b) *L'attaque acide* transforme le cobalt en ions Co^{2+} et le manganèse en ions Mn^{2+}.

On peut isoler par filtration le *cuivre solide*.

4.2. a) L'hypochlorite oxyde Mn^{2+} en MnO_2 pour tout pH ; par contre, il n'oxyde pas Co^{2+} en $Co(OH)_3$ si l'on place en milieu acide :

Intersection de $Co(OH)_3/Co^{2+}$ et $HClO/Cl^-$ pour pH ≈ 3,5.

Il suffit donc, en repartant de la solution du **4.1**, de rester en milieu acide (pH < 3,5) et d'ajouter de l'hypochlorite de sodium. On obtiendra $MnO_{2(s)}$ que l'on pourra séparer par filtration. Les ions Co^{2+} restent en solution.

b) Le rôle du carbonate de sodium Na_2CO_3 est de neutraliser le milieu acide puis de passer en milieu basique où $Co(OH)_3$ précipite, car on est toujours en présence de l'oxydant ($HClO/ClO^-$) en excès. Une nouvelle filtration permet d'isoler $Co(OH)_{3(s)}$.

c) Le cuivre métal a été isolé pur. Par contre le manganèse a été isolé sous forme de $MnO_{2(s)}$ et le cobalt sous forme de $Co(OH)_{3(s)}$.

Il reste à régénérer *les métaux purs* par lixiviation acide puis *électrolyse* (réduction cathodique en métal pur).

Pour maîtriser les bases

1. Obtention de l'or — D'après Agro

Le but est de récupérer l'or d'un minerai par la méthode de cyanuration.
Cette technique consiste à mettre en contact le minerai broyé avec une solution de cyanure de sodium en présence d'air. Le complexe dicyanoaurate (I) formé est ensuite réduit par le zinc.

Données à 298 K :

$\frac{RT}{F}\ln 10 = 0{,}06\ \text{V}$; $R = 8{,}314\ \text{J} \cdot \text{K}^{-1} \cdot \text{mol}^{-1}$.

Potentiels standard d'oxydoréduction à pH = 0 :

$E_1^0 = E^0(Au^+/Au) = 1{,}68\ \text{V}$

$E_2^0 = E^0(O_{2(g)}/H_2O) = 1{,}23\ \text{V}$

$E_3^0 = E^0(Au^{3+}/Au) = 1{,}42\ \text{V}$

$E_4^0 = E^0(Zn^{2+}/Zn) = -0{,}76\ \text{V}$

$E_5^0 = (ClO^-/Cl^-) = 1{,}73\ \text{V}$.

Constantes de complexation β :

$Au^+ + 2\ CN^- \rightleftharpoons Au(CN)_2^-$ $\quad \beta_{Au} = 10^{30}$

$Zn^{2+} + 4\ CN^- \rightleftharpoons Zn(CN)_4^{2-}$ $\quad \beta_{Zn} = 10^{16,7}$

Masses molaires :

Na : $23\ \text{g} \cdot \text{mol}^{-1}$

C : $12\ \text{g} \cdot \text{mol}^{-1}$

N : $14\ \text{g} \cdot \text{mol}^{-1}$.

Les réactions sont réalisées à 298 K.

1. Oxydation de l'or par le dioxygène en milieu aqueux :

a) Écrire l'équation-bilan d'oxydation de l'or en ion Au^+ par le dioxygène ; l'équation-bilan est rapportée à une mole de dioxygène. Calculer la constante thermodynamique K_I^0 de cet équilibre en justifiant le calcul.

b) Écrire l'équation-bilan d'oxydation de l'or en ion Au^{3+} par le dioxygène ; l'équation-bilan est rapportée à une mole de dioxygène. Calculer la constante thermodynamique K_{III}^0 de cet équilibre.

c) Déterminer les concentrations de Au^+ et Au^{3+} dans la solution, surmontée d'air sous la pression d'un bar, en équilibre avec l'or métallique, si la solution aqueuse est tamponnée à un pH égal à 10. (L'air contient 20 % de dioxygène.)

d) L'oxydation de l'or est-elle quantitative ?

2. Oxydation de l'or par le dioxygène en milieu aqueux en présence d'ions cyanure :

On considère un litre d'une solution de cyanure de sodium, $Na^+ + CN^-$, obtenue en dissolvant 0,50 g de solide par litre de solution. Le pH est maintenu égal à 10 grâce à une solution tampon. On ne tient pas compte du rôle basique de l'ion cyanure. La solution est en équilibre avec de l'air sous un bar. On place un minerai contenant de l'or solide dans cette solution.

a) Écrire l'équation-bilan de la réaction entre le dioxygène et l'or en présence d'ions cyanure, l'équation-bilan est rapportée à une mole de dioxygène.

b) Calculer la constante thermodynamique $K_I^{0\prime}$ de cet équilibre.

c) Montrer que la solution de cyanure de sodium utilisée permet d'oxyder environ $5{,}0\ 10^{-3}$ mol d'or par litre de solution. Calculer, à l'équilibre, la concentration en ion complexe dicyanoaurate (I) et la concentration en ion cyanure libre dans la solution.

3. Réduction par le zinc

Le complexe est ensuite réduit par du zinc métallique, placé au contact de la solution.

a) En tenant compte de la complexation des ions zinc (II), écrire l'équation-bilan de la réaction entre le complexe de l'or et le zinc ; l'équation-bilan est rapportée à une mole de zinc.

b) Calculer la constante thermodynamique K^0_{IV} de cet équilibre.

c) En déduire la concentration résiduelle en complexe de l'or dans la solution étudiée en **2.**. Commenter.

4. Traitement des effluents

L'eau contenant des ions cyanure est additionnée d'une solution dhypochlorite de sodium. Les ions cyanure sont oxydés en ions carbonate CO_3^{2-} et en diazote.

a) Quel est l'intérêt écologique de cette opération ?

b) Écrire l'équation-bilan de la réaction d'oxydo-réduction, en milieu basique.

Conseils méthodologiques : Ce problème permet de réviser les *équilibres d'oxydoréduction* de 1re année. On peut également utiliser la relation $\Delta_r G^0 = -nFE^0$ pour accéder rapidement aux *constantes d'équilibres*.

1.a) On utilise les deux couples redox : Au^+/Au et O_2/H_2O (Fig. 16).

(1) $Au^+ + e^- = Au \qquad \Delta_r G_1^0 = -FE_1^0$

(2) $\frac{1}{2} O_2 + 2\,H^+ + 2\,e^- = H_2O \qquad \Delta_r G_2^0 = -2FE_2^0.$

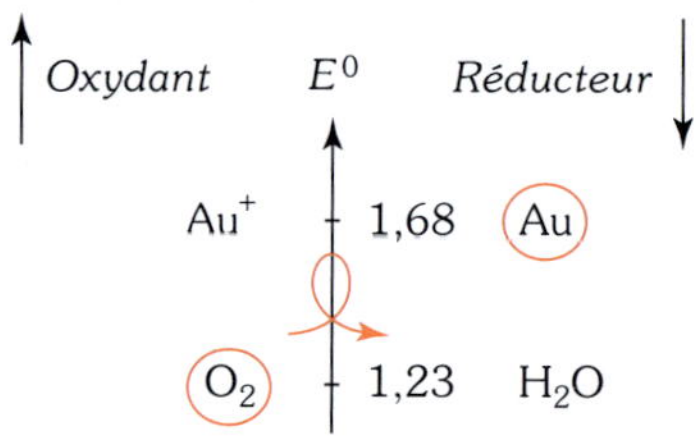

Figure 16

D'où l'équation bilan : $2\,Au + \frac{1}{2} O_2 + 2\,H^+ = 2\,Au^+ + H_2O$, selon (2) – 2(1),

puis ramenée à une mole de dioxygène (échange de $n = 4e^-$) :

(I) $4\,Au + O_2 + 4\,H^+ = 4\,Au^+ + 2\,H_2O \qquad \Delta_r G_I^0 = -RT\ln K_I^0.$

Comme (I) = 2[(2) – 2(1)], il vient $\Delta_r G_I^0 = 2\Delta_r G_2^0 - 4\Delta_r G_1^0$, soit :

$$-2{,}3\,RT\,\log K_1^0 = -4FE_2^0 - (-4FE_1^0) \Rightarrow \frac{0{,}06}{4}\log K_I^0 = E_2^0 - E_1^0$$

$\boxed{K_I^0 = 10^{-30}}$.

Remarque :

On peut également obtenir K_I^0 en écrivant *l'égalité des potentiels* à l'équilibre.

b) Avec le couple Au^{3+}/Au (Fig. 17) :

(3) $Au^{3+} + 3\,e^- = Au \qquad \Delta_r G_3^0 = -3FE_3^0$

(2) $O_2 + 4\,H^+ + 4\,e^- = 2\,H_2O \qquad \Delta_r G_2^0 = -4FE_2^0$

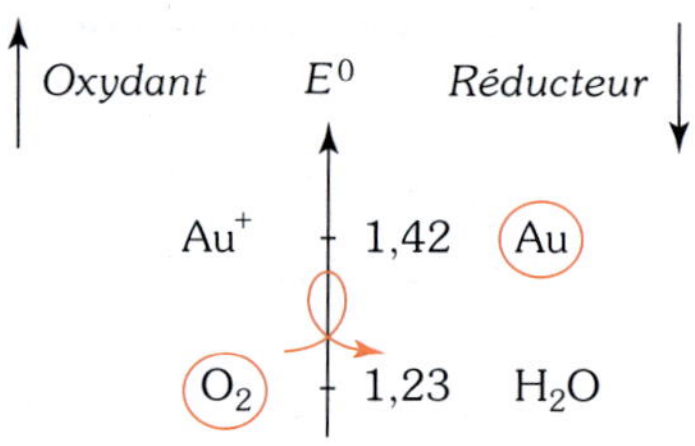

Figure 17

Pour une mole de O_2 (échange de $n = 4e^-$) :

$$\frac{4}{3} Au + O_2 + 4\,H^+ = \frac{4}{3} Au^{3+} + 2\,H_2O \qquad \Delta_r G_{III}^0 = -RT\ln K_{III}^0.$$

De la même manière : $E_2^0 - E_3^0 = \frac{0{,}06}{4}\log K_{III}^0 \Rightarrow \boxed{K_{III}^0 = 2{,}15\ 10^{-13}}$.

Les deux réactions précédentes sont donc thermodynamiquement défavorisées (sens inverse du gamma).

c) En prenant $P_{O_2} = 0{,}2\ P^0$, soit $a_{O_2} = 0{,}2$, et pH = 10, soit $h = 10^{-10}$, il vient :

$$K_I^0 = \frac{[Au^+]^4}{h^4 a_{O_2}} \Rightarrow [Au^+] = 2{,}1\ 10^{-18}\ \text{mol} \cdot L^{-1}, \quad \text{et} \quad K_{III}^0 = \frac{[Au^{3+}]^{4/3}}{h^4 a_{O_2}} \Rightarrow [Au^{3+}] = 9{,}5\ 10^{-41}\ \text{mol} \cdot L^{-1}.$$

d) L'oxydation de l'or est non quantitative. On peut même la négliger.

2.a) On repart de l'équation (I), mais désormais l'ion Au^+ est complexé :

$$\text{(I)}\ 4\ Au + O_2 + 4\ H^+ = 2\ H_2O + 4\ Au^+ \qquad (K_I^0 = 10^{-30})$$

$$Au^+ + 2\ CN = Au(CN)_2^- \qquad (\beta_{Au} = 10^{30})$$

$$4\ Au + O_2 + 4\ H^+ + 8\ CN^- = 2\ H_2O + 4\ Au(CN)_2^- \qquad (K_I^{0\prime}).$$

Remarque :

Il s'agit désormais du couple Au^I/Au en milieu *cyanure*.

b) On obtient : $\boxed{K_I^{0\prime} = K_I^0 \beta_{Au}^4 = 10^{90}}$.

Désormais la réaction est thermodynamiquement *favorisée* (Fig. 18), ce qui traduit que le potentiel redox de Au^+/Au a chuté en milieu cyanure.

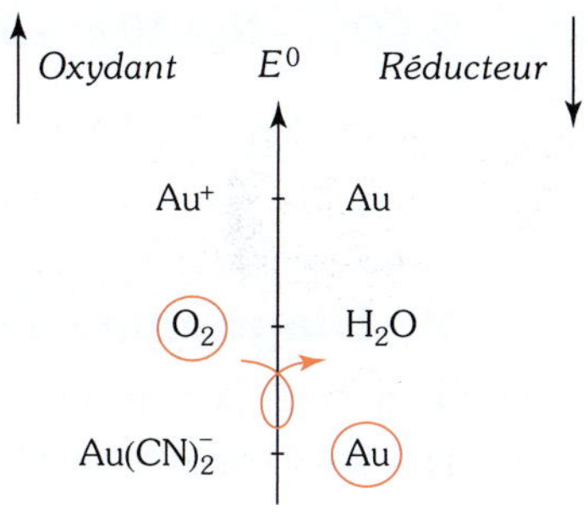

Figure 18

c) La solution initiale contient une concentration en cyanure de :

$$[CN^-]_i = \frac{m}{MV} = \frac{0{,}5}{49} = 1{,}0\ 10^{-2}\ \text{mol} \cdot L^{-1}.$$

La réaction d'oxydation étant totale, et comme il faut 8 CN^- pour 4 Au, cette solution permet donc d'oxyder environ $\frac{10^{-2}}{2} = 5\ 10^{-3}$ mole d'or pour 1 L de solution.

Étudions l'état d'équilibre final : tableau d'avancement molaire (V = 1 L).

$$4\ Au + \underbrace{O_2 + 4\ H^+}_{\text{fixes}} + 8\ CN^- \xrightarrow{\text{totale}} 4\ Au(CN)_2^- + 2\ H_2O$$

	4 Au	O_2 + 4 H^+	8 CN^-	4 $Au(CN)_2^-$
E.I.	excès	fixes	10^{-2}	
E.F.		(P_{O_2} = 0,2 bar ; $h = 10^{-10}$)	$10^{-2} - 8\xi$	4ξ

On pose $10^{-2} - 8\xi = \varepsilon$, puisque la réaction est supposée totale.

On déduit : $10^{90} = \dfrac{(5\ 10^{-3})^4}{0{,}2\ 10^{-40}\ \varepsilon^8} \Rightarrow \varepsilon = 4{,}9\ 10^{-8}\ \text{mol} \cdot L^{-1}$ (réaction bien *totale*).

Les concentrations vérifient donc : $[Au(CN)_2^-] \approx 5\ 10^{-3}\ \text{mol} \cdot L^{-1}$ et $[CN^-] \approx 5\ 10^{-8}\ \text{mol} \cdot L^{-1}$.

3.a) L'or est *régénéré* par réduction par le zinc en milieu cyanure (Fig. 19) :

$$2\ Au(CN)_2^- + Zn = Zn(CN)_4^{2-} + 2\ Au \qquad K_{IV}^0.$$

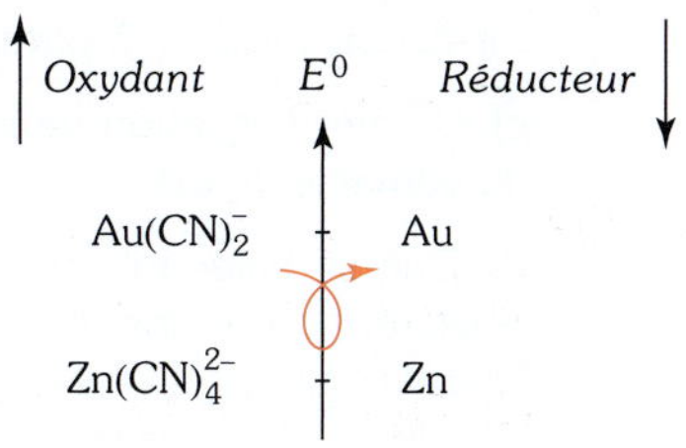

Figure 19

b) La réaction ci-dessus est une combinaison de :

$$2\ Au(CN)_2^- = 2\ Au^+ + 4\ CN^- \qquad \beta_{Au}^{-2} = 10^{-60}$$

$$Zn + 2\ Au^+ = Zn^{2+} + 2\ Au \qquad K_{Red}^0$$

$$Zn^{2+} + 4\ CN^- = Zn(CN)_4^{2-} \qquad \beta_{Zn} = 10^{16{,}7}.$$

Comme en outre $E_1^0 - E_4^0 = \dfrac{0{,}06}{2} \log K_{Red}^0$, soit $K_{Red}^0 = 2{,}15\ 10^{81}$, on obtient :

$$\boxed{K_{IV}^0 = \frac{K_{Red}^0 \beta_{Zn}}{\beta_{Au}^2} = 10^{38}}.$$

Remarque :

La réaction est bien quantitative.

c) Effectuons un tableau d'avancement molaire ($V = 1$ L) :

	$2\ Au(CN)_2^-$	+ Zn	$\xrightarrow{\text{totale}}$ $Zn(CN)_4^{2-}$	+ 2 Au
E.I.	$5{,}0\ 10^{-3}$	excès		
E.F.	ε		$\frac{5{,}0}{2}\ 10^{-3}$	$5{,}0\ 10^{-3}$ (dépôt)

De $K_{IV}^0 = 10^{38} = \frac{2{,}5\ 10^{-3}}{\varepsilon^2}$, on tire $[Au(CN)_2^-] = \varepsilon = 5{,}0\ 10^{-21}$ mol · L^{-1}. Tout l'or s'est donc *déposé*.

4.a) Le cyanure est particulièrement *toxique*, et le but est de le transformer avant de le rejeter dans les eaux usées.

b) Il s'agit des deux couples ClO^-/Cl^- et $CO_3^{2-} + \frac{1}{2}N_2/CN^-$, en milieu basique :

$$ClO^- + 2\ e^- + H_2O = Cl + 2\ HO^- \quad \times 5$$

$$2\ CO_3^{2-} + N_2 + 10\ e^- + 6\ H_2O = 2\ CN^- + 12\ HO^- \quad \times(-1)$$

conduisant au bilan : $5\ ClO^- + 2\ CN + 2\ HO^- = 5\ Cl^- + 2\ CO_3^{2-} + N_2 + H_2O$.

2. Diagramme *E*-pH du cadmium — D'après Mines-Ponts

1.a) Déterminer la structure électronique de l'atome de cadmium dans son état fondamental ($Z = 48$). Quel est le degré d'oxydation le plus probable du cadmium ?

b) Hg placé sous le cadmium dans la classification périodique, a la capacité de former une liaison Hg—Hg pour donner l'ion Hg_2^{2+}. Cette tendance est beaucoup moins marquée pour Cd. Justifier ce phénomène à partir des données suivantes :

$$E^0(Cd_2^{2+}/Cd) = -0{,}20\ V \quad E^0(Cd^{2+}/Cd_2^{2+}) = -0{,}60\ V$$

$$E^0(Hg_2^{2+}/Hg) = 0{,}80\ V \quad E^0(Hg^{2+}/Hg_2^{2+}) = 0{,}91\ V \quad \frac{2{,}3\ RT}{F} = 0{,}06\ V.$$

2. On donne le diagramme E-pH suivant, tracé pour une concentration de cadmium dissous égale à 10^{-2} mol · L^{-1}, en Fig. 20.

a) Déterminer $E^0(Cd^{2+}/Cd)$ en utilisant à bon escient le diagramme.

b) Calculer le produit de solubilité de $Cd(OH)_{2(s)}$ et la constante de formation $HCdO_2^-$ à partir de $Cd(OH)_2$ et HO^-.

c) Donner l'équation de la droite séparant le domaine de $Cd(OH)_2$ du domaine de Cd.

d) Que se passe-t-il en principe, si on met du cadmium dans l'eau désaérée (on donne $E^0(H^+/H_2) = 0{,}00$ V à pH = 0 et 25 °C) ? Discuter suivant les valeurs du pH.

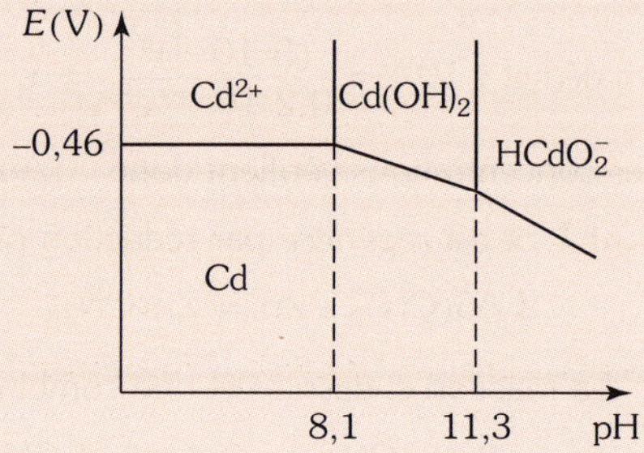

Figure 20

Conseils méthodologiques : 1. : Comparer la *stabilité* de Hg^I et Cd^I du point de vue redox. **2.** : Utiliser le savoir-faire 3 (lectures graphiques).

1.a) Le cadmium a pour *structure électronique*, d'après la règle de Klechkowsky :

$${}_{48}Cd : 1s^2\ 2s^2\ 2p^6\ 3s^2\ 3p^6\ 4s^2\ 3d^{10}\ 4p^6\ 5s^2\ 4d^{10}$$

soit : $\boxed{{}_{48}\text{Cd} = [{}_{36}\text{Kr}]4d^{10}\ 5s^2}$.

Il perd facilement les deux électrons $5\,s^2$ pour former *le cation* Cd^{2+} (n.o. + II).

b) On compare en fait la *stabilité* du n.o. + I pour le cadmium et le mercure.

D'après l'échelle des potentiels redox et la règle du gamma, le n.o. + I du mercure est *stable* tandis que le n.o. + I du cadmium *se dismute* (Fig. 21).

On peut remarquer que le cadmium est un métal beaucoup plus réducteur que le mercure (E^0 bien plus bas).

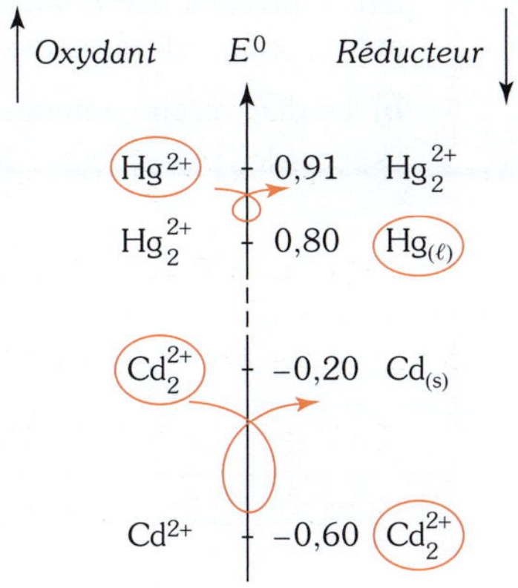

Figure 21

2.a) La frontière entre Cd^{2+} et Cd nous donne le *potentiel standard* :

$$Cd^{2+} + 2\,e^- = Cd_{(s)} \qquad E = E^0(Cd^{2+}/Cd) + \frac{0{,}06}{2}\log[Cd^{2+}],$$

soit : $-0{,}46 = E^0(Cd^{2+}/Cd) + 0{,}03\log 10^{-2}$.

$\boxed{E^0(Cd^{2+}/Cd) = -0{,}40\ \text{V}}$.

b) • Le précipité $Cd(OH)_{2(s)}$ *apparaît* pour pH = 8,1. À la frontière :

$$[Cd^{2+}]\omega^2 = K_s, \quad \text{avec } [Cd^{2+}] = 10^{-2}\ \text{mol}\cdot\text{L}^{-1} \Rightarrow \boxed{pK_s = 13{,}8}.$$

• Le complexe *redissout* totalement le précipité pour pH = 11,3.

À la limite : $Cd(OH)_{2(s)} + HO^- = HCdO_2^- + H_2O \quad K_f$

$$K_f = \frac{[HCdO_2^-]}{\omega}, \quad \text{avec } [HCdO_2^-] = 10^{-2}\ \text{mol}\cdot\text{L}^{-1} \Rightarrow \boxed{K_f = 10^{0{,}7}}.$$

c) Écrivons la demi-équation redox associée au couple $Cd(OH)_2/Cd$ équilibrée avec H^+_{aq} pour obtenir directement la pente : $Cd(OH)_{2(s)} + 2\,H^+ + 2\,e^- = Cd_{(s)} + 2\,H_2O \quad E = \alpha - 0{,}06\ \text{pH}$.

La continuité à pH = 8,1 donne $E = -0{,}46$ V, d'où $\alpha = 0{,}026$ V.

$\boxed{E = 0{,}026 - 0{,}06\ \text{pH}}$.

On pouvait aussi déduire l'équation de :

$$E = -0{,}40 + \frac{0{,}06}{2}\log[Cd^{2+}] = -0{,}40 + \frac{0{,}06}{2}\log\frac{K_s}{K_e^2}h^2 = 0{,}026 - 0{,}06\ \text{pH}.$$

d) Il faut *superposer le diagramme potentiel*-pH *de l'eau*.

$$O_2/H_2O \quad E = 1{,}23 - 0{,}06\ \text{pH} \quad \text{et} \quad H_2O/H_2 \quad E = 0{,}00 - 0{,}06\ \text{pH}.$$

Seul le couple H_2O/H_2 où l'eau joue le rôle d'oxydant peut intervenir vis-à-vis du cadmium.

Il coupe (Fig. 22) le segment Cd^{2+}/Cd à pH = 7,7 et le segment $HCdO_2^-/Cd$ vers pH = 12,2.

On peut le calculer plus précisément à partir de l'équation du segment, qui n'est pas demandée ici.

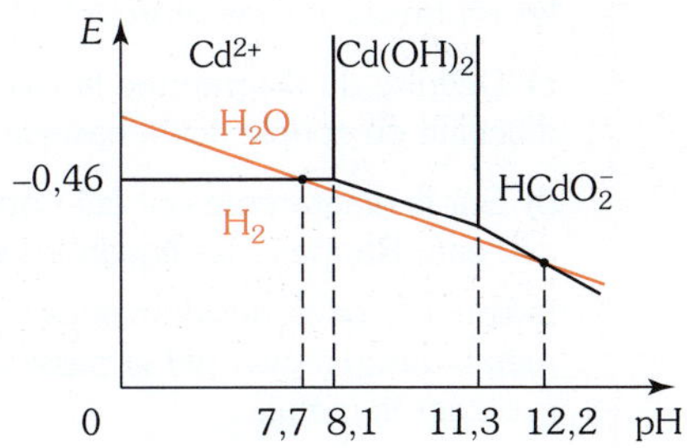

Figure 22

pH < 7,7 : le cadmium est *oxydé* selon $Cd_{(s)} + 2\,H^+ \rightarrow Cd^{2+} + H_{2(g)}$

7,7 ⩽ pH ⩽ 12,2 : *stabilité* du cadmium

pH > 12,2 : le cadmium est *oxydé* selon

$$Cd_{(s)} + HO^- + H_2O \rightarrow HCdO_2^- + H_{2(g)}.$$

Remarque :

En réalité, il faut tenir compte de la *surtension cinétique* de H_2O/H_2 sur Cd.

3. Élément molybdène ______ D'après Polytechnique

a) Le molybdène Mo est le métal de numéro atomique $Z = 42$. Indiquer sa position dans la classification périodique, puis donner le remplissage attendu des couches de valence ns et $(n-1)d$ dans l'état fondamental. Quelle autre configuration peut-on envisager sachant que les niveaux ns et $(n-1)d$ sont d'énergies voisines ?

b) Le diagramme potentiel-pH simplifié du système molybdène-eau est présenté sur la figure 23. Il est limité aux espèces les plus stables : $Mo_{(s)}$, $Mo^{3+}_{(aq)}$, $MoO_{2(s)}$, $MoO_{3(s)}$, $HMoO^{-}_{4(aq)}$ et $MoO^{2-}_{4(aq)}$.

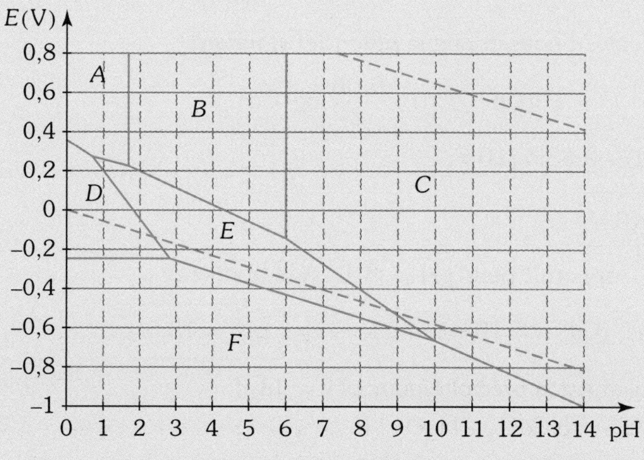

Figure 23

Potentiels redox E^0(V) :

H^+/H_2	O_2/H_2O	Mo^{3+}/Mo	MoO_3/Mo^{3+}	MoO_4^{2-}/Mo
0,00	1,23	–0,20	0,32	0,15

Les conventions adoptées pour le tracé de ce diagramme sont les suivantes :

– la concentration totale en élément molybdène dissous est égale à C_{tot},

– à la frontière qui sépare les domaines de deux espèces dissoutes, les concentrations en élément Mo dans chacune des espèces sont les mêmes.

Indiquer, pour chacun des domaines (*A*, *B*...) du diagramme, l'espèce chimique auquel il correspond, en précisant s'il s'agit d'un domaine d'existence (espèce solide) ou de prédominance (espèce dissoute), en justifiant brièvement les réponses et sans reproduire le diagramme.

c) Déduire du diagramme la valeur approchée de la concentration utilisée C_{tot}. Déduire de même la constante d'acidité du couple acido-basique impliquant l'ion molybdate MoO_4^{2-}.

d) Sur le diagramme ont été portées en pointillés les droites délimitant le domaine de stabilité thermodynamique de l'eau. Rappeler les équations de ces droites en utilisant les conventions habituelles.

Indiquer lesquels des domaines précédents correspondent à une zone de corrosion, d'immunité ou de passivité du métal. Jusqu'à quel pH la passivation du métal est-elle envisageable ? On admettra qu'une couche d'oxyde peut protéger le métal.

e) Que se passe-t-il si on ajoute une base forte à une solution aqueuse désaérée d'une suspension de dioxyde de molybdène ? Écrire les équations-bilan correspondantes.

Conseils méthodologiques : Utiliser le savoir-faire 3. Ce texte nous donne un premier aperçu sur la *corrosion*, l'*immunité* ou la *passivité* d'un métal que nous développons en détail dans le prochain chapitre.

a) Le molybdène est un *métal de transition* (bloc d). D'après la règle de Klechkowsky (Fig. 24), sa *structure électronique* s'écrit :

$$_{42}Mo = 1s^2\,2s^2\,2p^6\,3s^2\,3p^6\,4s^2\,3d^{10}\,4p^6\,5s^2\,4d^4$$

En réalité, par effet de *spin maximal*, le molybdène passe en $4\,d^5\;5\,s^1$ $\boxed{_{42}Mo = [_{36}Kr]4\,d^5\;5\,s^1}$.

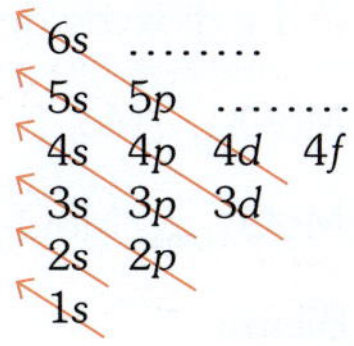

Figure 24

b) Commençons par déterminer le *nombre d'oxydation* de Mo dans chacun de ses composés (Fig. 25).

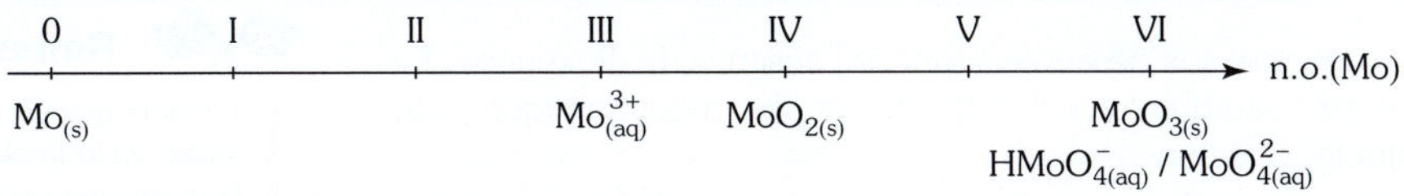

Figure 25

Il y a trois composés présentant le n.o. VI, donc en *relation acido-basique* : on constate que $MoO_{3(s)}$ mis en solution donnerait l'hypothétique $H_2MoO_4 = MoO_3 + H_2O$. Donc $MoO_{3(s)}$ est acide vis-à-vis de $HMoO^-_{4(aq)}$ lui même acide vis-à-vis de $MoO^{2-}_{4(aq)}$.

• On attribue les domaines par *potentiel croissant selon le* n.o. (Mo), les frontières verticales étant les frontières acido-basiques.

$$F = Mo_{(s)}\;;\quad D = Mo^{3+}_{(aq)}\;;\quad E = MoO_{2(s)}\;;\quad A = MoO_{3(s)}\;;\quad B = HMoO^-_{4(aq)}\;;\quad \text{et}\quad C = MoO^{2-}_{4(aq)}.$$

On constate que $MoO_{2(s)}$ ne peut exister ni en milieu basique ni en milieu très acide (*dismutation*).

• Pour les solides, il s'agit de *domaines d'existence* (apparition du solide dès que l'espèce dissoute est de concentration inférieure à la concentration de tracé, soit ici C_{tot} dissous) et pour les espèces dissoutes, il s'agit de *domaines de prédominance.*

c) Pour la frontière D/F, soit $Mo^{3+}_{(aq)}/Mo_{(s)}$, nous avons :

$$Mo^{3+}_{(aq)} + 3\,e^- = Mo_{(s)} \qquad E = E^0_{(Mo^{3+}/Mo)} + \frac{0{,}06}{3}\log[Mo^{3+}].$$

Convention usuelle à la frontière : $C_{tot} \approx [Mo^{3+}]$

$$E_f = -0{,}24 = -0{,}20 + 0{,}02\log C_{tot} \Rightarrow \boxed{C_{tot} \approx 0{,}01\ \text{mol}\cdot\text{L}^{-1}}.$$

Remarque :

On néglige les autres formes en solution pour ce potentiel.

• Pour la frontière verticale B/C, soit : $HMoO^-_{4(aq)}/MoO^{2-}_{4(aq)}$, nous avons :

$$HMoO^-_{4(aq)} + H_2O = MoO^{2-}_{4(aq)} + H_3O^+ \qquad pH = pK_A + \log\frac{[MoO_4^{2-}]}{[HMoO_4^-]}.$$

Convention usuelle à la frontière : $[MoO_4^{2-}] = [HMoO_4^-] \Rightarrow \boxed{pH = pK_A = 6{,}0}$.

d) • Le *diagramme potentiel*-pH *de l'eau* correspond aux couples :

H_2O/H_2 : $2H^+_{aq} + 2\,e^- = H_{2(g)}$ $\qquad E = 0{,}00 - 0{,}06\ pH \quad (P_{H_2} = P^0)$

O_2/H_2O : $O_{2(g)} + 4\,H^+ + 4\,e^- = 2\,H_2O$ $\qquad E = 1{,}23 - 0{,}06\ pH \quad (P_{O_2} = P^0)$.

• Le domaine F correspond à la stabilité thermodynamique du métal donc à *l'immunité*. Les domaines D, B, C correspondent à des formes oxydées dissoutes du métal, donc au domaine de *corrosion*.

Les domaines E et A correspondent à des oxydes solides pouvant protéger le métal d'une attaque en profondeur : domaine de *passivité*.

• On ne peut plus passiver le métal au-delà de pH 10, puisqu'il s'oxyde directement en MoO_4^{2-} soluble.

e) Le dioxyde de manganèse se *dismute* en milieu basique en $Mo_{(s)}$ et $MoO_{4(aq)}^{2-}$.

$MoO_{2(s)}/Mo_{(s)}$:	$MoO_{2(s)} + 4\,e^- + 4\,H^+ = Mo_{(s)} + 2\,H_2O$	
$MoO_{4(aq)}^{2-}/MoO_{2(s)}$:	$MoO_{4(aq)}^{2-} + 2\,e^- + 4\,H^+ = MoO_{2(s)} + 2\,H_2O$	$\times(-2)$
Bilan :	$3\,MoO_{2(s)} + 2\,H_2O = Mo_{(s)} + 2\,MoO_{4(aq)}^{2-} + 4\,H^+$	
En milieu basique :	$3\,MoO_{2(s)} + 4\,HO^- = Mo_{(s)} + 2\,MoO_{4(aq)}^{2-} + 2\,H_2O$.	

Le fait que la solution aqueuse soit désaérée suppose l'absence de dioxygène. Le seul oxydant présent est l'eau qui du seul point de vue thermodynamique *peut oxyder* $Mo_{(s)}$ en $MoO_{4(aq)}^{2-}$ selon :

$MoO_{4(aq)}^{2-}/Mo_{(s)}$	$MoO_4^{2-} + 6\,e^- + 8\,H^+ = Mo_{(s)} + 4\,H_2O$	$\times(-1)$
$H_2O/H_{2(g)}$	$2\,H_{(aq)}^+ + 2\,e^- = H_{2(g)}$	$\times(+3)$
Bilan :	$Mo_{(s)} + 4\,H_2O = MoO_{4(aq)}^{2-} + 2\,H_{(aq)}^+ + 3\,H_{2(g)}$	
En milieu basique :	$Mo_{(s)} + 2\,HO_{(aq)}^- + 2\,H_2O = MoO_{4(aq)}^{2-} + 3\,H_{2(g)}$.	

Remarque :

La cinétique de cette réaction est très lente, vu le faible écart des potentiels (surtensions cinétiques).

4. Céramique à base de cuivre II et III ______ D'après Agrégation interne

Les céramiques supraconductrices de formule générale $YBa_2Cu_3O_x$ figurent parmi les plus étudiées. Ces solides contiennent des anions oxyde O^{2-}, et des cations yttrium Y^{3+}, baryum Ba^{2+}, ainsi que des ions cuivre Cu^{2+} et Cu^{3+}, en proportions variables.

1. Diagramme potentiel-pH

La figure 26 représente le diagramme potentiel-pH du cuivre, relatif aux espèces : $Cu_{(s)}$, $Cu_2O_{(s)}$, $CuO_{(s)}$, $Cu_{(aq)}^{2+}$, $Cu_{(aq)}^{3+}$, $Cu_2O_{3(s)}$.

Le tracé a été effectué pour une concentration totale en espèces dissoutes de 1,0 mol · L^{-1}. Certaines données numériques nécessaires au tracé sont fournies en fin de partie.

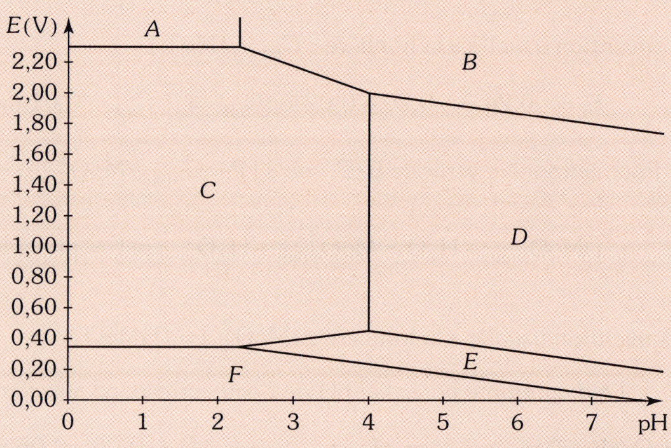

Figure 26

a) Attribuer à chacune des espèces son domaine de prédominance ou d'existence (noté *A*, *B*, *C*, *D*, *E* et *F*).

b) Justifier, sur deux exemples bien choisis, le choix de l'emploi du terme « prédominance » ou « existence ».

c) Justifier les valeurs des pentes des segments séparant les domaines relatifs des espèces du cuivre (II) et du cuivre (III).

d) Écrire les équilibres entre les espèces dont les domaines sont séparés par des verticales, en équilibrant avec H^+.

e) Calculer la constante de l'équilibre correspondant à la verticale d'équation : pH = 4.

f) À partir des données fournies, déterminer le potentiel standard du couple Cu^{3+}/Cu^+ à 25 °C.

g) Tracer, sur le diagramme la droite représentant les variations du potentiel du couple O_2/H_2O en fonction du pH (la pression en O_2 sera prise égale à 1 bar).

h) Quelle réaction observe-t-on pour les ions Cu^{3+}, en solution aqueuse, pH = 0 ?

i) Cette réaction n'est pas observée à froid. Comment interpréter ce phénomène ?

2. Détermination expérimentale de la composition du supraconducteur $YBa_2Cu_3O_x$ (Cu^{2+} et Cu^{3+})

La détermination expérimentale de la composition du supraconducteur peut s'effectuer en réalisant les deux expériences décrites ci-dessous :

• **Expérience 1** : 178 mg de solide sont dissous **à chaud** dans 20 mL d'une solution d'acide chlorhydrique molaire. On ajoute ensuite un excès d'iodure de potassium. On observe alors la formation d'un précipité d'iodure cuivreux CuI et l'apparition de diiode. Il faut verser 26,7 mL d'une solution de thiosulfate de sodium de concentration 0,03 mol · L^{-1} pour doser le diiode formé.

• **Expérience 2** : 178 mg de solide sont dissous **à froid** dans 20 mL d'une solution d'acide chlorhydrique molaire. On ajoute ensuite un excès d'iodure de potassium. On observe alors la formation d'un précipité d'iodure cuivreux CuI et l'apparition de diiode. Il faut verser, cette fois, 35,6 mL d'une solution de thiosulfate de sodium de concentration 0,03 mol · L^{-1} pour doser le diiode formé.

a) Sous quel degré d'oxydation se trouve le cuivre après dissolution du solide dans l'acide chlorhydrique, dans chacune des deux expériences ? Justifier vos réponses en utilisant la partie précédente.

b) Écrire la (les) réaction(s) se produisant lorsque l'on ajoute un excès d'iodure de potassium à la solution obtenue, dans chacune des expériences, en considérant que seul I_2 dissous est formé dans ces conditions.

c) Calculer les constantes d'équilibre des réactions précédentes.

d) Justifier l'emploi du thiosulfate de sodium pour le dosage du diiode. Comment observer l'équivalence d'un tel dosage ?

e) Écrire la réaction se produisant au cours du dosage entre le diiode et le thiosulfate.

f) Montrer que le mode opératoire utilisé permet de déterminer la composition du solide en ions Cu^{2+} et Cu^{3+}.

g) Déterminer la quantité totale d'ions cuivre contenue dans l'échantillon solide utilisé.

h) Déterminer les quantités d'ions Cu^{2+} et Cu^{3+} contenus dans l'échantillon solide utilisé.

i) Déterminer la valeur de x dans la formule du supraconducteur étudié $YBa_2Cu_3O_x$.

Données : $E^0(Cu^{3+}/Cu^{2+}) = 2{,}31$ V ; $E^0(Cu^{2+}/Cu^{+}) = 0{,}16$ V ; $E^0(I_2/I^-) = 0{,}62$ V ; $E^0(S_4O_6^{2-}/S_2O_3^{2-}) = 0{,}09$ V ; $pK_s(CuI) = 12$.

Conseils méthodologiques : Utiliser les savoir-faire 2 et 3. Dans la partie **2.**, on visualise la modification du pouvoir redox par *précipitation* et tout le profit que l'on peut en tirer en *analyse*.

1.a) Il suffit de classer les divers composés *selon leur nombre d'oxydation* (Fig.27).

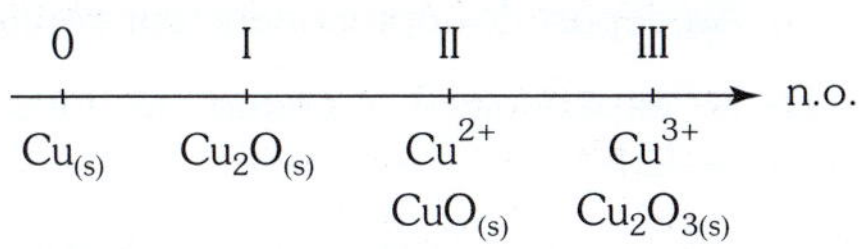

Figure 27

Les ions libres ne pouvant exister qu'en milieu acide, on déduit alors dans le sens des potentiels décroissants :

A : Cu^{3+} ; C : Cu^{2+} ; F : $Cu_{(s)}$;

B : $Cu_2O_{3(s)}$; D : $CuO_{(s)}$; E : $Cu_2O_{(s)}$.

b) Pour les espèces dissoutes, il s'agit de *domaines de prédominance* :

$$Cu^{3+}/Cu^{2+} : E = E^0 + 0{,}06 \log \frac{[Cu^{3+}]}{[Cu^{2+}]} \text{ associé à } Cu^{3+}_{(aq)} + e^- = Cu^{2+}_{(aq)}$$

Cu^{3+} prédomine sur Cu^{2+} si $E > E^0$.

Pour les espèces solides, il s'agit de *domaines d'existence*.

$$Cu_2O_3/Cu^{2+} : Cu_2O_{3(s)} + 2\ e^- + 6\ H^+_{(aq)} = 2\ Cu^{2+}_{(aq)} + 3\ H_2O.$$

Ce couple apparaît en continuité du précédent quand le K_s est atteint. Si le K_s n'est pas vérifié, $Cu_2O_{3(s)}$ n'existe pas.

c) Nous avons les trois pentes *A/C*, *B/C* et *B/D* :

- Cu^{3+}/Cu^{2+} : $E_1 = E_1^0 \Rightarrow$ *pente nulle.*
- Cu_2O_3/Cu^{2+} : $E_2 = E_2^0 + \frac{0,06}{2}\log\frac{h^6}{[Cu^{2+}]^2} \Rightarrow$ $\boxed{\text{pente en} - 0,18}$.
- Cu_2O_3/CuO : $Cu_2O_{3(s)} + 2\ e^- + 2\ H^+_{(aq)} = 2\ CuO_{(s)} + H_2O$ avec $E_3 = E_3^0 + \frac{0,06}{2}\log h^2 \rightarrow$ $\boxed{\text{pente en} - 0,06}$.

d) Il s'agit des *équilibres de précipitation* :

- *A/B* $2\ Cu^{3+}_{(aq)} + 3\ H_2O \rightleftharpoons Cu_2O_{3(s)} + 6\ H^+_{(aq)}$ K_1^0
- *C/D* $Cu^{2+}_{(aq)} + H_2O \rightleftharpoons CuO_{(s)} + 2\ H^+_{(aq)}$ K_2^0

e) À pH 4, nous cherchons la *constante* K_2^0.

$$K_2^0 = \frac{h^2}{[Cu^{2+}]}$$ avec $h = 10^{-4}$ et $[Cu^{2+}] = 1\ mol \cdot L^{-1}$ car c'est la seule espèce dissoute.

$$\Rightarrow \boxed{K_2^0 = 10^{-8}}.$$

f) On déduit aisément un *potentiel standard* à partir de deux autres (formule barycentrique) :

(a) $Cu^{3+}_{(aq)} + e^- = Cu^{2+}_{(aq)}$ $\Delta_r G_a^0 = -FE_a^0$

(b) $Cu^{2+}_{(aq)} + e^- = Cu^{+}_{(aq)}$ $\Delta_r G_b^0 = -FE_b^0$

(c) $Cu^{3+}_{(aq)} + 2\ e^- = Cu^{+}_{(aq)}$ $\Delta_r G_c^0 = -2\ FE_c^0$.

Comme (c) = (a) + (b), on a : $E_c^0 = \frac{1}{2}(E_a^0 + E_b^0) = \boxed{1,235\ V}$.

Remarque :

Les ions Cu^+ libres ne sont pas apparus dans le *E*-pH car ils *se dismutent* en Cu^{2+} et $Cu_{(s)}$.

g) Il s'agit d'un des *couples de l'eau* :

O_2/H_2O : $O_{2(g)} + 4\ H^+_{(aq)} + 4\ e^- = 2\ H_2O$, avec $P_{O_2} = 1$ bar, $\boxed{E = 1,23 - 0,06\ pH}$.

h) Le domaine de Cu^{3+} est *extérieur* à celui de l'eau. Les ions Cu^{3+} doivent être réduits par l'eau selon :

$$4\ Cu^{3+}_{(aq)} + 2\ H_2O = 4\ Cu^{2+}_{(aq)} + 4\ H^+_{(aq)} + O_{2(g)}.$$

i) Il y a un *blocage cinétique* à froid. Le domaine de stabilité de l'eau est accru par des surtensions cinétiques.

2.a) Au départ, le supraconducteur contient Cu^{2+} et Cu^{3+}.

- Dans l'expérience 1 (*à chaud*), les ions Cu^{3+} sont réduits par l'eau, et il ne reste donc après dissolution du solide que des ions Cu^{2+}.
- Par contre, dans l'expérience 2 (*à froid*), les Cu^{3+} ne sont pas réduits et on a le mélange Cu^{2+} et Cu^{3+}.

b) Dans *l'expérience* 1, les ions Cu^{2+} sont ensuite réduits en Cu^{I} (sous forme $CuI_{(s)}$) par les iodures (Fig. 28).

En effet, Cu^{2+} est plus oxydant car :

(*a*) $Cu^{2+}_{(aq)} + e^- = Cu^{+}_{(aq)}$ $\Delta_r G_a^0 = -FE_a^0$

(*b*) $Cu^{+}_{(aq)} + I^-_{(aq)} = CuI_{(s)}$ $\Delta_r G_b^0 = -RT\ln\frac{1}{K_s}$

(*c*) $Cu^{2+}_{(aq)} + I^-_{(aq)} + e^- = CuI_{(s)}$ $\Delta_r G_c^0 = -FE_c^0$.

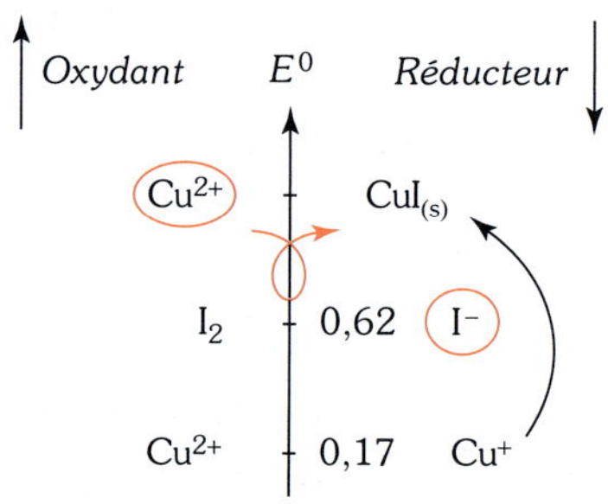

Figure 28

Comme $(c) = (a)+(b)$, on obtient $\Delta_r G_c^0 = \Delta_r G_a^0 + \Delta_r G_b^0$, soit :

$$E_c^0 = E_a^0 + \frac{2{,}3\,RT}{F}\log\frac{1}{K_s} = E_a^0 + 0{,}06\ \mathrm{p}K_s$$

$$\boxed{E^0_{Cu^{2+}/CuI} = 0{,}88\ \mathrm{V}}.$$

On utilise ensuite le couple I_2/I^- :

$$(d)\quad I^-_{(aq)} = \frac{1}{2}I_{2(aq)} + e^- \qquad \Delta_r G_d^0 = +FE_d^0$$

pour déduire la *réaction prépondérante* :

$$RP_{exp1}\ (1)\quad Cu^{2+}_{(aq)} + 2I^-_{(aq)} = CuI_{(s)} + \frac{1}{2}I_{2(aq)} \qquad \Delta_r G_1^0 = -RT\ln K_1^0.$$

Comme $(1) = (c)+(d)$, il vient : $E_c^0 - E_d^0 = \dfrac{2{,}3\,RT}{F}\log K_1^0 = 0{,}06\log K_1^0$

$$K_1^0 = 10^{\frac{0{,}88-0{,}62}{0{,}06}} = \boxed{2{,}15\ 10^4}.$$

c) Dans *l'expérience* 2, les ions Cu^{3+} sont également réduits en $Cu^I(CuI_{(s)})$ par les iodures (Fig. 29).

Utilisons cette fois la méthode des potentiels :

$$Cu^{3+}_{(aq)} + 2e^- = Cu^+_{(aq)} \qquad E = E^0_{Cu^{3+}/Cu^+} + \frac{0{,}06}{2}\log\frac{[Cu^{3+}]}{[Cu^+]}$$

$$Cu^+_{(aq)} + I^-_{(aq)} = CuI_{(s)} \qquad [Cu^+] = \frac{K_s}{[I^-]}$$

$$Cu^{3+}_{(aq)} + I^-_{(aq)} + 2e^- = CuI_{(s)} \qquad E = E^0_{Cu^{3+}/Cu^+} + \frac{0{,}06}{2}\log\frac{[Cu^{3+}][I^-]}{K_s}$$

soit : $E = 1{,}595 + \dfrac{0{,}06}{2}\log[Cu^{3+}][I^-]$.

La précipitation a encore accru le potentiel et *vaincu le blocage cinétique*.

En couplant à : $2\ I^-_{(aq)} = I_{2(aq)} + 2e^- \qquad E = E^0_{I_2/I^-} + \dfrac{0{,}06}{2}\log\dfrac{[I_2]}{[I^-]^2}$,

on obtient la RP_2 : $(2)\quad Cu^{3+}_{(aq)} + 3I^-_{(aq)} = CuI_{(s)} + I_{2(aq)} \qquad K_2^0$.

À l'équilibre, *l'égalité des potentiels* donne K_2^0.

$$1{,}595 + 0{,}03\log[Cu^{3+}][I^-] = 0{,}62 + 0{,}03\log\frac{[I_2]}{[I^-]^2}$$

$$1{,}595 - 0{,}62 = 0{,}03\log K_2^0 \Rightarrow \boxed{K_2^0 = 10^{32{,}5} = 3{,}16\ 10^{32}}.$$

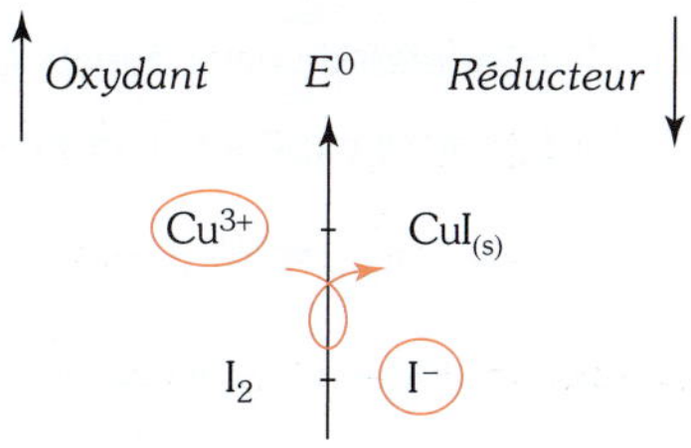

Figure 29

d) Le thiosulfate permet de *doser* le diiode formé selon la réaction (Fig. 30) :

$$I_{2(aq)} + 2\ S_2O^{2-}_{3(aq)} = 2\ I^-_{(aq)} + S_4O^{2-}_{6(aq)}.$$

L'équivalence est obtenue lorsque le diiode a disparu (*décoloration* de la solution).

L'ajout *d'empois d'amidon* ou de *thiodène* donnant des complexes colorés avec le diiode permet de détecter les dernières traces de I_2 et d'affiner la détermination de v_e.

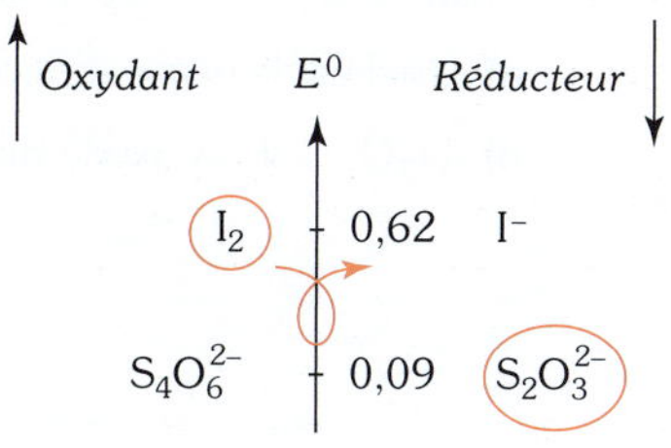

Figure 30

e) La réaction du dosage est *quasitotale*.

$$I_{2(aq)} + 2\ S_2O_{3(aq)}^{2-} \rightarrow 2\ I^-_{aq} + S_4O_{6(aq)}^{2-} \quad \text{car } \Delta E^0 = 0{,}53\ \text{V}.$$

f) Dans l'échantillon solide utilisé, il y a deux inconnues $n_{Cu^{2+}}$ et $n_{Cu^{3+}}$.

- *Dans la première expérience* : $Cu^{3+}_{(aq)} \rightarrow Cu^{2+}_{(aq)}$, puis :

$$(1)\quad Cu^{2+}_{(aq)} + 2\ I^-_{(aq)} \rightarrow CuI_{(s)} + \frac{1}{2}\ I_{2(aq)} \quad \text{et} \quad I_{2(aq)} + 2\ S_2O_{3(aq)}^{2-} \rightarrow 2\ I^-_{(aq)} + S_4O_{6(aq)}^{2-}.$$

Bilan : $\dfrac{n_{S_2O_3^{2-}}}{2} = n_{I_2} = \dfrac{1}{2}(n_{Cu^{2+}})_{\text{total}} = \dfrac{1}{2}[n_{Cu^{2+}} + n_{Cu^{3+}}]$.

- Dans la seconde expérience :

$$(1)\quad Cu^{2+}_{(aq)} + 2\ I^-_{(aq)} \rightarrow CuI_{(s)} + \frac{1}{2}\ I_{2(aq)} \Rightarrow (n_{I_2})_1 = \frac{1}{2}n_{Cu^{2+}}\ ;$$

$$(2)\quad Cu^{3+}_{(aq)} + 3\ I^-_{aq} \rightarrow CuI_{(s)} + I_{2(aq)} \Rightarrow (n_{I_2})_2 = n_{Cu^{3+}} \quad \text{et} \quad I_{2(aq)} + 2\ S_2O_3^{2-} \rightarrow 2\ I^-_{(aq)} + S_4O_{6(aq)}^{2-}.$$

Bilan : $\dfrac{n_{S_2O_3^{2-}}}{2} = n_{I_2} = n_{Cu^{3+}} + \dfrac{1}{2}n_{Cu^{2+}}$.

On dispose bien de deux équations à deux inconnues.

g) La première expérience donne la *quantité totale* :

$$(n_{Cu^{2+}})_{\text{total}} = n_{Cu^{2+}} + n_{Cu^{3+}} = C_{S_2O_3^{2-}} v_{e_1} = \boxed{0{,}80\ \text{mmol}}.$$

h) La seconde expérience *distingue* Cu^{2+} et Cu^{3+} :

$$n_{Cu^{3+}} + \frac{1}{2}\ n_{Cu^{2+}} = \frac{1}{2}\ C_{S_2O_3^{2-}} v_{e_2} = 0{,}53\ \text{mmol}.$$

D'où les quantités respectives : $\boxed{n_{Cu^{2+}} = 0{,}53\ \text{mmol}}$ et $\boxed{n_{Cu^{3+}} = 0{,}27\ \text{mmol}}$.

Il y a 2 Cu^{2+} pour 1 Cu^{3+} dans la céramique.

i) D'après la neutralité électrique de $YBa_2Cu_3O_x$, il vient :

$$+3 + 2(2) + 2(2) + 3 - 2x = 0 \Rightarrow \boxed{x = 7},$$

soit : $YBa_2Cu_3O_7$.

5. Extraction de l'uranium de son minerai ______ D'après E3A

1. L'uranium à l'état naturel existe en faible teneur sous forme de pechblende, minerai de divers oxydes d'uranium, UO_2 et U_3O_8 pour l'essentiel.

a) Quel est le degré d'oxydation de l'uranium dans UO_2 ?

b) U_3O_8 est un oxyde mixte U(IV)-U(VI). Quelles y sont les proportions de chaque degré d'oxydation ?

2. Le diagramme potentiel-pH (simplifié) de l'uranium est tracé en Fig. 31 à 298 K pour une concentration, de toute espèce soluble contenant de l'uranium, de 10^{-3} mol · L^{-1} dans son domaine de prédominance.

Les espèces prises en compte sont $U_{(s)}$, $U^{3+}_{(aq)}$, $U^{4+}_{(aq)}$, $U(OH)_{4(s)}$, $UO^{2+}_{2(aq)}$ et $UO_2(OH)_{2(s)}$.

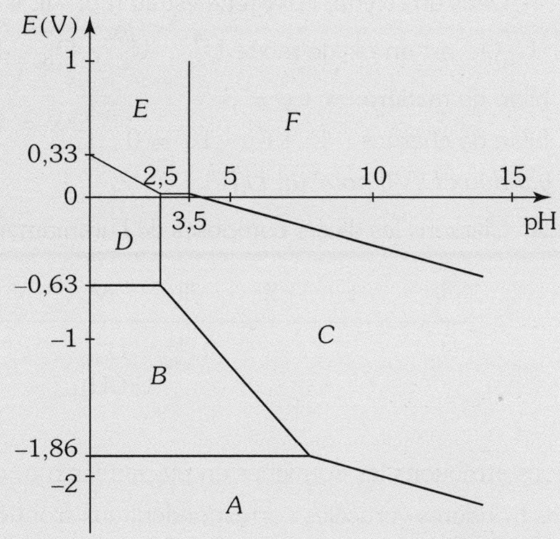

Figure 31

a) Associer à chaque lettre du diagramme l'espèce correspondant au domaine de prédominance si elle est en solution, au domaine d'existence s'il s'agit d'un précipité ou d'un solide.

b) Déterminer le produit de solubilité pK_s de $UO_2(OH)_2$.

c) Par attaque du minerai à l'acide sulfurique en présence d'un oxydant fort tel que le chlorate de potassium (K^+, ClO_3^-), l'uranium n'apparaît que sous forme d'ions UO_2^{2+} : expliquer pourquoi. Écrire dans ces conditions l'équation-bilan de dissolution de UO_2 (pH = 0). Par quelle réaction UO_3 se transforme-t-il en ion UO_2^{2+} ? En déduire l'équation-bilan de dissolution de U_3O_8.

Donnée : $E^0(ClO^-_{3(aq)}/Cl^-_{(aq)}) = 1,45$ V.

3. Les impuretés présentes sous forme de cations métalliques (Al^{3+}...) passées en solution en même temps que l'uranium sont éliminées par précipitation sélective grâce à une solution de carbonate dont le pH est ajusté à la valeur de 8,5.

Une solution contenant au moment de sa préparation 10^{-3} mol · L^{-1} d'ions UO_2^{2+} et une mol · L^{-1} d'acide carbonique [CO_2, H_2O], est acidifiée de sorte que son pH soit nul, puis le pH augmente progressivement par ajout de base forte de sorte que la dilution soit négligeable.

La figure 32 représente la variation asymptotique de log *s* en fonction du pH, *s* étant la concentration totale de l'uranium (VI) en solution, sous forme UO_2^{2+} ou $UO_2(CO_3)_3^{4-}$ (complexe carbonate).

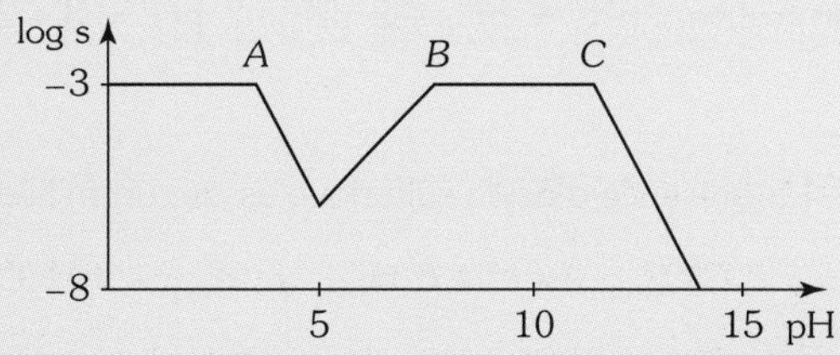

Figure 32

Données : constantes de formation des complexes.

$$\beta_3[UO_2(CO_3)_3^{4-}] = 10^{16} \ ; \ \beta_4[Al(OH)_4^-] = 32$$

constante d'acidité de CO_2, H_2O :

$$pK_1 = 6,4 \quad \text{et} \quad pK_2 = 10,3.$$

Produit de solubilité : $pK'_s[Al(OH)_{3(s)}] = 32$.

a) Préciser le pH de début de précipitation de $UO_2(OH)_2$ (point *A*).

b) Sous quelle forme prépondérante l'uranium (VI) est-il remis en solution (point *B*) ? Écrire la réaction prépondérante de dissolution et donner sa constante d'équilibre.

c) En *C*, $UO_2(OH)_2$ précipite de nouveau. Écrire la réaction prépondérante de précipitation, et donner sa constante d'équilibre.

d) Soit une solution contenant 10^{-3} mol · L^{-1} d'ions UO_2^{2+} et 10^{-3} mol · L^{-1} d'ions Al^{3+} ainsi que des ions carbonate, dont le pH est ajusté à 8,5. Déterminer la solubilité de l'aluminium ; conclure.

Conseils méthodologiques : Utiliser les savoir-faire 3 et 4. Dans la partie **3.**, on étudie *l'influence de la complexation sur la précipitation sélective*. Cette méthode est fréquente en hydrométallurgie.

1.a) Dans un *oxyde*, l'oxygène est au n.o. –II. Il en résulte pour l'uranium dans UO_2, le n.o. +IV.

b) U_3O_8 est un oxyde mixte U_x^{4+}, U_y^{6+}, O_8^{2-}. Nous déterminons x et y d'après les relations :

– bilan de matière : $x + y = 3$
– bilan de charges : $4x + 6y - 16 = 0$

$\left.\right\} x = 1, \; y = 2.$

Il y a deux U(VI) pour un U(IV).

2.a) Classons les divers composés de l'uranium sur une échelle de nombre d'oxydation (Fig. 33)

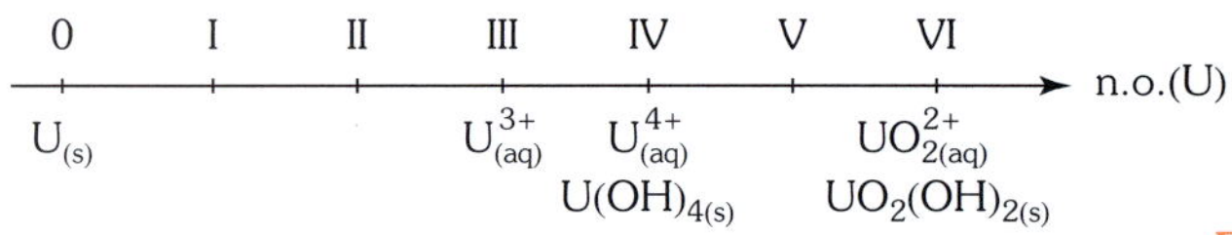

Figure 33

Remarque :
Nous voyons que les oxydes de la question **1.** ont donné naissance en solution aqueuse aux hydroxydes.

Nous attribuons les domaines en plaçant les n.o. croissants selon les *potentiels croissants*.
Les frontières verticales correspondent aux frontières acidobasiques.

$$\underset{\text{acide}}{U^{4+}_{(aq)}} + 4\,HO^-_{(aq)} = \underset{\text{base}}{U(OH)_{4(s)}} \quad \text{et} \quad \underset{\text{acide}}{UO^{2+}_{2(aq)}} + 2\,HO^-_{(aq)} = \underset{\text{base}}{UO_2(OH)_{4(s)}}.$$

D'où les domaines :

$$A = U_{(s)}\ ;\ B = U^{3+}_{(aq)}\ ;\ D = U^{4+}_{(aq)}\ ;\ E = UO^{2+}_{2(aq)}\ ;\ C = U(OH)_{4(s)}\ ;\ F = UO_2(OH)_{2(s)}.$$

b) Pour la fonction verticale E/F, nous lisons pH = 3,5.

$$UO_2(OH)_{4(s)} \rightleftharpoons UO^{2+}_{2(aq)} + 2\,HO^-_{(aq)} \qquad K_s = [UO_2^{2+}]\omega^2 = C_0\frac{K_e^2}{h^2}.$$

On trouve : $pK_s = pC_0 + 2\,pK_e - 2\,pH = 3 + 2(14) - 2(3{,}5) = 24.$

$$\boxed{pK_s = 24}.$$

c) La présence d'acide sulfurique assure un milieu acide. L'oxydant est le chlorate dans le couple ClO_3^-/Cl^- :

$$ClO^-_{3(aq)} + 6e^- + 6\,H^+_{(aq)} = Cl^-_{(aq)} + 3\,H_2O \qquad E = 1{,}45 - 0{,}06\ pH.$$

• Cette droite se situe dans le domaine de prédominance de $E = UO_2^{2+}$ Le chlorate, en milieu H^+, oxyde totalement le minerai sous forme soluble UO_2^+ (*lixiviation acide*).

• *La dissolution de* $UO_{2(s)}$ se traduit par :

$$UO_{2(s)} + 4\,H^+_{(aq)} = U^{4+}_{(aq)} + 2\,H_2O \qquad (1) = \text{acide/base},$$

$$U^{4+}_{(aq)} + 2\,H_2O = UO^{2+}_{2(aq)} + 4H^+_{(aq)} + 2\,e^- \qquad (2) = \text{oxydation}.$$

$$UO_{2(s)} = UO^{2+}_{2(aq)} + 2\,e^- \qquad (1) + (2).$$

Bilan de l'attaque : $ClO^-_{3(aq)} + 6\,H^+_{(aq)} + 3\,UO_{2(s)} = Cl^-_{(aq)} + 3\,UO^{2+}_{2(aq)} + 3\,H_2O$ (3).

• L'oxyde mixte $U_3O_{8(s)}$ est la somme de $2\,UO_{3(s)} + UO_{2(s)}$.

La dissolution de $UO_{3(s)}$ en milieu acide est une simple réaction acidobasique (même n.o.) :

$$UO_{3(s)} + 2\,H^+_{(aq)} = UO^{2+}_{2(aq)} + H_2O \quad (4)$$

Le bilan de l'attaque pour U_3O_8 est donc de (3) + 2(4) :

$$3\,U_3O_{8(s)} + ClO^-_{3(aq)} + 18\,H^+_{(aq)} = 9\,UO^{2+}_{2(aq)} + Cl^-_{aq} + 9\,H_2O.$$

3.a) La solubilité maximale est $s = 10^{-3}$ mol · L^{-1} lorsque UO_2^{2+} est totalement sous forme dissoute en milieu acide ($\log s = -3$).

$UO_2(OH)_{2(s)}$ *précipite* lorsque le produit de solubilité est atteint (point *A*) ce qui correspond à pH = 3,5 (*cf.* **2.b)**).

b) La formation du complexe $UO_2(CO_3)_3^{4-}$ permet de *dissoudre* le précipité par complexation (point *B*).

$$UO_2(OH)_{2(s)} + 3\ CO_{2(aq)} + 4\ HO^-_{(aq)} = UO_2(\ CO_3)^{4-}_{3(aq)} + 3\ H_2O \quad K_{dis}.$$

Cette réaction nécessite un pH basique, car il faut une quantité non négligeable de CO_3^{2-} pour former le complexe. Elle correspond à la superposition de :

$$UO_2(OH)_{2(s)} = UO_2^{2+} + 2\ HO^- \qquad K_s = 10^{-24} \qquad \times 1$$

$$CO_2 + HO^- = HCO_3^- \qquad \frac{K_1}{K_e} = 10^{7,6} \qquad \times 3$$

$$HCO_3^- + HO^- = CO_3^{2-} + H_2O \qquad \frac{K_2}{K_e} = 10^{3,7} \qquad \times 3$$

$$UO_2^{2+} + 3\ CO_3^{2-} = UO_2(\ CO_3)_3^{4-} \qquad \beta_3 = 10^{16} \qquad \times 1$$

$$\boxed{K_{dis} = K_s \frac{K_1^3 K_2^3}{K_e^6} \beta_3 = 10^{+25,9}}.$$

c) Désormais les ions HO^- sont largement majoritaires vis-à-vis de $CO_{2(aq)}$ en milieu très basique et le *précipité* $UO_2(OH)_{2(s)}$ se *reforme* selon :

$$UO_2(CO_3)_{3(aq)} + 2\ HO^-_{(aq)} = UO_2(OH)_{2(s)} + 3\ CO_3^{2-} \quad K_{pé}.$$

Cette réaction est la somme de :

$$UO_2(CO_3)_{3(aq)} = UO^{2+}_{2(aq)} + 3\ CO^{2-}_{3(aq)} \qquad \frac{1}{\beta_3} = 10^{-16}$$

$$UO^{2+}_{2(aq)} + 2\ HO^-_{(aq)} = UO_2(OH)_{2(s)} \qquad \frac{1}{K_s} = 10^{+24}$$

$$\boxed{K_{pé} = \frac{1}{\beta_3 K_s} = 10^{+8}}.$$

Remarque :

On remarque que $K_{pé} \ll K_{dis}$. Le précipité ne se dissout que si $CO_{2(aq)}$ est ultraminoritaire.

d) Pour un pH = 8,5, les ions UO_2^+ sont *totalement en solution* sous forme de complexe carbonate.

Par contre l'aluminium (III) est *sous forme de précipité*, ce que nous allons vérifier :

$$s = [Al^{3+}] + [Al(OH)_4^-] = [Al^{3+}](1 + \beta_4[HO^-]^4) = \frac{K'_s}{\omega^3}(1 + \beta_4\omega^4).$$

À pH = 8,5, soit $\omega = 10^{-5,5}$, on trouve $s = 7{,}9\ 10^{-5}$ mol · L^{-1}.

Les ions Al^{3+} sont sous forme de précipité à 92 %. On élimine par *précipitation sélective* les ions Al^{3+} du minerai.

6. Dosage de la chromite — D'après Mines-Ponts

On se propose d'examiner les propriétés du chrome et de ses ions en solution aqueuse, et d'exploiter une partie de ces résultats pour doser la teneur du minerai de chrome le plus important, la chromite.

Données :

– Constantes d'équilibre en solution aqueuse (à 298 K) :

(1) $Cr_2O_{7\,(aq)}^{2-} + H_2O = 2\ Cr_2O_{4\,(aq)}^{2-} + 2\ H^+_{(aq)}$ $K_1 = 3{,}0\ 10^{-15}$
dichromate (orange) chromate (jaune)

(2) $HCrO^-_{4\,(aq)} = CrO^{2-}_{4\,(aq)} + H^+_{(aq)}$ $K_2 = 3{,}0\ 10^{-7}$
(jaune)

(3) $HF_{(aq)} = F^-_{(aq)} + H^+_{(aq)}$ $K_3 = 5{,}0\ 10^{-4}$

(4) $Cr^{3+}_{(aq)} + F^-_{(aq)} = CrF^{2+}_{(aq)}$ $\beta = 4{,}0\ 10^4$

– Numéros atomiques :

O : $Z = 8$ Cr : $Z = 24$

– Potentiel standard d'oxydoréduction (à 298 K) :

$Fe^{3+}_{(aq)}/Fe^{2+}_{(aq)}$: 0,77 V

$H_2O_{2(aq)}/H_2O$: 1,77 V

$Cr_2O^{2-}_{7(aq)}/Cr^{3+}_{(aq)}$: 1,33 V

– Masses molaires ($g \cdot mol^{-1}$) :

O : 16 Cr : 52 Fe : 56

1. Aspect structural

a) Quelle est la configuration électronique de l'ion Cr^{3+} ?

b) Quelle est la géométrie de l'ion chromate (on n'envisagera que des liaisons Cr—O ou Cr=O) ?
Quelle structure peut-on proposer pour l'ion dichromate ?

2. Les ions de chrome (VI)

On dissout x mole de chromate de sodium dans un litre d'eau. La solution S obtenue est jaune.

a) Montrer que la solution S est basique (aucun calcul de pH n'est demandé).

b) Montrer que les ions dichromate peuvent aussi donner des ions hydrogénochromate selon un équilibre (2′) dont on calculera la constante K_2'.
La position de cet équilibre dépend-elle du pH ? de la dilution ?

c) On ajoute à la solution S, sans variation de volume, un acide fort assez concentré. On obtient une solution S' dont le pH est fixé à 2,0. Quelle sont les espèces du chrome (VI) prédominantes à ce pH ?
La couleur de la solution S' est jaune si x est faible, ou orange si x est grand : expliquer *qualitativement* ces observations en termes de déplacement d'équilibre.

d) Calculer la valeur de x telle que, à l'équilibre dans S', la concentration en ions dichromate soit égale à celle en ions hydrogénochromate.

3. Propriétés oxydoréductrices

On prend ici : $\dfrac{RT\ln 10}{F} = 0{,}06$ V à 298 K.

On donne en Fig. 34 le diagramme potentiel-pH du chrome, à 25 °C, la concentration des espèces dissoutes étant de $1{,}0\ mol \cdot L^{-1}$. La verticale séparant le domaine de Cr^{3+} de Cr_2O_3 se situe à pH égale à 2,7.

On rappelle que, pour les couples d'oxydoréduction de l'eau, le potentiel exprimé en Volt varie en fonction du pH selon les lois :

$O_{2(g)}/H_2O$ $E = 1{,}23 - 0{,}06\ pH$

$H^+(aq)/H_{2(g)}$ $E = -0{,}06\ pH$.

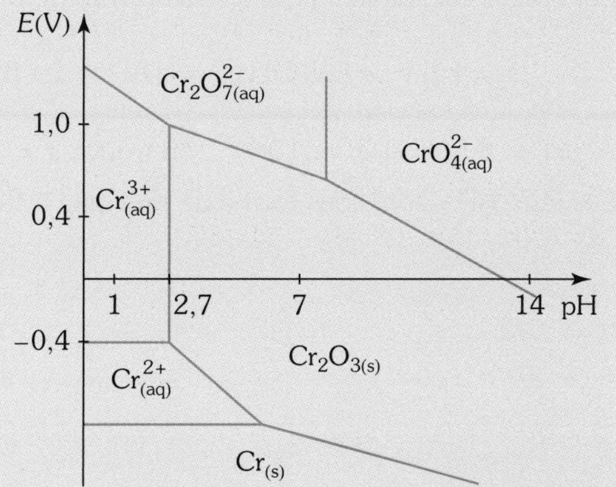

Figure 34

a) Parmi les six espèces figurant sur le diagramme ci-dessus, quelles sont celles qui sont thermodynamiquement stables dans l'eau, à tout pH ? Quelles sont celles qui sont thermodynamiquement instables, à tout pH ?

b) On constate expérimentalement que le chrome métal n'est apparemment pas attaqué par l'eau dans un vaste domaine de pH (entre pH = 3 et pH = 14). Quel nom porte ce phénomène ? Quelle en est la cause probable ?

c) Calculer la pente du segment séparant les domaines de Cr_2O_3 et CrO_4^{2-}.

4. Détermination de la teneur en chrome de la chromite

Les ions dichromate sont souvent utilisés en analyse quantitative. On présente ici une méthode d'analyse de la teneur en chrome de la chromite, $FeCr_2O_4$, oxyde mixte de chrome et de fer. Ce minerai naturel est souvent impur (il contient en particulier du carbonate de magnésium) et sa teneur en chrome doit être déterminée au préalable. À l'état pur ou additionnée d'alumine, la chromite sert à fabriquer des briques réfractaires de certains fours industriels.

0,224 g de minerai impur est dissous en milieu basique, en présence d'un excès de peroxyde d'hydrogène, H_2O_2. On obtient de l'hydroxyde de fer (III), insoluble, et des ions chromate. L'excès de peroxyde d'hydrogène est détruit par chauffage de la solution. Le mélange est filtré, pour éliminer l'hydroxyde de fer (III), puis acidifié. On obtient 200 cm^3 d'une solution de dichromate de concentration x. Avec cette solution, on dose 10 cm^3 d'une solution de Fe^{2+} à 0,060 $mol \cdot L^{-1}$ en présence d'un indicateur coloré d'oxydoréduction.

On appelle v le volume de solution de dichromate versé à l'équivalence.

a) Quel est le nombre d'oxydation du chrome dans la chromite sachant que celui du fer est +II ?

b) Quel est le rôle du peroxyde d'hydrogène dans le protocole décrit ?

c) Écrire le bilan de la réaction de dosage de Fe^{2+} par le dichromate.

Calculer sa constante d'équilibre. Conclure.

d) Si l'on partait de 0,244 g de chromite pure, quelle valeur v_0 obtiendrait-on à l'équivalence ?

e) L'expérience conduit à $v = 25{,}0\ cm^3$. Calculer x pour l'échantillon de minerai étudié : en déduire la teneur pondérale du minerai en chrome, définie comme la masse de chrome contenue dans l'unité de masse de minerai.

Conseils méthodologiques : Utiliser les savoir-faire 3 et 4. Le **1.** propose une révision des théories de Lewis et Gillespie. Les **2.**, **3.** et **4.** illustrent les propriétés redox et acidobasiques des ions du chrome.

1.a) Le chrome ($Z = 24$) a pour configuration électronique :

$Cr : 1s^2 - 2s^2\,2p^6 - 3s^2\,3p^6 - \mathbf{3d^5\,4s^1}$.

C'est l'électron 4 s (le moins écranté) qui est arraché le plus facilement.

Les 21 électrons de l'ion Cr^{3+} correspondent à la configuration électronique :

$Cr^{3+} : 1s^2 - 2s^2\,2p^6 - 3s^2\,3p^6 - \mathbf{3d^3}$.

Remarque : Irrégularité par rapport à $3d^4\ 4s^2$ attendu.

b) La couche de valence du chrome présente 6 électrons.

Le schéma de Lewis de l'ion chromate CrO_4^{2-} s'écrit :

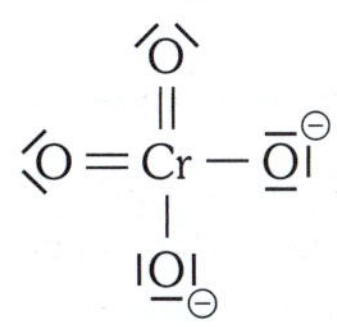

Il est de type AX_4 = tétraèdre régulier selon Gillespie.

La mésomérie montre l'identité de 4 liaisons Cr—O.

Pour l'ion dichromate, on peut écrire la formule ci-contre.

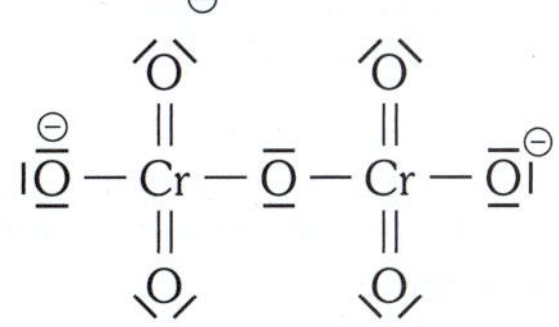

Il n'y a pas de changement de n.o. pour l'élément chrome.

2.a) D'après (1), l'ion CrO_4^{2-} est une base, d'où la réaction basique.

b) On peut écrire (2′) : $Cr_2O_7^{2-} + H_2O = 2\ HCrO_4^-$ avec $K_{2'} = \dfrac{K_1}{K_2^2} = 0{,}033$.

Cet équilibre ne dépend pas du pH, mais de la dilution.

c) On trouve selon (1) $Cr_2O_7^2$, et selon (2) $HCrO_4$, espèces règies par l'équilibre (2′).

Cet équilibre (2′) est déplacé vers la droite par dilution, c'est-à-dire pour une faible valeur de x : c'est la couleur jaune de $HCrO_4^-$ qui l'emporte.

d) On veut $[Cr_2O_7^{2-}] = [HCrO_4^-]$. De $K_{2'} = \dfrac{[HCrO_4^-]^2}{[Cr_2O_7^{2-}]} = [HCrO_4^-]$, on déduit :

$$[HCrO_4^-] = [Cr_2O_7^{2-}] = 0{,}033\ \text{mol} \cdot \text{L}^{-1}.$$

Finalement : $x = [Cr(VI)] = [HCrO_4^-] + 2\ [Cr_2O_7^{2-}] = \boxed{0{,}099\ \text{mol} \cdot \text{L}^{-1}}$.

3.a) Les espèces stables sont celles dont le domaine recoupe le domaine de stabilité thermodynamique de l'eau : $Cr_2O_7^{2-}$ (sauf en milieu très acide), CrO_4^{2-}, Cr^{3+}, $Cr_2O_{3(s)}$.

Par contre, Cr et Cr^{2+} sont instables pour tout pH.

b) Dans ce domaine de pH, l'oxydation du chrome donne l'oxyde Cr_2O_3 qui protège le métal d'une oxydation ultérieure : c'est le phénomène de *passivation*.

c) Écrivons la réaction redox mettant en jeu le couple CrO_4^{2-}/Cr_2O_3 :

$$CrO_4^{2-} + 5\ H^+ + 3\ e^- = \frac{1}{2}\ Cr_2O_3(s) + \frac{5}{2}\ H_2O.$$

La formule de Nernst de ce couple conduit à : $E = E^0 + \dfrac{0{,}06}{3}\log[CrO_4^{2-}]h^5 = \boxed{A - 0{,}10\ \text{pH}}$.

4.a) Si *n.o.* est le nombre d'oxydation cherché, on a par bilan de charges :

$$2 + 2n.o. - 8 = 0, \quad \text{d'où :} \quad \boxed{n.o. = \text{III}}.$$

b) H_2O_2 oxyde le fer(II) en fer(III) et le chrome (III) en Cr(VI).

Par ailleurs, le Fe(III) est facilement éliminé par filtration.

c) La réaction redox s'écrit : $Cr_2O_7^{2-} + 6\ Fe^{2+} + 14\ H^+ \rightarrow 2\ Cr^{3+} + 6\ Fe^{3+} + 7\ H_2O$.

La constante d'équilibre se calcule facilement : $\log K^0 = \dfrac{n}{0{,}06}(E_2^0 - E_1^0) = \dfrac{6}{0{,}06}(1{,}33 - 0{,}77) = 56$.

$\boxed{K^0 = 10^{56}}$: la réaction est donc quantitative.

d) À l'équivalence du dosage redox, on peut écrire :

$$n(Cr_2O_7^{2-}) = vx = \frac{n(Fe^{2+})}{6} = \frac{10 \cdot 0{,}06}{6} \Rightarrow vx = 0{,}1\ \text{mmol}.$$

Dans la chromite pure, de masse molaire $M = 224\ \text{g} \cdot \text{mol}^{-1}$, il y a 1 mmol de $FeCr_2O_4$, soit $x_0 = 5\ \text{mmol} \cdot \text{L}^{-1}$, d'où : $\boxed{v_0 = 20\ \text{mL}}$.

e) À partir de $v = 25$ ml, on calcule $x = 4\ \text{mmol} \cdot \text{L}^{-1}$ contre $5\ \text{mmol} \cdot \text{L}^{-1}$ pour la chromite pure, c'est-à-dire que l'on trouve 80 % de la valeur théorique.

La teneur pondérale est donc de $0{,}80 \cdot \dfrac{104}{224} = 37\ \%$ dans le minerai contre 46 % dans la chromite pure.

Pour approfondir

7. Accumulateur nickel-cadmium — D'après Polytechnique

Données numériques : grandeurs thermodynamiques standard à 298 K :

Espèce	$Cd_{(s)}$	$Cd^{2+}_{(aq)}$	$Cd(OH)_{2\,(aq)}$	$Cd(OH)_{2\,(s)}$	$Cd(OH)^{-}_{3\,(aq)}$	$Cd(OH)^{2-}_{4\,(aq)}$
μ^0 kJ · mol^{-1}	0	–77,6	–442,6	–473,6	–600,7	–758,4
S^0_m J · K^{-1} · mol^{-1}	51,76	–73,2		96,0		

Espèce	$Ni_{(s)}$	$Ni^{2+}_{(aq)}$	$Ni(OH)_{2\,(s)}$	$NiO(OH)_{(s)}$	$H_2O_{(\ell)}$	$HO^{-}_{(aq)}$
μ^0 kJ · mol^{-1}	0	–46,4	–435,1	–304,6	–237,2	–157,3
S^0_m J · K^{-1} · mol^{-1}	30,1	–159	79	81,6	69,9	–10,75

Constantes : F = 96 500 C · mol^{-1}, R = 8,314 J · K^{-1} · mol^{-1} ; produit ionique de l'eau : $K_e = 10^{-14}$ à 298 K. Masse molaire : M(KOH) = 56,1 g · mol^{-1}.

1. L'accumulateur Ni-Cd est obtenu en utilisant à une borne le couple Cd(II)/Cd(0) et l'autre borne le couple Ni(III)/Ni(II), l'électrolyte étant une solution aqueuse de potasse KOH de masse volumique 1,284 kg · L^{-1} et de titre massique 30 %. (On rappelle qu'usuellement une solution à z % en masse contient z gramme de soluté pour 100 g de solution).

Déterminer la concentration molaire de la solution utilisée ? En déduire une valeur approchée du pH de l'électrolyte en négligeant le coefficient d'activité de l'ion HO^-.

2. Pour préciser le mode de fonctionnement de cet accumulateur, on utilise les diagrammes potentiel-pH du cadmium et du nickel représentés en Fig. 35.

Ces diagrammes sont tracés pour des concentrations en solution aqueuse en cadmium et nickel de 1,0 10^{-1} mol · L^{-1} à 298 K.

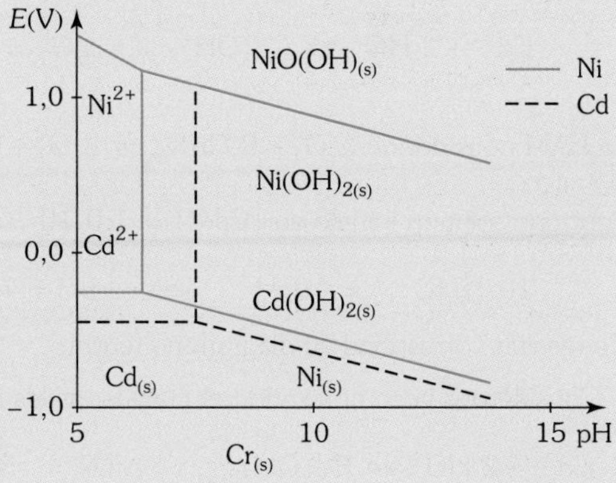

Figure 35

a) Justifier l'absence sur ce diagramme de domaine de prédominance pour les complexes hydroxylés $Cd(OH)_{2(aq)}$, $Cd(OH)^{-}_{3(aq)}$ et $Cd(OH)^{2-}_{4(aq)}$. On calculera en particulier le pH d'apparition du premier complexe, et le pH de début de précipitation de l'hydroxyde.

b) En tenant compte de la valeur du pH déterminée précédemment, quelles sont les espèces impliquées dans la conception de l'accumulateur ?

c) Donner la représentation conventionnelle de l'accumulateur en précisant sa polarité.

d) Déterminer graphiquement la f.é.m. de l'accumulateur puis théoriquement en retrouvant les équations des droites frontières qui permettent de la déterminer.

e) Préciser les réactions se produisant aux différentes plaques lorsque l'accumulateur débite. En déduire la réaction de fonctionnement. Quel est le rôle de la potasse ?

f) Quelle est la réaction qui a lieu lors de la charge de l'accumulateur ? En donner les grandeurs thermodynamiques standard $\Delta_r H^0$, $\Delta_r S^0$ et $\Delta_r G^0$.

3. L'accumulateur, supposé de résistance négligeable, est placé dans un calorimètre C_1. Il débite dans une résistance R élevée, placée dans un calorimétre C_2. Les deux calorimètres, avec leur contenu respectif, ont la même capacité thermique égale à $2 \text{ kJ} \cdot \text{K}^{-1}$

Estimer l'élévation de température de chaque calorimètre lorsqu'une quantité d'électricité de 2 000 C traverse le circuit.

Conseils méthodologiques : Utiliser les savoir-faire 1 et 3. **2.** : Penser aux *lectures graphiques* pour comprendre le fonctionnement de l'accumulateur et pour estimer sa f.é.m. **3.** : L'un des calorimètres s'échauffe à cause de la *réaction chimique exothermique*, l'autre par *effet Joule*.

1. La solution aqueuse de potasse est à 30 % en masse de potasse ; d'après la masse volumique :

$$\text{dans 1 L : } m_{\text{KOH}} = \frac{30}{100} \times 1\ 284 = 385{,}2 \text{ g} \cdot \text{L}^{-1}.$$

En comparant à la masse molaire $M_{\text{KOH}} = 56{,}1 \text{ g} \cdot \text{mol}^{-1}$, nous obtenons :

$$C_{\text{KOH}} = \frac{385{,}2}{56{,}1} = 6{,}87 \text{ mol} \cdot \text{L}^{-1}.$$

Base forte : $\text{pOH} = -\log C \rightarrow \boxed{\text{pH} = 14{,}8}$.

Remarque :

Pour une telle concentration, l'approximation $a_i = \dfrac{C_i}{C^0}$ est grossière et ne nous permet qu'une estimation du pH.

2.a) Considérons le diagramme E-pH du cadmium. Il ne met en jeu que $Cd_{(s)}$, Cd^{2+} et $Cd(OH)_{2(s)}$.
On a donc négligé les complexes $Cd(OH)_2$, $Cd(OH)_3^-$, $Cd(OH)_4^{2-}$.

- Étudions en premier lieu l'équilibre de précipitation :

$$Cd^{2+} + 2\ HO^- \rightleftharpoons Cd(OH)_{2(s)} \qquad \Delta_r G_1^0 = \sum_i \nu_i \mu_i^0 = -\ 81{,}4 \text{ kJ} \cdot \text{mol}^{-1}.$$

La LAM nous donne $\Delta_r G_1^0 + RT \ln K_{eq} = \Delta_r G_1^0 + RT \ln \dfrac{1}{K_s} = 0$, soit : $\boxed{pK_s = 14{,}3}$.

Pour une solution initiale en $[Cd^{2+}] = 1{,}0\ 10^{-1} \text{ mol} \cdot \text{L}^{-1}$, le précipité apparaît pour :

$$10^{-1}[HO^-]^2 = 10^{-14{,}3}, \quad \text{soit : } \boxed{\text{pH} = 7{,}4}.$$

Ce résultat correspond au diagramme fourni.

- Considérons la complexation et établissons les DP en l'absence de toute précipitation.

– $Cd^{2+} + 2\ HO^- \rightleftharpoons Cd(OH)_{2(aq)} \qquad \Delta_r G_2^0 = -50{,}4 \text{ kJ} \cdot \text{mol}^{-1}$, soit : $\boxed{\log \beta_2 = 8{,}83}$.

On a $[Cd^{2+}] = [Cd(OH)_2]$ pour $\beta_2 = \dfrac{1}{[OH^-]^2} \rightarrow \text{pOH} = \dfrac{1}{2}\log \beta_2$.

– $Cd(OH)_2 + HO^- \rightleftharpoons Cd(OH)_3^- \qquad \Delta_r G_3^0 = -0{,}80 \text{ kJ} \cdot \text{mol}^{-1} \Rightarrow \boxed{\log K_3 = 0{,}14}$.

– $Cd(OH)_3^- + HO^- \rightleftharpoons Cd(OH)_4^{2-} \qquad \Delta_r G_4^0 = -0{,}40 \text{ kJ} \cdot \text{mol}^{-1} \Rightarrow \boxed{\log K_4 = 0{,}07}$.

On obtient donc la figure 36.

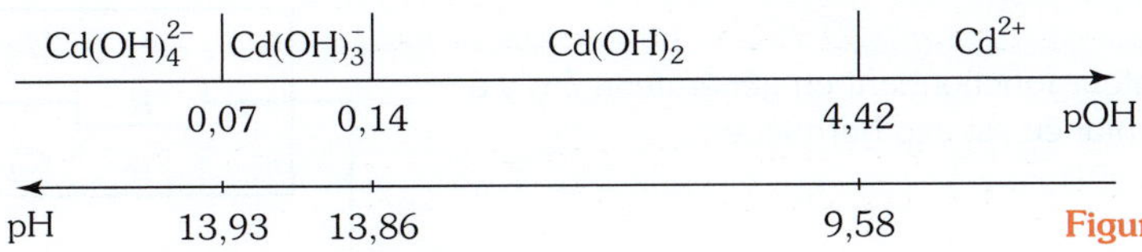

Figure 36

Remarque :

On s'aperçoit immédiatement que les complexes ne peuvent se former quantitativement que dans un domaine de pH où existe le précipité (solution saturée).

- Considérons désormais l'équilibre :

$$Cd(OH)_{2(s)} \rightleftharpoons Cd(OH)_{2(aq)} \quad \Delta_r G^0 = +31 \text{ kJ} \cdot \text{mol}^{-1},$$

soit la constante d'équilibre $K'_s = 3{,}68\ 10^{-6} \Rightarrow$ $\boxed{pK'_s = 5{,}43}$.

La solubilité du complexe $Cd(OH)_2$ est donc $s = 3{,}7\ 10^{-6}$ mol · L^{-1}. Dans le calcul du pH de précipitation de $Cd(OH)_{2(s)}$ nous avons pris $[Cd^{2+}] = 0{,}1$ mol · L^{-1}. et l'on constate que la présence du complexe à une si faible concentration ne modifie pas la valeur de $[Cd^{2+}]$. Il en résulte que les différents complexes hydroxylés n'interviennent pas.

b) La solution concentrée de potasse impose un pH de l'ordre de 14, donc :

– pour le cadmium : couple $Cd(OH)_{2(s)}/Cd_{(s)}$,

– pour le nickel : couple $NiO(OH)_{(s)}/Ni(OH)_{2(s)}$ (*cf.* énoncé Ni(III)/Ni(II)).

Remarque :

On se reporte au *E*-pH fourni.

c) La borne (+) correspond au couple de plus fort potentiel, d'où :

$$\boxed{(-)\ Cd|Cd(OH)_2|KOH|NiO(OH)|Ni(OH)_2\ (+)}.$$

d) Graphiquement, il suffit de remarquer que :

$$e = E_+ - E_- = E_+^0 - E_-^0,$$ pour tout pH basique car les droites frontières sont parallèles.

En mesurant le segment vertical en pointillés (écart entre les deux couples concernés) :

$$\boxed{e^0 = 1{,}54 \text{ V}}.$$

Théoriquement, revenons aux droites frontières :

(+) Réduction cathodique : $NiO(OH)_{(s)} + H_2O + e^- = Ni(OH)_{2(s)} + HO^-$

(–) Oxydation anodique : $Cd + 2\ HO^- = Cd(OH)_{2(s)} + 2\ e^-$

Bilan : $2\ NiO(OH)_{(s)} + 2\ H_2O + Cd = 2\ Ni(OH)_{2(s)} + Cd(OH)_{2(s)}$

$$\Delta_r G^0 = -2F(E_+^0 - E_-^0) = -2Fe^0 = \sum_i \nu_i \mu_i^0 = -296{,}2 \text{ kJ} \cdot \text{mol}^{-1}.$$

On déduit : $\boxed{e^0 = -\dfrac{\Delta_r G^0}{2F} = 1{,}53 \text{ V}}$.

e) Lorsque l'accumulateur débite, la réaction de fonctionnement est le bilan écrit ci-dessus (sens d'une pile). Le rôle de la potasse est de maintenir un pH très basique et un milieu de force ionique très grande : ainsi bonne conductivité et faible résistance interne du générateur, d'où peu de perte par effet Joule (celle-ci intervient au niveau de chaque électrode).

f) Lorsque l'accumulateur se charge, la réaction se fait en sens inverse (sens d'un électrolyseur).

$$2\ Ni(OH)_{2(s)} + Cd(OH)_{2(s)} \rightleftharpoons 2\ NiO(OH)_{(s)} + 2\ H_2O + Cd_{(s)}.$$

On a déjà calculé : $\boxed{\Delta_r G_e^0 = +296{,}2 \text{ kJ} \cdot \text{mol}^{-1}}$.

On exprime de même : $\Delta_r S_e^0 = \sum_i \nu_i S_i^0 =$ $\boxed{+100{,}76 \text{ J} \cdot \text{K}^{-1} \cdot \text{mol}^{-1}}$.

On déduit $\Delta_r H^0$ et $\Delta_r G_e^0 = \Delta_r H^0 - T\Delta_r S^0$: $\boxed{\Delta_r H_e^0 = 326{,}2 \text{ kJ} \cdot \text{mol}^{-1}}$.

3. On schématise le dispositif ainsi : Fig. 37.

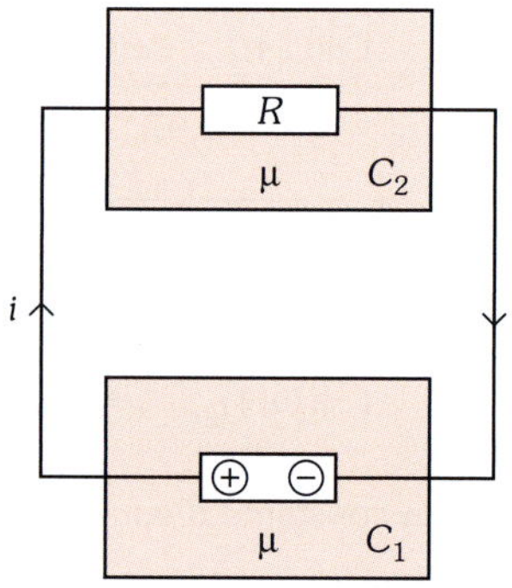

Figure 37

• Dans le calorimétre C_1 contenant l'accumulateur fonctionnant en générateur, il n'y a pas d'effet Joule, mais la réaction chimique spontanée est exothermique :

$$Q = \xi\Delta_r H^0, \quad \text{avec } \Delta_r H^0 = -\Delta_r H_e^0.$$

On peut calculer ξ grâce à la quantité d'électricité :

$$q = nF\xi = 2F\xi \Rightarrow \boxed{\xi = 10{,}4 \text{ mmol}}.$$

On déduit l'échauffement de C_1 : $0 = \xi\Delta_r H^0 + \mu\Delta T_1 \Rightarrow \boxed{\Delta T_1 = 1{,}7 \text{ K}}$.

• Dans le calorimétre C_2 contenant la résistance, l'échauffement est désormais dû à *l'effet Joule* :

$$Q_2 = \mu\Delta T_2 = \int_0^{t_f} e^0 \underbrace{i\,dt}_{dq} = e^0 q.$$

On a utilisé e^0 puisque la pile fonctionne toujours dans les conditions standard.

On déduit $\boxed{\Delta T_2 = 1{,}5 \text{ K}}$.

Remarque :

Les échauffements sont du même ordre de grandeur et restent faibles.

8. Stabilité des ions du cuivre ______ D'après Centrale-Supelec

Dans cette partie, on confondra activités et concentrations molaires notées entre parenthèses.

Données :

E^0(V) pour Cu^{2+}/Cu^+ : 0,16 ; $Cu^+/Cu_{(s)}$: 0,52 ; $NO_3^-/NO_{(g)}$: 0,95 ;

$Cu(NH_3)_4^{2+}/Cu(NH_3)_2^+$: 0,05 ; $Cu(NH_3)_2^+/Cu_{(s)}$: –0,13 ; $O_{2(g)}/H_2O$: 1,23.

On prendra : $2{,}3\,\dfrac{RT}{F} \approx 0{,}06$ V.

Pour $Cu^+ + 2\,NH_3 \rightleftharpoons Cu(NH_3)_2^+$, on a : $K_f = 10^{10{,}8}$.

A. Préliminaire

1. Écrire l'équation-bilan entre les espèces chimiques suivantes du cuivre : Cu^{2+}, Cu^+ et Cu.

2. Calculer la constante thermodynamique K_1^0 de la réaction chimique associée, à 25 °C.

3. Discuter de la stabilité de l'ion cuivre (I) en solution aqueuse.

B. Influence des ions chlorure

On se propose, pour étudier cette influence, de tracer le diagramme (*E*-pCl) du cuivre où :

$$pCl = -\log_{10}(Cl^-) = -\log(Cl^-).$$

Selon la concentration de l'ion chlorure :

• l'ion cuivre (I) peut donner les équilibres suivants :

$$CuCl_{(s)} \rightleftharpoons Cu^+ + Cl^- \quad K_{S_1} = [Cu^+][Cl^-] \text{ avec } pK_{s_1} = 6{,}7$$

$$CuCl_{(s)} + Cl^- \rightleftharpoons CuCl_2^- \quad K_{S_2} = \frac{[CuCl_2^-]}{[Cl^-]} \text{ avec } pK_{s_2} = 2$$

• l'ion cuivre (II) donne deux complexes $CuCl^+$ et $CuCl_2$ dissous selon les équilibres suivants caractérisés par les constantes de dissociations successives respectives K_{d_1} et K_{d_2}, avec $pK_{d_1} = 0{,}1$ et $pK_{d_2} = -0{,}7$.

$$CuCl^+ \rightleftharpoons Cu^{2+} + Cl^- \;;\quad K_{d_1} = \frac{[Cu^{2+}][Cl^-]}{[CuCl^+]}$$

$$CuCl_2 \rightleftharpoons CuCl^+ + Cl^- \;;\quad K_{d_2} = \frac{[CuCl^+][Cl^-]}{[CuCl_2]}$$

Conditions aux frontières : on choisit une concentration maximale totale en ions cuivre dissous (I) et (II) égale à 0,01 mol · L^{-1}. Quand deux espèces solubles du cuivre apparaissent dans un équilibre chimique, le rapport de leurs concentrations est fixé arbitrairement à 1. De plus, s'il s'agit d'une espèce soluble et d'une espèce solide, la concentration de l'espèce soluble est choisie égale à la concentration du tracé.

1. Nommer les trois complexes des ions du cuivre (I) et (II).

2. Préciser, dans les conditions précitées, les domaines de prédominance des espèces concernant le cuivre (II) en fonction de pCl.

3. Préciser, dans les mêmes conditions, les domaines d'existence et de prédominance des espèces concernant le cuivre (I) en fonction de pCl.

4. Établir les équations donnant la variation du potentiel d'oxydo-réduction E_1 du couple Cu(0)/Cu(I) en fonction de pCl.

5. On veut tracer la variation du potentiel d'oxydo-réduction E_2 du couple Cu(II)/Cu(I) en fonction de pCl. En utilisant les résultats de **2.** et **3.**, préciser les couples redox qui vont intervenir lors de la variation de pCl.
(Le tracé de E_2 en fonction de pCl est imprimé sur le graphe joint à l'énoncé : Fig. 38.)

6. Tracer sur le diagramme (E-pCl), en traits tiretés, les variations de E_1 en fonction de pCl, pour des valeurs de E compris entre −0,2 et +0,7 V et de pCl comprises entre −2 et +7.

7. a) E_1 et E_2 se coupent en un point A dont vous déterminerez graphiquement les coordonnées.

- Que se passe-t-il pour $pCl > pCl_{(A)}$?
- Déterminer l'équation de la courbe mettant en jeu les espèces stables du cuivre pour $pCl > pCl_{(A)}$.

b) En déduire, en traits pleins, le diagramme de stabilité des espèces du cuivre en fonction de pCl et légender les différents domaines.

c) Discuter de la stabilité du cuivre (I) en fonction de la concentration en ions chlorure.

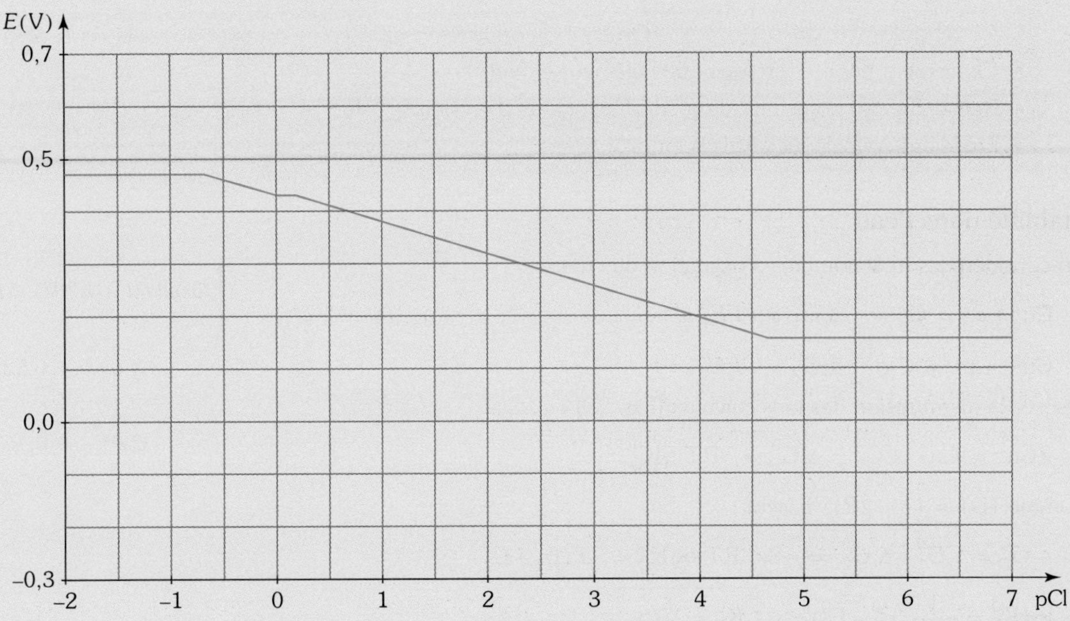

Figure 38

8. Dans l'ouvrage de J.Sarrazin et M.Verdaguer sur l'oxydo-réduction, on trouve le mode opératoire suivant :

« Réaliser l'expérience sous la hotte. Placer de la tournure de cuivre dans un ballon, recouvrir d'acide chlorhydrique concentré, ajouter un peu d'acide nitrique concentré. Porter à ébullition pendant quelques minutes. Laisser refroidir et verser avec précaution dans un grand cristallisoir rempli d'eau froide et si possible désoxygénée : un précipité blanc apparaît. »

Répondre aux questions suivantes :

- Quelle est la nature du précipité ?
- Quel est le rôle de l'acide nitrique ?
- Écrire l'équation-bilan de la réaction d'oxydoréduction en précisant le rôle de l'acide chlorhydrique.

C. Influence de l'ammoniac

1. Dans une solution aqueuse concentrée en ammoniac ($pNH_3 \approx 0$) les ions cuivre (I) et cuivre (II) donnent les deux complexes :

$Cu(NH_3)_2^+$ incolore et $Cu(NH_3)_4^{2+}$ bleue intense ; nommer ces deux complexes.

2. Que se passe-t-il lorsque l'on ajoute une solution aqueuse concentrée en ammoniac sur le solide $CuCl_{(s)}$? Écrire l'équation-bilan de la réaction.

3. On constate que, si la solution précédente est laissée à l'air libre, elle finit par prendre une couleur bleue. Que s'est-il passé ? Écrire l'équation-bilan de la réaction en respectant les espèces présentes dans le milieu ($pNH_3 \approx 0$ et $pH \approx 11$).

4. Montrer que, *a priori*, le dioxygène dissous peut oxyder le cuivre.

En réalité, cette oxydation est très faible car le cuivre se recouvre d'une pellicule d'oxyde Cu_2O dont la disparition est cinétiquement très lente.

Expliquer alors l'expérience classique suivante :

« Une solution d'ammoniac, passant sur des copeaux de cuivre se colore immédiatement en bleu intense ; le cuivre, à chaque passage de l'ammoniac garde sa coloration brillante. »

Écrire l'équation-bilan de la réaction.

Conseils méthodologiques : On bâtit ou on lit les *E*-pL comme on bâtit ou on lit les *E*-pH :

- Classement par n.o. croissant de l'élément étudié.
- Recherche des domaines (de prédominance ou d'existence) selon pL pour chaque n.o.
- Étude des couples successifs selon pCl.

A. Stabilité dans l'eau

1. On considère les trois nombres d'oxydation du *cuivre* :

$$Cu^+ + e^- = Cu \qquad \Delta_r G_1^0 = -FE_1^0$$

$$Cu^{2+} + e^- = Cu^+ \qquad \Delta_r G_2^0 = -FE_2^0 .$$

On observe la *dismutation* des ions cuivreux (Fig. 39) :

$$2Cu^+ = Cu^{2+} + Cu \qquad \Delta_r G_D^0 = -RT \ln K_D^0 .$$

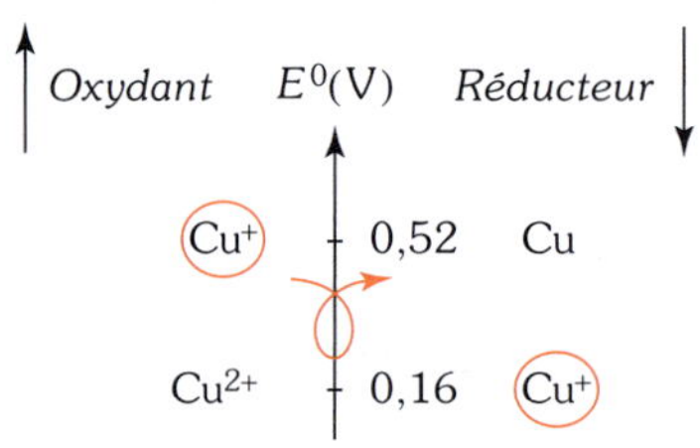

Figure 39

2. Comme (D) = (1) − (2), il vient :

$$\Delta_r G_D^0 = \Delta_r G_1^0 - \Delta_r G_2^0 \Rightarrow -2{,}3\, RT \log K_D^0 = -F(E_1^0 - E_2^0)$$

$$\log K_D^0 = \frac{1}{0{,}06}(E_1^0 - E_2^0) \Rightarrow \boxed{K_D^0 = 10^{+6}} .$$

3. La réaction est *quasitotale*. L'ion cuivre (I) ne peut exister à l'état libre en solution aqueuse.

B. Influence des ions chlorure

1. Complexe du cuivre I : $CuCl_2^-$, le dichlorocuprate (I).

Complexes du cuivre II : $CuCl^+$, le chlorocuivre (II) ; $CuCl_2$, le dichlorocuivre (II).

2. Cherchons les DP du Cu(II) en milieu Cl^- :

- $CuCl^+ = Cu^{2+} + Cl^- \quad K_{d_1} = \dfrac{[Cu^{2+}][Cl^-]}{[CuCl^+]}$

À la frontière : $[Cu^{2+}] = [CuCl^-] \Rightarrow pK_{d_1} = pCl$.

- $CuCl_2 = CuCl^+ + Cl^- \quad K_{d_2} = \dfrac{[CuCl^+][Cl^-]}{[CuCl_2]}$

À la frontière : $[CuCl^+] = [CuCl_2] \Rightarrow pK_{d_2} = pCl$.

On obtient les *domaines de prédominance* en Fig. 40

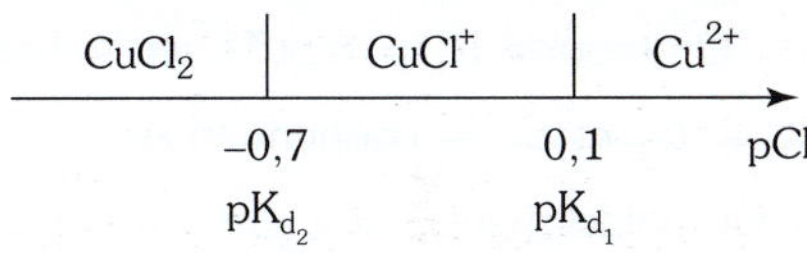

Figure 40

3. Passons au cuivre I :

- Le précipité $CuCl_{(s)}$ n'existe que si le K_s est vérifié :

$$[Cu^+][Cl^-] = K_{s_1} = 10^{-6,7}.$$

À la frontière : $[Cu^+] = 0{,}01\ mol \cdot L^{-1} \Rightarrow pCl = 4{,}7$.

- Le précipité se redissout en milieu chlorure en excès selon :

$$CuCl_{(s)} + Cl^- = CuCl_2^- \quad K_{s_2} = 10^{-2} = \frac{[CuCl_2^-]}{[Cl^-]}$$

À la frontière : $CuCl_2^- = 0{,}01\ mol \cdot L^{-1} \Rightarrow pCl = 0$.

On obtient les domaines de *prédominance* ou *d'existence* en Fig. 41

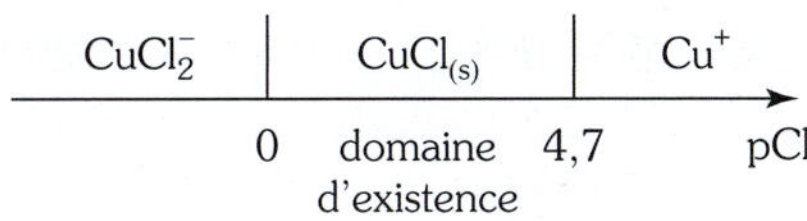

Figure 41

4. Étude du potentiel redox de Cu(I)/Cu(0) :

$$Cu^+ + e^- = Cu \quad E_1 = E_1^0 + 0{,}06 \log[Cu^+]$$

- pour $pCl \geqslant 4{,}7$: $[Cu^+] = 0{,}01\ mol \cdot L^{-1} \Rightarrow E = 0{,}40\ V$.
- pour $0 \leqslant pCl \leqslant 4{,}7$:

$$[Cu^+] = \frac{K_{S_1}}{[Cl^-]} \Rightarrow E_1 = 0{,}52 + 0{,}06 \log K_{S_1} + 0{,}06\ pCl = 0{,}118 + 0{,}06\ pCl.$$

Remarque :

La valeur 0,118 V n'a pas été arrondie à 0,12 V pour les continuités de potentiel.

- pour $pCl \leqslant 0$: désormais $CuCl_2^-$ prédomine :

$$CuCl_2^- + e^- = Cu + 2Cl^- \quad E_1 = E_3^0 + 0{,}06 \log \frac{[CuCl_2^-]}{[Cl^-]^2}$$

Comme $[CuCl_2^-] = 0{,}01\ mol \cdot L^{-1}$, il vient : $E_1 = (E_3^0 - 0{,}12) + 0{,}12\ pCl = A + 0{,}12\ pCl$.

On trouve la constante A par continuité pour $pCl = 0$: $A = 0{,}118\ V$, et $E_3^0 = 0{,}238\ V$.

5. Étude du potentiel redox du couple Cu(II)/Cu(I) : Fig. 42

- $pCl \geqslant 4{,}7$: $\quad Cu^{2+} + e^- = Cu^+$ pente nulle.
- $0{,}1 \leqslant pCl \leqslant 4{,}7$: $\quad Cu^{2+} + e^- + Cl^- = CuCl_{(s)}$ pente en $-0{,}06$.
- $0 \leqslant pCl \leqslant 0{,}1$: $\quad CuCl^+ + e^- = CuCl_{(s)}$ pente nulle.

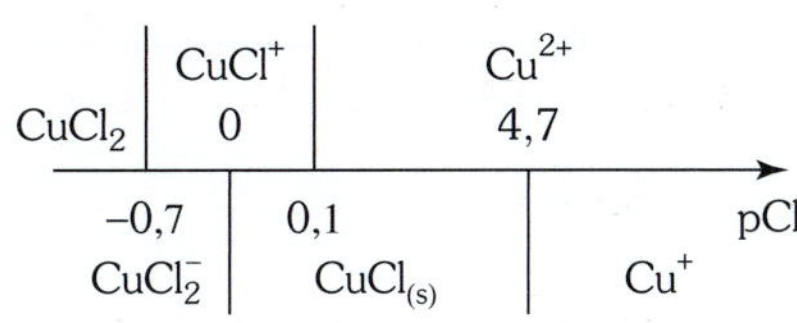

Figure 42

- $-0{,}7 \leqslant \text{pCl} \leqslant 0$: $\text{CuCl}^+ + e^- + \text{Cl}^- = \text{CuCl}_2^-$ pente en $-0{,}06$.
- $\text{pCl} \leqslant -0{,}7$: $\text{CuCl}_2 + e^- = \text{CuCl}_2^-$ pente nulle.

Remarque : Les expressions numériques (non demandées) correspondent à :

- $\text{pCl} \geqslant 4{,}7$: $E_2 = E_2^0 = 0{,}16$ V.
- $0{,}1 \leqslant \text{pCl} \leqslant 4{,}7$: $E_2 = E_2^0 + 0{,}06 \log \dfrac{10^{-2}}{\text{K}_{\text{S}_1}}[\text{Cl}^-] = 0{,}442 - 0{,}06$ pCl.
- $0 \leqslant \text{pCl} \leqslant 0{,}1$: $E_2 = E_2^0 + 0{,}06 \log \dfrac{\text{K}_{\text{d}_1}[\text{CuCl}^+]}{\text{K}_{\text{S}_1}} = 0{,}436$ V.
- $-0{,}7 \leqslant \text{pCl} \leqslant 0$: $E_2 = E_4^0 + 0{,}06 \log \dfrac{[\text{CuCl}^+][\text{Cl}^-]}{[\text{CuCl}_2]} = 0{,}436 - 0{,}06$ pCl.
- $\text{pCl} \leqslant -0{,}7$: $E_2 = E_5^0 = 0{,}478$ V.

6. On reporte $E_1 = f(\text{pCl})$ sur le diagramme fourni dans l'énoncé (Fig. 43, ci-après).

7.a) E_1 et E_2 se coupent en A.

- Graphiquement : $\text{pCl}_{(A)} \approx 2{,}7$ et $E_A \approx 0{,}28$ V.
- Pour $\text{pCl} > \text{pCl}_{(A)}$, le cuivre I *se dismute* car il a des domaines disjoints.
- Ne subsiste que le couple Cu^{2+}/Cu :

$$\text{Cu}^{2+} + 2e^- = \text{Cu} \quad E = E^0_{\text{Cu}^{2+}/\text{Cu}} + \frac{0{,}06}{2}\log[\text{Cu}^{2+}],$$

soit : $E = (E^0_{\text{Cu}^{2+}/\text{Cu}} - 0{,}06) = 0{,}28$ V par continuité.

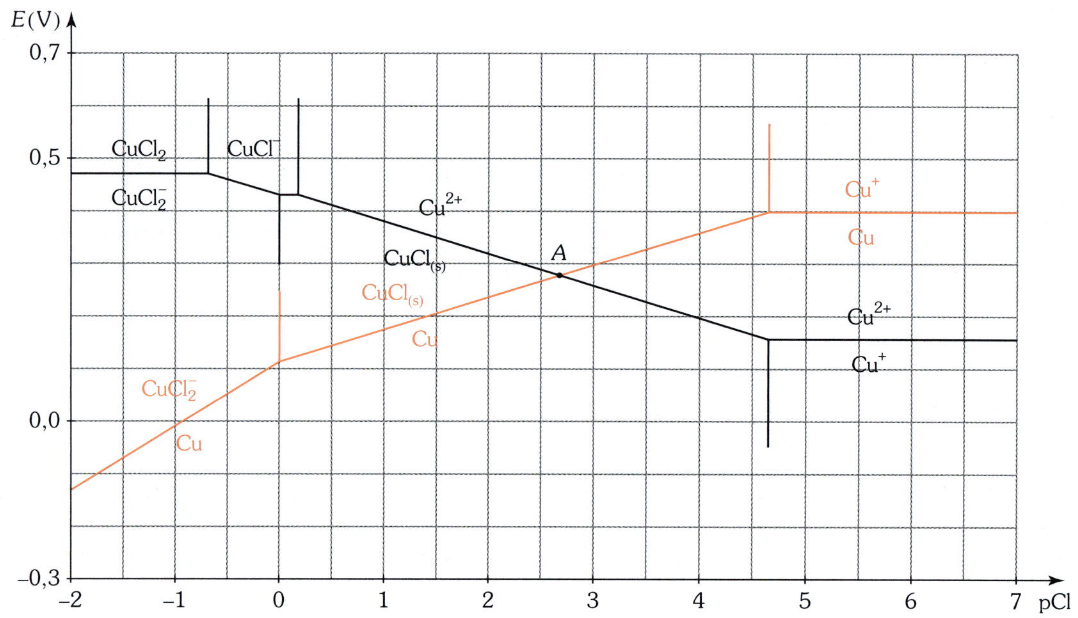

Figure 43

b) D'où le diagramme *définitif* (Fig. 44).

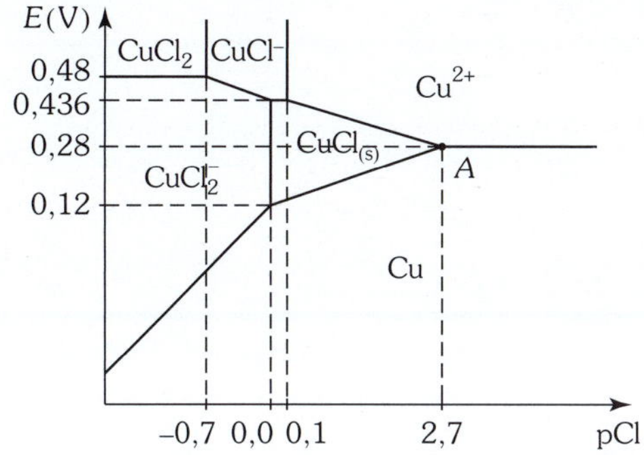

Figure 44

c) Le cuivre I est *stabilisé en milieu chlorure* sous forme $CuCl_{(s)}$ si $pCl < 2{,}7$, puis $CuCl_2^-$ si $pCl < 0$.
Plus le milieu est concentré en chlorure, plus Cu(I) est stable (augmentation du domaine).

8. • Le précipité blanc correspond à $CuCl_{(s)}$.

• L'acide nitrique est l'agent oxydant par le couple NO_3^-/NO :

$$NO_3^- + 4\,H^+ + 3e^- = NO_{(g)} + 2\,H_2O\,.$$

REMARQUE. – Le couple H^+/H_2, $E^0 = 0{,}00$ V, ne serait pas suffisant pour oxyder le cuivre, compte tenu des surtensions cinétiques. Même le couple NO_3^-/NO, $E^0 = 0{,}95$ V, nécessite un chauffage toujours pour cet aspect cinétique.

• L'acide chlorhydrique assure un milieu chlorure permettant de stabiliser Cu(I) :

$$Cu_{(s)} + Cl^- = CuCl_{(s)} + e^-$$

Bilan : $NO_3^- + 3\,Cu_{(s)} + 3\,Cl^- + 4\,H^+ \xrightarrow[\text{Totale}]{} 3\,CuCl_{(s)} + NO_{(g)} + 2\,H_2O$

C. Influence de l'ammoniac

1. Complexes en milieu ammoniacal :

$Cu(NH_3)_2^+$: diammine cuivre (I)

et $Cu(NH_3)_4^{2+}$: tétraammine cuivre (II).

> **Erreur à éviter :**
> Ligand NH_3 dit ligand *ammine*.
> Fonction $R-NH_2$ dite fonction *amine*.

2. Il y a *dissolution* du précipité par formation de complexe :

$$CuCl_{(s)} + 2\,NH_3 = Cu(NH_3)_2^+ + Cl^- \qquad K^0 = K_{S_1}K_f$$

$$K^0 = 10^{-6{,}7}\;10^{10{,}8} = 10^{+4{,}1} \gg 1\,.$$

3. Le dioxygène de l'air oxyde le cuivre I en cuivre II correspondant à $Cu(NH_3)_4^{2+}$ bleu en milieu ammoniacal.

$$\frac{1}{2}O_{2(g)} + 2e^- + H_2O = 2\,HO^- \quad \text{(à pH 11)}$$

$$Cu(NH_3)_2^+ + 2\,NH_3 = Cu(NH_3)_4^{2+} + e^- \quad \text{(à } pNH_3 = 0\text{)}.$$

Bilan : $\frac{1}{2}\,O_{2(g)} + H_2O + 2\,Cu(NH_3)_2^+ + 4\,NH_3 = 2\,Cu(NH_3)_4^{2+} + 2\,HO^-$

4. Le dioxygène dissous est un bon oxydant pour tout pH :

$$O_2/H_2O \quad E = 1{,}23 - 0{,}06\,pH.$$

Il devrait donc oxyder le cuivre en Cu^I puis Cu^{II}. Mais un phénomène de passivation (film de Cu_2O) empêche toute attaque en profondeur.
La présence d'ammoniac permet de dissoudre le film de $Cu_2O_{(s)}$ sous forme de $Cu(NH_3)_2^+$ soluble, et favorise ainsi l'oxydation en $Cu(NH_3)_4^{2+}$ bleu intense.

Bilan : $\frac{1}{2}\,O_{2(g)} + H_2O + Cu_{(s)} + 4\,NH_3 \xrightarrow[\text{Totale}]{} Cu(NH_3)_4^{2+} + 2\,HO^-$.

CHAPITRE 6

Courbes intensité-potentiel : électrolyse, corrosion

Le cours en questions

1 Cinétique redox : courbes $i = f(E)$

1.1 Quel est le lien entre vitesse de réaction électrochimique et intensité du courant ?

• **Vitesse d'une réaction électrochimique** : échange électronique à un contact électrode/solution (Fig. 1)

$$\beta \text{ Red} \underset{k_2}{\overset{k_1}{\rightleftharpoons}} \alpha \text{ Ox} + ne^-$$

$$v = v_1 - v_2 = \frac{1}{\alpha}\frac{d[\text{Ox}]}{dt} = -\frac{1}{\beta}\frac{d[\text{Red}]}{dt} = \frac{1}{V}\frac{d\xi}{dt}.$$

• **Intensité du courant** : pour un avancement élémentaire $d\xi$, il y a transfert de la quantité d'électricité $dq = nF\,d\xi$.

$$i = nF\frac{d\xi}{dt} = nFVv \quad \text{i proportionnelle à } v.$$

• **Convention de signe**

$i = i_a > 0$, si $v_1 > v_2$, soit *oxydation anodique* ;

$i = i_c < 0$, si $v_1 < v_2$, soit *réduction cathodique* ;

$i = 0$, si $v_1 = v_2$, *équilibre thermodynamique*.

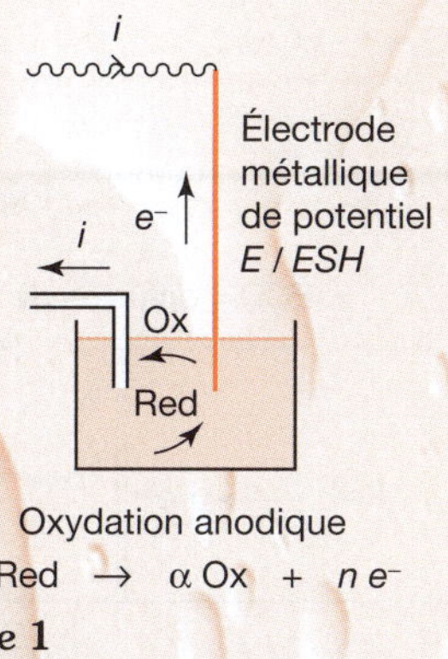

Figure 1

Un générateur de tension permet de *faire varier la tension E* au niveau de l'électrode d'étude.
La courbe $i = f(E)$ est dite *courbe de polarisation.*

En général, le facteur limitant est la *diffusion* (loi de Fick).

On utilise souvent une *densité de courant* $j = \frac{i}{S}$. On s'affranchit ainsi de l'aire de l'électrode.

1.2 Quels sont les facteurs cinétiques qui conduisent aux courbes $i = f(E)$?

• **Transfert de matière** : il faut approvisionner l'électrode en réactifs (transfert par *migration* électrique, *diffusion* de matière et *convection* due à l'agitation).

• **Transfert de charge** : il faut que le *transfert électronique* se produise à *l'interface* électrode/solution (choix du matériau, état de la surface, aire utile).

$$i = f(T, E, S, C_i, \text{matériau})$$

(aire → S ; nature du → matériau ; température → T ; potentiel → E ; concentration Ox/Red → C_i)

1.3 Comment distinguer un système rapide d'un système lent ?

Pour les intensités peu élevées, le *transfert de charge est limitant*.

• **Système rapide** : l'intensité *augmente* ($i_a > 0$ ou $i_c < 0$) dès que l'on s'écarte du potentiel d'équilibre E_e (donné par la formule de Nernst).

Exemple : Pt/Fe^{3+}, Fe^{2+} : Fig. 2.

• **Système lent** : l'intensité est *nulle* sur une plage de potentiel autour de E_e. Pour obtenir une intensité $\pm i_0$, il faut appliquer :

une surtension anodique ($\eta_a > 0$) ou cathodique ($\eta_c < 0$) .

Exemple : Pt/H_3AsO_4 (ou As^{+V}), $HAsO_2$ (ou As^{+III}) : Fig. 3.

Les surtensions varient pour un même couple avec la *nature* de l'électrode. H^+/H_2 est rapide sur platine platiné et lent sur d'autres métaux.

1.4 Quels sont les rôles de la diffusion ? du solvant ?

• **Transfert de matière par diffusion** : il devient limitant pour les intensités élevées. Le courant atteint une intensité limite dite de diffusion (Fig. 4) :

$$i_{Da} = k_{D(Red)}[Red]_{sol}$$

car c'est le réapprovisionnement en Red qui limite l'oxydation anodique β Red $\rightarrow \alpha$ Ox $+ ne^-$.

• **Domaine d'électroactivité de l'eau** : l'oxydation ($H_2O \rightarrow O_2$) et la réduction ($H_2O \rightarrow H_2$) du solvant conduisent à *deux vagues infranchissables* (solvant en excès $\Rightarrow$ pas de palier de diffusion).

Toute espèce dont la courbe $i = f(E)$ se situe à l'extérieur est *électroinerte* (Fig. 5).

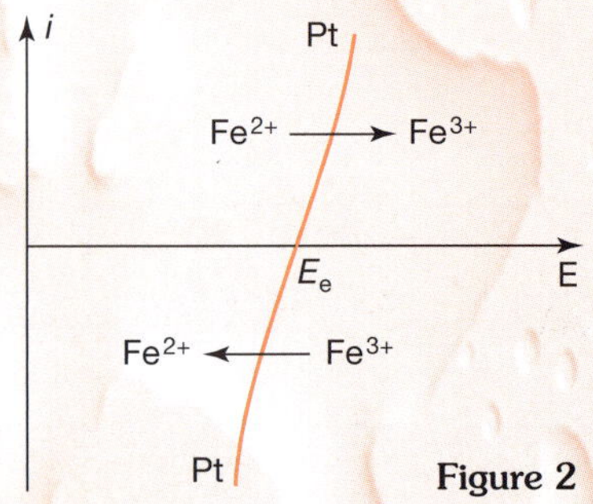

Figure 2

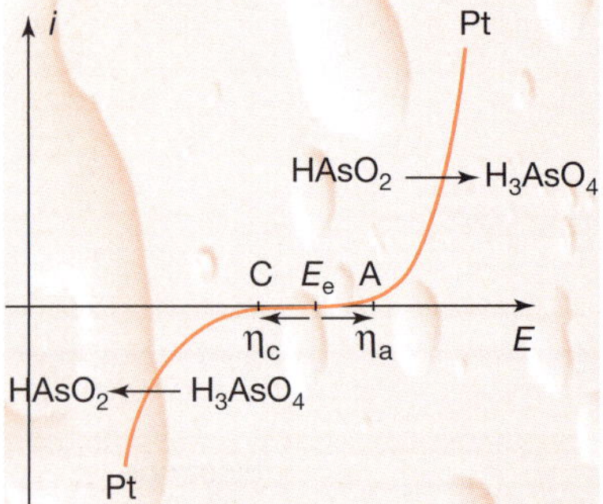

Figure 3

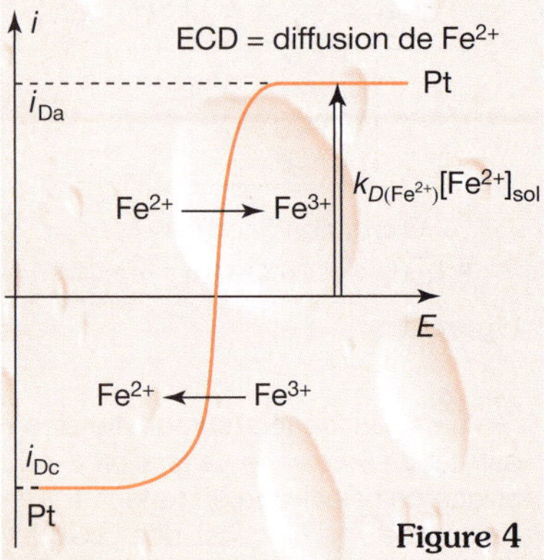

Figure 4

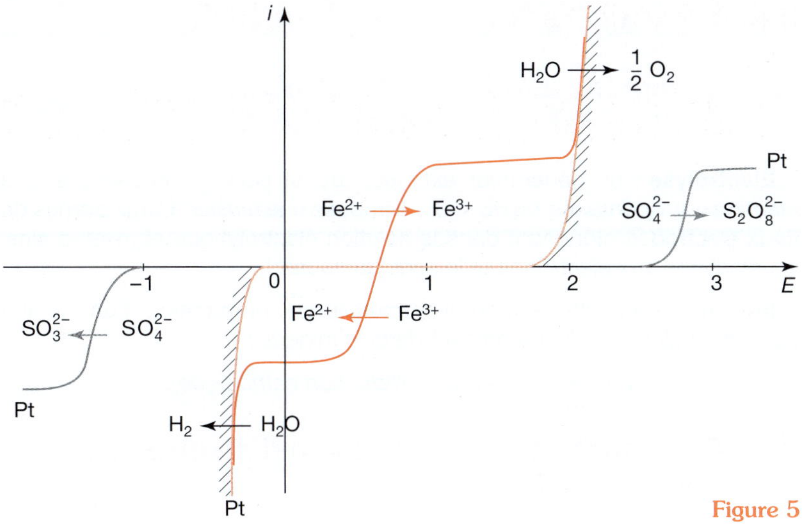

Figure 5

2 Réactions redox spontanées

2.1 Qu'appelle-t-on potentiel mixte d'une solution ?

• **Une réaction redox spontanée en solution** suppose une zone commune de potentiel où les deux demi-réactions redox se produisent *simultanément*.

• **Point de fonctionnement** : l'égalité des vitesses d'échange électronique ($i_c = -i_a$) définit le *potentiel mixte* E_m (Fig. 6).

2.2 Comment estimer la f.é.m. réelle d'une pile en mode générateur ?

• **Existence d'une ddp** : on a toujours $i_a = -i_c$ mais les électrons circulent dans le circuit extérieur et $E_{\text{cathode}_\oplus} = E_C > E_{\text{anode}_\ominus} = E_A$.

• **Lecture graphique** : pour un courant i_0 choisi, on lit la f.é.m. $E_C - E_A$ (Fig. 7). Elle est *inférieure* à celle prévue par la thermodynamique (surtensions).
En outre, il ne faut pas oublier la chute ohmique *ri* due à l'effet Joule, qui diminue encore la f.é.m. utile.

Exemple : pile oxhydrique

$$2\,H_2 + O_2 \rightarrow 2\,H_2O\,.$$

Le domaine d'électroactivité de l'eau dépend du pH, de la nature des électrodes.

L'ion sulfate SO_4^{2-} n'est ni réductible, ni oxydable : il est électro-inerte.

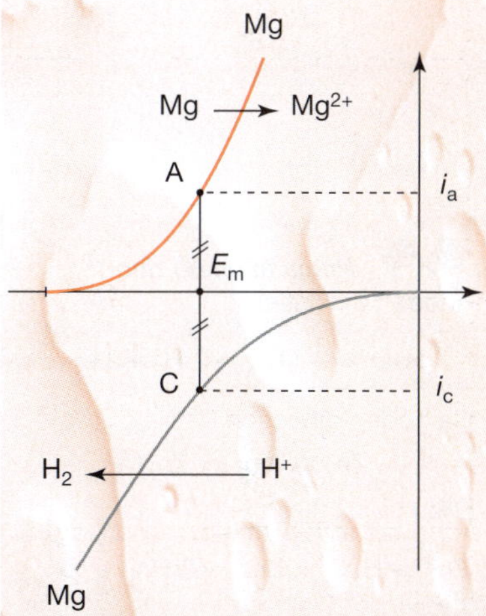

Attaque du magnésium (décapé) par un acide (à anion non oxydant).

Figure 6

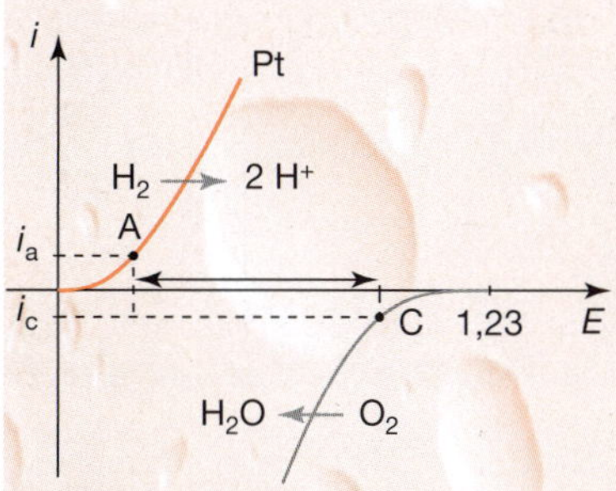

Figure 7

3 ■ Réactions forcées — Électrolyse

3.1 Comment définir une électrolyse ? Quel en est le principal intérêt ?

• **Électrolyse** : un générateur extérieur fournit l'énergie nécessaire à la *réaction non spontanée* ($\mathcal{A}\,d\xi < 0$). Il impose une *tension U* aux bornes de deux électrodes plongeant dans la solution électrolytique et inverse ainsi les réactions aux électrodes et le sens du courant.

• **Intérêt** : essentiellement en *hydrométallurgie*, préparation d'un métal à partir du cation métallique présent dans le minerai :

$$Zn^{2+} + 2e^- \rightarrow Zn_{(s)} \quad \textit{(réduction cathodique)}.$$

3.2 Comment estimer la tension d'électrolyse nécessaire *U* ?

• **Aspect thermodynamique** : $U_{min} = \dfrac{\Delta_r G}{nF} = E_2 - E_1$ (Nernst).

• **Aspect cinétique** : $U_{seuil} = U_{min} + \eta_a - \eta_c$.

• **Chute ohmique** : le fonctionnement à courant imposé rajoute une chute ohmique ri.

$$U = U_{min} + \eta_{a(i)} - \eta_{c(i)} + ri \quad \text{(Fig. 9)}.$$

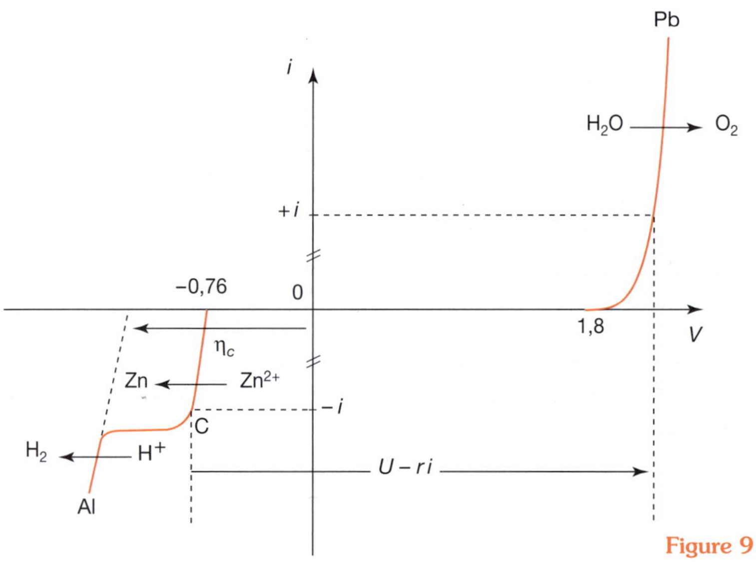

Figure 9

3.3 Comment s'exprime la loi de Faraday de l'électrolyse ?

• **Loi de Faraday** : *dépôt* cathodique

$$dq = i\,dt = nF\,d\xi \Rightarrow \xi = \frac{i\Delta t}{nF}.$$

Du point de vue thermodynamique : réaction forcée si *sens inverse* du gamma.

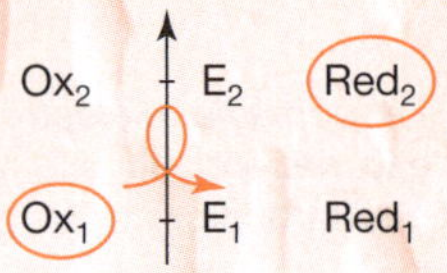

Figure 8

Le choix de la *nature de la cathode* est capital : il faut *éloigner le mur du solvant* H^+_{aq}/H_2 en réduction au-delà de la vague de réduction de Zn^{2+}/Zn.

Préparation du zinc

Anode : oxydation

$$H_2O = \frac{1}{2}\,O_{2(g)} + 2\,H^+ + 2\,e^-$$

Cathode : réduction

$$Zn^{2+} + 2\,e^- = Zn_{(s)}$$

Bilan :

$$Zn^{2+} + H_2O = Zn_{(s)} + 2\,H^+ + \frac{1}{2}\,O_{2(g)}$$

Pour la préparation du zinc :

$$m_{Zn} = \xi M_{Zn} = \frac{i\Delta t}{2F} M_{Zn}.$$

• **L'énergie électrique** consommée est alors :

$$\delta W = Ui\mathrm{d}t = UnF\mathrm{d}\xi \Rightarrow \quad W = 2FU\frac{m_{Zn}}{M_{Zn}}.$$

4 ▬ Phénomènes de corrosion humide

4.1 Préciser analogies et différences entre corrosion sèche ou humide.

• **La corrosion d'un métal** correspond à l'oxydation de ce métal en profondeur (pouvant conduire à sa perforation).

– **Corrosion sèche** : par le dioxygène de l'air (ou d'autres réactifs gazeux).

– **Corrosion humide** : par des agents oxydants en solution (O_2 dissous, H_2O, ou H^+_{aq}).

• **La corrosion humide** peut être :

– *chimique* (*corrosion uniforme*) : attaque de toute la surface du métal par un réactif au contact (homogénéité du système) ;

– *électrochimique* (*corrosion différentielle*) : attaque sur une seule zone du métal avec circulation d'électrons au sein du métal pour fermer le circuit d'une *micropile de corrosion* (hétérogénéité du système).

La corrosion est plus rapide en *milieu conducteur* (eau de mer).

4.2 Comment lit-on un diagramme potentiel — pH de corrosion ?

• **Étude thermodynamique** : elle se fait par tracé d'un E-pH de ce métal en prenant pour *convention de tracé* $C_f = 10^{-6}$ mol · L^{-1} pour les espèces solubles (*seuil de corrosion*) et pour *formes* condensées présentes les seules *formes stables* (souvent les *oxydes* au lieu des hydroxydes).

• **Divers domaines**

– *Immunité* : stabilité thermodynamique du métal.

– *Corrosion* : oxydation du métal en une espèce soluble.

– *Passivité* : domaine de l'oxyde solide le protégeant en surface et évitant l'attaque en profondeur.

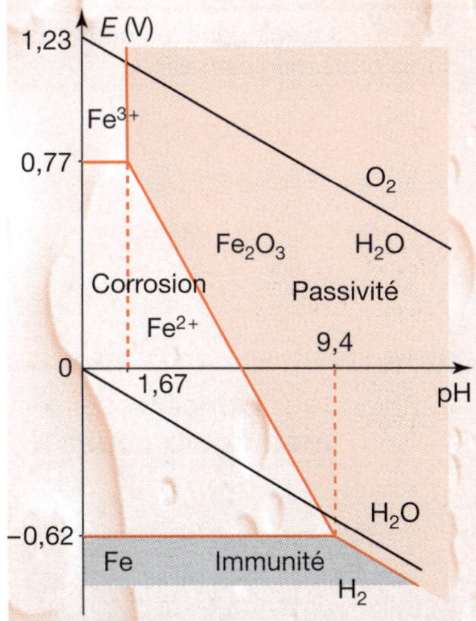

E-pH de corrosion du fer.

Figure 10

Le zinc est *facilement passivé* par $Zn(OH)_{2(s)}$ tandis que le fer n'est pas bien protégé par $Fe_2O_{3(s)}$ non imperméable : le fer *rouille*.

4.3 Quelles sont les règles de corrosion régissant les micropiles de corrosion ?

• **Micropile de contact de deux métaux** : lorsque *deux métaux* sont au contact en milieu humide, le métal le plus électropositif joue le rôle d'anode et subit la corrosion.

Canalisation en cuivre/radiateur en fer. Le fer rouille à la jonction.

• **Micropile de concentration ou d'aération différentielle** : lorsqu'un métal unique est au contact d'une solution *hétérogène*, il y a corrosion dans la zone du métal où l'oxydant est *le plus dilué*, ou dans la zone *la moins aérée*.

Le fer rouille au fond de la rayure (zone la moins aérée).

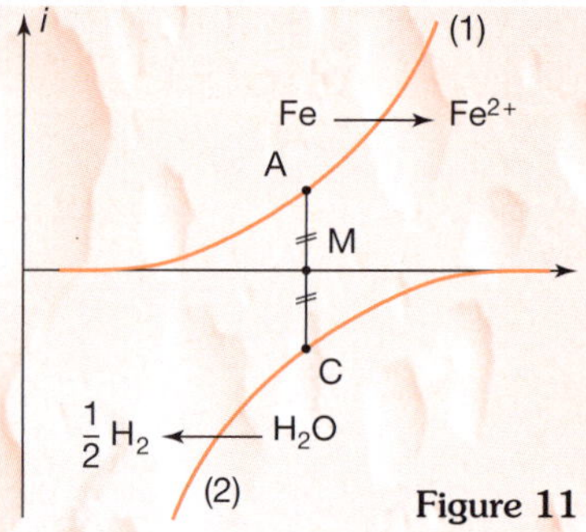

Figure 11

Toute rayure fait cesser la protection.

En cas de rayure et d'humidité, c'est le zinc qui s'oxyde et *se passive* très vite.

Il s'agit dans les deux cas d'une *protection cathodique*.

• **Existence d'un potentiel mixte** : dans tous les cas, réactions lentes et supposant l'existence d'un potentiel mixte E_m ou potentiel de corrosion pour lequel :

$$i_a = -i_c = i_{cor} \quad \text{(Fig. 11).}$$

4.4 Comment protéger le fer contre la corrosion ?

• **Protection isolante** physique (peinture anti-rouille, film plastique) ou chimique (dépôt d'une couche par réaction chimique).

• **Traitement de surface par micropile** : dépôt d'un métal plus électropositif tel le zinc par *galvanisation* (on plonge le fer dans un bain de $Zn_{(\ell)}$) ou par *électrozingage* (on dépose le zinc par électrolyse sur cathode de fer).

• ***Protection électrochimique***, soit par liaison avec une *source de tension* (amener le fer dans son domaine d'immunité), soit par liaison avec une *anode sacrificielle* en zinc qui est lentement consommée.

Les savoir-faire clefs

Conseils méthodologiques

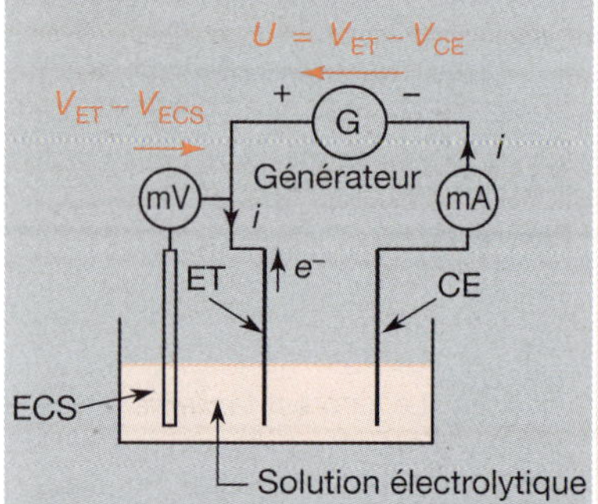

Figure 12

1.1.a) Placer le sens du courant *i* et en déduire le sens des électrons, donc *les réactions aux électrodes*.

1.1.b) L'ECS est-elle parcourue par un *courant* ?

1.2.a) Montrer la différence entre un système *rapide* et un système *lent*. Noter les paliers de *diffusion*.

1 ■ Savoir interpréter des courbes intensité-potentiel.

1.1 Montage à trois électrodes

Pour effectuer le tracé expérimental des courbes $i = f(E)$, on effectue le montage de la figure 12. Un générateur de tension variable Ⓖ permet d'imposer une ddp entre une électrode d'étude dite de travail (ET) et une électrode auxiliaire dite contre électrode (CE).

a) La figure correspond au cas $V_{ET} - V_{CE} > 0$. L'électrode de travail joue-t-elle le rôle d'anode ou de cathode ? Quelle réaction se produit donc ?

b) On inverse le sens du courant lorsque $V_{ET} - V_{CE} < 0$ et on obtient ainsi la courbe complète de polarisation. Quel est l'intérêt de ce montage à trois électrodes par rapport à un montage simple à deux électrodes où l'on couplerait directement ET à l'électrode de référence (ECS) ?

1.2 Lecture ou prévision de courbes

a) On compare les courbes intensité-potentiel des systèmes $[Fe^{3+}] = [Fe^{2+}] = 0{,}10\ mol \cdot L^{-1}$ et $[MnO_4^-] = [Mn^{2+}] = 0{,}10\ mol \cdot L^{-1}$ en milieu acide sulfurique sur électrode de platine.

Les courbes simulées (en l'absence du rôle de l'eau solvant) sont données en Fig. 13 et 14.

- Interpréter les diverses parties de ces courbes en notant les différences.
- Peut-on déduire $E^0(Fe^{3+}/Fe^{2+})$ et $E^0(MnO_4^-/Mn^{2+})$ en milieu sulfurique ?

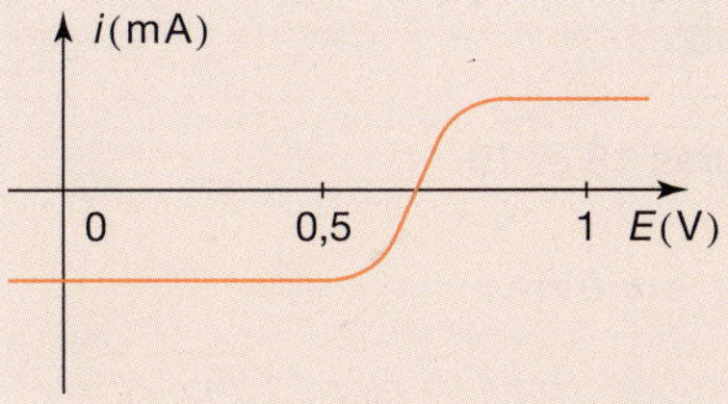

$(Pt/Fe^{3+}, Fe^{2+})$

Figure 13

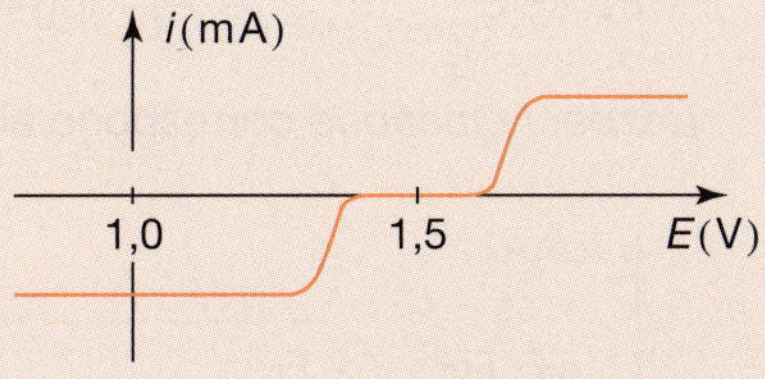

$(Pt/MnO_4^-, Mn^{2+})$

Figure 14

b) On complète l'étude précédente en tenant compte désormais de la limitation par le solvant (Fig. 15 et 16). Interpréter ces courbes en notant les différences.

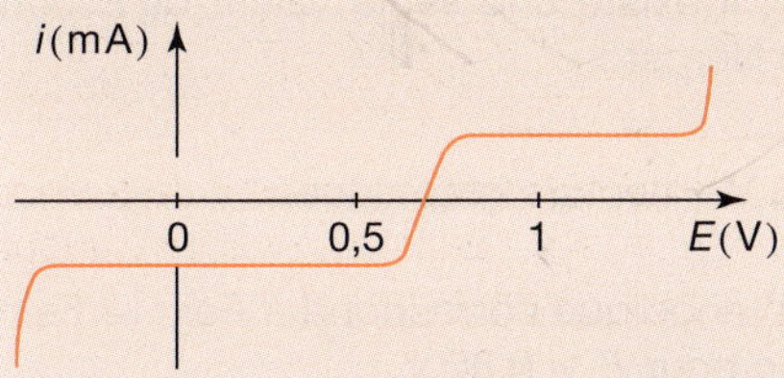

Figure 15

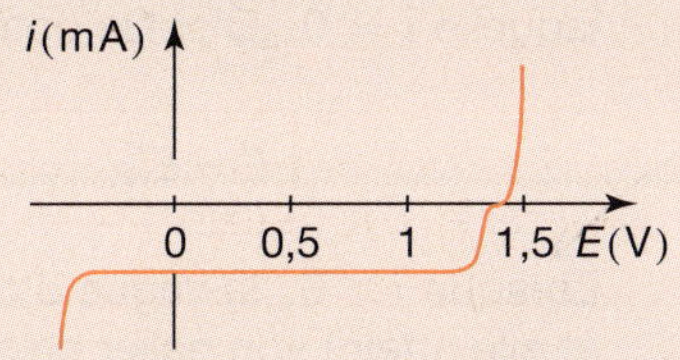

Figure 16

c) On étudie désormais le système constitué par une électrode de cuivre au contact d'une solution d'ions Cu^{2+} ($CuSO_4$ 0,10 mol · L^{-1}). On donne $E^0(Cu^{2+}/Cu) = 0{,}34$ V à pH = 0, $\eta_a \approx 0$ et $\eta_c \approx -0{,}10$ V pour $i = 1$ µA.

Donner l'allure de la courbe $i = f(E)$ en justifiant ses caractéristiques.

1.2.b) Observer sur la figure 15 où se situent les *vagues d'oxydation ou de réduction de l'eau*.
En tirer une conséquence pour $Mn^{2+} \rightarrow MnO_4^-$.

1.2.c) Il n'y a pas de problème de *diffusion* du cuivre à l'électrode pour $Cu \rightarrow Cu^{2+}$.

1.1.a) Si $V_{ET} - V_{CE} > 0$, le courant i arrive sur ET, donc les électrons s'en éloignent et il s'est produit au contact de ET une *oxydation* :

$$\beta \text{ Red} \rightarrow \alpha \text{ Ox} + ne^- \quad \text{(Fig. 17)}$$

ET est *l'anode* et i_a est comptée positivement. On observe la *vague anodique*.

b) Si $V_{ET} - V_{CE} < 0$, il se produit la *vague cathodique* ($i_c < 0$).

L'avantage du montage est *l'absence de courant* dans la 3e électrode (de référence : ECS) grâce à la forte impédance du voltmètre.

Donc, l'ESC garde un potentiel constant prévu par la *loi de Nernst*. La mesure de $V_{ET} - V_{ECS}$ conduit au potentiel E/ECS de ET puis par translation à E/ESH ou E (notation usuelle en chimie).

CE sert à *fermer* le circuit électrique et l'on note l'intensité du courant i traversant ET grâce au milliampèremètre.

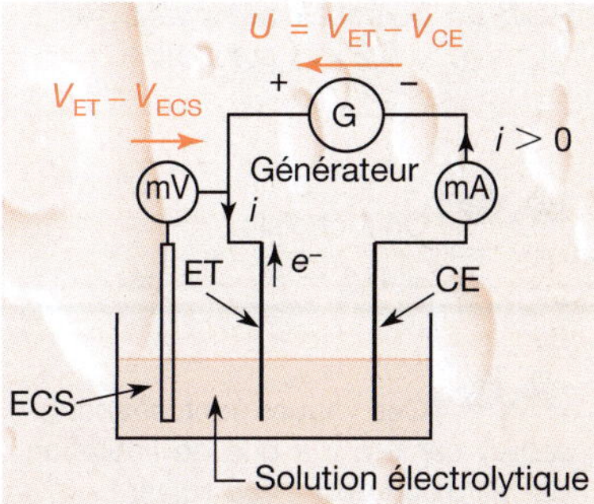

Figure 17

Dans un montage à *deux électrodes*, l'ECS serait parcourue par le courant i et son potentiel varierait. On ne pourrait mesurer la *seule variation* $E(i)$.

1.2.a) *L'aspect thermodynamique* donne :

- $Fe^{3+} + e^- = Fe^{2+}$,

$$E_{th} = E^0_{(Fe^{3+}/Fe^{2+})} + 0{,}06 \log \frac{[Fe^{3+}]}{[Fe^{2+}]}$$

- $MnO_4^- + 5\,e^- + 8\,H^+ = Mn^{2+} + 4\,H_2O$,

$$E_{th} = E^0_{(MnO_4^-/Mn^{2+})} + \frac{0,06}{5} \log \frac{[MnO_4^-]h^8}{[Mn^{2+}]}.$$

L'aspect cinétique correspond aux figures 18 et 19.

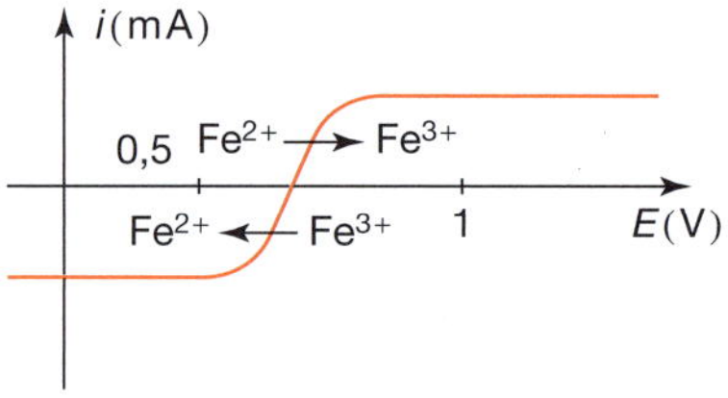

Figure 18

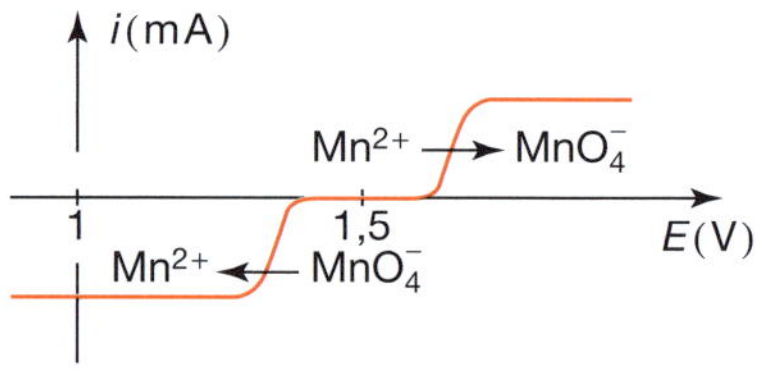

Figure 19

i = α σ α > 0
la réact est $Fe^{2+} \to Fe^{3+} + e^-$
donc i > 0 → $Fe^{2+} \to Fe^{3+}$

• Le système Fe^{3+}/Fe^{2+} est *rapide* : il existe une seule valeur de E pour laquelle $i = 0$. C'est le potentiel de Nernst :

$$E = E^0_{(Fe^{3+}/Fe^{2+})} = 0,68 \text{ V} \quad \text{(lecture graphique).}$$

Dans les tables, on lit $E^0(Fe^{3+}/Fe^{2+}) = 0,77$ V, mais en *milieu sulfurique* $E^0 = 0,68$ V en raison de la formation de *complexes*.

Lorsque $i > 0$, la vague d'oxydation anodique correspond à $Fe^{2+} \to Fe^{3+}$ et elle atteint son palier de saturation pour $E \geqslant 0,80$ V.

Lorsque $i < 0$, la vague de réduction cathodique correspond à $Fe^{3+} \to Fe^{2+}$ et elle atteint son palier de saturation pour $E \leqslant 0,60$ V.

• Le système MnO_4^-/Mn^{2+} est *lent* : il existe une large plage de potentiel autour de $E_{th} = E^0$ pour laquelle $i = 0$, due aux *surtensions cinétiques*.

$$i \approx 0 \quad \text{pour} \quad E \in [\eta_c + E^0, \eta_a + E^0].$$

Dans les tables, on lit : $E^0(MnO_4^-/Mn^{2+}) = 1,51$ V.

Pour un courant i *détectable*, on a $|\eta_c| + \eta_a \approx 0,25$ V, sur platine.

On observe comme précédemment vague anodique et cathodique et paliers de saturation.

b) En fait, l'eau donne naissance à *deux vagues limitant le domaine d'électroactivité* :

• O_2/H_2O : $O_{2(g)} + 4e^- + 4\,H^+ = H_2O$, $E_{th} = E^0_{(O_2/H_2O)} - 0,06$ pH

• H_2O/H_2 : $2\,H^+ + 2e^- = H_2$, $E_{th} = E^0_{(H^+/H_2)} - 0,06$ pH

On a choisi : $P_{O_2} = P_{H_2} = P^0 = 1$ bar.

soit vague d'oxydation ($H_2O \to O_2$) à $E = 1,23 - 0,06\text{ pH} + \eta_a$ et vague de réduction ($H_2O \to H_2$) à $E = 0,00 - 0,06\text{ pH} + \eta_c$.

Ces vagues sont *infranchissables* car il n'y a pas de limitation par diffusion pour l'eau solvant.

• Pour le système Fe^{3+}/Fe^{2+}, on voit que le balayage en potentiel permet d'atteindre *les vagues du solvant* (les courants s'ajoutent) : Fig. 20.

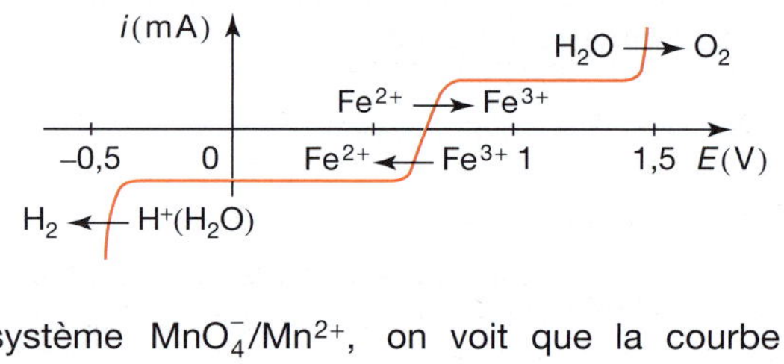

Figure 20

Le couple Fe^{3+}/Fe^{2+} est *électroactif* dans l'eau. On peut utiliser les propriétés *réductrices* de Fe^{2+} ou *oxydantes* de Fe^{3+}.

• Pour le système MnO_4^-/Mn^{2+}, on voit que la courbe d'oxydation $Mn^{2+} \to MnO_4^-$ *disparaît* car elle se situait au-delà de la vague d'oxydation de l'eau (Fig. 21).

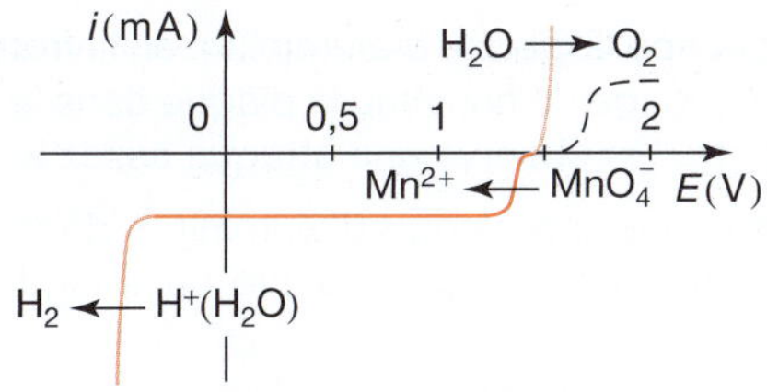

Figure 21

On ne peut utiliser que les propriétés oxydantes de MnO_4^- dans l'eau ($MnO_4^- \rightarrow Mn^{2+}$).
Remarquons que MnO_4^- est *méta-stable cinétiquement* vis-à-vis de l'eau.

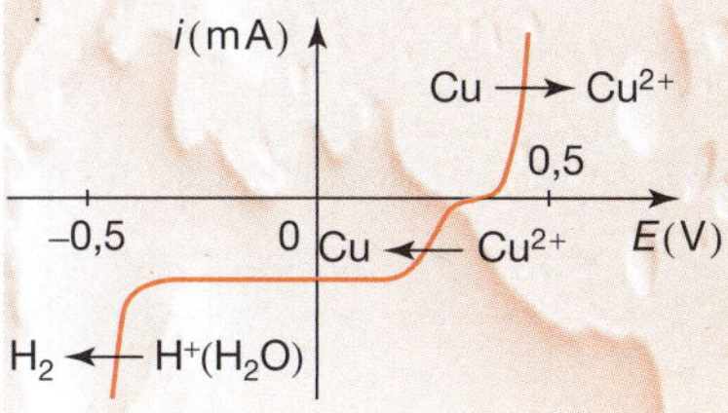

Figure 22

c) Pour le système Cu^{2+}/Cu, la thermodynamique prévoit :

$$Cu^{2+} + 2e^- = Cu_{(s)} \qquad E = 0{,}34 + \frac{0{,}06}{2}\log[Cu^{2+}] = 0{,}31 \text{ V}.$$

Le système $Cu \rightarrow Cu^{2+}$ est *rapide* ($\eta_a = 0$), tandis que le système $Cu^{2+} \rightarrow Cu$ est légèrement *lent* ($\eta_c = -0{,}10$ V due à la vitesse de cristallisation).

Le balayage en potentiel (Fig. 22) permet d'accrocher la réduction de l'eau pour $i_c < 0$. Par contre, il n'y a pas de palier de saturation pour $Cu \rightarrow Cu^{2+}$ (électrode en *cuivre* : vague infranchissable car pas de problème de diffusion).

2 Savoir utiliser *E* = *f*(pH) et *i* = *f*(*E*) pour prévoir des réactions spontanées.

2.1 *E*-pH de corrosion de l'aluminium

On donne le diagramme potentiel-pH de l'aluminium. On a considéré les espèces $Al_{(s)}$, $Al^{3+}_{(aq)}$, $Al(OH)_{3\,(s)}$ et $Al(OH)_4^-$. On a pris une concentration $C_f = 1{,}0\ 10^{-6}$ mol · L^{-1} pour les espèces dissoutes à la frontière (Fig. 23).

a) Attribuer les divers domaines α, β, δ, γ.

Retrouver la pente *AB* et le E^0 du couple $Al^{3+}_{(aq)}/Al_{(s)}$.

b) On a superposé au diagramme précédent le diagramme potentiel-pH de l'eau. Quel est du point de vue thermodynamique l'action d'une eau aérée sur l'aluminium en milieu acide ? d'une eau désaérée dans les mêmes conditions ?

On prend $P_{O_2} = P_{H_2} = P^0 = 1$ bar.

c) L'aluminium est un métal dit « très peu noble ». Pourquoi ? Indiquer les domaines de corrosion, passivité et immunité.

d) On observe que l'aluminium perd son éclat métallique à l'air ambiant et qu'il n'est plus attaqué par l'eau aérée ou désaérée.

Par contre, l'aluminium en poudre est lui très réactif vis-à-vis de l'eau et de l'air. Pourquoi ?

2.2 Courbes *i* = *f*(*E*) de l'aluminium

On donne la position *relative* des courbes intensité-potentiel de divers couples en Fig. 24. L'échelle en intensité est respectée.

Interpréter les expériences suivantes :

a) *Expérience 1* : quand on trempe une plaque d'aluminium non décapée dans une solution d'acide chlorhydrique (concentration égale à 3 mol · L^{-1}), l'attaque de celle-ci est infiniment lente.

Conseils méthodologiques

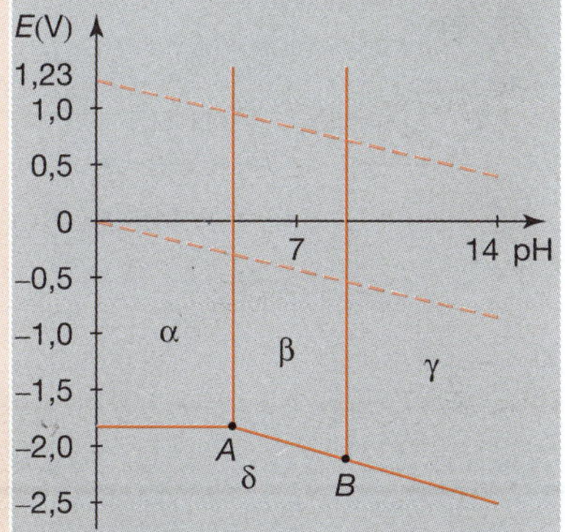

Figure 23

2.1.a) Écrire la demi-réaction redox entre β et δ (*équilibrage* H^+).
Utiliser la formule de *Nernst* pour la frontière entre α et δ.

2.1.b) Eau *aérée* O_2/H_2O, et eau *désaérée* H_2O/H_2.

2.1.c) *Métaux nobles* = non oxydables.

2.1.d) L'éclat est dû au pouvoir réflecteur du métal : sa perte traduit un *film passivant*.

2.2.a) La plaque était préalablement *à l'air libre*.

2.2.b) Comparer prévision *thermo* et réalité *cinétique*. De la recherche du *potentiel mixte*, justifier la lenteur.

2.2.c) Comment se déplacent les potentiels thermodynamiques en *milieu basique* ?
Quelle est la réalité cinétique ?

2.2.d) L'attaque est *sélective* ⇒ solide avec *lacunes*.

b) *Expérience 2* : on décape la plaque d'aluminium en la frottant à l'aide d'un papier de verre, puis on plonge de nouveau la plaque dans la solution d'acide chlorhydrique précédente. On observe une attaque assez lente.

c) *Expérience 3* : on trempe une plaque d'aluminium dans une solution de soude concentrée ($10\ mol \cdot L^{-1}$) et on observe un abondant dégagement gazeux.

d) *Expérience 4* : on dispose d'un alliage aluminium-nickel. On attaque ce solide par de la soude concentrée. Que se passe-t-il sachant que le nickel ne peut pas être oxydé ? Qu'obtient-on à la fin ? À quoi peut servir le composé obtenu ?

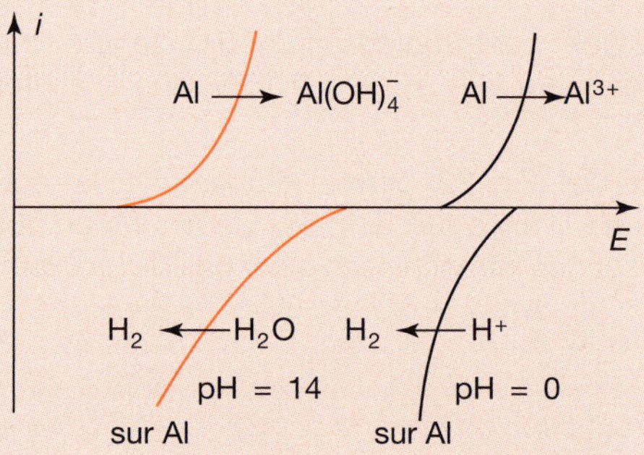

Figure 24

Hydroxyde *amphotère* :

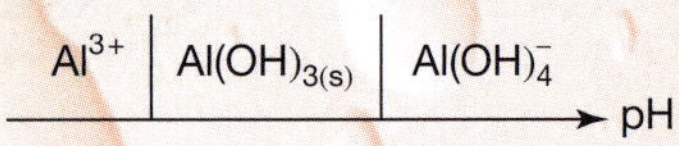

Figure 25

Le domaine *d'existence* de $Al_{(s)}$ commence pour :

$$[Al^{3+}] = C_f = 10^{-6}\ mol \cdot L^{-1}.$$
(limite)

Erreur à éviter :

Si l'on prend pour *modèle de l'air* (O_2 20 %, N_2 80 %), il vient :

$$P_{O_2} = \frac{1}{5}P^0.$$

Alors : $E = 1{,}22 - 0{,}06\ pH$.

2.1. a) Il n'y a que *deux n.o. possibles* pour l'aluminium : 0 et III. L'ajout d'ions HO^- à une solution d'ions Al^{3+} fait précipiter l'hydroxyde puis le redissout sous forme de complexe. Donc (Fig. 25) :

$$\delta = Al_{(s)}\ ;\quad \alpha = Al^{3+}_{(aq)}\ ;\quad \beta = Al(OH)_{3(s)}\ ;\quad \gamma = Al(OH)^-_{4(aq)}.$$

• *Le segment AB* sépare $Al_{(s)}$ de $Al(OH)_{3(s)}$:

$$Al(OH)_{3(s)} + 3\ e^- + 3\ H^+ = Al_{(s)} + 3\ H_2O.$$

La formule de Nernst nous donne la pente :

$$E = E^0_{(Al(OH)_3/Al)} + \frac{0{,}06}{3}\log h^3 \Rightarrow \boxed{\text{pente en } -0{,}06\ V}.$$

• *La frontière* Al^{3+}/Al correspond à $E \approx -1{,}80$ V

$$Al^{3+}_{(aq)} + 3\ e^- = Al_{(s)} \qquad E = E^0_{(Al^{3+}/Al)} + \frac{0{,}06}{3}\log[Al^{3+}].$$

Avec $[Al^{3+}] = C_f = 10^{-6}\ mol \cdot L^{-1}$, on obtient : $\boxed{E^0_{(Al^{3+}/Al)} \approx -1{,}68\ V}$.

b) *L'eau aérée* est oxydante grâce au *dioxygène* de l'air qui s'y dissout :

$$O_{2(g)} + 4\ H^+_{(aq)} + 4\ e^- = 2\ H_2O \qquad E = 1{,}23 - 0{,}06\ pH.$$

En milieu acide, le dioxygène oxyde l'aluminium en Al^{3+} selon :

$$4\ Al_{(s)} + 3\ O_{2(g)} + 12\ H^+_{(aq)} \rightarrow 4\ Al^{3+}_{(aq)} + 6\ H_2O.$$

L'eau désaérée est oxydante dans le couple H_2O/H_2 :

$$2\ H^+_{(aq)} + 2e^- = H_{2(g)} \qquad E = 0{,}00 - 0{,}06\ pH.$$

En milieu acide, on obtient encore Al^{3+} selon :

$$2\ Al_{(s)} + 6\ H^+_{(aq)} \rightarrow 2\ Al^{3+} + 3\ H_{2(g)}.$$

c) *Les métaux nobles* ne sont pas oxydables, notamment par l'eau.

Ce n'est pas le cas de l'aluminium dont le domaine d'existence est totalement *disjoint* de celui de l'eau.

δ : zone d'*immunité* (potentiel très négatif).

$\alpha + \gamma$: zone de *corrosion* (oxydation en espèces solubles).

β : zone de *passivité* (couche d'$Al(OH)_{3\,(s)}$ en surface).

d) L'aluminium à pH neutre se recouvre en présence d'air (O_2) d'une *couche d'alumine* ($Al_2O_{3\,(s)}$) ou en présence d'air humide d'une couche d'*hydroxyde* ($Al(OH)_{3(s)}$) qui lui fait perdre son éclat métallique et qui le protège d'une attaque en profondeur.

La forme poudre *multiplie considérablement la surface* et permet une oxydation totale de l'aluminium.

L'aluminium est très *électropositif* et passe toujours à son n.o. + III même en l'absence d'oxydant fort.

$Al(OH)_{3\,(s)}$ (hydroxyde) est associé à $Al_2O_{3\,(s)}$ (oxyde).

L'hydroxyde *vieillit* en alumine selon :

$$2\ Al(OH)_{3(s)} = Al_2O_{3(s)} + \frac{3}{2}\ H_2O.$$

2.2. a) La plaque d'aluminium a été *passivée* préalablement. L'attaque ne peut se produire que si l'on décape l'aluminium en un point au moins.

b) La thermodynamique prévoit une *violente attaque* vu l'écart des potentiels (Fig. 26).

En réalité, il y a une *très forte surtension cinétique* du couple H^+/H_2 sur aluminium qui le rapproche de $-1{,}68$ V.

Il existe bien un *potentiel mixte* (Fig. 27) mais avec un courant $i_a = -i_c$ assez faible donc une vitesse de corrosion lente.

c) *En milieu très basique*, on transforme Al^{3+}/Al en $Al(OH)_4^-/Al$ ce qui a pour effet (*cf.* le *E*-pH) de faire descendre en potentiel le système.

On a augmenté le caractère réducteur de $Al_{(s)}$ par complexation de son oxydant conjugué. La vague anodique se déplace vers la gauche.

De même, l'influence du pH a fait descendre en potentiel la vague de réduction ($E_{th} = -0{,}06\ pH = -0{,}84$ V) mais l'existence d'un *potentiel mixte* se traduit par un courant bien plus fort. D'où la réaction *vive* (Fig. 28).

$$2\ Al_{(s)} + 6\ H_2O + 2\ HO^- \rightarrow 2\ Al(OH)_4^- + 3\ H_{2(g)}.$$

d) Seul l'aluminium est attaqué et transformé en ions $Al(OH)_4^-$ soluble, donc *éliminable*.

On obtient par filtration une poudre de nickel avec de nombreuses lacunes (ou sites actifs pour *catalyse hétérogène*). C'est le principe de préparation du *nickel de Raney* (catalyseur de dihydrogénation).

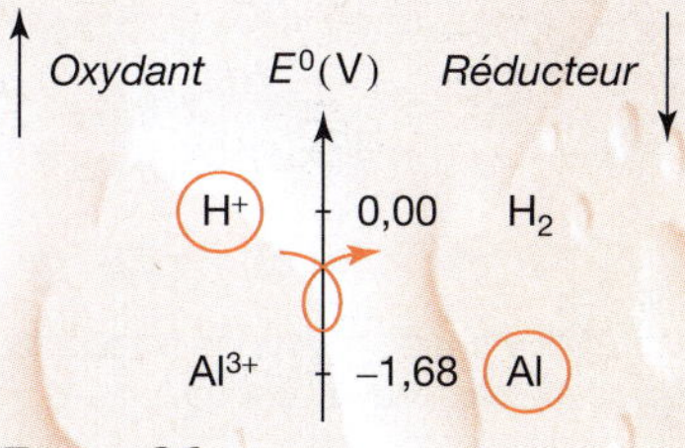

Figure 26

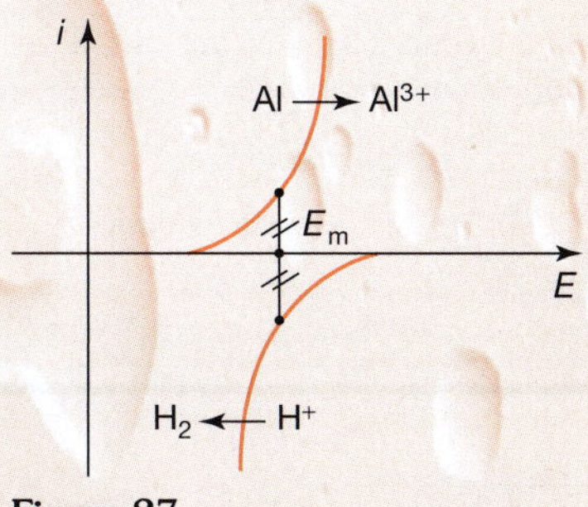

Figure 27

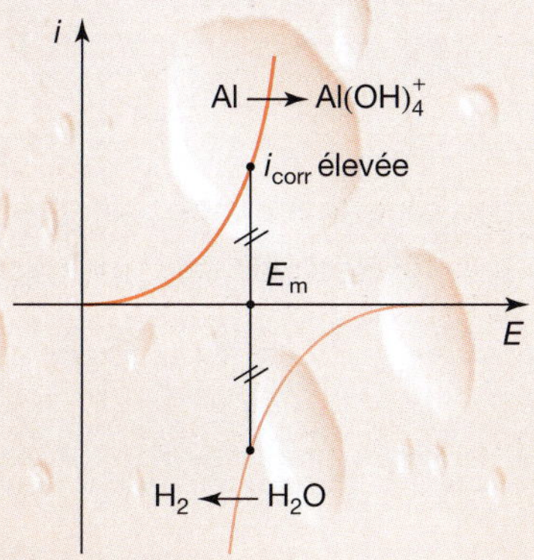

Figure 28

Conseils méthodologiques

3 ■ Savoir étudier une électrolyse.

3.1 Électrolyse à anode soluble

On a obtenu par pyrométallurgie de l'étain impur (principale impureté Ag) que l'on peut purifier par électrolyse à anode soluble. L'électrolyte est une solution d'eau acidulée (H_2SO_4, pH 3), contenant du sulfate stanneux ($SnSO_4$ 0,01 mol · L^{-1}). En solution aqueuse, les ions sulfate sont électro-inertes.

La cathode est une feuille mince d'étain pur. L'anode est un barreau d'étain brut (impureté Ag) à purifier.

a) Écrire toutes les équations possibles aux électrodes.

b) Placer les courbes intensité-potentiel en tenant compte du pH, des données redox et des surtensions cinétiques.

c) Conclure sur la réaction d'électrolyse. Justifier alors le nom d'électrolyse à anode soluble, et préciser ce que devient l'impureté Ag contenue dans le barreau brut.

3.1.a) Il y a deux réactions possibles à la *cathode* et trois à *l'anode* (ne pas oublier le *solvant*).
3.1.b) Utiliser la formule de *Nernst* pour E_{th}.
3.1.c) Chercher la réaction nécessitant *le plus faible* U_{seuil}.

3.2 Électrolyse classique

Une autre technique possible consiste à transformer SnO_2 par attaque acide (H_2SO_4) en Sn^{4+} 0,1 mol · L^{-1} (impureté Ag^+ à 1 %) puis à réaliser l'électrolyse de la solution sulfurique (pH 3).

a) Préciser les nouvelles réactions possibles aux électrodes (anode en aluminium, Al non électroactif, et cathode en plomb).

b) Donner les courbes intensité-potentiel.

c) Justifier ici la nécessité d'un ajout préalable de poudre d'étain pour éliminer Ag^+.

d) Préciser alors la réaction d'électrolyse et estimer la tension nécessaire.

e) Calculer la masse d'étain déposée en 10 min pour une densité de courant 400 A · m^{-2} sur une surface de 10 cm^2 d'électrode.

3.2.a) Il y a trois réactions possibles à la *cathode*, une à *l'anode*.

3.2.c) Sinon Ag^+ serait réduit en priorité par *électrolyse*.

3.2.d) Lecture *graphique*.

3.2.e) Utiliser la loi de *Faraday*.

Potentiels standard redox $E^0(V)$.

Sn^{2+}/Sn : $E^0 = -0{,}14$ V ; Sn^{4+}/Sn : $E^0 = +0{,}005$ V ;

Ag^+/Ag : $E^0 = +0{,}80$ V ; Fe^{2+}/Fe : $E^0 = -0{,}44$ V ;

H_2O/H_2 : $E^0 = 0{,}00$ V ; O_2/H_2O : $E^0 = 1{,}23$ V.

On prend $P_{H_2} = P_{O_2} = P^0 = 1$ bar.

• *Surtensions cinétiques* : tous les couples non signalés sont supposés rapides.

Sur étain : H_2O/H_2 : -1 V ; O_2/H_2O : $+1$ V.

Sur plomb : H_2O/H_2 : -1 V.

Sur aluminium : O_2/H_2O : $+0{,}7$ V.

• *Constantes physiques* : F = 96 500 C · mol^{-1} ; $2{,}3\,RT/F = 0{,}06$ V.

Masse molaire de l'étain : $M = 118{,}7$ g · mol^{-1}.

3.1. a) *À la cathode*, deux réactions sont en compétition, la réduction des ions Sn^{2+} ou la réduction des ions H^+.

(1) $Sn^{2+}_{(aq)} + 2\,e^- = Sn_{(s)}$ $\quad E_1 = -0{,}14 + \dfrac{0{,}06}{2}\log[Sn^{2+}] = -0{,}20$ V.

(2) $2\,H^+_{(aq)} + 2\,e^- = H_{2(g)}$ $\quad E_2 = 0{,}00 - 0{,}06\,\text{pH} = -0{,}18$ V.

À l'anode, trois réactions sont en compétition, l'oxydation des métaux de l'électrode ou celle de l'eau.

(3) $Sn_{(s)} = Sn^{2+}_{(aq)} + 2\,e^-$ $\quad E_3 = E_1 = -0{,}20$ V.

(4) $Ag_{(s)} = Ag^+_{(aq)} + e^-$ $\quad E_4 = 0{,}80 + 0{,}06\log[Ag^+] = 0{,}44$ V.

(5) $2\,H_2O = O_{2(g)} + 4\,H^+_{(aq)} + 4\,e^-$ $\quad E_5 = 1{,}23 - 0{,}06\,\text{pH} = 1{,}05$ V.

b) En tenant compte des *surtensions cinétiques* pour un seuil de détection de courant :

- $E_1' = E_1 = -0{,}20$ V ; $E_2' = E_2 + \eta_c = -1{,}18$ V ;
- $E_3' = E_1'$; $E_4' = E_4 = 0{,}44$ V ; $E_5' = E_5 + \eta_a = 2{,}05$ V ; on place les diverses courbes intensité-potentiel (Fig. 29).

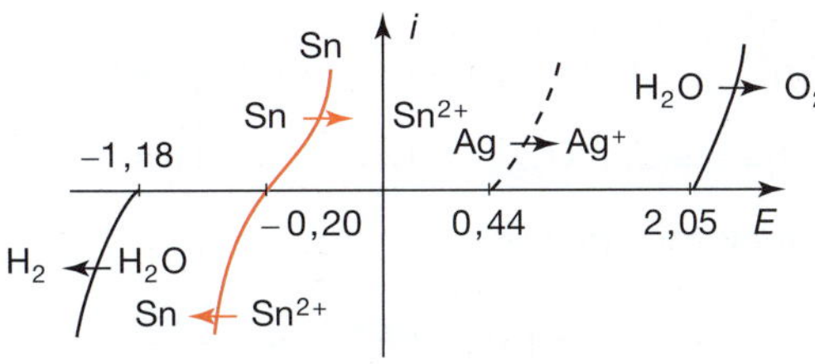

Figure 29

c) La réaction nécessitant *le minimum d'énergie* correspond à :

Anode : $Sn_{impur} \rightarrow Sn^{2+} + 2\,e^-$

Cathode : $Sn^{2+} + 2e^- \rightarrow Sn_{pur}$

$\boxed{Sn_{impur} \rightarrow Sn_{pur}}$.

L'étain impur libère l'argent qui ne peut pas s'oxyder et qui *tombe au fond de la cuve*.

3.2. a) *L'attaque acide* de SnO_2 crée donc des ions Sn^{4+}. Le milieu contient en outre Ag^+, les ions de l'eau et les ions électroinertes SO_4^{2-}.

- *Réduction cathodique* :

(1) $Sn^{4+}_{(aq)} + 4\,e^- = Sn_{(s)}$ $\quad E_1 = 0{,}005 + \dfrac{0{,}06}{4}\log[Sn^{4+}] = -0{,}01$ V.

(2) $2\,H^+_{(aq)} + 2\,e^- = H_{2(g)}$ $\quad E_2 = 0{,}00 - 0{,}06\,\text{pH} = -0{,}18$ V.

(3) $Ag^+_{(aq)} + e^- = Ag_{(s)}$ $\quad E_3 = 0{,}80 + 0{,}06\log[Ag^+] = 0{,}62$ V.

- Oxydation anodique :

(4) $2\,H_2O = O_{2(g)} + 4\,H^+_{(aq)} + 4\,e^-$ $\quad E_4 = 1{,}23 - 0{,}06\,\text{pH} = 1{,}05$ V.

b) On tient compte des *surtensions cinétiques* pour les couples de l'eau :

$$E_2' = E_2 + \eta_c = -1{,}18 \text{ V} \quad \text{et} \quad E_4' = E_4 + \eta_a = 1{,}75 \text{ V}.$$

Erreur à éviter :

Ne pas oublier le rôle du *solvant*.

On fixe :

$P_{H_2} = P_{O_2} = P^0 = 1$ bar.

On prend, pour estimer E_4, $[Ag^+] = 10^{-6}$ mol · L^{-1} (*seuil de corrosion*).

Erreur à éviter :

La valeur des surtentions dépend du *courant* i_0 choisi.
En l'absence de données de l'énoncé, nous nous plaçons au seuil de détection.

On n'a pas représenté les *paliers de diffusion* (Fig. 29).

Procédé dit à *anode soluble* car le barreau d'étain impur passe en solution.

Technique dite de *lixiviation* acide.

On prend pour *estimer* E_3, $[Ag^+] = \dfrac{1}{100}[Sn^{4+}] = 10^{-3}$ mol · L^{-1}.

On n'a pas représenté les *paliers de diffusion* (Fig. 30).

On donne alors les courbes $i = f(E)$ en Fig. 30.

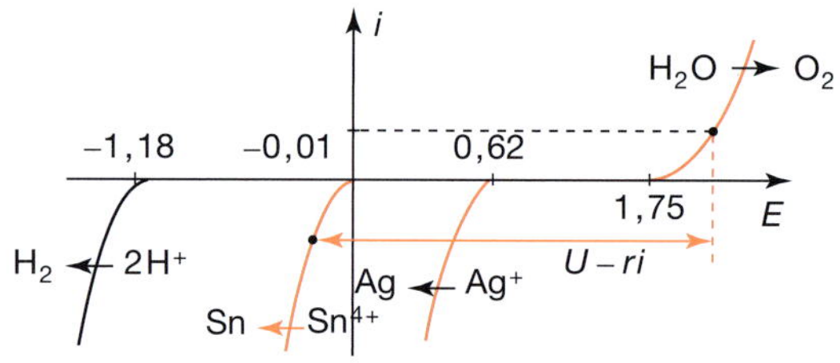

Figure 30

c) Le *bilan d'électrolyse* conduit à réduire d'abord l'impureté Ag^+ à la cathode. Il faut donc l'éliminer.

Il suffit d'ajouter une faible quantité d'étain plus électropositif pour réduire les ions Ag^+ selon :

Technique dite de *cémentation*. L'ajout d'étain produit des Sn^{4+} régénérés en étain lors de l'électrolyse.

$$4\ Ag^+_{(aq)} + Sn_{(s)} \xrightarrow{\text{totale}} 4\ Ag_{(s)} + Sn^{4+}_{(aq)}.$$

Par filtration, on récupère le *cément* (impureté $Ag_{(s)}$), et le filtrat qui constitue l'électrolyte.

d) *L'équation bilan d'électrolyse* est donc :

$$Sn^{4+}_{(aq)} + 2\ H_2O \xrightarrow{\boxed{n\,=\,4e^-}} Sn_{(s)} + 4\ H^+_{(aq)} + O_{2(g)}.$$

En réalité : $U > U_{seuil}$.
- *Surtension cinétique* plus importante due au choix de i.
- *Chute ohmique* (ri).

À courant quasi nul (seuil) : $U_{seuil} = 1{,}75 - (-0{,}01) = 1{,}76$ V.

e) *La loi de Faraday* nous donne :

$$q = it = jSt = nF\xi = 4\ F\frac{m_{Sn}}{M_{Sn}},$$

L'étain pur est obtenu par pelage (*stripping*).

soit : $\boxed{m_{Sn} = M_{Sn}\dfrac{jst}{4F} = 74\ \text{mg}}$.

Conseils méthodologiques

4 ■ Savoir interpréter des phénomènes de corrosion par micropile.

4.1 Corrosion différentielle d'un clou

Les couleurs différentes autour du clou prouvent une *corrosion électrochimique*.

On prépare une solution aqueuse contenant environ 25 g · L^{-1} de chlorure de sodium (eau de mer artificielle) et 1 g · L^{-1} d'hexacyanoferrate de potassium ($Fe(CN)_6^{3-}$, 3 K^+), ces ions mettent en évidence la présence d'ions Fe^{2+} dans la solution en donnant un précipité bleu : le bleu de Turnbull $Fe_3[Fe(CN)_6]_2$. On ajoute quelques millilitres d'une solution de phénolphtaléine et enfin 10 g · L^{-1} d'agar-agar pour rendre le mélange moins fluide et on chauffe.

On dispose au fond d'un bécher un clou en acier dégraissé et on le recouvre avec la solution précédente, à l'air libre.

On observe le résultat 20 minutes plus tard : une coloration rose apparaît autour de la partie centrale du clou tandis qu'un précipité bleu apparaît à la tête et à l'extrémité du clou.

a) Écrire les réactions électrochimiques qui se produisent respectivement dans la partie centrale du clou et au niveau des extrémités.

b) Comment peut-on qualifier la région centrale du clou ? Comment peut-on qualifier les extrémités du clou ?

c) Quel est le rôle de l'eau de mer ? Schématiser le fonctionnement de cette micropile.

4.2 Protection de la coque d'un bateau

a) La coque en acier d'un bateau est partiellement immergée dans de l'eau de mer. En quel endroit de la coque, l'attaque du métal se produira-t-elle ?

b) Que se passerait-il si on soudait sur la coque des masses de zinc ? Expliquer.

Données à pH 0 : $E^0(Fe^{2+}/Fe) = -0{,}44$ V ; $E^0(Zn^{2+}/Zn) = -0{,}76$ V ; $E^0(O_2/H_2O) = 1{,}23$ V ; $E^0(H^+/H_2) = 0{,}00$ V.

4.1.a) et b) Traduire les réactions d'apparition de Fe^{2+} et HO^-.

4.1.c) Faire un schéma clair montrant les déplacements *électroniques et ioniques*.

4.2.a) Il y a *aération différentielle*. La corrosion a lieu dans la zone la moins aérée.
4.2.b) Principe de *l'anode sacrificielle*.

4.1. a) *L'expérience* prouve que des ions Fe^{2+} sont apparus aux extrémités du clou (le précipité *bleu* de Turnbull) tandis que des ions HO^- sont créés dans la partie centrale du clou (la phénolphtaléine *rosit*).

Extrémités : $Fe_{(s)} \rightarrow Fe^{2+}_{(aq)} + 2\ e^-$.

Centre : $O_{2(aq)} + 4\ e^- + 2\ H_2O \rightarrow 4\ HO^-$.

b) Le centre du clou a donc joué le rôle de cathode (*réduction*) tandis que les extrémités ont joué le rôle d'anode (*oxydation*) : Fig. 31.

c) Le rôle de l'eau de mer simulée (Na^+, Cl^-) est de rendre la solution aqueuse fortement conductrice (fermeture du circuit électrique).
En conclusion, il s'est formé une *micropile de corrosion* : le fer a subi la corrosion dans ses parties *fragiles* (les extrémités ont subi des contraintes mécaniques), les électrons se sont déplacés au sein du métal vers la zone centrale où ils ont pu réduire à l'interface fer/solution le dioxygène aqueux (dissolution car *eau aérée*).

REMARQUE. – Pour une eau désaérée, c'est l'eau qui joue le rôle d'oxydant selon : $2\ H_2O + 2\ e^- \rightarrow H_2 + 2\ HO^-$ mais la corrosion est *plus lente*.

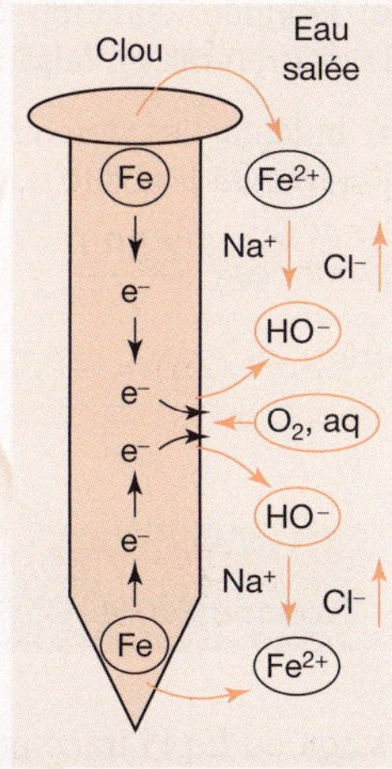

Sont figurées ci-dessus deux boucles de courant.

Figure 31

4.2. a) La corrosion aura lieu dans la partie *immergée*, le plus loin de la surface de l'eau, car c'est la partie *la moins aérée*. Au contraire, au voisinage de la surface, l'oxygène dissous pourra récupérer les électrons et produire des HO^-.
Le circuit sera fermé par l'eau de mer (Fig. 32).

b) Le zinc est plus réducteur que le fer et joue donc le rôle *d'anode sacrificielle*.
Dans la micropile de jonction qui est ainsi constituée, c'est lui qui subit l'oxydation ($Zn_{(s)} \rightarrow Zn^{2+}_{(aq)} + 2\ e^-$) tandis qu'au niveau du fer devenu la cathode ne peut se produire qu'une réduction (protection cathodique) de l'eau ou du dioxygène aqueux.
La protection durera tant qu'il restera du zinc (procédé *renouvelable*).

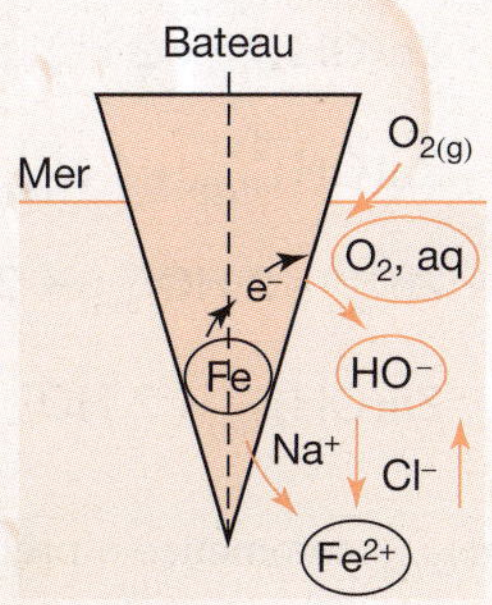

Figure 32

Pour maîtriser les bases

1. Diagramme E-pH de corrosion du zinc ______ D'après CCP

1. Soit le diagramme potentiel-pH simplifié du zinc ci-joint en Fig. 33, tracé à 25 °C en prenant les concentrations des espèces solubles à 10^{-6} mol · L^{-1}.

a) Commenter le diagramme potentiel-pH, en attribuant les domaines.

b) Écrire les réactions correspondantes à chacune des lignes du diagramme.

c) Calculer les valeurs pH_1 et pH_2.

d) Calculer la valeur de E_1.

e) Donner l'équation de la droite relative au couple H^+/H_2. Tracer alors le diagramme en faisant apparaître la droite relative au couple H^+/H_2.

f) Indiquer les domaines du diagramme correspondant respectivement à l'immunité (stabilité du métal), la corrosion et la passivité du zinc.

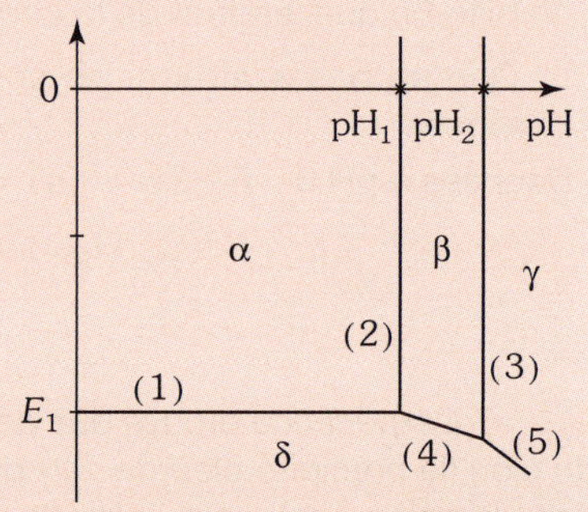

Figure 33

Données : $\dfrac{2{,}3RT}{F} = 0{,}06$ V.

$E^0(Zn^{2+}/Zn) = -0{,}76$ V ; $pK_s(Zn(OH)_{2(s)}) = 16$; $Zn(OH)_{2(s)} + 2\ HO^- = Zn(OH)_4^{2-}$ $K^0 = 10^{-0{,}5}$;

Conseils méthodologiques : Utiliser le savoir-faire 2. $Zn(OH)_{2(s)}$ est un *hydroxyde amphotère* comme $Al(OH)_{3(s)}$.

1.a) Il s'agit du E-pH tracé pour la corrosion ($C = 1{,}0\ 10^{-6}$ mol · L^{-1}).

L'hydroxyde $Zn(OH)_2$ est amphotère, ce qui permet d'attribuer les *domaines* :

$$\alpha = Zn^{2+}\ ;\quad \beta = Zn(OH)_{2(s)}\ ;\quad \gamma = Zn(OH)_4^{2-}\ ;\quad \delta = Zn_{(s)}.$$

b) Interprétation des droites du diagramme

Droite (1) : $Zn^{2+}_{(aq)} + 2\ e^- = Zn_{(s)}$

Droite (4) : $Zn(OH)_{2(s)} + 2\ H^+_{(aq)} + 2\ e^- = Zn_{(s)} + 2\ H_2O$

Droite (5) : $Zn(OH)^{2-}_{4(aq)} + 4\ H^+_{(aq)} + 2\ e^- = Zn_{(s)} + 4\ H_2O$

} réactions *redox*.

Droite (2) : $Zn^{2+}_{(aq)} + 2\ HO^-_{(aq)} = Zn(OH)_{2(s)}$

Droite (3) : $Zn(OH)_{2(s)} + 2\ HO^-_{(aq)} = Zn(OH)^{2-}_{4(aq)}$

} réactions de précipitation/complexation à caractère *acido-basique*.

c) $Zn(OH)_{2(s)}$ commence à précipiter à pH_1 si $[Zn^{2+}][HO^-]^2 = K_s$, avec $[Zn^{2+}] = 10^{-6}$ mol · L^{-1},

soit : $\boxed{pH_1 = 9{,}0}$.

À pH_2, le précipité $Zn(OH)_{2(s)}$ disparaît pour donner $[Zn(OH)_4^{2-}] = 10^{-6}$ mol · L^{-1}, soit :

$$K^0 = 10^{-0,5} = \frac{10^{-6}}{[HO^-]^2} \Rightarrow \boxed{pH_2 = 11,3}.$$

d) Formule de Nernst : à la frontière, $[Zn^{2+}] = 10^{-6}$ mol · L^{-1}

$$E_1 = E_1^0 + \frac{0,06}{2}\log[Zn^{2+}] = -0,76 + 0,03(-6) \Rightarrow \boxed{E_1 = -0,94 \text{ V}}.$$

e) Pour $2\,H^+_{(aq)} + 2\,e^- = H_{2(g)}$ si $P_{H_2} = 1$ bar, on obtient : $\boxed{E = -0,06\,pH}$.

f) La droite précédente se trouve intégralement dans le domaine du Zn(II).

Il en résulte les 3 domaines correspondant à l'étude thermodynamique de la corrosion :

- *Immunité* : c'est tout le domaine du métal, soit δ.
- *Passivité* : c'est le domaine de $Zn(OH)_{2(s)}$, soit β.
- *Corrosion* : c'est le domaine des ions $Zn^{2+}_{(aq)}$ et $Zn(OH)^{2-}_{4(aq)}$, soit $\alpha + \gamma$.

2. Corrosion d'une tôle d'acier électrozingué ______ D'après CCP

1. Une tôle en acier électrozingué est plongée dans une solution aqueuse de pH = 6 désaérée par un barbotage de gaz argon afin de chasser le dioxygène de l'air dissous.

a) Écrire les équations des deux demi-réactions électroniques que l'on peut prévoir à la surface de la tôle en s'appuyant sur le diagramme potentiel-pH du problème 1 puis indiquer la réaction chimique globale.

b) Donner les valeurs des potentiels d'oxydoréduction pour chacune de ces deux demi-réactions électroniques à pH = 6.

c) En fait, aucun dégagement gazeux n'est observé. Expliquer ce constat en calculant le potentiel de début de dégagement gazeux à partir de la valeur de la surtension.

d) Dans quel domaine de potentiel se situe le potentiel de la tôle mesuré par rapport à une électrode standard à hydrogène (potentiel de corrosion de la tôle).

2. La tôle d'acier électrozingué ayant été accidentellement rayée, l'acier est mis à nu au fond de la rayure. La tôle est plongée dans la solution aqueuse désaérée de pH = 6.

a) Déterminer la valeur du potentiel redox du couple Fe^{2+}/Fe (on prendra les concentrations des espèces solubles contenant du fer égales à 10^{-6} mol · L^{-1}).

b) Comparer ce potentiel à celui du couple Zn^{2+}/Zn et écrire les réactions qui interviennent au voisinage de la rayure en identifiant l'anode et la cathode.

c) Expliquer comment la présence du zinc évite l'oxydation du fer.

3. La tôle électrozingué non rayée est plongée dans une solution aqueuse de pH = 6 non désaérée.

a) Indiquer les demi-réactions électroniques qui se déroulent à la surface de la tôle et la réaction chimique globale.

b) En déterminant par le calcul la valeur du potentiel de début de dégagement de dioxygène, préciser s'il y a corrosion du zinc.

c) Dans le cas de la tôle rayée accidentellement, expliquer pourquoi un précipité de $Zn(OH)_2$ peut apparaître localement au voisinage de la rayure. Écrire les réactions correspondantes.

Données :

On dispose du *E*-pH du problème 1 et des données thermodynamiques :

E^0 : $H^+/H_{2(g)}$: 0,00 V ; $Zn^{2+}/Zn_{(s)}$: –0,76 V ; $Fe^{2+}/Fe_{(s)}$: –0,44 V ; $O_{2(g)}/H_2O$: 1,23 V.

On dispose des *données cinétiques* (surtensions) :
$\eta_c(H^+/H_2)$ sur Zn : $-0{,}75$ V, sur Fe : $-0{,}25$ V ; $\eta_a(O_2/H_2O)$ sur Zn ou Fe : $+0{,}5$ V.

Conseils méthodologiques : Utiliser les savoir-faire 2 et 4. On vérifiera que le zinc n'est pas oxydé par les ions H^+ mais bien par le dioxygène (aspect cinétique). Il peut néanmoins dans les deux cas protéger le fer (passivation).

1.a) À pH = 6, le zinc est oxydé par H^+ en Zn^{2+} selon :

$$\begin{cases} Zn_{(s)} = Zn^{2+}_{(aq)} + 2\,e^- & E_1 = -0{,}76 + 0{,}03\log[Zn^{2+}] \\ 2\,H^+_{(aq)} + 2\,e^- = H_{2(g)} & E_1 = 0{,}00 - 0{,}06\,\text{pH} \end{cases}$$

Remarque :

Bilan :
$Zn_{(s)} + 2\,H^+_{(aq)} = Zn^{2+}_{(aq)} + H_{2(g)}$.

b) Pour H^+/H_2, à pH 6, $E_2 = -0{,}36$ V et pour Zn^{2+}/Zn, $E_1 = -0{,}94$ V.

On constate que l'on a bien $E_2 > E_1$ d'où la réaction écrite et supposée *totale*.

c) L'absence de dégagement gazeux est due à un phénomène cinétique : la surtension.

Traçons (Fig. 34) les courbes $i = f(E)$ à l'aide des surtensions connues.

Pour H^+/H_2 : $E_{c_2} = E_2 + \eta_c = -1{,}11$ V.

Pour Zn^{2+}/Zn, on suppose qu'il n'y a pas de surtension soit :

$$E_a = E_1 = -0{,}94 \text{ V}.$$

On constate sur la figure, qu'il n'y a aucune valeur de E pour laquelle il y ait oxydation anodique du zinc et réduction cathodique de H^+.

d) Le potentiel de la tôle est donc compris entre les 2 valeurs précédentes.

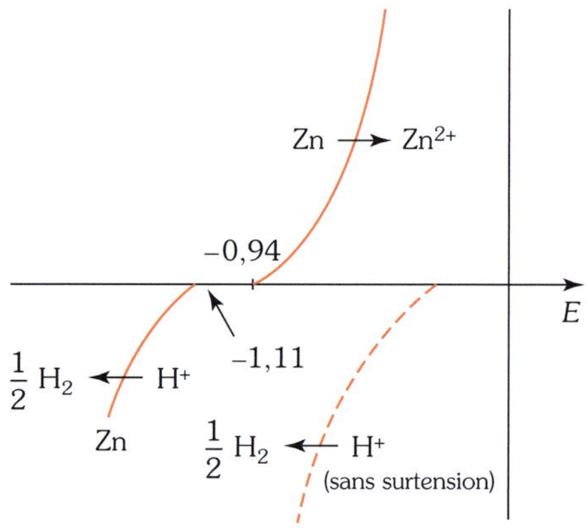

Figure 34

2.a) Pour $Fe^{2+}_{(aq)} + 2\,e^- = Fe_{(s)}$, $E = -0{,}44 + \dfrac{0{,}06}{2}\log[Fe^{2+}]$. (avec $[Fe^{2+}] = 10^{-6}$)

$$\boxed{E = -0{,}62 \text{ V}}.$$

b) Le fer est donc moins réducteur que le zinc, et c'est donc le zinc qui s'oxyde.
Le zinc est donc *l'anode* : $Zn_{(s)} = Zn^{2+}_{(aq)} + 2\,e^-$.

Le fer est donc la *cathode* : $2\,H^+_{(aq)} + 2\,e^- = H_{2(g)}$ sur fer.

Calculons le potentiel E_c de la cathode : $E_c = -0{,}36 - 0{,}25 = -0{,}61$ V (la surtension de H_2 n'est plus la même).

c) On peut tracer (Fig. 35), les courbes $i = f(E)$.
On constate, cette fois-ci que la réaction a lieu (existence d'un potentiel mixte E_m).
Le zinc est corrodé, par contre le fer qui est la cathode est protégé.
REMARQUE – Le point de fonctionnement (i, E_m) correspond à l'égalité, en valeur absolue des courants d'oxydation et de réduction.

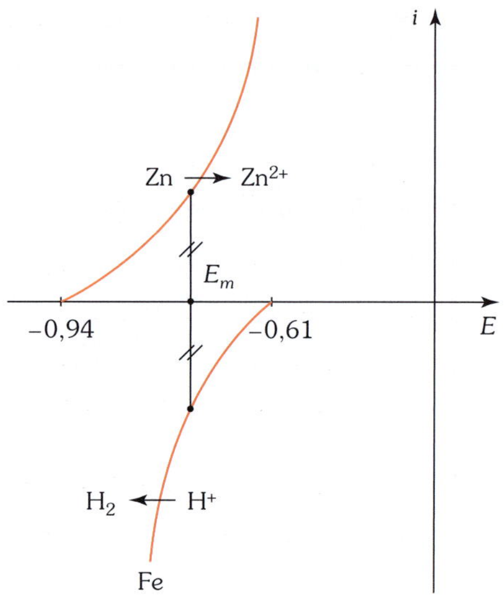

Figure 35

3.a) Cette fois-ci, l'oxydant est O_2 (couple O_2/H_2O) et non H^+.

$O_{2(g)} + 4\ H^+_{(aq)} + 4\ e^- = 2\ H_2O$ avec $E = 1{,}23 - 0{,}06\text{pH}$ si O_2 est dans l'état standard ($P_{O_2} = 1$ bar).

À pH = 6, $\boxed{E = 0{,}87\ \text{V}}$.

Par ailleurs, $Zn_{(s)} = Zn^{2+}_{(aq)} + 2\ e^-$, d'où la réaction globale : $O_{2(g)} + 2\ Zn_{(s)} + 4\ H^+_{(aq)} = 2\ Zn^{2+}_{(aq)} + 2\ H_2O$.

b) Pour répondre à cette question, on va utiliser les courbes $i = f(E)$: Fig. 36.

Pour le zinc (l'anode) : $E_a = -0{,}94$ V.

Pour O_2 : $E_c = 0{,}87 + \eta_c < 0{,}87$ V.

(L'énoncé ne nous donne pas la valeur de η_c).

On constate que la corrosion a bien lieu (existence d'un potentiel mixte).

c) On a vu la réaction globale en **a)** :

$$2\ Zn_{(s)} + O_{2(g)} + 4\ H^+_{(aq)} = 2\ Zn^{2+}_{(aq)} + 2\ H_2O.$$

La réduction cathodique de O_2 se fait au niveau du fer qui est donc protégé (protection cathodique) : la *consommation locale* de H^+ entraîne une augmentation de pH et précipitation de l'hydroxyde $Zn(OH)_{2(s)}$ qui vient *passiver* donc *boucher* la rayure (Fig. 37).

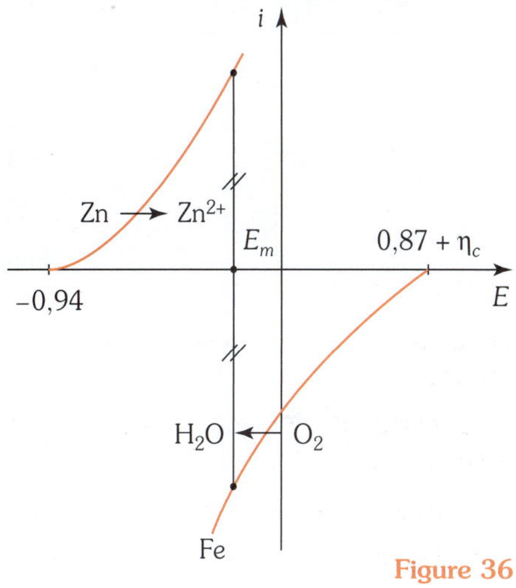

Figure 36

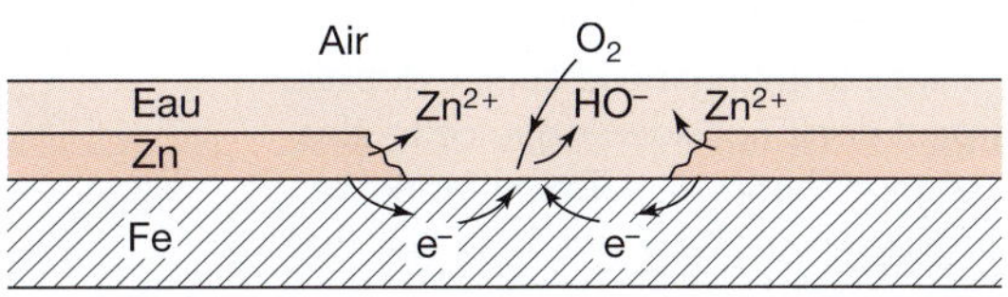

Figure 37

3. Préparation du manganèse par électrolyse — D'après E3A

1. Étude préalable de courbes intensité-potentiel

On donne en Fig. 38 et 39 les courbes densité de courant *j*, potentiel de l'électrode de travail *E* par rapport à l'ESH.

• La figure 38 correspond à une électrode de manganèse plongeant dans le cas (α) dans une solution électroinerte de sulfate d'ammonium (pH = 6) et dans le cas (β) dans une solution de sulfate de manganèse (Mn^{2+}, SO_4^{2-}) ajustée à pH = 6 par du sulfate d'ammonium.

Pour un tel pH, le précipité $Mn(OH)_{2(s)}$ ne peut se former.

a) Déterminer les réactions aux électrodes dans le cas (α).

b) Pourquoi trouve-t-on dans le cas (β) la même réaction anodique ? Quelle est la réaction cathodique ?

• La figure 39 correspond à une électrode de plomb plongeant dans une solution de sulfate de manganèse acidifiée par l'acide sulfurique (pH 1). On ne considère que la partie anodique de la courbe.

c) Quand dit-on qu'un métal est passivé ? Quelle est la réaction qui passive l'électrode de plomb ?

d) Quelle est alors la réaction qui apparaît au-delà de cette passivation ?

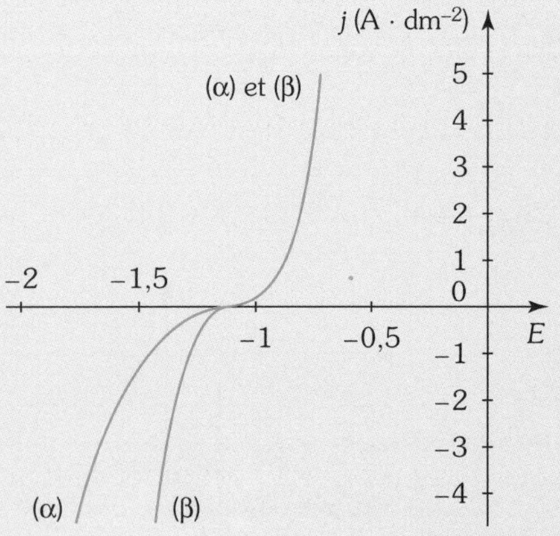

Figure 38

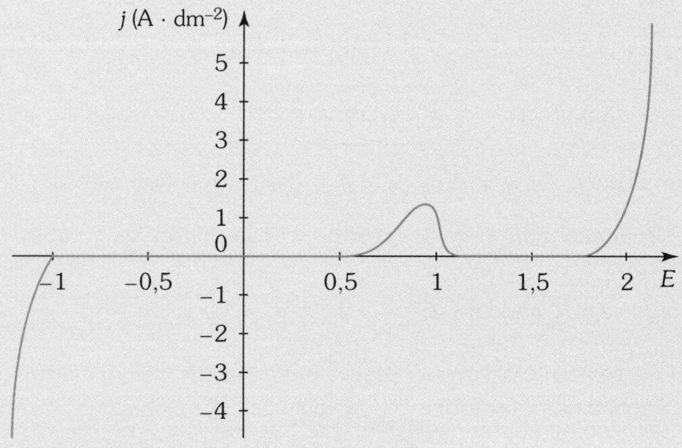

Figure 39

2. Électrolyse

L'électrolyse d'une solution de sulfate de manganèse permet d'obtenir un métal très pur (99,9 % de manganèse).

Description de l'électrolyseur : les deux compartiments sont séparés par un diaphragme comme le montre le schéma de la figure 40.

Anode : l'anode est un alliage à base de plomb que l'on assimile à une électrode en plomb. Elle plonge dans une solution (appelée : **solution *A***) de sulfate de manganèse acidifiée (pH ≈ 1).

Cathode : la cathode est en acier ; le manganèse qui s'y dépose est enlevé par martelage ; on peut donc considérer que cette électrode est en manganèse. Elle plonge dans une solution (appelée : **solution *B***) de sulfate de manganèse ajustée à pH = 6 par une solution sulfate d'ammonium.

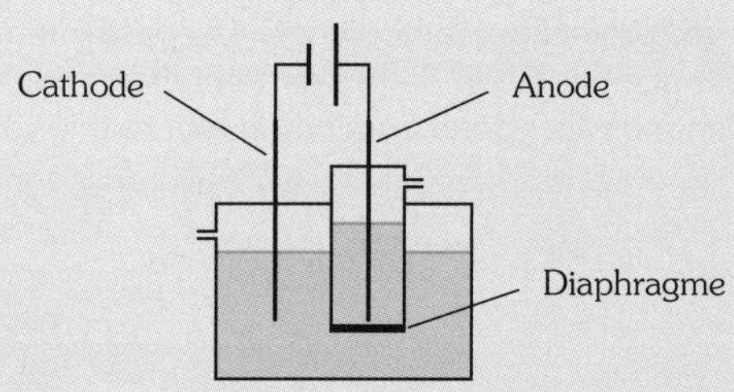

Figure 40

Industriellement, la densité de courant est de $3\ \mathrm{A \cdot dm^{-2}}$. La chute ohmique de tension aux bornes des électrodes est de 800 mV.

a) Écrire l'équation de l'électrolyse qui conduit au manganèse.

b) Évaluer la tension à appliquer aux bornes de la cellule. Donner la valeur des surtensions anodique et cathodique. (Les ions Mn^{2+} sont en concentration de $1\ \mathrm{mol \cdot L^{-1}}$ dans la solution B).

c) Tout le courant qui traverse la cathode contribue-t-il à l'obtention de manganèse ? Vérifier sur les courbes que le rendement est de 5/6.

d) La surface d'une électrode est de $2\ \mathrm{m^2}$ et l'installation comporte 50 cellules identiques disposées en parallèle ; déterminer la production journalière de manganèse, exprimée en kg.

e) Pourquoi est-il nécessaire d'éviter toute interruption de courant ?

Données électrochimiques :

Potentiels standard d'oxydo-réduction à 298 K classés par ordre croissant :

$E^0(Mn^{2+}/Mn) = -1{,}17$ V $\quad E^0(Pb^{2+}/Pb) = -0{,}13$ V $\quad E^0(O_{2(d)}/H_2O) = 1{,}23$ V

$E^0(H^+/H_2) = 0$ V $\quad E^0(S_4O_6^{2-}/S_2O_3^{2-}) = 0{,}08$ V $\quad E^0(O_{2(g)}/H_2O) = 1{,}23$ V

$E^0(I_2/I^-) = 0{,}62$ V $\quad E^0(PbO_2/Pb) = 0{,}63$ V $\quad E^0(Mn^{3+}/Mn^{2+}) = 1{,}50$ V

$\dfrac{RT\ln 10}{F} = 0{,}06$ V à 298 K, constante de Faraday : $F = 96\,500\ \mathrm{C \cdot mol^{-1}}$. $\quad M_{Mn} = 55\ \mathrm{g \cdot mol^{-1}}$.

Conseils méthodologiques : Utiliser les savoir-faire 1 et 3. Écrire à chaque fois les diverses réactions possibles et considérer les doubles aspects *thermodynamique* et *cinétique*.

1.a) Dans le cas (α), il y a deux oxydations possibles, celle de l'électrode en manganèse ou celle de l'eau, et une seule réduction possible, celle de l'eau.

D'après la position de la courbe (α) vers −1,20 V, les réactions correspondent à :

- *Réduction cathodique* : $2\ H^+_{(aq)} + 2\ e^- = H_{2(g)}$ avec $j_a > 0$.
- *Oxydation anodique* : $Mn_{(s)} = Mn^{2+}_{(aq)} + 2\ e^-$ avec $j_c < 0$.

b) Dans le cas (β), la présence des ions Mn^{2+} permet une réduction supplémentaire.

Donc l'on observe *la même oxydation anodique et la réduction cathodique* correspond à : $Mn^{2+}_{(aq)} + 2\ e^- = Mn_{(s)}$ située avant celle de l'eau.

Remarque :
On raccrochera totalement la courbe de l'eau au palier de *diffusion*.

c) Un métal est *passivé* lorsqu'il se recouvre d'un film d'oxyde qui le protège ensuite d'une attaque en profondeur.

La formation de $PbO_{2(s)}$ par *oxydation anodique* justifie cette passivation (vague vers 0,70 V) :

$$Pb_{(s)} + 2\ H_2O = PbO_{2(s)} + 4\ H^+_{(aq)} + 4\ e^-.$$

d) L'électrode passivée correspond à une électrode inerte (comme une électrode de platine) et l'on observe vers 1,8 V l'oxydation de l'eau :

$$2\ H_2O = O_{2(g)} + 4\ H^+_{(aq)} + 4\ e^-.$$

2.a) L'équation-bilan correspond à la réduction de la figure 38 (β) et à l'oxydation de la figure 39 d'après la nature des électrodes et électrolytes.

$$2\ Mn^{2+}_{(aq)} + 2\ H_2O = 2\ Mn_{(s)} + O_{2(g)} + 4\ H^+_{(aq)}.$$

b) On lit pour $j_a = +3\ A \cdot dm^{-2}$ une valeur $E_a \approx 2{,}1$ V (Fig. 39), et pour $j_a = -3\ A \cdot dm^{-2}$ une valeur $E_c \approx -1{,}4$ V (Fig. 38).

D'où : $E_a - E_c = 3{,}5$ V, et il faut ensuite rajouter la chute ohmique de 0,8 V :

$$\boxed{U = E_a - E_c + ri = 4{,}3\ V}.$$

On peut estimer les surtensions cinétiques :

- À l'anode : $E_{th} = 1{,}23 - 0{,}06\ pH = 1{,}17\ V \Rightarrow \boxed{\eta_a = E_a - E_{th} \approx 0{,}93\ V}$.
- À la cathode : $E'_{th} = -1{,}17 + 0{,}03 \log[Mn^{2+}] = -1{,}17\ V \Rightarrow \boxed{\eta_c = E_c - E'_{th} = -0{,}23\ V}$.

c) À la cathode, si l'on fixe $E_c = -1{,}4$ V, on lit sur la verticale (Fig. 38) au niveau de la courbe α que la réduction des ions H^+ se produit avec une densité de courant de l'ordre de $0{,}5\ A \cdot dm^{-2}$, et donc seulement $2{,}5\ A \cdot dm^{-2}$ pour la réduction des ions Mn^{2+}.

Rendement faradique : $\boxed{\rho_F = \dfrac{2{,}5}{3} = \dfrac{5}{6}}$.

Erreur à éviter :
L'énoncé ne tient pas compte de la variation de pH entre l'expérience (α) et l'expérience (β).

d) *La loi de Faraday* nous donne le dépôt de manganèse sur chaque cathode.

$$Mn^{2+} + 2\ e^- \rightarrow Mn \qquad q = it = 2F\xi = 2F\frac{m_{Sn}}{M_{Sn}}$$

$m_{Sn} = \dfrac{\rho_F S j \Delta t}{2F} M_{Sn}$. La surface totale est $S = 50$ s, d'où la production journalière :

$$m_{Sn} = \frac{5}{6}\frac{300 \times 100 \times (24 \times 3\,600)}{2 \times 96\,500} \cdot 55\ 10^{-3} = \boxed{616 \text{ kg}}.$$

e) Une électrolyse correspond à une réaction *non spontanée.* Si l'on coupe le courant, on obtient une pile en court-circuit et la réaction *spontanée* consiste en la réoxydation du manganèse soit par le dioxygène dissous, soit par les ions H^+ (existence d'un *potentiel mixte*).

4. Quelques propriétés du nickel ______ D'après Centrale-Supelec

Données : $\dfrac{RT}{F}\ln x = 0{,}06 \log_{10} x = 0{,}06 \log x$ à 25 °C et $T(\text{K}) = t(°\text{C}) + 273$.

Les potentiels standard sont indiqués à 25 °C.

$E^0(Zn^{2+}/Zn) = -0{,}76$ V	$E^0(Cu^{2+}/Cu) = +0{,}34$ V	$E^0(H^+/H_2) = 0$ V
$E^0(O_{2(d)}/H_2O) = 1{,}23$ V	$E^0(Mg^{2+}/Mg) = -2{,}37$ V	
autoprotolyse de l'eau $pK_e = 14$	$R = 8{,}31\ \text{J} \cdot \text{mol}^{-1} \cdot \text{K}^{-1}$	

A. Diagramme *E*-pH de corrosion de nickel

La figure 41 donne le diagramme *E*-pH du nickel, tracé en traits pleins. Ce diagramme a été établi à 25 °C, en prenant en compte uniquement les espèces suivantes : Ni, $Ni(OH)_2$, Ni_3O_4, Ni_2O_3, NiO_2, Ni^{2+}, $HNiO_2^-$.

À l'exception des ions, toutes les espèces sont solides. Convention adoptée pour le tracé des frontières : la concentration globale des espèces dissoutes est prise égale à $C_0 = 10^{-6}\ \text{mol} \cdot \text{L}^{-1}$. Sur la même figure sont portées, en traits pointillés, les droites correspondant aux couples de l'eau : O_2/H_2O et H^+/H_2.

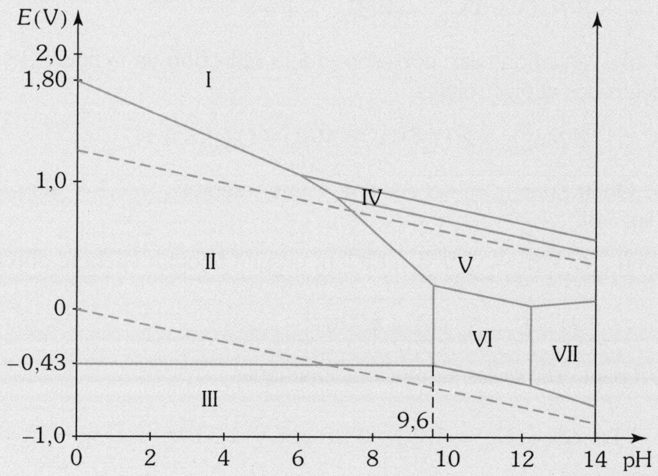

Figure 41

1. Les différents domaines du diagramme sont numérotés de I à VII.

Attribuer à chaque espèce son domaine de stabilité, en justifiant votre réponse.

2. Déduire du diagramme la valeur du potentiel standard du couple Ni^{2+}/Ni, ainsi que la valeur du produit de solubilité de $Ni(OH)_2$.

3. On ne considère, dans cette question, que la partie du diagramme pour pH < 10.

a) Quelles sont les frontières dont l'équation est indépendante du choix fait pour la valeur de C_0 ?

b) Comment est modifiée la frontière entre NiO_2 et Ni^{2+} quand on passe de $C_0 = 10^{-6}\ \text{mol} \cdot \text{L}^{-1}$ à $C_0 = 1\ \text{mol} \cdot \text{L}^{-1}$. Même question pour la frontière entre Ni^{2+} et Ni.

c) Déduire des résultats précédents, en une phrase, l'influence de la valeur de C_0 sur le domaine de stabilité de Ni^{2+}.

4. On part d'oxyde nickélo-nickélique Ni_3O_4, et on ajoute progressivement de l'acide. Qu'observe-t-on ? Écrire l'équation-bilan et calculer le potentiel à pH = 5 si on est parti de 0,02 mole de Ni_3O_4 en suspension dans un litre d'eau.

5. Que dire de la stabilité du nickel métal Ni vis-à-vis de l'eau, selon la valeur du pH ? Écrire les bilans des réactions éventuelles du nickel, selon la valeur du pH.

6.a) Qu'appelle-t-on domaine de corrosion, d'immunité et de passivation du métal ? Indiquer pour le nickel quels sont les domaines (numérotés de I à VII) qui correspondent respectivement à la corrosion, l'immunité et la passivation du nickel.

b) Parmi les métaux suivants, magnésium, cuivre, zinc, lequel doit-on choisir pour réaliser la protection cathodique du nickel en milieu acide (sans utiliser un générateur de courant) ? On justifiera l'expression de « protection cathodique ».

7. Le nickel ne se corrode pratiquement pas en solution acide ne contenant pas d'autres oxydants que l'ion H^+. Les prévisions précédentes sur la corrosion du nickel sont-elles conformes à ce résultat expérimental ? Proposer une interprétation à cette observation à l'aide de courbes intensité-potentiel.

B. Déposition électrolytique du métal

La déposition électrolytique du nickel est une opération couramment employée dans l'électrométallurgie de ce métal. Dans la cellule d'électrolyse étudiée ici, la cathode est constituée de nickel électrolytique et le bain électrolytique d'une solution de sulfate de nickel ($NiSO_4$). On étudie le compartiment cathodique.

1. Quelle sont les réactions susceptibles de se produire à la cathode ?

2. Pour établir les conditions de travail optimales pour le dépôt de nickel, on se réfère dans un premier temps au diagramme *E*-pH.

Plusieurs réactions sont en compétition. Pour obtenir un meilleur rendement pour la production de nickel, doit-on se placer à pH = 0 ou pH = 5 dans le compartiment cathodique ?

3. Pour compléter l'étude, on souhaite prendre en compte les facteurs cinétiques. On considère un bain électrolytique ayant une concentration en ions Ni^{2+} de 0,7 mol · L^{-1}.

a) Calculer les valeurs du potentiel de la cathode pour lesquelles se produisent effectivement les réactions proposées à la question **B.1.** dans les deux cas suivants : pH = 0 et pH = 5. Représenter, pour chaque valeur du pH, 0 et 5, l'allure des courbes intensité-potentiel pour les réactions envisagées.

b) En déduire, respectivement à pH = 0 et pH = 5, la réaction cathodique qui se produira pour la valeur de la tension d'électrolyse la plus faible. Les conclusions de la question **B.2.** sur le choix du pH sont-elles modifiées ?

Données : surtension sur électrode de nickel électrolytique de dégagement de H_2 : $|\eta| = 0{,}2$ V ; de dépôt de nickel à partir de Ni^{2+} : pratiquement nulle ; de formation de Ni^{2+} : pratiquement nulle ; SO_4^{2-} : électroinactif.

Conseils méthodologiques : Utiliser les savoir-faire 2, 3 et 4. **A.6** : La protection du nickel nécessite un *métal plus électropositif*. **B.3** : Le dépôt de nickel à la cathode nécessite de *repousser la courbe de réduction de l'eau* vers les potentiels négatifs.

A. *E*-pH du nickel

1. *Classons les diverses espèces* selon leur nombre d'oxydation (Fig. 42) :

Pour attribuer les domaines sur le *E*-pH, il suffit :

- à potentiel *E* croissant, d'attribuer des n.o. croissants ;
- à pH croissant, de placer la basicité croissante (Fig. 43).

III : $Ni_{(s)}$; II : $Ni^{2+}_{(aq)}$; I : $NiO_{2(s)}$; VI : $Ni(OH)_{2(s)}$; VII : $HNiO^-_{2(aq)}$; V : $Ni_3O_{4(s)}$; IV : $Ni_2O_{3(s)}$.

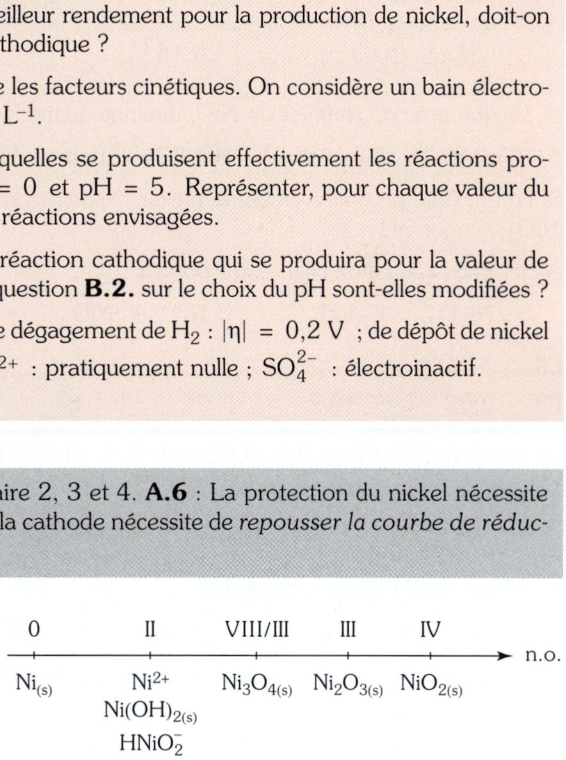

Figure 42

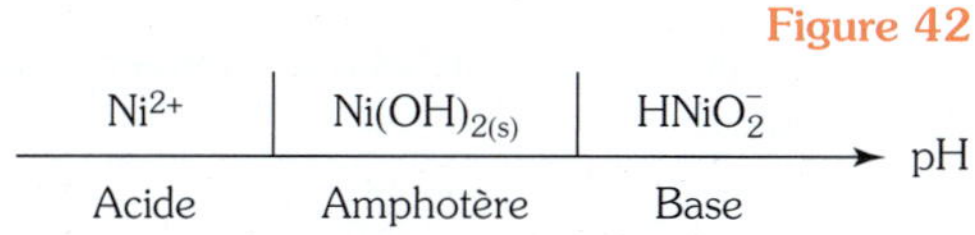

Figure 43

2. Considérons le couple Ni^{II}/Ni :

- $Ni^{2+}_{(aq)} + 2\ e^- = Ni_{(s)} \qquad E = E^0_{Ni^{2+}/Ni} + 0{,}03\ \log[Ni^{2+}]$

Pour $[Ni^{2+}] = 10^{-6}\ mol \cdot L^{-1}$, on lit $E = -0{,}43$ V, d'où : $\boxed{E^0_{Ni^{2+}/Ni} = -0{,}25\ V}$.

- À pH ≈ 9,6 , le précipité $Ni(OH)_2$ apparaît :

$$K_s = [Ni^{2+}]\omega^2 = 10^{-6}(10^{-4{,}4})^2 = 10^{-14{,}8} \Rightarrow \boxed{pK_s = 14{,}8}.$$

3.a) *La convention* $C_0 = 10^{-6}\ mol \cdot L^{-1}$ n'intervient que pour les espèces dissoutes : Ni^{2+} et $HNiO_2^-$.
Toutes les frontières entre *espèces solides* sont *indépendantes* de C_0.

b) *Considérons le couple* $NiO_{2(s)}/Ni^{2+}$:

$$NiO_{2(s)} + 2\ e^- + 4\ H^+_{(aq)} = Ni^{2+}_{(aq)} + 2\ H_2O, \quad \text{avec } E = E^0_{NiO_2/Ni^{2+}} + 0{,}03\ \log \frac{h^4}{C_0}.$$

Lorsque C_0 passe de 10^{-6} à 1 $mol \cdot L^{-1}$, E varie de :

$$\Delta E = +0{,}03\ \Delta pC_0 = \boxed{-0{,}18\ V}.$$

Remarque :
La frontière « descend » de 0,18 V.

- De même : $Ni^{2+}_{(aq)} + 2e^- = Ni_{(s)}$ avec $E = E^0_{Ni^{2+}/Ni} + 0{,}03\ \log C_0$.

$$\Delta E = -0{,}03\ \Delta pC_0 = \boxed{+0{,}18\ V}.$$

Remarque :
La frontière « remonte » de 0,18 V.

c) *Le domaine de stabilité* de Ni^{2+} diminue quand la concentration C_0 augmente.

4. L'oxyde $Ni_3O_{4(s)}$ correspond à 2 Ni^{3+} pour 1 Ni^{2+}.
Si l'on acidifie progressivement le milieu, $Ni_3O_{4(s)}$ *se dismute* en $Ni^{2+}_{(aq)}$ et $Ni_2O_{3(s)}$ pour pH < 7, puis en $Ni^{2+}_{(aq)}$ et $NiO_{2(s)}$ pour pH < 6.
À pH ≈ 5 , l'équation-bilan correspond à :

	$Ni_3O_{4(s)}$	+ $4\ H^+$	→	$2\ Ni^{2+}$	+ $NiO_{2(s)}$	+ $2\ H_2O$
E.I.	0,02					
E.F.	$0{,}02 - \xi$	10^{-5}		2ξ	ξ	

La réaction étant totale, $\xi \approx 0{,}02\ mol \cdot L^{-1}$, d'où : $[Ni^{2+}] \approx 0{,}04\ mol \cdot L^{-1}$.
Le potentiel est donné par le couple NiO_2/Ni^{2+} :

$$NiO_2 + 2\ e^- + 4\ H^+ = Ni^{2+} + 2\ H_2O, \quad \text{avec } E = E^0_{NiO_2/Ni^{2+}} + 0{,}03\ \log \frac{h^4}{[Ni^{2+}]}.$$

En se servant du diagramme donné :
à pH 0, si $[Ni^{2+}] = 10^{-6}\ mol \cdot L^{-1}$, on lit : $E = 1{,}80\ V \Rightarrow E^0_{NiO_2/Ni^{2+}} = 1{,}62$ V.

On peut alors calculer le potentiel de la solution à pH 5, avec $[Ni^{2+}] = 0{,}04\ mol \cdot L^{-1}$:

$$\boxed{E = 1{,}06\ V}.$$

5. En milieu acide, le nickel a un domaine disjoint de celui de l'eau. Il doit donc être *attaqué* du point de vue thermodynamique :

$$Ni_{(s)} + 2\ H^+_{(aq)} \rightarrow Ni^{2+}_{(aq)} + H_{2(g)}.$$

En milieu basique, la frontière H_2O/H_2 passe sous la frontière Ni^{II}/Ni. Le nickel est désormais *stable*.

6.a) *Corrosion* : oxydation du nickel en l'une de ses formes dissoutes (attaque en profondeur). Il s'agit ici des zones II et VII.

Immunité : stabilité thermodynamique du métal. Il s'agit ici de la zone III.

Passivation : attaque en surface avec formation d'un film d'oxyde protégeant d'une attaque en profondeur. Il s'agit ici des zones I, IV, V, VI.

b) Il faut un *métal plus électropositif* que le nickel pour pouvoir être oxydé à sa place, soit ici le magnésium ou le zinc. Le choix du zinc est *préférable* en milieu aqueux.

Le zinc déposé sur le nickel, et le nickel constitue une *micropile* dont le zinc est l'anode et le nickel la cathode (*protection cathodique*) :

– *oxydation anodique* : $Zn_{(s)} = Zn^{2+}_{(aq)} + 2\ e^-$

– *réduction cathodique* : $2\ H^+_{(aq)} + 2\ e^- = H_{2(g)}$ (le nickel ne peut être réduit et joue un rôle d'électrode inerte).

Bilan : $Zn_{(s)} + 2\ H^+_{(aq)} \rightarrow Zn^{2+}_{(aq)} + H_{2(g)}$.

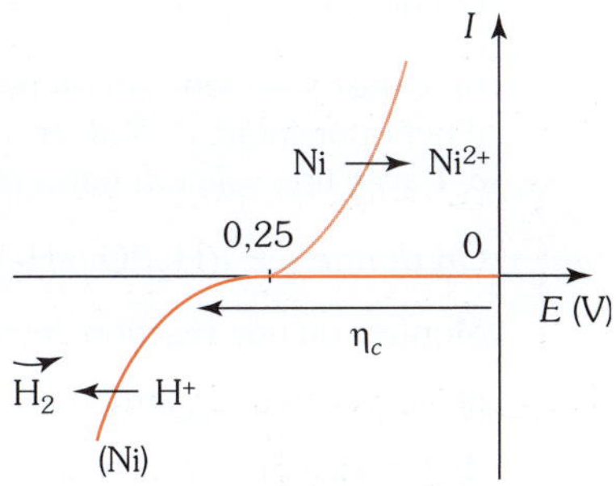

Figure 44

7. L'absence de corrosion en solution acide prouve l'existence de *fortes surtensions cinétiques* (Fig. 44).

La surtension de H^+/H_2 sur Ni est vraisemblablement de l'ordre de −0,5 à 0,6 V.

B. Déposition électrolytique du nickel

1. Les réactions de *réduction cathodique* possibles sont :

$$Ni^{2+}_{(aq)} + 2\ e^- = Ni_{(s)}$$

$$2\ H_2O + 2\ e^- = H_{2(g)} + 2\ HO^-_{(aq)} \quad \text{ou} \quad 2\ H^+_{(aq)} + 2\ e^- = H_{2(g)}.$$

On suppose les ions sulfate électroinertes.

2. Si nous souhaitons un *dépôt de nickel*, il faut que le couple H_2O (ou H^+)/H_2 se situe plus bas que celui Ni^{2+}/Ni. Son potentiel diminuant avec le pH, un pH = 5 est donc *préférable*.

Remarque :

La seule thermodynamique semble *insuffisante*.

3.a) En tenant compte des concentrations et des *surtensions* :

$$E_{Ni^{2+}/Ni} = -0{,}25 + 0{,}03\ \log 0{,}7 = -0{,}25(5)\ \text{V}.$$

$$E_{H^+/H_2} = 0{,}00 - 0{,}06\ \text{pH} + \eta_c = -0{,}06\ \text{pH} - 0{,}20\ (\text{V}).$$

• À pH 0 : $E_{H^+/H_2} = -0{,}20$ V. À pH 5 : $E_{H^+/H_2} = -0{,}50$ V.

On déduit l'allure des courbes $I = f(E)$ en Fig. 45.

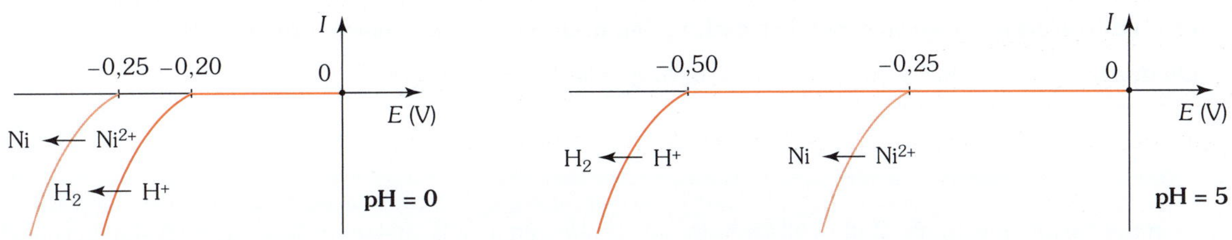

Figure 45

b) Pour une tension d'électrolyse *minimale*, on observe le *dépôt de nickel* pour pH 5 et non pour pH 0.

Remarque :

On a réussi à inverser la position des courbes.

5. Nickelage de pièces métalliques ________ D'après Agrégation interne

Le nickelage de pièces en fer ou en acier est utilisé pour protéger celles-ci de la corrosion : on distingue le nickelage chimique et le nickelage électrochimique.

1. Nickelage chimique

a) Peut-on obtenir un dépôt de nickel en plongeant une lame de fer dans une solution d'ions nickel (II) ? Si oui calculer la constante d'équilibre de la réaction correspondante.

On donne : $E_1^0(Fe^{2+}/Fe) = -0{,}44$ V et $E_2^0 = (Ni^{2+}/Ni) = -0{,}25$ V.

b) Industriellement, on prépare une solution en mélangeant une solution de chlorure de nickel (II) et une solution d'hypophosphite de sodium $(Na^+ + H_2PO_2^-)$ toutes deux à la concentration de 1,0 mol · L^{-1}. Le pH est amené à 4 avec une solution tampon adéquate. Cette solution semble inerte.

On donne : $E_3^0(H_2PO_3^-/H_2PO_2^-) = -0{,}75$ V à pH 0.

Montrer qu'une réaction devrait se produire lors de la préparation de la solution : écrire son équation.

c) À quoi peut-on attribuer l'apparente inertie observée ?

d) Lorsque l'on plonge une lame de fer ou d'acier dans cette solution, la lame se recouvre d'un dépôt de nickel très résistant. Interpréter alors la formation du dépôt de nickel sur la lame de fer ou d'acier.

2. Nickelage électrochimique

On réalise un dépôt électrolytique de nickel à partir d'une solution d'ions nickel à 1,0 mol · L^{-1}.
La solution utilisée a un pH = 4,0 : le potentiel cathodique est noté E_{cath}.
Deux réactions sont observées à la cathode lors de cette opération. La densité de courant total est $j = 5{,}0$ A · dm^{-2}.
La surtension η_{Ni} de dépôt du nickel est donnée par la relation de Tafel :

$$\eta_{Ni} = -0{,}15 \log|j_{Ni}| - 0{,}31$$

avec η_{Ni} en volt (V) et j_{Ni} en ampère par décimètre carré ((A · dm)$^{-2}$).
On admettra que la surtension, à courant nul, du couple H^+/H_2 est nulle sur le nickel.

a) Écrire les équations des deux réactions électrochimiques qui ont lieu à la cathode.

b) Rappeler, en s'aidant éventuellement d'un schéma, la définition de la surtension cathodique relative au nickel.
Tracer le graphe $j_{Ni} = f(E_{catth})$ pour la réduction du nickel pour $|j_{Ni}|$ compris entre 0 et 5 A · dm^{-2}. Échelles imposées : 2 cm pour 0,1 V en abscisse et 1 cm pour 1 A · dm^{-2} en ordonnée.

c) Le potentiel cathodique est fixé à la valeur $E_{cath} = -0{,}65$ V. Déterminer la valeur de la densité de courant relative au dépôt de nickel j_{Ni} dans ces conditions.

d) En déduire le rendement cathodique du dépôt de nickel. Pourquoi n'est-il pas de 100 % ?

e) Calculer alors la vitesse du dépôt de nickel, v_d, en micromètres par minutes (µm · min^{-1}).

On donne : $M_{Ni} = 58{,}7$ g · mol^{-1} ; $\rho_{Ni} = 8{,}90$ g · cm^{-3} ; $F = 96\,500$ C · mol^{-1}.

Conseils méthodologiques : Utiliser les savoir-faire 2 et 3. **1.d)** : La surtension d'un couple varie avec la *nature de l'électrode*. **2.d)** : Utiliser la *loi de Faraday* en liant la vitesse de dépôt à l'intensité du courant.

1.a) Du point de vue thermodynamique (Fig. 46), la réaction est *favorisée* :

$$Ni^{2+} + Fe_{(s)} = Fe^{2+} + Ni_{(s)} \qquad K^0$$

À l'équilibre : $\frac{0{,}06}{2}\log K^0 = E_2^0 - E_1^0 \Rightarrow$ $\boxed{K^0 = 10^{38/6} = 2{,}2\ 10^6}$.

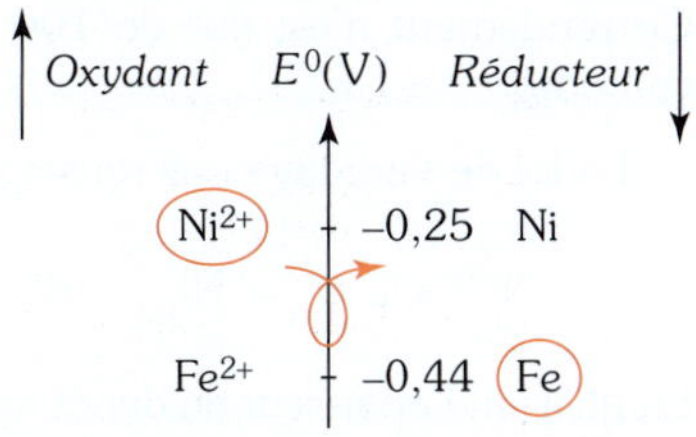

Figure 46

b) L'ion $H_2PO_2^-$ a un caractère *réducteur* (Fig. 47).

$$H_2PO_2^- + H_2O = H_2PO_3^- + 2\ e^- + 2\ H^+.$$

Il réduit du point de vue thermodynamique les ions Ni^{2+} selon :

$$H_2PO_2^- + Ni^{2+} + H_2O = H_2PO_3^- + Ni_{(s)} + 2\ H^+.$$

En toute rigueur, il faut tenir compte de *l'influence du pH* :

$$E = E_3^0 + \frac{0{,}06}{2}\log\frac{[H_2PO_3^-]h^2}{[H_2PO_2^-]}.$$

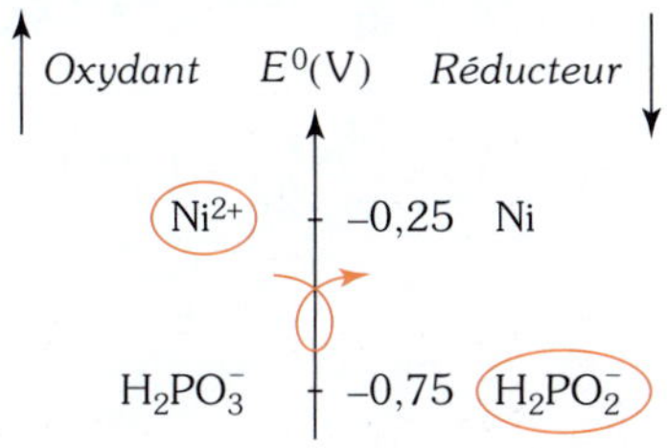

Figure 47

Le potentiel standard *apparent* $E_3^0 = E'^0_3 - 0{,}06\ \text{pH} = -0{,}99$ V est toujours nettement inférieur à E_2^0, ce qui suppose une réaction *totale*.

c) L'inertie observée est d'origine *cinétique* : il doit y avoir une forte surtension pour le couple $H_2PO_3^-/H_2PO_2^-$ sur nickel.

d) La réaction de réduction des ions nickel II est *amorcée* par la lame de fer et la réaction doit se poursuivre grâce à la réduction par l'hypophosphite (*la surtension* du couple $H_2PO_3^-/H_2PO_2^-$ au contact du fer devant être *moindre*).

2.a) Il y a deux réactions en compétition à la cathode :

- Réduction des ions H^+ : $2\ H^+ + 2\ e^- = H_{2(g)}$
- Réduction des ions Ni^{2+} : $Ni^{2+} + 2\ e^- = Ni_{(s)}$.

b) Du seul point de vue thermodynamique, le potentiel d'équilibre correspond à la loi de Nernst :

$$E_{th} = E_2^0 + \frac{0{,}06}{2}\log[Ni^{2+}] = -0{,}25\ \text{V}.$$

En réalité, le dépôt de nickel ne commence que pour un potentiel inférieur dû à une *surtension cathodique* η_c ($\eta_c < 0$ dépendant du choix de j).

La relation de Tafel donne, sachant que $j_c = -|j_{Ni}|$,

$$j_c = -\exp\left[-\frac{0{,}31 + \eta_{Ni}}{0{,}15}\right] \quad \text{(Fig. 48).}$$

Et à la *cathode* :

$$E_c = E_{th} + \eta_{c(j_c)}$$

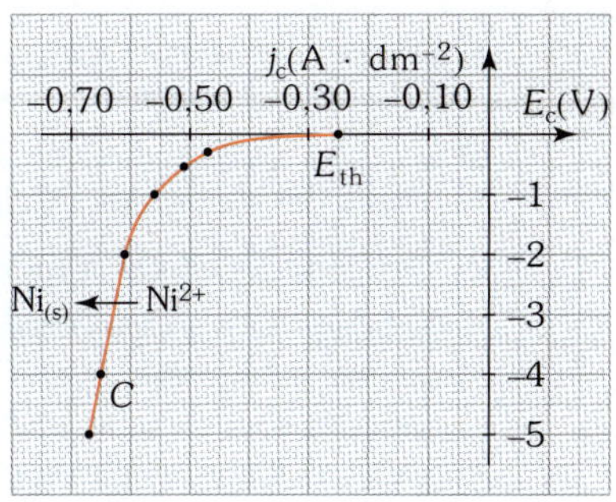

Figure 48

j_c	–0,25	–0,5	–1,0	–2,0	–3,0	–4,0	–5,0
η_c	–0,21	–0,26	–0,31	–0,36	–0,38	–0,40	–0,42
E_c	–0,47	–0,51	–0,56	–0,61	–0,63	–0,65	–0,67

c) Si l'on impose $E_c = -0{,}65$ V (point *C*), on lit $j_c = -4{,}0\ \text{A} \cdot \text{dm}^{-2}$.

d) Il suffit de comparer la densité de courant cathodique j_c à la densité de courant total j :

$$r_c = \frac{|j_c|}{j} = \frac{4{,}0}{5{,}0} = \boxed{80\ \%}.$$

Ce rendement n'est pas de 100 % en raison de *réactions parasites*, notamment le dégagement de dihydrogène à la cathode.

e) La loi de Faraday nous renseigne sur le dépôt de nickel :

$$Ni^{2+} + 2\,e^- = Ni_{(s)} \qquad d\xi = \frac{dq}{2F} = \frac{i\,dt}{2F} = \frac{r_c\,jS\,dt}{2F}.$$

En utilisant l'épaisseur du dépôt notée ℓ pour définir la vitesse de dépôt, il vient :

$$v_d = \frac{d\ell}{dt} \quad \text{avec} \quad d\xi = \frac{dm}{M_{Ni}} = \frac{\rho_{Ni}\,d\tau}{M_{Ni}} = \frac{\rho_{Ni}S\,d\ell}{M_{Ni}}.$$

D'où : $$v_d = \frac{M_{Ni}}{\rho_{Ni}}\frac{r_c j}{2F} = 1{,}37\ 10^{-8}\ \text{m}\cdot\text{s}^{-1} = 0{,}82\ \mu\text{m}\cdot\text{min}^{-1}.$$

Erreur à éviter :

Pour le dépôt de nickel, il faut prendre la densité de courant utile, c'est-à-dire $|j_c| = r_c j$.

6. Électrolyse de $NaCl_{aq}$ — D'après Mines-Ponts

La plus grande source de chlore est le chlorure de sodium présent dans l'eau de mer.
Le dichlore est produit par électrolyse d'une solution aqueuse concentrée de chlorure de sodium (la saumure). Celle-ci doit être traitée préalablement à l'aide de carbonate ou de chlorure de baryum afin d'éliminer les ions sulfates, puis à l'aide de soude et de carbonate de sodium pour éliminer les ions calcium, magnésium et autres ions métalliques gênants.

Données :

Il existe différents procédés d'électrolyse :
- cellules à diaphragmes, non étudiées dans ce problème,
- cellules à membranes,
- cellules à cathode de mercure.

Potentiels standard E^0 à 25 °C et à pH = 0

$E_1^0(O_2/H_2O) = 1{,}23$ V
$E_2^0(Cl_2/Cl^-) = 1{,}39$ V
$E_3^0(H^+/H_2) = 0{,}00$ V
$E_4^0(Na^+/Na) = -2{,}71$ V.

1. Étude préliminaire

On étudie l'électrolyse d'une solution de $NaCl_{(aq)}$.

a) D'après les valeurs des potentiels standard, quelles sont les demi-équations d'oxydoréduction possibles à l'anode ? à la cathode ?

b) À quelle réaction d'oxydoréduction pourrait-on s'attendre au cours de l'électrolyse en l'absence de surtension au niveau des électrodes ? Calculer la constante d'équilibre de cette réaction.

2. Procédé à cellules à membrane

Un schéma de principe d'une cellule à membrane, à compléter, est représenté en Fig. 49.
Les anodes sont de type DSA (Dimensionally Stables Anodes) en titane recouvert d'oxydes de titane et de ruthénium, les cathodes sont en nickel. La séparation entre les compartiments cathodiques et anodiques est constituée de membranes cationiques (perméables aux cations) très peu conductrices. Ces membranes sont des polymères perfluorosulfoniques (Nafion ®) ou perfluorocarboxyliques (Flemion ®).
On obtient les courbes densité de courant-potentiel en Fig. 50.

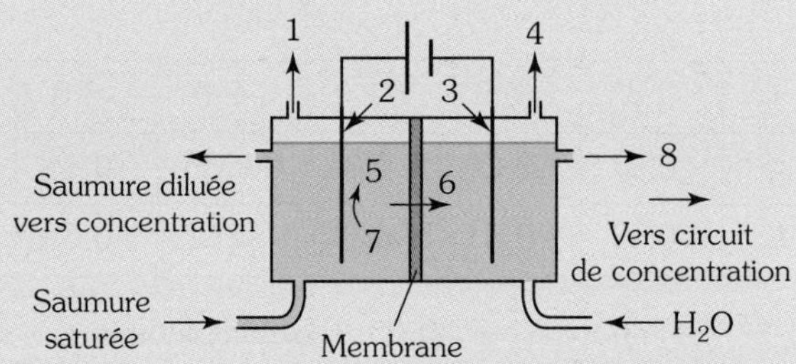

Figure 49

a) Quelle est la réaction qui a effectivement lieu dans ce procédé pour une valeur de densité de courant n'excédant pas les limites du tracé des courbes ?

b) À l'aide des courbes densité de courant-potentiel donner un nom à chacune des cases numérotées de 1 à 8 du schéma de principe. Souligner le rôle de la membrane sachant que le dichlore se dismute en milieu basique en ClO^- et Cl^-.

c) La densité de courant *j* utilisée dans ce procédé est égale à 4 kA · m^{-2}. Pourquoi préfère-t-on utiliser la densité de courant plutôt que l'intensité ? Quelle est la valeur de la tension appliquée aux bornes de l'électrolyseur pour ce procédé ?

Le dichlore produit sort des cellules à 90 °C. Il est saturé en vapeur d'eau. Il est donc refroidi (condensation de la majeure partie de la vapeur d'eau) puis séché avec de l'acide sulfurique concentré dans des tours à garnissage.

Le dichlore est transporté liquéfié, comprimé à 3,5 bar.

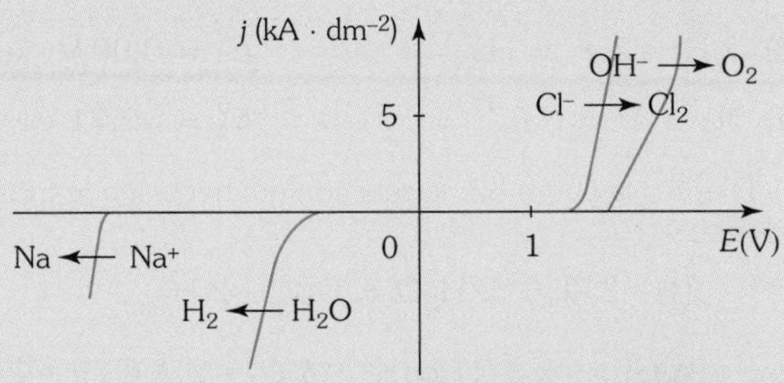

Figure 50

3. Procédé à cellules à cathodes de mercure

Chaque cellule fait 25 à 30 m^2 de surface sur 30 cm de hauteur. Elle contient environ 250 anodes DSA. Leur durée de vie de 5 à 8 ans. La cathode est constituée d'un lit de mercure (3 à 4 t/cellule) situé sur un plan incliné au fond de la cellule. Les anodes sont disposées parallèlement à la surface du mercure à une distance de l'ordre de 1 cm. La vitesse d'écoulement du mercure est d'environ 1 m · s^{-1} et la consommation du mercure est de l'ordre de 10 g · t^{-1} de dichlore. Une unité de production moyenne de 250 000 t de dichlore par an nécessite l'utilisation d'une centaine de cellules.

Du fait de la présence de la cathode au mercure et des anodes DSA on obtient les courbes densité de courant-potentiel en Fig. 51.

a) Quelle est la réaction qui a réellement lieu dans la cellule à électrolyse pour une valeur de densité de courant n'excèdant pas les limites du tracé des courbes ?

b) Sachant que la tension appliquée est de 4 V, quelle est la densité du courant qui circule dans le circuit ?

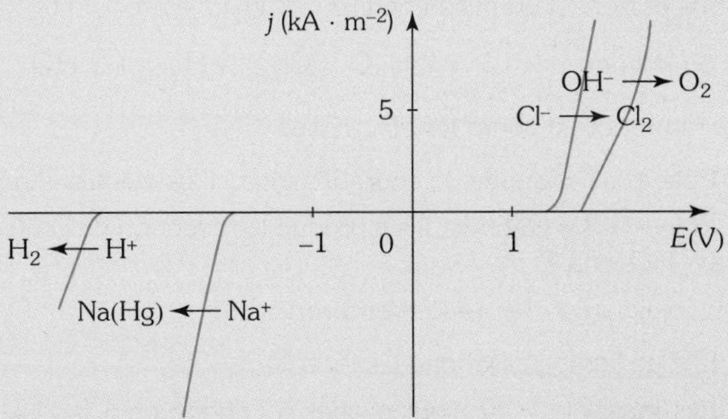

Figure 51

c) L'amalgame Na(Hg) qui s'écoule par gravité (du fait du plan incliné) est envoyé dans un décomposeur (cylindre en acier, garni à l'intérieur de morceaux de graphite) où, par réaction avec de l'eau adoucie, on régénère le mercure et on obtient de la soude et du dihydrogène. Écrire l'équation-bilan de cette réaction. La justifier du point de vue cinétique.

d) Le mercure est recyclé ; la lessive de soude formée (NaOH de concentration égale à 740 g · L^{-1}) est évacuée par le trop-plein. Écrire le bilan réel de ce procédé.

e) Comparer les avantages et les inconvénients des deux procédés étudiés dans cette partie.

Conseils méthodologiques : Utiliser le savoir-faire 3. **2.** : Il ne faut pas que Cl_2 se retrouve au contact d'ions HO^- d'où la nécessité de *séparer* les compartiments. **3.** : Repérer l'*inversion* des courbes de réduction cathodique sur mercure.

1.a) Il y a *deux réactions possibles* à l'anode ou à la cathode :

- *Oxydation anodique*

(1) $2\ H_2O = O_{2(g)} + 4\ H^+ + 4\ e^-$ $\quad E_1^0 = 1{,}23\ V$ (à pH 0),

(2) $2\ Cl^- = Cl_{2(g)} + 2\ e^-$ $\quad E_2^0 = 1{,}39\ V$.

- *Réduction cathodique*

(3) $2\ H^+ + 2\ e^- = H_{2(g)}$ $\quad E_3^0 = 0{,}00\ V$ (à pH 0),

(4) $Na^+ + e^- = Na_{(s)}$ $\quad E_4^0 = -2{,}71\ V$.

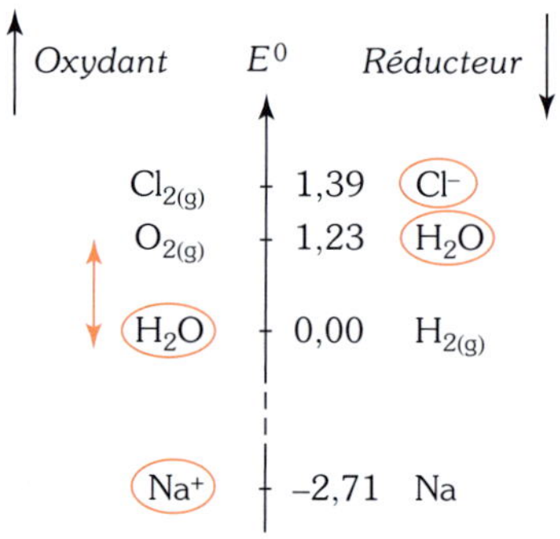

Figure 52

b) D'après la figure 52, la réaction qui nécessite le moins d'énergie est *l'électrolyse* de l'eau :

$$(1) + 2(3) : \quad 2\ H_2O = O_{2(g)} + 2\ H_{2(g)}$$

$$\Delta_r G^0 = -2{,}3\ RT \log K^0 = \Delta_r G_1^0 + 2\ \Delta_r G_3^0 = +4\ FE_1^0 + 2(-2FE_3^0)$$

soit : $\dfrac{0{,}06}{4}\log K^0 = E_3^0 - E_1^0 \Rightarrow \boxed{K^0 = 10^{-82}}$ (Sens non spontané).

2.a) La *surtension cinétique* sur titane du couple $H_2O \rightarrow O_2$ l'a déplacé au delà de la vague d'oxydation $Cl^- \rightarrow Cl_2$. Il se produit donc :

Oxydation anodique : $2\ Cl^- = Cl_{2(g)} + 2\ e^-$

Réduction cathodique : $2\ H^+ + 2\ e^- = H_{2(g)}$.

Nous partons d'un milieu neutre : $2\ H_2O + 2\ e^- = H_{2(g)} + 2\ HO^-$.

D'où le *bilan* : $2\ Cl^- + 2\ H_2O = Cl_{2(g)} + H_{2(g)} + 2\ HO^-$.

b) On repère d'abord les *électrodes* :

- Pôle ⊕ : 2 = anode, le courant arrive et les électrons repartent, d'où l'oxydation avec dégagement de dichlore en 1.
- Pôle ⊖ : 3 = cathode, il s'y produit la réduction de l'eau et le dégagement de dihydrogène en 4 et l'écoulement de soude Na^+, HO^- en 8.

On souligne le *rôle de la membrane* :

- Elle ne laisse passer que les ions Na^+ = 6 .
- Les ions Cl^- = 7 sont oxydés à l'anode en Cl_{2aq} = 5 qui sature très vite la solution et se dégage sous forme de $Cl_{2(g)}$ = 1 .
- Le fait que les ions HO^- produits à la cathode ne puissent traverser la membrane évite que le dichlore produit ne se dismute en milieu basique.

c) La densité de courant est une grandeur *intensive*, indépendante de la taille, donc de la surface, des électrodes.

On lit graphiquement (Fig. 53) pour $j = 4\ kA \cdot m^{-2}$:

$$E_A = 1{,}6\ V \quad \text{et} \quad E_C = -1{,}3\ V$$

soit : $\boxed{U = E_A - E_C = 2{,}9\ V}$.

En réalité, il faudrait rajouter la *chute ohmique* ($E_A - E_C = U - ri$).

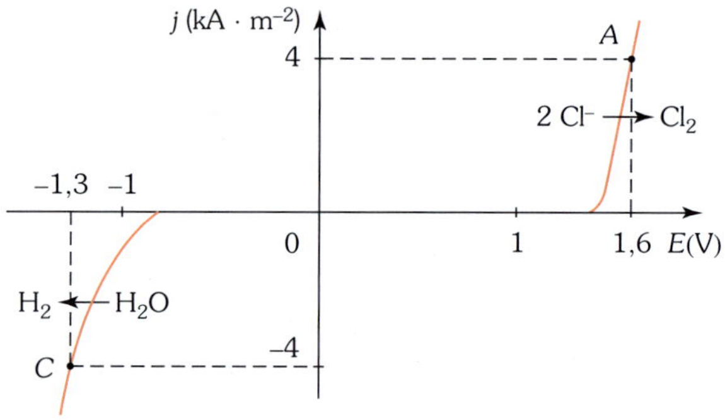

Figure 53

3.a) Désormais la *surtension cathodique* énorme de H^+/H_2 sur mercure a éloigné la vague de réduction $H^+ \rightarrow H_2$.

Dans le même temps, la *formation d'un amalgame* de sodium a rapproché le couple Na^+/Na devenu $Na^+/Na(Hg)$.
Il se produit :

- *Oxydation anodique* : $2\ Cl^- = Cl_{2(g)} + 2\ e^-$
- *Réduction cathodique* : $Na^+(+Hg) + e^- = Na(Hg)$

Bilan : $2\ Cl^- + 2\ Na^+(+2Hg) = Cl_{2(g)} + 2\ Na(Hg)$.

b) On trace un segment horizontal $U = \Delta E = 4$ V (Fig. 54).

Cela correspond à : $j \approx 5\ kA \cdot m^{-2}$.

Il ne faut pas que la densité de courant devienne trop forte sous peine d'atteindre les *paliers de saturation* et de voir un dégagement de $O_{2(g)}$ à l'anode.

c) L'amalgame de sodium est oxydé par l'eau car la réaction est *possible thermodynamiquement* et *cinétiquement* (existence d'un potentiel mixte sur carbone graphique) :

$$Na(Hg) + H_2O \xrightarrow{\text{totale}} Na^+ + HO^- + \frac{1}{2} H_{2(g)}(+Hg).$$

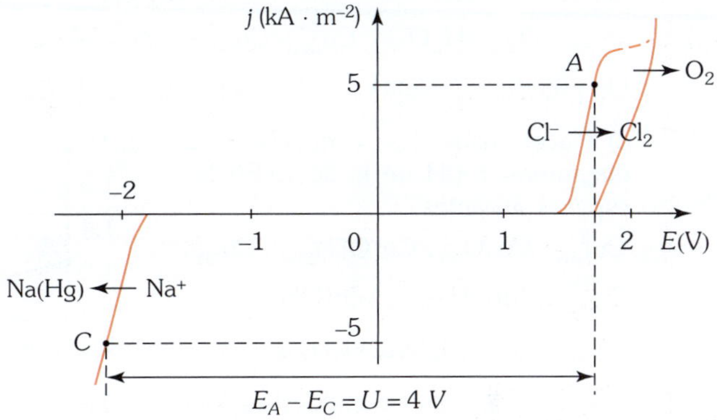

Figure 54

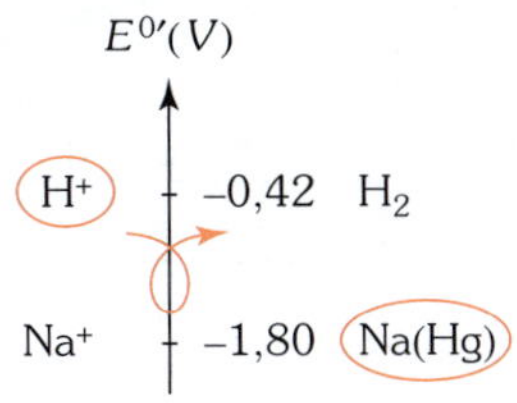

Aspect thermodynamique à pH 7
$H^+ / H_2 : E = 0,00 - 0,06\ pH = -0,42$ V.

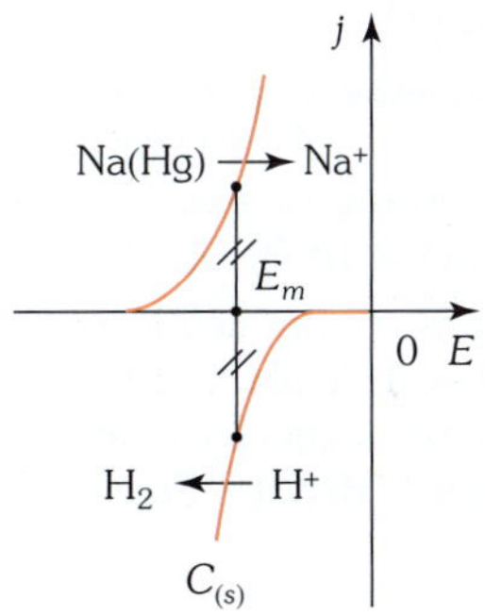

Aspect cinétique :
la surtension de H^+ / H_2 ou H_2O / H_2 sur graphite est faible.

Figure 55

Le bilan, puisque l'amalgame de sodium est retransformé en soude, est le même que celui du procédé à membrane :

$$2\ Na^+ + 2\ Cl^- + 2\ H_2O = Cl_{2(g)} + H_{2(g)} + 2\ Na^+ + 2\ HO^-.$$

d) Le procédé à membrane est un procédé *plus économique* du point de vue électrolyse (ΔE plus faible pour une même densité de courant) et *plus écologique* (évite la pollution au mercure éventuelle du procédé cathode de mercure).

Néanmoins, les membranes sont encore très *fragiles* et très *coûteuses*.

7. Codépôt électrochimique cuivre-zinc ______ D'après Centrale-Supelec

1. Pour augmenter la qualité de surface d'une pièce en acier, on désire recouvrir cette pièce d'un alliage cuivre-zinc (laiton). Une méthode pour réaliser ce codépôt de deux métaux est la réduction d'ions cuivre et zinc, en solution aqueuse, directement sur la pièce métallique.

Données : $RT \ln 10/F = 0,06$ V.

- $E^0(V)$: $Cu^{2+}/Cu_{(s)}$ 0,34 V ; $Cu^{+}/Cu_{(s)}$ 0,52 V ; $Zn^{2+}/Zn_{(s)}$ –0,76 V ; $O_{2(g)}/H_2O$ 1,23 V ; $H^+/H_{2(g)}$ 0,00 V.
- pK_A : HCN/CN^- 9,3.
- Complexes, $\log\beta n$: $Cu(CN)_3^{2-}$ 28,6 ; $Zn(OH)_4^{2-}$ 17,7.

a) Énoncer la loi de Nernst relative à un couple Rédox Ox/Red.

b) Calculer le potentiel d'électrode imposé par les couples suivants, à pH = 0 :

$$O_{2(g)}/H_2O \ ; \ Cu^{2+}_{(aq)}/Cu_{(s)} \ ; \ Zn^{2+}_{(aq)}/Zn_{(s)}.$$

On prendra : [soluté] = 10^{-2} $mol^{-1} \cdot L^{-1}$ et $P(O_{2(g)})$ = 1 bar.

c) Placer dans les cartouches du diagramme E-pH de la figure 56 les espèces suivantes :

$Cu^{2+}_{(aq)}$, $Cu_2O_{(s)}$, $Cu(OH)_{2(s)}$, $Cu_{(s)}$, $Zn^{2+}_{(aq)}$, $Zn(OH)_{2(s)}$, $[Zn(OH)_4^{2-}]_{(aq)}$, $Zn_{(s)}$, $O_{2(g)}$, $H_2O_{(\ell)}$ et $H_{2\,(g)}$.

Les encadrements des cartouches sont relatifs aux frontières tracées.

d) Démontrer que la pente du segment $[CD]$ est +0,06 V/pH.

e) Une solution aqueuse à pH = 1 contient les espèces zinc (+II) et cuivre (+II). Sous quelle forme se trouvent ces espèces ? Et à pH = 14 ?

f) Écrire les réactions qui ont lieu lors du passage de pH = 1 à pH = 14. Peut-on encore utiliser cette solution basique pour réaliser le dépôt ? Pourquoi ?

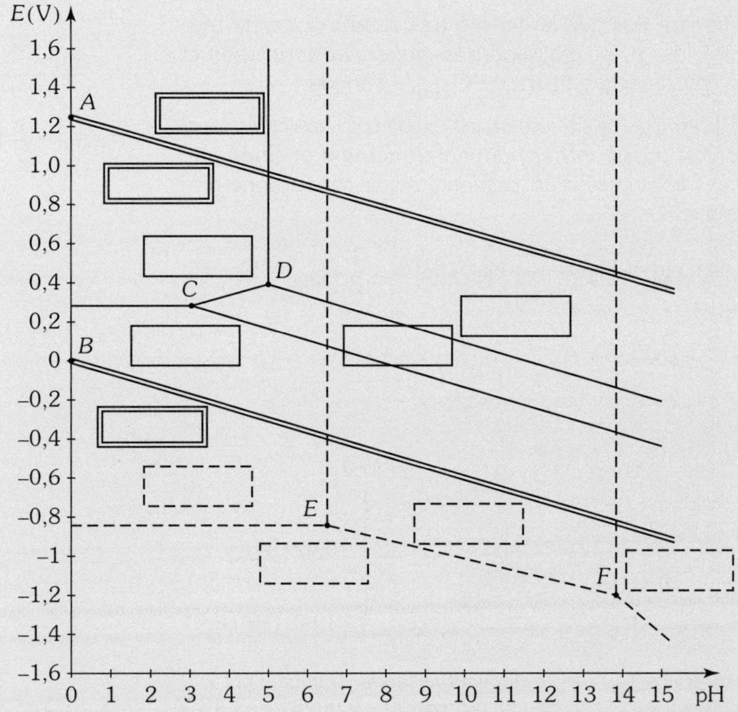

Figure 56

2. On réalise le montage de la figure 57. La solution est à pH = 1.

a) Quel doit être le signe de la f.é.m. ℰ du générateur pour que la pièce se recouvre de métal ? Justifier.

b) Écrire les trois échanges électroniques qui peuvent avoir lieu sur la cathode.

c) Écrire l'échange électronique qui peut avoir lieu sur l'anode (on admettra que les anions de la solution n'interviennent pas).

d) On augmente progressivement |ℰ| à partir de la valeur nulle.

Déterminer, à partir du diagramme, la plus petite valeur de |ℰ| pour laquelle il y a une réaction électrochimique.

Que se passe-t-il sur la cathode ?

e) Quelle doit être la plus petite valeur de |ℰ| pour que l'on puisse avoir un dépôt de laiton sur la pièce ? Quelle est la « réaction parasite » qui a lieu ? Ces conditions de dépôt sont-elles satisfaisantes ? Pourquoi ?

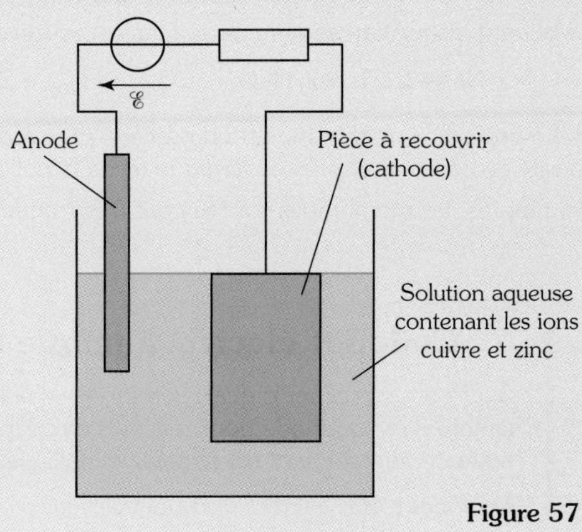

Figure 57

	A	B	C	D	E	F
pH	0	0	3	5	6,5	13,8
E(V)	1,23	0	0,28	0,40	–0,82	–1,20

[soluté] = 10^{-2} mol · L^{-1}.

3.a) La réaction $Cu_2O_{(s)} + H_2O \rightleftharpoons 2\ Cu^+_{(aq)} + 2\ HO^-$ a pour constante d'équilibre $K_s = 10^{-30}$. Quelle est la nature du couple $Cu_2O_{(s)}/Cu^+$? On identifiera chaque membre du couple.

b) Quelle est la solubilité *s* de Cu_2O dans une solution aqueuse à pH = 14 ?

c) On utilise à présent une solution basique (pH = 14) de cyanure de sodium NaCN. Le cyanure de sodium se dissocie entièrement en ions cyanure CN^- et sodium Na^+. La concentration d'ions cyanure est $[CN^-]_0 = 1$ mol · L^{-1}.

Dans quel domaine de pH l'ion CN^- est-il majoritaire par rapport à HCN ? Est-ce vérifié à pH = 14 ?

d) Écrire la réaction de dissolution de Cu_2O, dans la solution d'ions cyanure. Calculer la valeur numérique de la nouvelle constante d'équilibre K'_s, et commenter.

e) Quel est le facteur limitant la solubilité de $Cu_2O_{(s)}$?

4. On s'intéresse au couple $[Cu(CN)_3]^{2-}_{(aq)}/Cu_{(s)}$.

a) Écrire la demi-équation rédox entre ces deux espèces, en solution cyanurée. Déduire des données le potentiel standard E^0 de ce couple. Application numérique.

b) Calculer le potentiel d'une solution contenant Cu_s, $[Cu(CN)_3]^{2-}_{(aq)}$ à 10^{-2} mol · L^{-1} et CN^- à 1 mol · L^{-1} à pH = 14. Tracer, sur le diagramme E-pH de l'annexe, la courbe correspondant à la frontière entre Cu_s et $[Cu(CN)_3]^{2-}_{(aq)}$ et pour pH > 10.

c) Montrer que, si l'on utilise une solution contenant $[Cu(CN)_3]^{2-}_{(aq)}$ et $[Zn(OH)_4^{2-}]_{(aq)}$ à pH = 14, on peut réaliser un dépôt de laiton.

d) Quel est le produit « parasite » produit en même temps ? Dans la pratique, cette espèce est éliminée de la pièce en dernière étape. Quel serait un moyen simple de s'en débarrasser ?

Conseils méthodologiques : Utiliser le savoir-faire 3. Le but est de *déposer simultanément* du cuivre et du zinc ce que ne permettent pas les conditions du **2.**, mais par contre ce que permettent les conditions du **3.** (rôle des ions cyanure).

1.a) Sous une forme simplifiée : $\alpha\ Ox + n\ e^- = \beta\ Red$, *la formule de Nernst* donne : $E = E^0_{(Ox/Red)} + \dfrac{RT}{nF}\ln\dfrac{a^\alpha_{Ox}}{a^\beta_{Red}}$,

soit à 25°C : $E = E^0 + \dfrac{0{,}06}{n}\log\dfrac{a^\alpha_{Ox}}{a^\beta_{Red}}$.

b) Pour chaque *couple étudié* avec $C_i = 10^{-2}C^0$ et $P_i = P^0$, il vient :

- $O_{2(g)} + 4\ e^- + 4\ H^+_{(aq)} = 2\ H_2O$ $\quad E = 1{,}23 - 0{,}06\ pH = 1{,}23$ V à pH 0.
- $Cu^{2+}_{(aq)} + 2\ e^- = Cu_{(s)}$ $\quad E = 0{,}34 + \dfrac{0{,}06}{2}\log[Cu^{2+}] = 0{,}28$ V.
- $Zn^{2+}_{(aq)} + 2\ e^- = Zn_{(s)}$ $\quad E = -0{,}76 + \dfrac{0{,}06}{2}\log[Zn^{2+}] = -0{,}82$ V.

c) Les valeurs précédentes permettent de *repérer* le *E*-pH du zinc en pointillés (on retrouve Zn^{2+}/Zn à $-0{,}82$ V à pH 0) et le *E*-pH du cuivre en trait plein (on retrouve Cu^{2+}/Cu à 0,28 V à pH 0). Les doubles traits correspondent au *E*-pH de l'eau *solvant* (Fig. 56).

On remplit aisément les *cartouches* d'après l'échelle des n.o. de chaque élément et les DP acido-basiques (Fig. 58)

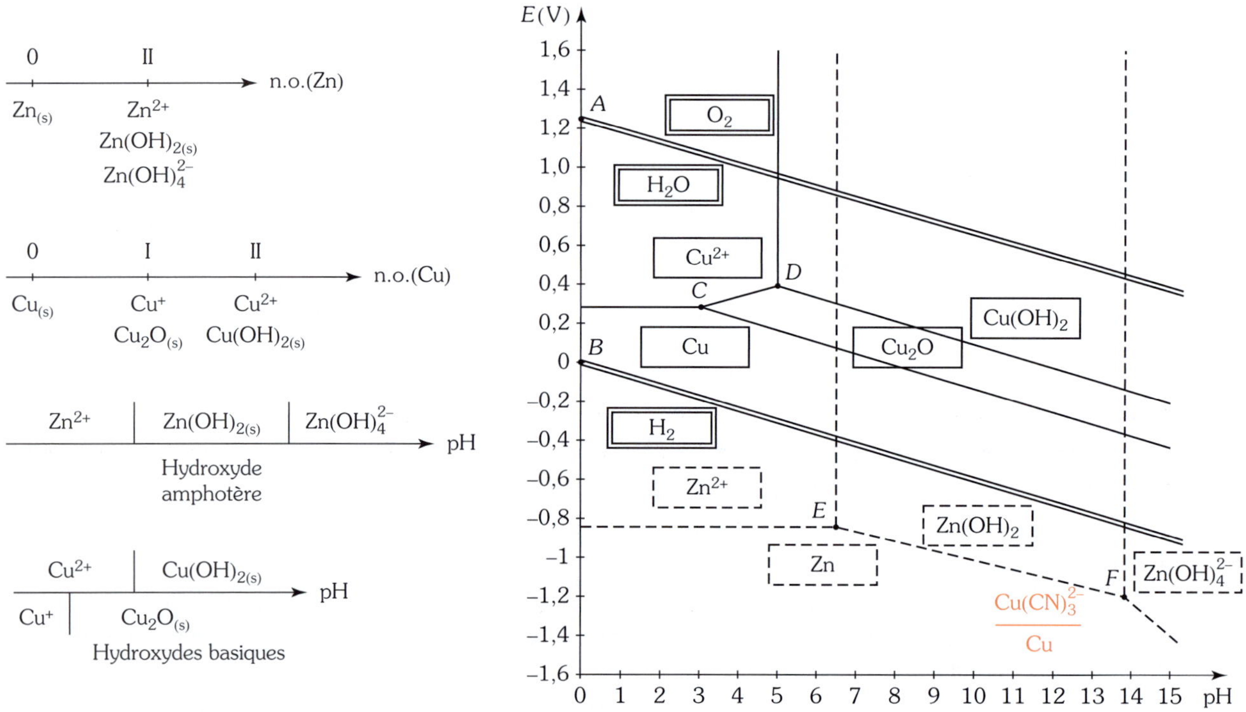

Figure 58

d) Le segment *CD* traduit la frontière entre $Cu_2O_{(s)}$ et $Cu^{2+}_{(aq)}$. Il suffit d'équilibrer ce couple en milieu H^+ pour obtenir sa pente.

$$2\ Cu^{2+} + 2\ e^- + H_2O = Cu_2O_{(s)} + 2\ H^+ \qquad E = E^0_{Cu^{2+}/Cu_2O} + \frac{0{,}06}{2}\log\frac{[Cu^{2+}]^2}{h^2},$$

soit : $E = E^0 + 0{,}06\log[Cu^2] + 0{,}06\ \text{pH}$, c'est-à-dire pente $+0{,}06$ en V.

e) À pH = 1, les formes stables de Cu (II) et Zn (II) sont les ions libres Cu^{2+} et Zn^{2+}.

À pH = 14, ces ions se sont liés avec les ions hydroxyle pour donner un précipité $Cu(OH)_{2(s)}$ ou un complexe $Zn(OH)_4^{2-}$.

f) Il s'agit de réactions de transfert de HO^- (acido-basicité, précipitation ou complexation).

- $Cu^{2+} + 2\ HO^- = Cu(OH)_{2(s)}$ hydroxyde basique.
- $\begin{cases} Zn^{2+} + 2\ HO^- = Zn(OH)_{2(s)} \\ Zn(OH)_{2(s)} + 2\ HO^- = Zn(OH)_4^{2-} \end{cases}$ hydroxyde amphotère.

Cette solution basique n'est plus utilisable pour réaliser le dépôt cuivre-zinc par électrolyse car le cuivre II est totalement sous forme de *précipité* solide.

2.a) Il faut réaliser un *dépôt sur la cathode*, soit une réduction cathodique (arrivée des électrons ou sortie du courant). Le générateur extérieur doit donc imposer :

$$\mathscr{E} = E_a - E_c > 0.$$

b) Les deux ions métalliques et les ions H^+_{aq} peuvent être *réduits à la cathode* :

$$Cu^{2+}_{(aq)} + 2\ e^- = Cu_{(s)}\ ;\quad Zn^{2+}_{(aq)} + 2\ e^- = Zn_{(s)}\ ;\quad 2\ H^+_{(aq)} + 2\ e^- = H_{2(g)}.$$

c) Les anions en solution étant électroinertes, seule l'eau peut subir l'*oxydation anodique*.

$$2\ H_2O = O_{2(g)} + 4\ H^+_{(aq)} + 4\ e^-.$$

d) La réaction la moins coûteuse du point de vue énergétique correspond à :

$$Cu^{2+}_{(aq)} \rightarrow Cu_{(s)} \text{ à la cathode} \quad \text{et} \quad H_2O \rightarrow O_{2(g)} \text{ à l'anode.}$$

On lit sur le diagramme E-pH pour pH = 1 :

$$\mathscr{E}_{min} = (E_a - E_c)_{thermo} = (1{,}23 - 0{,}06) - 0{,}28 = \boxed{0{,}89\ V}.$$

Remarque :

En réalité, il faut *rajouter* :
– surtensions cinétiques :
– chute ohmique.

e) Pour obtenir un dépôt de laiton (cuivre + zinc), il faut que le zinc puisse se déposer également à la cathode. Il faut donc atteindre :

$$\mathscr{E}'_{min} = (1{,}23 - 0{,}06) - (-0{,}82) = \boxed{1{,}99\ V}.$$

Le problème est que, dans ces conditions, se produit la réaction parasite $2\ H^+ + 2\ e^- = H_{2(g)}$.
Les conditions ne sont donc pas satisfaisantes : perte de rendement faradique et mauvaise qualité de dépôt si dégagement gazeux simultané.

3.a) Le couple $Cu^+/Cu_2O_{(s)}$ est un *couple acide/base* d'après :

$$\underset{\text{acide}}{2\ Cu^+_{(aq)}} + H_2O = \underset{\text{base}}{Cu_2O_{(s)}} + 2\ H^+_{(aq)} \qquad K = \frac{K_e^2}{K_s} = 10^{+2}.$$

b) La dissolution de s mol · L^{-1} de $Cu_2O_{(s)}$ se traduit par :

$$[Cu^+] = 2s \Rightarrow K_s = [Cu^+]^2\omega^2 = 4s^2\omega^2, \quad \text{soit à pH 14 : } s = \sqrt{\frac{K_s}{4}} = \boxed{5{,}0\ 10^{-16}\ mol \cdot L^{-1}}.$$

c) CN^- *prédomine* devant HCN pour $pH > pK_A$ et devient *majoritaire* pour $pH \geqslant pK_A + 1$, soit : $\boxed{pH \geqslant 10{,}2}$.

d) Il s'agit de la *dissolution* d'un précipité par complexation :

$$Cu_2O_{(s)} + 6\ CN^-_{(aq)} + H_2O = 2\ Cu(CN)^{2-}_{3(aq)} + 2\ HO^-_{(aq)} \qquad K'_s.$$

On remarque que $\boxed{K'_s = K_s\beta_3^2 = 10^{27{,}2}}$ (*totale*).

On constate que cette réaction est très favorisée du point de vue thermodynamique ($K'_s \gg K_s$) ce qui permet de dissoudre totalement le précipité de cuivre II.

e) La seule limitation à la dissolution peut être une quantité initiale insuffisante en ions cyanure.

4.a) On étudie le couple Cu^I/Cu en milieu cyanure :

(α) $\quad Cu^+_{(aq)} + e^- = Cu_{(s)} \qquad \Delta_rG^0_\alpha = -1FE^0_{(Cu^+/Cu)}$

(β) $\quad Cu^+_{(aq)} + 3\ CN^-_{(aq)} = Cu(CN)^{2-}_{3(aq)} \qquad \Delta_rG^0_\beta = -RT\ln\beta_3$

(γ) $\quad Cu(CN)^{2-}_{3(aq)} + e^- = Cu_{(s)} + 3\ CN^-_{(aq)} \qquad \Delta_rG^0_\gamma = -1FE^0_{(Cu(CN)_3^{2-}/Cu)}$.

Comme $(\gamma) = (\alpha) - (\beta)$, il vient : $\boxed{E^0_{(Cu(CN)_3^{2-}/Cu)} = E^0_{(Cu^+/Cu)} - 0{,}06\log\beta_3 = -1{,}20\ V}$.

b) Le potentiel du couple (γ) correspond à $E = -1{,}20 + 0{,}06 \log \dfrac{[Cu(CN)_3^{2-}]}{[CN^-]^3} \begin{matrix} \longleftarrow 10^{-2} \\ \longleftarrow 1 \end{matrix}$ $\boxed{E = -1{,}32\ V}$.

Nous rajoutons sur la figure 58 un segment horizontal (au voisinage de pH = 14) pour $E = -1{,}32$ V.

c) L'intérêt de la méthode est d'avoir ramené les deux couples Cu^I/Cu et Zn^{II}/Zn à des potentiels très *voisins*. L'électrolyse permet un *dépôt simultané* de cuivre et de zinc donc de *laiton*.

d) Le produit parasite est encore le dihydrogène car à pH = 14, on a $E(H^+/H_2) = -0{,}84$ V.

L'électrolyse suppose de réduire l'eau. En réalité, la *surtension cinétique* sur cuivre ou zinc ($\eta_c < -0{,}50$ V) nous amène au-delà de la zone critique. Il y aura peu de perte faradique. Un simple chauffage suffit à provoquer une *désorption* de $H_{2(g)}$.

Pour approfondir

8. Titrage par potentiométrie — D'après Centrale-Supelec

Potentiels Redox standard en V à 25 °C :

H^+/H_2 : 0 ; Sn^{4+}/Sn^{2+} : 0,15 (en milieu HCl) ; I_{2aq}/I^- : 0,62 ; O_2/H_2O : 1,23.

Dans cette question, pour l'iode au nombre d'oxydation zéro, on ne tiendra compte que de l'espèce I_2 et pas du tout de l'espèce I_3^-.

Les couples H^+/H_2 et I_{2aq}/I^- sont des systèmes électrochimiques rapides sur électrode de platine.

Les couples Sn^{4+}/Sn^{2+} et O_2/H_2O sont des systèmes électrochimiques lents sur électrode de platine (on donne l'ordre de grandeur des surtensions en valeur absolue : 0,1 V).

1. Étude de courbes intensité-potentiel

Le montage (Fig. 59) permet le relevé de courbes intensité-potentiel de systèmes électrochimiques ; l'électrode de travail est une électrode de platine. Par convention, un courant anodique est positif et un courant cathodique est négatif.

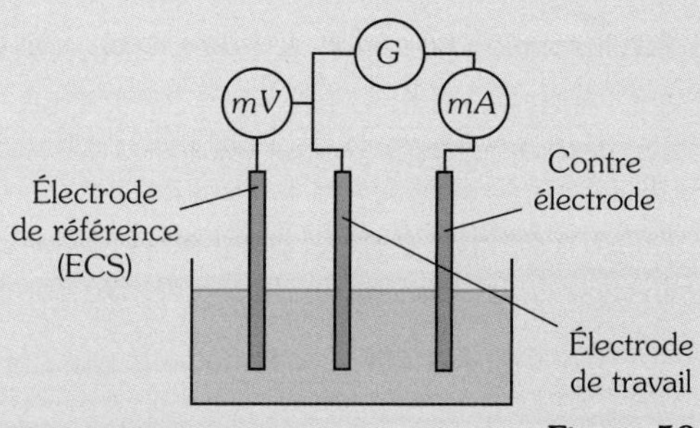

Figure 59

a) Qu'appelle-t-on système électrochimique rapide ? système électrochimique lent ? Donner l'allure des courbes *i-E* correspondantes.

b) Lorsque la solution aqueuse (acidifiée à pH = 0) contient comme espèces électroactives : H^+, I^-, I_2 et Sn^{4+} (en concentrations comparables), l'allure de la courbe *i-E* est donnée en Fig. 60.

Interpréter l'allure de cette courbe. On identifiera les réactions électrochimiques mises en jeu.

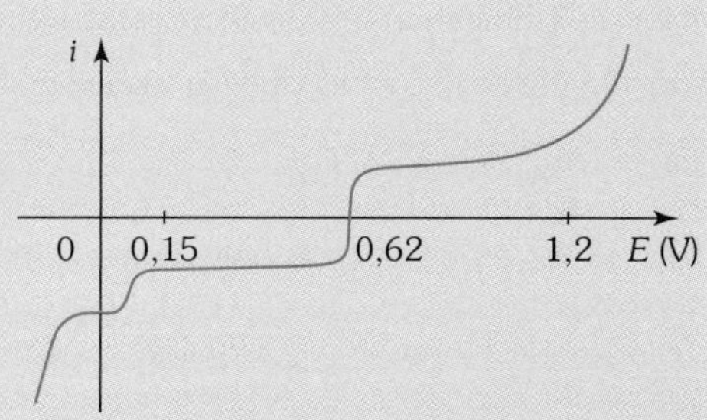

Figure 60

c) Donner l'allure de la courbe *i-E* lorsque la solution aqueuse (à pH = 0) contient comme espèces électroactives : H^+, Sn^{2+}, Sn^{4+} et I^- (les concentrations des espèces Sn^{2+}, Sn^{4+} et I^- sont comparables).

d) Même question si la solution (à pH = 0) contient : H^+, Sn^{4+} et I^- (les concentrations des espèces Sn^{4+} et I^- sont comparables).

2. Titrage suivi par potentiométrie à courant nul

On veut titrer une solution contenant des ions Sn^{2+} par une solution de diiode. On utilise la méthode classique de potentiométrie à intensité nulle, l'électrode de mesure est en platine. Le pH de la solution est maintenu à 0.

Notations :

On note C_0 : la concentration en Sn^{2+}, v_0 : le volume de cette solution, C : la concentration de la solution de I_2, v : le volume versé, $v_{éq}$ le volume versé à l'équivalence. On pose : $x = v/v_{éq}$.

a) Donner l'allure de la variation du potentiel de l'électrode de platine au cours du titrage en fonction de x. Calculer la valeur du potentiel pour $x = 0{,}5$.

b) Lorsqu'on effectue ce titrage expérimentalement, on observe que le potentiel n'est pas stable avant l'équivalence, le relevé des mesures n'est possible qu'après l'équivalence. Expliquer pourquoi en vous servant des courbes *i-E* de la question 1.

3. Titrage suivi par potentiométrie à courant imposé

Pour améliorer le titrage, on fait passer un courant (très faible et constant), l'électrode de platine jouant le rôle d'anode ; les variations de concentration des différentes espèces tiennent essentiellement à la réaction de titrage, la microélectrolyse réalisée ne formant ni ne consommant presque aucune espèce, car l'intensité choisie est très faible. Expliquer l'intérêt de cette méthode.

Conseils méthodologiques : Utiliser le savoir-faire 1. La hauteur des paliers de diffusion est *proportionnelle* à la concentration de l'espèce en solution qui diffuse à l'électrode. En déduire comment les courbes se déforment au *cours des réactions.*

1.a) Un *système électrochimique* est :

– rapide s'il ne présente qu'une valeur unique de potentiel pour laquelle $i = 0$.

Il n'y a pas de surtension cinétique (Fig. 61). La valeur de E est la valeur thermodynamique E_{th} ;

– *lent* s'il existe une plage de valeurs de E pour lesquelles $i = 0$. Il y a surtension anodique $\eta_a > 0$ et cathodique $\eta_c < 0$ autour de E_{th} (Fig. 62).

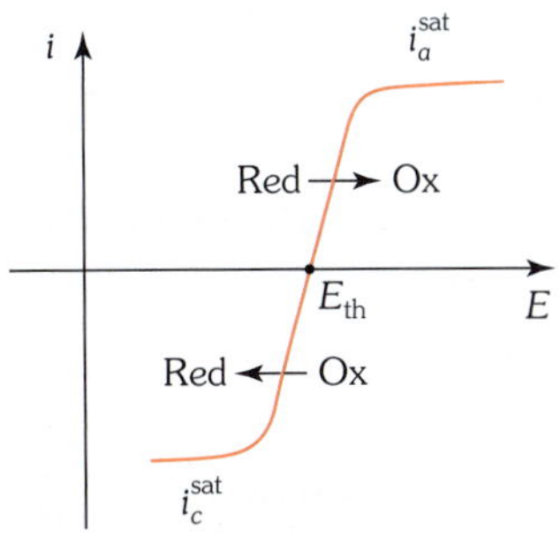

Figure 61

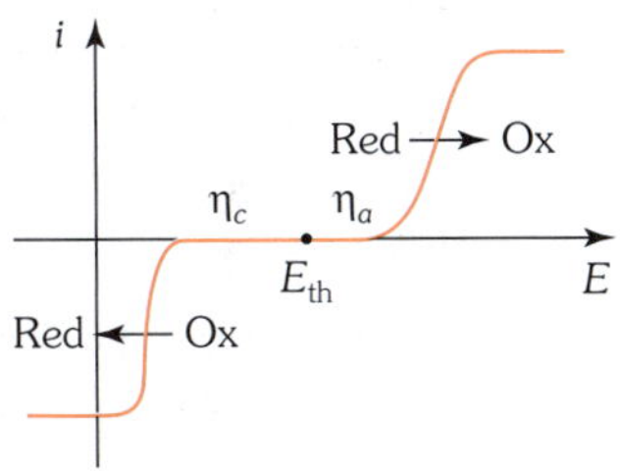

Figure 62

b) Lorsque l'on balaye l'échelle des potentiels, on rencontre successivement (pour simplifier, on prend $a_i \approx 1$) :

- *En réduction* cathodique (Fig. 63)

$$I_{2(aq)} + 2\ e^- = 2\ I^-_{(aq)} \qquad E_{th1} = 0{,}62\ V$$

$$Sn^{4+}_{(aq)} + 2\ e^- = Sn^{2+}_{(aq)} \qquad E_{th2} = 0{,}15\ V$$

$$2\ H^+_{(aq)} + 2\ e^- = H_{2(g)} \qquad E_{th3} = 0{,}00\ V.$$

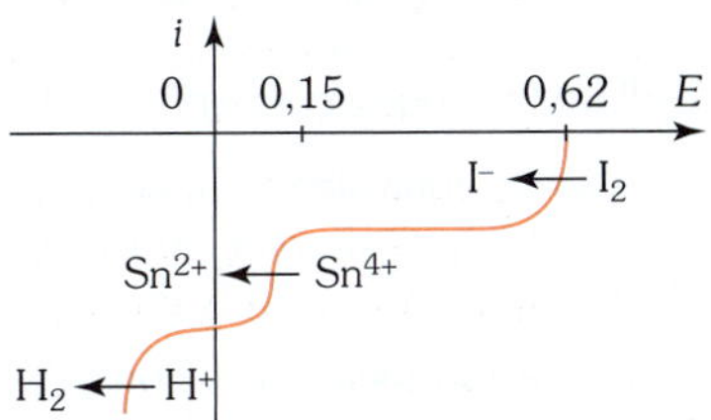

Figure 63

On constate que le système I_2/I^- est rapide, qu'il n'y a qu'une faible surtension pour les divers couples et que l'on passe de l'un à l'autre en suivant les paliers de saturation.

- *En oxydation anodique* (Fig. 64)

$$2\ I^-_{(aq)} = I_{2(s)} + 2\ e^- \qquad E_{th1} = 0{,}62\ V$$

$$2\ H_2O = O_2 + 4\ H^+ + 4\ e^- \qquad E_{th4} = 1{,}23\ V.$$

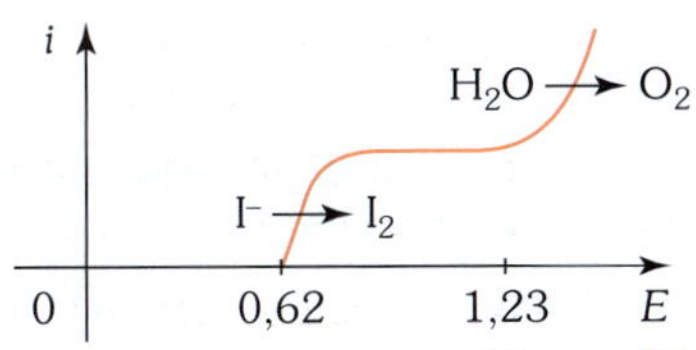

Figure 64

c) Pour un système H^+, Sn^{2+}, Sn^{4+} et I^-, comparé au précédent, la vague de réduction $I_2 \rightarrow I^-$ disparaît et il apparaît une vague d'oxydation $Sn^{2+} \rightarrow Sn^{4+}$ (Fig. 65).

d) Pour un système H^+, Sn^{4+} et I^-, (seul Sn^{2+} absent par rapport au système du **c)**, la vague d'oxydation $Sn^{2+} \rightarrow Sn^{4+}$ disparaît (Fig. 66).

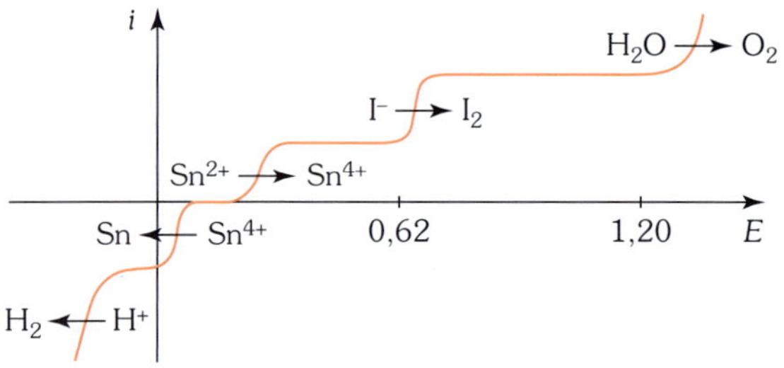

Figure 65

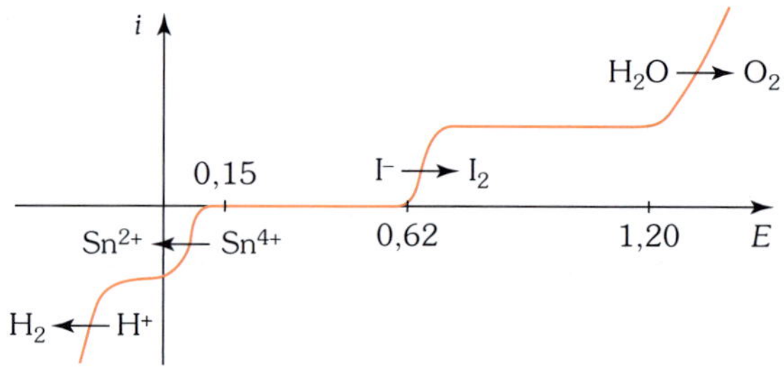

Figure 66

2.a) *La réaction de titrage* permet un bilan de matière :

PRQ	Sn^{2+} +	I_2	$\rightarrow Sn^{4+}$ +	$2\ I^-$	$K^0 \gg 1$ (fort écart des E^0).
E.I.	C_0v_0	Cv			
E.F.	$C_0v_0 - \xi$	$Cv - \xi$	ξ	2ξ	
$v < v_{eq}$	$C_0v_0 - Cv$		Cv	$2Cv$	mélange du **1.c)** : Fig. 65.
$v = v_{eq}$			C_0v_0	$2C_0v_0$	mélange du **1.d)** : Fig. 66.
$v > v_{eq}$		$Cv - C_0v_0$	C_0v_0	$2C_0v_0$	mélange du **1.a)** : Fig. 63 et 64.

La résolution du seul point de vue thermodynamique (courant nul) utilise la *formule de Nernst* :

$v < v_{eq}$ ou $x < 1$: couple Sn^{4+}/Sn^{2+} tel que : $E = 0,15 + \dfrac{0,06}{2} \log \dfrac{Cv}{C_0v_0 - Cv}$

$$E = 0,15 + 0,03 \log \frac{x}{1-x} \quad (\textit{Henderson}).$$

$v > v_{eq}$ ou $x > 1$: couple I_2/I^- tel que : $E = 0,62 + \dfrac{0,06}{2} \log \dfrac{(Cv - C_0v_0)(v_0 + v)}{(2C_0v_0)^2}$

$$E = 0,62 + 0,03 \log\left[(x-1)\frac{v_0 + v}{4C_0v_0}\right].$$

Pour $x = 0,5$, on retrouve : $\boxed{E = E^0_{(Sn^{4+}/Sn^{2+})} = 0,15\ V}$.

L'allure théorique correspond à la figure 67.

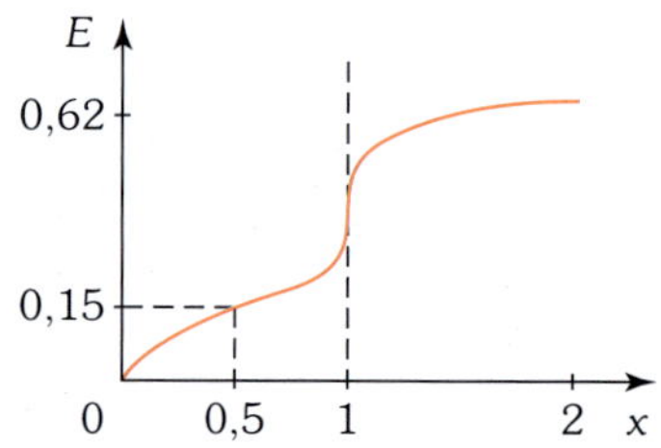

Figure 67

b) Avant l'équivalence, c'est le couple Sn^{4+}/Sn^{2+} prédominant qui doit fixer le potentiel. Or ce dernier est mal défini à courant nul si l'on se reporte à la figure 65 (fluctuations entre +0,05 V et +0,25 V environ).

Le relevé des mesures, y compris à l'équivalence, est donc *aléatoire*. Après l'équivalence, le potentiel est fixé par le couple I_2/I^- rapide. Il est parfaitement défini à courant nul (*cf*. Fig. 63 et 64). D'où un relevé *précis* des mesures de E.

c) Puisque l'électrode indicatrice de platine joue le rôle d'*anode*, l'intensité i_a est positive (faible).

En se reportant avant l'équivalence (système **1.c)**) à la figure 65, on voit que pour une valeur i_a fixée, il existe une valeur unique pour le potentiel imposé par Sn^{4+}/Sn^{2+}.

La courbe $E = f(x)$ à courant imposé permet un relevé précis dans tout le domaine et donc une *équivalence parfaitement détectable.*

9. Corrosion zinc ou fer – Diagramme d'Evans _____ D'après Centrale-Supelec

1. Corrosion uniforme du zinc en milieu acide

a) Donner l'allure de la courbe densité de courant-potentiel $(j - E)$ pour l'oxydation et la réduction du couple Zn^{2+}/Zn. Ce couple est rapide. Le potentiel standard du couple Zn^{2+}/Zn est égal à –0,76 V et on prendra la concentration initiale d'ions zinc II égale à 1 mol · L^{-1}.

b) La courbe intensité-potentiel du couple $H^+_{(aq)}/H_2$ dépend-elle du métal de l'électrode utilisée ? Expliquez succinctement pourquoi.

c) On envisage l'oxydation du zinc par les ions $H^+_{(aq)}$. Écrire l'équation de la réaction. Que peut-on dire de cette oxydation par des considérations thermodynamiques ?

Pour des valeurs suffisamment importantes de la valeur absolue de la densité de courant anodique $|j_a|$ (respectivement de la valeur absolue de la densité de courant cathodique $|j_c|$), on peut écrire :

$$j_a = A_a \exp(b_a \cdot E) \quad \text{et} \quad j_c = -A_c \cdot \exp(-b_c \cdot E).$$

La constante b_a (resp. b_c) est positive et caractéristique de l'oxydant (resp. du réducteur). Les constantes A_a et A_c sont positives et dépendent en outre des activités de l'oxydant ou du réducteur.

2. On envisage un phénomène de corrosion uniforme, observé quand une lame de zinc trempe dans une solution acide. On admet alors que les surfaces d'électrodes sont égales pour l'oxydation et la réduction.

a) Quelle est la relation entre les intensités anodiques et cathodiques ? Que peut-on en déduire pour les densités de courant anodiques et cathodiques ?

b) Une étude expérimentale a permis d'obtenir les lois suivantes, reliant la densité de courant (en A · cm^{-2}) et le potentiel d'électrode (en V) mesuré, par rapport à l'ESH, (log symbolise le logarithme à base 10) :

– oxydation du zinc : $E = 0{,}0774 \log(j_a) - 0{,}1956$

– réduction de $H^+_{(aq)}$ sur zinc : $E = -0{,}0780 \log(|j_c|) - 0{,}778$.

Calculer la densité de courant de corrosion uniforme j_{corr} et le potentiel de E_{corr}.

c) La vitesse de corrosion v_{corr} est mesurée en µm par année. Exprimer littéralement v_{corr} en fonction de j_{corr}, de la constante de Faraday F, de la masse molaire atomique M_{Zn} du zinc et de sa masse volumique ρ_{Zn}.

d) Calculer numériquement v_{corr}. On donne :

$$M_{Zn} = 65{,}4 \text{ g} \cdot \text{mol}^{-1} \ ; \ \rho_{Zn} = 7\,140 \text{ kg} \cdot \text{m}^{-3} \ \text{et} \ F = 96\,490 \text{ C} \cdot \text{mol}^{-1}.$$

3. Comparaison de la corrosion du zinc et du fer

a) On donne $E^0 = -0{,}44$ V pour le couple Fe^{2+}/Fe. À partir de considérations thermodynamiques, quel serait le métal qui serait le plus corrodé par la même solution acide ?

b) Une étude expérimentale, réalisée avec la même solution acide, a permis d'obtenir les lois suivantes reliant les densités de courant (en A · cm^{-2}) et les potentiels (en V) mesurés par rapport à l'ESH (log est le logarithme à base 10) ;

– oxydation du fer : $E = 0{,}0760 \log(j_a) - 0{,}0348$

– réduction de $H^+_{(aq)}$ sur fer : $E = -0{,}0780 \log(|j_c|) - 0{,}476$.

Calculer la densité de courant de corrosion uniforme du fer et conclure.

4. Corrosion du fer en contact électrique avec un autre métal

a) Représenter grossièrement les graphes $E(\log j)$ pour l'oxydation du zinc, la réduction de H^+ sur zinc, l'oxydation du fer, la réduction de H^+ sur fer. On se limitera aux valeurs de E comprises entre 0 et –1 V et de $\log j$ comprises entre 0 et –5.

b) Deux blocs, l'un de fer et l'autre de cuivre, de même surface et reliés électriquement, sont plongés dans la solution acide précédente. Décrire les phénomènes observés, indiquer quel métal sera corrodé et calculer la densité de courant de corrosion. Conclure.

c) Une canalisation en fer (même état de surface que précédemment) doit être parcourue par une solution aqueuse acide. On doit préserver l'intégrité de cette canalisation pendant une durée assez longue, ce qui nécessite que la corrosion soit réduite au minimum.

On choisit d'investir dans une canalisation revêtue d'une couche d'un métal noble, non attaqué par la solution acide. Que se passera-t-il si un millième de la surface de fer est non recouvert par le métal ? Calculer la densité de courant de corrosion et conclure.

On admettra que la relation $E - |j_c|$ ici pour la réduction de $H^+_{(aq)}$ sur le métal noble est la même que sur le fer et on envisagera que la densité de courant anodique se limite à celle de l'oxydation du fer.

Conseils méthodologiques : Utiliser le savoir-faire 4. Le principal intérêt de ce texte est de proposer une *approche graphique de la corrosion différentielle (ou électrochimique)* au niveau du **4.**.

1.a) La thermodynamique (*formule de Nernst*) donne pour le couple étudié :

$$Zn^{2+}_{(aq)} + 2\,e^- = Zn_{(s)} \quad ; \quad E_{th} = -0{,}76 + \frac{0{,}06}{2}\log[Zn^{2+}].$$

Avec la convention choisie : $\boxed{E_{th} = -0{,}76\ V}$.

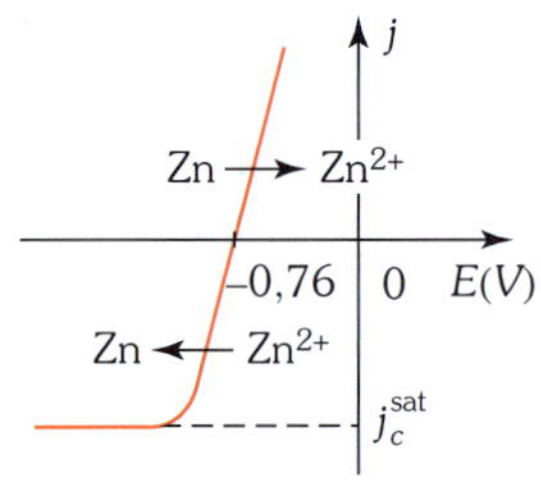

Figure 68

Ce couple étant supposé *rapide* (faible changement de structure), on note pour la courbe $j = f(E)$ l'absence de surtension (Fig. 68).

On note également *l'absence de palier de saturation en oxydation* (métal Zn toujours présent en excès : pas de limitation par diffusion).

b) La courbe de réduction $2\,H^+_{(aq)} + 2\,e^- = H_{2\,(g)}$ dépend comme toute réaction *électrochimique* de la nature du matériau d'électrode et de l'état de sa surface (mécanisme de *transfert de charge* ionique-électronique).

c) La thermodynamique prévoit (Fig. 69) une réaction *totale*, vu le très gros écart des potentiels standard :

$$Zn_{(s)} + 2\,H^+_{(aq)} = Zn^{2+}_{(aq)} + H_{2\,(g)}.$$

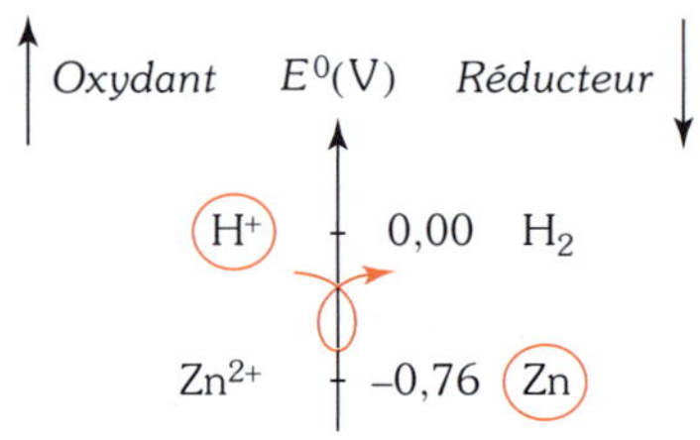

Figure 69

2.a) La lame de zinc est attaquée de façon uniforme par la solution acide $(H^+_{(aq)})$.

Le potentiel est unique (*potentiel mixte* E_m) et les électrons sont simplement transférés *sans déplacement* au sein du métal.

$$i_a = -i_c \Rightarrow \boxed{j_a = -j_c}, \text{ car surfaces identiques.}$$

b) On nous donne la *loi de Tafel* :

$$E_{corr} = E_a = 0{,}0774\log j_a - 0{,}1956 = E_c = -0{,}0780\log|j_c| - 0{,}778.$$

La valeur commune (mixte) est (Fig. 70) :

$$\boxed{E_{corr} = -0{,}49\ V} \quad \text{pour} \quad \boxed{j_{corr} = j_a = -j_c = 1{,}8\ 10^{-4}\ A \cdot cm^{-2}}.$$

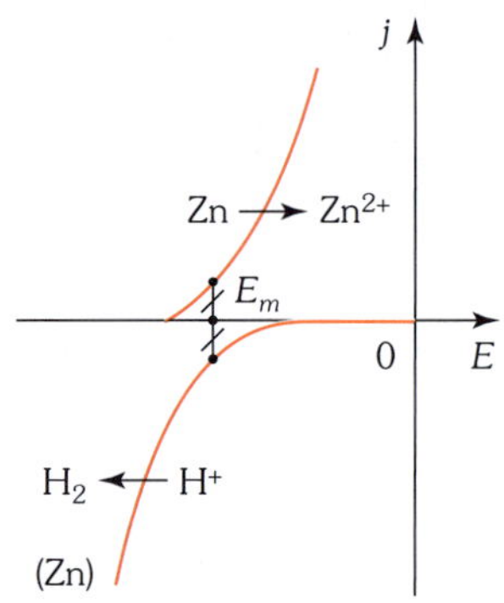

Figure 70

c) La loi de Faraday pour l'attaque de zinc nous donne : $q = nF\xi = 2F\dfrac{m_{Zn}}{M_{Zn}}$

où m_{Zn} est la masse de zinc qui disparaît par corrosion.

Comme $q = it$ et $m_{Zn} = \rho_{Zn}S\ell$ (avec ℓ épaisseur), il vient :

$$it = 2F\frac{\rho_{Zn}}{M_{Zn}}S\ell \Rightarrow \boxed{v_{corr} = \frac{\ell}{t} = \frac{j_{corr}}{2F}\frac{M_{Zn}}{\rho_{Zn}}}.$$

d) *Sur une année* ($t = 365 \times 24 \times 3\,600$ s), on observe une corrosion de :

$$\ell = \frac{j_{corr}}{2F}\frac{M_{Zn}}{\rho_{Zn}}t = 2{,}7\ 10^{-3}\ \text{m} = 2\ 700\ \mu\text{m}.$$

$$\boxed{v_{corr} = 2\ 700\ \mu\text{m} \cdot \text{an}^{-1}}.$$

3.a) Le zinc est un métal plus électropositif que le fer :

$E^0(Zn^{2+}/Zn) < E^0(Fe^{2+}/Fe)$.

La constante d'équilibre de la réaction de corrosion du fer est *moindre* que celle du zinc (Fig. 71).

Le zinc est le plus corrodé a priori.

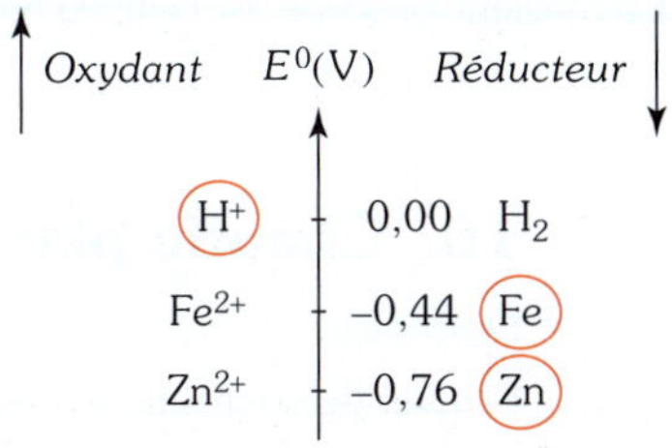

Figure 71

b) Le même raisonnement qu'au **2.b)** conduit à :

$$E'_{corr} = 0{,}0760\log j'_{corr} - 0{,}0348 = -0{,}0780\log j'_{corr} - 0{,}476,$$

soit : $\boxed{j'_{corr} = 1{,}4\ 10^{-3}\ \text{A} \cdot \text{cm}^{-2}}$ et $\boxed{E'_{corr} = -0{,}25\ \text{V}}$.

L'intensité de corrosion, c'est-à-dire la *vitesse*, est plus importante pour le fer que pour le zinc (Fig. 72).

Cela signifie que la surtension de H^+/H_2 est plus importante sur zinc que sur fer ce que nous schématisons en Fig. 72.

$$\boxed{j'_{corr\,(Fe)} > j_{corr\,(Zn)}}.$$

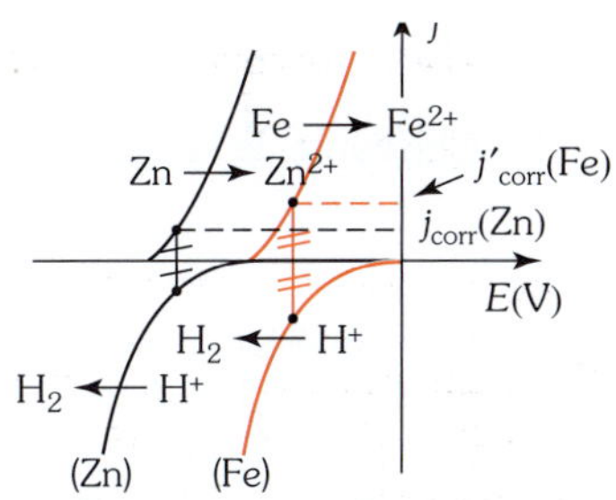

Figure 72

4.a) Le *diagramme* d'Evans $E = f(\log j)$ est donné en Fig. 73.

Ce qui était prévu qualitativement en Fig. 72 se vérifie *quantitativement* en Fig. 73.

$j'_{corr(Fe)} > j_{corr(Zn)}$.
Point ① Point ②

b) On voit apparaître un point de fonctionnement ③ qui traduit de la *corrosion électrochimique*.

Le zinc est corrodé selon $Zn_{(s)} = Zn^{2+}_{(aq)} + 2\ e^-$ tandis que les ions H^+_{aq} sont réduits au contact du fer (moindre surtension) selon $2\ H^+_{(aq)} + 2\ e^- = H_{2(g)}$. Il y a transfert d'électrons du zinc vers le fer (*micropile de corrosion*).

C'est $j_{corr\,③}$ qui a la plus forte valeur donc qui correspond à la *corrosion la plus rapide*.

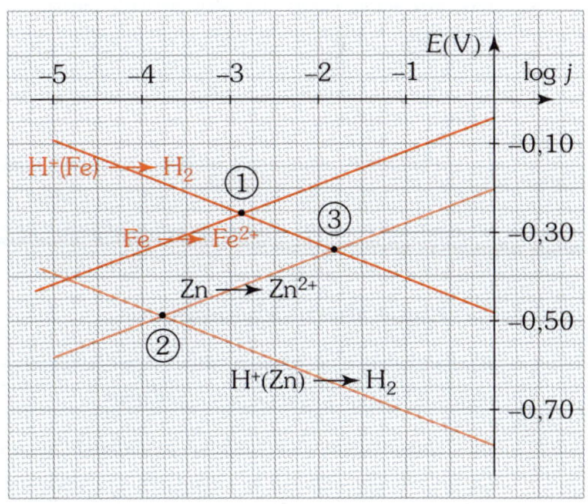

Figure 73

$$j_{corr\,③} = 1{,}6\ 10^{-2}\ \text{A} \cdot \text{cm}^{-2} \quad \text{lorsque } E_{H^+/H_2,\ Fe} = E_{Zn^{2+}/Zn}.$$

On trouve : $\boxed{E_{corr\,③} = -0{,}34\ \text{V}}$.

c) Lors d'une corrosion, le transfert électronique suppose $i_a = -i_c$, soit : $j_aS_a = -j_cS_c$.

Le fait de *protéger la surface anodique* (celle du fer) par un métal noble modifie le rapport $\frac{S_a}{S_c}$ qui était pris jusque là égal à 1.

$\frac{S_a}{S_c} = 10^{-3} \Rightarrow j_a = 10^3(-j_c)$.

$0{,}0760\log j_a - 0{,}0348 = -0{,}0780\log(10^{-3}j_a) - 0{,}476$.

On trouve : $j''_{corr} = j_a = 4{,}5\ 10^{-2}\ A \cdot m^{-2}$.

Remarque :

En effet, seul le fer peut s'oxyder (S_a) tandis que H^+ peut être réduit sur fer ou métal noble ($S_c = 10^3 S_a$).

La corrosion du fer se fait avec une *vitesse plus grande* qu'en l'absence de protection au niveau des fissures du revêtement. Le meilleur procédé est celui vu au **b)** : *méthode de l'anode sacrificielle* en zinc, ou de la *galvanisation* ou *électrozingage*.

10. Chauffe plat chimique — D'après Polytechnique

Données :

Produit de solubilité de $Mg(OH)_{2(s)}$: $K_s = 10^{-10,8}$.

Masses molaires : Mg : 24,3 g · mol⁻¹ ; $Mg(OH)_2$: 58,3 g · mol⁻¹.

Masse volumique : $\rho(Mg) = 1{,}74\ g \cdot cm^{-3}$.

Constante de Faraday : $F = 96\ 500\ C \cdot mol^{-1}$.

$\frac{RT}{F} \times \ln 10$ à 298 K = 0,06 V.

Potentiels standard d'oxydoréduction (en V) :

$Fe^{2+}_{(aq)}/Fe_{(s)} = -0{,}44\ V$

$Mg^{2+}_{(aq)}/Mg_{(s)} = -2{,}35\ V$

$Na^{+}_{(aq)}/Na_{(s)} = -2{,}72\ V$

$H^{+}_{(aq)}/H_{2(s)} = -0{,}00\ V$

Le magnésium constitue le combustible d'un chauffe-plat chimique breveté aux U.S.A. en 1981 et représenté sur la figure 74.

L'élément chauffant est constitué par une fine grenaille de magnésium (incorporant 5 % de fer) dispersée parmi des billes de polyéthylène haute densité ; le tout est placé dans un sachet poreux fixé au fond d'un bac sur lequel vient s'adapter le plateau repas à chauffer. La mise en marche s'opère par addition d'eau salée dans le bac. On réchauffe le plateau-repas en moins de 15 minutes.

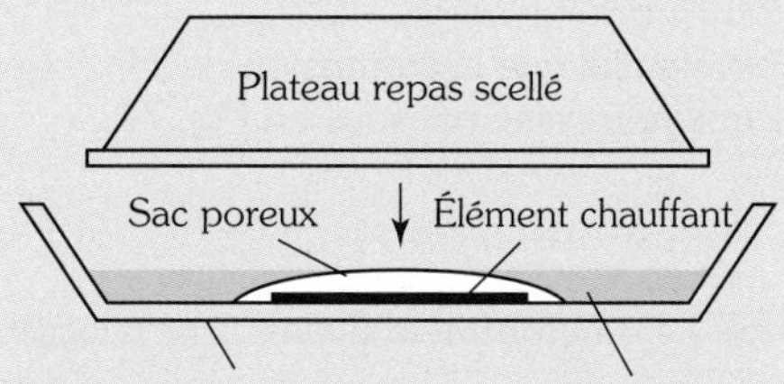

Figure 74

Observations

L'ajout d'eau salée au solide contenu dans le sac poreux se traduit par une forte effervescence s'accompagnant rapidement d'un échauffement notable et d'un dégagement de vapeur. On peut vérifier que les bulles de gaz qui se dégagent sont inflammables. Quand l'opération est terminée, on constate que la grenaille métallique a disparu et qu'elle fait place à une bouillie blanche (hydroxyde de magnésium) dispersée sur les billes de polyéthylène.

1. Étude thermodynamique

a) Déduire des observations précédentes l'équation-bilan de la réaction notée **(1)** modélisant la transformation réalisée dans l'élément chauffant.

b) Déterminer l'enthalpie standard de cette réaction à 298 K à l'aide des données du *tableau* suivant ; comparer sa valeur à celle de la réaction du sodium avec l'eau.

Espèces	$Mg(OH)_{2(s)}$	$H_2O_{(\ell)}$	$Na^{+}_{(aq)}$	$OH^{-}_{(aq)}$
Enthalpie standard de formation (kJ · mol⁻¹)	–924	–286	–240	–230

- Des deux métaux étudiés, quel est celui qui conduit à la réaction la plus exothermique pour le même nombre de moles de métal consommé ? pour le même nombre de moles d'électrons échangés ?
- Pour quelle raison n'utilise-t-on pas le sodium dans ce type de dispositif chauffant ?

c) À l'aide des données du *tableau* suivant, proposer une méthode pour calculer la valeur des potentiels redox standard des couples $Mg^{2+}_{(aq)}/Mg_{(s)}$ et $Na^{+}_{(aq)}/Na_{(s)}$. *Le calcul des valeurs numériques des deux potentiels redox, qui sont fournies dans les données, n'est pas demandé.*

$\Delta_r G^0$ (kJ · mol^{-1}) par mol d'atome	Atomisation en $M_{(g)}$	Ionisation de l'atome (g) en ion $M^{n+}_{(g)}$	Solvatation de l'ion $M^{n+}_{(g)} \rightarrow M^{n+}_{(aq)}$
Magnésium (s)	114,2	2 191,2	– 1 903,3
Sodium (s)	77,8	497,5	– 410,0
Dihydrogène (g)	203,3*	1 313,4	– 1 088,7

* par mol d'atome d'hydrogène

d) Déterminer la valeur de la constante d'équilibre associée à la réaction notée **(1)** définie à la question **1.a)** ci-dessus. Que peut-on en conclure ?

2. Aspect cinétique

a) À la différence du sodium, à température ambiante, le magnésium est sans action sur l'eau distillée et désaérée. Quelle est la cause de cette inhibition de l'oxydation du magnésium par l'eau ? Comment se nomme ce phénomène ? Interpréter la différence de comportement du magnésium et du sodium.

b) À quelles conditions le phénomène précédent peut-il se produire ? Quelle relation doit-on observer entre les volumes molaires du magnésium et de son hydroxyde ? Vérifier cette relation sachant que la masse volumique de l'hydroxyde de magnésium est égale à 2,4 g · cm^{-3}. La condition précédente est nécessaire mais elle n'est pas suffisante pour entraîner l'inhibition constatée. Quelles conditions sont susceptibles de l'empêcher ?

c) On observe expérimentalement que l'attaque du magnésium par l'eau devient possible en présence de chlorure de sodium. Sachant que des chlorohydroxydes complexes se forment à la surface d'une lame de magnésium trempée dans une solution de chlorure de sodium, par réaction d'échange d'anions chlorure/hydroxyde, quelles propriétés de la couche obtenue peuvent expliquer cette observation ?

d) Si l'on place une lame de magnésium fraîchement décapée dans une solution neutre de chlorure de sodium, on constate la formation de fines bulles gazeuses à sa surface, mais à une vitesse beaucoup trop lente pour que le système constitue une bonne source de chaleur. De plus, les bulles gazeuses restent « accrochées » à la surface, ce qui entrave la poursuite de la réaction. En revanche, si on met en contact la lame de magnésium avec une lame de fer, on observe un dégagement gazeux intense au niveau de la lame de fer et la réaction se poursuit jusqu'à disparition complète du magnésium.

Proposer une interprétation fondée sur l'utilisation des courbes intensité-potentiel.

e) L'expérience précédente ne rend pas compte toutefois de l'intensité du dégagement de chaleur observé. Même en utilisant du magnésium et du fer en poudre, on ne parvient pas à atteindre l'efficacité thermique du dispositif breveté. L'examen à la loupe binoculaire ne permet pas de déceler deux métaux différents : tous les grains présentent le même aspect, celui d'un métal de couleur argentée à reflets légèrement dorés, ce qui laisse supposer que du fer est probablement plaqué à la surface du magnésium.

Indiquer, en le justifiant, un protocole expérimental permettant de déposer superficiellement du fer sur une lame de magnésium.

f) Mais l'oxydation par l'eau salée d'une lame de magnésium ainsi traitée n'est pas encore suffisamment rapide pour rendre compte du fonctionnement du chauffe-plat chimique, L'examen du brevet révèle que l'alliage métallique utilisé s'obtient en traitant le mélange des poudres métalliques dans un moulin à billes d'acier de haute énergie sous atmosphère inerte. On obtient ainsi des grains de diamètre de l'ordre de 200 µm constitués de particules de fer de 30 µm disséminées dans une matrice formée de particules de magnésium.

Quel est l'intérêt de ce procédé en termes d'état de surface, et, à quantité de fer et magnésium donnée, d'aire active électrochimique ?

Conseils méthodologiques : **1.** : Utiliser le cours de thermochimie : loi de Hess, méthode des cycles, relation $\Delta_r G^0 = -nFE^0_{(Ox/Red)}$. **2.** : Utiliser le savoir-faire 4.

1.a) *La transformation* correspond à :

(1) $Mg_{(s)} + 2\ H_2O_{(\ell)} = Mg(OH)_{2(s)} + H_{2(g)}$ (2 e^- échangés).

b) D'après la *loi de Hess* :

$$\Delta_r H^0_{(1)} = \Delta_f H^0(Mg(OH)_{2(s)}) - 2\Delta_f H^0(H_2O_{(\ell)}) = \boxed{-352\ \text{kJ} \cdot \text{mol}^{-1}}.$$

Si l'on compare avec le sodium :

(2) $2\ Na_{(s)} + 2\ H_2O_{(\ell)} = 2\ Na^+_{aq} + 2\ HO^-_{aq} + H_{2(g)}$ (2 e^- échangés).

$$\Delta_r H^0_{(2)} = 2\Delta_f H^0(Na^+_{aq}) + 2\Delta_f H^0(HO^-_{aq}) - 2\Delta_f H^0(H_2O_\ell) = \boxed{-368\ \text{kJ} \cdot \text{mol}^{-1}}.$$

Pour une même quantité de métal consommé (1 mol), (1) est plus exothermique que $(2') = \frac{1}{2}(2)$.

Pour une même quantité d'électrons échangés ($n = 2$), (2) est plus exothermique que (1).
En fait, on n'utilise pas le sodium car la réaction avec l'eau est explosive !

c) Écrivons *l'action de* $H^+_{(aq)}$ *sur* $Mg_{(s)}$:

$$Mg_{(s)} + 2\ H^+_{(aq)} = Mg^{2+}_{(aq)} + H_{2(g)} \qquad \Delta_r G^0 = +2F(E^0_{(Mg^{2+}/Mg)} - E^0_{(H^+/H_2)})$$

car somme de :

$$\begin{cases} ⓐ\ Mg_{(s)} = Mg^{2+}_{(aq)} + 2e^- & \Delta_r G^0_{ⓐ} = +2FE^0_{(Mg^{2+}/Mg)} \\ ⓑ\ 2\ H^+_{(aq)} + 2e^- = H_{2(g)} & \Delta_r G^0_{ⓑ} = -2FE^0_{(H^+/H_2)} = 0 \quad \text{(référence)}. \end{cases}$$

D'après la méthode des cycles (Fig. 75)

$$\Delta_r G^0 = +2FE^0_{(Mg^{2+}/Mg)}$$
$$= \Delta_{ato} G^0_{(Mg)} + \Delta_{ion} G^0_{(Mg)} + \Delta_{solv} G^0_{(Mg^{2+})}$$
$$- 2\Delta_{ato} G^0_{(H)} - 2\Delta_{ion} G^0_{(H)} - 2\Delta_{solv} G^0_{(H^+)}.$$

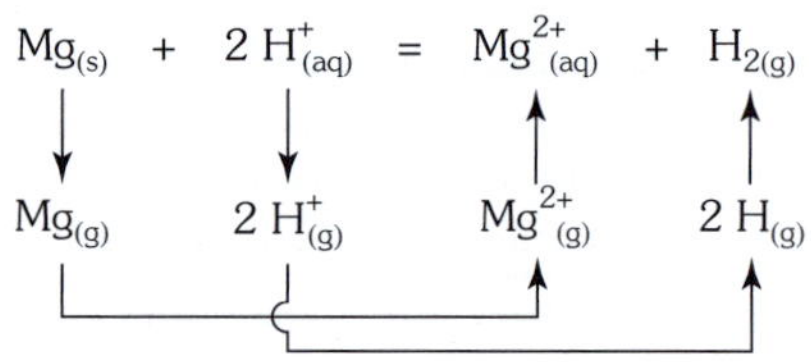

Figure 75

On vérifie : $\Delta_r G^0 = -453{,}9\ \text{kJ} \cdot \text{mol}^{-1} \Rightarrow \boxed{E^0_{Mg^{2+}/Mg} = -2{,}35\ \text{V}}$.

• Par la même méthode *pour le sodium* :

$$2\ Na_{(s)} + 2\ H^+_{(aq)} = 2\ Na^+_{(aq)} + H_{2(g)}$$

$$\Delta_r G^0 = +2FE^0_{(Na^+/Na)} = 2\Delta_{ato} G^0_{(Na)} + 2\Delta_{ion} G^0_{(Na)} + 2\Delta_{solv} G^0_{(Na^+)} - 2\Delta_{ato} G^0_{(H)} - 2\Delta_{ion} G^0_{(H)} - 2\Delta_{solv} G^0_{(H^+)}$$

On vérifie : $\Delta_r G^0 = -525{,}4\ \text{kJ} \cdot \text{mol}^{-1} \Rightarrow \boxed{E^0_{Na^+/Na} = -2{,}72\ \text{V}}$.

d) Nous pouvons désormais déterminer $\Delta_r G^0_{(1)}$ par la méthode des cycles ou de superposition.

(s) $Mg_{(s)} + 2\ H_2O_{(\ell)} = Mg(OH)_{2(s)} + H_{2(g)} \quad \Delta_r G^0_{(1)}$

$$\begin{cases} \text{ⓐ} & Mg_{(s)} + 2\,H^+_{(aq)} = Mg^{2+}_{(aq)} + H_{2(g)} & \Delta_r G^0_{ⓐ} = 2FE^0_{(Mg^{2+}/Mg)} \\ \text{ⓑ} & Mg^{2+}_{(aq)} + 2\,HO^-_{(aq)} = Mg(OH)_{2(s)} & \Delta_r G^0_{ⓑ} = +RT\ln K_s \\ \text{ⓒ} & 2\,H_2O_{(\ell)} = 2\,H^+_{(aq)} + 2\,HO^-_{(aq)} & \Delta_r G^0_{ⓒ} = -2RT\ln K_e \end{cases}$$

Comme (1) = ⓐ + ⓑ + ⓒ, il vient :

$$\Delta_r G^0_{(1)} = -RT\ln K^0_{(1)} = +2FE^0_{(Mg^{2+}/Mg)} + RT\ln K_s - 2RT\ln K_e$$

$$-\left(\frac{2{,}3RT}{F}\right)\log K^0_{(1)} = 2E^0_{(Mg^{2+}/Mg)} + \left(\frac{2{,}3RT}{F}\right)\log K_s - 2\left(\frac{2{,}3RT}{F}\right)\log K_e$$

$$\log K^0_{(1)} = \frac{2}{-0{,}06}[-2{,}35] \underbrace{-\log K_s}_{+10{,}8} \underbrace{+2\log K_e}_{2(-14)} = 61.$$

$$\boxed{K^0_{(1)} = 10^{61}} \text{ (réaction totale sens } \xrightarrow{1} \text{).}$$

2.a) Le magnésium se recouvre en surface d'un film protecteur de $Mg(OH)_{2(s)}$ selon :

(1) : $Mg_{(s)} + 2\,H_2O_{(\ell)} = Mg(OH)_{2(s)} + H_{2(g)}$.

Ce *film* empêche une attaque véritable en profondeur : phénomène de *passivation*.

Cela ne peut se produire avec le sodium qui donne, selon (2) :

$$2\,Na_{(s)} + 2\,H_2O_{(\ell)} = 2\,Na^+_{(aq)} + 2\,HO^-_{(aq)} + H_{2(g)},$$

des espèces *solubles* : *corrosion*.

b) La passivation se produit si le film protecteur recouvre *toute la surface* du métal.

Il faut donc que le volume molaire soit *plus grand* pour l'hydroxyde qui se forme que pour le métal attaqué.

$$V_m = \frac{M}{\rho} \Rightarrow V_{m(Mg)} = 14\ cm^3 \cdot mol^{-1}.$$

On vérifie bien :

$$V_{m(Mg(OH)_2)} = 24\ cm^3 \cdot mol^{-1} > V_{m(Mg)}.$$

Il faut que la couche soit *compacte*, *non poreuse* (ne laisse pas diffuser l'eau) et *insoluble* dans l'eau.

c) Il y a donc localement en surface attaque de $Mg(OH)_{2(s)}$ par les ions Cl^- pour former des chlorohydroxydes complexes. Ces derniers sont *solubles* dans l'eau et permettent donc à l'eau de créer des fissures et d'atteindre la surface de $Mg_{(s)}$.

d) Il s'agit de l'attaque de $Mg_{(s)}$ (le NaCl empêche la passivation) par les H^+_{aq} de l'eau. La surtension cathodique sur magnésium du couple $H^+/H_{2(g)}$ est beaucoup plus forte que sur fer, ce qui explique la différence de vitesse d'attaque si l'on met en contact la lame de fer sur $Mg_{(g)}$.

Couple H^+/H_2 à pH 7 : $E_{th} = 0{,}00 - 0{,}06(7) = -0{,}42$ V.

En réalité : $E = E_{th} + \eta_c$.

On détermine graphiquement le *potentiel mixte*.

On visualise que : $i_{(Fe)} \gg i_{(Mg)}$, soit : $v_{\text{cor sur Fe}} \gg v_{\text{cor sur Mg}}$

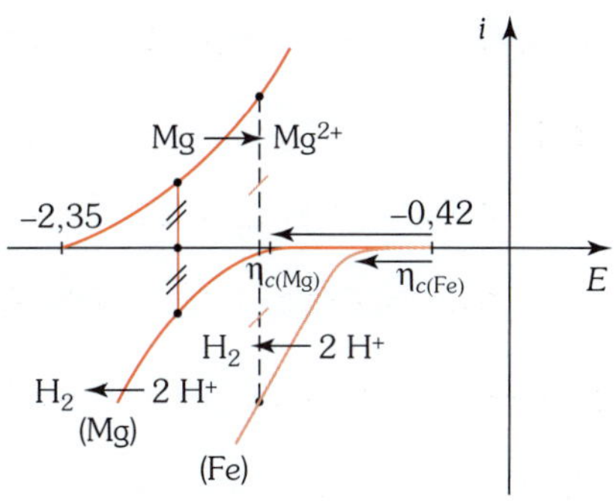

Figure 76

e) Si l'on compare les E^0 des deux couples (Fig. 77), on vérifie que la réaction : $Fe^{2+}_{(aq)} + Mg_{(s)} \rightarrow Fe_{(s)} + Mg^{2+}_{(aq)}$ est *spontanée* et totale.

Donc on peut plonger une lame de magnésium dans une solution aqueuse d'un sel ferreux Fe^{2+}. Le milieu devra être légèrement acide (pas de précipité de $Fe(OH)_{2(s)}$) mais pas trop (pour que le meilleur oxydant ne devienne pas $H^+_{(aq)}$, du couple $H^+_{(aq)}/H_2$ $E_{th} = -0{,}06pH$).

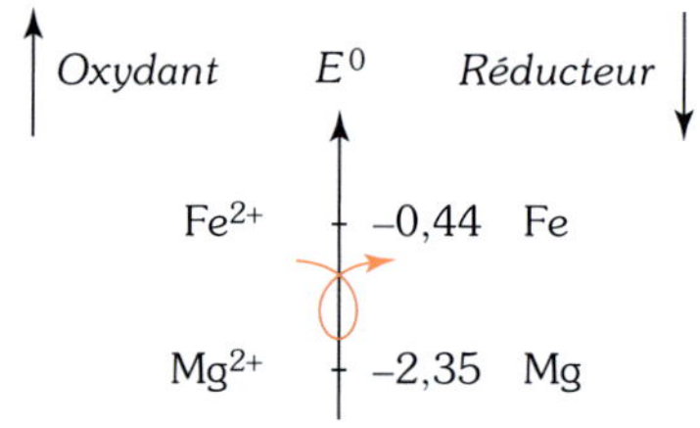

Figure 77

f) Nous avons vu au **d)** que la vitesse d'attaque par l'eau de $Mg_{(s)}$ augmente considérablement en présence d'un contact local avec $Fe_{(s)}$. Le but est donc de multiplier ces points de contact. D'où la matrice de magnésium avec des grains sphériques de $Fe_{(s)}$ disséminés.

On augmente fortement la surface *active électrochimique*.

Matériaux organiques

CHAPITRE 7

Formules et Stéréochimie

Le cours en questions

1 Constitution

1.1 Comment définir une molécule ?

• Il s'agit de la **plus petite entité** d'une substance chimique pure qui conserve les propriétés et la composition chimique.

• Une molécule est constituée d'**atomes** reliés entre eux par des **liaisons chimiques**.

Il existe *plusieurs types* de liaison chimique : covalente, métallique ou ionique par exemple.

1.2 À quoi correspond la formule brute d'une molécule ?

• La formule brute fait apparaître la **composition** de la substance chimique. Elle donne le type et le nombre d'atomes composant la molécule, mais elle ne comprend aucune indication sur l'agencement dans l'espace des atomes. Par exemple : $C_xH_yO_z$.

• **Les techniques spectroscopiques** permettent de déterminer la masse molaire (spectrographe de masse) et l'enchaînement des divers atomes (spectroscopie IR et RMN notamment).

À une même formule brute peuvent correspondre *plusieurs molécules distinctes*.
Par exemple, le glucose et le fructose ont tous deux pour formule brute $C_6H_{12}O_6$.

Ces techniques sont étudiées en 2e année.

1.3 Quelles sont les analogies ou différences entre formule développée, formule semi-développée et formule topologique ?

Diverses formules du 1-bromoéthane

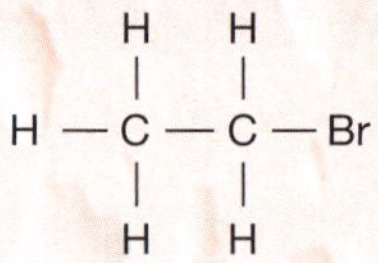

Développée

$CH_3 - CH_2 - Br$

Semi-développée

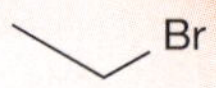

Topologique

• Les formules développée ou topologique permettent de rendre compte en partie de **l'agencement des atomes de la molécule dans l'espace**, en les représentant dans une projection plane et en représentant les liaisons chimiques par des traits.

• La formule **développée** écrit en toute lettre chaque atome, la formule **semi-développée** ne représente pas les liaisons C—H.

• La formule **topologique** est encore une simplification : les carbones et les hydrogènes liés sont éludés, seuls les hétéroatomes (O, N, X) sont représentés ainsi que les hydrogènes éventuellement liés à ces hétéroatomes. La *géométrie* du squelette est respectée.

• La multiplicité du trait permet par contre de rendre compte du **nombre d'électrons mis en jeu dans la liaison** (deux électrons par traits). Ainsi, une liaison double, mettant en jeu quatre électrons, sera représentée par un trait double.

On parle alors d'*indice de liaison*, qui varie de 1 à 3 pour les liaisons du carbone :

$CH_3 - CH = CH - CH_2 - C \equiv CH$

1.4 Comment nommer un hydrocarbure ?

• **Chaîne principale** : il faut commencer par repérer la chaîne carbonée la plus longue de la molécule. Le nom de la molécule dérive alors de celui de l'*alcane* correspondant, de formule brute C_nH_{2n+2}.
La présence de C=C conduit à un *alcène* (C_nH_{2n}), de C≡C à un *alcyne* (C_nH_{2n-2}).

n	*Nom de l'alcane*
1	Méthane
2	Éthane
3	Propane
4	Butane
5	Pentane
6	Hexane

Exemples :

Pentane

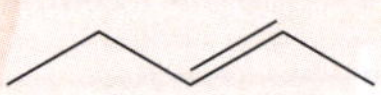

Pent-2-ène

• **Ramification** : si la molécule possède des ramifications, il faut apposer *le numéro de l'atome de carbone portant la ramification* et le nom de la ramification au nom de la molécule. Le nom de la ramification est le nom du groupe alkyle correspondant, où la terminaison *-ane* est remplacée par *-yl*.

Exemple :

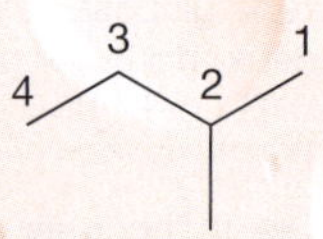

Le plus petit numéro : 2-méthylbutane.

1.5 Comment nommer une fonction ?

• **Groupe fonctionnel** : Le remplacement d'un hydrogène (ou de plusieurs) sur un carbone saturé par un hétéroatome définit une *fonction* :

R—H → R—OH fonction alcool.

Chaque fonction a un suffixe caractéristique :

Formule	*Fontion*	*Suffixe*
R—H	alcane	alc**ane**
R—OH	alcool	alc**anol**
$R-NH_2$	amine	alcan**amine**
R—C(=O)—H	aldéhyde	alc**anal**
R—C(=O)—R′	cétone	alc**anone**
R—C(=O)—OH	acide carboxylique	acide alc**anoïque**

• **Numérotation** : La numérotation commence par une extrémité de la chaîne, et est choisie pour minimiser l'indice du carbone portant la fonction principale. S'il reste plusieurs possibilités, on choisit celle qui minimise l'indice de la fonction secondaire de plus haute valence.

1.6 Quels sont les différents types d'isomérie de constitution ?

• Pour être **isomères de constitution**, les deux molécules doivent avoir la même formule brute, et des formules semi développées différentes.

• **Isomérie de chaîne** : La chaîne carbonée des deux isomères est différente.

• **Isomérie de position** : La chaîne principale est la même, mais les fonctions ne sont pas au même endroit dans chaque isomère.

• **Isomérie de fonction** : Les fonctions chimiques sont différentes.

2 ■ Configuration

2.1 Comment définir une stéréoisomérie de configuration ?

• **Structure 3D** : une configuration est une *distribution dans l'espace* des atomes. Deux stéréoisomères de configuration ont même formule développée, mais l'agencement de leurs atomes dans l'espace n'est pas le même (malgré toute rotation ou torsion).

• **Vocabulaire** : si les deux stéréoisomères de configuration sont images l'un de l'autre dans un miroir plan, alors ce sont des *énantiomères*. Dans le cas contraire, ce sont des *diastéréoisomères*.

Groupe fonctionnel secondaire : lorsque le groupe en question n'est plus le groupe principal, il lui correspond un préfixe caractéristique :

Groupe	Préfixe
—OH	Hydroxy-
$-NH_2$	Amino-
—Cl	Chloro-
—C=O	Oxo-

Exemple :

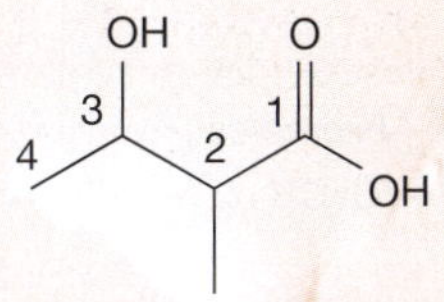

Acide 3-hydroxy-2-méthylbutanoïque.

Exemple :

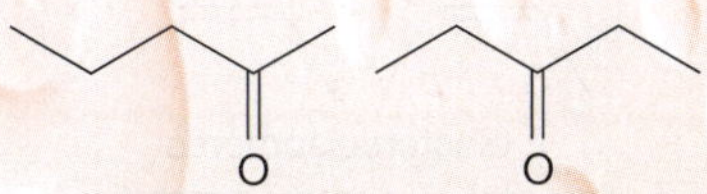

2 isomères de position.

Pour passer de l'un à l'autre, il faut nécessairement *rompre* des liaisons.

Par constantes physiques, on entend par exemple température d'ébullition, de fusion, solubilité.

• **Propriétés physiques** : Deux diastéréoisomères n'ont pas les mêmes constantes physiques. On peut donc les séparer par des méthodes utilisant ces propriétés : distillation, cristallisation, chromatographie… Ce n'est pas le cas de deux énantiomères.

2.2 Quels sont les modes de représentation des molécules dans l'espace ?

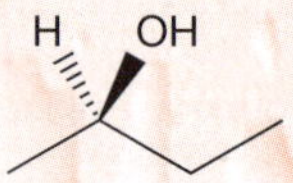

Représentation de Cram du butan-2-ol

Figure 1

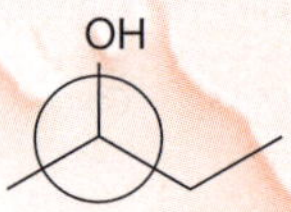

Projection de Newman du butan-2-ol selon l'axe C_2-H

Figure 2

• **La représentation de Cram** est une vue en perspective qui utilise le symbole ◀ pour un atome situé au dessus du plan de la feuille, et ıııııı pour un atome situé derrière (Fig. 1).

• **La représentation de Newman** est une projection de la structure 3D de la molécule selon un axe (Fig. 2).

2.3 Quelles sont les règles C, I, P ?

Exemples :
$-Cl > -C(CH_3)_3 > -CH{=}CH_2 > -CH_2-CH_3$

• **Priorité** : Les règles de Cahn, Ingold et Prelog permettent de déterminer *l'ordre de priorité entre différents substituants*. Cet ordre permet ensuite de nommer les différents stéréoisomères de configuration.

• **Règles** : Le groupement dont l'atome lié au carbone a *le plus grand numéro atomique* est prioritaire.

En cas d'égalité, on compare les atomes du *rang suivant* sur chaque substituant.

Une seule priorité suffit pour départager deux substituants.

Une liaison multiple équivaut à plusieurs liaisons simples.

2.4 Comment définir la diastéréoisomérie géométrique ?

Exemples :

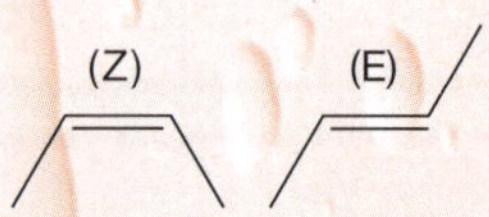

2 diastéréoisomères

En allemand, *Zusammen* signifie ensemble, *Entgegen* signifie opposé.

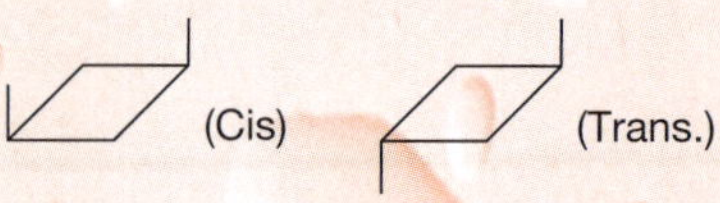

Figure 3

• **Impossibilité de rotation** : La diastéréoisomérie géométrique est due à un *empêchement de la libre rotation* autour de liaisons C=C. On peut alors distinguer un plan particulier qui sépare l'espace en deux : les groupements ne peuvent par rotation traverser ce plan.

• **Nomenclature** : Si les deux groupements prioritaires selon les règles C, I, P sont du même côté du plan de séparation, on parle de diastéréoisomère Z. Le cas opposé correspond à un diastéréoisomère E.

• **Cas des cycles** : On retrouve ce type de diastéréoisomérie avec désormais la *nomenclature cis/trans* (Fig. 3).

2.5 Comment définir une molécule chirale ?

Deux énantiomères ont un pouvoir rotatoire opposé. Le mélange équimolaire de deux énantiomères est dit *racémique* ($\alpha = 0$).

Principe historique de Pasteur.

• **Propriété optique** : Une molécule chirale a pour propriété de *faire tourner le plan de polarisation* d'une lumière polarisée rectilignement. Cette aptitude est mesurée par le pouvoir rotatoire, positif pour une substance *dextrogyre* (+), négatif pour une substance *lévogyre* (–).

• **Structure** : Une molécule est *chirale* si elle n'est pas superposable à son image par un miroir plan. En pratique, la présence d'un plan de symétrie ou d'un centre d'inversion suffit pour affirmer qu'une molécule n'est pas chirale.

2.6 Comment reconnaît-on et nomme-t-on un carbone asymétrique ?

• **Carbone asymétrique** : Un carbone portant quatre substituants différents deux à deux est dit carbone asymétrique. On parle alors de *centre de chiralité*, ou de *centre stéréogène*.

• **Nomenclature** : Pour chaque carbone asymétrique, on utilise les règles C, I, P pour déterminer *l'ordre de priorité des substituants* : $a > b > c > d$. On projette la molécule en Newman selon l'axe C-minus (Fig. 4). Si, pour parcourir les substituants dans l'ordre décroissant, on tourne dans le sens direct, le carbone est de configuration absolue S (du latin *sinister*, gauche). Dans le cas contraire (sens des aiguilles d'une montre), il est R (du latin *rectus*, droite).

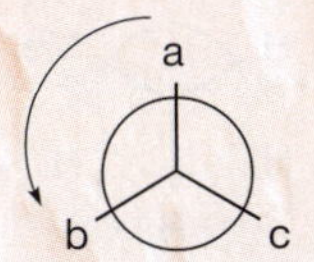

Cas d'un carbone S

Figure 4

2.7 Quelles sont les relations entre composés à plusieurs C asymétriques ?

• **Stéréoisomérie de configuration** : Dans le cas d'un composé à *deux carbones asymétriques* ne portant pas les mêmes substituants, il y a quatre espèces possibles : RR, RS, SR et SS (Fig. 5). Chacun de ces composés est *chiral*.

• **Nomenclature** : On désigne par (R*, R*) *le couple d'énantiomères* RR et SS, et par (R*,S*) le couple RS et SR. Ces deux couples sont alors *diastéréoisomères* entre eux.

• **Méso** : Dans un composé à deux carbones asymétriques portant des substituants identiques, les composés SR et RS sont superposables par libre rotation. Ce composé est alors *achiral*, il est appelé *méso*.

• **Dénombrement** : Dans le cas général d'un composé à *n* carbones asymétriques, il y a au plus 2^n stéréoisomères de configuration possibles. La présence de *symétrie* ou de *contrainte stérique* peut restreindre ce nombre.

2 C* ↗ *sans symétrie* : 4 stéréoisomères,
2 C* ↘ *avec symétrie* : 3 stéréoisomères.

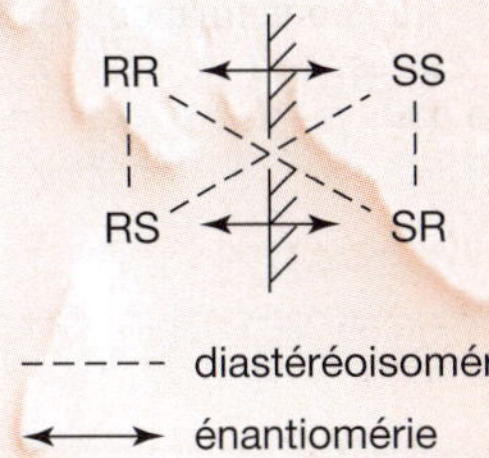

R et S sont des descripteurs stéréochimiques.

Figure 5

Exemple :

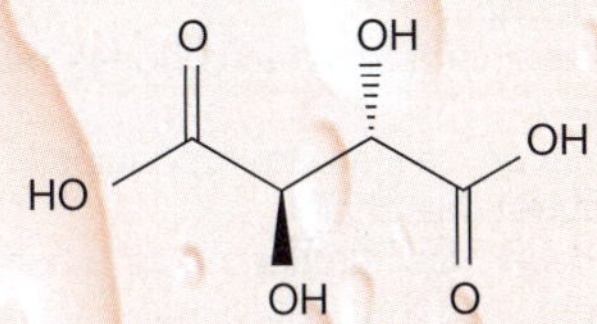

Acide tartrique méso

3 ■ Conformation

3.1 Quelle est la différence entre une conformation et une configuration ?

• **Énergie** : À une configuration sont associées des longueurs de liaisons et des angles inter-liaisons. Mais dans la plupart des molécules, il reste une *certaine flexibilité* : rotation autour de liaisons σ par exemple. Une conformation correspond à une disposition précise des atomes dans l'espace, l'énergie de la molécule est alors *fixée*.

• **Lien entre conformations** : À un stéréoisomère de configuration correspondent plusieurs conformations : on passe de l'une à l'autre par de simples rotations ou torsions, *sans rupture de liaison*, nécessitant des énergies le plus souvent faibles (donc apportées par l'agitation thermique). Des stéréoisomères de conformation ne sont isolables qu'à basse température.

Chiralité des conformations : Dans le cas général d'une conformation, l'agitation thermique étant suffisante pour passer d'une conformation à l'autre, le composé n'a *pas de propriétés optiques macroscopiques*.

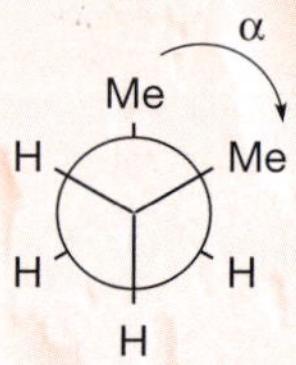

Angle de rotation ou de torsion

Figure 6

La conformation *la plus stable* correspond à $\alpha = \pi$: le décalée anti.

3.2 Quels sont les différents conformères possibles pour les chaînes ouvertes ?

- **Extrema** : On appelle en général conformères les *extrema locaux* d'énergie potentielle.
- **Nomenclature** : Dans le cas du butane par exemple, on peut distinguer 4 conformères pour la rotation selon l'axe C_2-C_3, en notant α l'angle entre les deux groupes méthyle (Fig. 6) :

$\alpha =$	0	$\pi/3$	$2\pi/3$	π
Nom de la conformation	*Éclipsée syn*	*Décalée gauche*	*Éclipsée anti*	*Décalée anti*

Les savoir-faire clefs

Conseils méthodologiques

1.1 La construction doit se faire *en trois étapes* :
- Dessiner la chaîne carbonée principale.
- Placer le groupe principal et numéroter la chaîne.
- Placer les groupements secondaires.

1.2.a) Chercher la chaîne carbonée *la plus longue*.

1.2.b) Le groupement de *plus grande valence* est prioritaire.

1 ■ Savoir nommer et dessiner une molécule.

1.1 Donner les formules semi-développées et topologiques des produits suivants :

a) 2,5-diméthylhexane ;

b) 3-chlorohexa-1,5-diène ;

c) acide 3-hydroxy-2-phénylpropanoïque ;

d) 2,3-diméthylcyclohexanol.

1.2 Nommer les composés suivants :

a)

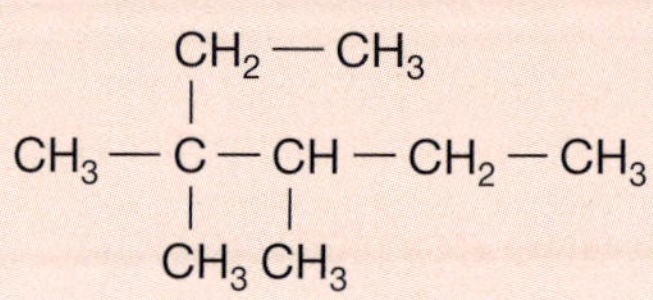

b)

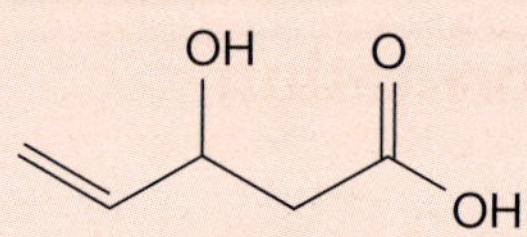

1.1.a) *2,5-diméthylhexane* : « hexane » indique que la chaîne principale comporte 6 carbones, et aucune fonction. On numérote cette chaîne et on place deux groupements méthyle, un sur le carbone 2, et un sur le carbone 5. On obtient les *structures suivantes* :

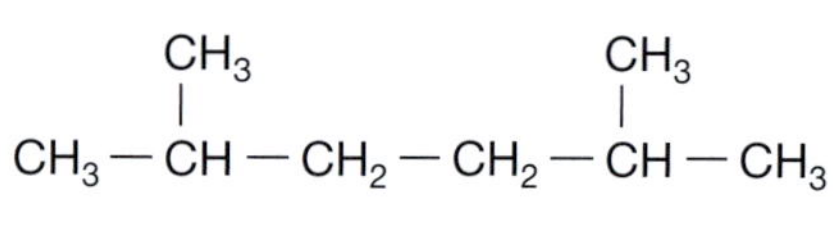

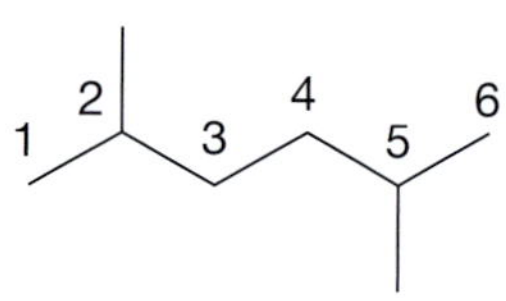

b) *3-chlorohexa-1,5-diène* : « hexa » indique que la chaîne principale comporte 6 carbones, 1,5-diène signifie que les fonctions principales sont *deux fonctions alcènes* : on numérote alors la chaîne à partir de l'une de ses extrémités, et on place en position 3 un groupement chloro.

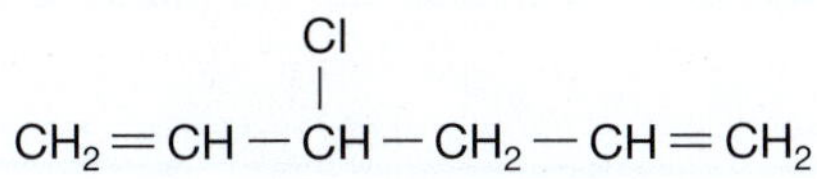

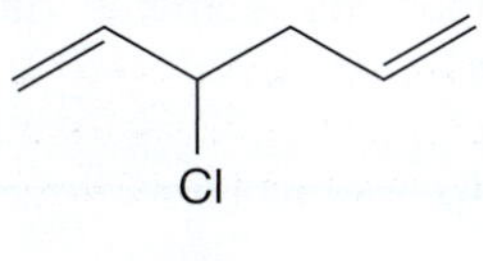

1 et 5 pour les alcènes signifie que les fonctions sont *positionnées* sur la 1re et la 5e liaison dans le sens de numérotation.

c) *acide 3-hydroxy-2-phénylpropanoïque* : la chaîne principale est à 3 carbones (« prop »), la fonction *principale* est la fonction acide carboxylique, et on vient greffer à ce squelette un groupe phényle en position 2 et un alcool en position 3.

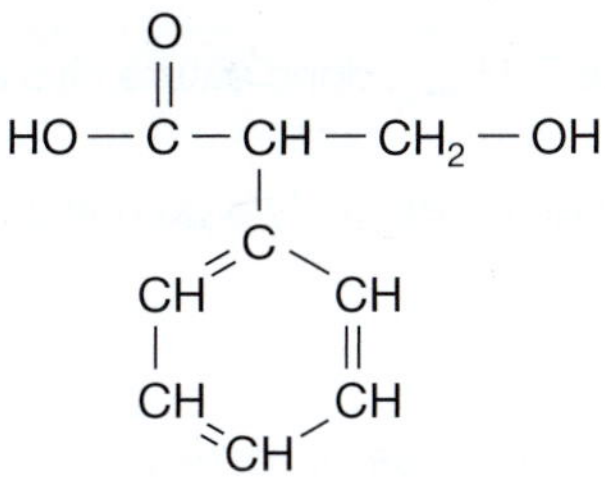

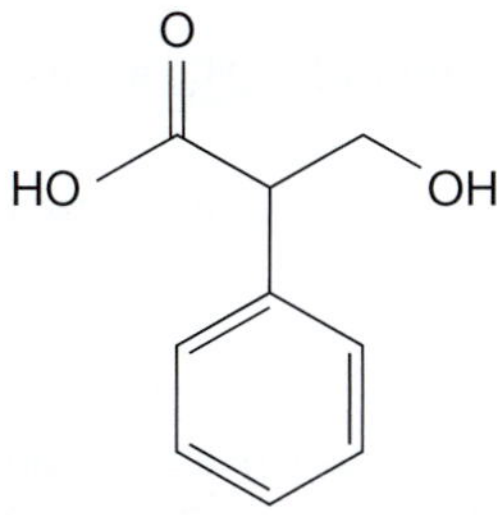

Retenir le nom du groupe *phényle* :

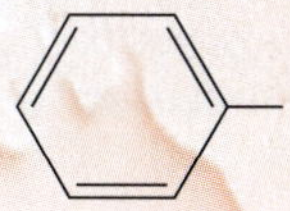

ou Ph-

d) *2,3-diméthylcyclohexanol* : Le squelette carboné est un cycle à six chaînons (« cyclohexan »), la fonction *principale* est une fonction alcool. On numérote ensuite le cycle et on place les deux substituants méthyle.

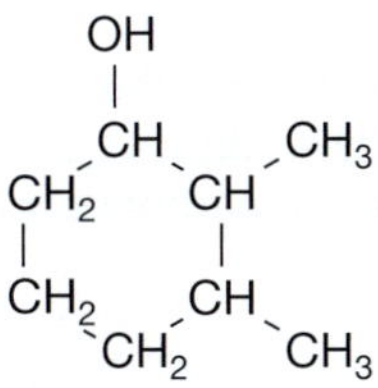

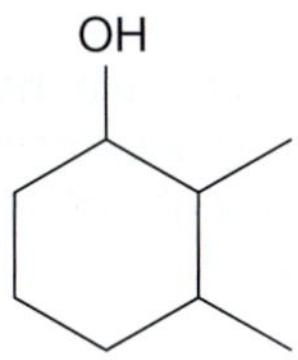

Il est *inutile* de préciser cyclohexan-1-ol puisque c'est la fonction principale.

1.2. a) La chaîne carbonée la plus longue possède 6 atomes. Il s'agit donc d'un squelette de type hexane. Il y a ensuite 3 groupements méthyle à rajouter. Il faut théoriquement *minimiser* le numéro de la position associée au groupement prioritaire, mais ici, les trois groupements sont les mêmes. On doit alors minimiser les numéros attribués aux groupements *successivement*. Ici, il y a deux choix possibles : en commençant par l'extrémité droite, on obtient 3,4,4-triméthylhexane, en commençant par l'extrémité gauche, 3,3,4-triméthylhexane. L'écriture correcte est donc 3,3,4-triméthylhexane.

On minimise les numéros de façon séquentielle : on minimise le numéro du 1er groupement, en cas d'égalité, on minimise le 2nd, et ainsi de suite.

b) Ici, la fonction acide carboxylique est prioritaire. La chaîne carbonée comporte 5 atomes. Il n'y a pas d'ambiguïté pour la numérotation : la chaîne est linéaire, et la fonction principale est à une extrémité. Le composé est l'acide 3-hydroxypent-4-énoïque.

Erreur à éviter :

Attention, le carbone de la fonction acide carboxylique *compte dans la chaîne* carbonée. Il s'agit du carbone numéroté 1.

Conseils méthodologiques

2.1 *Partir de la chaîne la plus longue,* puis la raccourcir petit à petit. À chaque étape, réfléchir au type de groupement alkyle possible et à leur position.

2.2 *Après avoir vérifié* $n_i = 1$, fixer la chaîne puis la fonction alcène et déplacer le substituant chlore.

2 ■ Savoir identifier et dénombrer des isomères de constitution.

Donner tous les isomères de constitution associés aux formules brutes suivantes :

2.1 C_6H_{14}.

2.2 C_5H_9Cl (non cycliques).
On déterminera au préalable le nombre d'insaturations, c'est-à-dire le nombre de paires d'hydrogènes manquantes par rapport au composé saturé.

Erreur à éviter :
Le 4-méthylpentane n'existe pas, il s'identifie au 2-méthylpentane.

En effet :

$$R-H \xrightarrow[+Cl]{-H} R-Cl$$

$C_nH_{2n+1}Cl$ saturé.
De même :

$$R-H \xrightarrow{+O} R-OH$$

$C_nH_{2n+2}O$ saturé.

2.1 Le composé C_6H_{14} est de la forme C_nH_{2n+2}, donc saturé : il s'agit d'un alcane.

- On commence par les **alcanes à 6 carbones**. Il n'y a qu'une seule possibilité :

- On passe ensuite aux chaînes **à 5 carbones**. Il reste un groupement méthyle à placer, et l'hexane a 2 sites de fixations différents. Il y a donc 2 possibilités :

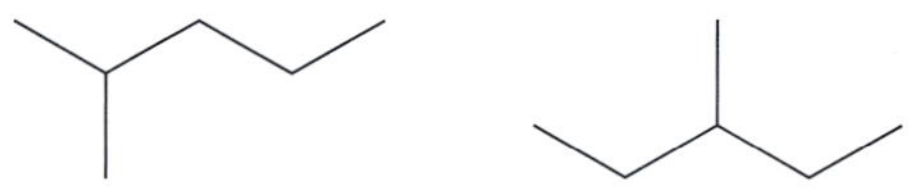

- Pour les **chaînes à 4 carbones**, on peut fixer théoriquement un groupement éthyle ou deux groupements méthyle. Mais si l'on fixe un groupement éthyle, on retrouve une chaîne principale à 5 carbones. Les seules solutions sont alors les suivantes :

- Enfin, si l'on envisage une **chaîne à 3 carbones**, on ne peut fixer autre chose qu'un groupement méthyle, sans quoi la chaîne principale possède plus de 3 carbones. Il faudrait donc fixer 3 groupes méthyle sur le carbone central, ce qui est interdit par la règle de l'octet.

Il y a donc 5 *isomères de chaînes* correspondant à la formule brute C_6H_{14}.

2.2 Pour déterminer *un nombre d'insaturations*, on compare le composé étudié à un composé saturé comportant le même nombre d'hétéroatomes.
Ici, $C_5 \rightarrow C_5H_{12}$ saturé $\rightarrow C_5H_{11}Cl$ saturé.

Pour C_5H_9Cl, on calcule $n_i = \dfrac{11-9}{2} = 1$.

Une insaturation correspond soit à un alcène, soit à un cyclane (exclu par l'énoncé).

- **Chaînes en C_5** : Il y a deux manières de placer la double liaison sur un squelette de type pentane : 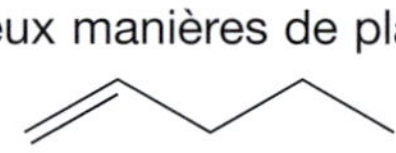 ou 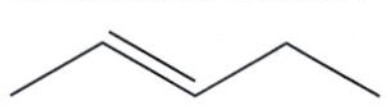 .

Sur chacun de ces deux alcènes, il y a 5 possibilités pour placer le chlore.

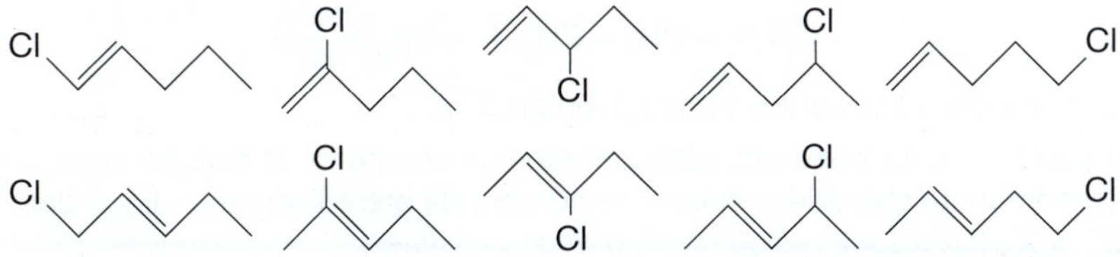

- **Chaînes en C_4** : il y a une seule chaîne en C_4 envisageable et désormais 3 manières de placer la double liaison :

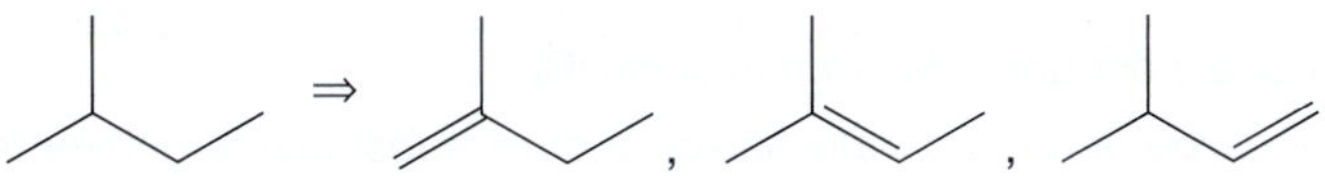

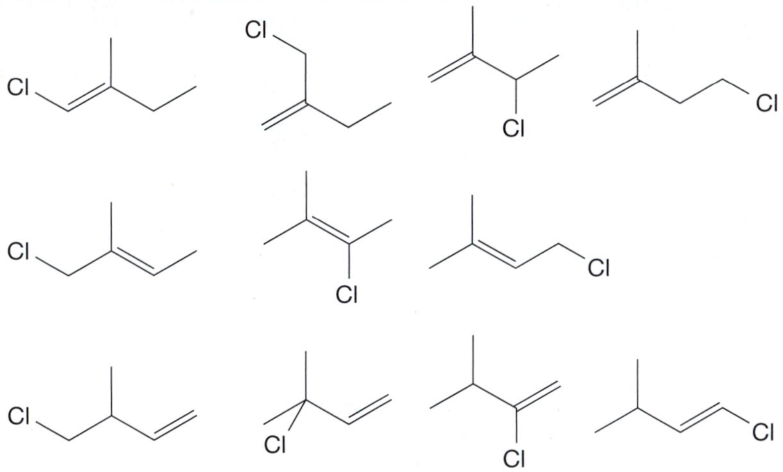

Tenir compte des symétries.

On n'a pas dénombré les stéréoisomères Z, E (C=C) ou R, S (C^*) de *configuration*.

Il y a donc *21 isomères* (de chaîne ou de position).

3 ▬ Savoir identifier ou représenter des stéréoisomères de configuration.

3.1 Donner la configuration des molécules suivantes. Combien de stéréo-isomères possèdent ces composés ?

a)

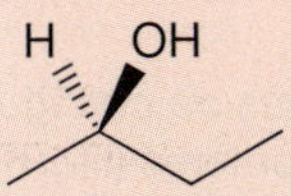

b)

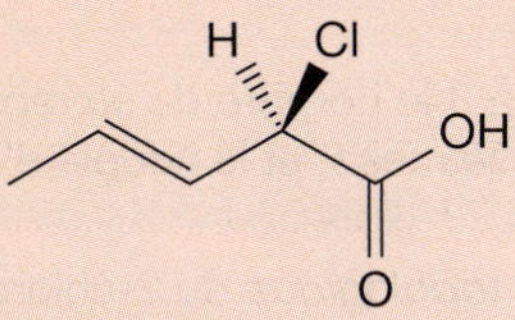

c)

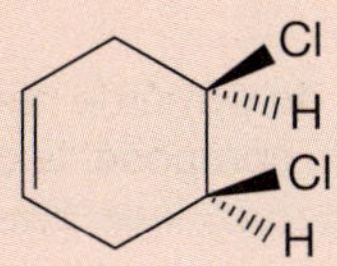

3.2 Représenter en vue de Cram et en projection de Newman les composés suivants :

a) (S)-2-chlorobutane ;

b) (Z)-but-2-ène ;

Conseils méthodologiques

3.1.a) Appliquer les règles C, I, P

3.1.b) Penser à la configuration de la *double liaison*.

3.1.c) On suppose que la double liaison permet au cycle d'adopter la conformation *chaise*.
L'*axe de symétrie* restreint le nombre de stéréoisomères.

3.2 Partir de la formule topologique ou semi-développée, identifier les configurations R,S ou Z,E puis passer aux vues de *Cram* et de *Newman*.

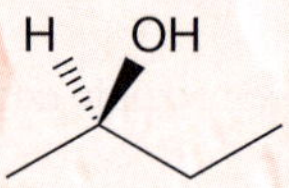

3.1. a) Les règles C, I, P donnent l'ordre de priorité suivant pour les substituants :

$$-OH > -CH_2-CH_3 > -CH_3 > -H$$

Le composé **a)** ci-contre est le (R)-butan-2-ol.

Il y a un seul carbone asymétrique dans ce composé, et aucune symétrie ou contrainte stérique réduisant le nombre de stéréoisomères. Il y a donc $2^1 = 2$ *stéréoisomères de configuration possibles*.

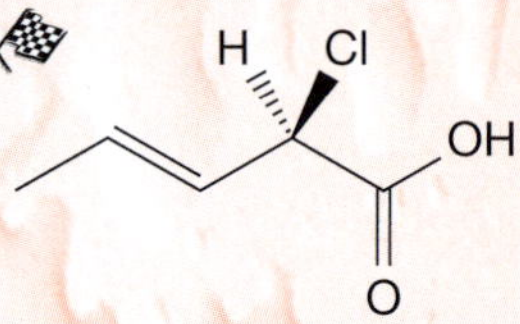

b) L'ordre de priorité pour le carbone 2 ci-contre est le suivant :

$$-Cl > -COOH > -CH > -H$$

Le carbone 2 est donc de *configuration* (R).

Chaque carbone de la double liaison a deux substituants différents, il y a une diastéréoisomérie géométrique. Pour ces deux carbones, le groupement carboné est prioritaire devant l'hydrogène. La double liaison est donc de *configuration* E.

Le composé **b)** est l'acide (2R,3E)-2-chloropent-3-énoïque.

Ce composé possède une diastéréoisomérie géométrique et un carbone asymétrique. Il n'y a aucune symétrie ou contrainte stérique, le nombre de *stéréoisomères de configuration* associés au composé **b)** est par conséquent $2^2 = 4$.

c) On remarque que la double liaison est de configuration bloquée par la contrainte de cycle.

Ensuite, il faut remarquer que la molécule possède *un plan de symétrie*.

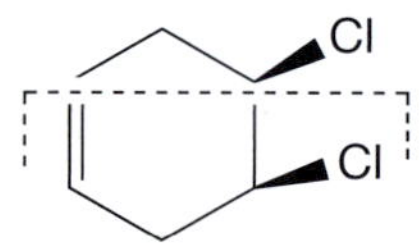

Cela signifie que la molécule est *achirale*. Elle possède deux carbones asymétriques, il s'agit par conséquent du composé *méso*.

On peut vérifier ce résultat en remarquant que les deux carbones asymétriques ont les mêmes substituants, et que l'ordre de priorité selon les règles C, I, P pour ces derniers est :

$$-Cl > -CH-Cl > CH_2-C > -H$$

L'un des carbones est R, le second est S. Le composé est bien le composé *méso*.

Le plan de symétrie restreint à 3 le nombre de *stéréoisomères de configuration* du composé, le composé méso, et le couple d'énantiomères (R*,R*).

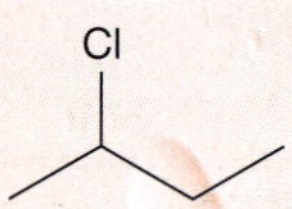

3.2. a) On part de la *formule topologique* du 2-chlorobutane ci-contre.

Les règles C, I, P donnent les ordres de priorités suivants :

$$-Cl > -CH_2-CH_3 > -CH_3 > -H$$

Le (S)-2-chlorobutane correspond donc aux représentations suivantes : Fig. 7.

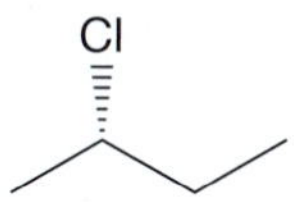

Représentation de Cram

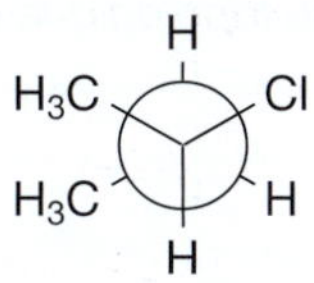

Projection de Newman
(selon l'axe $C_2 \rightarrow C_3$)

Figure 7

b) On part de la *formule semi-développée* du but-2-ène :

$$CH_3-CH=CH-CH_3$$

Pour chaque carbone, l'ordre de priorité des substituants donné par les règles C, I, P est le suivant : $-CH_3 > -H$

Le Z-but-2-ène correspond donc aux représentations suivantes : Fig. 8.

Représentation de Cram

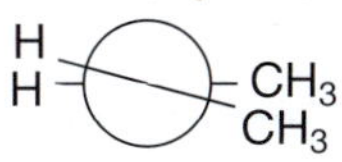

Projection de Newman
(selon l'axe C=C)

Figure 8

La formule topologique contient déjà l'information stéréochimique Z ou E.

4 ■ Savoir trouver les conformations les plus stables.

Représenter chaque molécule, à l'aide d'une projection de Newman, dans sa conformation la plus stable.

c) (R)-2-chlorobutane ;

d) éthane-2,3-diol.

Conseils méthodologiques

4.a) Écrire la formule *topologique*, puis une vue de *Cram* du composé. Chercher les groupements les plus encombrants sur les carbones 2 et 3 et conclure.

4.b) Appliquer la même méthode qu'en **a)**, mais penser aux *liaisons hydrogène*.

a) La formule *topologique* du produit est la suivante : 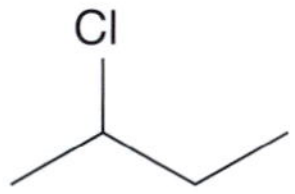

L'ordre de priorité donné par les règles C, I, P est le suivant :

$$-Cl > -CH_2-CH_3 > -CH_3 > -H$$

La vue de *Cram* du (R)-2-chlorobutane est donc : 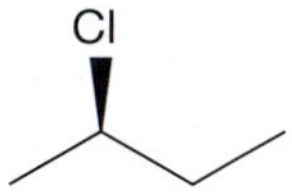

Le groupement le plus encombrant sur le carbone 2 est Cl, sur le carbone 3 il s'agit de CH_3.

Le conformère le plus stable est celui pour lequel ces deux groupements sont en *anti* (Fig. 9).

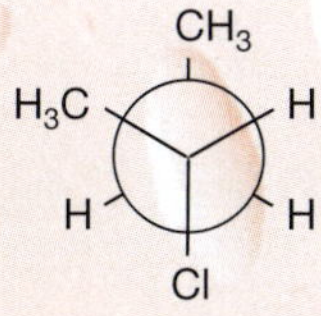

Figure 9

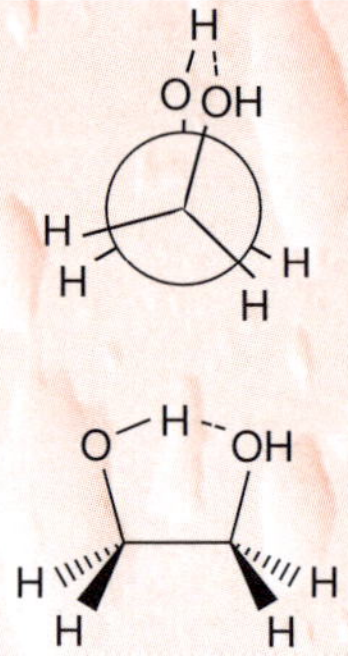

Figure 10

b) La formule *topologique* du composé est la suivante :

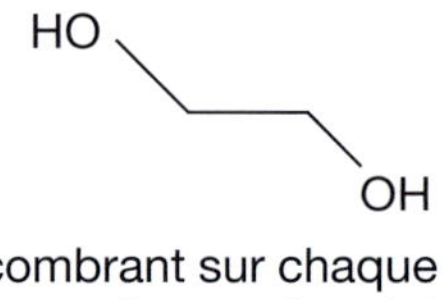

Le groupement le plus encombrant sur chaque carbone est —OH. *A priori*, on devrait les positionner en anti pour obtenir le conformère le plus stable. Mais ici, l'existence d'une *liaison H intramoléculaire* est à prendre en compte : la barrière de rotation de l'éthane est de l'ordre de 12 kJ · mol^{-1}, une liaison H stabilise le produit d'environ 25 kJ · mol^{-1}.

La conformation la plus stable (*éclipsée syn*) est donnée en *Newman* et l'on peut mieux visualiser la liaison hydrogène en vue de *Cram* (Fig. 10).

Pour maîtriser les bases

1. Détermination d'une formule ______ D'après Engees

a) L'analyse d'un composé organique X de type $C_xH_yO_z$ donne les pourcentages massiques suivants : 41,38 % de carbone et 3,45 % d'hydrogène.

Sachant que les masses molaires sont :

$$M_X = 116{,}05 \qquad M_C = 12{,}0 \qquad M_H = 1{,}0 \qquad M_O = 16{,}0\ \mathrm{g \cdot mol^{-1}}$$

déterminer la formule brute de X. Combien présente-t-il d'insaturations ?

b) La fixation d'une mole de Br_2 par mole de X prouve la présence d'une fonction alcène. Sachant en outre qu'un titrage par NaOH met en évidence deux fonctions acide, déterminer la formule développée de X.

c) X présente deux isomères (I) et (II). De quelle nature est cette isomérie ? Donner la relation entre (I) et (II).

Conseils méthodologiques : **a)** : Utiliser la définition d'un pourcentage massique. **b)** et **c)** : Utiliser le savoir-faire 2.

a) On déduit x et y des pourcentages massiques et de la masse molaire du composé X :

$$12{,}0\,x = \frac{41{,}38}{100}\,116{,}05 \Rightarrow x = 4\,.$$

De même $y = 4$. Le pourcentage massique en O est :

$$100 - 41{,}38 - 3{,}45 = 55{,}17\,,$$

d'où on déduit $z = 4$. Le composé X a pour *formule brute* $\boxed{C_4H_4O_4}$.

Remarque :

x, y et z sont nécessairement des entiers.

On peut alors calculer le nombre d'insaturations de X. Le composé saturé en C_4 est C_4H_{10}. Le passage de R—H saturé à R—OH saturé ne change pas le nombre d'atomes d'hydrogène. $C_4H_{10}O_4$ est donc saturé. On en déduit le *nombre d'insaturations* de X :

$$\boxed{n_i = \frac{10-4}{2} = 3}\,.$$

b) La fonction alcène donne une insaturation, chaque fonction acide carboxylique en donne également une. Toutes les insaturations sont attribuées. *La seule formule possible* est alors la suivante :

HOOC − CH = CH − COOH

c) Le composé X présente deux stéréoisomères de configuration Z ou E, *diastéréoisomères* entre eux :

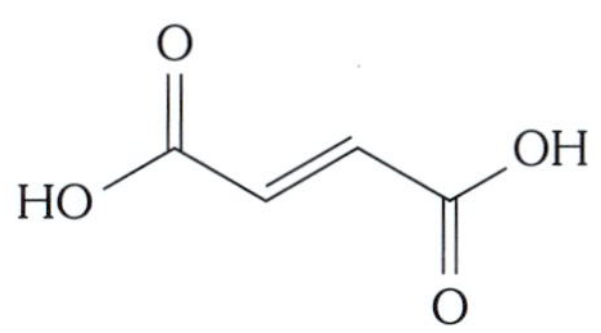

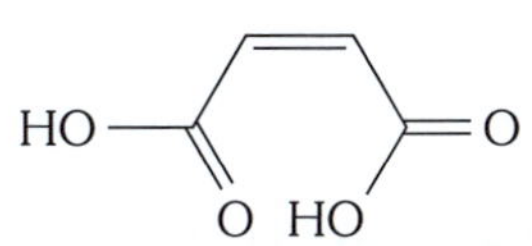

Remarque :

Le Z permet la formation d'une liaison hydrogène intramoléculaire.

2. Analyse d'un composé azoté – Isomérie de constitution — D'après ENS

a) La combustion complète de 41,0 mg d'une substance organique X fournit 99,0 mg de dioxyde de carbone et 55,5 mg d'eau. L'oxydation dans des conditions où tout l'azote de la substance organique se retrouve à l'état de diazote, réalisée sur un échantillon de 92,7 mg de X conduit à un volume de 14,2 cm^3 de diazote (mesuré dans les conditions normales de température et de pression où $V_m = 22{,}4 \text{ L} \cdot \text{mol}^{-1}$).

Déterminer la composition centésimale de cette substance en carbone, hydrogène et azote.

Que peut on en déduire ?

Ces résultats permettent-ils de déterminer la formule brute de la substance ?

b) L'étude acido-basique du composé X montre qu'il s'agit d'une monobase. On en réalise le dosage en dissolvant 1 g de X dans un volume de 50 cm^3 d'eau auquel on ajoute quelques gouttes d'hélianthine. Il est nécessaire d'ajouter 27,4 cm^3 d'une solution d'acide chlorhydrique de concentration égale à 0,5 $\text{mol} \cdot \text{L}^{-1}$ pour obtenir le virage de l'indicateur.

En déduire la masse molaire de la substance X. Quelle est sa formule brute ?

Quelle fonction organique peut on attribuer à X ? Justifier le choix de l'indicateur coloré utilisé dans ce dosage.

c) Donner tous les isomères de constitution de X.

Données : $M_H = 1$; $M_C = 12$; $M_N = 14$; $M_O = 16 \text{ g} \cdot \text{mol}^{-1}$.

Conseils méthodologiques : a) : La substance est *a priori* de type $C_xH_yO_zN_w$. Faire un bilan de matière. **b)** : La fonction amine est une base faible. **c)** : Utiliser le savoir-faire 2.

a) *La combustion* permet d'accéder au pourcentage massique d'hydrogène et de carbone, grâce à la conservation de la matière. En effet, le carbone du CO_2 mesuré provient exclusivement de l'échantillon, de même que l'hydrogène d'H_2O provient de l'échantillon. Dans l'échantillon de 41,0 mg de X, il y avait :

$$n(\text{C}) = n(\text{CO}_2) = \frac{m(\text{CO}_2)}{M(\text{CO}_2)} = \frac{99{,}0\ 10^{-3}}{44} = 2{,}25 \text{ mmol},$$

$$n(\text{H}) = 2\,n(\text{H}_2\text{O}) = 2\,\frac{55{,}5\ 10^{-3}}{18} = 6{,}17 \text{ mmol}.$$

On en déduit les pourcentages massiques suivants :

$$\tau_C = \frac{M(\text{C})\,n(\text{C})}{m(\text{X})} = \frac{12 \times 2{,}25\ 10^{-3}}{41{,}0\ 10^{-3}} = 66\ \% \quad \text{et} \quad \tau_H = \frac{1 \times 6{,}17\ 10^{-3}}{41{,}0\ 10^{-3}} = 15\ \%.$$

D'autre part, *l'oxydation* de 92,7 mg de X conduit à $n(\text{N}_2) = \dfrac{V(\text{N}_2)}{V_m} = \dfrac{14{,}2}{22\,400} = 0{,}63 \text{ mmol}$.

Par conservation de la matière, $n(\text{N}) = 2\,n(\text{N}_2)$. On en déduit :

$$\tau_N = \frac{14 \times 2 \times 0{,}63\ 10^{-3}}{92{,}7\ 10^{-3}} = 19\ \%.$$

On remarque que $\tau_C + \tau_N + \tau_H = 100\ \%$. Le composé ne contient donc pas d'oxygène.

On peut en déduire la formule brute du composé, de type $C_xH_yN_w$, à un facteur multiplicatif près, d'après les relations suivantes : $\dfrac{12\,x}{\tau_C} = \dfrac{1\,y}{\tau_H} = \dfrac{14\,w}{\tau_N}$.

On en déduit $x \approx 4\,w$ et $y \approx 11\,w$.

La formule brute du composé X est donc de la forme $\boxed{(C_4H_{11}N)_w}$.

b) *Le titrage acido-basique* permet de déterminer la masse molaire de X. Pour une monobase susceptible de capter un proton, l'équation bilan du dosage s'écrit : $\overline{X} + H_3O^{\oplus} \longrightarrow {}^{\oplus}XH + H_2O$

À l'équivalence : $n_X = \dfrac{m_X}{M_X} = \dfrac{1}{M_X} = n_{H_3O^+} = C_{H_3O^+}v_{H_3O^+} = 0{,}5 \times 27{,}4\ 10^{-3}$ mol.

On en déduit : $\boxed{M_X \approx 73\ g \cdot mol^{-1}}$.

Comme $M_X = 73\ w$, on en tire $w = 1$ et X : $\boxed{C_4H_{11}N}$.

Le nombre d'insaturation est 0. X est par conséquent une amine saturée, de basicité de force comparable à celle de l'ammoniac NH_3, ce qui justifie a posteriori le choix de l'hélianthine comme indicateur coloré (acide fort/base faible).

c) X est une *amine saturée*. Cherchons les amines *primaires* de type RNH_2.

- Chaîne en C_4 : *butan-1-amine* ou *butan-2-amine*

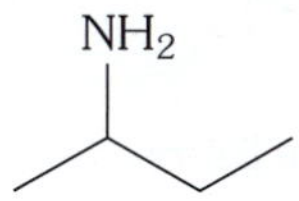

- Chaîne en C_3. Désormais, il faut placer un groupement méthyle en ramification.

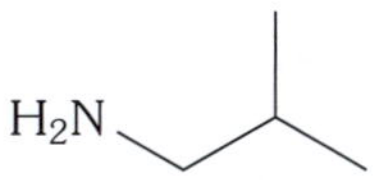

2-méthylpropan-1-amine

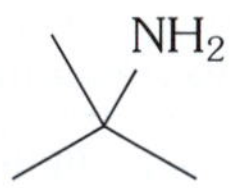

2-méthylpropan-2-amine

On peut ensuite envisager que l'amine soit *secondaire* de type R—NH—R',

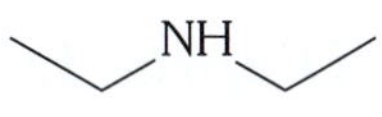

N-éthyléthanamine

N-méthylpropan-1-amine

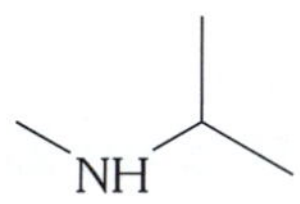

N-méthylpropan-2-amine

ou *tertiaire* RR'R"N :

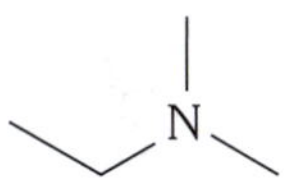

N,N-diméthyléthanamine

3. La chiralité ____ D'après Agro

Le sulcatol, 6-méthylhept-5-én-2-ol, est une phéromone d'agrégation de *Gnathotricus retusus*, insecte nuisible des bois du nord-ouest de l'Amérique.

a) Rappeler la définition d'une molécule chirale. Qu'est-ce qu'un mélange racémique ?

b) Que signifient les notations « (S) » et « (+) » dans « (S)-(+)-sulcatol » ?

c) Dessiner la molécule de (S)-(+)-sulcatol.

d) Combien de stéréoisomères de configuration possède le sulcatol ? Quel est leur lien stéréochimique ?

Conseils méthodologiques : **a)** et **b)** : Ne pas confondre convention et expérience. **c)** et **d)** : Utiliser le savoir-faire 3.

a) Une molécule *chirale* est une molécule non superposable à son image par un miroir plan. Elle est dédoublable en deux énantiomères, chaque énantiomère pouvant faire tourner le plan de polarisation d'une lumière polarisée rectilignement. Un mélange *racémique* est un mélange équimolaire de chacun des deux énantiomères. Il n'a pas de propriété optique.

b) La notation (S) signifie que le carbone asymétrique du (S)-sulcatol est de *configuration (S)* selon les règles C, I, P. La notation (+) signifie que cet énantiomère peut faire tourner le plan de polarisation d'une lumière polarisée dans le sens des aiguilles d'une montre. On parle de composé *dextrogyre*.

Erreur à éviter :

Il n'y a aucun lien entre ces deux notations.

c) On commence par dessiner la formule *topologique* du sulcatol :

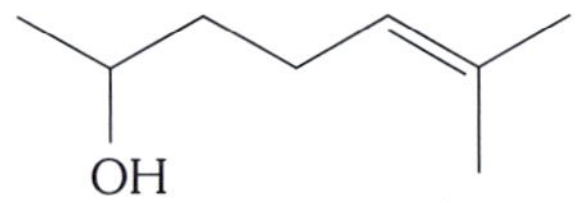

On utilise ensuite les règles C, I, P pour obtenir l'ordre de priorité du carbone 2 :

$$-OH > -CH_2-CH_2 > -CH_3 > -H$$

Le (S)-(+)-sulcatol correspond donc à la représentation de *Cram* ci-contre.

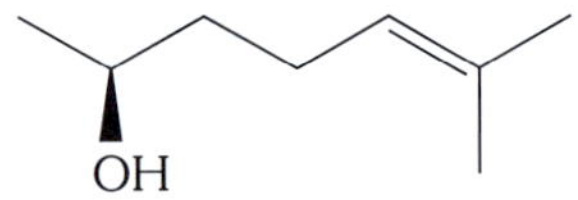

d) Le sulcatol possède un atome de carbone asymétrique, et une double liaison. Mais un des carbones de la double liaison possède deux substituants identiques, il n'y a donc pas de diastéréoisomérie géométrique.

Le sulcatol possède au total $2^1 = 2$ *stéréoisomères de configuration*.

Ces deux isomères sont *énantiomères* entre eux : il s'agit du (R) et du (S)-sulcatol.

4. Configurations R,S ou Z,E — D'après Enstim

On considère le composé suivant, noté **1** :

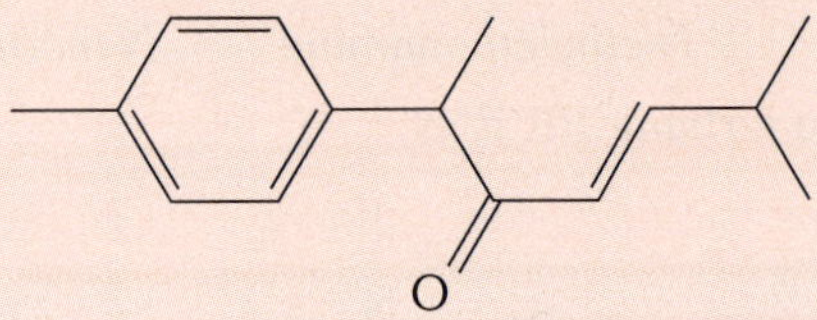

Combien ce composé possède-t-il de stéréoisomères ? Les désigner à l'aide de la nomenclature adaptée (R, S, Z, E) en indiquant la relation de stéréoisomérie qui existe entre eux (on ne demande pas de représenter les stéréoisomères, ni de les nommer).

Conseils méthodologiques : Utiliser le savoir-faire 3.

Le composé **1** possède un atome de carbone asymétrique, indiqué par une étoile dans la formule topologique ci-contre :

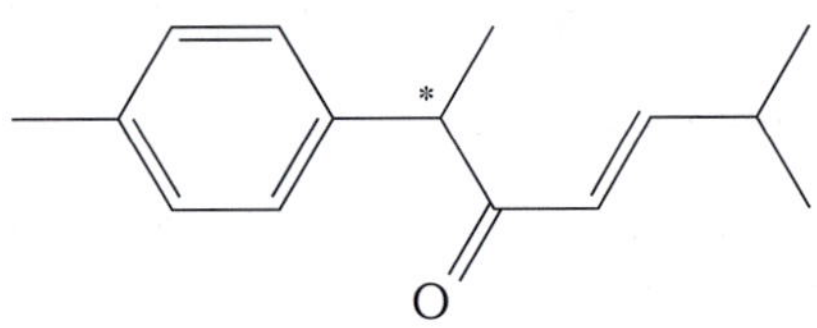

Le composé **1** a également une double liaison C=C, dans laquelle chaque atome de carbone possède deux groupements différents. Les doubles liaisons du cycle sont de configuration fixée par contrainte stérique.

Le composé 1 possède en tout :

$2^{1+1} = 4$ *stéréoisomères de configuration*.

Les relations entre eux sont données en Fig. 11.

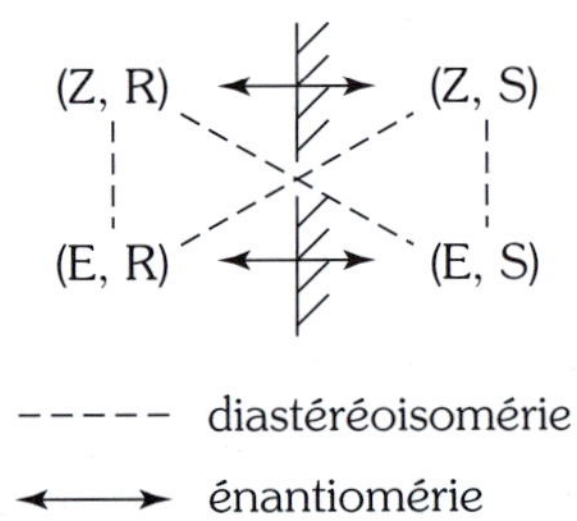

Figure 11

5. L'ent-phytoprostane E_1 — D'après Polytechnique

a) L'*ent*-phytoprostane E_1 est un composé pouvant provoquer des allergies chez l'homme pendant la période des pollens.

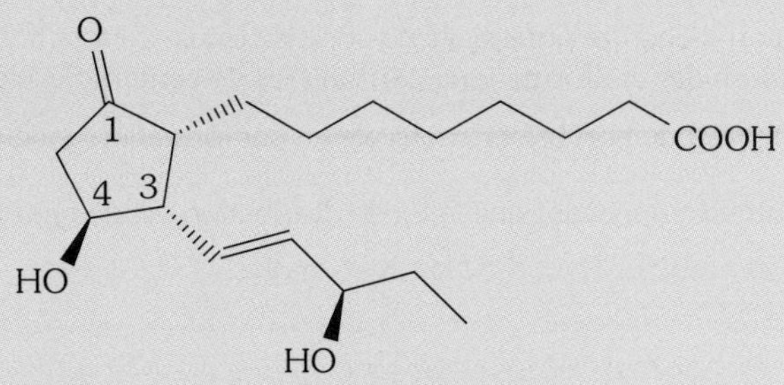

ent-phytoprostane E_1

Combien ce composé possède-t-il de stéréoisomères ?

b) Une synthèse à partir du furane aboutit à la formation des deux intermédiaires suivants :

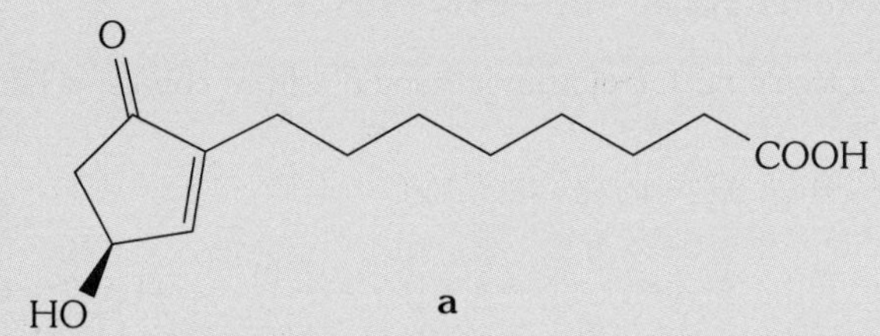

a

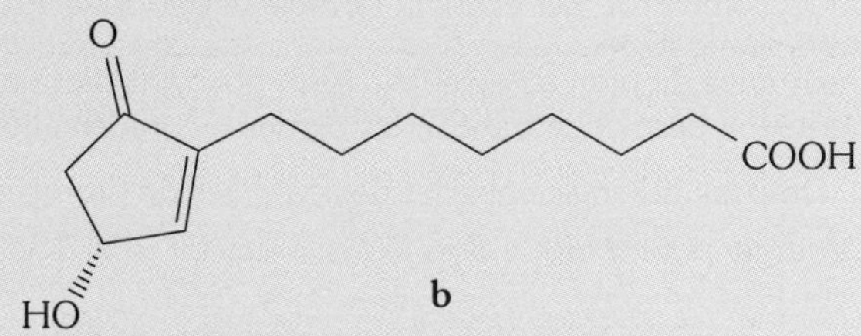

b

Quel est le rapport d'isomérie entre ces deux composés ? Donner la (les) configuration(s) de l'isomère a.

c) De manière générale, proposer une méthode pour séparer deux isomères tels que a et b.

Conseils méthodologiques : Utiliser le savoir-faire 3.

a) L'*ent*-phytoprostane E_1 possède 4 carbones asymétriques, les carbones 2, 3 et 4 du cyclopentane, et le carbone portant la fonction alcool de la chaîne latérale, ainsi qu'une double liaison C=C, pour laquelle chaque carbone a deux groupements différents. Au total, le nombre maximum de stéréoisomères possibles est de $2^{4+1} = 32$. Il n'y a aucun élément de symétrie ou de contrainte stérique qui restreigne ce nombre.

L'*ent*-phytoprostane E_1 a donc *32 stéréoisomères de configuration*.

b) Les composés a et b sont images l'un de l'autre par un miroir plan, et il ne sont pas superposables : ils sont donc *énantiomères*.

On utilise les règles C, I, P pour déterminer les ordres de priorités du carbone asymétrique de a :

$$-OH > -CH=CH > CH_2-C > -H$$

Le carbone est donc S.

c) La méthode la plus générale pour séparer deux énantiomères est la *chromatographie sur colonne chirale*. Dans ce type de colonne, la phase stationnaire est chirale, et interagit de façon différente avec chaque énantiomère. Il en résulte que le temps de rétention sur la colonne n'est pas le même pour chaque énantiomère.

Il existe d'autres méthodes un peu moins générales : on peut par exemple coupler chimiquement ces énantiomères à un produit optiquement pur, et séparer ensuite les diastéréoisomères obtenus.

6. Conformation d'une chaise ouverte — D'après Mines-Ponts

On s'intéresse au 1,2-dibromoéthane.

a) Cette molécule est-elle chirale ? Justifier.

b) Représenter la variation d'énergie potentielle de cette molécule en fonction d'un angle de rotation judicieusement choisi. Donner le nom des conformations particulières de cette molécule.

c) Calculer à 25 °C le rapport du nombre de molécule en conformation gauche par rapport au nombre de molécule en conformation anti, en supposant que la loi de distribution est de type Boltzmann ($e^{-\frac{Ei}{RT}}$).

Données : ΔE_p = 2,3 kJ · mol^{-1}, R = 8,31 J · K^{-1} · mol^{-1}.

Conseils méthodologiques : a) : Utiliser le savoir-faire 3. **b)** : Utiliser le savoir faire 4.

a) On commence par écrire la formule développée du 1,2-dibromoéthane : $Br - CH_2 \vdots CH_2 - Br$

L'existence du *plan de symétrie* suffit pour affirmer que la molécule du 1,2-dibromoéthane n'est pas chirale, si l'énergie thermique permet de franchir les barrières conformationnelles.

b) On pose α l'angle entre les deux atomes de brome en projection de *Newman* (Fig. 12).

L'énergie potentielle a alors le profil suivant : Fig 13.

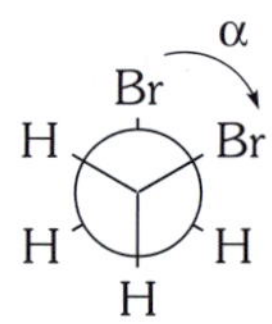

Figure 12

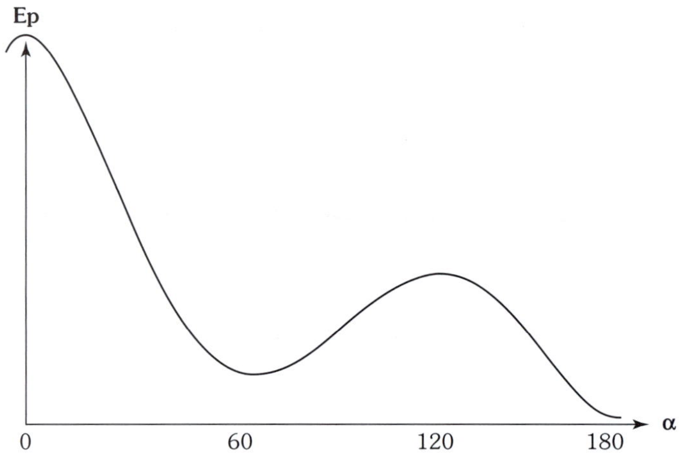

Figure 13

Les conformations particulières sont :

α =	0	60	120	180
Nom	*éclipsée syn*	*décalée gauche*	*éclipsée gauche*	*décalée anti.*

c) Le rapport, selon la *distribution de Boltzmann*, est égal à :

$$\frac{n_a}{n_g} = \exp\left(\frac{-E_a}{RT} - \frac{-E_g}{RT}\right) = \exp\left(\frac{\Delta E_p}{RT}\right) = \exp\left(\frac{+2{,}3\ 10^3}{8{,}31\ (273+25)}\right) = \boxed{2{,}5}.$$

Pour approfondir

7. Précurseurs du furanéol — D'après Centrale-Supelec

L'ensemble des réactions de brunissement non enzymatiques qui interviennent dans le traitement des aliments (cuisson, torréfaction, grillage…) est connu sous le nom de réaction de Maillard. Par exemple, ce type de réaction est responsable du goût du pain. On étudie ici deux réactifs, la valine et le rhamnose, menant au furanéol par chauffage en milieu légèrement acide. Le furanéol développe une note de caramel et est présent notamment dans les fraises et les ananas.

1. La valine naturelle est l'acide (2S)(+) 3-méthyl-2-aminobutanoïque.

a) Représenter cette molécule en convention de Cram.

b) Que signifie le préfixe (+) ?

2. La représentation de Cram du rhamnose est la suivante :

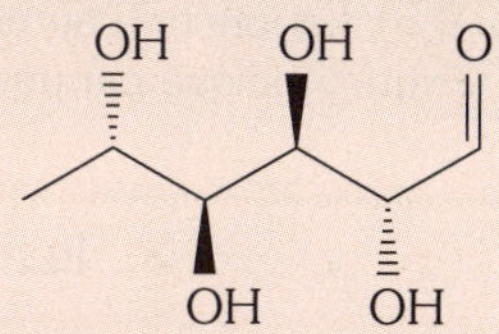

a) Donner le nom du rhamnose en nomenclature systématique, en précisant la configuration de chaque carbone asymétrique.

b) Combien cette molécule possède-t-elle de stéréoisomères de configuration ?

3. Comme tous les sucres, le rhamnose n'est pas stable en chaîne ouverte et se referme pour former un hémiacétal cyclique à 6 maillons :

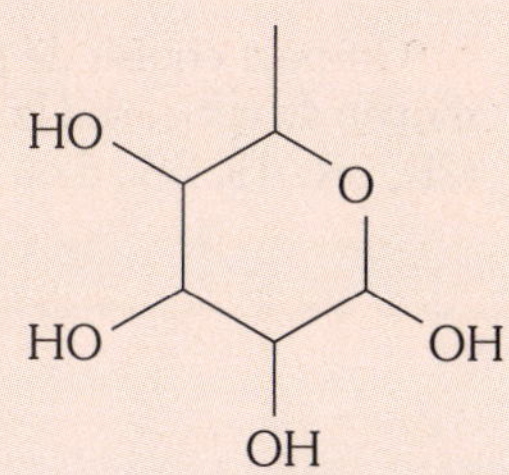

Les configurations précédentes restent inchangées.

a) Combien de stéréoisomères de configuration peuvent alors se former ?

b) Donner la formule topologique de l'un d'entre eux.

Conseils méthodologiques : **1.** et **2.** : Utiliser le savoir-faire 3. **3.** : Penser au nombre de carbones asymétriques créés.

1.a) On commence par écrire la formule *topologique* de la valine :

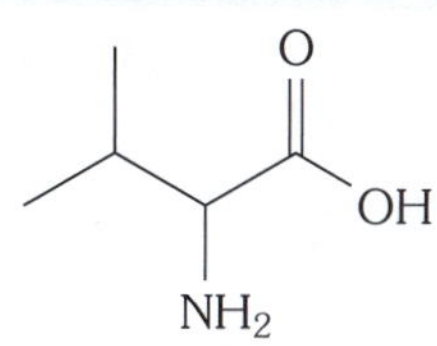

D'après les règles C, I, P :

$$-NH_2 > -COOH > -CH(CH_3)_2 > -H$$

On obtient alors la formule de Cram suivante :

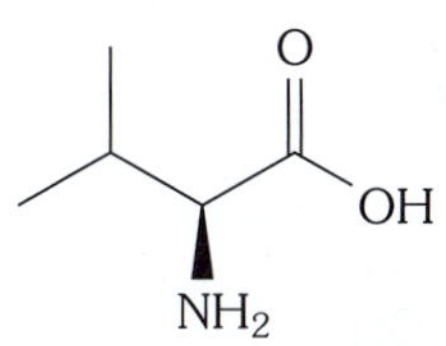

(S)-valine.

b) Le préfixe (+) signifie que la valine naturelle dévie le plan de polarisation d'une lumière polarisée rectilignement vers la droite. On parle alors de composé *dextrogyre*.

2.a) Le rhamnose est le 2,3,4,5-tétrahydroxyhexanal. Il reste à préciser les *configurations* des quatre atomes de carbone asymétrique. D'après les règles C, I, P :

Le carbone 2 est R, car $-OH > -CHO > -CH(OH)-C > -H$.
Le carbone 3 est R, car :

$$-OH > -CH(OH)-CHO > CH(OH)-CH(OH)-CH_3 > -H$$

Le carbone 4 est S, car :

$$-OH > -CH(OH)-CH(OH) > -CH(OH)-CH_3 > -H$$

Le carbone 5 est S, car :

$$-OH > -CH(OH) > -CH_3 > -H$$

Remarque :

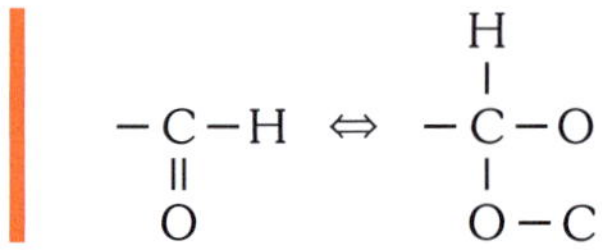

Le *nom* en nomenclature systématique du rhamnose est (2R,3R,4S,5S) 2,3,4,5-tétrahydroxyhexanal.

b) Le rhamnose possède 4 carbones asymétriques. Il n'y a pas de double liaison ou de contraintes stériques permettant une diastéréoisomérie de type Z/E, et aucun élément de géométrie ou de contrainte restreignant le nombre de configurations. Le rhamnose a par conséquent $2^4 = 16$ *stéréoisomères de configuration*.

3.a) La jonction au niveau de l'hémiacétal crée un *nouveau carbone asymétrique*, indiqué par une étoile dans la formule topologique ci-contre :

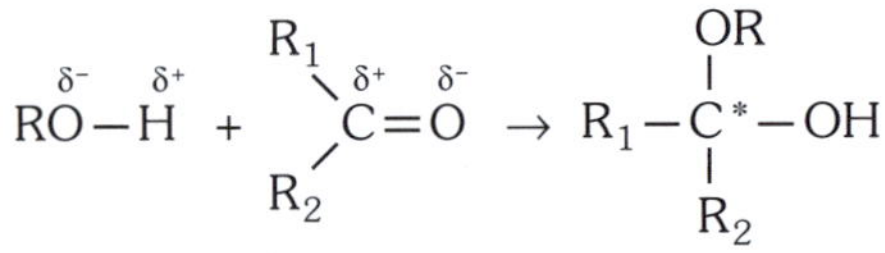

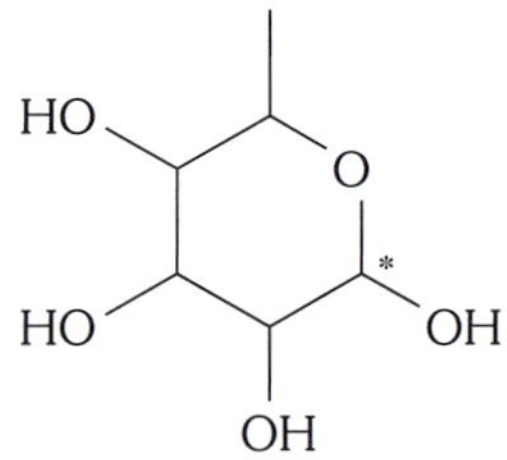

On peut donc former *2 stéréoisomères de configuration*.

b) On peut choisir de positionner la nouvelle fonction alcool au dessus du plan moyen du cycle, soit le 1S (noté *). Les autres C* conservent leurs configurations (2R, 3R, 4S, 5S), d'où la représentation ci-contre.

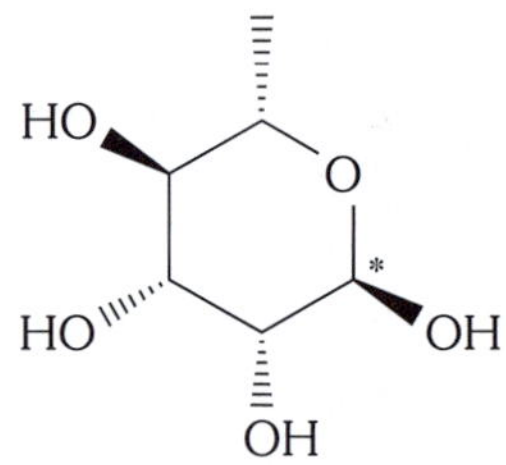

8. Dédoublement cinétique d'un alcool allylique ________ D'après Agro

1. Excès énantiomérique

1.1. Rappeler la définition de la notion d'énantiomérie.

1.2. On définit l'excès énantiomérique (noté *ee*) d'un mélange de deux énantiomères, l'un dextrogyre noté *d*, l'autre lévogyre noté *l* :

$$ee = \frac{|n_d - n_l|}{n_d + n_l}$$

où n_d et n_l désignent respectivement les quantités de *d* et *l* dans le mélange.
Entre quelles valeurs extrêmes l'excès énantiomérique peut-il varier ? À quels cas correspondent ces valeurs extrêmes ?

2. Étude cinétique

(*R*)-**9**

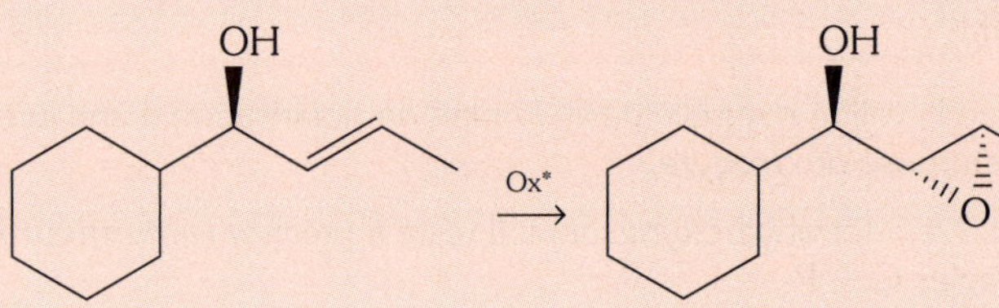

10

(S)-9 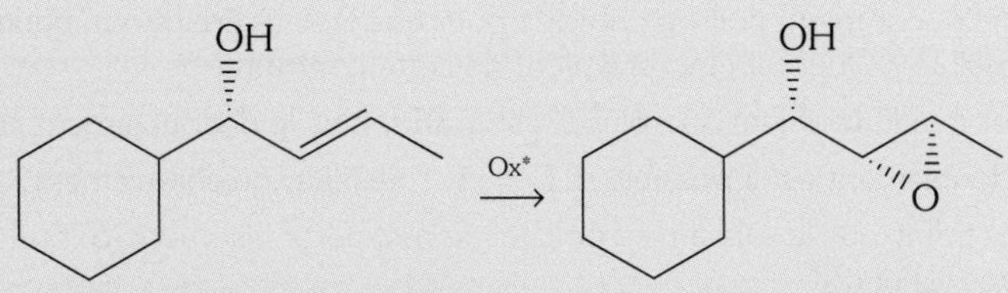 11

Le racémique étudié est noté (R)-9 + (S)-9. On le dédouble à l'aide d'un réactif chiral Ox*.

Cette réaction est beaucoup plus rapide avec l'isomère (*R*) de **9** qu'avec l'isomère (*S*). Ainsi, au cours de la réaction entre **9** racémique et *Ox**, l'isomère (*R*) est rapidement consommé tandis que l'isomère (*S*) reste pratiquement intact.

Dans les conditions utilisées, on admet que chacune des réactions est l'ordre 1 par rapport à l'énantiomère de **9** concerné et d'ordre 0 par rapport à toutes les autres espèces. On note k_R la constante cinétique de la réaction lorsque le réactif est l'isomère (*R*) de **9** et k_S lorsque c'est l'isomère (*S*).

On appelle *E* le rapport des constantes de vitesse k_R et k_S (on supposera dans tout ce problème que *E* est supérieur ou égal à 1) : $E = k_R/k_S \geqslant 1$.

La réaction est effectuée dans le solvant dichlorométhane, en partant de **9** racémique de concentration totale C_0.

2.1. Quel est le lien stéréochimique entre les produits **10** et **11** ?

2.2. Quelle est la concentration initiale en chaque énantiomère de **9** ?

2.3. Exprimer les concentrations C_R et C_S en chaque énantiomère de **9** à un instant *t* en fonction de k_R, k_S, C_0 et du temps *t* (on prend l'origine $t = 0$ du déclenchement de la réaction).

2.4. Évolution du rapport C_R/C_S

2.4.1. Exprimer le rapport C_R/C_S en fonction de *t*, *E* et k_S.

2.4.2. Que vaut ce rapport si $E = 1$? Retrouver ce résultat sans calcul.

2.4.3. Si $E > 1$, vers quoi tend le rapport C_R/C_S quand *t* devient très grand ? Justifier que ce protocole soit une technique de purification de l'isomère (*S*) de **9**.

2.4.4. Évaluer le rapport C_R/C_S lorsque C_S a diminué de moitié par rapport à sa valeur initiale, avec $E = 100$. Conclure. On rappelle : $2^{10} \approx 10^3$.

2.5. On note τ le taux d'avancement de la réaction : τ est le quotient de la quantité de **9** ayant réagi sur la quantité initiale de **9** : $\tau = \dfrac{C_0 - (C_R + C_S)}{C_0}$.

À partir des relations précédentes, on peut déduire les égalités (1) et (2) reliant *E*, τ et l'excès énantiomérique *ee* en réactif **9** n'ayant pas réagi :

$$E = \frac{\ln[(1-\tau)(1-ee)]}{\ln[(1-\tau)(1+ee)]} \quad (1)$$

$$\frac{1-ee}{(1+ee)^E} = (1-\tau)^{E-1} \quad (2)$$

Ces égalités permettent de tracer le graphe ci-contre (Fig. 14) donnant l'excès énantiomérique *ee* en fonction du taux de conversion τ, pour différentes valeurs de *E* (appelé « relative rate »), indiquées sur les courbes.

On ne demande ni de démontrer les égalités (1) et (2), ni de justifier l'allure des courbes, mais on pourra utiliser ces données pour répondre aux questions suivantes.

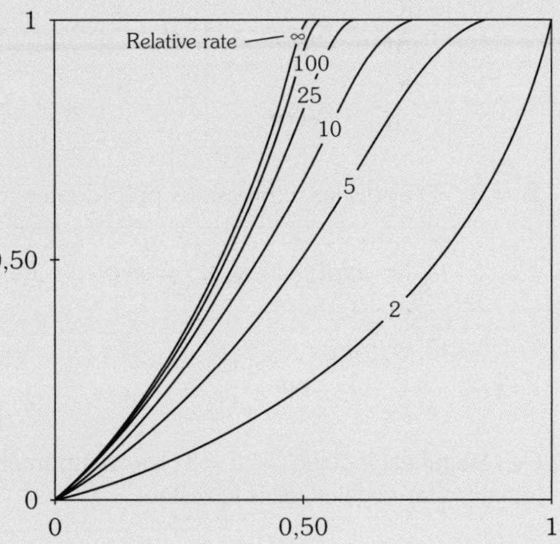

Figure 14

2.5.1. Si $E = 2$, comment doit-on choisir τ pour que l'excès énantiomérique en réactif **9** n'ayant pas réagi soit le plus élevé possible ? Quel est l'inconvénient de cette contrainte ?

2.5.2. Justifier qualitativement que plus E est grand, plus le dédoublement est efficace.

2.5.3. Le dédoublement est-il possible si $E = 1$? Justifier qualitativement.

2.5.4. Si E est infini, quelle valeur de τ permet de récupérer l'isomère (*S*) pur ? Justifier quantitativement à l'aide d'une des égalités (1) et (2).

Conseils méthodologiques : Retour sur la cinétique chimique à propos du dédoublement d'un racémique.

1.1. *Deux énantiomères* sont deux molécules images l'une de l'autre par un miroir plan, mais non superposables entre elles.

1.2. n_d et n_l étant tous deux positifs, on peut écrire, d'après le théorème de Cauchy-Schwartz, que :

$$|n_d - n_l| = |n_d + (-n_l)| \leqslant |n_d| + |-n_l| = n_d + n_l\,.$$

L'excès énantiomérique est également forcément positif. On en déduit que :

$$\boxed{0 \leqslant ee \leqslant 1}\,.$$

Si n_d ou n_l est nul, alors l'excès énantiomérique est de 1 (produit énantiomériquement pur).

Si $n_d = n_l$, l'excès énantiomérique est de 0 (mélange racémique).

2.1. Les produits **10** et **11** on la même formule plane, mais des formules tridimensionnelles différentes, et ne sont pas images l'un de l'autre par un miroir : *il s'agit de diastéréoisomères.*

Erreur à éviter :

Les 2 composés ne diffèrent que d'un C* sur trois.

2.2. L'énoncé précise que le mélange initial est *racémique*, ce qui signifie que la concentration en énantiomère R est égale à celle en énantiomère S :

$$(C_R)_0 = (C_S)_0 = \frac{C_0}{2}\,.$$

2.3. Les équations cinétiques sont :

$$\begin{cases} -\dfrac{dC_R}{dt} = k_R C_R \\ -\dfrac{dC_S}{dt} = k_S C_S \end{cases} \Rightarrow \begin{cases} C_R = \dfrac{C_0}{2}\exp(-k_R t) \\ C_S = \dfrac{C_0}{2}\exp(-k_S t) \end{cases}.$$

2.4.1. D'après les expressions précédentes, on peut écrire :

$$\boxed{\frac{C_R}{C_S} = \exp((k_S - k_R)t) = \exp((1-E)k_S t)}\,.$$

2.4.2. Si E = 1, alors : $\boxed{\dfrac{C_R}{C_S} = 1}$.

Ce résultat est logique : si E = 1, les énantiomères R et S réagissent exactement à la même vitesse. Leurs concentrations initiales étant égales, elles le restent.

2.4.3. Si E > 1, alors le rapport $\frac{C_R}{C_S}$ tend vers 0 pour t grand. Le composé R réagit rapidement, tandis que le composé S réagit très peu : *on élimine sélectivement* le composé R, il ne reste plus que le composé S.

Remarque :

Ce protocole permet de purifier l'isomère S du produit **9**.

2.4.4. C_S a diminué de moitié pour $t = \tau_{1/2} = \frac{\ln(2)}{k_S}$ (alors $C_S = C_0/4$).
À ce temps, le rapport $\frac{C_R}{C_S}$ vaut :

$$\frac{C_R}{C_S} = \exp\left((1-E)k_S \frac{\ln 2}{k_S}\right) = 2^{1-E} = 2\ 10^{-30}.$$

Ce rapport est ridiculement faible, et il est atteint en perdant 50 % de l'énantiomère S initialement présent. On peut *considérer le produit comme pur.*

2.5.1. Si E = 2, il faut choisir τ le plus grand possible pour que l'excès énantiomérique soit le plus grand possible. D'après le graphe donné par l'énoncé, $\tau = 1$ permet d'avoir un *excès énantiomérique proche de 1.*

Le problème est qu'on n'a alors presque plus de produit, ce dernier ayant intégralement réagi.

2.5.2. Plus E est grand, plus le rapport des vitesses de réaction est important, donc plus on sépare vite les deux énantiomères, c'est-à-dire moins on consomme celui que l'on veut garder. *Idéalement*, si un énantiomère ne réagit pas, et l'autre réagit très vite ($E \to +\infty$), on extrait l'intégralité de l'un des deux énantiomères ($\tau = 0{,}50$).

2.5.3. Si E = 1, l'excès énantiomérique restera égal à 0 car le rapport des concentrations reste tout le temps égal à 1 (*cf.* **2.4.1.**). *Le dédoublement n'est donc pas possible.*

2.5.4. Si E est infini, on peut considérer que l'isomère S ne réagit pas. On récupère l'intégralité de S présent initialement, tout le R ayant été consommé. Cela correspond à $\tau = 0{,}50$.

En utilisant l'égalité 1, on peut écrire :

$$\frac{1-ee}{(1+ee)^E} = (1-\tau)^{E-1} \Rightarrow (1-\tau) = \frac{(1-ee)^{\frac{1}{E-1}}}{(1+ee)^{\frac{E}{E-1}}}.$$

Quand E tend vers + ∞, alors :

$$\frac{1}{E-1} \underset{E\to+\infty}{\to} 0 \quad \text{et} \quad \frac{E}{E-1} \underset{E\to+\infty}{\to} 1.$$

Cela implique que (on suppose que ee n'est pas exactement égal à 1) :

$$(1-\tau) \underset{E\to+\infty}{\to} \frac{(1-ee)^0}{(1+ee)} = \frac{1}{1+ee}.$$

Comme ee tend vers 1, $(1-\tau)$ tend vers 0,50, donc $\boxed{\tau \text{ tend vers } 0{,}50}$.

On récupère S pur pour $\tau = 0{,}50$, c'est-à-dire quand on a sélectivement éliminé tout le R du mélange.

CHAPITRE 8

Réactivité de la double liaison C=C

Le cours en questions

1 Caractéristiques et effets électriques

1.1 Quels sont les différents types de moments dipolaires existants ?

• **Moment dipolaire permanent** : Si une molécule possède une charge $-q$ portée par l'atome A, et une charge $+q$ portée par B, alors elle a un moment dipolaire permanent μ_0, vérifiant :

$$\overrightarrow{\mu_0} = q\,\overrightarrow{AB} \; .$$

Les moments dipolaires s'additionnent *vectoriellement*.

• **Ionicité** : Pour une liaison *simple* entre un atome A et un atome B, le pourcentage d'ionicité δ vérifie :

$$\overrightarrow{\mu_0} = \delta\, e\,\overrightarrow{AB}$$ avec e charge élémentaire.

Si $\delta = 0$, la liaison est purement *covalente*. Si $\delta = 1$, la liaison est purement *ionique*.
δ augmente avec la différence d'*électronégativité*.

• **Moment dipolaire induit** : En présence d'un *champ électrique*, les charges sont déplacées en moyenne, il en résulte un moment dipolaire, proportionnel au champ électrique :

$$\overrightarrow{\mu_i} = \alpha\,\overrightarrow{E}$$ avec α polarisabilité.

Plus les électrons sont libres, plus ils sont polarisables : c'est le cas des atomes « *gros* » ou des liaisons *multiples*.

• **Moment dipolaire instantané** : Si en moyenne une liaison est *apolaire*, les électrons sont néanmoins en mouvement. À chaque instant existe donc un dipôle instantané qui peut interagir avec d'autres dipôles. Cet effet est d'autant plus fort que la molécule est polarisable.

Cela explique les *interactions* entre molécules apolaires, en l'absence de champ.

1.2 Quelles sont les propriétés remarquables d'un solvant ?

> Un solvant polaire facilite la *rupture hétérolytique* de liaisons en paires d'ions.
>
> Un solvant dispersant sépare les paires d'ions en *ions libres*.
>
> Un solvant *protique* est de type $A^{\delta-}-H^{\delta+}$.
> Il stabilise les anions par *liaisons hydrogène*.

• **La polarité** est mesurée par le *moment dipolaire permanent* μ_0 du solvant, exprimé en *Debye* ($1\ \text{D} \approx \frac{1}{3}\ 10^{-29}\ \text{C} \cdot \text{m}$).

• **Le pouvoir dispersant** est lié à la valeur de la *constante diélectrique* ε_r. Plus ε_r est élevée, moins la force coulombienne est intense.

• **La proticité** est liée à l'existence ou non d'un *hydrogène acide*. Un solvant protique est un acide de Brönsted, qui peut réagir par réaction acide/base.

1.3 Quels effets gouvernent la réactivité d'une molécule ?

> *Atomes plus électronégatifs* que C : effet $-$I (halogènes X, O, N).
> *Atomes moins électronégatifs que C* : effet +I (Na, Mg, Li).
>
> *Groupement donneur* de doublet : effet +M (X, O, N).
> *Groupement attracteur* de doublet : effet $-$M ($-CH=O$, $-NO_2$).

• **L'effet inductif** ($\pm$I) traduit une déformation du nuage électronique d'une liaison simple σ. Les atomes les plus *électronégatifs* attirent à eux les électrons. Cet effet se propage dans la chaîne mais s'atténue rapidement.

$$CH_3^{\delta+}-Cl^{\delta-}$$

Cl a un effet inductif attracteur $-$I, par conséquent, ici CH_3 un effet inductif donneur +I.

• **L'effet mésomère** ($\pm$M) correspond à un déplacement par mésomérie de doublets d'électrons. Il ne se propage que par *conjugaison*, et est d'autant plus fort que l'électronégativité est faible. L'effet M est prépondérant devant l'effet I pour des structures chargées.

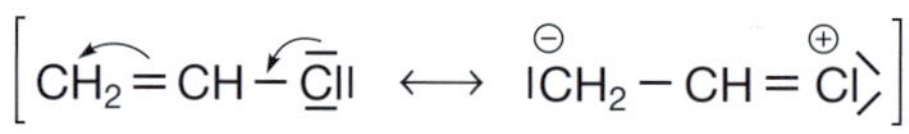

Cl a un effet mésomère donneur +M, et donc $CH_2=CH-$ a un effet mésomère attracteur $-$M ici.

• **L'effet stérique** traduit la répulsion entre atomes. Il est d'autant plus important que les groupements sont *encombrants*.

2 ■ Réactivité organique

2.1 Quel est le lien entre structure de Lewis et réactivité ?

> La nucléophilie augmente avec la *charge négative* et la *polarisabilité*.
>
> L'électrophilie augmente avec la *charge positive* et le *pouvoir polarisant*.
>
> Ces notions sont des concepts *cinétiques*.

• Un site (ou un réactif) possédant un *doublet électronique libre* est appelé site (ou réactif) **nucléophile**. Il est susceptible de donner ses électrons à un centre positif d'une molécule.

• Un site (ou un réactif) possédant une *lacune en électron* est appelé site (ou réactif) **électrophile**. Il est susceptible de capturer les électrons d'un centre négatif d'une molécule.

• Un réactif nucléophile attaque préférentiellement un site électrophile (ou réciproquement) pour donner lieu à des additions ou des substitutions.

2.2 Quels sont les intermédiaires réactionnels rencontrés en chimie organique ?

• Le **carbocation** est un carbone possédant une lacune électronique et une charge positive. Il est plan, *très électrophile*, et il est stabilisé par tout effet donneur (+I ou +M).

• Le **carbanion** est un carbone possédant un doublet libre et une charge négative. Il est tétraédrique, *très nucléophile*, et il est stabilisé par les effets attracteurs (–I ou –M).

• Le **carboradical** est un carbone entouré de 7 électrons. Il est quasi plan, relativement *électrophile*, et il est stabilisé par tout effet donneur (+I ou +M).

Les carbocations et les carbanions réagissent par *voie ionique*, les carboradicaux par *voie radicalaire*.

2.3 Quel type de contrôle peut régir une réaction ?

• À des températures élevées et des temps de réaction grands, si les réactions sont renversables, on est sous **contrôle thermodynamique** : *les équilibres sont atteints*. Le produit majoritaire est alors le plus stable.

• À des températures basses et des temps de réaction courts, on est sous **contrôle cinétique**. Le produit majoritaire est celui *qui se forme le plus rapidement*.

Divers types de contrôle cinétique :

– *contrôle de charge* : interactions coulombiennes entre réactifs (sites) chargés ;

– *contrôle stérique* : cas de réactifs (ou sites) peu chargés ou très encombrés.

On peut orienter une réaction sous contrôle cinétique vers un produit désiré en choisissant un catalyseur sélectif ou un solvant adéquat.

2.4 Quels sont les différents types de sélectivité d'une réaction ?

• Si un réactif peut réagir sur un substrat (une seule fonction) en donnant *deux isomères de constitution*, et qu'il y a formation préférentielle de l'un d'entre eux, la réaction est **régiosélective**.

• Si le produit de la réaction possède *deux stéréoisomères* et que l'un des deux stéréoisomères est formé préférentiellement, la réaction est **stéréosélective**.

• Si en plus le réactif possède deux stéréoisomères, et que chaque stéréoisomère réactif conduit uniquement à un stéréoisomère produit, il y a **stéréospécificité**.

Une réaction stéréospécifique est *nécessairement* stéréosélective à 100 %.

3 ■ Propriétés et réactivité des alcènes

3.1 Comment définir ou obtenir un alcène ?

• **Définition** : Un alcène est un hydrocarbure aliphatique de formule C_nH_{2n}. Il a une insaturation correspondant à une *double liaison* C=C.

• **Origine** : Les alcènes sont peu nombreux à l'état naturel. Ils sont obtenus par vapocraquage du *pétrole*.

Par extension, la double liaison C=C est appelée *fonction alcène*.

3.2 Comment déduire de la structure la réactivité des alcènes ?

- La double liaison impose localement une **planéité** et bloque par conséquent la libre rotation.

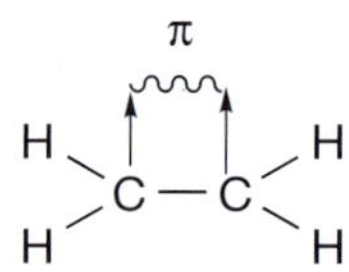

C'est cette contrainte qui est à l'*origine de la diastéréoisomérie* Z, E.

- La liaison π est **peu énergétique**. Les électrons π sont par conséquent assez *polarisables*.

Les électrons π sont également sensibles à l'action des *oxydants*.

- La double liaison est un site **riche en électrons, donc nucléophile et base de Lewis.** Elle est susceptible de réagir avec des électrophiles ou des acides de Lewis. On peut donc prévoir des *additions électrophiles*.

4 ■ Les additions électrophiles ioniques : symbole A_E

4.1 Quel mécanisme justifie la régiosélectivité Markovnikov ?

- **Mécanisme par carbocation** : Ce mécanisme est observé pour les additions sur les alcènes d'électrophiles de petite taille, tel H^+, lors des *hydrohalogénations* (HX) ou des *hydratations* (H_2O avec catalyse H^+). Il a lieu en deux étapes : tout d'abord une addition de l'électrophile sur la double liaison, créant le carbocation, puis une attaque nucléophile sur le carbocation formé.

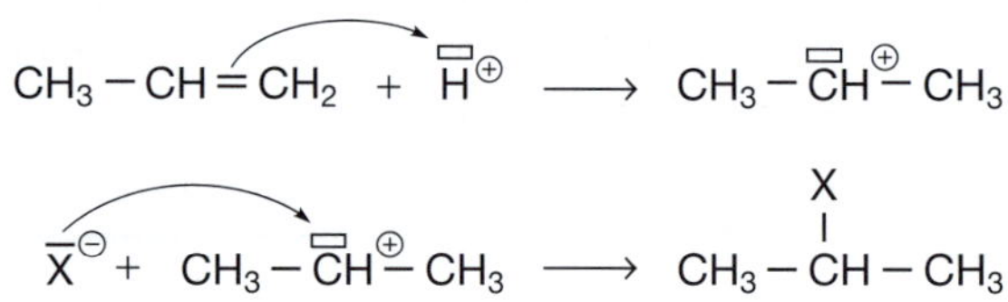

Exemple de l'addition de HX sur le propène. La première étape est limitante. Sous contrôle cinétique, l'intermédiaire le plus stable aboutit au produit majoritaire.

- **La règle de Markovnikov** stipule que le H^+ se fixe sur le carbone le moins substitué, donc le nucléophile se fixe sur le carbone le plus substitué, d'où la *régiosélectivité*.

Erreur à éviter :

Pour des alcènes substitués avec des groupements divers, il faut *chercher le carbocation le plus stable*, qui n'est pas forcément le plus substitué.

4.2 Quel mécanisme justifie une stéréosélectivité anti ? une stéréospécificité anti ?

- **Mécanisme par ion ponté** : Ce mécanisme est observé pour les électrophiles volumineux, tel l'ion $Br^{\oplus}$, lors des dibromations (Br_2). La première étape est l'addition de l'électrophile sur C=C, qui crée un cycle à trois atomes, chargé positivement. Un nucléophile vient ensuite ouvrir ce cycle selon le demi-espace non encombré (en anti).

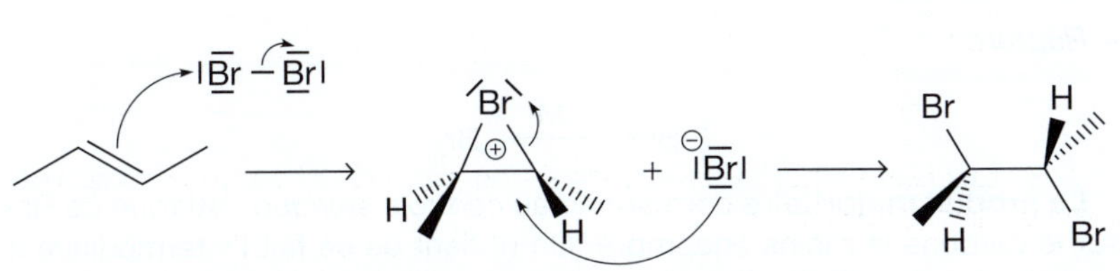

> Exemple de l'addition de *Br_2 sur le (E)-but-2-ène*. On obtient uniquement le *méso*. La réaction est stéréosélective à 100 %.

• **Régiosélectivité et stéréospécificité** : Lors d'une A_E d'un réactif dissymétrique (type Br—Cl ou Br—OH) sur un alcène présentant la diastéréo-isomérie Z/E, on observe simultanément une *régiosélectivité* (fixation de l'électrophile sur le carbone le moins substitué) et une *stéréospécificité anti*.

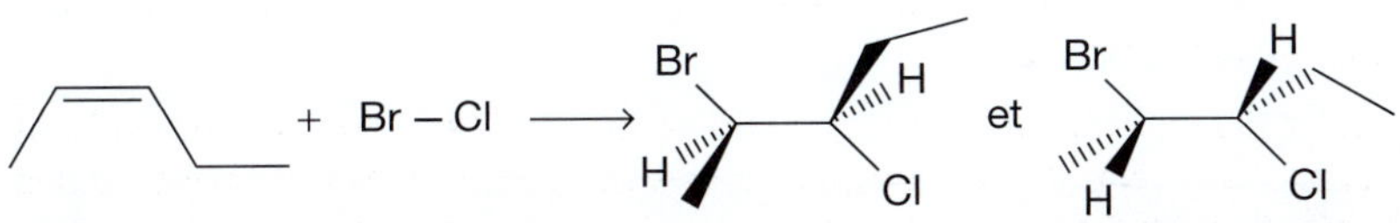

> Exemple de l'addition de *BrCl sur le (Z)-pent-2-ène*. On obtient le couple d'énantiomères RR, SS (le racémique R*R*). Le (E)-pent-2-ène donnerait le couple RS, SR (le racémique R*S*).

REMARQUES. – Le choix de l'électrophile pour un réactif A—B se fait en respectant la *polarité* des liaisons.

– L'ion ponté *chloronium* est *instable* et évolue rapidement vers un carbocation. L'ion ponté iodonium est stable comme l'ion ponté bromonium.

> Rappels d'électronégativité : $\chi(I) < \chi(Br) < \chi(Cl) < \chi(O) < \chi(F)$

5 ■ Les additions électrophiles radicalaires : symbole A_R

5.1 Quand observe-t-on l'effet Kharasch ?

• **L'effet Kharasch** s'observe en pratique lors des additions de HBr dans un solvant apolaire, en présence de *radicaux*. Ces derniers sont créés par initiation thermique (haute température), ou photochimique (lumière), ou par ajout *in situ* d'initiateurs de radicaux.

> Les peroxydes (type ROOR) sont des sources de radicaux.

• **La régiosélectivité** observée est alors *l'inverse* de celle prévue par la règle de Markovnikov.

$$CH_3-CH=CH_2 + HBr \xrightarrow{\text{peroxydes}} CH_3-CH_2-CH_2-Br$$

> Régiosélectivité Kharasch = régiosélectivité anti-Markovnikov.

5.2 Quel mécanisme justifie la régiosélectivité anti-Markovnikov ?

• **Le mécanisme d'A_R** se déroule en quatre étapes.

– *Initiation* :

$$R-O-O-R \longrightarrow 2\,R-O^\bullet$$

– *Transfert* :

$$R-O^\bullet + H-Br \longrightarrow R-OH + Br^\bullet$$

– *Propagation* :

$$Br^\bullet + CH_3-CH=CH_2 \longrightarrow CH_3-\dot{C}H-CH_2-Br$$

$$CH_3-\dot{C}H-CH_2-Br + H-Br \longrightarrow CH_3-CH_2-CH_2-Br + Br^\bullet$$

M est un partenaire de choc (qui absorbe l'énergie libérée).

La carboradical est quasi-

– *Rupture* :

$$2\,Br\bullet \xrightarrow{M} Br_2$$

• **Le produit majoritaire** correspond au *contrôle stérique* : attaque de Br• sur le carbone le moins encombré. On obtient de ce fait l'intermédiaire le plus stable, c'est-à-dire le carboradical le plus substitué.

Les savoir-faire clefs

Conseils méthodologiques

1.1 Commencer par comparer l'*électronégativité* du groupement avec celle d'un carbone. S'intéresser ensuite à la possibilité de *délocalisation* d'un doublet libre. On développe éventuellement les groupements :

1.1.c) 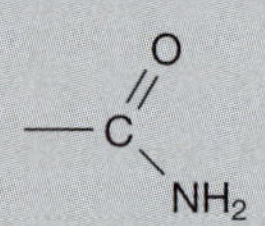

1.2 Un carbocation ou un carboradical est déficient en électron, donc stabilisé par un *effet donneur*. Un carbanion par contre est excédentaire en électron, c'est-à-dire stabilisé par un *effet attracteur.*

1 ■ Savoir identifier et comparer les effets électriques.

1.1 Donner pour chacun des groupements suivants la nature de son **effet inductif et/ou mésomère** en le justifiant :

a) $-C(CH_3)_3$;

b) $-OH$;

c) $-CO-NH_2$;

d) $-Mg-Cl$.

1.2 Donner dans chaque cas, en le justifiant, **l'intermédiaire le plus stable** en solution :

a) 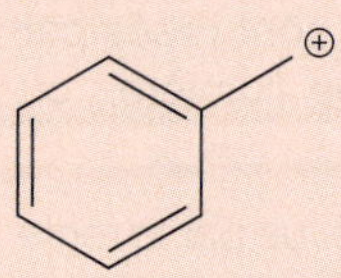 et 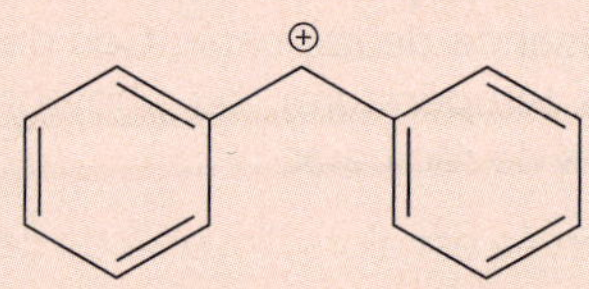

b) 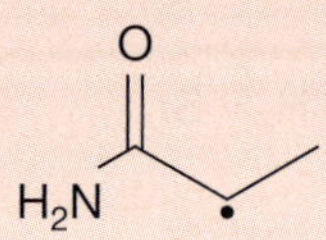 et 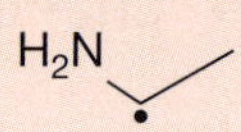

c) 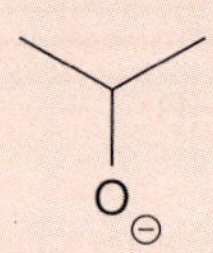 et 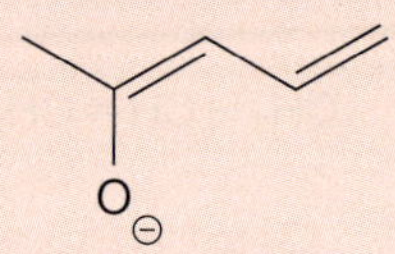

$-C(CH_3)_3$ a donc un effet donneur plus fort que $-CH_3$.

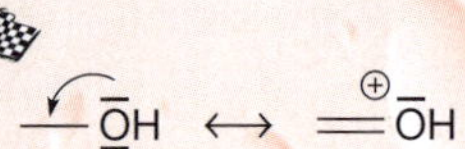

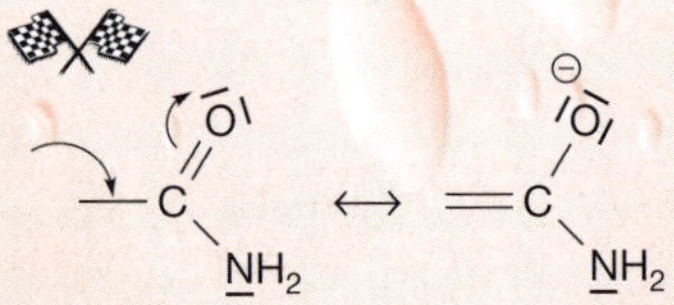

1.1.a) Les groupements méthyle, de par leur richesse électronique, ont un effet inductif +I, et ces effets sont *cumulatifs*.

b) L'atome d'oxygène est *plus électronégatif* que le carbone, il exerce un effet inductif attracteur. Mais l'oxygène possède deux doublets non liants, qui peuvent se délocaliser par mésomérie. Le groupement $-OH$ est −I, +M.

c) L'oxygène et l'azote sont tous deux plus électronégatifs que le carbone, le groupement est donc globalement inductif attracteur (−I). De plus, la liaison C=O, par mésomérie interne, crée une lacune sur le carbone qui devient *site électrophile*. Le groupement est donc −I, −M.

d) Le magnésium est beaucoup *moins électronégatif* que le carbone, il aura donc un effet inductif donneur (+ I) très fort.

1.2. a) Le groupement phényle est à la fois – M et + M selon le groupement adjacent. Ici, il stabilise par conséquent les carbocations par son effet + M. Deux groupements phényle accroissent la *délocalisation* de la charge, et par là même la stabilisation de l'espèce. La seconde espèce est la plus stable en solution.

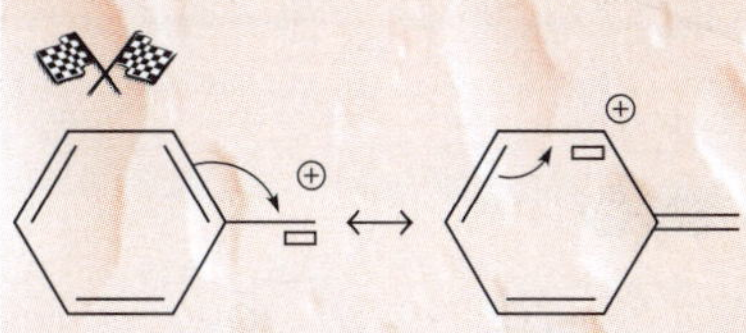

b) Le groupement —CO—NH_2 est – I, – M : il est attracteur d'électrons. Un radical est déjà déficient en électron, ce groupement *déstabilise l'intermédiaire*. Le groupement —NH_2 est – I, + M : il permet une délocalisation de l'électron célibataire sur deux centres, ce qui *stabilise* l'intermédiaire.

Le second composé est le plus stable en solution.

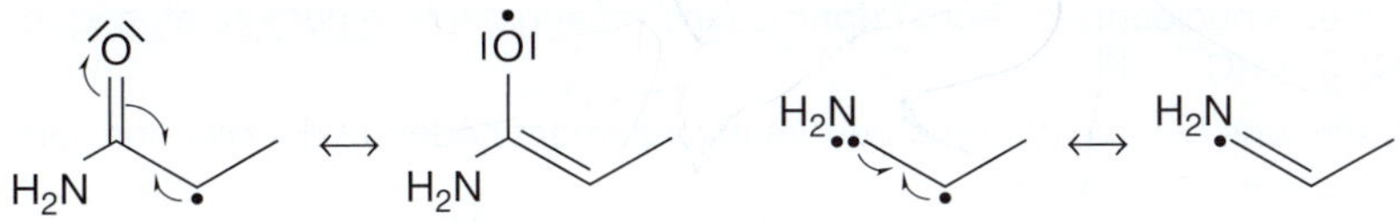

c) Pour le premier intermédiaire, les deux groupements méthyle ont un effet inductif donneur : ils renforcent la charge négative de l'oxygène. Le second intermédiaire possède deux doubles liaisons C=C conjuguées avec la charge de l'oxygène : cette dernière est donc *délocalisée*, ce qui stabilise l'intermédiaire en solution.

Le second intermédiaire ci-contre est donc le plus stable en solution.

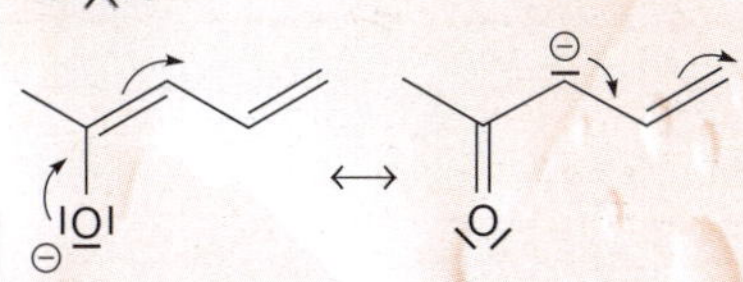

2 ■ Savoir prévoir la nucléophilie et l'électrophilie.

2.1 Les groupements suivants sont-ils **nucléophiles ou électrophiles** ? Justifier la réponse à l'aide d'un schéma de Lewis :

a) H^- ;

b) $AlCl_3$;

c) NO_2^- ;

d) CH_3—CO—CH_3.

2.2 Classer les espèces suivantes par **nucléophilie décroissante** :

a) F^- ; H_2N^- ; HF ; HO^-.

b) propan-2-ol ; methanol ; 2-méthylpropan-2-ol.

Données : $_1H$, $_7N$, $_8O$, $_9F$, $_{13}Al$, $_{16}S$, $_{17}Cl$.

Conseils méthodologiques

2.1 Un nucléophile possède des doublets libres et éventuellement une charge formelle négative. Un électrophile possède une lacune électronique, et éventuellement une charge formelle positive.

2.1.d) Penser à une forme *mésomère* relativement stable, faisant apparaître des charges formelles.

2.2 Plus une espèce a un doublet disponible, plus elle est susceptible de réagir vite, donc plus elle est *nucléophile*.

2.1. a) La formule de Lewis de l'ion hydrure est la suivante : $|H^{\ominus}$.

Cet ion possède un doublet non liant et une charge formelle négative, il est *nucléophile*.

Néanmoins, la petite taille de H^-, donc sa faible polarisabilité, en font un nucléophile peu efficace.

b) La formule de Lewis de $AlCl_3$ est représentée ci-contre. L'aluminium possède une lacune électronique, c'est un *électrophile*.

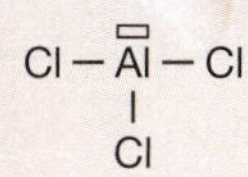

c) La formule de Lewis de NO_2^- est la suivante : $^{\ominus}|\overline{O}-\overline{N}=O\rangle$

Elle fait apparaître des doublets non liants, et une charge formelle négative : l'espèce est donc *nucléophile*.

d) La formule de Lewis de la propanone fait apparaître des doublets non liants sur l'oxygène, ce site est donc *nucléophile*. La double liaison est susceptible de pouvoir migrer sur l'oxygène par mésomérie.

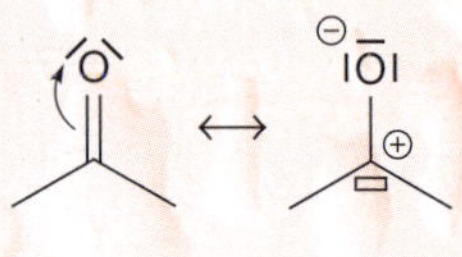

Cette seconde forme mésomère fait apparaître une charge formelle positive sur le carbone de la fonction carbonyle. Ce site est donc un site *électrophile*.

2.2. a) Plus une espèce est *électronégative*, moins elle a tendance à céder un doublet non liant, donc moins elle est nucléophile. Au sein d'une même ligne, la nucléophilie *décroît* donc quand on augmente le numéro atomique : $NH_2^- > HO^- > F^-$.

Le signe $>$ signifie « plus nucléophile que ».

Enfin, une espèce *chargée* peut plus facilement céder un doublet non liant, qu'une espèce neutre : $F^- > HF$.

On en déduit l'ordre final suivant : $NH_2^- > HO^- > F^- > HF$.

b) La nucléophilie est un *concept cinétique*, qui quantifie des vitesses de réaction. Moins une espèce est encombrée, plus elle a de facilité d'approche du site électrophile réactionnel, donc plus la réaction est rapide. On en déduit l'ordre suivant :

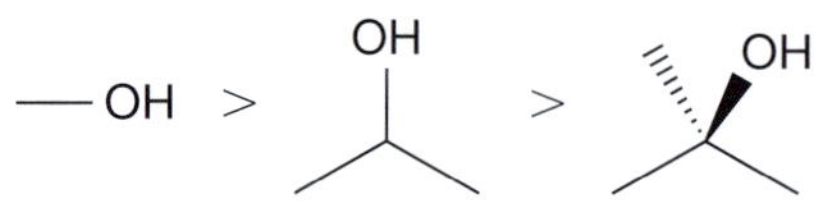

Conseils méthodologiques

3.1 Appliquer *la règle de Markovnikov* pour trouver le produit majoritaire.

3.2 Dessiner les *différents carbocations possibles* et comparer leurs stabilités relatives. Utiliser les effets électriques.

3.3 Chercher le carbocation le plus stable puis répertorier les *différents nucléophiles présents*.

3 ■ Savoir utiliser la règle de Markovnikov.

3.1 Donner le produit **majoritaire** et le mécanisme des réactions suivantes :

a) Propène + H_2O (catalyse H_2SO_4) ;

b) 1-méthylcyclohexène + HBr.

Ces réactions ont lieu à l'abri de la lumière et en l'absence d'initiateurs de radicaux.

3.2 La règle de Markovnikov est en fait **généralisable** à des alcènes fonctionnalisés. Quel est le produit majoritaire des réactions suivantes ?

a) $Cl-CH=CH-CH_3 \; + \; H-Br$; b) 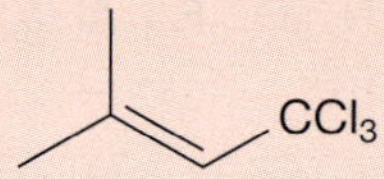 $+ \; H-I$

3.3 Quel est le produit **secondaire** attendu dans les réactions suivantes :

a) but-1-ène + HBr dans H_2O ;

b) 2-phénylpropène + HCl + NaI (0,05 équivalent).

3.1. a) Pour la première réaction, l'alcène n'est pas fonctionnalisé. *La règle de Markovnikov* permet alors d'affirmer que le produit majoritaire est celui où le nucléophile H_2O attaque l'atome de carbone le plus substitué. On obtient le propan-2-ol.

Le mécanisme de sa formation est le suivant :

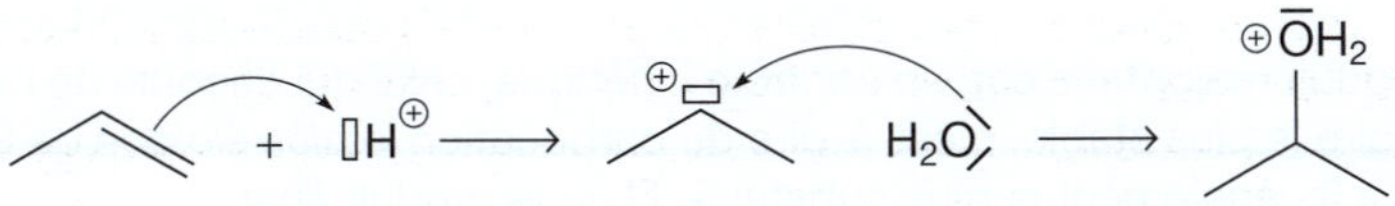

On termine ensuite la réaction par une déprotonation, régénérant le catalyseur $H^{\oplus}$:

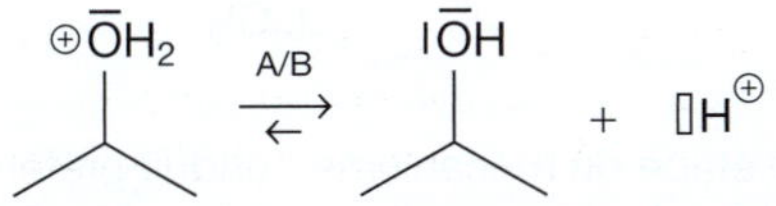

b) Les deux carbocations que l'on peut obtenir sont les suivants :

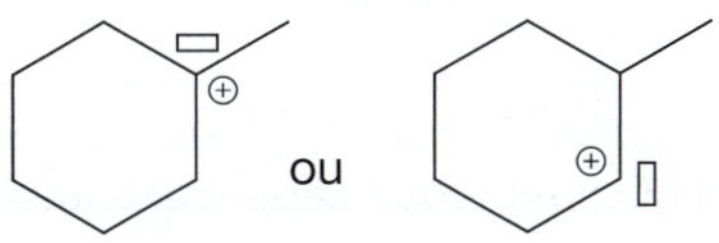

Le brome vient préférentiellement se fixer sur l'atome de carbone *le plus substitué*. Le produit majoritaire est alors, conformément à la règle de Markovnikov, et d'après le mécanisme, le suivant :

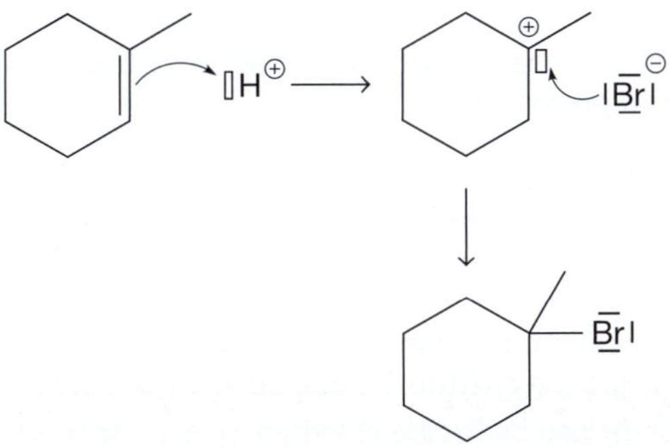

3.2. a) Après l'addition de $H^{\oplus}$, deux carbocations peuvent se former :

$$Cl-CH_2-\overset{\oplus}{C}H-CH_3 \quad \text{ou} \quad Cl-\overset{\oplus}{C}H-CH_2-CH_3$$

Le groupement chlore a certes un effet inductif attracteur, mais il a également un *effet mésomère donneur*, et les effets mésomères sont prépondérants pour les structures chargées.

$$|\overline{Cl}-\overset{\oplus}{C}H-CH_2-CH_3 \longleftrightarrow \overset{\oplus}{Cl}=CH-CH_2-CH_3$$

Le second carbocation est donc stabilisé par l'effet +M du groupement chlore. Étant le plus stable, il conduit au produit majoritaire, dont la structure est la suivante :

$$Cl-\underset{}{\overset{Br}{\overset{|}{C}}}H-CH_2-CH_3$$

H_2O n'a *qu'un caractère nucléophile* et nécessite donc une catalyse H^+. Le choix de H_2SO_4 réside dans la très faible nucléophilie de HSO_4^-.

Le carbocation tertiaire est plus stable que le carbocation secondaire (effet donneur du substituant méthyle).

HBr est un acide fort, il est donc préalablement dissocié.

Cela n'est pas une contradiction de la règle de Markovnikov, mais juste une *adaptation à un cas plus général* que celui des hydrocarbures insaturés.

b) Ici le réactif possède un groupement *fortement attracteur* en la présence de CCl_3 (effet –I fort), qui va déstabiliser les deux carbocations.

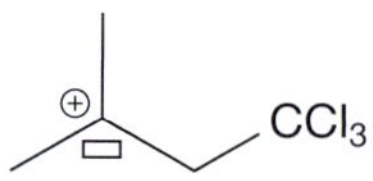
et
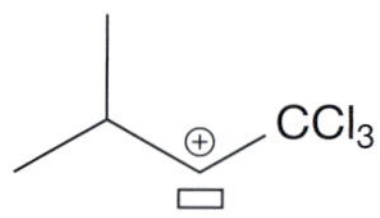

Le produit majoritaire est, en contrôle cinétique, celui qui découle de l'intermédiaire le plus stable, c'est-à-dire du carbocation *le plus éloigné* de CCl_3, qui est ici également le plus substitué. D'où le produit final :

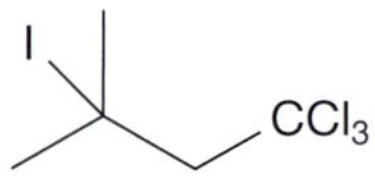

3.3. a) La première étape du mécanisme conduit préférentiellement au carbocation le plus stable, dont la structure est la suivante :

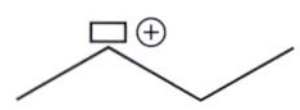

Mais une fois ce carbocation formé, il y a *deux nucléophiles* aptes à attaquer : le bromure, et H_2O. Le produit secondaire attendu est alors l'alcool suivant :

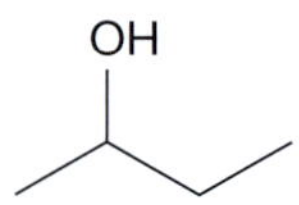

Même si l'eau est *a priori* un mauvais nucléophile, elle est présente en *grand excès* (il s'agit du solvant).

b) Là encore, on commence par rechercher le carbocation le plus stable. Deux sont *a priori* possibles :

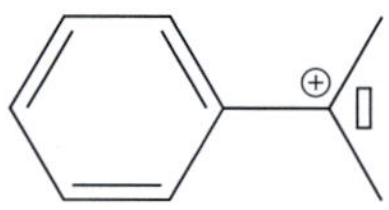
ou
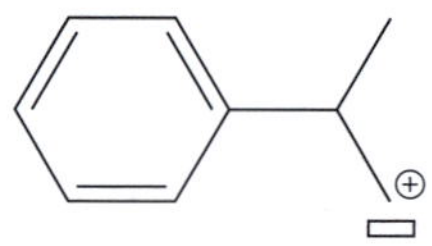

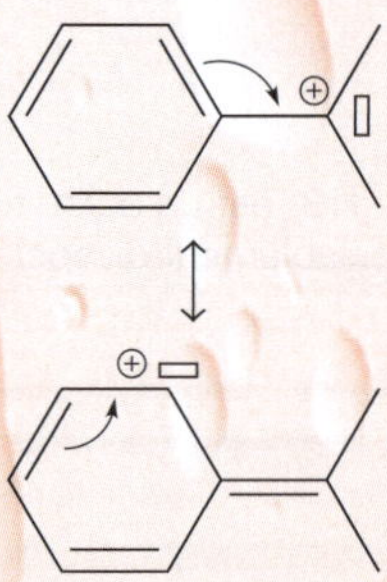

Le premier carbocation, en plus d'être le plus substitué, est *stabilisé par mésomérie* par le groupe phényle. Il s'agit donc du carbocation le plus stable.

En plus du chlorure issu de l'acide chlorhydrique, un second nucléophile est présent, il s'agit de l'iodure. Le produit secondaire est alors :

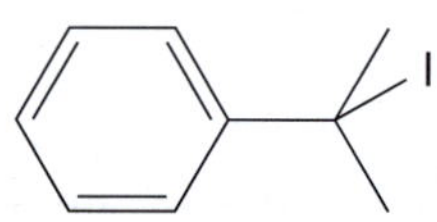

Les ions iodure sont plus nucléophiles que les ions chlorure, mais ils sont présents en *moindre quantité*.

Conseils méthodologiques

4.1 L'extension de la règle de Markovnikov permet de prévoir le site d'attaque du nucléophile sur le pont iodonium ou bromonium.
Attention : deux ponts sont possibles *a priori*.

4 ■ Savoir justifier la stéréosélectivité ou la régiosélectivité d'une A_E par ion ponté.

4.1 Quelle est la **configuration** du (ou des) produit(s) obtenu(s) dans les réactions suivantes :

a) cyclohexène + Br_2 ;

b) propène + I_2.

4.2 Quelle est la **polarité** de la liaison I—Cl ? Quel est le produit de la réaction d'addition de I—Cl avec le (E)-3-méthylpent-2-ène ? Donner le mécanisme de la réaction et justifier les sélectivités observées.

4.2 La polarité de la liaison donne le site électrophile et le site nucléophile de I—Cl. Raisonner ensuite par analogie avec le cas symétrique (I_2).

4.1. a) Le mécanisme commence par la formation du *pont bromonium* :

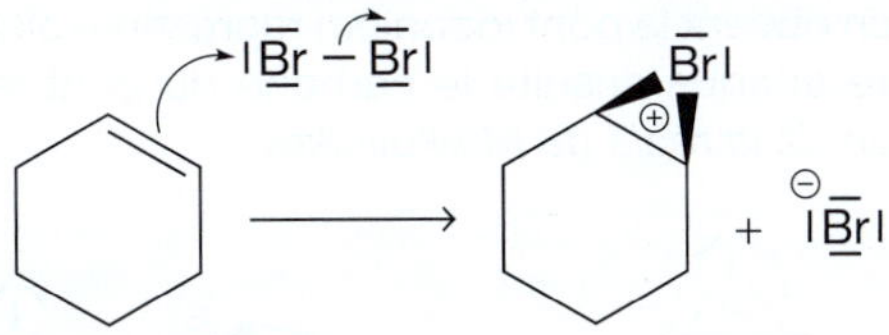

L'ion ponté bromonium est ici *achiral*.

Les deux carbones du pont bromonium sont identiques. La seconde étape est l'ouverture de ce pont par l'ion bromure :

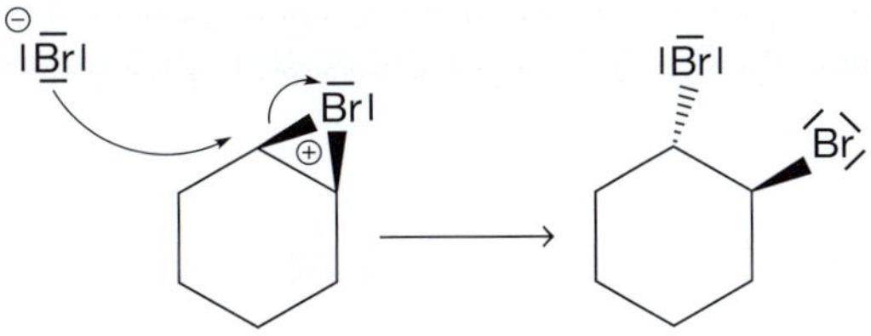

On obtient également l'énantiomère de ce produit en attaquant l'autre carbone du pont. L'attaque inverse la configuration du carbone : on part d'un composé (R,S) achiral, on obtient donc un mélange de (R,R) et de (S,S). Le produit est le (R*,R*) *racémique*.

b) Comme précédemment, le mécanisme d'A_E par ion ponté commence par la création du *pont iodonium* :

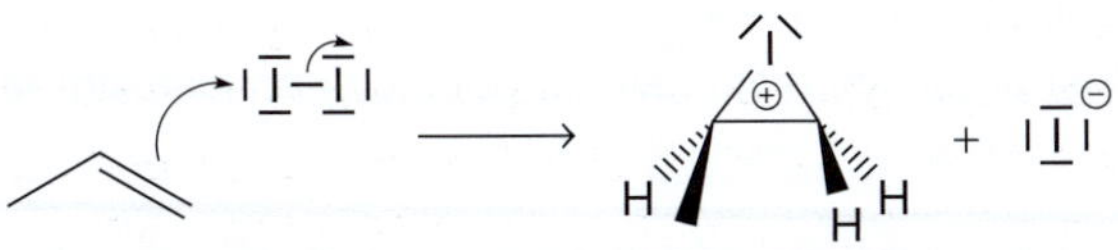

On obtient ce pont iodonium, ainsi que son énantiomère. Les deux carbones du pont iodonium ne sont désormais plus équivalents. L'extension de la règle de Markovnikov permet d'affirmer que le produit majoritaire sera celui résultant de l'attaque du carbone le plus substitué :

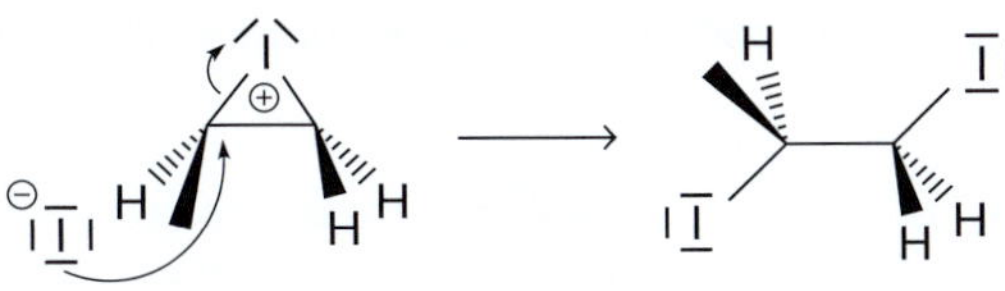

Le carbone 3 n'est pas asymétrique, et l'ion ponté iodonium est présent sous forme de deux énantiomères. On obtient donc un mélange *racémique* de 1,2-diiodopropane.

4.2 L'iode est moins électronégatif que le chlore. La *polarité* de la liaison I—Cl justifie que l'iode soit l'électrophile.

On peut s'en convaincre en considérant le plan de symétrie suivant :

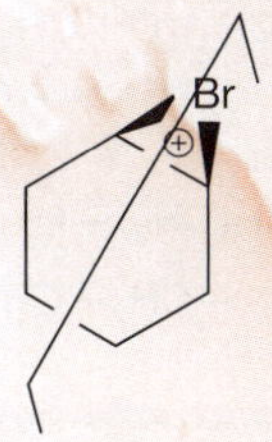

Erreur à éviter :

La réaction est stéréosélective à 100 %. Elle n'est *pas stéréospécifique* car le cyclohexène de départ ne présente qu'une configuration.

Pour retrouver cette règle, on peut raisonner sur le *carbocation virtuel* qui se formerait si l'ouverture du cycle précédait l'attaque du nucléophile. L'attaque privilégiée est celle qui passe par le carbocation virtuel le plus stable.

Polarité :

$\overset{\delta\oplus}{I} - \overset{\delta\ominus}{Cl}$

Le mécanisme de la réaction avec le 3-méthylpent-2-ène est celui d'une *addition électrophile par ion ponté*. La première étape est l'attaque de l'alcène sur l'électrophile du réactif :

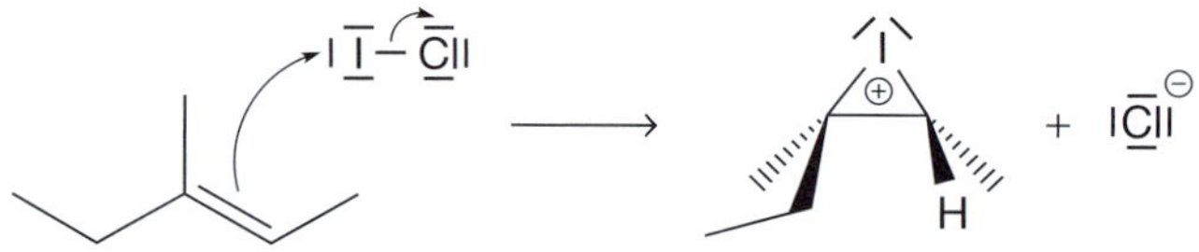

Encore une fois, on obtient le pont iodonium représenté ainsi que son énantiomère. Le chlore attaque ensuite le carbone du pont le plus substitué, d'après *l'extension de la règle de Markovnikov* :

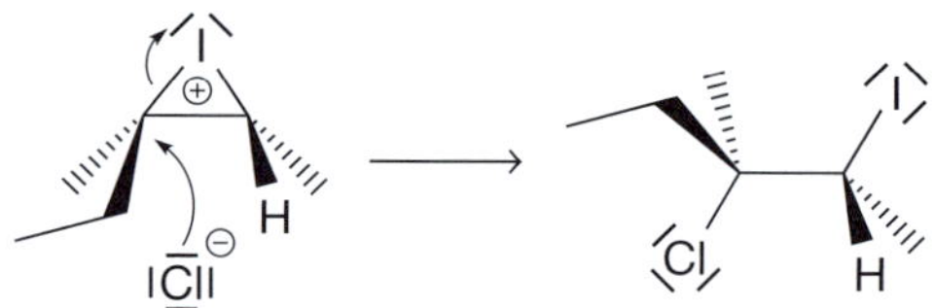

On obtient donc un mélange *racémique* (il y a deux ponts iodonium possibles et équiprobables) du (R*,S*) 3-chloro-2-iodo-3-méthylpentane.

Pour le composé représenté :
C_2^* est R car
$-I > -C(CH_3)(CH_2CH_3)-Cl > -CH_3 > -H$
C_3^* est S car
$-Cl > -CH(CH_3)-I > -CH_2-CH_3 > -CH_3$

5 ■ Savoir prévoir la régiosélectivité d'une A_R

Conseils méthodologiques

5.1.a) Commencer par écrire la rupture de la liaison peroxyde O—O.

5.1.b) Il s'agit d'un contrôle stérique.

5.2 Raisonner étape par étape. Le brome est un groupement assez volumineux.

5.1 Le peroxyde de benzoyle correspond à la formule suivante Ph—COO—OOC—Ph (avec Ph— groupe phényle C_6H_5—).

a) Proposer un mécanisme probable de dégradation de ce peroxyde à la lumière, sachant que l'on observe un dégagement de dioxyde de carbone.

b) On mélange en présence de peroxyde de benzoyle et à la lumière du bromure d'hydrogène et du but-1-ène.

Donner le (ou les) produit(s) majoritaire(s) obtenu(s) en justifiant **la régiosélectivité**.

5.2 On suppose qu'un **alcyne** réagit comme un alcène pour les réactions d'A_R. Quel est le produit majoritaire attendu si l'on traite du propyne avec un excès de HBr en présence de peroxyde de benzoyle (initiateur de radicaux) ?

5.1.a) La dégradation commence par la rupture *photochimique* de la liaison O—O :

Liaison peroxyde très fragile ⇒ lumière visible ou chauffage léger (40/50 °C) suffisants pour la casser.

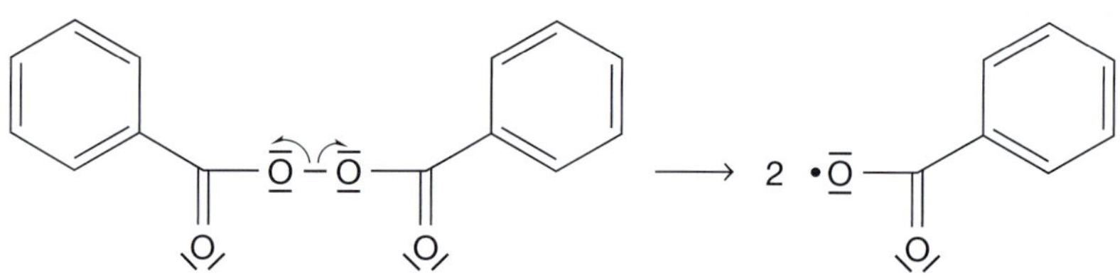

Ce premier radical est déjà un peu stabilisé par mésomérie. Expérimentalement, on observe un départ de CO_2. On peut rendre compte de cela à l'aide du mécanisme suivant :

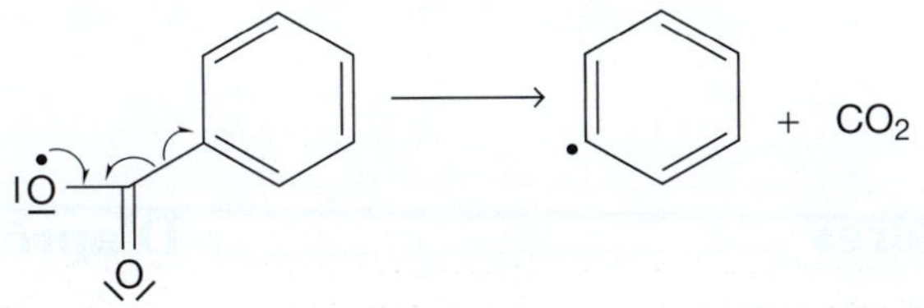

Le carboradical ainsi formé est stabilisé par *délocalisation* de l'électron célibataire sur tout le cycle.

b) Le produit majoritaire est ici celui qui présente une régiosélectivité anti-Markovnikov, *par effet Kharasch* :

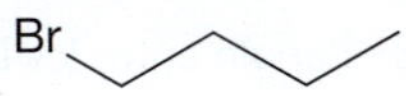

En effet, les deux carboradicaux que l'on peut obtenir à partir du but-1-ène sont les suivants :

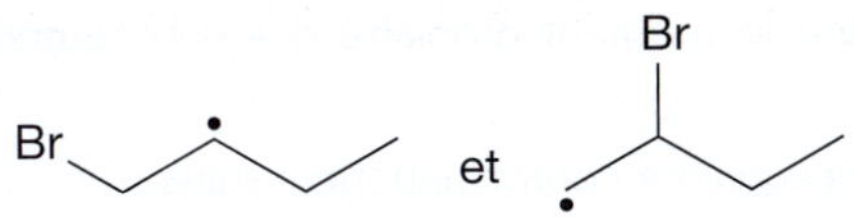

Le carboradical de gauche résulte d'une attaque sur le carbone terminal le moins encombré. La réaction étant sous *contrôle stérique*, le carboradical de gauche conduit au produit majoritaire. La suite de l'étape de propagation est alors :

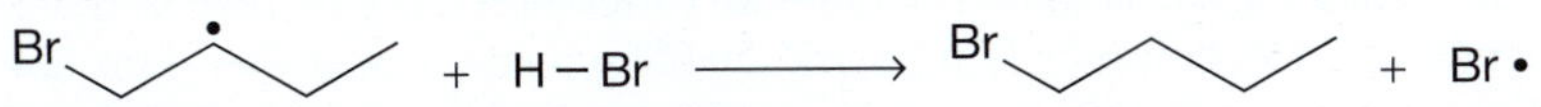

On vérifie alors que l'effet Kharasch conduit à fixer le Br sur le carbone le moins substitué pour un hydrocarbure.

Il se trouve que le carboradical formé est aussi le plus stable.

5.2 La première réaction d'A_R va se faire avec une *régiosélectivité anti-Markovnikov*. Le produit majoritaire obtenu est :

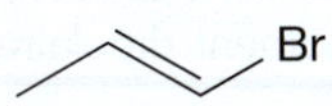

La seconde réaction d'A_R peut conduire à deux carboradicaux :

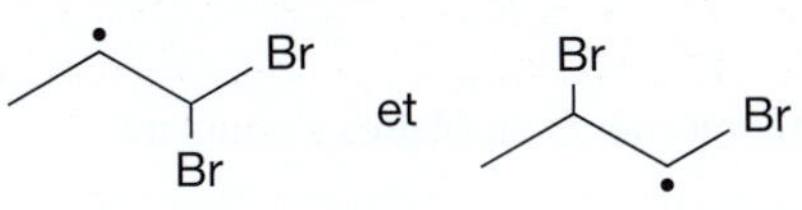

Le premier radical résulte d'une attaque en α du groupement brome, le second d'une attaque en β. Le brome étant un groupement encombrant, le carboradical de droite est favorisé en *contrôle stérique*. Le produit majoritaire obtenu est alors :

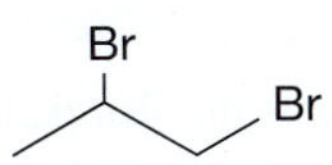

Pour maîtriser les bases

1. À propos de moments dipolaires ________ D'après Agro

1. Le 1,2-dichloroéthane possède un moment dipolaire total μ.

a) $\mu_0 = 1{,}72$ D désigne le moment dipolaire du groupe CH_2Cl selon l'axe de la liaison C—Cl. Indiquer le seul effet électrique du chlore qui peut se manifester ici, la polarité de cette liaison et le sens du moment dipolaire.

b) On s'intéresse aux conformations particulières éclipsée *syn* (E) et décalée *anti* (A). Déterminer les moments dipolaires μ_E et μ_A.

2. Pour une conformation quelconque, on appelle $\alpha = 109°\ 28'$ l'angle entre les liaisons Cl—C et C—C et φ l'angle variable entre les deux liaisons C—Cl.

a) Donner une projection de Newman et indiquer direction et sens du moment dipolaire sur cette projection.

b) Montrer que $\mu = 2(\mu_0 \sin\alpha)\cos(\varphi/2)$. En déduire le moment dipolaire des deux autres conformations particulières éclipsée *anti* et décalée *gauche*.

3. Quelle est l'influence de la polarité d'un solvant sur l'équilibre conformationnel suivant ?

décalée *gauche* = décalée *anti*

Conseils méthodologiques : 1. : Utiliser le savoir faire 1. Attention, l'effet mésomère ne peut se manifester que pour des systèmes conjugués. **2.** : Décomposer le moment dipolaire d'une liaison C—Cl en une composante orthogonale à C—C et une composante colinéaire puis recomposer.

1.a) Le chlore est plus électronégatif que le carbone, il exerce donc un effet inductif attracteur (–I) sur ce dernier. L'effet mésomère n'intervient pas, car les doublets du chlore ne sont pas conjugués à une lacune ou à une double liaison. La polarité, ainsi que le sens du moment dipolaire sont représentés sur la figure 1. Le moment dipolaire est orienté du – vers le +.

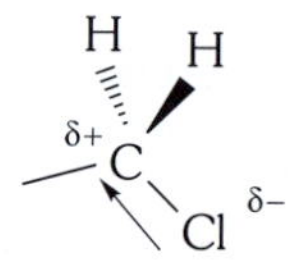

Figure 1

b) La conformation décalée *anti* est relativement simple : les deux moments dipolaires s'annulent par symétrie, comme le montre la figure 2.

$\boxed{\mu_A = 0}$.

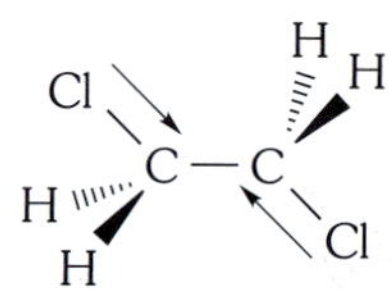

Figure 2

Pour la conformation éclipsée *syn*, il faut ajouter vectoriellement les moments dipolaires, lesquels sont *coplanaires*. On décompose (Fig. 3) pour cela chaque vecteur en une composante selon la liaison C—C, que l'on note μ_C, et une composante perpendiculaire, μ_{perp}.

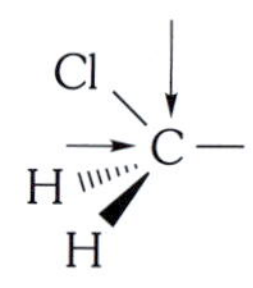

Décomposition du moment dipolaire

Figure 3

Géométriquement, on obtient $\mu_C = \mu_0 \cos\alpha$ et $\mu_{perp} = \mu_0 \sin\alpha$. Comme montré sur la figure 4, les composantes selon l'axe C—C s'annulent par symétrie. Le moment résultant est donc :

$$\boxed{\mu_E = 2\mu_0 \sin\alpha = 3{,}24\,D}.$$

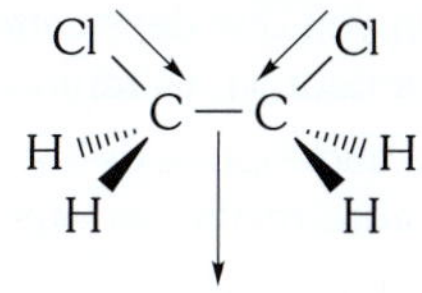

Figure 4

2.a) La projection de *Newman* est représentée sur la figure 5, ainsi que la direction et le sens du moment dipolaire.

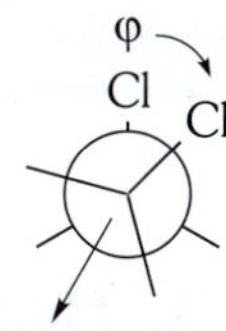

Figure 5

b) Comme en **1.b)**, on décompose le moment dipolaire en composantes axiale et perpendiculaire. Désormais, les deux composantes perpendiculaires ne sont *plus coplanaires*, il faut les projeter sur la bissectrice des deux moments dipolaires.

Chaque composante perpendiculaire a pour module $\mu_0 \sin\alpha$. La projection sur la bissectrice ajoute un facteur multiplicatif $\cos(\varphi/2)$. Enfin, on somme les deux projections, d'où un facteur 2.

Au final : $\boxed{\mu = 2\,\mu_0 \sin\alpha \cos(\varphi/2)}$.

La conformation *éclipsée anti* correspond à $\varphi = 120°$. On en déduit : $\mu = 1{,}62\,D$.

La conformation *décalée gauche* vérifie $\varphi = 60°$. On en déduit : $\mu = 2{,}81\,D$.

Remarque :

On peut vérifier que cette formule est cohérente avec **1.b)** ($\varphi = 180°$ et $\varphi = 0$).

c) Plus un solvant est polaire, plus il favorise la conformation ayant un moment dipolaire non nul, par interaction dipôle/dipôle, donc plus il déplace l'équilibre vers la conformation décalée gauche.

2. Addition de dibrome — D'après G2E

La réactivité des doubles liaisons C=C, au cours des additions électrophiles, dépend du degré de substitution de chacun des deux atomes de carbone. L'étude (dans des conditions expérimentales identiques) des vitesses relatives *v* d'addition du dibrome en solvant polaire sur quelques composés éthyléniques (avec l'éthène comme référence) a permis d'établir le tableau suivant :

Alcène	Éthène (éthylène)	Propène	But-2-ène	2,3-diméthylbut-2-ène
v (relative)	1	$1\ 10^2$	$4\ 10^3$	$1\ 10^6$

a) Expliquer l'ordre relatif des vitesses mesurées.

b) Cet ordre serait-il le même pour la dihydrogénation de ces mêmes alcènes sachant que la réaction se fait désormais à la surface d'un catalyseur solide ?

Conseils méthodologiques : a) : Utiliser le savoir faire 3 pour *comparer la nucléophilie* des alcènes. **b)** : On passe désormais en *contrôle stérique*.

a) La nucléophilie de l'alcène commande la vitesse de la réaction. On doit donc comparer la nucléophilie des différents alcènes proposés :

$CH_2=CH_2$	$CH_2=CH-CH_3$	$H_3C-HC=CH-CH_3$	$H_3C-C(CH_3)=C(CH_3)-CH_3$
Ethène	Propène	But-2-ène	2,3-diméthylbut-2-ène

On voit que dans cette série, la double liaison est de plus en plus substituée. Les groupements alkyle ont un effet inductif donneur +I, ils renforcent la densité électronique de la double liaison. Cette dernière est alors plus nucléophile.

La nucléophilie de la double liaison *augmente avec la ramification*, ce qui explique l'ordre relatif des vitesses mesurées.

b) La réaction se faisant à la surface d'un catalyseur, l'alcène doit pouvoir s'approcher et donc être *le moins encombré possible*.

On observe donc désormais le classement inverse.

Erreur à éviter :

En contrôle cinétique, distinguer : contrôle de charge ou contrôle stérique.

3. Hydrochloration — D'après Enstim

On considère la réaction suivante :

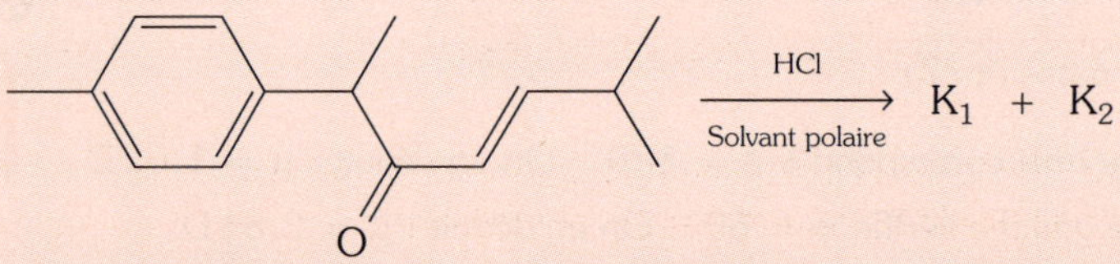

K_1 est le produit majoritaire, K_2 est un isomère de constitution de K_1.

Détailler le mécanisme de la réaction et justifier que K_1 est majoritaire devant K_2.

Conseils méthodologiques : Utiliser le savoir-faire 1 : Comparer les deux carbocations possibles.

La première étape est l'addition de l'électrophile $H^{\oplus}$ sur la double liaison. On peut obtenir deux *carbocations* différents :

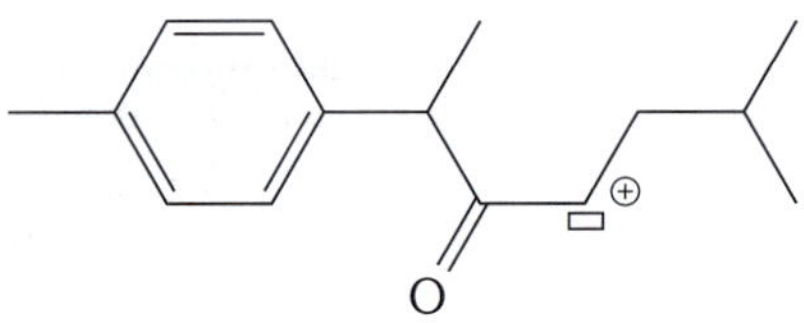

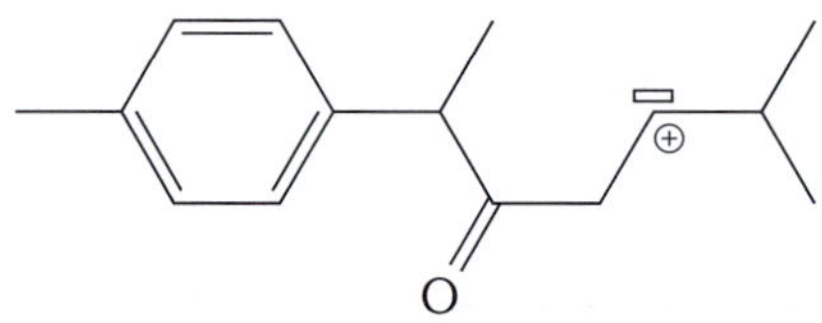

La règle de Markovnikov permet d'affirmer que le produit majoritaire K_1 est issu de l'intermédiaire le plus stable. Pour pouvoir comparer les stabilités relatives, il faut *analyser les effets* des divers substituants.

Le groupement C=O est inductif attracteur (−I), et mésomère attracteur (−M). Il ne peut donc que *déstabiliser* le carbocation. Le groupement isopropyle ($-CH(CH_3)_2$) est un groupement *stabilisant* les sites déficients en électron. Le carbocation de droite est plus stabilisé que celui de gauche, donc conduit au produit le plus stable. Les deux produits K_1 et K_2 sont les suivants :

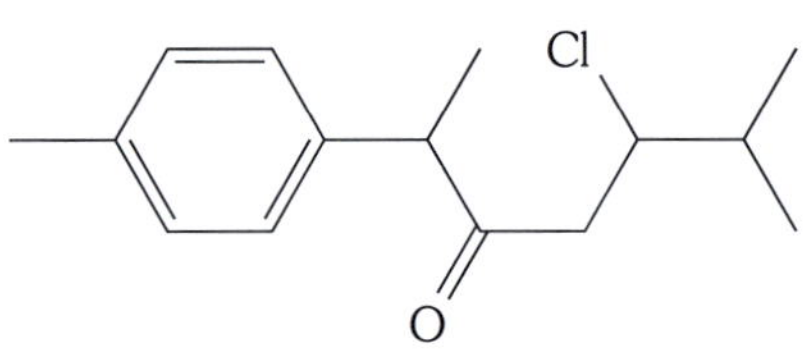

K_1

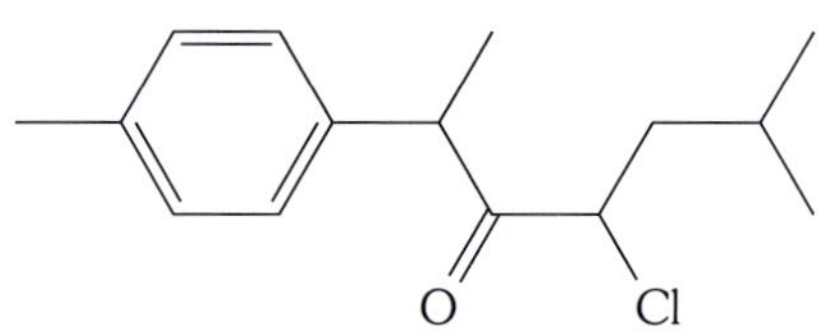

K_2

4. Réactivité d'un alcène chiral — D'après Deug

Pour les trois réactions suivantes, indiquer le ou les produits obtenus. Préciser pour chaque composé s'il est chiral ou achiral. Si plusieurs produits sont obtenus, indiquer leur relation de stéréoisomérie.

a)

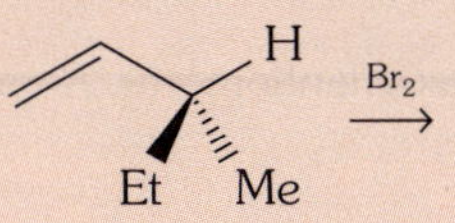

b)

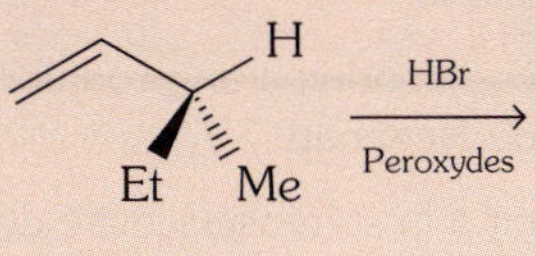

c)

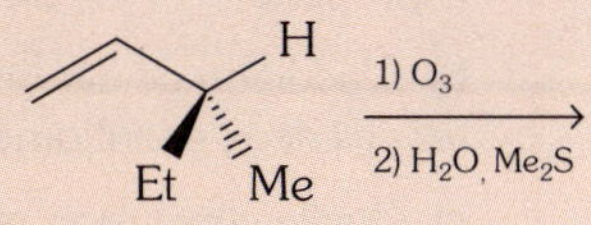

Conseils méthodologiques : Remarquer que le composé est un hydrocarbure insaturé, possédant *déjà un carbone asymétrique* R.
a) : Utiliser le savoir-faire 2. **b)** : Utiliser le savoir-faire 3. **c)** : Utiliser le savoir-faire 4.

a) Le mécanisme de cette réaction est celui d'une A_E par *ion ponté*. Il y a donc une *stéréosélectivité anti*, le produit est un mélange équimolaire de :

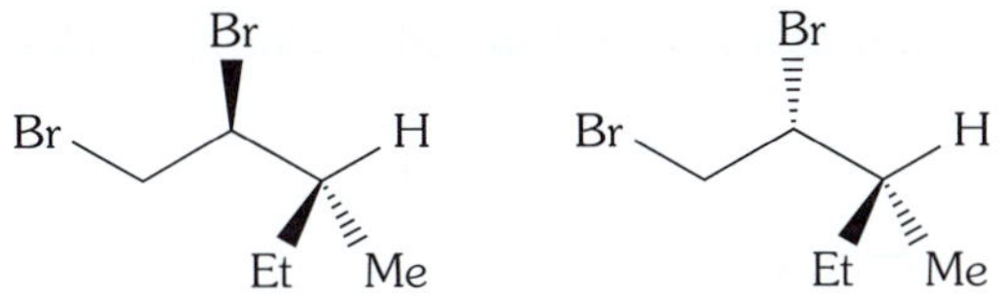

Erreur à éviter :

L'addition de Br_2 à C=C crée un nouveau C* R ou S, mais le C* préexistant de la chaîne reste R. Ce sont des diastéréoisomères.

b) Le mécanisme de cette réaction est celui d'une A_R. Le *contrôle stérique* permet de prévoir que l'attaque de $Br^\bullet$ se fera du côté le moins encombré. Il n'y a *pas de stéréosélectivité* privilégiée (les deux plans de l'alcène sont équivalents pour l'attaque de $Br^\bullet$), mais le carbone sur lequel se fixe le brome n'est pas asymétrique. On n'obtient donc qu'un seul composé :

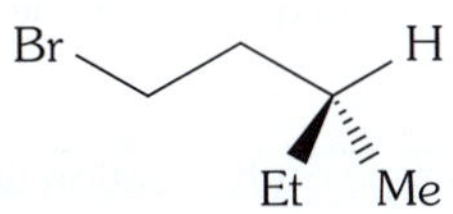

Remarque :

Il s'agit toujours d'un composé R, l'ordre de priorité étant inchangé.

c) Il s'agit d'une ozonation suivie d'une hydrolyse en *conditions réductrices*. Les deux produits que l'on obtient sont :

$H_2C{=}O$ et 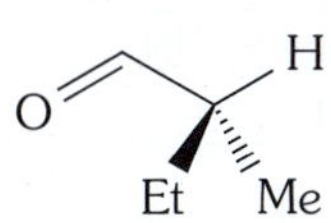

Remarque :

Le second composé est toujours R, l'ordre de priorité étant inchangé.

5. Préparation de composés halogénés ________ D'après École de l'Air

Les alcènes permettent de produire des composés halogénés et des composés dihalogénés vicinaux.

a) Indiquer les composés formés lors de l'addition de HBr, en milieu polaire, sur les alcènes suivants. On discutera de la régiosélectivité :

- propène
- 2-méthyl-1-phénylpropène

b) L'addition de dibrome sur le (Z)-but-2-ène conduit à un produit dédoublable en deux énantiomères. Représenter ces deux énantiomères en projection de Newman.

c) Quelle conclusion peut-on en tirer quant à la stéréosélectivité de la réaction ?

Conseils méthodologiques : Réfléchir au choix du mécanisme.
a) : Utiliser le savoir-faire 1. **b)** : Utiliser le savoir-faire 2.

a) • Il s'agit là d'un hydrocarbure insaturé, subissant une A_E d'un composé de type HX, donc selon un mécanisme par *carbocation* : on peut appliquer la règle de Markovnikov, selon laquelle le brome se fixe sur le carbone le plus substitué. La structure du produit prépondérant est alors :

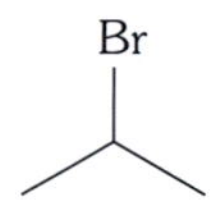

• Ce cas est un peu plus complexe, il faut *comparer la stabilité relative* des deux carbocations possibles :

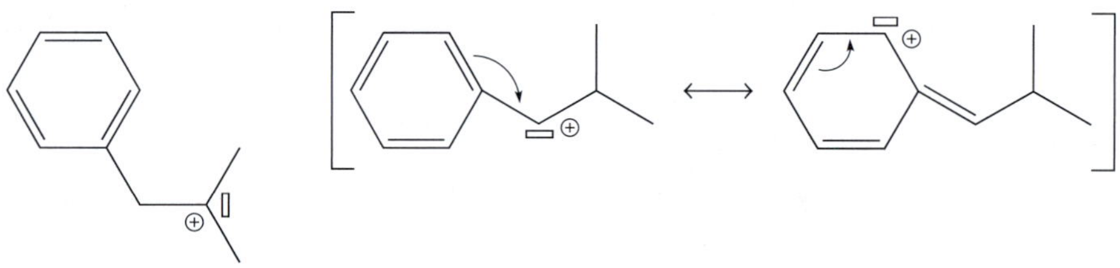

Le premier n'est pas en position conjuguée du phényle, le second l'est, ce qui le stabilise notablement.

Le produit majoritaire est, d'après la règle de Markovnikov « généralisée », celui qui découle de l'intermédiaire le plus stable :

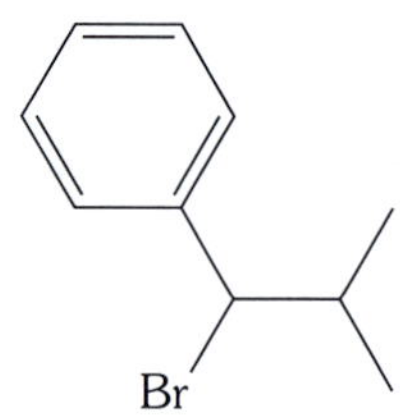

b) La dibromation des alcènes est *stéréospécifique anti*. La première étape est la création du pont bromonium :

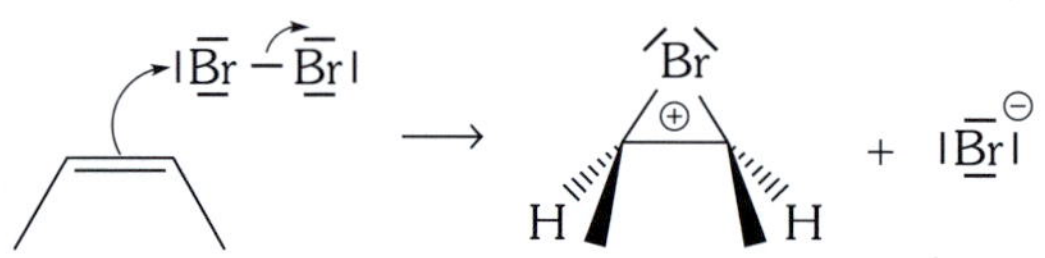

Le pont bromonium obtenu est le *méso achiral* présentant un plan de symétrie.

L'attaque de l'ion bromure peut ensuite se faire indifféremment sur les deux atomes de carbone du pont :

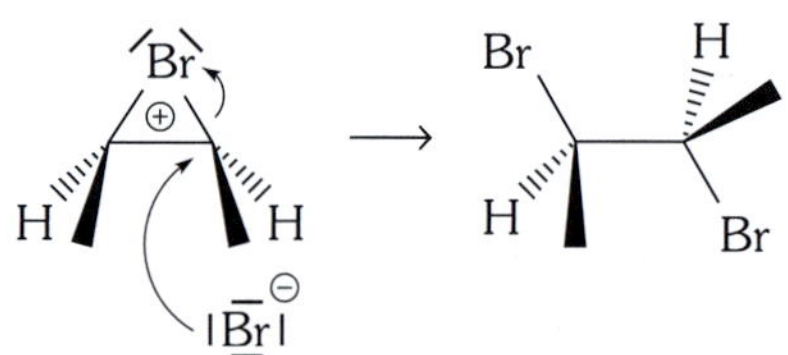

On obtient l'autre énantiomère en attaquant l'autre carbone.

Ces deux produits sont donnés en Fig. 6 en *Newman*.

On peut vérifier qu'ils sont respectivement (R, R) et (S, S).

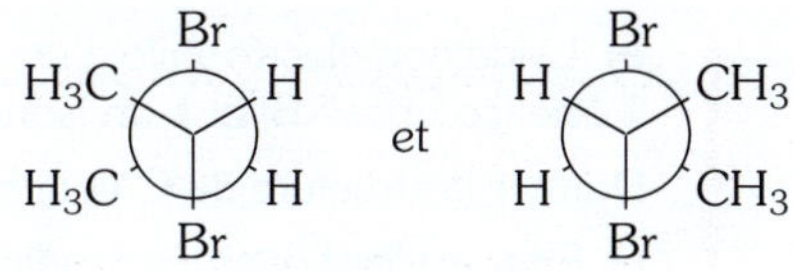

Figure 6

c) Partant d'un seul diastéréoisomère du (Z)-but-2-ène, on obtient exclusivement le couple de diastéréoisomères (R*, R*). Si l'on était parti du (E)-but-2-ène, on aurait obtenu le méso achiral. La réaction est donc *diastéréospécifique*.

6. Hydrobromation de la propénone — D'après Véto

a) Quel est le produit résultant de l'addition de HBr, en présence d'initiateurs de radicaux et à la lumière, sur le produit suivant :

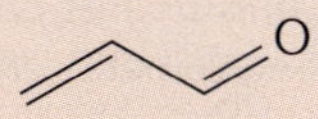

Donner le mécanisme de la réaction et justifier clairement la régiosélectivité observée.

b) On souhaite obtenir le second produit possible. Opérer en l'absence d'initiateurs de radicaux et à l'abri de la lumière permet-il d'arriver au résultat désiré ?

Conseils méthodologiques : Ne pas appliquer *brutalement* Kharasch = anti-Markovnikov.
a) : Utiliser le savoir-faire 3. **b)** : Utiliser le savoir-faire 1.

a) Le mécanisme est celui d'une A_R. La première étape, l'addition de $Br^\bullet$ sur l'alcène, obéit à un *contrôle stérique*. On obtient le produit dominant :

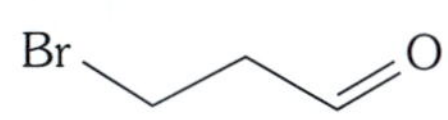

Le mécanisme comporte initiation, transfert, propagation et terminaison (se reporter au cours en questions **3.**).

b) Désormais, le mécanisme est celui d'une A_E par carbocation. Il faut *comparer la stabilité* des deux carbocations possibles :

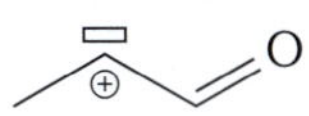

et

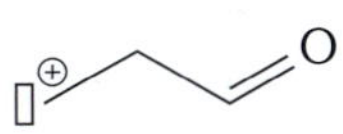

Erreur à éviter :
Le groupement C=O n'a pas un effet +M mais un effet –M.

La délocalisation des électrons π de la double liaison C=O vers le C^+ n'est pas favorable, car elle ferait intervenir une lacune sur l'oxygène plus électronégatif.

Le groupement carbonyle a uniquement un effet inductif attracteur *déstabilisant*. Le carbocation le plus stable est donc *le plus éloigné*, c'est-à-dire celui de droite. L'extension de la règle de Markovnikov permet alors d'affirmer que le produit majoritaire est :

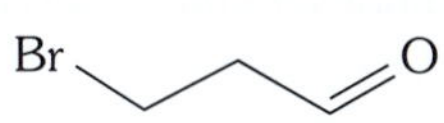

On retrouve le même produit que précédemment…

7. Synthèse de l'acide adipique — D'après Ensait

La formule de l'acide adipique est la suivante :

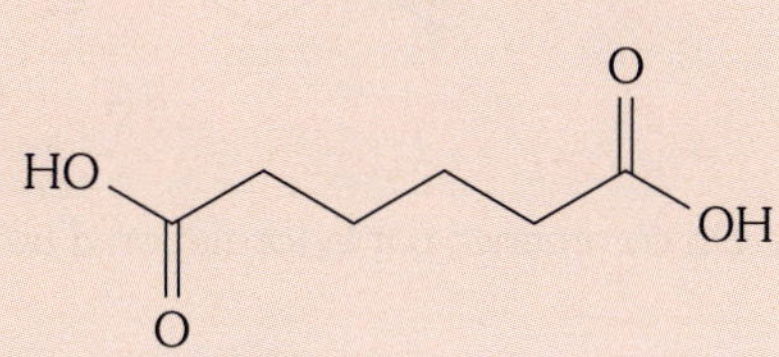

a) On étudie le début de sa synthèse, à partir du buta-1,3-diène.

L'addition électrophile du bromure d'hydrogène sur le but-1-ène conduit majoritairement au composé A. Écrire la formule de A et le mécanisme de sa formation.

b) L'addition électrophile d'un équivalent de bromure d'hydrogène sur le buta-1,3-diène conduit au 3-bromobut-1-ène (composé B) et à un isomère de position de B, que l'on note C.

Donner la structure de C et le mécanisme de sa formation.

c) En travaillant dans les conditions adéquates, l'addition d'un équivalent de dibrome sur le buta-1,3-diène conduit au 1,4-dibromobut-2-ène (composé D).

Proposer un mécanisme expliquant la formation de D. Représenter les différents stéréoisomères de D et donner leur configuration.

Conseils méthodologiques : **a)** : Utiliser le savoir-faire 1. **b)** : Commencer par le mécanisme de formation, regarder les *mésomères possibles* du carbocation. **c)** : Utiliser le savoir-faire 2. Une double liaison (réactif nucléophile) peut également *ouvrir* un pont bromonium.

a) Le but-1-ène est un hydrocarbure insaturé.

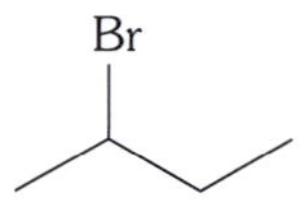

La règle de Markovnikov permet de prévoir que le composé majoritaire issu de l'addition de HBr sur le but-1-ène est celui où le brome se fixe sur le carbone le plus substitué :

Le mécanisme de sa formation a lieu en deux étapes. HBr étant un acide fort, on le suppose dissocié. La première étape est l'addition de $H^{\oplus}$ sur l'alcène :

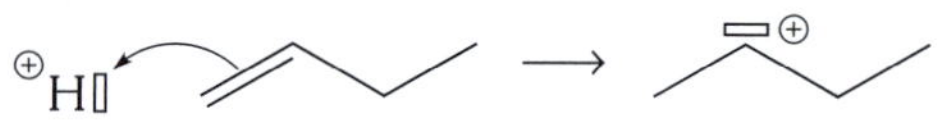

On ne représente ici que le carbocation le plus stable. La seconde étape est la fixation de l'ion bromure sur le carbocation :

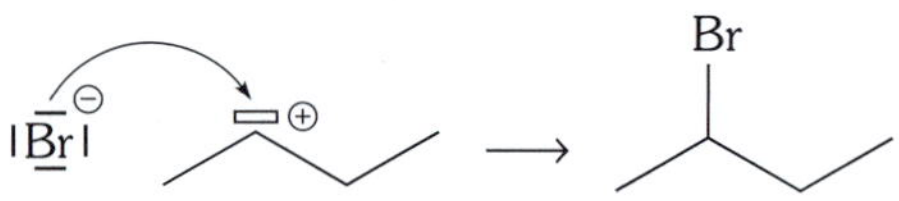

b) Le mécanisme commence par l'addition de $H^{\oplus}$ sur une double liaison C=C (les deux sont équivalentes) :

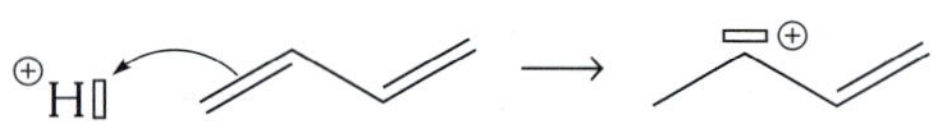

La lacune de ce carbocation peut être *délocalisée par mésomérie* :

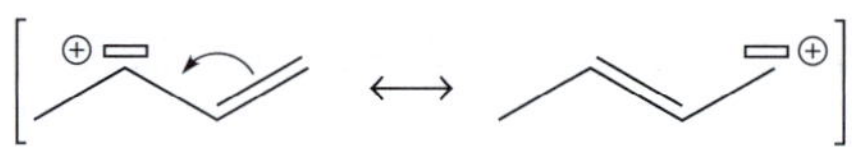

Le mécanisme de formation de B ou de C se termine par la fixation de l'ion bromure sur chacun des mésomères :

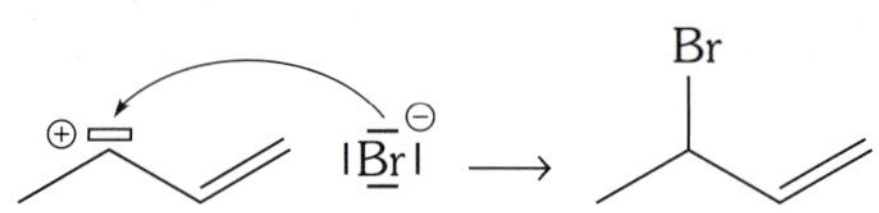

B

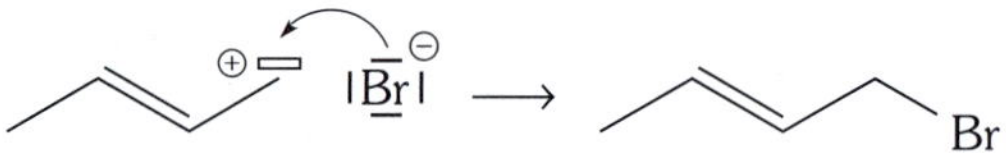

C

Remarque :

B est le *produit cinétique*, associé au carbocation secondaire.

C est le *produit thermodynamique*, associé à l'alcène le plus substitué, donc le plus stable.

c) On commence par la formation d'un *pont bromonium* :

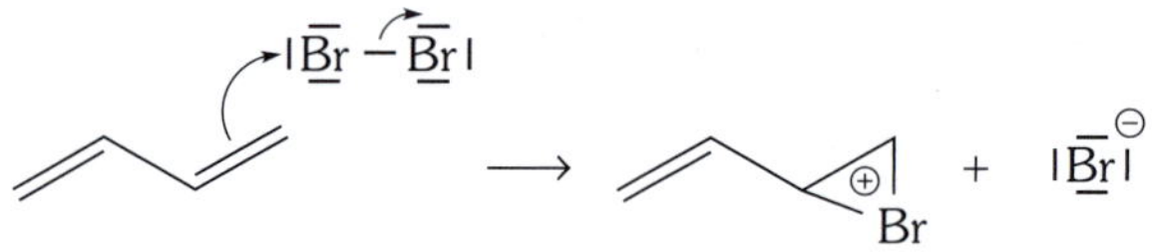

On pourrait ensuite terminer la réaction par l'attaque directe du pont bromonium par l'ion bromure. Mais ici, la double liaison peut jouer le *rôle de nucléophile* pour ouvrir le cycle. La seconde étape pour la formation de D est alors la suivante :

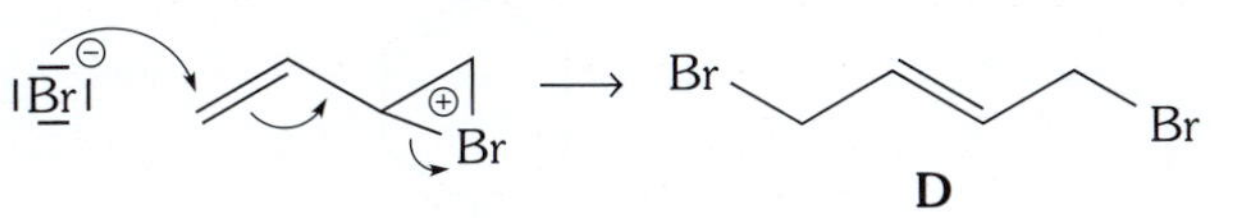

Le composé D possède une double liaison C=C, pour laquelle chaque carbone a deux substituants différents et aucun carbone asymétrique. Il possède donc $2^1 = 2$ stéréoisomères, en l'occurrence *diastéréoisomères* entre eux : (E) et (Z)-1,4-dibromobut-2-ène.

Pour approfondir

8. Synthèse de la carvone — D'après CCP

La carvone est un synthon de départ de la synthèse de spongianes, groupe de composés présentant un large spectre de propriétés biologiques.

La première étape de la synthèse de la carvone part d'un composé naturel énantiomériquement pur extrait de l'écorce d'orange, le (+)-limonène :

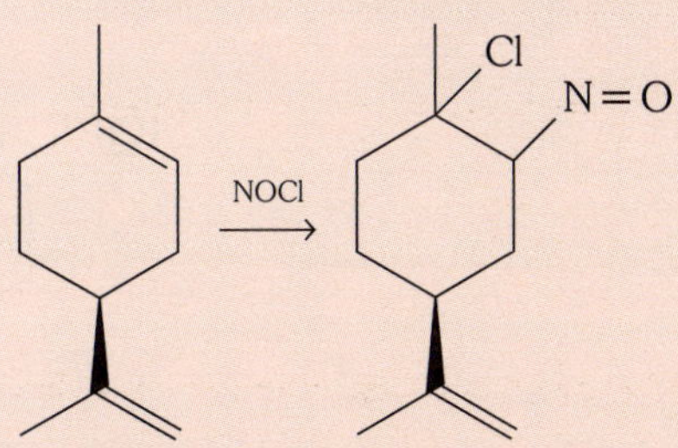

NOCl est généré *in situ*, et il est présent sous la forme d'ions nitrosyle NO^+ et chlorure Cl^-.

a) Écrire les formes mésomères du cation nitrosyle.

b) Par analogie avec l'hydrohalogénation, donner le mécanisme de la réaction d'addition de NOCl sur le limonène. Justifier la régiosélectivité de l'addition. Expliquer brièvement que seule la double liaison intracyclique soit réactive.

c) La réaction d'addition est-elle stéréospécifique ? Représenter les stéréoisomères possibles du produit obtenu.

Conseils méthodologiques : b) : Utiliser le savoir-faire 1. L'azote est le site le plus électrophile de l'ion nitrosyle.

a) Les deux formes *mésomères* les plus stables du cation nitrosyle sont les suivantes :

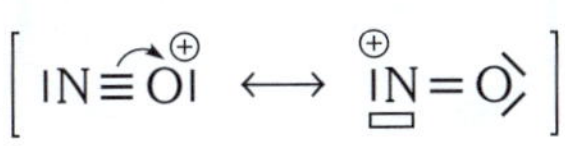

b) On commence par l'addition de l'électrophile sur la double liaison, à savoir l'addition de $NO^{\oplus}$. L'intermédiaire le plus stable en accord avec *l'électronégativité* de l'oxygène est :

Erreur à éviter :

Le premier mésomère a le plus fort poids car il vérifie l'octet.

Ne pas en conclure que l'oxygène est le site électrophile.

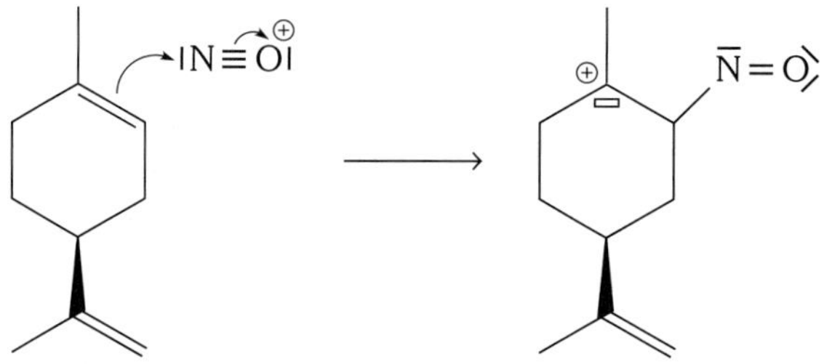

A priori, deux carbocations sont possibles :

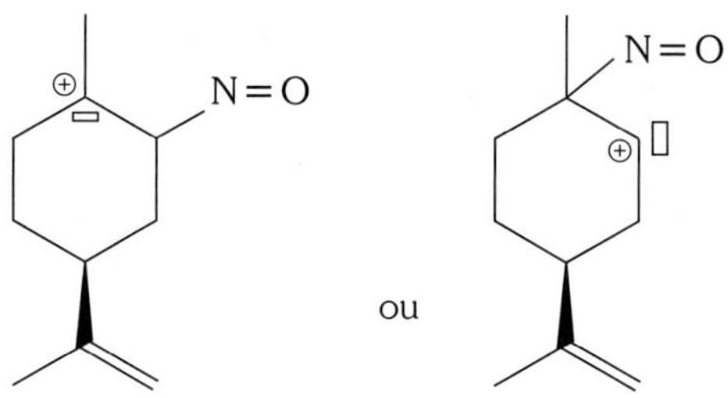

L'effet -I du groupement NO est le même pour les deux carbocations. Mais un carbocation est *tertiaire*, et l'autre est secondaire. Le produit majoritaire est celui qui dérive du carbocation le plus stable, donc le plus substitué. La réaction se termine par l'addition de l'ion chlorure sur le carbocation :

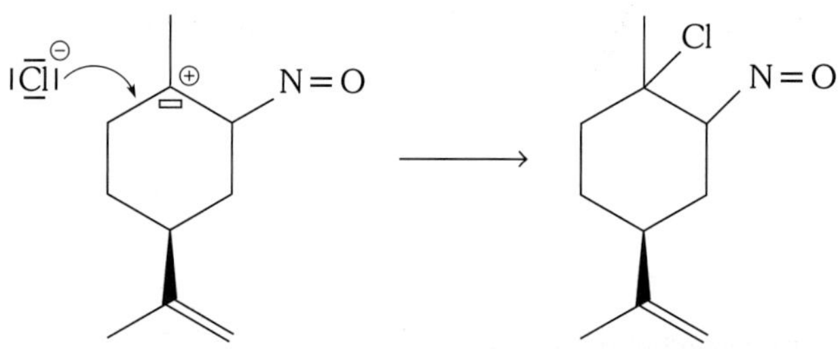

L'A_E est sous contrôle cinétique et sa vitesse augmente avec le degré de substitution de l'alcène, augmentant la polarisabilité des électrons π : l'alcène intracyclique est trisubstitué alors que l'extracyclique est disubstitué, ce qui justifie la *sélectivité* de la réaction.

c) Cette réaction d'addition n'est *pas stéréosélective* : l'attaque de la double liaison est équiprobable de chaque côté, et le carbocation est également plan. On obtient un mélange équimolaire de 4 stéréoisomères :

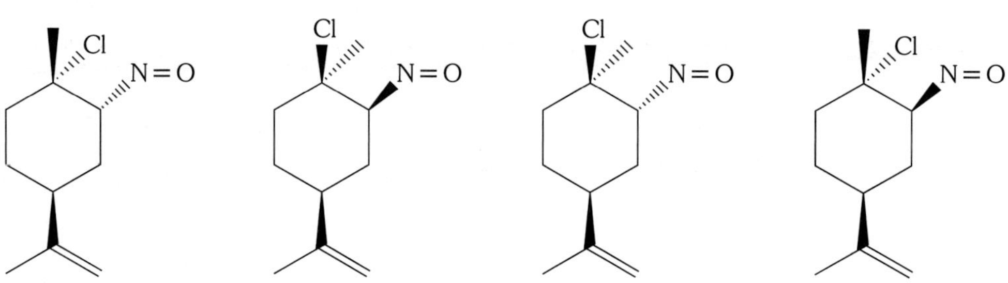

9. Étude mécanistique de la diiodation des alcènes ______ D'après Enstim

1. Le mécanisme mis en jeu lors de l'addition de diiode I_2 sur le cyclohexène dans le 1,2-dichloroéthane est semblable à celui d'une dibromation d'un alcène dans un solvant dispersant.

a) Par analogie avec l'action du dibrome sur un alcène, écrire le mécanisme de l'action de I_2 sur le cyclohexène. Préciser l'étape cinétiquement déterminante.

b) En appliquant la loi de Van't Hoff à l'étape cinétiquement déterminante, donner l'ordre partiel de la réaction par rapport à I_2. Quel est l'ordre partiel de la réaction par rapport à l'alcène ?

c) Donner le nom et la stéréochimie du (ou des) produit(s) obtenu(s) par action du diiode sur le cyclohexène. Le produit obtenu est-il optiquement actif ?

d) La réaction est-elle stéréosélective, stéréospécifique ? Justifier.

e) Représenter le(s) produit(s) dans leur conformation la plus stable. Justifier.

2. On étudie désormais l'influence du degré de substitution de l'alcène et du solvant sur l'ordre et le temps de demi-réaction. Les résultats obtenus pour différents couples alcène-solvant à 25 °C sont les suivants :

Alcène	Solvant	Ordre partiel par rapport à I_2	Temps de demi-réaction(s)
Cyclohexène	1,2-dichloroéthane		300
Cyclohexène	Acide éthanoïque anhydre	2	525
Pent-1-ène	1,2-dichloroéthane	1	2 500
Pent-1-ène	Acide éthanoïque anhydre	2	4 400

a) Le solvant a-t-il une influence sur l'ordre partiel de la réaction par rapport au diiode ? Que peut-on en déduire quant au mécanisme de la réaction dans ces deux solvants différents ?

b) Quelle est l'influence du degré de substitution de l'alcène sur la vitesse de réaction ? Proposer une explication permettant de rendre compte de ces résultats expérimentaux.

Conseils méthodologiques : 1. : Utiliser le savoir-faire 2. **2.** : Réfléchir aux paramètres importants de *l'étape cinétiquement déterminante.*

1.a) La première étape, cinétiquement déterminante, est la création du *pont iodonium* :

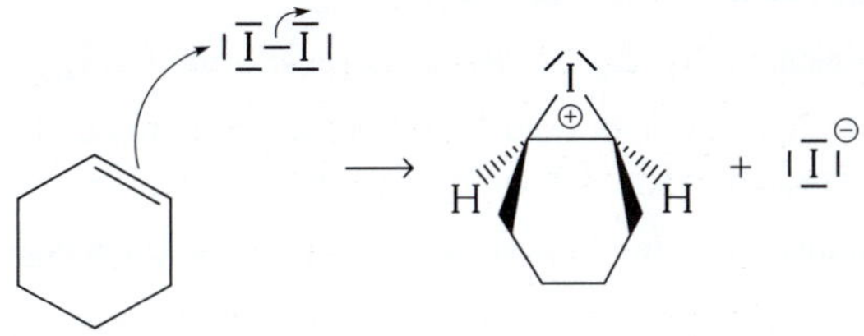

Ce pont iodonium est achiral (existence d'un plan de symétrie).

La seconde étape est l'ouverture du pont par l'ion iodure :

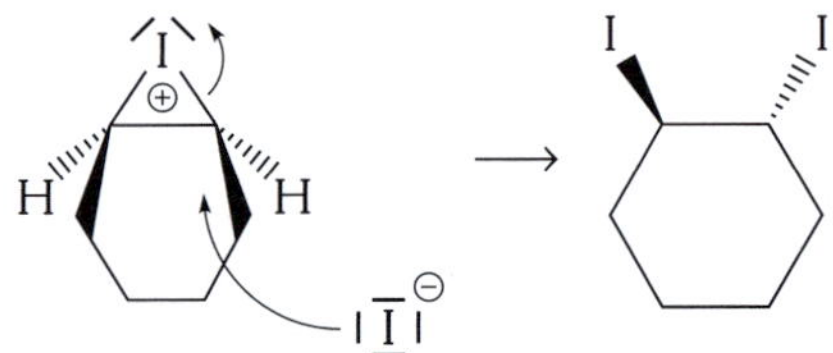

On obtient également l'énantiomère du produit représenté par attaque de l'ion iodure sur l'autre carbone du pont iodonium.

b) *La loi de Van't Hoff* appliquée à la réaction cinétiquement déterminante donne un ordre partiel de 1 par rapport à I_2, et de 1 par rapport à l'alcène.

c) Le produit obtenu est le 1,2-diiodocyclohexane. On peut vérifier que le produit représenté en a) n'est pas superposable à son image par un miroir plan, il est donc *chiral*. Comme on obtient un couple d'énantiomères, il s'agit du couple (R*,R*), le couple (R*,S*) correspondant au méso achiral.

On peut également chercher explicitement la configuration des atomes de carbone asymétrique du produit représenté en a), à l'aide des règles C, I, P. Pour les deux carbones : $-I > -CH-I > -CH_2-CH_2 > -H$.

Le composé représenté est donc le (1R, 2R)-1,2-diiodocyclohexane. Son énantiomère est par conséquent le (1S,2S).

Le produit obtenu est un mélange *racémique* d'énantiomères, il est donc *optiquement inactif*.

d) La réaction n'aboutit qu'à un seul diastéréoisomère, il s'agit du couple (R*,R*). Elle est donc *diastéréosélective* à 100 %. Le cyclohexène n'ayant pas de diastéréoisomère à température ambiante, cette réaction ne peut pas être diastéréospécifique.

2.a) Le solvant a une influence sur l'ordre partiel de I_2 sur la réaction. Cela signifie que le mécanisme *change en fonction du solvant*. CH_3COOH (solvant peu dispersant) laisse $I^{\ominus}$ au contact de l'ion ponté et nécessite une autre molécule I_2 pour l'attaque en anti.

b) La vitesse décroît (le temps de demi-réaction augmente) lorsque l'alcène est moins substitué. Cela peut s'expliquer par la *polarité* et *polarisabilité* plus faible de l'alcène quand la substitution diminue. L'étape cinétiquement déterminante de cette réaction est la polarisation de I_2, et elle est facilitée par un moment dipolaire plus élevé de la double liaison. Cela justifie pourquoi les alcènes plus substitués, et de configuration Z (a priori *plus polaires*), sont les plus réactifs.

10. Bromation des alcanes — D'après ENS Cachan

1. Les alcanes RH (R = groupe alkyle) réagissent avec le dibrome sous irradiation ultraviolette selon le bilan suivant :

$$R-H + Br_2 \xrightarrow{h\nu} R-Br + H-Br$$

a) À quel grand type de réaction appartient cette transformation ? Proposer un mécanisme par analogie à l'addition radicalaire. *Données* : énergies de liaison $D_{C\text{-}Br} < D_{H\text{-}Br}$.

b) Représenter les différents alcanes A_1, A_2, …, A_n de formule brute C_5H_{12}.

c) Pour chacun des composés A_i trouvés, donner les différents isomères de formule brute $C_5H_{11}Br$ obtenus par action de Br_2 en présence d'irradiation UV. On notera ces derniers B_1, B_2, …, B_8.

d) Calculer le pourcentage statistique attendu pour chaque composé dans chaque mélange.

2. En réalité, les pourcentages expérimentaux sont très différents de ceux calculés précedemment. On peut en effet montrer que les réactivités relatives des différentes liaisons C—H d'alcanes sont 1 pour un groupe méthyle CH_3, 80 pour un groupe méthylène CH_2 et 1 700 pour un groupe méthyne CH vis-à-vis du dibrome à 300 K :

$$R-CH_3 + Br_2 \rightarrow R-CH_2-Br + H-Br \qquad 1\ k_0$$

$$R_2-CH_2 + Br_2 \rightarrow R_2-CH-Br + H-Br \qquad 80\ k_0$$

$$R_3-CH + Br_2 \rightarrow R_3-C-Br + H-Br \qquad 1\ 700\ k_0$$

a) Quelle est l'origine de cette différence de réactivité ?

b) En déduire le pourcentage expérimental de chaque isomère obtenu à partir de chacun des composé A_i.

Conseils méthodologiques : 1.a) : Raisonner par analogie avec l'A_R. Le mécanisme passe par un *carboradical*. **2.b)** : Aspect statistique + réactivité.

a) Cette réaction est une *substitution radicalaire*.

Le mécanisme commence par la rupture homolytique de la liaison Br—Br :

$$Br-Br \longrightarrow 2\,Br\bullet$$

Il faut ensuite que la boucle de propagation reflète le bilan de la réaction, et que Br• soit le porteur de chaîne (pas de réaction de transfert).

$$R-H \quad \bullet Br \longrightarrow R\bullet + H-Br$$
$$R\bullet \quad Br-Br \longrightarrow R-Br + \bullet Br$$

Erreur à éviter :

Ne pas former H• + R—Br, puisque cette réaction nécessite plus d'énergie que R• + H—Br.

Il y a alors trois réactions de terminaison possibles :

$$2\,R\bullet \longrightarrow R-R$$
$$2\,Br\bullet \longrightarrow Br-Br$$
$$Br\bullet + R\bullet \longrightarrow R-Br$$

b) On commence par vérifier que le nombre d'insaturations de C_5H_{12} est de 0 (du type C_nH_{2n+2}).

- *Chaîne en C_5*. Un seul alcane possible, il s'agit du pentane, que l'on note A_1.

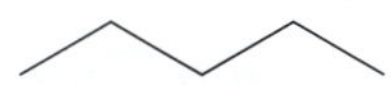

A_1

- *Chaîne en C_4*. On doit positionner un substituant méthyle sur une chaîne de type butane ; il n'y a qu'une seule possibilité : il s'agit du 2-méthylbutane, que l'on note A_2.

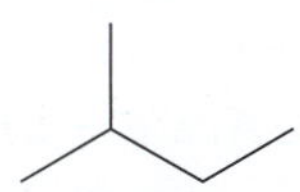

A_2

- *Chaîne en C_3*. On doit positionner deux substituants méthyle, sur une chaîne de type propane (un substituant éthyle est impossible) ; il n'y a qu'une possibilité : il s'agit du 2,2-diméthylpropane, que l'on note A_3.

A_3

c) Pour le composé A_1, il y a trois types de sites de fixation possibles pour le brome :

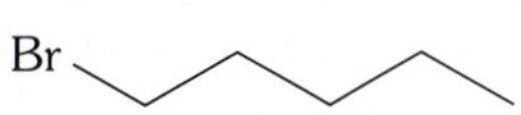

B_1

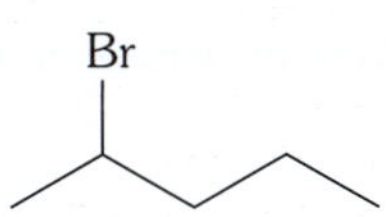

B_2

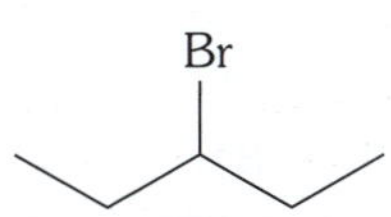

B_3

Pour le composé A_2, il y a quatre types de sites de fixation possibles pour le brome :

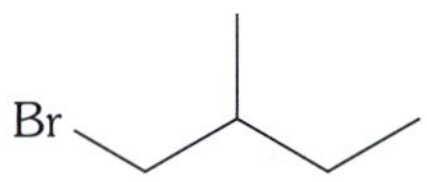

B_4

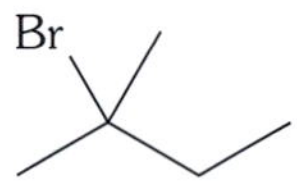

B_5

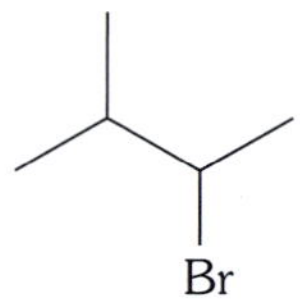

B_6

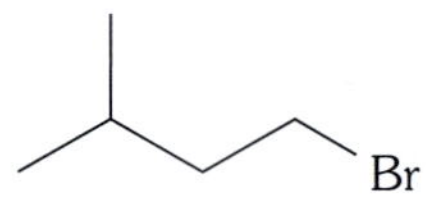

B_7

Pour le composé A_3, il n'y a qu'un seul type de site de fixation possible pour le brome :

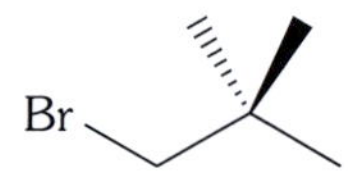

B_8

d) Pour les répartitions statistiques, on compte le nombre de H équivalents vis-à-vis de la bromation, et on divise par le nombre d'hydrogènes de la molécule (12) :

Pour les dérivés de A_1 :

B_1	B_2	B_3
6/12	4/12	2/12
50 %	33,3 %	16,7 %

Pour les dérivés de A_2 :

B_4	B_5	B_6	B_7
6/12	1/12	2/12	3/12
50 %	8,3 %	16,7 %	25 %

Pour les dérivés de A_3 :

B_8
1
100 %

2.a) Plus le carboradical est *substitué*, plus il est *stable*, donc plus l'énergie d'activation est faible, et plus la boucle de propagation a une cinétique rapide. Cela est dû aux effets donneurs des chaînes de type alkyle.

b) Désormais le contrôle cinétique donne :

$B_i/B_j = n_i r_i / n_j r_j$ avec n_i aspect statistique et r_i aspect réactivité,

ou encore :

$\%B_i = n_i r_i / \sum n_i r_i$.

Un hydrogène d'un groupement méthyle compte pour $r = 1$, un hydrogène d'un méthylène compte pour $r = 80$ et celui d'un méthyne pour $r = 1\,770$.

Le composé A_1 a $n = 6\text{H}$ dans des groupements méthyle, et $n = 6\text{H}$ dans des groupements méthylène, soit un total $\sum n_i r_i = 486$.

De même, le composé A_2 a un total de 1939 et A_3 de 12.

Les pourcentages que l'on doit observer sont donc :

Remarque :

Notons la sélectivité du brome dans la formation des carboradicaux tertiaires.

Pour les dérivés de A_1 :

B_1	B_2	B_3
6/486	320/486	160/486
1,2 %	65,8 %	32,9 %

Remarque :

Le total est bien de 100 % à 0,1 % près (approximation faite ici).

Pour les dérivés de A_2 :

B_4	B_5	B_6	B_7
6/1 939	1 770/1 939	160/1 939	3/1 939
0,3 %	91,3 %	8,3 %	0,2 %

Pour les dérivés de A_3 :

B_8
1
100 %

11. Contrôle thermodynamique ou cinétique — D'après OIC

Récemment, des méthodes sélectives d'hydrohalogénation d'alcènes et d'alcynes utilisant une catalyse hétérogène à l'aide d'alumine ont été mises au point.

On s'intéresse plus particulièrement à la réaction suivante :

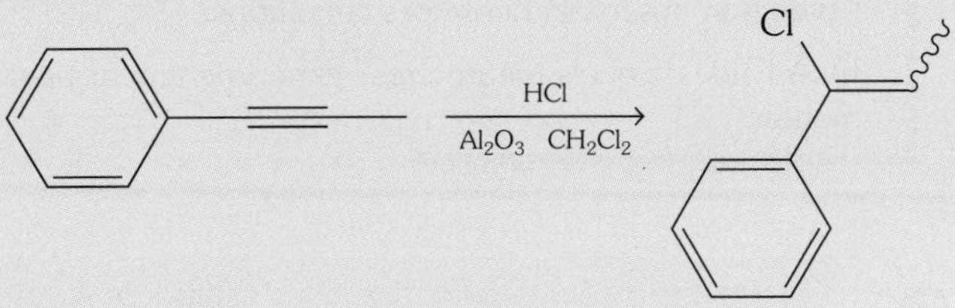

Le trait ondulé signifie que la configuration du méthyle n'est pas fixée (mélange des deux configurations possibles)

a) Comment s'appelle la sélectivité observée ?

b) Quelle est la relation d'isomérie entre les deux produits observés ?

c) L'évolution de la concentration des espèces au cours du temps est représentée sur la figure 7. Montrer que, en pratique, on peut obtenir des sélectivités opposées.

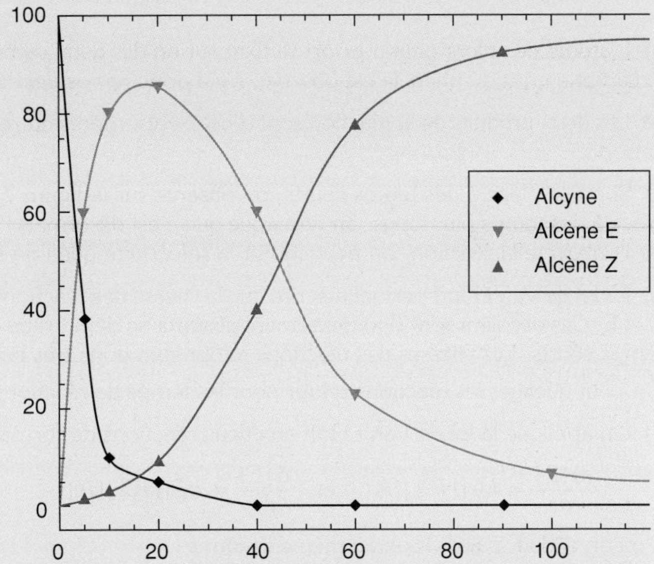

Conversion de 100 mg de 1-propynylbenzène

Figure 7

On décrit ce type d'évolution par les termes contrôle cinétique/contrôle thermodynamique. Dès les questions suivantes, nous allons essayer de modéliser la cinétique de la réaction pour décrire les évolutions observées. Considérons le schéma ci-contre :

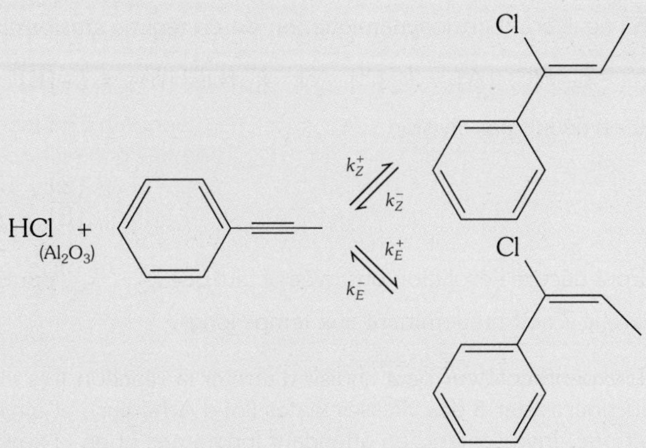

Dans un premier temps, on se place aux temps de contact faibles (petit devant le temps de demi-réaction), c'est-à-dire dans le cadre d'un contrôle cinétique.

d) Montrer que l'on peut alors négliger les réactions retour.

e) Exprimer dans cette hypothèse le rapport $\frac{[Z]}{[E]}$ en fonction des données.

On s'intéresse désormais aux temps de contact suffisamment longs pour que les équilibres soient réalisés (contrôle thermodynamique).

f) Calculer le rapport $\frac{[Z]}{[E]}$ dans le cadre d'un contrôle thermodynamique.

g) Montrer que si les constantes de vitesses satisfont certaines relations, le modèle présenté permet de décrire l'évolution observée. Écrire ces conditions.

h) À l'aide de quels paramètres l'expérimentateur peut-il favoriser l'un des régimes par rapport à l'autre ? Argumenter.

Conseils méthodologiques : Utiliser le savoir-faire 4.
d) : Utiliser la loi de *Van't Hoff*. **f)** : On est en régime *stationnaire* désormais.

a) L'atome de chlore peut *a priori* se fixer sur un des deux carbones de la triple liaison. Seul le produit avec le chlore sur le carbone en α du phényle est observé, il y a donc *régiosélectivité* (choix entre 2 isomères de *constitution*).

b) Les deux produits de la réaction sont *diastéréoisomères* entre eux : ils ne diffèrent que par la configuration de la double liaison.

c) Si on se place à des temps courts, on observe sur la figure 7 que l'alcène E est prépondérant. Si, au contraire, on se place à des temps plus longs, on remarque que c'est désormais l'alcène Z qui est prépondérant. En choisissant le moment où l'on arrête la réaction, on peut choisir la *sélectivité* que l'on souhaite : *diastéréosélectivité*.

d) La loi de Van't Hoff permet d'écrire que la vitesse des réactions retour est proportionnelle à la concentration des alcènes Z et E. Ces derniers sont rigoureusement *absents* au démarrage de la réaction, et restent en quantités très faibles pour les temps courts. Les vitesses des réactions retour sont donc très faibles.

On peut négliger les réactions retour pour les temps de réactions faibles.

e) On applique la loi de Van't Hoff aux deux réactions de formation des alcènes, en notant A l'alcyne :

$$\frac{\mathrm{d}[Z]}{\mathrm{d}t} = k_Z^+[\mathrm{HCl}][A] \quad \text{et} \quad \frac{\mathrm{d}[E]}{\mathrm{d}t} = k_E^+[\mathrm{HCl}][A],$$

d'où on déduit, par division au même instant t :

$$\frac{\mathrm{d}[Z]}{\mathrm{d}[E]} = \frac{k_Z^+}{k_E^+} \Rightarrow \frac{[Z]}{[E]} = \frac{k_Z^+}{k_E^+}.$$

f) À l'équilibre thermodynamique, on est en régime *stationnaire*. Donc, on peut écrire les égalités suivantes :

$$k_Z^+[\mathrm{HCl}][A] = k_Z^-[Z] \quad \text{et} \quad k_E^+[\mathrm{HCl}][A] = k_E^-[E],$$

d'où on déduit par division :

$$\frac{[Z]}{[E]} = \frac{k_Z^+\,k_E^-}{k_E^+\,k_Z^-}$$

g) Pour décrire l'évolution observée, il faut que $k_Z^+ < k_E^+$, pour que E soit prédominant aux temps courts, et que $\frac{k_Z^+\,k_E^-}{k_E^+\,k_Z^-} > 1$ pour que Z soit prédominant aux temps longs.

h) L'expérimentateur peut choisir d'arrêter la réaction très vite, ou de travailler *à froid* pour rester à des vitesses lentes (loi d'Arhénius), et ainsi favoriser le *régime cinétique*. Inversement, en attendant longtemps et en chauffant le mélange réactionnel, on favorise globalement le *contrôle thermodynamique*.

Remarque :

Le choix du solvant, du catalyseur... peut permettre d'orienter vers l'une ou l'autre des sélectivités.

CHAPITRE 9

Les polymères organiques

Le cours en questions

1 ■ Définitions

1.1 Comment distinguer motif et monomère ? polymère ou macromolécule ?

• **Monomère** : molécule organique réactive qui a la faculté d'enchaînement.

Exemple : le styrène, $Ph-CH=CH_2$.

• **Motif** : unité de répétition correspondant à la structure de base.

Exemple : le motif du polystyrène, 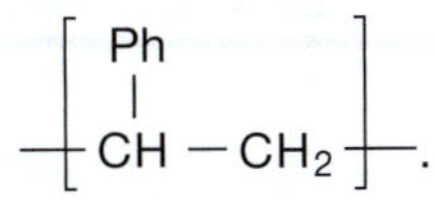.

• **Macromolécule** : molécule de masse molaire élevée (de 10^3 à 10^6 $g \cdot mol^{-1}$) engendrée *par répétition d'un motif unitaire relié par liaison covalente*.

Ce terme est d'origine biologique : protéine, polysaccharide (cellulose), acides nucléiques (ADN), mais il s'étend aux macromolécules synthétiques.

• **Polymère** : ensemble de macromolécules de même motif mais de *taille différente*.

Exemple : le polystyrène (PS), 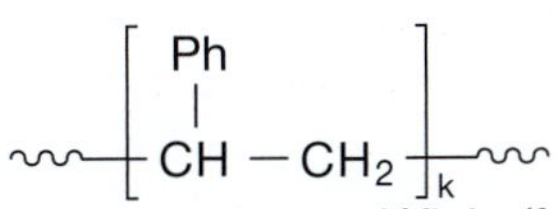 avec *k* variable.

Les groupements terminaux ∿∿ ne sont pas définis (fonction du mode de polymérisation).

Un polymère n'est donc *pas un corps pur* !

⚠ Erreur à éviter :

Ne pas confondre motif et monomère. Un motif peut très bien avoir moins d'atomes que le (ou les) monomère(s) dont il est issu.

Un homopolymère est issu d'un seul monomère. *Un copolymère* nécessite au moins deux monomères.

Un oligomère comporte peu de motifs (2 à 20).
Un haut-polymère correspond à un nombre de motifs élevé (> 100).

1.2 Comment définir degré de polymérisation moyen ? masse molaire moyenne ?

La *diversité* des croissances et terminaisons de chaînes conduit à une méthode *statistique*.

Il y a deux approches possibles du point de vue statistique : l'approche en *nombre* ou l'approche en *masse*.

- **Fraction molaire ou massique des chaînes**

Supposons qu'il existe N_k macromolécules de k motifs, soit de masse molaire M_k. On peut caractériser la chaîne k par sa :

L'approche en masse revient à attribuer *plus de poids* aux macromolécules de plus forte masse.

→ *Fraction molaire* (ou en nombre)

$$x_k = \frac{N_k}{\sum_k N_k}.$$

→ *Fraction massique* (ou en masse)

$$w_k = \frac{m_k}{\sum_k m_k} = \frac{N_k M_k}{\sum_k N_k M_k}.$$

- **Degré de polymérisation moyen en nombre ou en masse**

On utilise essentiellement l'approche en nombre :

$\overline{DP}_n$ est aussi appelé *indice moyen de polymérisation* et noté X_n de nos jours.

→ *Valeur moyenne en nombre*

$$\overline{DP}_n = \sum_k x_k k = \frac{\sum_k N_k k}{\sum_k N_k}.$$

→ *Valeur moyenne en masse*

$$\overline{DP}_w = \sum_k w_k k.$$

- **Masse molaire moyenne en nombre ou en masse**

Les propriétés des polymères sont souvent mieux traduites par l'approche en masse :

Pour la macromolécule k :

$$M_k \approx k M_0$$

avec M_0 masse du monomère.

$$\overline{M}_n = \overline{DP}_n M_0$$
$$\overline{M}_w = \overline{DP}_w M_0.$$

→ *Masse molaire moyenne en nombre*

$$\overline{M}_n = \sum_k x_k M_k = \frac{\sum_k N_k M_k}{\sum_k N_k}.$$

→ *Masse molaire moyenne en masse*

$$\overline{M}_w = \sum_k w_k M_k = \frac{\sum_k N_k M_k^2}{\sum_k N_k M_k}.$$

Nécessairement : $I_p \geqslant 1$.

- **Indice de polymolécularité** : rapport $I_p = \dfrac{\overline{M}_w}{\overline{M}_n}$, encore appelé polydispersité. Il traduit la *dispersion en masse* des chaînes. I_p dépend essentiellement de la nature du polymère et du mode de polymérisation. On optimise les propriétés d'un polymère en contrôlant $\overline{M}_w$ et I_p.

2 ■ Architecture des polymères

2.1 Préciser les trois types de structures des chaînes des macromolécules.

- **Polymères linéaires** : enchaînement unidimensionnel (Fig. 1).
- **Polymères ramifiés ou branchés** : existence de courtes chaînes latérales se branchant sur la chaîne principale (Fig. 2).
- **Polymères réticulés** : structures tridimensionnelles avec différents degrés de réticulation selon le nombre de points de jonction (Fig. 3).

Linéaire

Figure 1

Branché ou ramifié

Figure 2

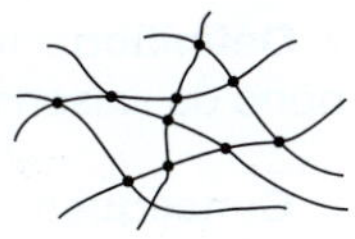

Réticulé

Figure 3

Les polymères linéaires et branchés peuvent être fondus ou ramollis par chauffage = *thermoplastiques.*

Les *polymères réticulés faiblement* ont des propriétés élastiques (caoutchouc).
Les *polymères fortement réticulés* sont des *thermodurcissables* (forme invariable).

2.2 Quel type d'isomérie de constitution observe-t-on chez les polymères ?

On retrouve les divers types d'isomérie : fonction, position, chaîne…
Citons :

- **Isomérie tête/queue** (monomère vinylique $R-CH=CH_2$) :

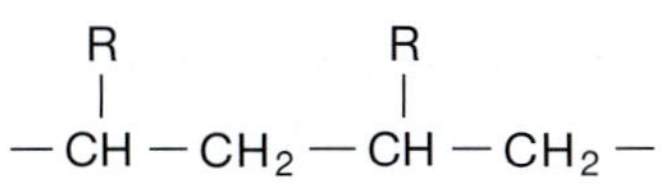

Tête à queue

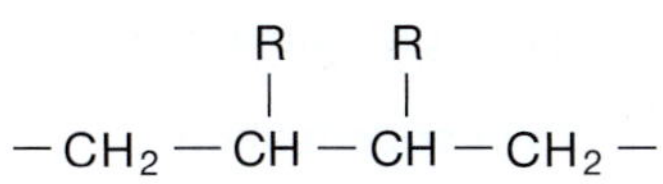

Tête à tête

Lorsque l'on observe un seul type d'enchaînement, la polymérisation est dite *régiosélective*. Le PVC est tête à queue.

- **Isomérie de chaîne et géométrique** (monomère α-diénique) :

Numérotation :

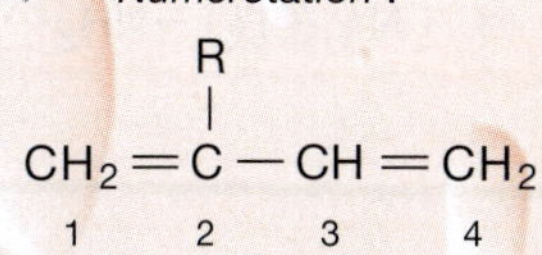

Addition 1,2 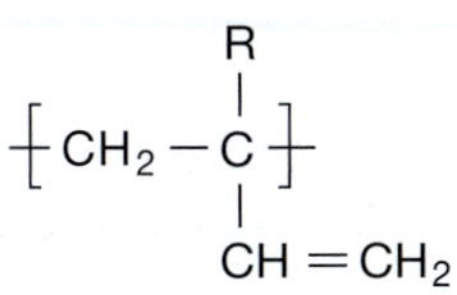

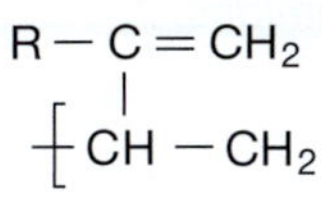 Addition 3,4

Addition 1,4-cis 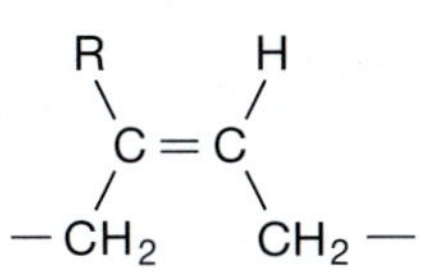

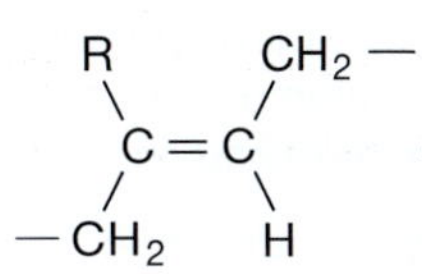 Addition 1,4-trans

Le *caoutchouc naturel* correspond au polyisoprène ($R = CH_3$) de type 1,4-cis. Cis et trans correspondent à la diastéréoisomérie *Z,E.*

2.3 À quoi correspond la notion de tacticité ?

Une polymérisation peut se faire de *façon stéréorégulière* ou non. Dans le cas de $R-CH=CH_2$, on distingue (Fig. 4) :

- **polymère isotactique** : –R toujours du même côté.

Isotactique :

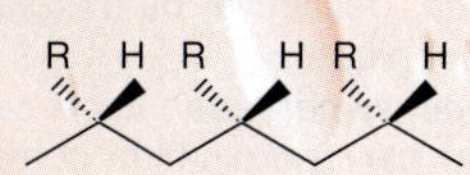

Figure 4a

Syndiotactique :

Figure 4b

- **polymère syndiotactique** : —R en position alternée.
- **polymère atactique** : —R en position aléatoire.

Ces différences de géométrie influent sur les propriétés physiques des polymères.

3 ■ Polymérisations par étapes ou en chaînes

3.1 Qu'appelle-t-on fonctionnalité d'un monomère ?

Pour un mélange de deux monomères, on définit *la fonctionnalité moyenne f*.

- **Définition** : nombre de groupes fonctionnels réactifs du monomère et donc de liaisons covalentes qu'il peut créer.
- **Conséquence** : plus *f* augmente, plus la ramification augmente.

$f < 2$: oligomères ; $f = 2$: polymères linéaires ;

$f > 2$: polymères branchés ou réticulés.

3.2 Quelles sont les caractéristiques d'une polymérisation par étapes ?

Polyamide : nylon 6,6

$$\left[-\underset{\underset{O}{\|}}{C} - (CH_2)_4 - \underset{\underset{O}{\|}}{C} - NH - (CH_2)_6 - NH - \right]$$

à partir de :

$$HOOC - (CH_2)_4 - COOH$$
$$+ H_2N - (CH_2)_6 - NH_2$$

- **Une réaction chimique identique pour chaque étape** : les molécules bifonctionnelles s'enchaînent par une seule réaction (type estérification, amidification...) pour tout le processus.
- **Deux types de réaction de croissance** :

Polycondensation	Polyaddition
élimination d'un résidu à chaque étape : → cas usuel : *polyesters*, *polyamides*.	pas d'élimination de résidu : → cas plus rare : *Polyuréthanes*.

3.3 Quelles sont les caractéristiques des polymérisations en chaînes ?

Erreur à éviter :

Le mot chaîne se réfère ici au mode de croissance de la macromolécule. Il n'y a *pas de boucle de propagation*.

La *nature du monomère* influence le choix du type de polymérisation :
- *alcène activé* : type radicalaire ou cationique ;
- *alcène désactivé ou résonnant* : type anionique ;
- *alcène symétrique* : type radicalaire ou par coordination comme le polyéthylène (PE).

- **Le plus souvent des polyadditions** : il faut la création de *centres actifs* (carboradicaux, carbocations, carbanions...) qui permettent la croissance de la chaîne selon un mécanisme classique : *amorçage* (transfert éventuel) *propagation*, *terminaison*.
- **Divers types** : de l'*amorçage* dépend le mécanisme :

– *polymérisation radicalaire :* amorçage par peroxydes ;

– *polymérisation cationique* : amorçage par cation $H^{\oplus}$;

– *polymérisation anionique* : amorçage par anion $Y^{\ominus}$;

– *polymérisation par coordination* : amorçage par un complexe d'un métal de transition.

- **Croissance** : uniquement par addition du *monomère* à l'extrémité de la chaîne en croissance.

$$\forall k \in \mathbb{N}, \quad k\text{-mère} + \text{monomère} = (k+1)\text{-mère} .$$

3.4 Quel est le mécanisme d'une polymérisation anionique ?

- **Mécanisme anionique**

– *Amorçage par* $Nu^{\ominus}$

$Bu^{\delta-} - Li^{\delta+}$ dans toluène (aprotique) ou NH_2^-, K^+ dans NH_3 (protique).
Nous développons le 1er cas.

$$Ph-CH=CH_2 + Bu-Li \rightarrow Ph-\overset{\ominus}{\overline{C}}H-CH_2-Bu,\ Li^{\oplus}$$

$$\text{noté : } \quad M + A \rightarrow A-M^{\ominus}, Li^{\oplus}$$

– *Propagation*

$$Ph-CH=CH_2 + Ph-\overset{\ominus}{\overline{C}}H-CH_2-Bu,\ Li^{\oplus} \rightarrow Ph-\overset{\ominus}{\overline{C}}H-CH_2-\left[\underset{\substack{|\\Ph}}{CH}-CH_2\right]-Bu,\ Li^{\oplus}$$

$$\text{noté : } \quad M + A-M^{\ominus}, Li^{\oplus} \rightarrow AM_2^{\ominus}, Li^{\oplus}$$

$$\text{etc... } \quad M + AM_i^{\ominus}, Li^{\oplus} \rightarrow AM_{i+1}^{\ominus}, Li^{\oplus}$$

– *Régiosélectivité* due au contrôle de charge : carbanion le plus stable.

– *Terminaison* : le carbanion ne peut capter de proton en solvant aprotique, ce qui provoque l'absence de terminaison.

$$\textit{polymère vivant} = \text{macrocarbanion}$$

- **Conséquences**

– *Absence de ramifications*

$\Rightarrow$ polymères linéaires.

– *Stéréorégularité* à basse température :

$\Rightarrow$ polymères isotactiques en solvant peu polaire aprotique.

– *Isomolécularité*

$$I_p \approx 1$$

parfait contrôle de croissance.

- **Le PMMA** est étudié en détail dans la partie annales en 1, 2 et 3.

On prend l'ensemble du système $Ph-CH=CH_2$.

Pour le mécanisme anionique : en solvant aprotique, existence de paires d'ions.
En solvant protique dispersant, ions libres.

Le motif qui apparaît est le même dans les deux cas : *régiosélectivité tête à queue*.

Pour polymérisation anionique en *solvant protique*, terminaison par capture d'un proton du solvant.

Et polymères *syndiotactiques* par voie anionique en solvant polaire protique, par gêne stérique de solvatation.

MAM $\rightarrow$ PMMA

$$CH_2=\underset{\substack{|\\H_3C}}{C}-\underset{\substack{\|\\O}}{C}-OCH_3$$

Les polymères linéaires stéréoréguliers peuvent quasiment *s'accoler* (liaisons dites *pontales*).

Vulcanisation des caoutchoucs : formation de ponts disulfure pour réticuler le réseau.

Chaîne flexible

Figure 5

Image : cheveux emmêlés.

Polymère amorphe :

Figure 6

Lamelles cristallines :

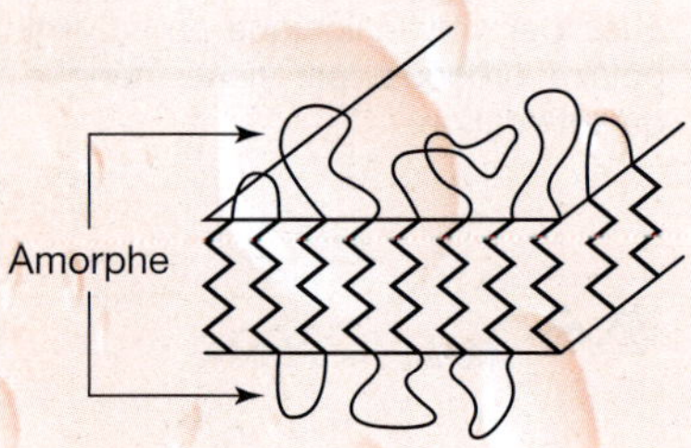

Figure 8

4 ■ Relations structure-propriétés physiques

4.1 De quels types sont les interactions entre chaînes ?

• **Interactions de Van der Waals** : interactions d'origine électrostatique de type dipôle-dipôle. Elles sont d'autant plus fortes que les chaînes peuvent se rapprocher.

• **Liaison hydrogène** : interactions plus fortes que celles de Van der Waals, dans le cas des polyamides par exemple ($>C=O$ --- $H-N<$).

Ces liaisons H solidarisent deux chaînes adjacentes.

• **Réticulation** : liaisons *covalentes* entre chaînes conduisant à un réseau 3 *D*, d'où une forte cohésion.

4.2 Quelles formes adoptent ces chaînes en solution ou à l'état solide ?

• **Pelote statistique** : dans le vide ou en solution très diluée, les chaînes se replient sur elles-même pour adopter une forme inscrite dans une sphère (entropie maximale) : Fig. 5.

• **Enchevêtrement de pelotes** : lorsque l'on concentre le polymère, il y a interpénétration des diverses chaînes.

• **État solide amorphe** : lors de la solidification, le polymère garde un état désordonné analogue à l'état liquide (pelotes enchevêtrées sans ordre local : Fig. 6).

• **État solide semi-cristallin** : il existe des microdomaines dans lesquels les chaînes sont rangées et quasiment au contact. Ces domaines s'appellent des *cristallites* (Fig. 7). Lorsque l'on fait fondre un tel polymère et qu'on le laisse cristalliser lentement, on améliore *le taux de cristallinité* : conformation en zig-zag et arrangement sous forme de *lamelles* (Fig. 8).

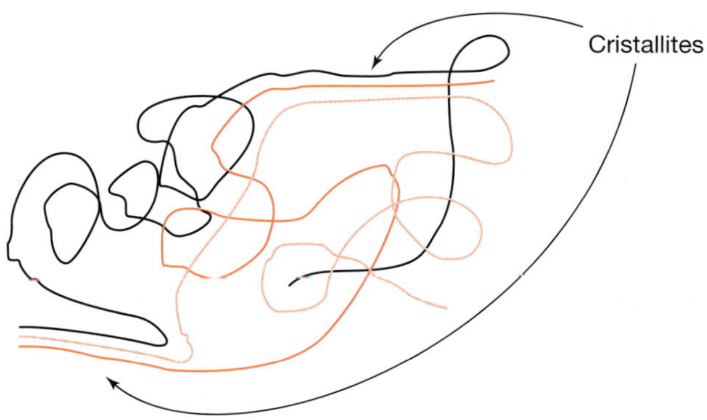

Figure 7

4.3 Comment lier structure, taux de cristallinité, température de fusion et température de transition vitreuse ?

• **Taux de cristallinité** : rapport de la masse des zones cristallines sur la masse totale :

$$X_c = \frac{m_c}{m}\ .$$

Plus le polymère est ramifié, plus le caractère amorphe est important, et plus le taux de cristallinité est faible. Dans le même temps, la densité diminue.

• **Changements d'état** : aux basses températures, on rencontre *l'état solide vitreux* (les mouvements des chaînes sont bloqués). À partir de la *température de transition vitreuse* T_g (g pour glass = verre), le polymère peut s'écouler (les chaînes glissent les unes sur les autres car la viscosité a diminué). Pour un polymère amorphe, $T > T_g$ correspond à l'*état caoutchoutique* (élasticité, rebond). Pour un polymère semi-cristallin, les cristallites subsistent, ce qui limite la mobilité des chaînes (on peut les étirer) : on parle d'*état souple*.

Il faut alors atteindre la température de fusion T_f $(T_f > T_g)$ pour détruire les cristallites et atteindre l'état caoutchoutique.

• **Le PMMA** (polyméthacrylate de méthyle) est un thermoplastique avec trois qualités fondamentales : transparence (verre optique), tenue dans le temps (bureautique) et biocompatibilité sous forme d'hydrogel (lentilles souples).

• *La polymérisation radicalaire*, non stéréorégulière et avec ramification, donne des polymères *amorphes*.
• *La polymérisation anionique* aux basses températures donne des polymères *semi-cristallins*.
• *La polymérisation par coordination* (Ziegler-Natta) donne des polymères *quasi-cristallins* ($X_c > 90$ %).

Les polymères amorphes n'ont pas de T_f. De même que les polymères réticulés (réseau 3 *D* aléatoire), qui se dégradent à haute *T* (cassure de liaisons).

Les savoir-faire clefs

1 ■ Savoir calculer les grandeurs moyennes des chaînes de polymère.

Un polymère se voit prélever un échantillon qui est analysé par chromatographie. On obtient la distribution approchée suivante.

• Masse du monomère : $M_0 = 142\ \text{g} \cdot \text{mol}^{-1}$;
• Distribution des chaînes : N_k chaînes de masse molaire M_k vérifiant :

M_k (g · mol^{-1})	2 000	2 300	2 700	3 000	3 500	4 000	5 000
N_k (mmol)	0,8	1,7	5,6	12,2	7,9	2,1	0,4

Conseils méthodologiques

Ce savoir-faire a pour but de mieux comprendre l'*approche statistique* et sa nature duale : en nombre ou en masse.

1.1 Utiliser la *définition des grandeurs moyennes* données dans le « cours en questions ». Relier les grandeurs M_0, $\overline{M}_n$ et $\overline{DP}_n$ de même que M_0, $\overline{M}_w$ et $\overline{DP}_w$.

1.2 La courbe est ici *discontinue* mais son enveloppe permet d'*apprécier la dispersion*, ce que confirme le calcul de I_p.

1.1 Grandeurs moyennes

Déterminer pour cet échantillon :

a) La fraction molaire (ou en nombre) x_k de chaque chaîne ; puis la fraction massique (ou en masse) w_k de chaque chaîne ;

b) la masse molaire moyenne en nombre $\overline{M}_n$; puis la masse molaire moyenne en masse $\overline{M}_w$;

c) le degré de polymérisation en nombre de chaque chaîne DP_k puis le degré moyen en nombre $\overline{DP}_n$; puis le degré de polymérisation moyen en masse $\overline{DP}_w$.

1.2 Dispersion

a) Représenter pour cet échantillon la courbe de répartition $N_k = f(M_k)$. Tracer l'enveloppe de ses extrémités. Situer $\overline{M}_n$ et $\overline{M}_w$.

b) Calculer l'indice de polymolécularité $I_p = \dfrac{\overline{M}_w}{\overline{M}_n}$.

On conserve *3 chiffres significatifs* pour les calculs intermédiaires.

On observe bien que l'approche en masse consiste à donner *plus de « poids » aux grosses molécules*. (Pour elles, $w_k > x_k$.)

On trouve bien : $\overline{M}_w > \overline{M}_n$.

1.1. a) Les fractions en nombre et en masse sont définies par :

$$x_k = \frac{N_k}{\sum_k N_k} \quad \text{et} \quad w_k = \frac{m_k}{\sum_k m_k} = \frac{N_k M_k}{\sum_k N_k M_k}.$$

On peut donc calculer les dénominateurs :

Nombre total : $N = \sum_k N_k = 30{,}7 \text{ mmol} = 3{,}07\ 10^{-2} \text{ mol}$.

Masse totale : $m = \sum_k m_k = \sum_k N_k M_k = 95{,}28 \text{ g} \# 95{,}3 \text{ g}$.

On peut donner pour chaque chaîne les résultats sous forme de tableau :

M_k (g · mol^{-1})	2 000	2 300	2 700	3 000	3 500	4 000	5 000
N_k (mmol)	0,8	1,7	5,6	12,2	7,9	2,1	0,4
x_k	0,026	0,055	0,182	0,397	0,257	0,068	0,013
w_k	0,017	0,041	0,159	0,384	0,290	0,088	0,021

b) Les masses molaires moyennes en nombre et en masse se déduisent de :

$$\overline{M}_n = \sum_k x_k M_k = \frac{\sum_k N_k M_k}{\sum_k N_k} \quad \text{et} \quad \overline{M}_w = \sum_k w_k M_k = \frac{\sum_k N_k M_k^2}{\sum_k N_k M_k}.$$

La première expression se déduit sans nouveau calcul :

$$\overline{M}_n = \frac{m}{N} = \boxed{3\ 104 \text{ g} \cdot \text{mol}^{-1}}.$$

La seconde expression après calcul donne :

$$\overline{M}_w = \frac{\sum_k N_k M_k^2}{m} = \boxed{3\ 182 \text{ g} \cdot \text{mol}^{-1}}.$$

c) Pour chaque chaîne, *le degré de polymérisation* s'obtient en divisant la masse M_k par la masse du monomère :

$$DP_k = \frac{M_k}{M_0}.$$

On déduit ensuite *les valeurs moyennes en nombre et en masse* :

$$\overline{DP}_n = \sum_k x_k DP_k = \frac{\sum_k x_k M_k}{M_0} = \frac{\overline{M}_n}{M_0} \quad \text{et} \quad \overline{DP}_w = \sum_k w_k DP_k = \frac{\overline{M}_w}{M_0}.$$

D'où les résultats :

M_k (g · mol^{-1})	2 000	2 300	2 700	3 000	3 500	4 000	5 000
DP_k	14,1	16,2	19,0	21,1	24,6	28,2	35,2

puis : $\boxed{\overline{DP}_n = \frac{\overline{M}_n}{M_0} = 21{,}9}$ et $\boxed{\overline{DP}_w = \frac{\overline{M}_w}{M_0} = 22{,}4}$.

1.2. a) On trace l'allure de la *courbe de répartition* $N_k = f(M_k)$ en figure 12.

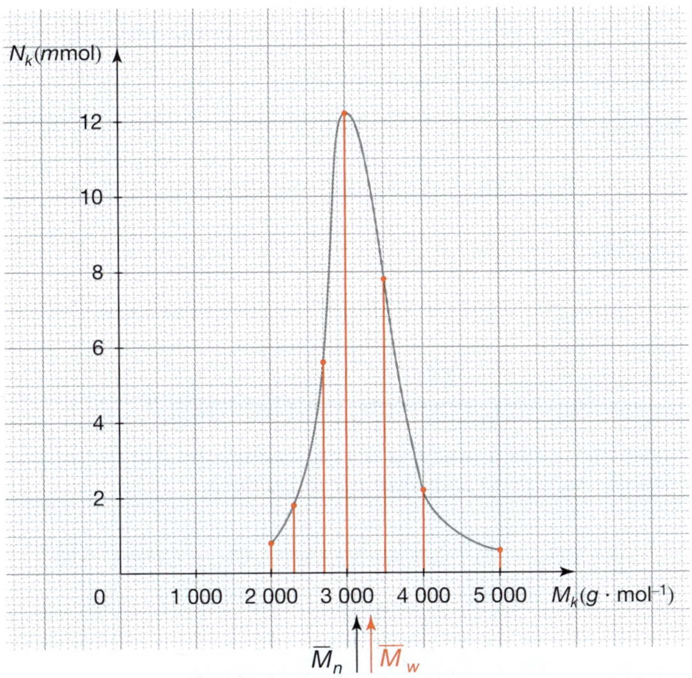

Figure 12

On constate la *faible dispersion* de cet échantillon de polymère, et le *fort voisinage* de $\overline{M}_n$ et $\overline{M}_w$.

b) *L'indice de polymolécularité* est défini par :

$$I_p = \frac{\overline{M}_w}{\overline{M}_n} \quad \text{ou encore} \quad I_p = \frac{\overline{DP}_w}{\overline{DP}_n}.$$

$\boxed{I_p = 1{,}03}$.

Ce polymère est *très peu dispersé*.

2 ■ Savoir étudier le mécanisme d'une polymérisation anionique.

Polymérisation anionique

L'acrylonitrile $CH_2{=}CH{-}C{\equiv}N$ se polymérise par voie anionique en polyacrylonitrile (PAN) utilisé dans l'industrie textile.

a) Justifier que ce monomère favorise une polymérisation anionique.

b) L'amorceur utilisé est le butyllithium dans le toluène solvant. Proposer un mécanisme en justifiant la régiosélectivité observée.

c) Pourquoi parle-t-on de polymère vivant ?
Que peut-on prévoir sur l'indice de polymolécularité ?

d) À basse température, le polymère est à prédominance isotactique. Définir ce terme et proposer une interprétation.

Conseils méthodologiques

2.a) Il s'agit d'une *polyaddition* d'un monomère vinylique $R{-}CH{=}CH_2$. *L'effet* de R doit favoriser l'approche anionique et stabiliser le carbanion formé.

2.b) Il s'agit de former l'I_R *le plus stable*.

2.c) Noter l'*absence* de terminaison.

2.d) Penser à la *position* de $Li^{\oplus}$.

2. a) Ce monomère est de type vinylique et porte un groupement mésoattracteur diminuant la nucléophilie de C=C et faisant apparaître un site électrophile $C^{\delta+}$;

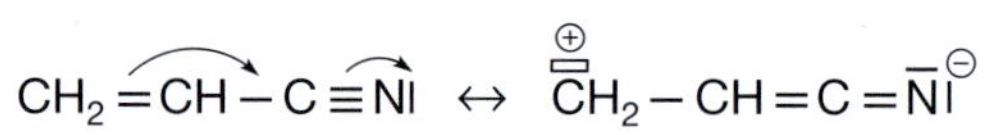

b) On distingue les deux phases classiques :

- *Amorçage* :

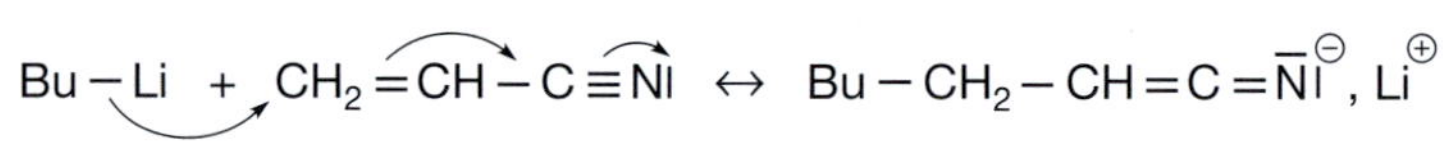

Le toluène est un solvant *peu polaire et non dissociant*. On obtient une paire d'ions ou une liaison covalente fortement polarisée.

- *Propagation* :

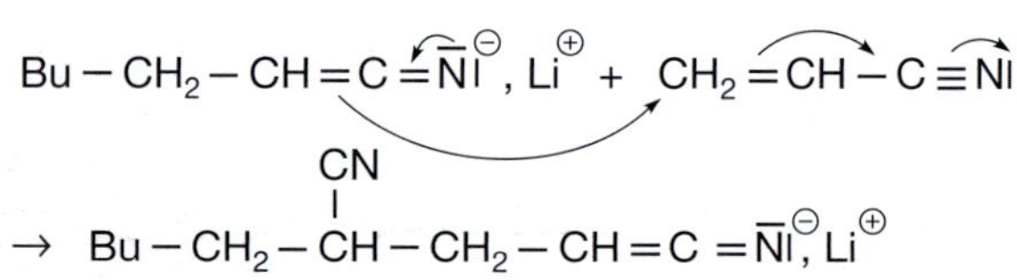

La régiosélectivité tête à queue observée correspond à la formation de l'I_R le plus stable : *carbanion stabilisée par mésomérie*.

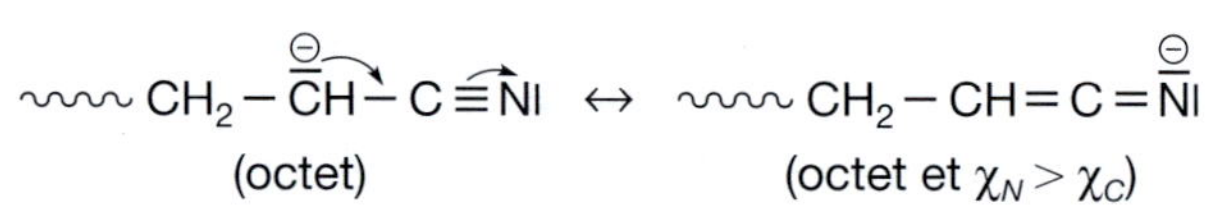

C'est pourquoi nous notons directement le polymère en croissance sous la *forme du mésomère le plus stable*.

$$\text{etc.}\quad M + BuM^{\ominus}, Li^{\oplus} \rightarrow Bu{-}M_2^{\ominus}, Li^{\oplus}$$

$$M + BuM_k^{\ominus}, Li^{\oplus} \rightarrow Bu{-}M_{k+1}^{\ominus}, Li^{\oplus}$$

Polymère :

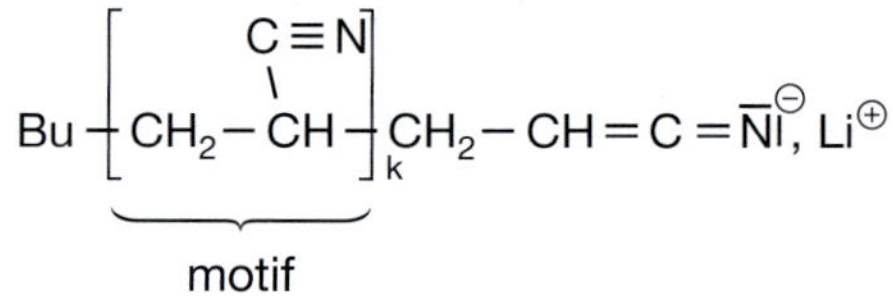

c) Il y a *absence de terminaison* car le solvant est aprotique et ne permet pas de capture de proton. On obtient un macrocarbanion ou *polymère vivant*. Il est courant d'obtenir I_p très proche de 1 (parfait contrôle).

d) La prédominance *isotactique* correspond à une stéréorégularité, les groupements —CN se plaçant tous du même côté (Fig. 16).

La basse température favorise le contrôle cinétique, le solvant non dispersant laisse associer $Li^{\oplus}$, $CN^{\ominus}$ et ce contre ion $Li^{\oplus}$ attire la partie ⊖ du monomère (contrôle du même côté).

L'ajout de monomère permet une *reprise de croissance* de chaîne.

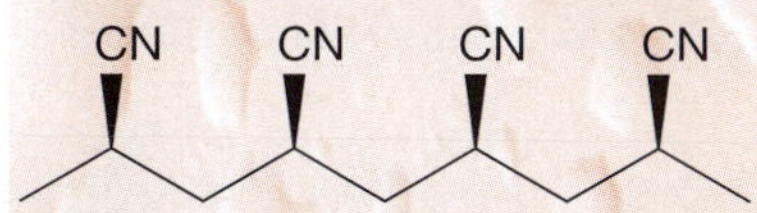

Figure 13

En solvant polaire, on passe à une prédominance *syndiotactique* (alternée) par *effet stérique*, les ions étant désormais solvatés, donc volumineux.

3 ■ Savoir étudier la cinétique d'une polymérisation en chaînes.

Polymérisation radicalaire et loi cinétique

L'acrylonitrile peut également se polymériser par voie radicalaire.

a) L'amorceur utilisé est l'AIBN (**a**zobis**iso**butyronitrile) selon :

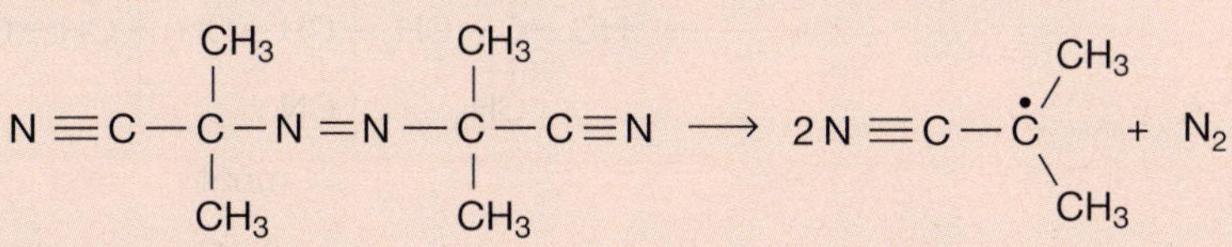

noté : A ⟶ 2 I•

Expliquer la facilité d'une telle réaction dès 60 °C.

b) Proposer ensuite, par analogie aux additions radicalaires rencontrées chez les alcènes, un mécanisme de polymérisation en justifiant la régiosélectivité observée.

c) La constante de vitesse de propagation de l'acrylonitrile est 1 000 fois plus grande de celle du styrène dans les mêmes conditions. Pourquoi ? Que prévoir de la stéréorégularité de ce polymère ?

d) On propose un modèle cinétique du type :

Amorçage $\begin{cases} \text{Initiation : } A \xrightarrow{k_d} 2I^\bullet \\ \text{Transfert : } I^\bullet + M \xrightarrow{k} R_1^\bullet \end{cases}$

Propagation $R_1^\bullet + M \xrightarrow{k_p} R_2^\bullet$ … $R_i^\bullet + M \xrightarrow{k_p} R_{i+1}^\bullet$

Terminaison $R_i^\bullet + R_j^\bullet \xrightarrow{k_t} P_{i+j}$ (si $i = j$, $k'_t = \frac{k_t}{2}$).

- Définir la vitesse de polymérisation comme vitesse de disparition du monomère.
- Déterminer son expression dans le cas général puis dans l'hypothèse des chaînes longues.

Conseils méthodologiques

3.a) Décrire le *transfert électronique* et observer la nature et l'état physique des produits formés.

3.b) Il s'agit désormais d'un *contrôle stérique*.

3.c) Plus le centre actif est stable, *moins* il est réactif.

3.d) On applique l'AEQS ($\frac{d[I_R]}{dt} \approx 0$) aux divers radicaux $I^\bullet$, $R_1^\bullet$, … $R_i^\bullet$ …

- Cela permet de trouver l'expression $\sigma = \sum_i [R_i^\bullet]$ dont on a besoin pour la *vitesse de polymérisation*.
- Une chaîne est *longue* lorsque : $v_{\text{amorçage}} \ll v_{\text{propagation}}$.

3. a) On peut schématiser la première réaction par $A \rightarrow 2\,I^\bullet$ $(+N_2)$

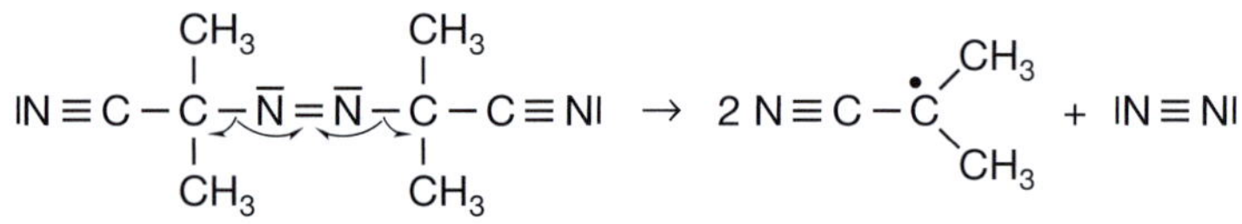

La formation d'une *triple liaison* très forte dans le diazote et le *dégagement gazeux* rendent facile cette rupture homolytique.

b) Le mécanisme comprend trois phases.

- *Amorçage* : initiation ci-dessus + transfert :

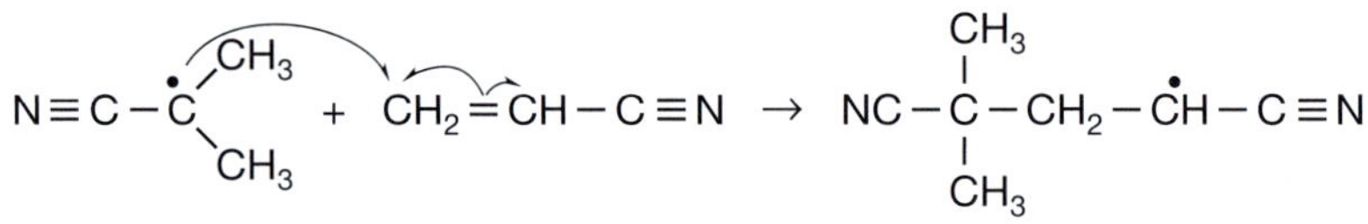

noté : $I + M \rightarrow R_1^\bullet$.

- *Propagation*

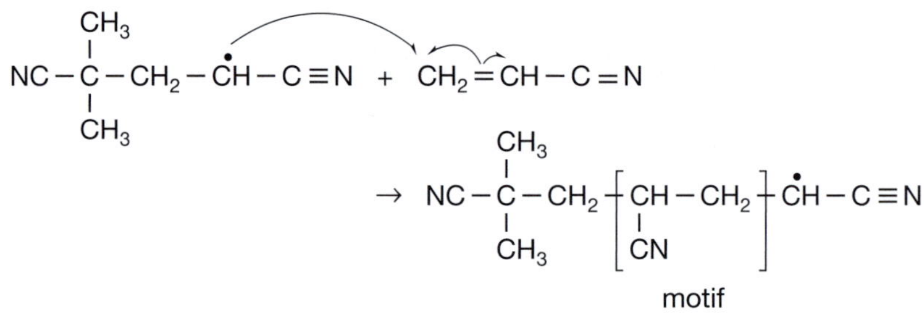

noté : $R_1^\bullet + M \rightarrow R_2^\bullet$

etc $R_i^\bullet + M \rightarrow R_{i+1}^\bullet$

La régiosélectivité se justifie ici par un *contrôle stérique* : attaque du carbone terminal le moins encombré. On observe encore une régiosélectivité tête à queue.

- *Terminaison* : rencontre de deux radicaux $R_i^\bullet + R_j^\bullet \rightarrow P_{i+j}$.

c) Styrène et acrylonitrile sont deux monomères *vinyliques* de type R–CH=CH$_2$. Plus R– stabilise le carboradical, moins il est réactif ensuite dans la propagation.

Or Ph– peut être électrodonneur tandis que –C≡N est *électroattracteur* et déstabilise le carboradical $C^\bullet$ en alpha. Le radical est donc *très réactif*.

Le carboradical est *plan* et la nouvelle attaque se fait donc du point de vue stéréochimique de façon aléatoire ce qui conduit à un polymère *atactique* (pas de stéréorégularité).

d) *La vitesse de polymérisation* est définie par :

$$v = -\frac{d[M]}{dt} = k[I^\bullet][M] + k_p[M]\sum_i [R_i^\bullet]$$

On exprime $[I^\bullet]$ avec le *principe de Bodenstein (AEQS)* :

$$\frac{d[I^\bullet]}{dt} = 2k_d[A] - k[I^\bullet][M] \approx 0.$$

Erreur à éviter :

↷ Transfert *monoélectronique*. Ne pas confondre avec ↷ transfert *biélectronique*.

Terminaison :

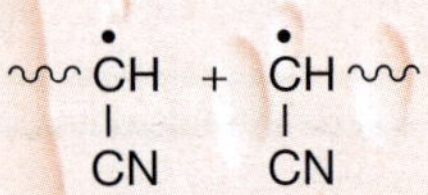

par duplication :

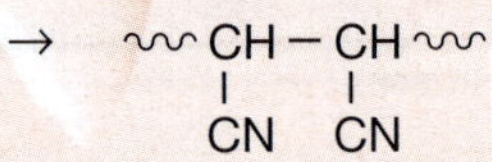

ou par dismutation :

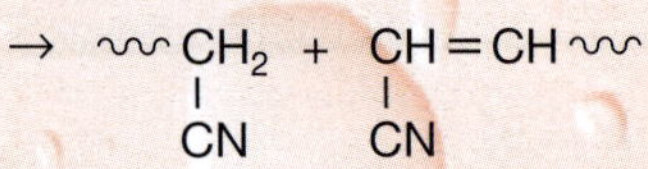

À basse température, le *contrôle stérique* donne une prédominance *syndiotactique*.

On appelle souvent vitesse d'amorçage v_a la quantité :

$v_a = 2k_d[A] = k[I^\bullet][M]$.

On cherche désormais $\sigma = \sum_i [R_i^\bullet]$ en appliquant l'AEQS à chaque chaîne en croissance :

$$\frac{d[R_1^\bullet]}{dt} = 0 = k[I^\bullet][M] - k_p[R_1^\bullet][M] - k_t[R_1^\bullet]\sum_i [R_i^\bullet]$$

$$\frac{d[R_i^\bullet]}{dt} = 0 = k_p[R_{i-1}^\bullet][M] - k_p[R_i^\bullet][M] - k_t[R_i^\bullet]\sum_i [R_i^\bullet]$$

La somme membre à membre conduit à :

$$2k_d[A] = k[I^\bullet][M] = k_t\left(\sum_i [R_i^\bullet]\right)\left(\sum_i [R_i^\bullet]\right) = k_t\sigma^2,$$

$$\text{soit : } \sigma = \sqrt{\frac{2k_d[A]}{k_t}}.$$

D'où la loi de vitesse :

$$\boxed{v = 2k_d[A] + k_p\sqrt{\frac{2k_d}{k_t}}[M][A]^{1/2}}.$$

Dans l'hypothèse usuelle des *chaînes longues* :

$$\boxed{v \approx k_{globale}[M][A]^{1/2}}.$$

Erreur à éviter :

Pour la terminaison $2R_i^\bullet \xrightarrow{k_t'} P_{i+i}$:

$$\frac{d[R_i]}{dt} = -2k_t'[R_i^\bullet]^2 = -k_t[R_i^\bullet]^2.$$

On néglige le $n^{ième}$ radical ($n \to \infty$) lorsque l'on fait la somme.

Chaînes longues.
Cela signifie : $v_a \ll v_p$.

4 ■ Savoir relier la structure et les propriétés physiques des polymères.

Divers types de polystyrène

Par voie radicalaire, on obtient un polystyrène atactique et branché.

Par voie anionique (ou par polymérisation par coordination), on obtient un polystyrène syndiotactique et linéaire.

a) À l'état solide, l'un est dit amorphe, l'autre semi-cristallin. Attribuer la correspondance et justifier ces termes.

b) Quel est celui qui a le plus fort taux de cristallinité ? la plus forte densité ? L'un est utilisé pour les emballages (pots de yaourts par exemple), l'autre pour les bacs à fleurs ou pour les jouets. Préciser la correspondance.

c) On fabrique le polystyrène expansé en utilisant du pentane gazeux de volume molaire $V_m = 27\ L \cdot mol^{-1}$ que l'on insuffle dans une masse m_{PS} de polystyrène. Quelle masse est nécessaire pour fabriquer 1 m^3 de polystyrène expansé de masse volumique $\mu = 13{,}2\ kg \cdot m^{-3}$. Citer quelques applications du polystyrène expansé.

Conseils méthodologiques

4.a) La présence ou non de fortes interactions entre les chaînes permet ou non l'apparition d'un ordre local, type cristallin.

4.b) La masse volumique (ou la densité $d = \frac{\rho}{\rho_{eau}}$) augmente avec l'ordre microscopique.

4.c) On néglige le volume de l'état condensé (PS).

4. a) Le polystyrène *linéaire* et *stéréorégulier* permet un très fort rapprochement des chaînes. Les interactions de Van der Waals à très courte distance deviennent fortes créant un véritable ordre local (cristallites). Le polymère se présente sous forme de lamelles *semi-cristallines* (analogie avec ordre d'un cristal) à l'état solide.

Image de spaghettis collés.

Image de cheveux emmêlés.

La ramification diminue la densité.
Comparer les spaghettis dans leur boîte ou les spaghettis en vrac.

Le polystyrène branché (ramifié) et non stéréorégulier ne permet pas une forte approche des chaînes. Celles-ci restent désordonnées sous forme de pelotes enchevêtrées : *polymère amorphe* ou *vitreux* à l'état solide.

b) Bien entendu, c'est le PS linéaire syndiotactique qui a *le plus fort taux de cristallinité*, et donc *la plus forte densité* (on arrive à rapprocher les chaînes dans un plus petit volume). C'est aussi le *plus résistant* donc c'est lui qui sera préféré pour les bacs à fleurs tandis que le PS amorphe conviendra pour les pots de yaourts.

c) On néglige le volume de l'état condensé par rapport à celui du gaz.

$$V = 1 \text{ m}^3 \text{ nécessite } m_{C_5H_{12}} = \frac{V}{V_m} M_{C_5H_{12}} = 2{,}67 \text{ kg.}$$

La masse de polystyrène s'en déduit :

$$m_{PS} = m_{tot} - m_{C_5H_{12}} = \mu V - m_{C_5H_{12}} = \boxed{10{,}5 \text{ kg}}.$$

Le PS expansé est essentiellement utilisé comme *isolant thermique* ou comme *amortisseur de chocs*.

Pour maîtriser les bases

1. Réactivité du méthacrylate de méthyle _______ D'après Mines-Ponts

a) Donner la formule développée du 2-méthylpropénoate de méthyle ou MAM.

b) Écrire ses formules mésomères.

c) Comparer la vitesse d'addition électrophile (A_E) sur la double liaison C=C entre l'éthène et le MAM.

d) Pourquoi le MAM permet-il, contrairement à l'éthène, des additions nucléophiles (A_N) ?

e) Discuter la régiosélectivité et la stéréosélectivité de l'attaque du butyllithium sur le MAM.

Conseils méthodologiques : Utiliser un raisonnement analogue à celui fait pour justifier la règle de Markovnikov.

a) *La formule développée* du 2-méthylpropénoate de méthyle est la suivante :

$$\underset{\displaystyle CH_3}{CH_2=\underset{|}{CH}}-\underset{\underset{\displaystyle O}{||}}{C}-O-CH_3$$

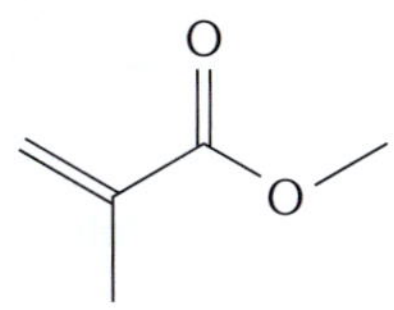

b) Les deux doubles liaisons sont *conjuguées entre elles*, ce qui conduit aux formules mésomères suivantes :

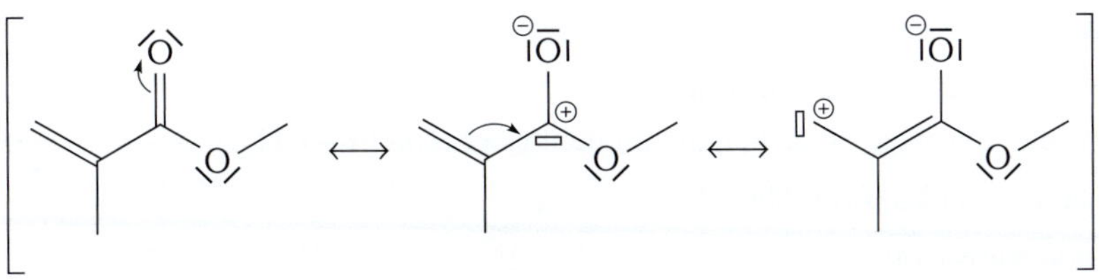

> **Remarque :**
> Le doublet de $-OCH_3$ participe aussi à la délocalisation, mais cela ne change pas la réactivité de C=C.

c) Le groupement ester est *mésomère attracteur*, et il a tendance à diminuer la densité électronique de la double liaison C=C, donc sa nucléophilie. On s'attend par conséquent à ce que les additions électrophiles sur cette double liaison soient *plus lentes* que dans le cas de l'éthène.

> **Remarque :**
> On dit que le MAM est un monomère désactivé.

d) Le groupement ester, mésomère attracteur, a fait apparaître *un site électrophile* sur le carbone en bout de chaîne (forme mésomère de droite en **b)**). Cela permet l'addition d'un nucléophile :

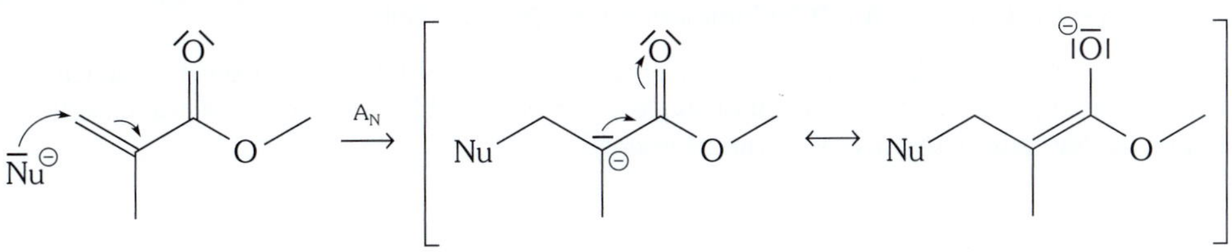

Le carbanion formé est stabilisé par l'effet mésomère attracteur de la double liaison C=O.

e) Les formes mésomères du MAM montrent deux sites électrophiles au pied de la double liaison C=O et à l'extrémité de la double liaison C=C. Le butyllithium va s'additionner sur la double liaison C=C. Comme lors de l'étude des A_E et de la règle de Markovnikov, il nous faut raisonner sur *l'intermédiaire le plus stable*. Il y a réaction préférentiellement avec le carbone terminal, car on forme ainsi un *carbanion stabilisé* par l'effet mésomère attracteur de la double liaison C=O :

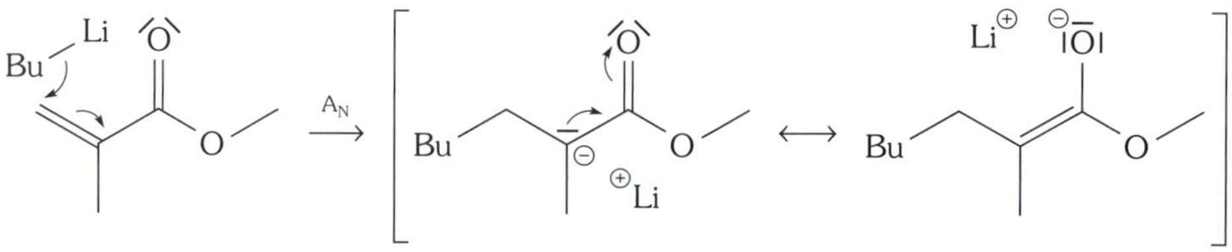

• Lors de la polymérisation, l'attaque se fait du carbanion sur le carbone terminal du MAM : il s'agit d'une *régiosélectivité de type tête à queue*.

• Lors de cette attaque, on crée un carbone asymétrique. L'attaque se faisant sur une double liaison C=C, c'est-à-dire un carbone trigonal plan, est *a priori non stéréosélective*. On s'attend à *un polymère atactique* aux températures usuelles.

Remarque :

Des basses températures, par blocage conformationnel, favorisent une tacticité.

2. Mécanisme de polymérisation anionique du PMMA ______ D'après ENS

80 % du MAM (2-méthylpropénoate de méthyle) sert à la fabrication du PMMA, soit par polymérisation radicalaire, soit par polymérisation anionique.

On s'intéresse à cette dernière qui peut avoir lieu soit en solvant protique, soit en solvant aprotique.

1. Polymérisation anionique en solvant polaire protique

On utilise comme initiateur l'amidure de potassium dans l'ammoniac liquide solvant.

a) Écrire les diverses étapes de la polymérisation : amorçage, propagation, terminaison.

b) Justifier la régiosélectivité observée.

2. Polymérisation anionique en solvant peu polaire aprotique

On utilise désormais un solvant peu polaire aprotique tel le toluène ou méthylbenzène $Ph-CH_3$.

a) Pourquoi dans un tel solvant n'observe-t-on plus d'ions libres?

b) Proposer alors un mécanisme de polymérisation.

c) Pourquoi parle-t-on de polymère vivant dans ce cas-là ?

3. Analyse de stéréorégularité

Des études faites sur le PMMA montrent que trois paramètres influencent la stéréorégularité des chaînes : la température, la polarité du solvant et l'amorceur.

a) Rappeler la définition d'une triade isotactique, syndiotactique ou atactique.

b) Pour un même couple amorceur/solvant ($BuLi/PhCH_3$), le pourcentage expérimental de triades isotactiques passe de 87 % à –78 °C à 72 % à 0 °C. Comment interpréter ce résultat ?

c) Un amorceur organométallique et un solvant aprotique ($BuLi/PhCH_3$) favorisent l'isotacticité (72 % à 0 °C) tandis qu'un amorceur amidure et un solvant protique ($EtNHNa/EtNH_2$) favorisent la syndiotacticité (60 % à 0 °C). Comment expliquer cette différence de comportement ?

Conseils méthodologiques : 1. : L'ammoniac liquide est un *solvant polaire protique* qui favorise l'apparition d'espèces chargées. **2.** : *Ne pas faire intervenir de charges formelles dans un solvant non dissociant.* **3.** : Faire intervenir des *notions stéréochimiques*.

1.a) *L'amorçage* est l'addition nucléophile d'un ion amidure sur le MAM :

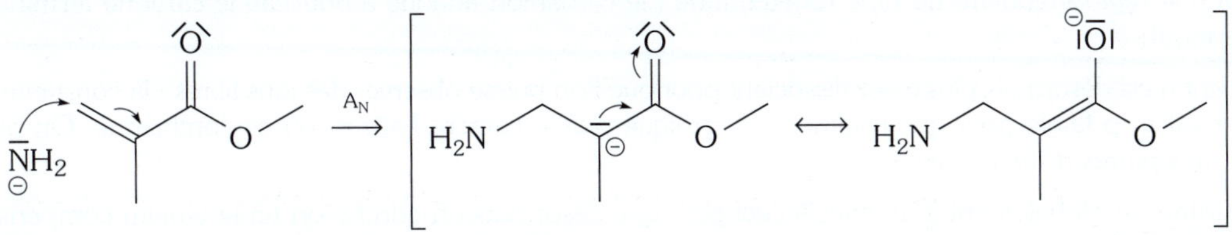

La charge formelle négative peut se situer sur l'oxygène ou sur le carbone 2 : on observe en pratique une *C-réactivité*, c'est-à-dire que ce composé se comporte comme un équivalent de *carbanion*.

Dans la propagation, ce carbanion peut alors s'additionner sur un second équivalent de MAM :

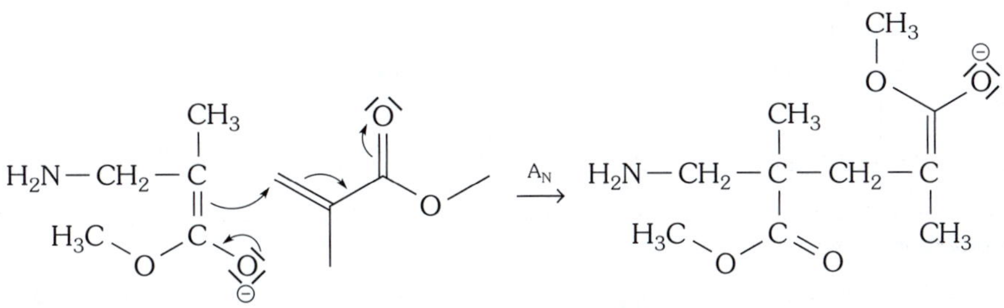

La réaction recommence à nouveau avec un autre équivalent de MAM.

La réaction de terminaison correspond à une protonation (réaction acide/base de Brönsted) :

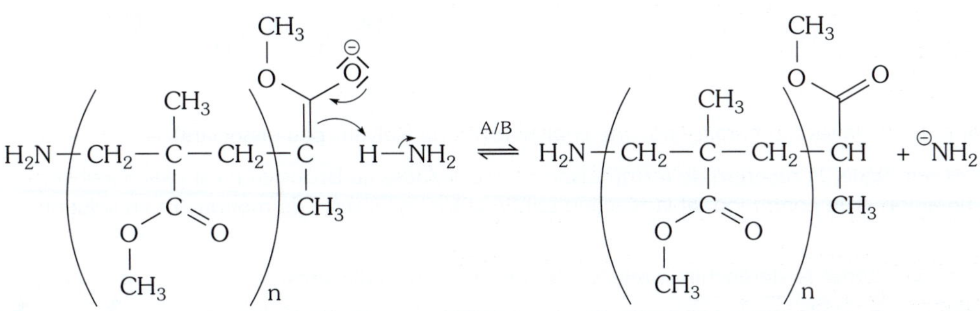

b) L'attaque se fait au niveau de la double liaison C=C. Par analogie aux A_E et à la règle de Markovnikov, on forme de même lors d'une A_N de façon privilégiée *l'intermédiaire le plus stable*, c'est-à-dire ici l'intermédiaire dont la charge peut être délocalisée par mésomérie :

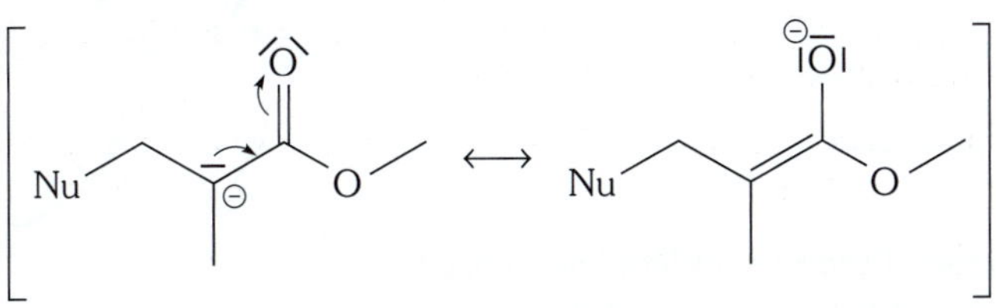

Remarque :

Stabilisation par effet méso attracteur de COOEt.

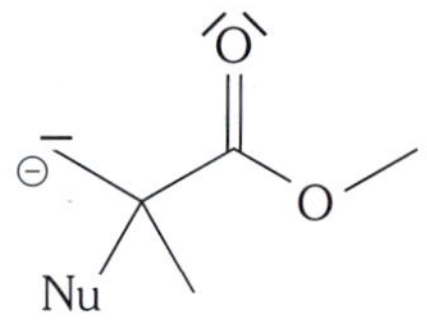

Remarque :
Pas de stabilisation.

On en déduit une *régiosélectivité de type tête-à-queue* : le carbanion attaque à nouveau le carbone terminal ce qui fait apparaître le motif…

2.a) Le solvant n'est désormais plus assez dissociant pour que l'on puisse observer des ions libres : la constante diélectrique de ce dernier est trop faible pour que l'agitation thermique puisse vaincre l'attraction coulombienne. On ne peut alors observer que *des paires d'ions solvatées.*

b) Le mécanisme est globalement le même, à ceci près que désormais un contre-ion tel le lithium compense la charge négative portée par l'oxygène :

AmorÁage :

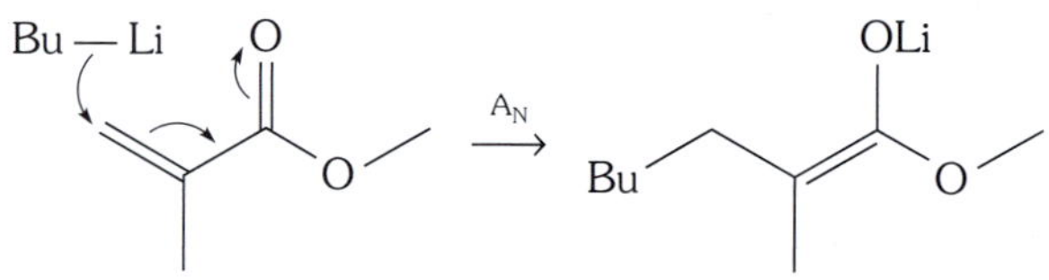

Propagation :

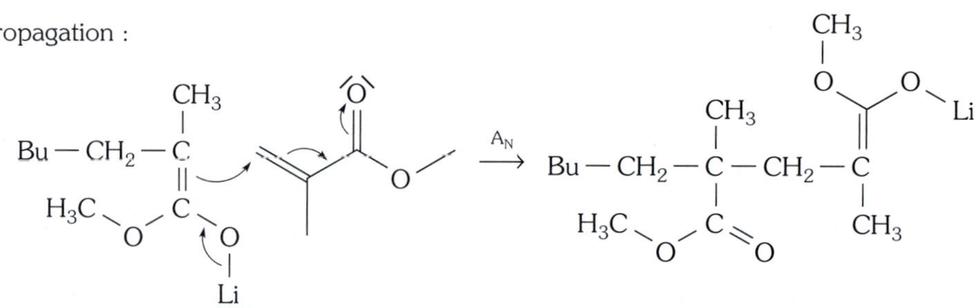

On continue ainsi en ne faisant apparaître *aucune charge formelle* (solvant peu dissociant).

c) Le solvant est aprotique, *la réaction de terminaison* par acide/base de Brönsted n'est plus possible ici. On reste donc toujours avec un anion + un contre ion, et la réaction continue tant qu'il reste du monomère en solution, d'où le nom de *polymère « vivant »*.

3.a) *La tacticité* caractérise la stéréochimie relative des groupements adjacents.

Une triade *isotactique* possède tous ses groupements encombrants du même côté du plan moyen :

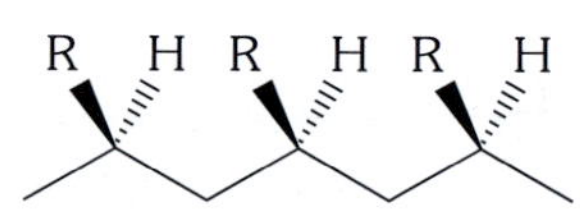

Une triade *syndiotactique* possède ses groupements encombrants alternativement de part et d'autre du plan moyen :

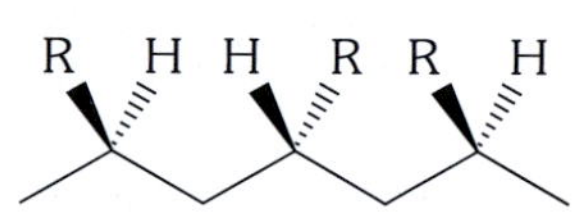

Enfin, une triade *atactique* ne possède pas d'ordre particulier :

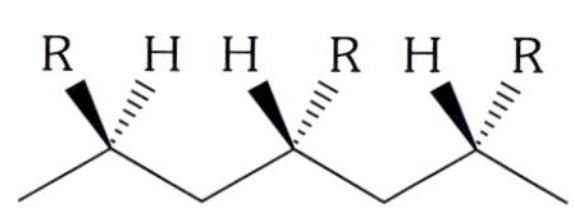

b) La tacticité observée s'explique par un *effet stérique* : l'addition nucléophile s'effectue entre une paire d'ions et le MAM. Plus la température est faible, plus la paire d'ions sera contrainte dans une conformation (pas assez d'énergie thermique pour parcourir l'ensemble des conformations possibles), et donc plus la tacticité sera élevée.

c) Dans le cas d'un solvant aprotique, l'espèce qui réagit est une paire d'ions solvatée, tandis que dans le cas d'un solvant protique, il s'agit d'un anion solvaté. *La différence des solvatations, donc de l'encombrement,* peut expliquer la différence de stéréosélectivité observée.

3. Cinétique de polymérisation anionique ______ D'après ENS

On compare la loi cinétique d'une polymérisation anionique selon le solvant.

1. Polymérisation anionique en solvant peu polaire aprotique

On schématise le mécanisme ainsi :

Amorçage	$\text{Bu-Li} + \text{M} \rightarrow \text{Bu—M—Li}$	constante de vitesse k_a
Propagation	$\text{Bu—M—Li} + \text{M} \rightarrow \text{Bu—M—M—Li}$	constante de vitesse k_p
etc.	$\text{Bu—M}_j\text{—Li} + \text{M} \rightarrow \text{Bu—M}_{j+1}\text{—Li}$	

On admet que toutes les étapes de propagation ont la même constante de vitesse.

Terminaison : néant en solvant aprotique.

Montrer que pour une chaîne longue, on trouve un ordre un en monomère (résultat vérifié par l'expérience). On notera C la concentration en amorceur introduite.

2. Polymérisation anionique en solvant polaire protique

On schématise le mécanisme ainsi :

Amorçage	$\text{NH}_2^- + \text{M} \rightarrow \text{NH}_2\text{—M}^-$	constante de vitesse k_a
Propagation	$\text{NH}_2\text{—M}^- + \text{M} \rightarrow \text{NH}_2\text{—M—M}^-$	constante de vitesse k_p
etc.	$\text{NH}_2\text{—M}_j^- + \text{M} \rightarrow \text{NH}_2\text{—M}_{j+1}^-$	
Terminaison	$\text{NH}_2\text{—M}_j^- + \text{NH}_3 \rightarrow \text{NH}_2\text{—M}_j\text{—H} + \text{NH}_2^-$	constante de vitesse k_t

On admet que toutes les étapes de propagation ont la même constante de vitesse k_p, et que toutes les étapes de terminaison ont la même constante de vitesse k_t.

Montrer que dans l'approximation des chaînes longues, on obtient un ordre deux en monomère (résultat observé expérimentalement). ?

Conseils méthodologiques : 1. : L'ammoniac liquide est un *solvant polaire protique* qui favorise l'apparition d'espèces chargées. **2.** : *Ne pas faire intervenir de charges formelles dans un solvant non* dissociant. **3.** : Faire intervenir des *notions stéréochimiques*. **1.** : Utiliser la conservation de l'amorceur. **2.** : Appliquer l'AEQS aux intermédiaires réactionnels. Sommer membre à membre les équations obtenues par l'AEQS.

1. *La vitesse* de la réaction est donnée par la vitesse de disparition du monomère :

$$v = -\frac{d[M]}{dt} = k_a[\text{BuLi}][\text{M}] + k_p \sum_{j=1}^{n-1} [\text{BuM}_j\text{Li}][\text{M}] .$$

On est ici dans le cas d'un polymère vivant, on peut alors écrire par *conservation de l'amorceur* :

$$C = [\text{BuLi}]_0 = [\text{BuLi}] + k_p \sum_{j=1}^{n-1} [\text{BuM}_j\text{Li}] .$$

On obtient alors : $v = (k_a - k_p)[\text{BuLi}][\text{M}] + k_p C[\text{M}]$.

En supposant que les étapes de propagation sont beaucoup plus faciles que l'étape d'amorçage, ce qui revient à négliger le premier terme devant le second, on obtient :

$$\boxed{v \approx k_p C[\text{M}]}\ .$$

On vérifie un ordre 1 par rapport au monomère.

2. La vitesse de la réaction est toujours donnée par la vitesse de disparition du monomère :

$$v = -\frac{\text{d}[\text{M}]}{\text{d}t} = k_a[\text{NH}_2^-][\text{M}] + k_p \sum_{j=1}^{n-1} [\text{NH}_2\text{M}_j^-][\text{M}]\ .$$

Mais désormais, *l'approximation de l'état quasi stationnaire* conduit à :

$$\frac{\text{d}[\text{NH}_2\text{M}^-]}{\text{d}t} = k_a[\text{NH}_2^-][\text{M}] - k_p[\text{NH}_2\text{M}^-][\text{M}] - k_t[\text{NH}_2\text{M}^-][\text{NH}_3] \approx 0\ ,$$

$$\frac{\text{d}[\text{NH}_2\text{M}_j^-]}{\text{d}t} = k_p[\text{NH}_2\text{M}_{j-1}^-][\text{M}] - k_p[\text{NH}_2\text{M}_j^-][\text{M}] - k_t[\text{NH}_2\text{M}_j^-][\text{NH}_3] \approx 0\ .$$

En sommant tous ces termes membre à membre, on obtient (en négligeant le terme $k_p[\text{NH}_2\text{M}_n^-][\text{M}]$, ce qui revient à supposer la chaîne longue) :

$$0 = k_a[\text{NH}_2^-][\text{M}] - k_t[\text{NH}_3] \sum_{j=1}^{n} [\text{NH}_2\text{M}_j^-]\ .$$

On pose par la suite $k'_t = k_t[\text{NH}_3]$: NH_3 étant le solvant, sa concentration est considérée comme constante.

La vitesse de la réaction s'écrit alors, si l'on suppose que $n \approx n - 1$ (chaîne longue) :

$$v = k_a[\text{NH}_2^-][\text{M}] + \frac{k_a k_p}{k'_t}[\text{NH}_2^-][\text{M}]^2\ .$$

L'approximation des chaînes longues permet enfin de négliger la vitesse d'amorçage devant la vitesse de propagation. On obtient pour la vitesse l'expression suivante :

$$\boxed{v \approx \frac{k_a k_p}{k'_t}[\text{NH}_2^-][\text{M}]^2}\ .$$

On vérifie un ordre 2 par rapport au monomère.

4. Exemple de polymérisation cationique — D'après Capes

Le caoutchouc naturel est un hydrocarbure de formule $(C_5H_8)_n$. Par distillation du caoutchouc, on obtient de l'isoprène de formule $CH_2{=}C(CH_3){-}CH{=}CH_2$.

L'isoprène peut être repolymérisé en caoutchouc par une addition dite 1,4-cis.

a) Représenter le motif du caoutchouc.

b) On envisage l'action d'un acide H^+ sur l'isoprène.
Prévoir l'addition majoritaire sous contrôle cinétique, puis la chaîne la plus stable qui en découle.

c) Décrire le mécanisme de polymérisation de l'isoprène en milieu acide (on ne justifiera pas la stéréochimie).

Conseils méthodologiques : Utiliser la mésomérie pour atteindre l'alcène le plus substitué.

a) *Le motif* 1,4-cis est représenté ci-contre :

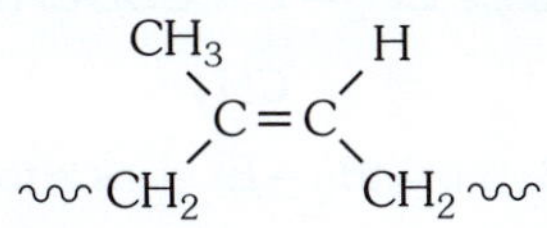

b) Le monomère présente deux sites nucléophiles C=C.

La double liaison *la plus substituée* est la plus nucléophile. Le $H^{\oplus}$ se fixe donc du côté $C=C(CH_3)$ et de façon à former le carbocation le plus stable (*postulat de Hammond*).

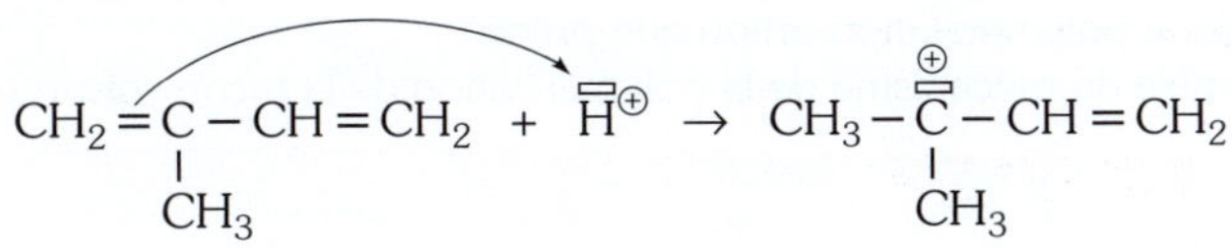

Or cet intermédiaire est stabilisé par *mésomérie* :

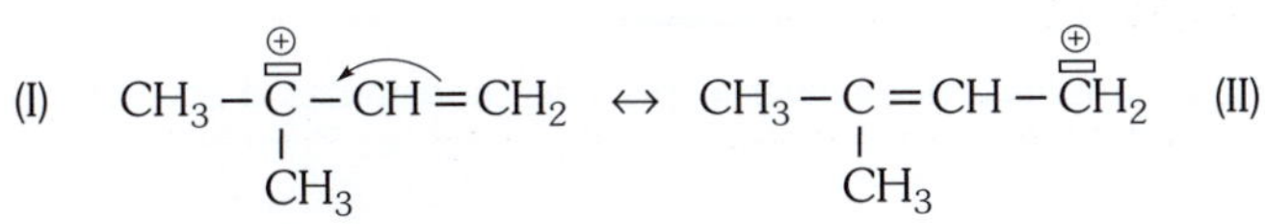

Le mésomère II définit ainsi *la chaîne carbonée la plus stable* (alcène le plus substitué).

c) Il s'agit d'une *polymérisation en chaînes*.

- *Amorçage* :

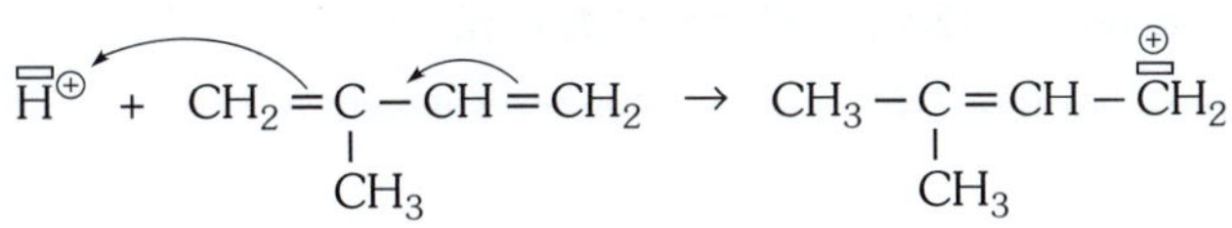

- *Propagation* :

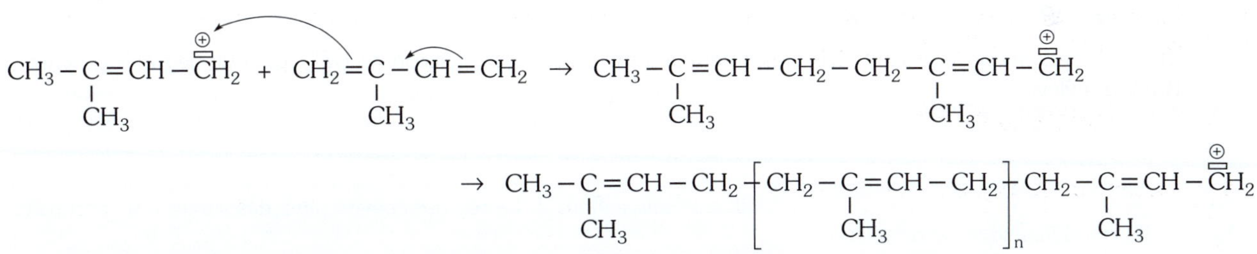

- *Terminaison* : par éjection d'un proton (régénération du catalyseur $H^{\oplus}$)

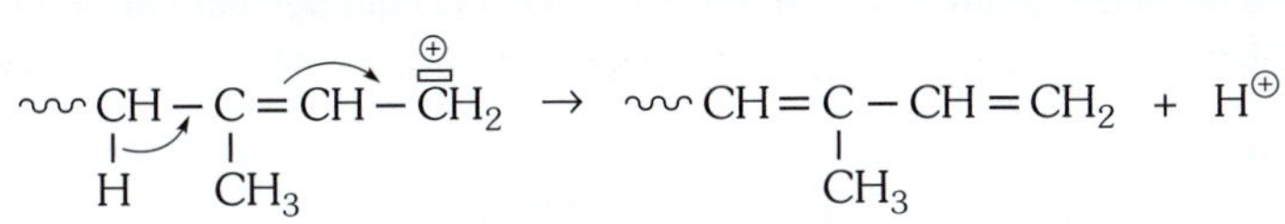

5. Degré de polymérisation anionique ______ D'après Polytechnique

La polymérisation du méthacrylate de méthyle $CH_2=C(CH_3)-COOCH_3$ peut être amorcée par un organométallique tel le bromure de tertiobutyle, $(CH_3)_3C-Br$, noté $tBu-Br$ dans le toluène ou le THF.

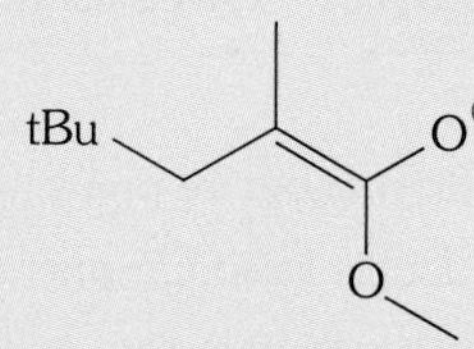

a) Lors de la réaction d'amorçage de la polymérisation du méthacrylate de méthyle, on observe la formation majoritaire de l'énolate ci-contre.

Justifier sa formation et expliquer comment cette réaction permet d'amorcer la polymérisation, dont on donnera le mécanisme.

b) Dans les conditions usuelles, chaque étape de la polymérisation anionique précédente est équilibrée. On peut schématiser l'ensemble du mécanisme de la polymérisation de la façon suivante :

- Amorçage : $XY + M \rightleftharpoons XMY \quad K_A$
- Propagation : $XMY + M \rightleftharpoons XM_2Y \quad K_1$

  $XM_{n-1} + M \rightleftharpoons XM_nY \quad K_{n-1}$

On peut raisonnablement admettre l'hypothèse simplificatrice suivante pour les constantes d'équilibre K_i des équilibres de propagation :

$$K_1 = K_2 = K_3 = \ldots = K_{n-1} = K$$

Soient respectivement $[XY]_0$ et $[M]_0$ les activités initiales en amorceur et en monomère et $[XY]$ et $[M]$ les activités à l'équilibre à la température T considérée. On admettra que toutes les espèces ont un coefficient d'activité égal à l'unité et constituent une phase homogène.

Donner les expressions de $[XY]_0$ et $[M]_0$ en fonction de $[XY]$, $[M]$, K_A, K et n.

c) On définit le degré de polymérisation moyen en nombre $\overline{DP}_n$ par l'expression suivante :

$$\overline{DP}_n = \frac{[M]_0 - [M]}{[XY]_0 - [XY]}.$$

Exprimer $\overline{DP}_n$ en fonction de K, $[M]$, et n.

d) En admettant que le produit $K[M]$ est inférieur à un, donner l'expression de $\overline{DP}_n$ pour un degré de polymérisation n élevé.

Conseils méthodologiques : Utiliser le savoir-faire 2. La régioséléctivité obéit désormais à un contrôle thermodynamique ou orbitalaire.

a) Le méthacrylate de méthyle est un monomère désactivé (effet $-I$, $-M$ de $-C(=O)-OCH_3$) qui permet l'approche d'un nucléophile puissant tel $tBu-MgBr$ source de $tBu^{\ominus}$.

- *Amorçage* : $tBu-MgBr + CH_2=C(CH_3)-C(=O)OCH_3 \overset{A_N}{\rightleftharpoons} tBu-CH_2-C(CH_3)=C(OCH_3)-O^{\ominus}\ MgBr^{\oplus}$

Il s'agit en fait d'une A_N 1,4 sur un système conjugué de type C=C−C=O.

Si on appelle XY le magnésien et M le monomère, on peut écrire : $XY + M \rightleftharpoons XMY \quad K_A$ (*cf.* **b)**).

REMARQUE. – L'énolate est écrit ici sous forme du mésomère le plus stable, mais sa partie réactive correspond à $C^{\ominus}$.

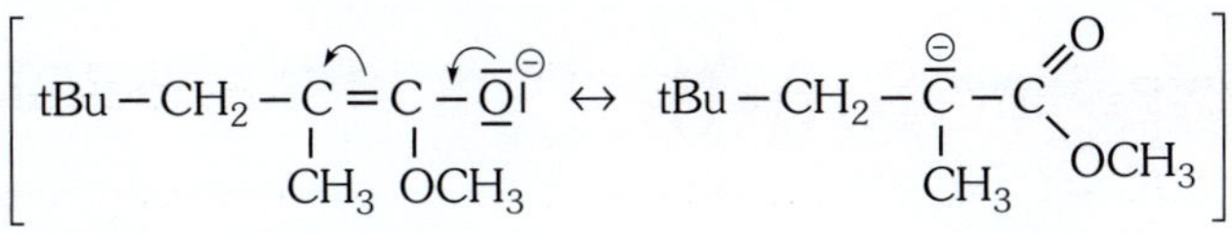

D'où la suite du mécanisme.

- *Propagation* :

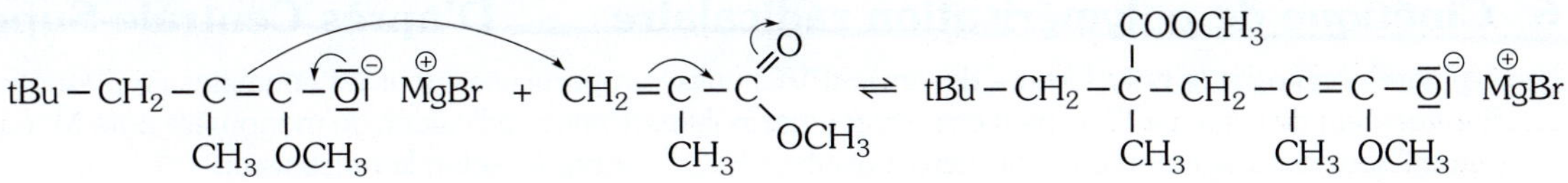

soit : XMY + M $\rightleftharpoons$ XM_2Y K_1

etc. $XM_{n+1}Y$ – M $\rightleftharpoons$ XM_nY K_{n-1}

- *Terminaison* : il n'y en a pas en solvant aprotique. Le polymère reste *vivant*.

b) Effectuons un bilan de matière :

$$[XY]_0 = [tBu\text{-}MgBr]_0 = [XY] + \sum_i [XM_iY]$$

et $$[M]_0 = [M] + \sum_i i[XM_iY].$$

D'après les constantes d'équilibre de propagation ($\forall i$, $K_i = K$) :

$$[XM_iY] = K[XM_{i-1}Y][M] = K^2[XM_{i-2}Y][M]^2 = \ldots = K^{i-1}[XMY][M]^{i-1}.$$

Par conséquent, sachant que l'amorçage donne $[XMY] = K_A[XY][M]$,

$$[XY]_0 = [XY]\left(1 + K_A\sum_{i=1}^{n} K^{i-1}[M]^i\right) \quad \text{et} \quad [M]_0 = [M] + [XY]K_A\sum_{i=1}^{n} K^{i-1}i[M]^i.$$

c) Le degré de polymérisation moyen en nombre correspond à :

$$DP_n = \frac{[M_0]-[M]}{[XY]_0-[XY]} = \frac{[XY]K_A\sum_{i=1}^{n} iK^{i-1}[M]^i}{[XY]K_A\sum_{i=1}^{n} K^{i-1}[M]^i}, \quad \text{soit :} \quad \boxed{DP_n = \frac{\sum_{i=1}^{n} iK^{i-1}[M]^{i-1}}{\sum_{i=1}^{n} K^{i-1}[M]^{i-1}}}.$$

d) Dans l'hypothèse $q = K[M] < 1$, et pour $n \to \infty$, on obtient des suites convergentes :

$$\sum_{k=0}^{n} q^k = 1 + q + q^2 + \cdots + q^n = \frac{1-q^{n+1}}{1-q} \to \frac{1}{1-q}.$$

Par dérivation : $$\sum_{k=0}^{n} kq^{k-1} \to \frac{1}{(1-q)^2}.$$

D'où le degré de polymérisation moyen : $$\boxed{\overline{DP}_n = \frac{1}{1-K|M|}}.$$

Erreur à éviter :
C-réactivité sous contrôle thermodynamique.

Remarque :
Motif :

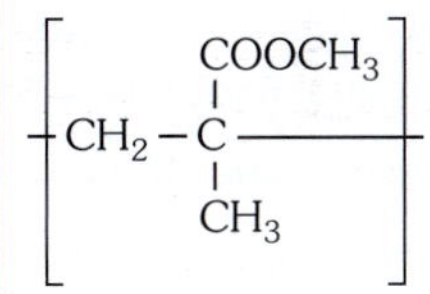

Suite géométrique de raison q.

Pour approfondir

6. Cinétique de polymérisation radicalaire ___ D'après Centrale-Supelec

Le polymère obtenu est le polychlorure de vinyle (PVC) utilisé en particulier pour les conduites en plastique et le conditionnement de l'eau. Le PVC peut être obtenu par polymérisation radicalaire du monomère noté M, en solution, en utilisant comme amorceur l'ion peroxodisufate $S_2O_8^{2-}$, noté I_2, selon le mécanisme :

$I_2 \to 2I$	k_d	(1)
$I + M \to IM$	k_a	(2)
$IM_j + M \to IM_{j+1}$	k_p pour j compris entre 1 et $n-1$	(3)
$IM_j + IM_i \to IM_{j+i}I$	k_r pour i et j compris entre 1 et n	(4)

1. Écrire un bilan donnant un PVC de degré de polymérisation n à partie du monomère.

2.a) Rappeler la structure de Lewis de l'ion sulfate puis donner la structure de Lewis de l'ion peroxodisufate sachant qu'il existe dans sa structure une seule liaison peroxyde (liaison simple O—O et pas de liaison S—S).

b) Proposer une structure de Lewis pour I, radical anion, sachant que la liaison peroxyde est plutôt fragile.

3. Dans le mécanisme ci-dessus, identifier les étapes caractéristiques d'une réaction en chaîne.

4. Les IMj (j de 0 à n) sont des anions radicaux à qui on pourra appliquer le principe de l'état quasi stationnaire.

a) Déterminer l'expression de la vitesse d'amorçage v_a (vitesse d'apparition de IM due à la phase d'amorçage en fonction de k_d et de la concentration de I_2).

b) Dans le stade de terminaison, deux radicaux identiques ou différents réagissent entre eux pour donner une molécule de polymère. L'expérience suggère que les constantes de vitesse des réactions de terminaisons sont reliées par :

$$k_r = k_{ij} = 2\sqrt{(k_{jj}k_{ii})}, \quad \text{soit : } k_{jj} = k_{ii} = \frac{k_r}{2}.$$

Établir les équations résultant de l'application du principe de l'état quasi stationnaire à l'anion radical IM et à l'anion radical IM_j.

c) Évaluer $\sum_{j=1}^{n} [IM_j]$ en supposant que le degré de polymérisation n est très grand.

d) Dans le cadre de l'hypothèse des chaînes longues (autrement dit les vitesses v_1 et v_2 sont négligeables par rapport aux vitesses de propagation) montrer que la vitesse de disparition du monomètre s'écrit :

$$v = K[I_2]^{1/2}[M].$$ On explicitera K en fonction des données.

5. La polymérisation du méthacrylate de méthyle dans le benzène à 77 °C, en utilisant comme amorceur l'AIBN, obéit au même mécanisme. Montrer que les résultats expérimentaux suivants sont en accord avec ce mécanisme et donner la valeur de K.

$[M]$ en mol · L^{-1}	9,04	6,13	3,26	2,07
$10^4[I_2]$ en mol · L^{-1}	2,35	2,28	2,45	2,11
$10^5 v$ en mol · L^{-1} · s^{-1}	19,35	12,92	7,15	4,15

Conseils méthodologiques : Utiliser le savoir-faire 3 (AEQS aux divers radicaux puis sommation). Vérifier l'ordre trouvé en calculant une valeur moyenne de la constante de vitesse apparente.

1. Le *bilan* est le suivant :

$$S_2O_8^{2-} + n\,CH_2{=}CHCl = {}^-O_4S-(CH_2-CHCl)_n-SO_4^- .$$

Remarque :

Motif : $-\!\!\left[CH_2-CHCl\right]\!\!-$.

2.a) La structure de Lewis de l'ion sulfate met en évidence l'hypervalence du soufre. La structure de l'ion peroxodisulfate s'en déduit en reliant par un pont peroxo deux ions sulfate.

Sulfate : 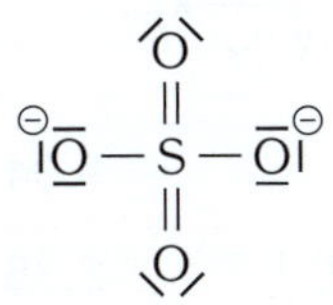 Peroxodisulfate : 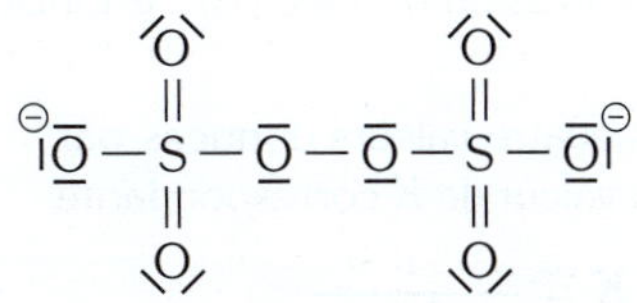

b) La polymérisation est *radicalaire*, il faut donc couper de façon homolytique la liaison peroxo, plutôt fragile. On en déduit la structure suivante pour I :

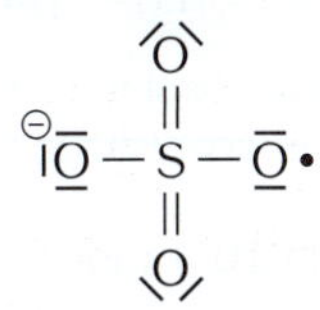

3. Le mécanisme peut être décomposé en :

– *Amorçage* : la réaction (1) crée un radical (initiation), puis la réaction (2), par collision sur le monomère (transfert), forme le radical qui peut amorcer la chaîne de propagation.

– *Propagation* : la réaction (3) est l'une des étapes de croissance des chaînes qui permet de passer du polymère de degré j au polymère de degré $j+1$.

– *Terminaison* : la réaction (4) forme une espèce non réactive à partir de deux radicaux, il s'agit d'une étape de terminaison.

4.a) D'après l'AEQS appliqué à I, on peut écrire :

$$\frac{d[I]}{dt} = 0 \Rightarrow 2k_d[I_2] - v_a = 0 \Rightarrow v_a = 2k_d[I_2].$$

b) Le principe de l'état quasi stationnaire appliqué à IM et IM_j donne :

$$\frac{d[IM]}{dt} = 0 \Rightarrow v_a - k_p[IM][M] - k_r\sum_{i=1}^{n}[IM][IM_i] = 0 .$$

$$\frac{d[IM_j]}{dt} = 0 \Rightarrow k_p[IM_{j-1}][M] - k_p[IM_j][M] - k_r\sum_{i=1}^{n}[IM_j][IM_i] = 0 .$$

c) Pour IM_n, l'approximation de l'état stationnaire s'écrit :

$$\frac{d[IM_n]}{dt} = 0 \Rightarrow k_p[IM_{j-1}][M] - k_r\sum_{i=1}^{n}[IM_n][IM_i] = 0 .$$

Si l'on somme les vitesses d'apparitions de tous les intermédiaires, jusqu'au rang n, on obtient :

$$\sum_{j=1}^{n}\frac{d[IM_j]}{dt} = 0 \Rightarrow v_a - k_r\sum_{j=1}^{n}\sum_{j=1}^{n}[IM_j][IM_i] = 0 \Rightarrow v_a - k_r\left(\sum_{j=1}^{n}[IM_j]\right)^2 = 0 \Rightarrow \sum_{j=1}^{n}[IM_j] = \sqrt{\frac{v_a}{k_r}} .$$

D'après l'expression de la question **4.a)**, on déduit : $\displaystyle\sum_{j=1}^{n}[IM_j] = \sqrt{\frac{2k_d[I_2]}{k_r}}$.

d) La vitesse de disparition du monomère s'écrit :

$$-\frac{d[M]}{dt} = k_p \sum_{i=1}^{n} [IM_i][M] + k_a[IM][M].$$

Si l'on suppose que les vitesses de propagation sont bien plus grandes que v_a, on obtient :

$$v = -\frac{d[M]}{dt} = k_p \sum_{i=1}^{n} [IM_i][M], \quad \text{soit :} \quad \boxed{v = \sqrt{\frac{2k_d}{k_r}}\, k_p\, [I_2]^{1/2} [M]}.$$

En identifiant avec l'expression donnée par l'énoncé, on en déduit : $K = \sqrt{\frac{2k_d}{k_r}}\, k_p$.

5. Pour chacune des quatre valeurs données par l'énoncé, on calcule la valeur de K correspondante à l'aide de la formule $K = \frac{v}{[I_2]^{1/2} [M]}$.

K est effectivement une constante, ce qui est en accord avec le modèle mécanistique :

$$\boxed{K = (1{,}39 \pm 0{,}01)\ 10^{-3}\ \text{mol}^{-1/2} \cdot \text{L}^{1/2}}.$$

[M] en $\text{mol} \cdot \text{L}^{-1}$	9,04	6,13	3,26	2,07
$10^4[I_2]$ en $\text{mol} \cdot \text{L}^{-1}$	2,35	2,28	2,45	2,11
$10^5\, v$ en $\text{mol} \cdot \text{L}^{-1} \cdot \text{s}^{-1}$	19,35	12,92	7,15	4,15
$10^3 K$ en $\text{mol}^{-1/2} \cdot \text{L}^{1/2}$	1,40	1,40	1,40	1,38

7. Masse molaire en nombre – Osmomètre ____ D'après Centrale-Supelec

Le PVC est le polychlorure de vinyle, de formule $-(CH_2-CHCl)_n-$

La masse molaire moyenne en nombre M_p d'un polymère peut être déterminée par osmométrie. Dans cette technique, deux compartiments sont séparés par une membrane semi-perméable ne laissant passer que les molécules de solvant et non les chaînes de polymère beaucoup plus grosses. Dans l'un des compartiments du cyclohexane (solvant) pur est introduit et dans l'autre une solution de PVC dans le cyclohexane (Fig. 23).

Pour ces deux liquides, on considérera une masse volumique moyenne identique $\rho = 980\ \text{kg} \cdot \text{m}^{-3}$.

Il s'établit au bout d'un certain temps un équilibre présentant une dénivellation h entre les surfaces des liquides des deux compartiments ($g = 9{,}81\ \text{m} \cdot \text{s}^{-2}$).

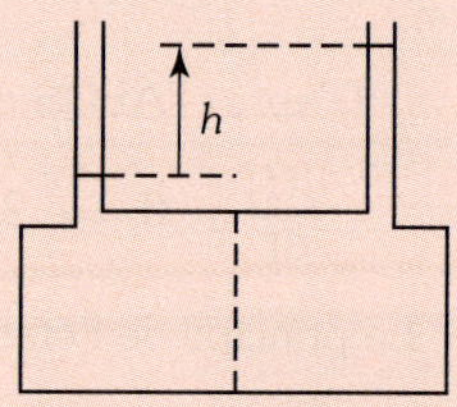

Figure 23

1.a) Dans un mélange, pour le constituant B_j, donner l'expression de $\left(\frac{\partial \mu_j}{\partial P}\right)_{T,n_i}$.

b) En supposant le mélange idéal, donner l'expression du potentiel chimique du solvant S, dans le compartiment de droite, à la pression P, en fonction de la fraction molaire du polymère x_p, de la température, du potentiel standard du solvant et du volume molaire du solvant V_{mS} (indépendant de la pression).

2. Écrire la condition d'équilibre chimique pour le solvant dans les deux compartiments de l'osmomètre à une même altitude à la température T et en déduire une relation ente les variables : R, T, g, V_{mS}, x_p, h et ρ.

3. Si c est la concentration du polymère en masse par unité de volume, montrer que si la solution est suffisamment diluée :

$$c = x_p \frac{M_p}{V_{mS}}.$$

4. En déduire que si la solution est suffisamment diluée la pression osmotique Π vaut :

$$\Pi = \rho g h = RT\frac{c}{M_p} \quad \text{(loi colligative de Van't Hoff).}$$

5. Les valeurs de h, pour différentes concentrations c, à 25 °C sont données ci-dessous :

c (g · L^{-1})	1,00	2,00	4,00	7,00	9,00
h (cm)	0,47	0,92	1,78	2,94	3,63

Tracer sur papier millimétré (donné en annexe) Π/c en fonction de c et en déduire la masse moyenne en nombre M_p du PVC ($R = 8,31$ J · K^{-1} · mol^{-1}).

6. Les masses atomiques molaires de H, C et Cl valent respectivement en g · mol^{-1} 1, 12 et 35,5 ; calculer le degré de polymérisation moyen (nombre moyen de monomère par chaîne) DP_n de ce PVC.

Conseils méthodologiques : Retour sur la *thermodynamique et les potentiels chimiques* : l'équilibre pour le solvant entre les deux compartiments correspond à l'égalité des potentiels chimiques de part et d'autre de la membrane. Utiliser la variation de μ avec P, puis la loi fondamentale de l'hydrostatique.

1.a) Dans un mélange, l'enthalpie libre vaut : $dG = VdP - SdT + \sum_{j=1}^{n} \mu_j dn_j$.

On en déduit que : $\left(\frac{\partial \mu_j}{\partial P}\right)_{T,n_i} = \left(\frac{\partial V}{\partial n_j}\right)_{T,P} = V_{m,j}$.

Remarque : V_m désigne ici le volume molaire.

b) Si l'on suppose le volume molaire du solvant indépendant de la température, on peut obtenir en intégrant la relation précédente *le potentiel chimique du solvant pur* :

$$\mu_S^* = \mu_S^0 + V_{mS}(P - P^0).$$

Si l'on suppose *le mélange idéal*, on peut alors en déduire le potentiel chimique du solvant dans le compartiment de droite :

$$\begin{aligned}\mu_S(T,P) &= \mu_S^*(T,P) + RT\ln(x_S)\\ &= \mu_S^0(T) + V_{mS}(P - P^0) + RT\ln(1 - x_p).\end{aligned}$$

2. Il y a *équilibre chimique* entre les deux compartiments si les potentiels chimiques du solvant des deux compartiments sont égaux. Si on note P_d la pression à droite et P_g la pression à gauche, cette condition s'écrit :

$$\mu_S^0 + V_{mS}(P_g - P^0) = \mu_S^0 + V_{mS}(P_d - P^0) + RT\ln(1 - x_p) \Rightarrow V_{mS}(P_g - P_d) = RT\ln(1 - x_p) .$$

La loi fondamentale de l'hydrostatique permet d'écrire, à l'équilibre : $(P_d - P_g) = \rho g h$.

On en déduit la relation suivante : $V_{mS}\rho g h = -RT\ln(1 - x_p)$.

3. *La concentration du polymère* en masse par unité de volume vaut : $c = \frac{m_P}{V} = -\frac{n_P M_P}{n_P V_{mP} + n_S V_{mS}}$.

Si l'on suppose la solution *suffisamment diluée*, on peut écrire que : $n_P V_{mP} \ll n_S V_{mS}$ et $x_P = \frac{n_P}{n_P + n_S} \approx \frac{n_P}{n_S}$.

En injectant ces égalités dans la relation définissant c, on obtient :

$$c = \frac{n_P M_P}{n_P V_{mP} + n_S V_{mS}} \approx \frac{n_P}{n_S}\frac{M_P}{V_{mS}} \Rightarrow c = x_P \frac{M_P}{V_{mS}}.$$

4. Si la solution est suffisamment diluée, $x_P \ll 1$: $V_{mS}\rho g h = -RT\ln(1 - x_P) \approx RTx_P$.

En utilisant le résultat de la question **3.**, on obtient :

$$\Pi = \rho g h = RT\frac{x_P}{V_{mS}} \Rightarrow \boxed{\Pi = RT\frac{c}{M_P}}.$$

5. Si l'on prend comme échelle 1 cm pour 4 $J \cdot kg^{-1} \cdot mol$ en ordonnée, et 1 cm pour 1 $g \cdot L^{-1}$ en abscisse, on obtient la courbe représentée en Fig. 24 :

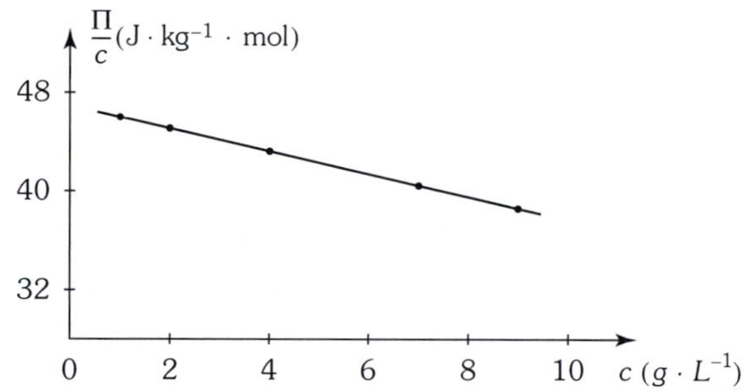

Figure 24

Cette courbe représente $\frac{\Pi}{c} = f(c)$. *A priori*, le lien établi entre Π et c n'est valable qu'aux faibles concentrations. En extrapolant la droite obtenue pour $c = 0\ g \cdot L^{-1}$, on obtient :

$$\frac{\Pi}{c} = 45{,}9\ J \cdot kg^{-1} \cdot mol,$$

soit : $\boxed{M_P = RT\frac{c}{\Pi} = 54\ kg \cdot mol^{-1}}$.

Remarque :

Cette masse molaire est énorme, celle d'un atome de carbone est de $12\ 10^{-3}\ kg \cdot mol^{-1}$.

6. On obtient *le degré de polymérisation* moyen en divisant la masse molaire moyenne du PVC par la masse d'un motif :

$$\boxed{\overline{DP}_n = \frac{M_P}{M_{CH_2-CHCl}} = 860}.$$

Remarque :

Ce nombre est dans l'ordre de grandeur attendu (environ 1 000).

8. Température plafond de polymérisation ___ D'après Centrale-Supelec

On s'intéresse ici à l'étude thermodynamique de la polymérisation radicalaire de l'α-méthylstyrène $CH_2{=}C(CH_3)Ph$, dont le mécanisme est identique à celui de la polymérisation du chlorure de vinyle.

$I_2 \rightarrow 2I^\bullet$	k_d
$I^\bullet + M \rightarrow IM^\bullet$	k_a
$IM_j^\bullet + M \rightarrow IM_{j+1}^\bullet$	k_p pour j compris entre 1 et $n-1$
$IM_j^\bullet + IM_i^\bullet \rightarrow IM_{j+i}I$	k_r pour i et j compris entre 1 et n

1. Rappeler la condition thermodynamique pour qu'une réaction se produise.

2.a) Donner l'expression de l'enthalpie de polymérisation par unité monomère $\Delta_p H$ en fonction de $\Delta_a H$, enthalpie de la phase d'amorçage (formation d'un $I-M$), $\Delta_{pr} H$ enthalpie de la réaction de propagation, $\Delta_r H$ enthalpie de la réaction de rupture, et i degré de polymérisation de la chaîne obtenue.

b) À quoi se réduit $\Delta_p H$ lorsque le degré de polymérisation i est très grand ?

3. Écrire une étape de propagation et en déduire l'ordre de grandeur de $\Delta_p H$ sachant que les enthalpies de dissociation de liaison sont : $D_{C-C} = 347\ kJ \cdot mol^{-1}$ et $D_{C=C} = 610\ kJ \cdot mol^{-1}$.

4. Prévoir le signe de l'entropie de polymérisation par unité monomère. Justifier.

5.a) Lors de la croissance d'une chaîne, en considérant que les activités de IM_j et IM_{j+1} sont sensiblement identiques, donner l'expression de $\Delta_p G$ en fonction de $\Delta_p H^0$, $\Delta_p S^0$ et de l'activité du monomère.

b) En déduire l'existence d'une « température plafond » T_{pf} dont on donnera l'expression, température en-dessous de laquelle il faut travailler pour que la polymérisation ait lieu, sachant que $\Delta_p S^0 + R \ln a(M)$ et $\Delta_p H^0$ sont négatifs.

c) Donner la valeur de cette température pour la polymérisation en masse (sans solvant) de l'α-méthylstyrène avec les données publiées dans *Journal of Polymer Science* :

$\Delta_p H^0 = -29{,}1 \text{ kJ} \cdot \text{mol}^{-1}$; $\Delta_p S^0 = -103{,}7 \text{ J} \cdot \text{mol}^{-1} \cdot \text{K}^{-1}$; $a_M = 7{,}57$ et $R = 8{,}31 \text{ J} \cdot \text{K}^{-1} \cdot \text{mol}^{-1}$.

Conseils méthodologiques : Retour sur la thermodynamique : le but est d'exprimer la condition d'une polymérisation spontanée. Utiliser l'*affinité chimique ou l'enthalpie libre de réaction* fonction des grandeurs standard et du quotient de réaction.

1. Une réaction peut se produire *spontanément* dans le sens direct si *l'affinité associée* est positive, soit si le quotient réactionnel est inférieur strictement à la constante d'équilibre thermodynamique de la réaction.

Remarque :

Rappel :

$$\mathcal{A} = \mathcal{A}°(T) - RT \ln Q = RT \ln\left(\frac{K°}{Q}\right).$$

2.a) L'enthalpie est une fonction d'état, elle ne dépend pas du chemin suivi (*loi de Hess*). Pour construire un polymère de degré n correspondant à $IM_i^\bullet$ et $IM_j^\bullet$, il faut $n = i + j$ monomères, avec l'amorçage pour $IM_i^\bullet$ et $IM_j^\bullet$ (soit $2\,\Delta_a H$), la propagation de 1 à i et de 1 à j (soit $(i + j - 2)\Delta_{pr}H$) et enfin la terminaison par rencontre de $IM_i^\bullet$ et $IM_j^\bullet$ (soit $\Delta_r H$).

$$n\,\Delta_p H = 2\Delta_a H + (n-2)\Delta_{pr}H + \Delta_r H.$$

Erreur à éviter :

Par unité de monomère, diviser le tout par n.

b) Si n est très grand, on peut négliger l'enthalpie de la réaction d'amorçage et celle de la réaction de rupture. De même, on peut négliger 2 devant n :

$$\boxed{\Delta_p H = \Delta_{pr} H}.$$

3. Le *bilan* d'une étape de propagation est le suivant :

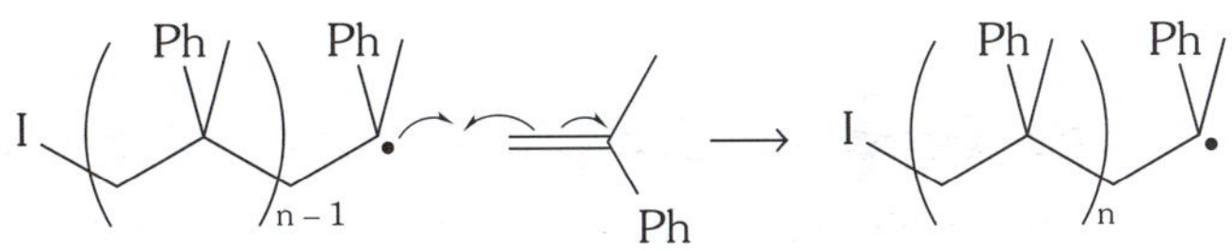

On casse la liaison π C=C, soit transfert enthalpique D(C=C) – D(C–C), et on crée une liaison σ C–C, soit transfert enthalpique – D(C–C). L'enthalpie de propagation est par conséquent :

$$\boxed{\Delta_p H \approx D_{C=C} - 2D_{C-C} = -84 \text{ kJ} \cdot \text{mol}^{-1}}.$$

Remarque :

Aspect enthalpique favorable à polymérisation.

4. À chaque étape de propagation, on passe d'un polymère d'ordre n et d'un monomère à un polymère d'ordre $n + 1$. Pour n monomères qui donnent un polymère d'ordre n, *on diminue fortement le nombre de constituants* du système, donc fortement l'entropie.

$$\boxed{\Delta_p S \ll 0}.$$

Remarque :

Aspect entropique défavorable à polymérisation.

5.a) Par définition : $\Delta_p G = \Delta_p G^0 + RT \ln Q = \Delta_p H^0 - T\Delta_p S^0 + RT \ln Q$.

On peut exprimer le *quotient de réaction* pour toute étape de propagation en fonction des activités des différentes espèces, sachant que l'énoncé suppose $a(IM_j) \approx a(IM_{j+1})$:

$$Q = \frac{a(IM_{j+1})}{a(M)a(IM_j)} \approx \frac{1}{a(M)}.$$

Remarque :

Par unité de monomère : $Q_p = Q_{pr}$.

On en déduit alors l'expression de $\Delta_p G$:

$$\boxed{\Delta_p G = \Delta_p H^0 - T\Delta_p S^0 - RT\ln a(M)}.$$

b) En supposant les grandeurs standard indépendantes de la température, $\Delta_p G = -a + bT$. La polymérisation ne peut avoir lieu que si $\Delta_p G < 0$, soit si $T < \frac{a}{b} = T_{pf}$. En remplaçant a et b par leurs valeurs, on en déduit que la polymérisation ne peut avoir lieu que pour :

$$\boxed{T < T_{pf} = \frac{\Delta_p H^0}{\Delta_p S^0 + R\ln a(M)}}.$$

c) L'application numérique donne $T_{pf} = 335 \text{ K} = 62 \text{ °C}$.

Remarque :

Cette température est relativement peu élevée, cela signifie qu'il faut travailler sous cette valeur sous peine de *dépolymérisation*.

Bilan

CHAPITRE 10

Fenêtre sur les concours 2005 et 2006

Préliminaire : Alors que nous avons jusqu'à présent donné de très nombreux *extraits* de sujets de concours (pour rester dans l'avancement du cours, le *découpage* était nécessaire), de toute origine mais *toujours conformes à votre programme*, nous voulons terminer cet ouvrage par des annales très récentes (*l'actualité des concours*), à l'état brut (*sujets complets*) et essentiellement de votre option.

C'est l'entraînement ultime avant les concours de fin de spé.

1. Eau de mer — Centrale-Supelec PSI 2006

Données numériques :

Nombre d'Avogadro : $N_A = 6{,}02\ 10^{23}\ \text{mol}^{-1}$.

À 298 K : $\frac{RT}{F}\ln(10) = 0{,}06\ \text{V}$ et $F = 96\ 500\ \text{C} \cdot \text{mol}^{-1}$.

Produit ionique de l'eau à 25 °C : $K_e = 10^{-14}$.

Numéros atomiques :

Élément	H	O	Mn
Z	1	8	25

Masses molaires atomiques :

Élément	H	N	O	Na	Cl	K	Cr	Mn	Ag	I
Masse molaire atomique ($g \cdot mol^{-1}$)	1,0	14,0	16,0	23,0	35,5	39,1	52,0	54,9	107,9	126,9

Produits de solubilité :

AgCl (blanc)	$K_{s_1} = 2\ 10^{-10}$
Ag_2CrO_4 (rouge)	$K_{s_2} = 1\ 10^{-12}$
AgBr (blanc)	$K_{s_3} = 5\ 10^{-13}$
Ag(OH) (brun)	$K_{s_4} = 2\ 10^{-8}$

Potentiels standard à 25 °C et à pH = 0 :

$Mn^{3+}_{aq}/Mn^{2+}_{aq}$	$E^0_1 = 1{,}51$ V
$O_{2(g)}/H_2O_{(\ell)}$	$E^0_2 = 1{,}23$ V
$I_{2(g)}/I^-_{aq}$	$E^0_3 = 0{,}62$ V
$S_4O_6^{2-}/S_2O_3^{2-}$	$E^0_4 = 0{,}08$ V

Couple acide-base : $HCrO_4^-/CrO_4^{2-}$ $pK_A = 6{,}4$.

Partie I – Propriétés de l'eau de mer

I.A. Moment dipolaire des molécules d'eau

I.A.1) Donner la configuration électronique des atomes composant la molécule d'eau.

I.A.2) Représenter son schéma de Lewis et prévoir sa géométrie d'après la théorie V.S.E.P.R. Justifier la valeur expérimentale de 105° de l'angle des liaisons HOH.

I.A.3) Le moment dipolaire de la molécule d'eau vaut $p = 1{,}85\ D$ (avec $1D = 0{,}33\ 10^{-29}$ C · m). En supposant que ce moment ne résulte que de la polarisation des liaisons O — H, déduire le moment dipolaire de ces liaisons (sens et norme).

La *salinité de l'eau de mer* est la masse totale de substances solides dissoutes par kilogramme d'eau de mer. Cette masse est très difficile à déterminer en pratique. En 1902, une commission internationale a adopté un protocole opératoire dont découle la définition de la « salinité 1902 » : « *la salinité est la masse en grammes de substances solides contenues dans un kilogramme d'eau de mer, les carbonates étant transformés en oxydes, les bromures et iodures remplacés par leur équivalent en chlorures, les matières organiques oxydées* ». La détermination de cette salinité 1902 est trop difficile et trop lente pour pouvoir être utilisée sur le terrain. Jusqu'en 1961, la salinité a été déduite de la *chlorinité* (section I.C) et depuis 1961, de la mesure de la *conductivité électrique* (section I.D).

I.C. Chlorinité et salinité

Les constituants présents dans l'eau de mer en concentration supérieure à 1 mg · kg^{-1} sont regroupés dans le tableau 1 ci-dessous :

Espèces	Concentrations	
	en g · kg^{-1}	en mol · kg^{-1}
H_2O	964,85	53,56
Na^+	10,77	0,4685
Mg^{2+}	1,290	5,308 10^{-2}
Ca^{2+}	0,4121	1,028 10^{-2}
K^+	0,399	1,021 10^{-2}
Sr^{2+}	7,9 10^{-3}	9,0 10^{-5}
B_{total}	4,5 10^{-3}	4,2 10^{-4}
Cl^-	19,354	0,5459
SO_4^{2-}	2,712	2,823 10^{-2}
$HCO_3^{2-} + CO_3^{2-}$	0,118 à 0,146	1,94 10^{-3} à 2,40 10^{-3}
Br^-	6,73 10^{-2}	8,42 10^{-4}
F^-	1,3 10^{-3}	7,0 10^{-5}

Tableau 1 : Les constituants majeurs de l'eau de mer
(concentrations données par kg d'eau de mer pour une salinité égale à 35,000 g · kg^{-1}).

Protocole de M. Knudsen (1901) de dosage des ions chlorure dans l'eau de mer : *prélever 15,0 mL d'un échantillon d'eau de mer et y ajouter 10 gouttes (0,5 mL) de solution de chromate de potassium 0,4 mol · L^{-1}. Doser avec une solution de nitrate d'argent préparée en ayant ajouté 37,1 g de nitrate d'argent* $AgNO_3$ *dans 1,00 L d'eau distillée.*

I.C.1) Un litre d'eau de mer contenant environ 20 g d'ions chlorure, justifier que AgCl précipite avant Ag_2CrO_4. Calculer la concentration des ions chlorure quand Ag_2CrO_4 précipite. Comment l'équivalence du dosage est-elle mise en évidence ?

I.C.2) Le pH de l'eau de mer est environ 8. Montrer que le dosage décrit ci-dessus n'est pas perturbé par la précipitation de l'hydroxyde d'argent et que l'ion chromate CrO_4^{2-} est bien majoritaire devant son acide conjugué.

I.C.3) L'échantillon de 15 mL pèse 15,3 g. Le volume du nitrate d'argent versé à l'équivalence du dosage est de 37,8 mL. Justifier que la présence des ions bromure dans l'eau de mer ne permet pas de déterminer la concentration en ions chlorure de cette eau mais seulement la concentration $[X^-] = [Cl^-] + [Br^-]$ en ions halogénure. Calculer cette concentration. En déduire la chlorinité de la solution définie par « la masse d'une quantité de chlore équivalente à la quantité totale d'halogènes contenus dans 1 kg d'eau de mer » (Sorensen 1902).

I.C.4) En 1884, une analyse de 77 échantillons d'eau de mer prélevés à différentes profondeurs dans divers océans montre que les proportions relatives des constituants de l'eau de mer sont sensiblement constantes quelle que soit la salinité (loi de Dittmar). À l'aide du tableau 1, calculer la chlorinité d'une eau de mer de salinité égale à $35{,}000\ g \cdot kg^{-1}$. En déduire la salinité de l'échantillon étudié ci-dessus.

Partie IV – Le dioxygène dissous dans l'eau de mer

IV.A. Diagramme potentiel-pH du manganèse

IV.A.1) Quel est le degré d'oxydation du manganèse dans l'ion permanganate MnO_4^- ? Donner la configuration électronique du manganèse. Justifier alors que le degré d'oxydation précédent est l'un des plus stables du manganèse.

Le diagramme potentiel-pH simplifié du manganèse est donné en Fig. 1. Il est tracé pour les espèces suivantes :

$$Mn^{2+}_{aq},\ Mn^{3+}_{aq},\ Mn(OH)_{2(s)}\ \text{et}\ Mn(OH)_{3(s)}.$$

Conventions de tracé : la concentration totale en espèces dissoutes est $c_0 = 1{,}0\ 10^{-2}\ mol \cdot L^{-1}$ et la frontière entre espèces dissoutes correspond à l'égalité des concentrations en atome de manganèse.

IV.A.2) Sur le diagramme (à rendre avec la copie), attribuer, en justifiant, les différents domaines aux espèces concernées. Ajouter les frontières correspondant aux couples $O_{2(g)}$, $H_2O_{(\ell)}$ et $I_{2(aq)}$, $I^-_{(aq)}$.

IV.A.3) Utiliser le diagramme pour déterminer le produit de solubilité de $Mn(OH)_2(s)$.

IV.B. – Dosage du dioxygène dissous par la méthode de Winkler

Mode opératoire :

a) Remplir à ras bord un flacon de 250 mL avec l'échantillon d'eau de mer ; y ajouter quelques pastilles de soude et 2 g de chlorure de manganèse (II) puis boucher le flacon.

b) Agiter pendant quelques minutes et attendre trente minutes. Un précipité marron apparaît.

c) Ajouter 10 mL d'acide sulfurique concentré puis 3 g d'iodure de potassium. La solution devient limpide et orange.

d) Prélever un volume $V_0 = 50{,}0$ mL de la solution du flacon et doser avec une solution de thiosulfate de sodium $(2\,Na^+ + S_2O_3^{2-})$ de concentration $c_1 = 1{,}25\ 10^{-2}\ mol \cdot L^{-1}$.

IV.B.1) Pourquoi faut-il remplir le flacon à ras bord et le boucher ?

IV.B.2) Écrire l'équation de la réaction des ions hydroxyde HO^- sur les ions manganèse (II) Mn^{2+}_{aq}.

IV.B.3) Écrire l'équation de la réaction d'oxydoréduction qui se déroule dans le flacon. Quel est le précipité marron formé ? Pourquoi faut-il attendre 30 minutes avant d'effectuer le dosage ?

IV.B.4) Écrire les équations des réactions qui se déroulent lors de l'ajout d'acide sulfurique puis lors de l'ajout des ions iodure.

IV.B.5) Pourquoi n'est-il pas nécessaire d'introduire une quantité précise de chlorure de manganèse (II) dans le flacon puis d'iodure de potassium ?
Quelle est la seule précaution à prendre ?

IV.B.6) Pourquoi n'est-il plus nécessaire d'isoler la solution après l'étape c) ?

IV.B.7) Le volume du thiosulfate de sodium versé à l'équivalence est $V_{1\,eq} = 5{,}1$ mL. En déduire la concentration molaire volumique du dioxygène dans l'échantillon d'eau de mer. Une eau d'excellente qualité présente une concentration massique volumique en O_2 supérieure à 7 mg · L^{-1}. Est-ce le cas ici ?

Annexe : diagramme potentiel-pH du manganèse

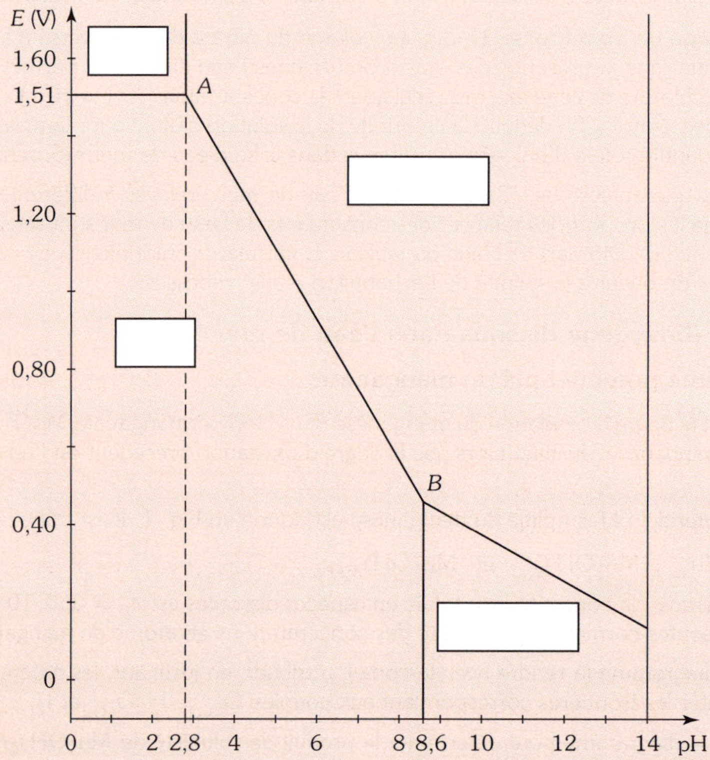

Figure 1

Pré-requis : *Matière* : atomistique, liaison chimique. *Solutions aqueuses* : précipitation,oxydoréduction (E-pH).

I.A.1) *La molécule d'eau* est composée d'hydrogène et d'oxygène, dont les configurations sont les suivantes :

H : $1s^1$; O : $1s^2\,2s^2\,2p^4$

I.A.2) *Le schéma de Lewis* de la molécule d'eau s'en déduit : $H-\overline{O}-H$.

En théorie VSEPR, l'oxygène central est de type AX_2E_2. Sa géométrie est par conséquent *coudée*. L'angle tétraédrique idéal est de 109°28'. Ici, les deux doublets non liants de l'oxygène occupent plus d'espace à proximité de l'oxygène que les liaisons O—H. L'angle HOH est par conséquent un peu plus faible (105°) que la valeur idéale.

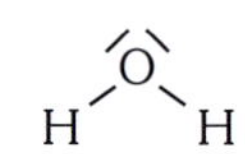

I.A.3) *Le moment dipolaire* est une grandeur vectorielle :

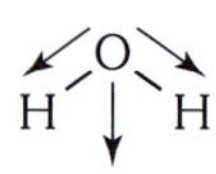

On en déduit, en notant $p_{O\text{-}H}$ le moment dipolaire de la liaison O—H :

$$p = 2\cos\left(\frac{105°}{2}\right)p_{O\text{-}H} \Rightarrow p_{O\text{-}H} = \frac{p}{2\cos\left(\frac{105°}{2}\right)} = 1{,}52\ \text{D}.$$

I.C.1) *La concentration* en ions chromate dans la solution à doser est de :

$$[CrO_4^{2-}] = \frac{0,5}{15+0,5}0,4 = 1,3\ 10^{-2}\ mol \cdot L^{-1}\ ;$$

la concentration en chlorure est, d'après l'énoncé, de $[Cl^-] = 5,5\ 10^{-1}\ mol \cdot L^{-1}$.

La précipitation commence quand le quotient de réaction atteint le produit de solubilité :

$$\begin{cases}[Ag^+][Cl^-] \geq K_{s_1} \\ [Ag^+]^2[CrO_4^{2-}] \geq K_{s_2}\end{cases} \Rightarrow \begin{cases}[Ag^+] \geq 3,6\ 10^{-10}\ mol \cdot L^{-1} \\ [Ag^+] \geq 8,8\ 10^{-6}\ mol \cdot L^{-1}\end{cases}$$

Une concentration plus faible d'ion Ag^+ est nécessaire pour faire précipiter les ions chlorure. C'est par conséquent AgCl qui se forme en premier. Quand Ag_2CrO_4 précipite, AgCl est présent, et les deux équilibres de précipitation sont vérifiés. À la limite d'apparition de Ag_2CrO_4 rouge, la concentration en CrO_4^{2-} est celle calculée précédemment :

$$\begin{cases}[Ag^+][Cl^-] = K_{s_1} \\ [Ag^+]^2[CrO_4^{2-}] = K_{s_2}\end{cases} \Rightarrow [Cl^-] = \frac{K_{s_1}}{[Ag^+]} = Ks_1\sqrt{\frac{[CrO_4^{2-}]}{K_{s_2}}} = 2,3\ 10^{-5}\ mol \cdot L^{-1}.$$

On peut considérer que tous les ions chlorure ont réagi (la concentration lors de l'apparition de Ag_2CrO_4 est négligeable devant la concentration initiale). *L'apparition du précipité rouge d'Ag_2CrO_4 permet de repérer l'équivalence du dosage.*

I.C.2) À pH = 8, l'hydroxyde d'argent *précipite si* :

$$[Ag^+][HO^-] \geq K_{s_4} \Rightarrow [Ag^+] \geq \frac{K_{s_4}}{[HO^-]} = 2,0\ 10^{-2}\ mol \cdot L^{-1}.$$

Cette valeur est très largement supérieure aux deux valeurs précédentes : AgOH ne commencera à précipiter qu'après AgCl et Ag_2CrO_4.

D'autre part, ce pH est supérieur à $pK_A + 1$ du couple $HCrO_4^-/CrO_4^{2-}$; on est par conséquent dans le *domaine de majorité* de l'espèce basique du couple, à savoir CrO_4^{2-}.

I.C.3) Les ions Br^- peuvent aussi donner un précipité avec les ions Ag^+, de constante de solubilité plus faible qu'avec les ions Cl^-, donc *a priori* plus stable.

À l'équivalence : $V_e[Ag^+] = V_0[X^-] \Rightarrow [X^-] = \frac{V_e}{V_0}[Ag^+] = \frac{V_e}{V_0}\frac{m_{AgNO_3}}{M_{AgNO_3} \times 1,00\ L} = 0,55\ mol \cdot L^{-1}$

La chlorinité de la solution vaut alors : $\boxed{M_{Cl}[X^-] = 19,5\ g \cdot kg^{-1}}$.

I.C.4) La chlorinité d'une solution de salinité égale à 35,000 $g \cdot kg^{-1}$ est :

$$M_{Cl}([Cl^-]+[Br^-]+[F^-]) = 19,4\ g \cdot kg^{-1}.$$

La salinité et la chlorinité étant deux grandeurs proportionnelles, on en déduit que la salinité de la solution dosée est :

$$\frac{19,5}{19,4}35,000 = 35,2\ g \cdot kg^{-1}.$$

IV.A.1) Dans l'ion permanganate, le manganèse est au degré d'oxydation +VII. D'après les règles de Klechkowsky, Hünd et Pauli, *la configuration électronique* du manganèse est :

$1s^2\ 2s^2\ 2p^6\ 3s^2\ 3p^6\ 3d^5\ 4s^2$.

Le degré d'oxydation +VII permet au manganèse d'avoir une couche électronique externe saturée (configuration en $1s^2\ 2s^2\ 2p^6\ 3s^2\ 3p^6$).

IV.A.2) Sur le diagramme potentiel-pH, les espèces les plus oxydées (Mn^{3+} et $Mn(OH)_{3(s)}$) sont stables aux potentiels élevés, tandis que les espèces moins oxydées (Mn^{2+} et $Mn(OH)_{2(s)}$) sont stables à des potentiels plus faibles. D'autre part, les hydroxydes ($Mn(OH)_{2(s)}$ et $Mn(OH)_{3(s)}$) sont stables aux pH élevés (HO^- plus concentré). On en déduit les attributions suivantes (Fig. 2) :

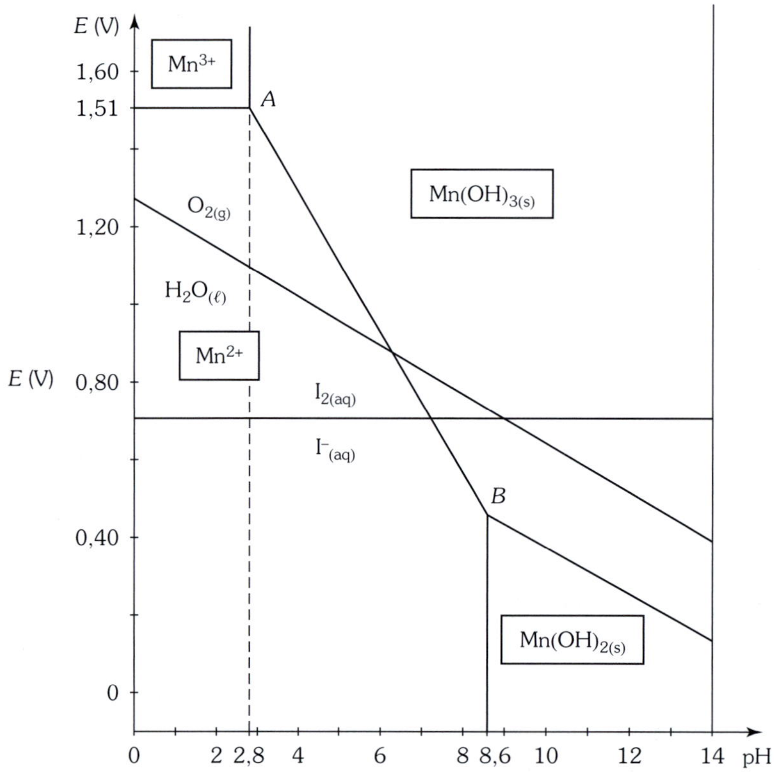

Figure 2

La frontière entre $O_{2(g)}$ et $H_2O_{(\ell)}$ est donnée par :

$$H_2O_{(\ell)} = 1/2\, O_{2(g)} + 2\, H^+ + 2\, e^- .$$

La loi de Nernst donne alors, en prenant pour convention à la frontière $P_{O_2} = 1$ bar :

$$E = E^0(O_{2(g)}/H_2O_{(\ell)}) + \frac{0{,}06}{2}\log\left([H^+]^2\left(\frac{P_{O_2}}{P^0}\right)^{1/2}\right)$$

$$\Rightarrow E = 1{,}23 - 0{,}06\ \text{pH}.$$

Erreur à éviter :

Attention à la convention frontière d'équirépartition entre n.o. de l'élément iode.

La frontière entre $I_{2(aq)}$ et I^- est donnée par : $2\,I^- = I_{2(aq)} + 2\,e^-$.

À la frontière, en respectant les conventions de l'énoncé :

$$[I^-] = 2[I_{2(aq)}] \quad \text{et} \quad [I^-] + 2[I_{2(aq)}] = c_0 .$$

On en déduit :

$$[I^-] = \frac{c_0}{2} \quad \text{et} \quad [I_{2(aq)}] = \frac{c_0}{4} .$$

La loi de Nernst donne alors :

$$E = E^0(I_{2(aq)}/I^-) + \frac{0{,}06}{2}\log\left(\frac{[I_{2(aq)}]}{[I^-]^2}\right) \Rightarrow E = 0{,}68\ \text{V}.$$

IV.A.3) La frontière séparant Mn^{2+} et $Mn(OH)_{2(s)}$ correspond à la limite de précipitation de $Mn(OH)_{2(s)}$, c'est-à-dire à l'apparition des premiers germes de solide si on augmente le pH. Tout le manganèse est alors sous forme Mn^{2+}.

À la frontière (pH = 8,6 $\Rightarrow [HO^-] = 4{,}0\ 10^{-6}\ \text{mol}\cdot\text{L}^{-1}$), l'équilibre de précipitation est vérifié ; on en déduit :

$$\boxed{K_s = [Mn^{2+}][HO^-]^2 = 1{,}6\ 10^{-13}} .$$

IV.B.1) Cela évite que le dioxygène de l'air au dessus du liquide ne se dissolve dans l'eau de mer en cours de dosage.

IV.B.2) Les ions hydroxyde peuvent donner en présence d'ions Mn^{2+} le précipité $Mn(OH)_2$:

$$Mn^{2+} + 2\,HO^- = Mn(OH)_{2(s)}\,.$$

IV.B.3) On voit sur *le diagramme potentiel-pH* qu'en milieu basique, $Mn(OH)_2$ et O_2 ont des domaines disjoints. Les deux demi-équations électroniques sont les suivantes :

$$Mn(OH)_{2(s)} + HO^- = Mn(OH)_{3(s)} + e^-\,,$$

$$1/2\ O_2 + H_2O + 2\,e^- = 2\,HO^-\,.$$

L'équation-bilan est alors :

$$2\,Mn(OH)_{2(s)} + 1/2\ O_2 + H_2O = 2\,Mn(OH)_{3(s)}\,.$$

Le précipité marron formé est $Mn(OH)_{3(s)}$. Il faut attendre 30 min avant d'effectuer le dosage car la réaction, *en phase hétérogène, est probablement lente* (oxydoréduction avec faible écart de potentiel). En attendant aussi longtemps, on s'assure que la réaction est bien terminée.

IV.B.4) Lors de l'ajout d'acide sulfurique, on sort du domaine d'existence de $Mn(OH)_{3(s)}$:

$$Mn(OH)_{3(s)} + 3\,H^+ = Mn^{3+} + 3\,H_2O\,.$$

Lors de l'ajout des ions iodure, on réduit les ions Mn^{3+} en ions Mn^{2+} :

$$2\,Mn^{3+} + 2\,I^- = 2\,Mn^{2+} + I_{2(aq)}\,.$$

IV.B.5) Le manganèse est ici présent en excès, et c'est uniquement la part oxydée par le dioxygène que l'on dose. La quantité en excès n'a par conséquent pas d'importance.

Il faut faire attention de ne pas introduire du dioxygène en déposant le solide dans le flacon (travail sous argon ou sous diazote, désaérer le solide avant insertion). Il faut également s'assurer d'être en excès de Mn^{2+}.

IV.B.6) Après l'étape c), c'est le diiode que l'on dose. Toute dissolution de dioxygène dans la solution ne changerait pas $[I_{2(aq)}]$ (espèce déjà oxydée).

IV.B.7) L'équation-bilan du dosage par le thiosulfate est la suivante :

$$2\,S_2O_3^{2-} + I_{2(aq)} = S_4O_6^{2-} + 2\,I^-\,.$$

À l'équivalence, $\dfrac{c_1V_{1,eq}}{2} = [I_2]_{c)}V_0 \Rightarrow [I_2]_{c)} = \dfrac{c_1V_{1,eq}}{2V_0} = 6{,}4\ 10^{-4}\ mol \cdot L^{-1}$.

La concentration en $I_{2(aq)}$ permet de remonter à la concentration en Mn^{3+} :

$$[I_2]_{c)} = \frac{[Mn^{3+}]_0}{2} \Rightarrow [Mn^{3+}]_0 = 1{,}3\ 10^{-3}\ mol \cdot L^{-1}\,.$$

Si l'on néglige la dilution due à l'ajout d'acide sulfurique, on peut remonter à la quantité de $Mn(OH)_{3(s)}$ présente après réaction avec O_2 :

$$n_{Mn(OH)_{3(s)}} = [Mn^{3+}]_0\ 250\ mL = 3{,}2\ 10^{-4}\ mol\,.$$

Ceci signifie que l'on a consommé :

$$\frac{n_{O_2}}{0{,}5} = \frac{n_{Mn(OH)_{3(s)}}}{2} \Rightarrow n_{O_2} = \frac{n_{Mn(OH)_{3(s)}}}{4} = 8{,}0\ 10^{-5}\ mol\,.$$

La concentration massique volumique d'O_2 dans l'eau de mer échantillonnée est alors :

$$\boxed{\frac{n_{O_2}M_{O_2}}{V} = 10\ mg \cdot L^{-1}}\,.$$

Remarque :

Cette eau de mer n'est pas d'excellente qualité…

2. Les fils de cuivre — Centrale-Supelec PSI 2005

Les fils électriques les plus courants sont constitués de cuivre métallique entouré de polymère. Le polymère utilisé peut être parfois du polychlorure de vinyle (PVC) plastifié ou un polysiloxane (silicone Si) suivant les conditions dans lesquelles on veut utiliser le fil électrique. Nous allons donc nous intéresser à la structure et à la préparation des deux composants de ces fils électriques.

Données :

Le cuivre ($Z = 29$) et le zinc ($Z = 30$) appartiennent à la même période (la quatrième).

Masse volumique du cuivre métallique :

$\rho_{Cu} = 8\,920 \text{ kg} \cdot \text{m}^{-3}$.

Masses molaires atomiques :

$M_H = 1{,}01 \text{ g} \cdot \text{mol}^{-1}$; $M_O = 16{,}00 \text{ g} \cdot \text{mol}^{-1}$;

$M_S = 32{,}07 \text{ g} \cdot \text{mol}^{-1}$; $M_{Cu} = 63{,}55 \text{ g} \cdot \text{mol}^{-1}$.

Constante d'Avogadro :

$N_A = 6{,}02\ 10^{23} \text{ mol}^{-1}$.

Faraday :

$F = N_A e = 96\,485 \text{ C} \cdot \text{mol}^{-1}$.

Potentiels standard d'oxydoréduction :

$S_2O_{8(aq)}^{2-}/SO_{4(aq)}^{2-}$: 2,00 V ;

$O_{2(g)}/H_2O_{(\ell)}$: 1,23 V ;

$Cu_{(aq)}^{+}/Cu_{(s)}$: 0,52 V ;

$Cu_{(aq)}^{2+}/Cu_{(s)}$: 0,34 V ;

$SO_{4(aq)}^{2-}/S_2O_{6(aq)}^{2-}$: −0,20 V.

$pK_e = 14$; $\frac{RT}{F}\ln = 0{,}06 \log$ à 25 °C.

II.A. Cristallographie du cuivre métallique

Le cristal de cuivre a une structure cubique à faces centrées *CF* (ou cfc).

II.A.1) Donner le schéma d'une maille cubique conventionnelle du cristal.

II.A.2) Déterminer le paramètre de maille a et le rayon métallique r_{Cu} du cuivre. *Application numérique*.

II.A.3) Déterminer la compacité C du réseau cristallin. *Application numérique*. Commentaire.

II.A.4) Quelle est la coordinence du cuivre dans cette structure ?

II.A.5) Indiquer par un schéma clair la position des sites interstitiels tétraédriques et octaédriques, et préciser leur nombre par maille. Déterminer également les rayons maximaux respectifs r_t et r_0 des atomes pouvant se loger dans ces sites, sans déformation de la maille. *Application numérique*.

II.A.6) Le laiton α est un alliage Cu-Zn dans lequel la proportion d'atomes de zinc est comprise entre 0 et 30 %. S'agit-il à votre avis d'un alliage d'insertion ou d'un alliage de substitution ? Justifier avec précision la réponse.

II.B. Lixiviation d'un minerai de cuivre et purification de la solution obtenue

Les minerais de cuivre sont de deux types principaux : les minerais dits sulfurés, dans lesquels l'élément cuivre est associé à l'élément soufre et les minerais dits oxydés, dans lesquels il est associé à l'élément oxygène. On considère par la suite, par souci de simplification, que l'on traite d'un minerai contenant l'élément cuivre uniquement sous la forme de l'oxyde de cuivre CuO. Le minerai est tout d'abord finement broyé, puis subit une lixiviation sulfurique par une solution d'acide sulfurique H_2SO_4 de concentration $0{,}8 \text{ mol} \cdot \text{L}^{-1}$, en excès.

II.B.1) Quel est le rôle de cette opération de lixiviation ? Résumer par une équation-bilan ce rôle.

Une des principales impuretés métalliques contenues dans le minerai de départ correspond à l'élément fer. Ce fer passe en solution lors de la lixiviation, sous forme d'ions Fe^{2+}. Avant de passer à l'étape suivante (l'électrolyse de la solution obtenue), il convient de purifier de ces ions Fe^{2+} la solution obtenue. En annexe, figure 3, sont donnés sur un même diagramme potentiel-pH les diagrammes du fer et du cuivre. En trait pointillé, celui du fer et, en trait plein, celui du cuivre.

La convention pour le tracé est une concentration totale en espèces solubles de $1 \text{ mol} \cdot \text{L}^{-1}$ pour le cuivre et de $0{,}010 \text{ mol} \cdot \text{L}^{-1}$ pour le fer. Les espèces prises en compte pour le fer sont Fe, Fe^{2+}, Fe^{3+}, $Fe(OH)_2$ et $Fe(OH)_3$ et pour le cuivre Cu, Cu^{2+}, Cu_2O et $Cu(OH)_2$. Ce sont toutes des espèces qui possèdent un domaine de stabilité.

II.B.2) Placer les différentes espèces dans les différents domaines de ce diagramme, en justifiant votre choix.

II.B.3) Calculer le potentiel standard du couple $Cu(OH)_2/Cu_2O$ et les produits de solubilité de Cu_2O et $Cu(OH)_2$ en utilisant à chaque fois les coordonnées d'un point commun à différents domaines du diagramme ; le produit de solubilité de Cu_2O est défini comme étant la constante d'équilibre de la réaction :

$$Cu_2O + H_2O \rightleftharpoons 2\ Cu^+ + 2\ HO^-.$$

II.B.4) On insuffle de l'air ou du dioxygène pur dans la solution obtenue après lixiviation. Écrire le bilan de la réaction ayant lieu.

II.B.5) Proposer alors une opération à réaliser pour pouvoir séparer ensuite l'élément fer de l'élément cuivre par simple filtration.

II.C. Électrolyse de la solution sulfurique de sulfate de cuivre

À l'issue des étapes précédentes (lixiviations), on obtient une solution aqueuse de sulfate de cuivre $CuSO_4$ de concentration $c_1 = 1{,}10\ mol \cdot L^{-1}$ et d'acide sulfurique H_2SO_4 de concentration $c_2 = 0{,}15\ mol \cdot L^{-1}$. Afin de récupérer le cuivre sous forme métallique, on procède à l'électrolyse de cette solution. Une cuve d'électrolyse (figure 4 en annexe) se présente sous la forme d'un parallélépipède rectangle, de longueur $L = 4$ m et de section $s = 1\ m^2$. Elle comporte 171 anodes en dérivation au même potentiel électrique, et 170 cathodes intercalées, en dérivation. Les anodes sont faites d'un alliage de plomb avec 6 % d'antimoine, les cathodes sont en cuivre et ont une masse initiale individuelle $m_c = 5$ kg. On admettra que l'alliage dont sont faites les anodes est inerte en milieu sulfurique.

La cuve est alimentée de manière discontinue en électrolyte ; on la remplit de $4\ m^3$ de solution issue de la lixiviation sulfurique, et on procède à l'électrolyse. On interrompt l'électrolyse lorsque la solution est trop appauvrie en ions Cu^{2+} : leur concentration est alors $c'_1 = 0{,}47\ mol \cdot L^{-1}$.

On procède alors au remplacement total de la solution par $4\ m^3$ de solution « fraîche » provenant de la lixiviation sulfurique (la solution « épuisée » est recyclée pour en récupérer les différents composants par des opérations que nous n'étudions pas ici.). Lorsque la cuve est remplie, la surface immergée de deux électrodes en regard est $s = 1\ m^2$. De la sorte, on considérera que ce système est équivalent à deux électrodes planes en regard (une anode et une cathode), dont la surface serait $S = 340\ s = 340\ m^2$.

II.C.1) Compléter la figure 4 sur l'annexe en représentant le générateur électrique extérieur, le sens de son branchement, ainsi que le sens de circulation effectif du courant dans le circuit et dans la cuve.

II.C.2) Écrire la réaction principale se produisant sur chaque électrode. Écrire la réaction bilan de l'électrolyse. On justifiera la réponse par un raisonnement simple sans aucun calcul lourd.

L'électrolyse est effectuée à densité de courant $j = 220\ A \cdot m^{-2}$ imposée à la surface des électrodes (on n'étudiera pas le dispositif de régulation de la valeur de j). On procède au renouvellement des cathodes lorsqu'elles atteignent la masse individuelle $m'_c = 60$ kg.

a) Avec quelle périodicité doit-on procéder au renouvellement des $4\ m^3$ de solution ?

b) Avec quelle périodicité faut-il procéder au renouvellement des cathodes ?

II.D. Polychlorure de vinyle plastifié (plastifiant : phtalate de dioctyle)

Le monomère utilisé lors de cette polymérisation en chaîne est le chlorure de vinyle ou 1-chloroéthène $CH_2{=}CHCl$. La polymérisation est effectuée sur une suspension du monomère dans un milieu aqueux renfermant un savon, un émulsifiant et un persulfate comme amorceur. Le PVC ainsi obtenu est un bon isolant électrique assez peu combustible et résistant à la chaleur.

II.D.1) Le chlorure de vinyle peut être obtenu à partir d'éthène $CH_2{=}CH_2$ en utilisant comme intermédiaire de synthèse le 1-2-dichloroéthane $CH_2Cl{-}CH_2Cl$. Indiquer le réactif à utiliser pour préparer cet intermédiaire de synthèse à partir de l'éthène.

II.D.2) En réalité, le chlorure de vinyle est préparé industriellement à partir de l'éthyne $HC{\equiv}CH$. Sachant que la troisième liaison d'une triple liaison réagit comme une double liaison, donner le mécanisme de formation du chlorure de vinyle par réaction d'HCl sur l'éthyne.

Le persulfate utilisé pour amorcer la réaction de polymérisation sera noté I_2. Le monomère chlorure de vinyle sera noté *M*. Le mécanisme proposé pour cette réaction est le suivant :

$$I_2 \rightarrow 2\, I^\bullet \quad k_a \qquad I^\bullet + M \rightarrow IM^\bullet \quad k_t.$$

Pour *j* allant de 1 à $(n-1)$, *n* étant le degré de polymérisation maximum atteint : $IM_j^\bullet + M \rightarrow IM_{j+1}^\bullet \quad k_p$.

Quels que soient *i* et *j* compris entre 1 et *n* : $IM_i^\bullet + IM_j^\bullet \rightarrow IM_iM_jI \quad k_r$.

II.D.3) Cette réaction est-elle en chaîne ou par stades ? Justifier.

II.D.4) Calculer la vitesse de disparition du monomère.

II.D.5) Dans le cadre de l'hypothèse des chaînes longues, montrer que la vitesse de disparition du monomère admet un ordre global que l'on précisera.

II.E. Polysiloxane ou silicone

Les silicones sont utilisés pour leur stabilité thermique exceptionnelle. En général, ils sont utilisables de -50 °C à 250 °C sans modification des propriétés. On peut donc utiliser ce polymère en particulier dans les cordons d'alimentation des appareils chauffants (agitateur magnétique chauffant) sans risque de voir le cordon fondre.

Les silicones sont préparés par réaction de polycondensation : par exemple le diphényldichlorosilane $(C_6H_5)_2SiCl_2$ traité par l'eau donne un composé de formule brute

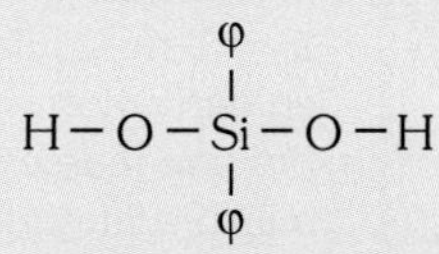

Celui-ci donne alors à l'aide d'une catalyse le silicone ci-contre, où φ représente le radical phényle $-C_6H_5$.

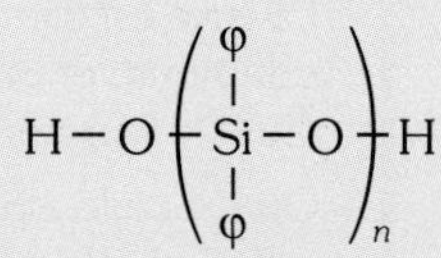

Le silicium est dans la même colonne de la classification périodique que le carbone. Il possède donc des propriétés voisines de celles du carbone.

II.E.1) Donner le bilan de l'action de l'eau sur le diphényldichlorosilane. Comment dénommeriez-vous cette réaction ?

II.E.2) Donner le bilan de la réaction d'obtention du polymère à *n* monomères à partir du composé de formule brute : $C_{12}H_{12}SiO_2$.

II.E.3) Pourquoi cette réaction n'est pas une polymérisation en chaîne ? Comment la qualifieriez-vous ?

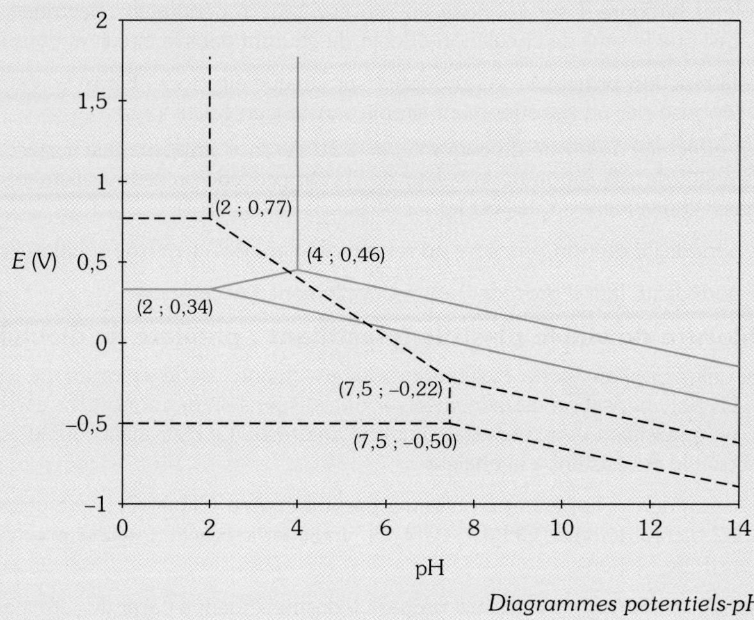

Diagrammes potentiels-pH du cuivre et du fer

Figure 3

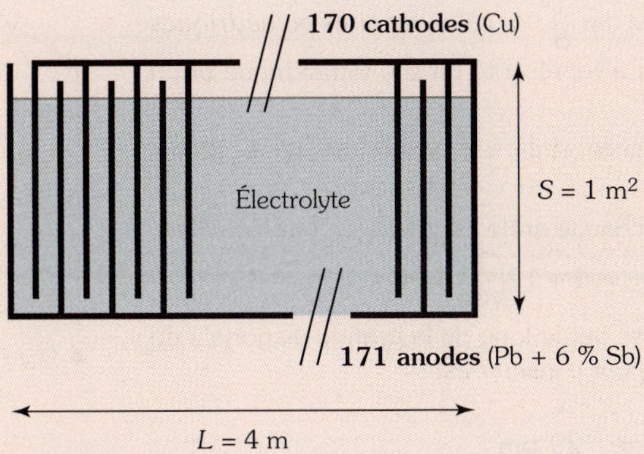

Représentation schématique d'une cuve d'électrolyse
Figure 4

Pré-requis : Cristallographie, hydrométallurgie, électrochimie, polymérisation, chimie organique.

II.A.1) *La maille conventionnelle* cfc est représentée en Fig. 5.

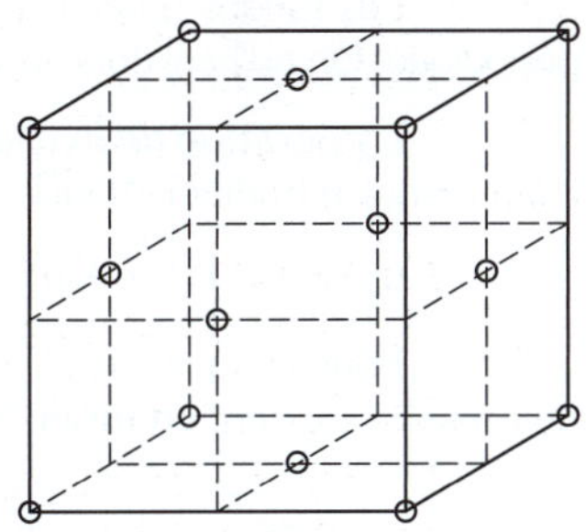

Figure 5

II.A.2) L'énoncé donne la maille volumique du cuivre, on peut en déduire l'arête de la maille, en connaissant le nombre d'atomes de cuivre appartenant en propre à la maille :

$$N_{Cu} = 8 \times \frac{1}{8} + 6 \times \frac{1}{2} = 4.$$

On en déduit alors :

$$\rho_{Cu} = \frac{N_{Cu}M_{Cu}}{N_A a^3} \Rightarrow a = \left(\frac{N_{Cu}M_{Cu}}{N_A \rho_{Cu}}\right)^{\frac{1}{3}} = \boxed{362 \text{ pm}}.$$

Le contact entre deux atomes de cuivre se fait le long de la diagonale d'une face du cube. On déduit le *rayon métallique* du cuivre :

$$a\sqrt{2} = 4r_{Cu} \Rightarrow r_{Cu} = \frac{a\sqrt{2}}{4} = \boxed{128 \text{ pm}}.$$

II.A.3) La *compacité* est le rapport du volume occupé par les atomes dans une maille, divisé par le volume total :

$$C = \frac{V_{Cu}}{V_{maille}} = \frac{N_{Cu}\frac{4}{3}\pi r_{Cu}^3}{a^3} = \frac{N_{Cu}\frac{4}{3}\pi r_{Cu}^3}{\left(\frac{4r_{Cu}}{\sqrt{2}}\right)^3} = \boxed{\frac{\pi\sqrt{2}}{6} = 74\ \%}.$$

Remarque :

La structure cfc est une structure compacte (compacité maximale accessible pour un cristal métallique).

II.A.4) Il s'agit d'une structure compacte, *la coordinence* est donc de 12 (3 dans le plan du dessous, 3 dans le plan du dessus et 6 dans le même plan).

Pour le voir sur la structure, il faut considérer le plan représenté sur la figure 6, et les plans parallèles supérieur et inférieur.

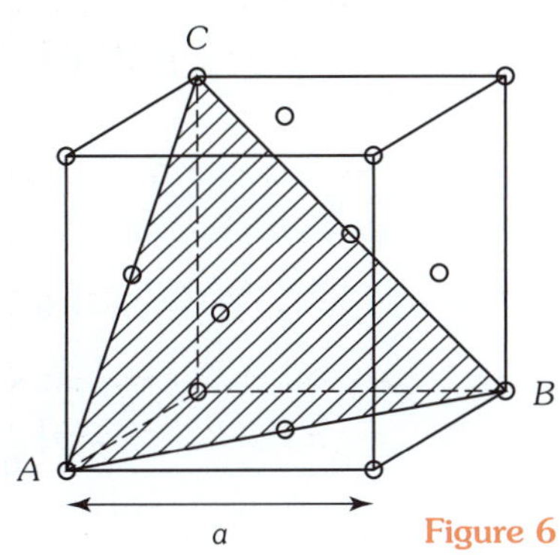

Figure 6

II.A.5) *Les sites tétraédriques* sont au centre des $\frac{1^e}{8}$ de cube, *les sites octaédriques* au centre du cube et au milieu des arêtes. On a représenté un site tétraédrique et un site octaédrique sur la figure 7.

Les sites tétraédriques sont à l'intérieur de la maille, et il y a 8 petits cubes dans chaque maille. On en déduit $N_T = 8$.

Pour les sites octaédriques, il y a 12 arêtes et chaque arête est partagée par 4 mailles. Avec le site au centre de la maille, cela fait $N_O = 1 + 12\left(\frac{1}{4}\right) = 4$.

Pour les sites tétraédriques, s'il y a contact, il se fait le long de la grande diagonale du cube. Le rayon maximal des atomes que l'on peut y insérer est :

$$a\frac{\sqrt{3}}{4} = r_t + r_{Cu} \Rightarrow r_t = r_{Cu}\left(\sqrt{\frac{3}{2}} - 1\right) = \boxed{29 \text{ pm}}.$$

Pour les sites octaédriques, le contact, s'il a lieu, se fait selon une arête :

$$\frac{a}{2} = r_o + r_{Cu} \Rightarrow r_o = r_{Cu}(\sqrt{2} - 1) = \boxed{53 \text{ pm}}.$$

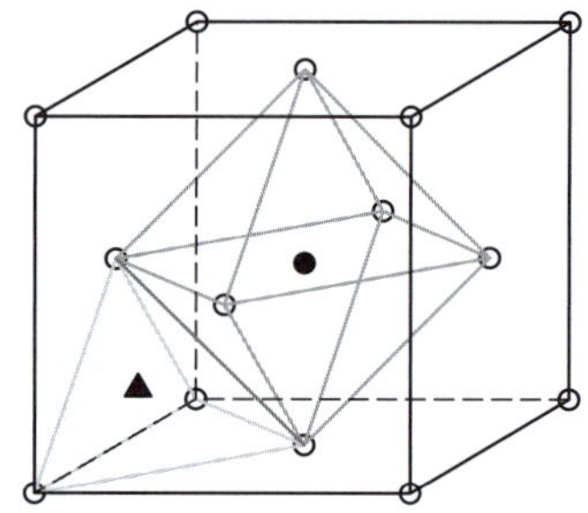

Figure 7

Remarque :

Les sites octaédriques sont moins nombreux, mais plus grands que les sites tétraédriques.

II.A.6) Les rayons du cuivre et du zinc sont très voisins puisque ces deux atomes sont adjacents dans la classification périodique. On ne peut donc insérer des atomes de zinc dans les sites T ou O. Il ne peut s'agir que d'*un alliage de substitution*.

II.B.1) *L'opération de lixiviation* permet de solubiliser le cuivre dans l'eau en le transformant en ion solvaté. L'équation-bilan associée traduit l'attaque acide :

$$CuO_{(s)} + 2\,H^+ = Cu^{2+} + H_2O.$$

II.B.2) Pour chaque métal, l'espèce la plus oxydée (plus fort n.o.) est stable aux potentiels élevés, et les oxydes ou hydroxydes existent en milieu basique. Deux espèces de même nombre d'oxydation sont séparées par un trait vertical.

espèce	Fe	Fe^{2+}	Fe^{3+}	$Fe(OH)_2$	$Fe(OH)_3$	Cu	Cu^{2+}	Cu_2O	$Cu(OH)_2$
n.o.	0	+ II	+ III	+ II	+ III	0	+ II	+ I	+ II

On en déduit les attributions suivantes en Fig. 8.

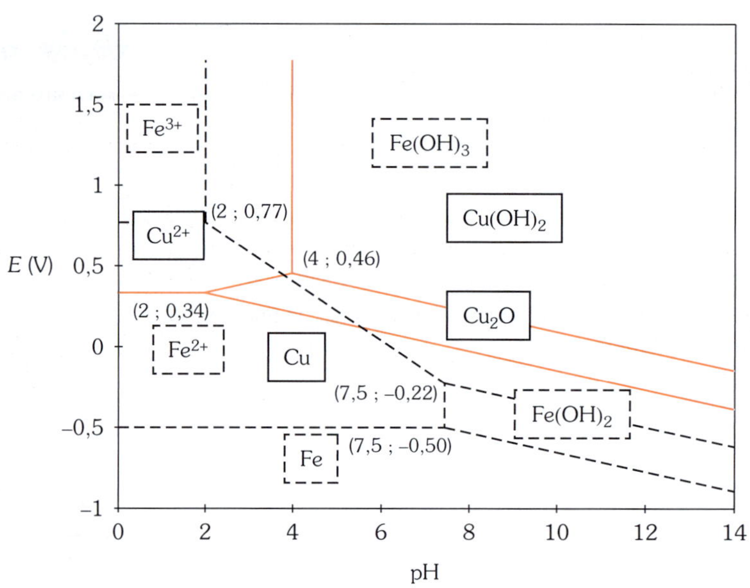

Figure 8

II.B.3) La réaction à la frontière entre les domaines de $Cu(OH)_2$ et de Cu_2O est la suivante :

$$2\ Cu(OH)_2 + 2\ e^- + 2\ H^+ = Cu_2O + 3\ H_2O.$$

La loi de Nernst permet alors d'écrire : $E = E^0 + \frac{0{,}06}{2}\log[\ H^+]^2 = E^0 - 0{,}06\ pH.$

En appliquant cette formule au point ($pH = 4$; $E = 0{,}46$ V), on obtient :

$$E^0(Cu(OH)_2/Cu_2O) = 0{,}70\ V.$$

- L'équation définissant la frontière entre les domaines de Cu^{2+} et de $Cu(OH)_2$ est :

$$Cu^{2+} + 2\ H_2O = Cu(OH)_2 + 2\ H^+.$$

Pour l'apparition de $Cu(OH)_2$, tout le cuivre est sous forme Cu^{2+}. On en déduit que : $[Cu^{2+}] = 1\ mol \cdot L^{-1}$.
Le produit de solubilité est associé à la réaction suivante :

$$Cu(OH)_2 = Cu^{2+} + 2\ HO^- \quad K_s = [Cu^{2+}][HO^-]^2.$$

Au point (4 ; 0,46), l'équilibre est atteint, on en déduit : $\omega = 10^{-10} \Rightarrow K_s = 10^{-20}$, soit : $\boxed{pK_s = 20}$.

- Pour Cu_2O, on utilise la frontière entre $Cu_{(s)}$ et $Cu_2O_{(s)}$. Le potentiel le long de cette frontière est également celui du couple $Cu^+/Cu_{(s)}$ (unicité du potentiel de la solution) :

$$E = E^0 + 0{,}06\ \log[Cu^+], \quad \text{avec } E^0 = E^0(Cu^+/Cu) = 0{,}52\ V \text{ (donnée énoncé).}$$

Le long de la frontière, $Cu_2O_{(s)}$ est présent, donc le produit de solubilité de Cu_2O est vérifié :

$$K_s = [Cu^+]^2[OH^-]^2 = [Cu^+]^2\frac{K_e^2}{[H^+]^2}, \quad \text{soit : } \log[Cu^+] = \frac{1}{2}(\log K'_s + 2\ \log[H^+] - 2\ \log K_e).$$

Le potentiel de la frontière est par conséquent : $E = E^0 + 0{,}03(-pK'_s - 2\ pH + 2\ pK_e)$.

Le point ($pH = 2$; $E = 0{,}34$ V) permet alors d'obtenir : $\boxed{pK'_s = 30}$.

II.B.4) La réaction est une *oxydation* des ions Fe^{2+} (impuretés) en Fe^{3+} par le dioxygène :

$$2\ Fe^{2+} + \frac{1}{2}\ O_2 + 2\ H^+ = 2\ Fe^{3+} + H_2O.$$

II.B.5) Si l'on passe dans un milieu de $pH = 3$, alors les ions Fe^{3+} vont précipiter en $Fe(OH)_3$ ($pH > 2$), tandis que les ions Cu^{2+} ne précipiteront pas ($pH < 4$). Une simple *filtration* permet alors de les séparer.

II.C.1) Le schéma complété est représenté à la figure 9.

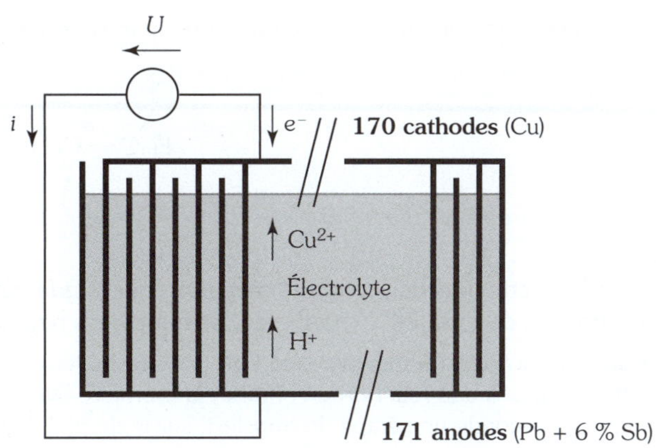

Figure 9

II.C.2) La réaction qui se produit peut se prévoir à l'aide des E^0 donnés par l'énoncé. La première espèce qui peut être oxydée est l'eau ($E^0 = 1{,}23$ V) avant les ions sulfate ($E^0 = 2{,}00$ V). La première espèce pouvant être réduite est Cu^{2+} ($E^0 = 0{,}52$ V) avant l'eau ($E^0 = 0{,}00$ V) et les ions sulfate ($E^0 = -0{,}20$ V).

À la cathode se produit la réduction des ions Cu^{2+} en $Cu_{(s)}$: $Cu^{2+} + 2\ e^- \rightarrow Cu_{(s)}$.

À l'anode se produit l'oxydation de l'eau en dioxygène :

$$H_2O \rightarrow \frac{1}{2}\ O_2 + 2\ H^+ + 2\ e^-.$$

a) On renouvelle la solution quand la concentration des ions Cu^{2+} est trop faible. Le courant traversant la solution est $i = jS = 74\ 800$ A. *La loi de Faraday* peut s'écrire :

$$dq = nFd\xi = jSdt.$$

On en déduit qu'à chaque seconde, on consomme :

$$\boxed{n_{Cu^{2+}} = \frac{d\xi}{dt} = \frac{jS}{nF} = 0{,}39 \text{ mol} \cdot \text{s}^{-1}}.$$

Au total, dans la cuve, il y a 4 m^3 de solution à 1,10 mol · L^{-1} et on change la cuve quand on atteint la concentration de 0,47 mol · L^{-1} · s^{-1}. Il faut par conséquent renouveler la solution au bout de :

$$\boxed{t = \frac{nF}{jS}(c_1 - c_1')V = 6\ 500 \text{ s (soit 108 min)}}.$$

b) On doit changer les cathodes quand elles atteignent la masse de 60 kg, c'est-à-dire quand 55 kg de $Cu_{(s)}$ se sont déposés sur les 170 cathodes (on suppose que le cuivre se dépose uniformément) :

$$\boxed{t' = 170\frac{nF}{jS}\frac{55}{M_{Cu}} = 3{,}8\ 10^5 \text{ s (soit 105 h)}}.$$

II.D.1) On peut obtenir le 1,2-dichloroéthane en mélangeant en phase liquide et sous léger chauffage (45 °C) de l'éthène et du dichlore, en proportions stœchiométriques.

II.D.2) Le mécanisme est analogue à celui d'une *dihalogénation* d'un alcène : A_E ionique.

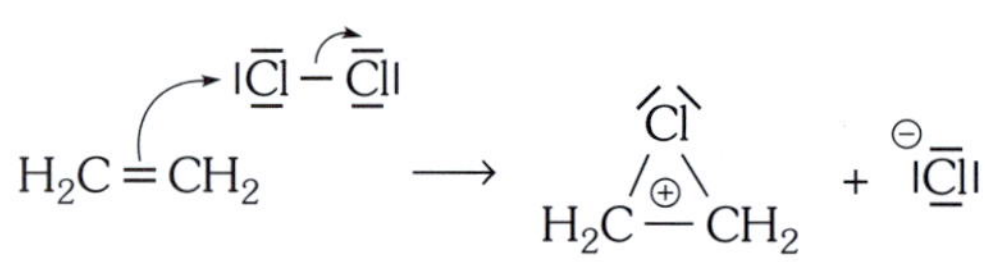

L'ion ponté chloronium est en général assez instable, et il évolue en carbocation :

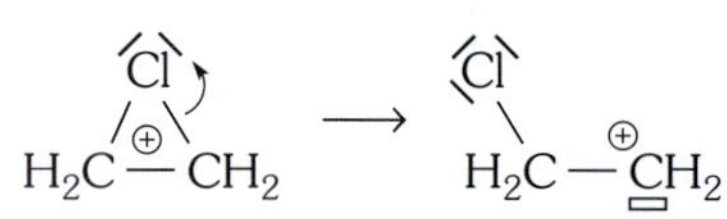

Ce carbocation peut être attaqué par l'ion chlorure, pour donner le dichloroéthane :

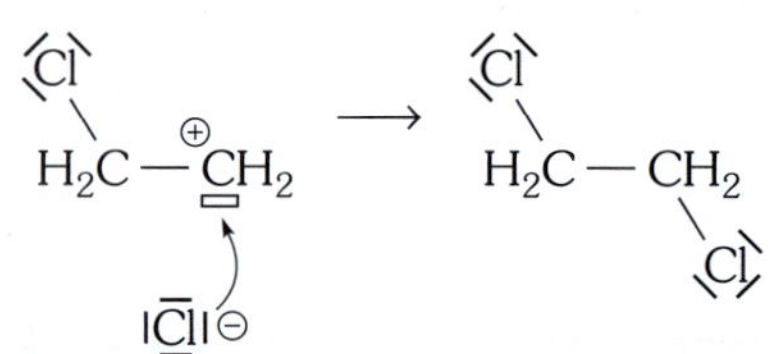

II.D.3) Cette réaction est une *réaction par stade*, chaque intermédiaire réactionnel, de type $IM_j^\bullet$, étant créé, détruit et non régénéré par la suite.

Mais l'énoncé tend à indiquer que l'on peut assimiler en terme de vocabulaire cette réaction à une *réaction en chaîne*, la première étape étant une étape d'initiation, la seconde une étape de transfert, suivie de multiples réactions de propagation, et de réactions de rupture.

Remarque :

Une polymérisation en chaîne correspond en fait à une croissance de la chaîne de polymère.

II.D.4) La vitesse de disparition du monomère est :

$$-\frac{d[M]}{dt} = k_i[I^\bullet][M] + k_p[M]\sum_1^{n-1}[IM_j^\bullet].$$

II.D.5) Si l'on fait l'hypothèse des chaînes longues, la vitesse des étapes de propagation est très supérieure à celle des étapes d'initiation et de transfert :

$$-\frac{d[M]}{dt} = k_p[M]\sum_{1}^{n-1}[IM_j^\bullet].$$

On peut alors appliquer l'AEQS aux différents intermédiaires réactionnels :

$$\frac{d[I^\bullet]}{dt} = 0 = 2k_a[I_2] - k_t[M][I^\bullet] \Rightarrow 2k_a[I_2] = k_t[M][I^\bullet].$$

Pour $IM^\bullet$, on peut écrire :

$$\frac{d[IM^\bullet]}{dt} = 0 = k_t[M][I^\bullet] - k_p[M][IM^\bullet] - k_r[IM^\bullet]^2 - k_r[IM^\bullet]\sum_{2}^{n}[IM_j^\bullet].$$

On pose alors $\sigma = \sum_{1}^{n}[IM_j^\bullet]$, et on suppose $\sigma \gg [IM^\bullet]$, ce qui permet de simplifier l'expression précédente :

$$0 = k_t[M][I^\bullet] - k_p[M][IM^\bullet] - k_r[IM^\bullet]\sum_{1}^{n}[IM_j^\bullet].$$

On peut appliquer l'AEQS aux $IM_j^\bullet$, pour $1 < j < n$:

$$\frac{d[IM_j^\bullet]}{dt} = 0 = k_p[M][IM_{j-1}^\bullet] - k_p[M][IM^\bullet] - k_r[IM_j^\bullet]\,\sigma.$$

Enfin, pour $IM_n^\bullet$, on obtient :

$$\frac{d[IM_n^\bullet]}{dt} = 0 = k_p[M][IM_{n-1}^\bullet] - k_r[IM_n^\bullet]\sigma.$$

En sommant toutes ces équations, de $j = 1$ à n, on peut écrire :

$$0 = k_t[M][I^\bullet] - k_r\sum_{1}^{n}[IM_j^\bullet]\sigma \Rightarrow k_t[M][I^\bullet] = k_r\sigma^2.$$

Enfin, en supposant que $\sigma \gg [IM_n^\bullet]$ (hypothèse des longues chaînes, n est grand), on obtient pour la vitesse globale de polymérisation :

$$v = -\frac{d[M]}{dt} = k_p[M]\sum_{i}^{n}[IM_j^\bullet] \approx k_p[M]\sigma = k_p[M]\sqrt{\frac{k_t}{k_r}[M][I^\bullet]} \Rightarrow \boxed{v = k_p\sqrt{\frac{2k_a}{k_r}}[M][I_2]^{\frac{1}{2}}}.$$

L'ordre global de la réaction de polymérisation est de $\frac{3}{2}$.

II.E.1) Le bilan de la réaction est le suivant :

$(C_6H_5)_2SiCl_2 + 2\ H_2O = (C_6H_5)_2Si(OH)_2 + 2\ HCl.$

Le bilan est celui d'une *substitution nucléophile* des Cl^- par l'eau.

II.E.2) Le bilan de la réaction du polymère à n monomères est le suivant :

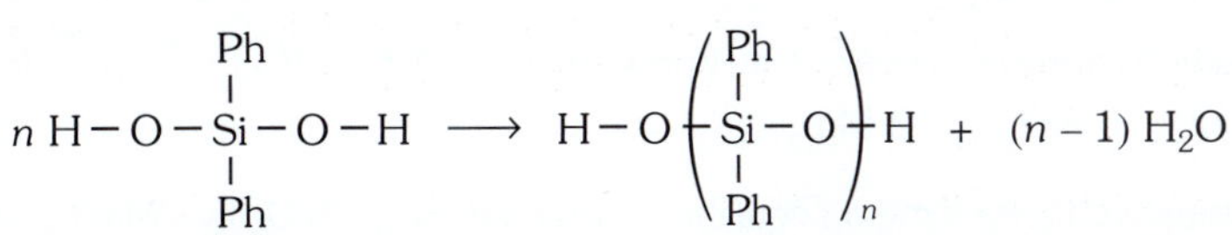

II.E.3) Il ne s'agit pas d'une polymérisation en chaîne car à chaque étape, on obtient un intermédiaire stable (non radicalaire, non ionique) et on élimine une molécule d'eau. Il s'agit d'une *polycondensation* (ou *polymérisation par étapes*).

3. Le magnésium — Mines-Ponts PSI 2005

Le magnésium fut isolé par Davy en 1808 et préparé sous forme solide par Bussy en 1831. Le magnésium est un concurrent de l'aluminium en raison de sa légèreté. Il est présent également dans les composés de Grignard indispensables en synthèse organique et dans les chlorophylles qui permettent la photosynthèse.

A. L'élément magnésium

1. Donner la configuration électronique de l'atome de magnésium dans son état fondamental. *On donne* : $Z(\text{Mg}) = 12$.

2. Donner la position de l'élément magnésium (numéros de ligne et de colonne) dans la classification périodique.

3. Envisager les différentes possibilités de formation d'ions à partir de l'atome de magnésium.

B. Structure cristalline

Le magnésium métal cristallise dans une structure hexagonale compacte qu'on admettra idéale.

4. Représenter la maille élémentaire de cette structure (prisme droit à base losange).

5. Montrer que la relation donnant la hauteur h de la maille en fonction de la distance interatomique d peut se mettre sous la forme $h = kd$, k étant une constante dont on donnera la valeur exacte. Pour les questions suivantes, on pourra prendre $k \approx 1{,}63$.

6. Calculer la compacité ou coefficient de remplissage de la structure (on donne $\sqrt{2} \approx 1{,}4$).

7. La densité du magnésium métal par rapport à l'eau est $d_{\text{Mg}} = 1{,}7$. En déduire une valeur approchée du rayon atomique du magnésium. *On donne* : $M(\text{Mg}) = 24\ \text{g} \cdot \text{mol}^{-1}$, $N_A = 6\ 10^{23}\ \text{mol}^{-1}$ et $(33)^{\frac{1}{3}} \approx 3{,}2$.

Le magnésium métal peut être obtenu selon deux procédés différents : la pyrométallurgie (réduction de l'oxyde à haute température) ou l'électrométallurgie (électrolyse du chlorure de magnésium anhydre).

C. Obtention du métal par pyrométallurgie

On s'intéresse dans cette partie à la préparation du magnésium par le procédé « Magnétherm » dans lequel l'oxyde de magnésium est réduit par le silicium.

On rappelle la valeur de la constante des gaz parfaits $R = 8{,}31\ \text{J} \cdot \text{mol}^{-1} \cdot \text{K}^{-1}$, les gaz sont supposés parfaits et la pression de référence est la pression standard $P^0 = 1$ bar.

Afin de déterminer les conditions optimales de réduction de l'oxyde de magnésium (choix du réducteur, température, pression), on utilise un diagramme d'Ellingham.

8. Rappeler en quoi consiste l'approximation d'Ellingham.

9. Écrire les équations des réactions associées aux couples MgO/Mg et SiO_2/Si.

Le diagramme suivant (Fig. 10) représente les courbes relatives aux couples MgO/Mg et SiO_2/Si entre 300 K et 2 000 K.

Les températures de fusion du silicium et du magnésium sont de 1 685 K et 923 K respectivement. La température d'ébullition du magnésium est de 1 378 K.

10. La réduction de MgO par Si est-elle possible dans un domaine de température où tous les constituants physico-chimiques sont solides ? Justifier.

On considère la réaction représentée par l'équation suivante, à 1 600 K et sous pression réduite :

$$\text{Si}_{(s)} + 2\ \text{MgO}_{(s)} = \text{SiO}_{2\,(s)} + 2\ \text{Mg}_{(g)}.$$

11. Calculer la variance d'un système à l'équilibre contenant $\text{Si}_{(s)}$, $\text{SiO}_{2\,(s)}$, $\text{MgO}_{(s)}$ et $\text{Mg}_{(g)}$. Conclure.

12. Donner l'expression de l'affinité chimique de cette réaction en fonction de la pression totale P et de $P_{\text{éq}}$, pression partielle du magnésium à l'équilibre. En déduire dans quelle gamme de pression la réaction se produit dans le sens souhaité. Conclure.

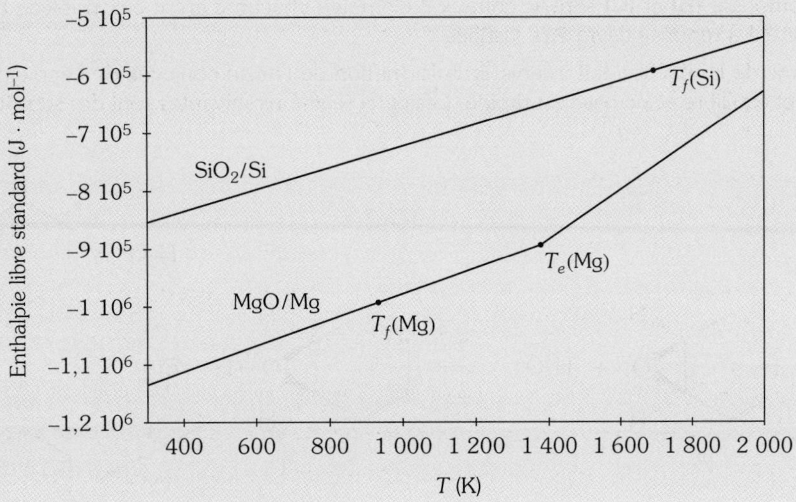

Figure 10

D. Magnésium en solution aqueuse

Le diagramme potentiel-pH du magnésium est tracé (Fig. 11) pour une concentration de travail :

$$C_{tr} = 10^{-2}\ \text{mol} \cdot \text{L}^{-1}.$$

13. Définir les termes corrosion, immunité, passivation. Indiquer dans quelle(s) zone(s) du diagramme intervient chacun de ces phénomènes ?

14. Déterminer le potentiel standard du couple Mg^{2+}/Mg d'après le diagramme potentiel-pH.

15. Calculer le produit de solubilité K_s de l'hydroxyde de magnésium $Mg(OH)_2$.

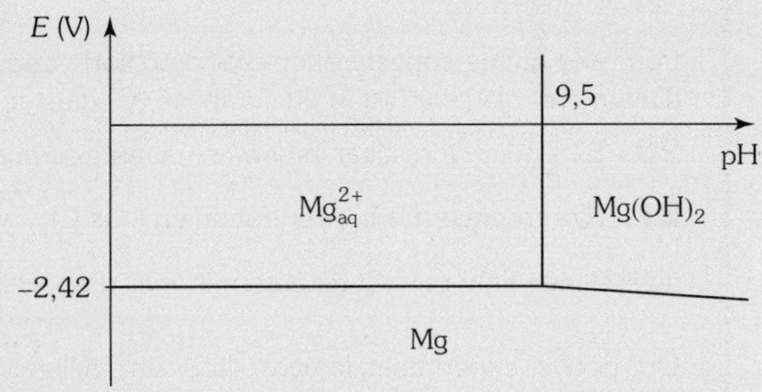

Figure 11

Une canalisation en fonte (alliage à base de fer) est enterrée dans le sol. Pour la protéger de la corrosion, on la relie à une électrode de magnésium elle aussi enterrée (Fig. 12).

16. La canalisation en fonte est-elle ainsi protégée de la corrosion et, si oui, comment s'appelle ce mode de protection ? *On donne* : $E^0(Fe^{2+}/Fe) = -0{,}44$ V.

17. Quel rôle joue l'électrode de magnésium : est-elle anode ou cathode ? Pourquoi ? Écrire la demi-équation électronique correspondante.

18. Exprimer la durée de vie t d'une électrode en fonction de sa masse m, de l'intensité du courant de protection I, de la constante de Faraday F et de la masse molaire du magnésium.

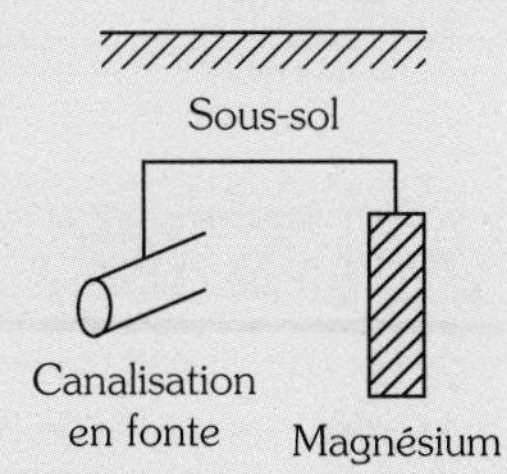

Figure 12

E. Ouverture d'un époxyde : mécanisme et cinétique

Traité par une solution aqueuse diluée d'acide chlorydrique, l'époxycyclohexane **(A)** donne deux produits : le trans-2-chlorocyclohexanol **(C)** et le trans-cyclohexane-1-2-diol **(B)**.

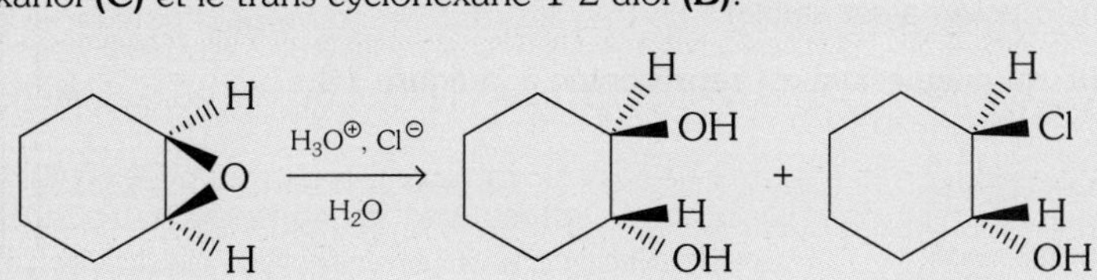

A **B** **C**

19. Les composés **(B)** et **(C)** sont-ils chiraux ? Combien chacun d'entre eux possède-t-il de stéréoisomères de configuration ? La réponse devra être justifiée.

Le mécanisme de la réaction fait intervenir la formation de l'acide conjugué de l'époxyde comme intermédiaire commun. Cet équilibre acide-base est rapide. Les deux réactions suivantes sont des substitutions nucléophiles plus lentes.

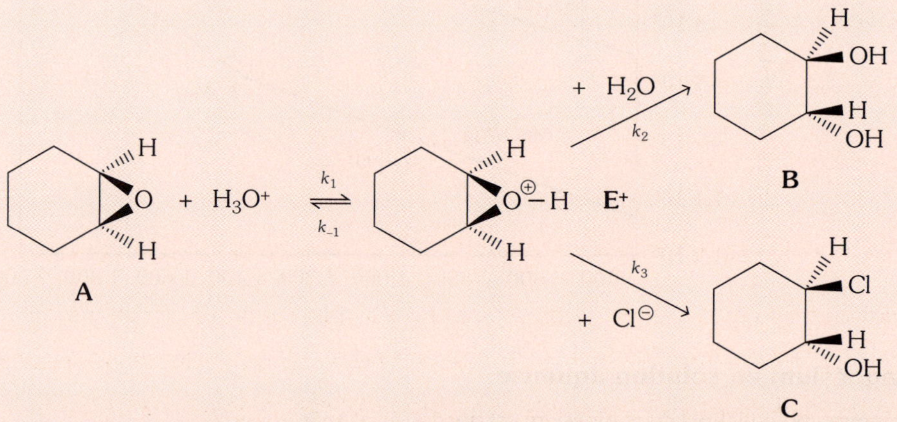

Pour une même concentration d'acide chlorhydrique, l'addition de chlorure de sodium à la solution a pour effet d'augmenter la proportion du composé **(C)** dans le mélange final.

20. Expliquer ce résultat expérimental en exprimant les vitesses d'apparition des composés **(B)** et **(C)**.

21. Montrer que si la concentration en ions Cl^- est grande par rapport à la concentration en époxyde, l'analyse du mélange final permet de déterminer le rapport $\frac{k_2}{k_3}$.

On trouve expérimentalement dans un mélange eau/éthanol 50/50 que le rapport $\frac{[\boldsymbol{C}]}{[\boldsymbol{B}]} = 72$ lorsque $[Cl^-] = 12\ \mathrm{mol \cdot L^{-1}}$. En déduire le rapport $\frac{k_2}{k_3}$.

Pré-requis : Structures électroniques, cristallographie, pyrométallurgie, diagramme E-pH, corrosion, cinétique chimique.

1. D'après les règles de Klechkowsky, de Hünd et le principe de Pauli, la *configuration électronique* du magnésium dans son état fondamental est :

Mg : $1s^2\ 2s^2\ 2p^6\ 3s^2$.

2. Le magnésium est dans la 2e colonne (s^2) et dans la 3e ligne ($3s$).

3. Le magnésium tend à rapprocher sa structure de celle du gaz noble le plus proche, à savoir le néon ($Z = 10$). Les ions que l'on peut envisager sont donc Mg^+ (en $3s^1$) et Mg^{2+} (en $3s^0$, donc *a priori* assez stable).

4. *La maille élémentaire* du magnésium est représentée à la figure 13 :

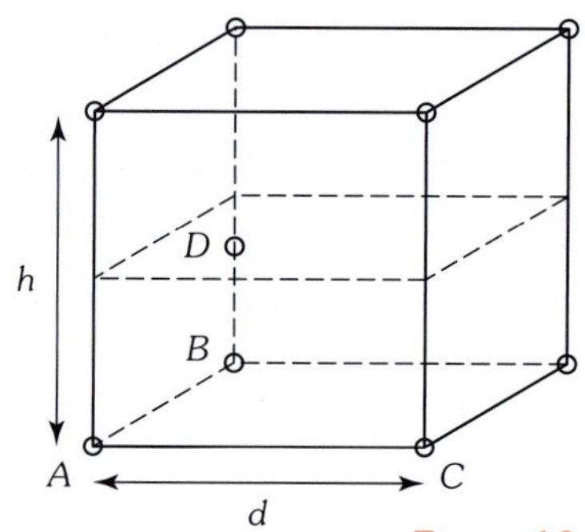

Figure 13

5. On utilise pour le calcul le tétraèdre *ABCD* (*cf.* Fig. 13). *D* est à la verticale du centre de gravité *O* du triangle *ABC*. On en déduit (*cf.* Fig. 14) que :

$$BH = \frac{\sqrt{3}}{2}d \Rightarrow OB = \frac{2}{3}BH = \frac{d}{\sqrt{3}}.$$

En notant *D* l'atome du plan intermédiaire, on peut alors relier la distance $OD = \frac{h}{2}$ avec la distance interatomique *d* (*cf.* Fig. 15) :

$$OD^2 + OB^2 = d^2 \Rightarrow OD^2 = \frac{2}{3}d^2.$$

$$OD = \frac{h}{2} = \sqrt{\frac{2}{3}}d \Rightarrow h = 2\sqrt{\frac{2}{3}}d.$$

On en déduit : $\boxed{h = 2\sqrt{\frac{2}{3}}\,d}$.

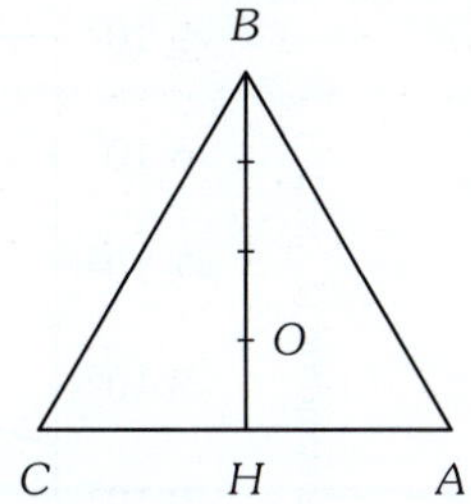

Figure 14

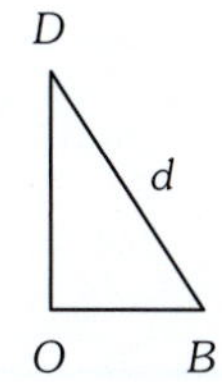

Figure 15

6. *La compacité* est le rapport entre le volume occupé par les atomes dans la maille et le volume de la maille. Dans la maille élémentaire, chaque atome situé au sommet du prisme appartient à 8 mailles et compte par conséquent pour $\frac{1}{8}^{e}$ en propre à chaque maille, l'atome situé à l'intérieur du prisme compte pour 1. Il y a donc $N = 8 \times \frac{1}{8} + 1 = 2$ atomes de magnésium par maille.

Le volume d'un prisme est donné par : $V = \text{base} \times \text{hauteur} = d^2 \sin(120) \times h = \frac{\sqrt{3}}{2}kd^3 = \sqrt{2}d^3$.

La compacité vaut alors :

$$C = \frac{N\frac{4}{3}\pi\left(\frac{d}{2}\right)^3}{\sqrt{2}d^3} = \boxed{\frac{\pi}{3\sqrt{2}} = 74\ \%}.$$

Remarque :

La maille hexagonale est une structure compacte (compacité maximale pour structure métallique).

7. *La masse volumique* du magnésium vaut :

$$\rho = \frac{N_{Mg}M_{Mg}}{N_A V} = \frac{2M_{Mg}}{N_A\sqrt{2}d^3} \Rightarrow d = \left(\frac{2M_{Mg}}{N_A\sqrt{2}\rho}\right)^{\frac{1}{3}} = (33\ 10^{-30})^{1/3} = 3{,}2\ 10^{-10}\ \text{m}$$

$$\Rightarrow \boxed{r = \frac{d}{2} = 160\ \text{pm}}.$$

8. *L'approximation d'Ellingham* consiste à supposer que la capacité thermique à pression constante standard de réaction est nulle ($\Delta_r C_p^0 = 0$). Alors l'enthalpie standard de réaction et l'entropie standard de réaction ne dépendent plus de de la température (mais changement discontinu de valeur lors des changements d'état des réactifs ou des produits).

9. Les équations associées sont les suivantes (*convention* : 1 mole de O_2) :

$$2\,Mg + O_{2(g)} = 2\,MgO \quad \text{et} \quad Si + O_{2(g)} = SiO_2.$$

10. Dans le diagramme donné par l'énoncé, chaque segment sépare le *domaine d'existence* du composé à l'état condensé (en dessous) et de son oxyde (au dessus). Il y a réaction si deux espèces se trouvent dans des domaines disjoints d'existence. Ce n'est pas le cas de MgO et de Si (Fig. 16) : cette réaction n'est *pas possible thermodynamiquement*. Les activités des espèces à l'état condensé étant de 1 (non miscibles), la réaction ne peut jamais avoir lieu dans le sens direct car l'affinité est toujours négative ($\mathcal{A} = \mathcal{A}^0_{(T)}$, car $Q = 1$).

Erreur à éviter :

Lorsque le magnésium devient gazeux, son domaine devient un *domaine de prédominance* et la réaction n'est plus que *thermodynamiquement défavorisée*.

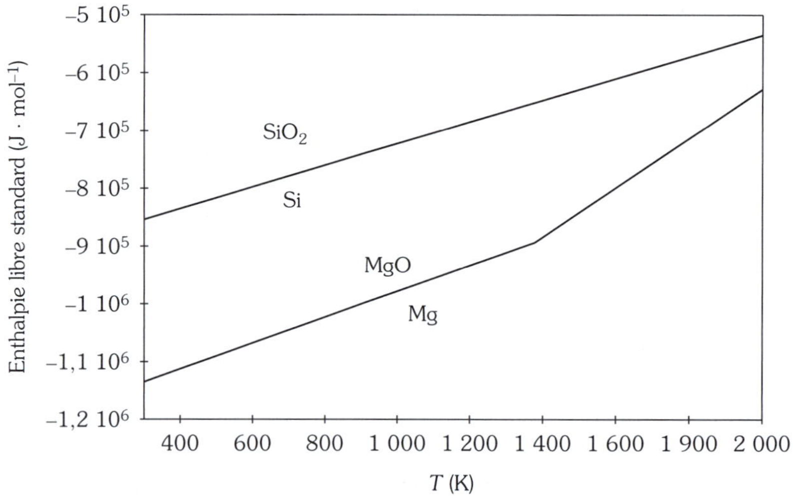

Figure 16

11. D'après la formule de Gibbs pour la variance, sachant qu'il y a ici 4 constituants, 4 phases (3 solides non miscibles et un gaz) et une réaction chimique :

$$\nu = C + 2 - \varphi = (4 - 1) + 2 - 4 \Rightarrow \boxed{\nu = 1}.$$

On peut fixer une grandeur intensive du système, par exemple la pression en magnésium.

12. L'affinité chimique de la réaction de réduction $Si_{(s)} + 2\ MgO_{(s)} = SiO_{2(s)} + 2\ Mg_{(g)}$ est ici :

$$\mathcal{A} = \mathcal{A}^0 - RT\ln Q = RT\ln\left(\frac{K^0}{Q}\right) = 2RT\ln(P_{Mg,\,éq}/P_{Mg}) = 2\ RT\ln\left(\frac{P_{éq}}{P}\right).$$

Remarque :

On suppose que Mg est le seul gaz présent.

La réaction a lieu dans le sens direct uniquement si *l'affinité* est positive, soit si :

$$\boxed{P_{Mg} < P_{Mg,\,éq} = P^0\exp\left(-\frac{\Delta_r G^0}{2RT}\right)}.$$

D'après le diagramme, à 1 600 K, on peut estimer graphiquement l'enthalpie libre standard de la réaction de réduction comme l'écart entre les droites des couples SiO_2/Si et $2\ MgO/2\ Mg$, soit $\Delta_r G^0 \approx 2\ 10^5\ J \cdot mol^{-1}$.

Remarque :

Il faut travailler avec des pressions faibles, dans un vide relativement poussé, en évacuant continuellement le Mg formé.

On en déduit alors que : $\boxed{P_{Mg} < 5\ 10^{-4}\ \text{bar}}$.

13. *La corrosion* désigne l'oxydation complète du métal. *La passivation* désigne une corrosion de la surface du métal, qui forme une couche d'oxyde ou d'hydroxyde imperméable à l'eau (ou à l'O_2), et protège ainsi le métal en profondeur. Enfin la zone d'immunité désigne la zone du diagramme potentiel/pH où le métal est stable thermodynamiquement : Fig. 17.

Si l'on suppose que l'oxyde $Mg(OH)_2$ n'est pas poreux, on peut effectuer les attributions ci-contre :

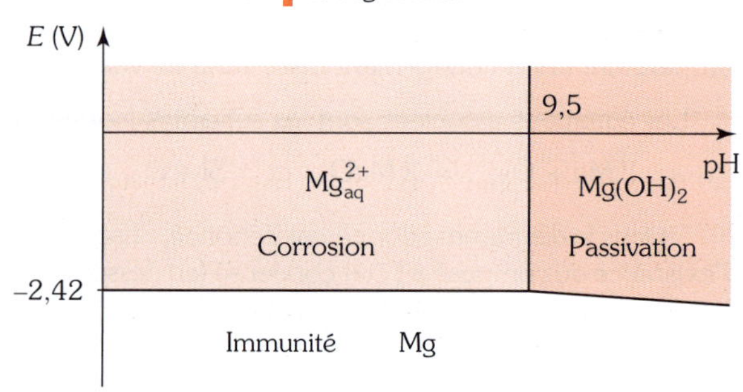

Figure 17

14. La loi de Nernst pour le couple Mg^{2+}/Mg s'écrit :

$$E = E^0 + \frac{0{,}06}{2}\log[Mg^{2+}].$$

La frontière entre ces deux espèces est définie par l'apparition du premier grain de $Mg_{(s)}$.

Tout le magnésium est sous forme $Mg^{2+}_{(aq)}$: $[Mg^{2+}] = 10^{-2}$ mol · L^{-1}. D'après le diagramme potentiel-pH donné, on peut déduire le potentiel standard du couple :

$$E^0 = E - \frac{0{,}06}{2}\log[Mg^{2+}] = -2{,}42 - \frac{0{,}06}{2}\log 10^{-2} \Rightarrow \boxed{E^0 = -2{,}36 \text{ V}}.$$

15. La frontière entre les domaines de Mg^{2+} et de $Mg(OH)_2$ est définie comme l'apparition du précipité de $Mg(OH)_2$. Tout le magnésium est alors sous forme Mg^{2+} : $[Mg^{2+}] = 10^{-2}$ mol · L^{-1}.

Le produit de solubilité de l'hydroxyde de magnésium est associé à l'équilibre suivant :

$$Mg(OH)_2(s) = Mg^{2+} + 2\ HO^-.$$

Le pH de la frontière étant de 9,5, on peut calculer K_s, avec $\omega = 10^{-4,5}$:

$$\boxed{K_s = [Mg^{2+}][HO^-]^2 = 10^{-11}}.$$

16. Le magnésium est plus électropositif que le fer, et il se crée *une pile de corrosion*. Le fer est la cathode, siège de la réduction de l'eau en H_2 : $2\ H_2O + 2\ e^- = H_2 + 2\ HO^-$.

Le fer est par conséquent *protégé* et l'anode de Mg détruite (oxydation en Mg^{2+}), d'où le terme *d'anode sacrificielle*.

17. Le magnésium joue le rôle d'anode, en s'oxydant en Mg^{2+} : $Mg = Mg^{2+} + 2\ e^-$.

C'est le magnésium et non le fer qui s'oxyde car le potentiel standard du couple Mg^{2+}/Mg (– 2,36 V) est bien plus faible que celui du couple : Fe^{2+}/Fe (– 0,44 V).

18. Le courant s'exprime en ampère, soit en C · s^{-1}. Une mole d'e$^-$ correspond à une charge de un faraday (F). Enfin, pour une mole d'électrons du courant de protection, on consomme 0,5 mol de $Mg_{(s)}$. La durée de vie de l'électrode est par conséquent :

$$q = It = nF\xi = 2F\frac{m}{M_{Mg}} \Rightarrow \boxed{t = \frac{2F}{I}\frac{m}{M_{Mg}}}.$$

19. Les composés **B** et **C** possèdent, tous deux, deux atomes de carbone asymétrique.

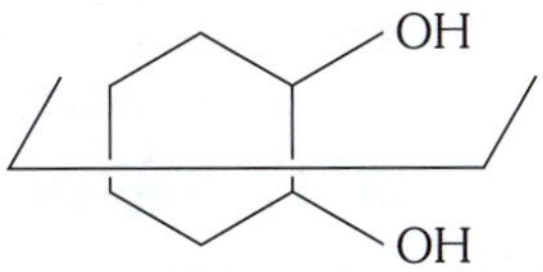

Mais **B** présente des substituants identiques deux à deux, donc deux énantiomères RR et SS chiraux plus un méso RS achiral, car présentant un plan de symétrie (2 OH du même côté).

Une formule plane de type **B** possède donc en tout *trois stéréoisomères de configuration* (le **B** représenté dans l'énoncé plus deux autres).

Une formule plane de type **C** ne présente pas de substituants identiques, et possède par conséquent *quatre stéréoisomères de configuration* (le **C** représenté dans l'énoncé plus trois autres).

20. Les réactions sont des réactions élémentaires, on peut leur appliquer la *loi de Van't Hoff* pour écrire les vitesses d'apparition de **B** et de **C** :

$$\frac{d[\boldsymbol{B}]}{dt} = k_2[AH^+] \quad \text{et} \quad \frac{d[C]}{dt} = k_3[AH^+][Cl^-].$$

21. Si la concentration en ions Cl^- est très grande devant celle en époxyde, on peut considérer cette concentration constante au cours de la réaction. Les vitesses d'apparition de **B** et de **C** étant proportionnelles, et leurs concentrations initiales étant nulles, on déduit la relation suivante :

$$\frac{d[C]}{dt} = \frac{k_3}{k_2}[Cl^-]\frac{d[B]}{dt} \Rightarrow \frac{[C]}{[B]} = \frac{k_3}{k_2}[Cl^-].$$

Remarque :

Il s'agit du *contrôle cinétique*.

En utilisant les valeurs de l'énoncé, on obtient : $\boxed{\frac{k_2}{k_3} = \frac{1}{6} = 0{,}16}$.

4. Les variétés du carbone — CCP PSI 2005

Le carbone possède deux variétés allotropiques principales, le diamant et le graphite, et de nombreuses variétés plus ou moins bien définies. La structure, la stabilité et les propriétés de chacune de ces variétés sont très différentes. Ce problème propose de mettre en lumière quelques-unes de ces différences.

Les réponses fournies devront concilier précision et concision. Toutes les données numériques nécessaires sont disponibles en Annexe.

Q1. L'allotropie est une propriété relativement répandue chez les corps purs élémentaires. Donner sa définition.

Q2. Quel est le nombre de protons d'un atome de carbone ? Donner la structure électronique du carbone selon Klechkowsky.

I. Le diamant

Le diamant cristallise dans un système cubique à faces centrées ; on notera a_D son paramètre de maille. Dans cette structure particulière, quatre des huit cubes d'arêtes $\frac{a_D}{2}$ comportent un atome au centre, comme le montre la projection cotée de la figure 18.

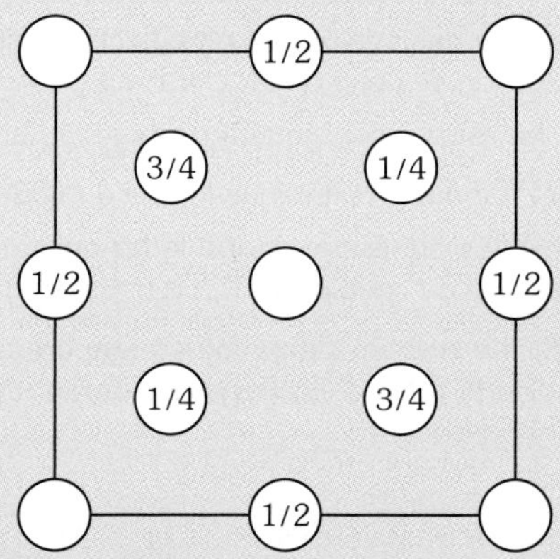

Projection cotée de la structure cristalline du diamant sur une des faces de la maille cubique. La cote perpendiculaire au plan de la figure, indiquée dans chaque atome de carbone, est exprimée en fraction du paramètre de maille. Absence de valeur signifie cotes 0 et 1 (les huit sommets de la maille).

Figure 18

Q3. Déterminer :

- le nombre d'atomes de carbone par maille ;
- le nombre de plus proches voisins de chaque atome (coordinence) ;
- la forme géométrique dessinée par ces plus proches voisins.

Q4. Connaissant la longueur de la liaison carbone-carbone, fournie en Annexe, calculer la valeur du paramètre de maille a_D.

Q5. Calculer la compacité de cette structure. Existe-t-il des structures plus compactes ? Préciser.

Q6. Citer deux propriétés physiques du diamant directement générées par sa structure électronique parfaitement covalente.

II. Le graphite

Le graphite est la variété allotropique du carbone stable à température et pression ordinaires. Dans cette structure particulière, les atomes de carbone sont rangés sur des plans parallèles distants de 335 pm. Dans ces plans, la distance carbone-carbone est de 120 pm et chaque atome de carbone est lié à 3 voisins.

Q7. Quel type de liaison évoque la grande distance inter-plans ?

Q8. Quelle propriété mécanique et quelle propriété électrique présente le graphite, en relation avec ce type de liaison ?

Le graphite a longtemps été utilisé pour réaliser les anodes pour l'électrolyse des solutions aqueuses de chlorure de sodium, procédé de préparation du dichlore gazeux et de l'hydroxyde de sodium en solution.

Q9. Quelles sont les deux demi-réactions cathodiques et les deux demi-réactions anodiques envisageables au cours de l'électrolyse d'une solution aqueuse de NaCl ?

Q10. En considérant les valeurs des potentiels redox standard des couples correspondants, déterminer quelle est la réaction globale thermodynamiquement favorisée dans l'état standard ?

Q11. Calculer la valeur du potentiel redox de chacun des quatre couples redox en présence, dans les conditions du début de l'électrolyse ($Na^+ = Cl^- = 5\ \text{mol} \cdot \text{L}^{-1}$, $P(Cl_2) = 1$ bar, pH = 7).

Q12. Une propriété de la surface du graphite est de ralentir la réaction de dégagement du dioxygène, imposant pour cette réaction une surtension anodique qu'on prendra égale à 500 mV[(1)] à pH = 7.

Schématiser alors, à ce pH, les courbes intensité-potentiel des quatre demi-réactions envisageables en situation d'électrolyse. On indiquera clairement sur le schéma les valeurs des potentiels à $t = 0$. On prendra comme unité sur l'axe des potentiels : $1 \text{ V} = 4 \text{ cm}$; sur l'axe des intensités : une unité arbitraire.

(1) *Nota* : les tables donnent en fait 1 500 mV.

Q13. Écrire le bilan global de l'électrolyse et déterminer la différence de potentiel minimale à imposer entre anode et cathode à $pH = 7$.

Q14. Faire un schéma de principe de cette électrolyse en y précisant le déplacement des ions (cations et anions) ainsi que celui des électrons.

III. La synthèse du diamant à partir du graphite

Q15. Quelle est la variance de l'équilibre Graphite = Diamant ?

Q16. Déduire de la valeur de cette variance la situation obtenue quand on soumet un mélange de graphite et de diamant à une température et une pression arbitrairement fixées ?

Q17. En observant les données judicieuses de l'annexe, justifier les conditions de formation naturelle et de préparation industrielle du diamant à partir du graphite :

- température élevée ;
- pression élevée.

Q18. Pourquoi le diamant existe-t-il à température et pression ordinaires ?

IV. Le carbone pyrolytique

Une variété de carbone proche du graphite, souvent pulvérulente et mal cristallisée, est obtenue, généralement sans être désirée, dans les installations pétrochimiques fonctionnant à haute température. Elle est traditionnellement appelée « coke » et sa formation « cokage ». Le cokage provient principalement de la décomposition thermique d'hydrocarbures gazeux, telle que :

$$(CH_4)_g \rightarrow (C)_s + 2\ (H_2)_g\ .$$

Q19. En utilisant les données thermodynamiques de l'annexe, calculer la constante d'équilibre de cette transformation à 1 000 °C.

Q20. Dans un réacteur fermé de volume 1 m^3, porté à la température de 1 000 °C, on introduit du méthane contenant 0,01 % de dihydrogène comme impureté. La pression totale à l'instant initial est de 1 bar. Calculer la masse de carbone pyrolytique obtenue quand l'équilibre thermodynamique est atteint.

V. Les fibres de carbone

Une variété de fibres de carbone, utilisée comme renfort mécanique de divers matériaux métalliques ou polymères, est appelée « ex-PAN » car elle est obtenue par transformation du polymère PolyAcryloNitrile, dénomination aujourd'hui peu usitée pour « cyanure de polyvinyle ».

Q21. Connaissant la formule brute du monomère cyanure de vinyle (monocyanoéthène C_3H_3N), déterminer sa formule développée plane.

Q22. En observant que l'atome d'azote confère au substituant de l'éthène un effet mésomère attracteur, écrire deux formules mésomères du cyanure de vinyle.

Q23. L'une de ces formules décide sans ambiguïté du choix du type de polymérisation : radicalaire, anionique ou cationique. Quel est-il ? Pourquoi ?

Q24. Dans ces conditions, écrire le mécanisme de la réaction de formation du premier intermédiaire de polymérisation à partir d'un initiateur de type alcoolate (action de l'alcoolate sur le monomère). Y faire figurer tous les doublets électroniques non liants et y préciser les mouvements électroniques.

Données :

Numéros atomiques :

H : 1 C : 6 O : 8

Masses molaires atomiques ($g \cdot mol^{-1}$) :

$H = 1{,}0 \quad C = 12{,}0 \quad O = 16{,}0$.

Constante des gaz parfaits :

$R = 8{,}314\ J \cdot K^{-1} \cdot mol^{-1}$.

Enthalpie molaire standard de la transformation diamant-graphite à 298 K :

$C_D \rightarrow C_G : \Delta_r H^0 = -1{,}9\ kJ \cdot mol^{-1}$.

Entropie molaire standard de la transformation diamant-graphite à 298 K :

$C_D \rightarrow C_G : \Delta_r S^0 = +3{,}3\ J \cdot K^{-1} \cdot mol^{-1}$.

Enthalpie libre molaire de réaction à 1 000 °C :

$(CH_4)_g \rightarrow (C)_s + 2\,(H_2)_g$

$\Delta_r G^0_{1\,000\,°C} = -48{,}96\ kJ \cdot mol^{-1}$.

Distance carbone-carbone dans le diamant :

$d(C_D - C_D) = 154$ pm.

Masses volumiques :

Diamant : $\rho_G = 3{,}5\ 10^3\ kg \cdot m^{-3}$.

Graphite : $\rho_G = 2{,}2\ 10^3\ kg \cdot m^{-3}$.

Potentiels redox standard à 298 °K :

$(Cl_2)_g/(Cl^-)_{aq}$: $E^0 = +1{,}36$ V/ESH.

$(Na^+)_{aq}/(Na)_s$: $E^0 = -2{,}70$ V/ESH.

$(O_2)_g/H_2O$: $E^0 = +1{,}23$ V/ESH.

Constante à 298 K :

$\ln 10 \times \frac{RT}{F} = 0{,}06\ V$.

Pré-requis : Cristallographie, électrochimie (courbe intensité-potentiel), thermodynamique chimique, polymérisation.

Q1. *L'allotropie* à l'état solide est la propriété d'exister sous diverses variétés cristallines. Par exemple, le carbone peut cristalliser sous forme de graphite ou de diamant.

Q2. L'atome de carbone possède 6 protons. D'après les règles de Klechkowsky, de Hünd et le principe de Pauli, *la structure électronique* fondamentale du carbone est $1s^2\ 2s^2\ 2p^2$.

Q3. Chaque atome situé aux sommets de la maille appartient à 8 mailles et compte par conséquent pour $\frac{1}{8}^{e}$ en propre pour chaque maille. De même, les atomes situés sur une face de la maille comptent pour $\frac{1}{2}$ et ceux situés à l'intérieur de la maille pour 1. On en déduit que cette maille possède $N = 8 \times \frac{1}{8} + 6 \times \frac{1}{2} + 4 = 8$ atomes *a priori* équivalents.

Le carbone est de *type tétragonal avec une coordinence* de 4.

Q4. *Le contact* se fait entre atomes voisins, c'est-à-dire par exemple le long de la grande diagonale du cube. On en déduit :

$$d_{C-C} = \frac{a_D\sqrt{3}}{4} \Rightarrow \boxed{a_D = \frac{4}{\sqrt{3}} d_{C-C} = 356\ \text{pm}}.$$

Q5. *La compacité* est le rapport du volume occupé par les atomes sur le volume de la maille :

$$C = \frac{8\frac{4}{3}\pi\left(\frac{d_{C-C}}{2}\right)^3}{a_D^3} = \frac{\frac{4}{3}\pi d_{C-C}^3}{\frac{4^3}{3\sqrt{3}} d_{C-C}^3} = \frac{\pi\sqrt{3}}{16} \Rightarrow \boxed{C = 34\ \%}.$$

Remarque :

Compacité faible comparée à celle des structures métalliques compactes de 74 %.

Q6. Le diamant est un *excellent isolant*, car la liaison covalente est une liaison locale et dirigée. Le diamant est très dur, un des matériaux les plus durs à rayer, ce qui est dû à la force des interactions covalentes entre atomes de carbone.

Q7. La grande distance inter-plan fait penser à des *liaisons électrostatiques* de type Van der Waals plutôt que covalentes. En réalité, un *nuage d'électrons délocalisés* assure la cohésion entre les différents plans du graphite.

Q8. Le graphite s'effrite facilement (lubrifiant solide), grâce à la faible cohésion entre plans successifs. Il est également *bon conducteur*, grâce au nuage d'électrons délocalisés interplanaire.

Q9. On peut envisager de réduire l'eau ou les ions sodium à *la cathode* :

$$2\,H^+ + 2\,e^- = H_{2(g)} \quad \text{ou} \quad Na^+ + e^- = Na_{(s)}.$$

À l'anode, on peut envisager d'oxyder l'eau ou les ions chlorure :

$$H_2O = \frac{1}{2}\,O_{2(g)} + 2\,H^+ + 2\,e^- \quad \text{ou} \quad 2\,Cl^- = Cl_{2(g)} + 2\,e^-$$

Q10. On réalise une réaction forcée grâce à de l'énergie électrique. En augmentant progressivement la tension extérieure appliquée, on observe en priorité la réaction qui correspond à la règle du gamma la moins défavorable (Fig. 19).

La réaction thermodynamiquement la moins défavorable dans l'état standard sera par conséquent *l'électrolyse* de l'eau.

$$H_2O = H_{2(g)} + \frac{1}{2}\,O_{2(g)}.$$

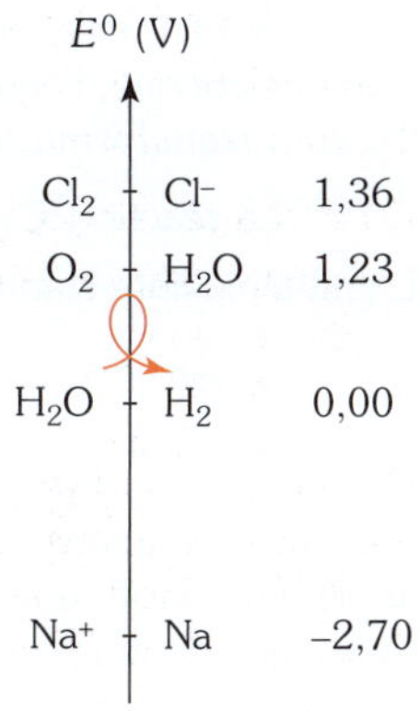

Figure 19

Q11. D'après les demi-réactions électroniques de la question **9.**, *la loi de Nernst* donne :

$$E(Na^+/Na_{(s)}) = E^0(Na^+/Na_{(s)}) + 0{,}06\log[Na^+] = -2{,}66\ V.$$

$$E(H^+/H_{2(g)}) = E^0(H^+/H_{2(g)}) + \frac{0{,}06}{2}\log[H^+]^2 = -0{,}42\ V.$$

$$E(O_{2(g)}/H_2O) = E^0(O_{2(g)}/H_2O) + \frac{0{,}06}{2}\log[H^+]^2 = 0{,}81\ V.$$

$$E(Cl_{2(g)}/Cl^-) = E^0(Cl_{2(g)}/Cl^-) + \frac{0{,}06}{2}\log\frac{P_{Cl_2}}{P^0[Cl^-]^2} = 1{,}32\ V.$$

Q12. *Les courbes intensité-potentiel* sont représentées sur la figure 20, en prenant 1 500 mV de surtension anodique.

(L'énoncé ne donnait que 500 mV mais les tables de données industrielles donnent 1 500 mV de surtension anodique).

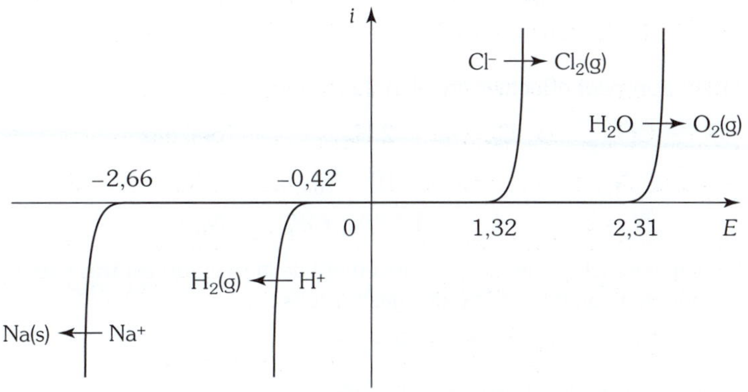

Figure 20

Q13. *Le bilan global* de l'électrolyse est :

$$2\,H^+ + 2\,Cl^- = H_{2(g)} + Cl_{2(g)}.$$

La différence minimale de potentiel à appliquer est la différence entre le potentiel des deux couples, à savoir :

$$\boxed{E = 1{,}32 - (-0{,}42) = 1{,}74\ V}.$$

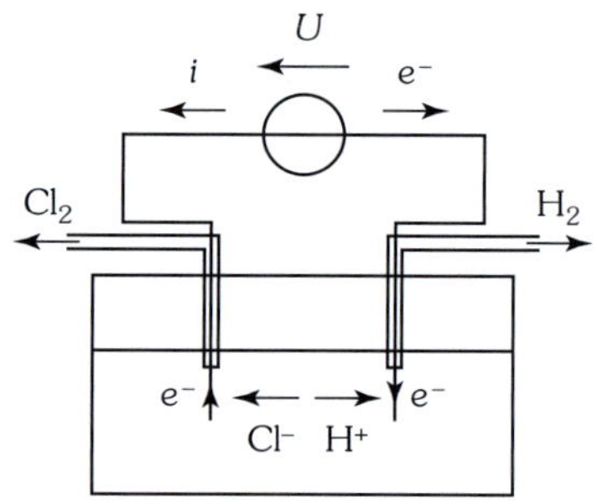

Figure 21

Q14. Le schéma de principe de *l'électrolyseur* est le suivant : (Fig. 21).

Q15. Il y a 2 constituants, deux phases (solides non miscibles) et une réaction chimique.

D'après la règle de Gibbs, la *variance* vaut :

$$v = C + 2 - \varphi = (2-1) + 2 - 2 = 1.$$

Q16. Si l'on mélange du graphite et du diamant à une température et une pression quelconque, l'équilibre thermodynamique ne pourra pas *a priori* être atteint : il y aura *transformation totale* de l'un des deux composés en l'autre.

Q17. La réaction $C_D \to C_G$ a une enthalpie de réaction négative à 298 K.

L'enthalpie libre standard de la réaction de formation du diamant ($C_G \to C_D$) est, dans l'approximation d'Ellingham :

$$\Delta_r G^0 = \Delta_r H^0 - T\Delta_r S^0 = \boxed{1\,900 + 3{,}3T \text{ (J} \cdot \text{mol}^{-1})}.$$

Erreur à éviter :

L'énoncé donne les valeurs dans le sens $C_D \to C_G$, soit contraire de la réaction étudiée.

Cette enthalpie libre standard de réaction est *toujours positive*. Mais si on s'intéresse aux variations de la constante d'équilibre avec la température, d'après la loi de Van't Hoff, une température élevée déplace la réaction dans le sens endothermique de *la formation du diamant*.

De même, le carbone diamant a une masse volumique plus grande que le carbone graphite, donc un volume massique plus faible. Sachant que $\frac{d\mathcal{A}}{dP} = -\Delta_r V_m$, une augmentation de pression déplacera la réaction dans le sens d'une diminution du volume molaire, c'est-à-dire dans le sens *de formation de carbone diamant*.

Q18. La cinétique de la réaction $C_G \to C_D$ est infiniment lente dans les conditions usuelles.

Q19. Par définition, $K^0(T) = \exp\frac{-\Delta G^0(T)}{RT}$. En utilisant la variation d'enthalpie libre standard à 1 000 °C, on peut en déduire la constante d'équilibre à cette température :

$$\boxed{K^0(1\,000\ °\text{C}) = 102}.$$

Q20. On peut effectuer un bilan de matière :

$CH_{4(g)}$	$\to$ $C_{(s)}$ +	$2\,H_{2(g)}$	Total gaz
N_0		$10^{-4}N_0$	N_0
$N_0 - \xi$	ξ	$10^{-4}N_0 + 2\xi$	$N_0 + \xi$

On suppose ici que le taux d'avancement de la réaction est très supérieur à 10^{-4}. La quantité initiale de méthane s'obtient à l'aide de l'équation d'état des gaz parfaits :

$$PV = N_0RT \Rightarrow N_0 = 9{,}5 \text{ mol}.$$

La loi d'action des masses s'écrit alors :

$$K^0 = \frac{P_{H_2}^2}{P_{CH_4}P^0} = \frac{4\xi^2}{(N_0-\xi)}\frac{P}{(N_0+\xi)P^0} \Rightarrow \boxed{\xi = 9{,}27 \text{ mol}}.$$

On vérifie que le taux d'avancement, 98 %, est très supérieur à 0,01 %.

La masse de carbone pyrolytique obtenue lorsque l'équilibre est atteint est alors : $\boxed{m_C = 111 \text{ g}}$.

Q21. *Le cyanure de vinyle* correspond à la formule développée plane ci-contre :

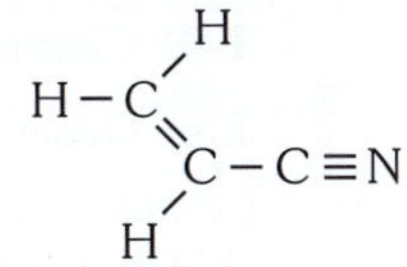

Q22. On peut envisager la migration de la double-liaison C=C par *effet mésomère attracteur* de l'azote :

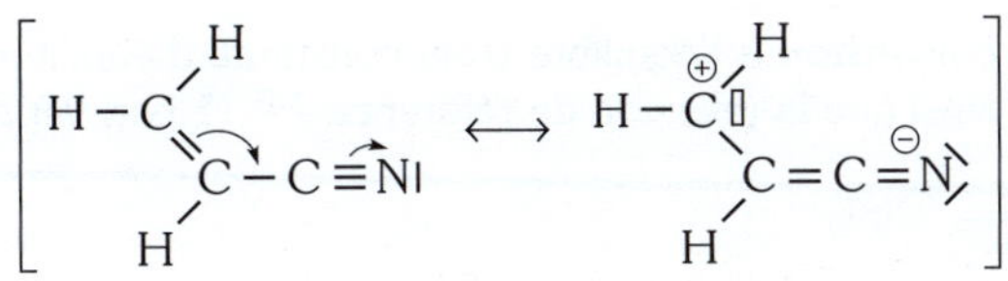

Q23. Il s'agit d'une *polymérisation de type anionique*, car il existe un carbone électrophile chez le polymère, la charge négative qui apparaît lors de l'attaque anionique étant alors stabilisée par délocalisation avec l'azote (cette formule mésomère vérifie l'octet, ce qui justifie sa stabilité).

Q24. L'amorçage est dû à l'attaque de l'alcoolate nucléophile sur le site électrophile du monomère vinylique :

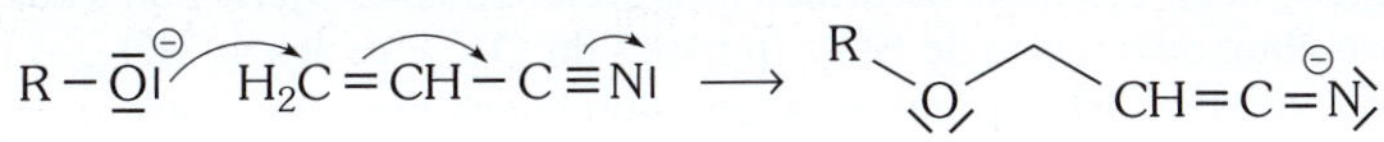

Puis la propagation met en évidence une régiosélectivité tête à queue :

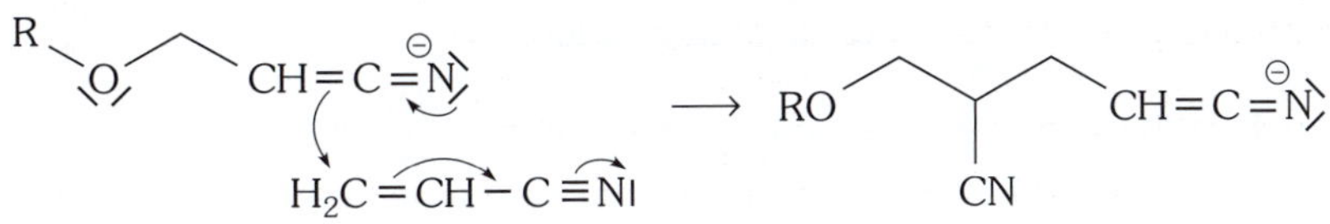

D'où le *motif* :

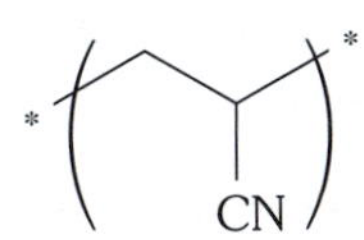

5. Conversion industrielle du SO_2 — E3A PSI 2005

La production industrielle d'acide sulfurique repose sur l'oxydation du dioxyde de soufre SO_2 en trioxyde de soufre SO_3 (procédé dit de contact) en présence de catalyseur. Le dioxyde de soufre provient soit de l'oxydation directe du soufre liquide finement pulvérisé, soit des gaz issus des fours de calcination de sulfures métalliques, tels pyrite (FeS) ou galène (PbS).

La réaction d'oxydation de SO_2, réalisée dans un convertisseur où règne la pression P, a pour équation-bilan :

$$SO_{2(g)} + \frac{1}{2}\, O_{2(g)} = SO_{3(g)} \quad [1]$$

1. Étude de l'oxydation du dioxyde de soufre SO_2

1.a) À l'aide des données thermodynamiques fournies en annexe, évaluer l'enthalpie libre standard $\Delta_r G_1^0(T)$ de la réaction [1] en fonction de la température, en se plaçant dans les conditions de l'approximation d'Ellingham ; définir le domaine de température où cette réaction peut réellement s'opérer.

1.b) Exprimer la constante d'équilibre $K^0(T)$ en fonction de la température et l'écrire sous la forme :

$$\ln[K^0(T)] = \frac{a}{T} + b \quad \text{(identifier } a \text{ et } b\text{).}$$

Calculer K^0 pour $T = 718$ K.

1.c) Déterminer et analyser la variance v de l'équilibre [1].

1.d) Comment choisir la température pour favoriser la synthèse de SO_3 ?

1.e) Qualifier la pression qui doit régner dans l'enceinte pour optimiser la production de SO_3.

Le taux de conversion α de la réaction est défini comme le rapport entre le nombre de moles de SO_3 (à l'instant t) et le nombre initial de moles de SO_2.

1.f) Montrer que le taux de conversion à l'équilibre α, la constante d'équilibre $K^0(T)$, la pression partielle de dioxygène (exprimée en bar) ainsi que la pression de référence P^0 (1 bar) vérifient la relation :

$$\alpha = \frac{1}{1 + \dfrac{1}{K^0(T)}\sqrt{\dfrac{P^0}{P(O_2)}}} \quad \text{(r1)}$$

En déduire l'effet d'un accroissement de la pression partielle de dioxygène sur la conversion de SO_2, tous les autres paramètres restant inchangés.

Pour des raisons économiques, le dioxygène de l'air (on rappelle qu'une mole d'air est très sensiblement constituée de 0,2 mole de dioxygène et de 0,8 mole de diazote) est préféré au dioxygène pur. Pour un certain état d'équilibre obtenu, la composition étant de a moles de SO_2, b moles de O_2, c moles de SO_3, d moles de N_2 (soit au total N moles gazeuses), introduisons, à température et pression constantes, une faible quantité $\mathrm{d}x$ de moles d'O_2.

1.g) Écrire l'affinité chimique $\mathscr{A}(T)$ de la réaction [1]. En déduire l'expression de sa différentielle $\mathrm{d}\mathscr{A}$ en fonction de R, T et de la variation relative $\dfrac{\mathrm{d}Q}{Q}$ du quotient de réaction.

1.h) Exprimer $\mathrm{d}\mathscr{A}$ en fonction de R, T et de la variation relative $\dfrac{\mathrm{d}N}{N}$ du nombre total de moles gazeuses, puis en fonction de R, T, b, $\mathrm{d}x$ et $\tau(O_2)$, la fraction molaire de dioxygène.

1.i) Analyser, à partir des expressions de $\mathrm{d}\mathscr{A}$, l'influence de l'air ou du dioxygène pur sur le déplacement de l'équilibre. Quel est le rôle joué par le diazote de l'air ?

2. Synthèse industrielle de SO_3

À la sortie du four de grillage, on récupère (après dépoussiérage) le dioxyde de soufre dans un mélange (SO_2, O_2, N_2) puis on le transforme en trioxyde de soufre par action du dioxygène de l'air.

La réaction ne se produit, avec une vitesse intéressante du point de vue industriel, qu'au-dessus de 800 K : Il est donc nécessaire d'utiliser un catalyseur V_2O_5 (procédé de contact), pour travailler à plus basse température.

Les gaz issus d'un réacteur d'oxydation du soufre liquide ont la composition molaire suivante :

7,6 % SO_2 11,0 % O_2 81,4 % N_2

2.a) Partant de 100 moles de gaz (SO_2, O_2, N_2), déterminer l'expression reliant la constante d'équilibre, la quantité (notée ξ) de SO_3 formé et la pression totale P.

2.b) Le convertisseur fonctionnant à T = 718 K, à la pression atmosphérique P^0, calculer le taux de conversion α de SO_2 en SO_3 (effectuer les simplifications que vous jugerez nécessaires à l'obtention d'un taux de conversion proche de l'unité).

L'évolution exacte du taux de conversion α en fonction de la température (la pression totale P demeurant constante), est représentée sur l'abaque suivant (Fig. 22) :

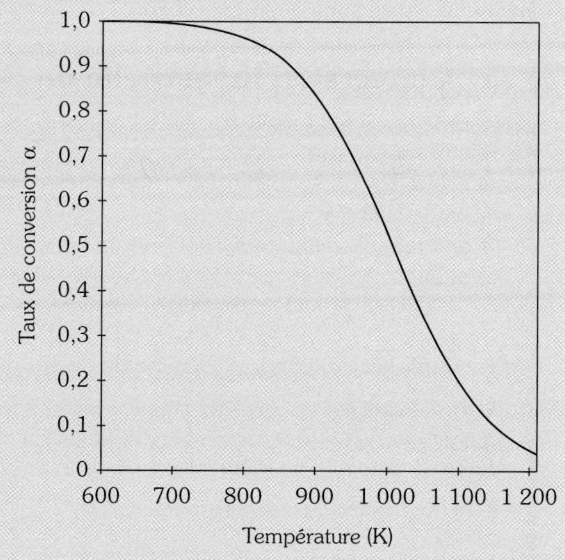

Figure 22

2.c) À partir de quelle valeur (approchée) de la température, le taux de conversion α se met-il à chuter ? Sachant que d'un point de vue cinétique, la réaction ne démarre que vers 600 K, évaluer l'intervalle de travail possible.

Dans le contexte industriel, la conversion $SO_2 \rightarrow SO_3$ se déroule dans un réacteur d'oxydation catalytique à quatre étages. Dans chaque étage, adiabatique et isobare, la température des gaz passe de T_E à l'entrée à T_S à la sortie. Considérons le premier compartiment, où l'oxydation de SO_2 est réalisée à 718 K sous 1 bar, durant un temps tels que le rendement atteigne seulement $\alpha_1 = 65$ %.

2.d) Quelle est la composition molaire du mélange de sortie ?

2.e) Déterminer l'écart $(T_{S1} - T_{E1})$, puis la température de sortie T_{S1}, en considérant que la durée du contact est suffisante pour que ce rendement α_1 soit atteint (les capacités thermiques molaires à pression constante sont fournies en annexe).

2.f) Les gaz, à cette température T_{S1}, peuvent-ils être introduits dans le second étage d'oxydation catalytique ? Quel serait alors le taux de conversion à cette température ? Que conviendra-t-il de faire subir aux gaz entre ces deux étages ? Quel type d'appareil faudra-t-il utiliser ?

2.g) Les gaz dont la composition relative est celle de sortie du premier étage, sont ramenés à une température de 713 K puis sont introduits dans le second étage où le taux de conversion atteint $\alpha_2 = 80$ %. En déduire, à la sortie de ce second étage, la composition molaire du mélange de sortie, l'écart $(T_{S2} - T_{E2})$, puis la température de sortie T_{S2}, pour le rendement α_2.

2.h) Reproduire succinctement le graphe donnant le taux de conversion en fonction de la température en reportant les résultats obtenus précédemment (pour les deux premiers étages de conversion) sur la figure.

2.i) Comment imaginez-vous la suite des opérations jusqu'au quatrième étage, afin d'obtenir un taux de conversion final de 99,9 % ?

2.j) Imaginer un schéma synoptique simple décrivant le parcours des gaz à travers le convertisseur et l'ensemble de l'installation.

3. Contrôle de la teneur en SO_2

Dans le but de contrôler les phénomènes de pollution et corrosion, la teneur en SO_2 est mesurée en continu au niveau du convertisseur et de l'installation, à l'aide d'un capteur à gaz à électrolyte solide.

Le capteur peut être schématisé sous la forme d'une cellule, pouvant s'écrire :

$SO_3 + O_2$, Pt	Électrolyte solide (ES)	Pt, $SO_3 + O_2$
Compartiment mesure (P_m)		Compartiment référence (P_{ref})

Les électrodes de mesures sont en platine ; P_m et P_{ref}, désignent respectivement les pressions partielles de chaque gaz occupant les compartiments de mesure et de référence ; l'électrolyte solide est un matériau conducteur ionique $(Ag_2SO_4K_2SO_4)$ renfermant des ions SO_4^{2-} et physiquement imperméable aux gaz. L'ensemble du dispositif est placé dans une enceinte régulée à la température T. Dans les conditions idéales de fonctionnement, cette cellule est caractérisée par une force électromotrice (f.é.m.) notée E, entre les électrodes de mesure.

3.a) Écrire l'équilibre électrochimique et la réaction chimique apparaissant à chaque électrode (référence, indicée ref et mesure, indicée m) ; en déduire le bilan global.

3.b) Exprimer en utilisant la loi de Nernst, les f.é.m. E_{ref} et E_m à chaque électrode, puis la f.é.m. E aux bornes de la cellule, à une température T donnée.

3.c) Dans l'hypothèse où les pressions partielles en SO_3 et O_2 dans le compartiment de référence sont connues, simplifier l'expression de E ; en supposant que les pressions partielles en O_2 sont identiques dans les deux compartiments, montrer dans quelle mesure le capteur est approprié à la détermination de la teneur en SO_3.

Afin de déterminer la teneur en SO_2, la cellule est modifiée (Fig. 23).

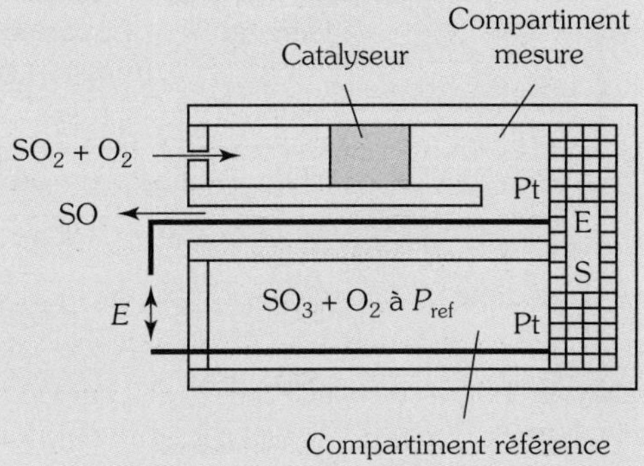

Figure 23

Le dioxyde de soufre est injecté dans un courant de dioxygène, traverse un catalyseur (base V_2O_5) et le trioxyde de soufre, au contact de l'électrolyte solide (ES) résulte de la réaction [1] étudiée précédemment (constante de réaction $K^0(T)$ à la température T). Entre la pression partielle de SO_2 initialement introduite (indicée int) et les pressions partielles en SO_2 et SO_3 à l'équilibre, il convient d'ajouter la relation :

$$P(SO_2)_{int} = P(SO_2) + P(SO_3) \quad (r2)$$

3.d) Établir que, dans le compartiment de mesure, la pression partielle $p(SO_3)_m$ vérifie la relation suivante :

$$P(SO_3)_m = \frac{K^0(T)P(SO_2)_{int}\sqrt{P(O_2)_m}}{1 + K^0(T)\sqrt{P(O_2)_m}} \quad (r3)$$

3.e) Exprimer la f.é.m. E entre les électrodes de platine en fonction de T, $K^0(T)$, $P(O_2)_{ref}$, $P(SO_3)_{ref}$, $P(O_2)_m$ et $p(SO_2)_{int}$.

3.f) En se plaçant dans les conditions de fonctionnement du dispositif : $T = 700$ K, $K(700 \text{ K}) = 295$, $P(O_2)_{ref} = P(O_2)_m = 1$ bar, $P(SO_3)_{ref} = 10^{-4}$ bar (correspondant à une teneur de 100 ppm (ppm = partie par million) ou 37,6 mg · m^{-3}), simplifier l'expression de E et l'écrire en fonction de la pression partielle de SO_2 introduite.

L'évolution de la f.é.m. E (en mV) mesurée en fonction de diverses teneurs en SO_2 introduites dans la cellule de mesure, à la température $T = 700$ K, est reproduite sur la figure 24.

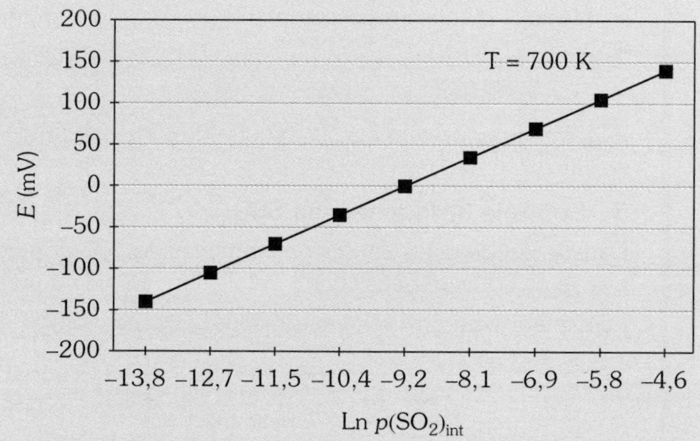

Figure 24

3.g) Analyser le tracé proposé.

3.h) Justifier quantitativement l'utilisation de la loi de Nernst pour valider le bon fonctionnement du capteur. À l'aide de quel appareil, la tension E peut-elle être mesurée ?

3.i) Préciser l'étendue de mesure (en ppm de SO_2) de ce capteur. Quel est le seuil de tension E_s (en mV) à ne pas dépasser si la limite de rejet au niveau du convertisseur est fixée à 350 ppm ?

Données numériques générales :

Masses molaires (en g · mol^{-1}) : O :16 ; N : 14 ; S : 32.

Constante des gaz parfaits : R = 8,314 J · K^{-1} · mol^{-1}.

Constante de Faraday : F = 96 500 C · mol^{-1}.

Données thermodynamiques (298 K) supposées indépendantes de la température :

Élément ou composé	Capacité molaire (pression constante) C_{P_m}(J · K^{-1} · mol^{-1})	Enthalpie standard de formation $\Delta_f H^0$(kJ · mol^{-1})	Entropie molaire standard S^0(J · K^{-1} · mol^{-1})
$O_{2(g)}$	34,2	0	205,0
$N_{2(g)}$	31,2	0	191,5
$SO_{2(g)}$	51,1	−296,9	248,0
$SO_{3(g)}$	76,6	−395,7	256,6

Pré-requis : Thermodynamique chimique, déplacement d'équilibre, électrochimie.

1.a) On peut calculer, à l'aide de la *loi de Hess* l'enthalpie standard et l'entropie standard de la réaction 1 :

$$\Delta_r H_1^0 = \Delta_f H^0(SO_{3(g)}) - \Delta_f H^0(SO_{2(g)}) - \frac{1}{2}\Delta_f H^0(O_{2(g)}) \Rightarrow \boxed{\Delta_r H_1^0 = -98{,}8 \text{ kJ} \cdot \text{mol}^{-1}}.$$

$$\Delta_r S_1^0 = S^0(SO_{3(g)}) - S^0(SO_{2(g)}) - \frac{1}{2}S^0(O_{2(g)}) \Rightarrow \boxed{\Delta_r S_1^0 = -93{,}9 \text{ J} \cdot \text{K}^{-1} \cdot \text{mol}^{-1}}.$$

Si l'on se place dans le cadre de l'approximation d'Ellingham, ces valeurs ne dépendent pas de la température. L'enthalpie libre standard de la réaction 1 est alors :

$$\Delta_r G_1^0 = \Delta_r H_1^0 - T\Delta_r S_1^0 \Rightarrow \boxed{\Delta_r G_1^0 = -98{,}8 + 0{,}0939T \text{ (kJ} \cdot \text{mol}^{-1})}.$$

Cette réaction est thermodynamiquement favorable si $\Delta_r G_1^0 < 0$, soit si $T < 1\,050$ K.

1.b) Par définition, la constante d'équilibre vaut :

$$\Delta_r G_1^0 = -RT\ln K_1^0(T) \Rightarrow \ln K_1^0(T) = -\frac{\Delta_r H_1^0}{RT} + \frac{\Delta_r S_1^0}{R} = \frac{a}{T} + b.$$

Avec $a = -\frac{\Delta_r H_1^0}{R} = 1{,}19\ 10^4$ K et $b = \frac{\Delta_r S_1^0}{R} = -11{,}3$, pour $T = 718$ K, $\boxed{K_1^0 = 190}$.

1.c) Dans le système considéré, il y a 3 constituants, 1 seule phase et une réaction chimique. *Selon la formule de Gibbs*, la variance vaut : $v = C + 2 - \varphi = 3 - 1 + 2 - 1 = 3$.
Cela signifie qu'il faut fixer trois paramètres intensifs du système pour définir l'équilibre, comme par exemple la pression, la température et une fraction molaire d'un gaz.

1.d) Le coefficient a étant positif, plus la température est élevée, plus la constante d'équilibre de la réaction 1 est faible, donc moins la formation de SO_3 est favorisée. Il faut par conséquent choisir une *température relativement faible* pour favoriser la formation de SO_3.

Remarque : Prévisible d'après *loi qualitative de Van't Hoff* : si T diminue, déplacement sens exothermique.

1.e) D'après le principe de modération (*loi de le Châtelier*), une augmentation de pression déplace la réaction dans le sens d'une diminution de la quantité gazeuse, c'est-à-dire $\Delta_r n_{gaz} < 0$. Ici, pour orienter la réaction dans le sens de formation de SO_3, il faut *augmenter la pression*.

1.f) On utilise un bilan de matière pour établir la relation demandée :

Erreur à éviter : Ne pas écrire pour O_2 : $N_0'(1-\alpha)$.

$SO_{2(g)}$	+ $\frac{1}{2}O_{2(g)}$	= $SO_{3(g)}$	Total gaz
N_0	N_0'	0	$N_0 + N_0'$
$N_0(1-\alpha)$	$N_0' - \frac{1}{2}N_0\alpha$	$N_0\alpha$	$N_0\left(1 - \frac{\alpha}{2}\right) + N_0'$

En supposant que les gaz se comportent comme des gaz parfaits, la pression partielle est proportionnelle à la quantité de matière :

$$P = \frac{nRT}{V} \Rightarrow \frac{P_{SO_3}}{P_{SO_2}} = \frac{\alpha}{1-\alpha}.$$

À l'équilibre, le quotient réactionnel est égal à la *constante d'équilibre* :

$$K^0(T) = \frac{P_{SO_3}(P^0)^{1/2}}{P_{SO_2}(P_{O_2})^{1/2}} = \frac{\alpha(P^0)^{1/2}}{(1-\alpha)(P_{O_2})^{1/2}} \Rightarrow \alpha = \frac{1}{1 + \frac{1}{K^0(T)}\sqrt{\frac{P^0}{P_{O_2}}}}.$$

Si l'on augmente la pression partielle en dioxygène sans changer les autres paramètres, on augmente α, donc le taux de conversion de SO_2 en SO_3.

1.g) *L'affinité* de la réaction 1 est la suivante : $\mathcal{A} = \mathcal{A}^0 - RT\ln Q$.

En supposant la température fixée, l'expression différentielle de $\mathcal{A}$ est : $d\mathcal{A} = -RT\frac{dQ}{Q}$.

1.h) *Le quotient réactionnel* s'écrit : $Q = \frac{P_{SO_3}(P^0)^{1/2}}{P_{SO_2}(P_{O_2})^{1/2}} = \frac{c}{a\sqrt{b}}\sqrt{\frac{NP^0}{P_{tot}}}$.

Ici, on passe de b à $b + dx$ et de N à $N + dx$, les autres paramètres étant constants.

En utilisant l'expression de la question **1.g)**, on obtient : $d\mathcal{A} = -RT\frac{dQ}{Q} = \frac{RT}{2}\frac{db}{b} - \frac{RT}{2}\frac{dN}{N}$.

En exprimant la fraction molaire en dioxygène ($\tau_{O_2} = \frac{b}{N}$), il vient :

$$d\mathcal{A} = \frac{RT}{2}\frac{db}{b} - \frac{RT}{2}\frac{dN}{N} = \frac{RT}{2}\frac{dx}{b} - \frac{RT}{2}\frac{dx}{N} \Rightarrow \boxed{d\mathcal{A} = \frac{RT}{2}\frac{dx}{b}(1-\tau_{O_2})}.$$

1.i) *En ajoutant de l'air*, on ajoute simultanément du O_2 (1/5 de l'ajout) et du N_2 (4/5 de l'ajout) : $db = 0{,}2\,dx$ et $dN = dx$. La variation d'affinité est alors :

$$dA = \frac{RT}{2}\frac{db}{b} - \frac{RT}{2}\frac{dN}{N} = \frac{RT}{2b}(db - \tau_{O_2}dN) \Rightarrow dA = \frac{RT}{2b}(0{,}2 - \tau_{O_2})dx.$$

On en déduit que si $\tau < 0{,}20$, alors l'ajout d'air déplace la réaction dans le sens 1 direct, car $d\mathcal{A} > 0$, et si $\tau > 0{,}20$, l'ajout d'air déplace la réaction dans le sens 2 indirect.

Erreur à éviter :

Ne pas traiter l'ajout d'air comme un simple ajout de O_2. Le rôle de N_2 se voit dans le total gaz.

Il s'agit donc de l'ajout simultané d'un constituant actif et d'un constituant inactif.

2.a) On peut faire un *bilan de matière* :

$SO_{2(g)}$	$+\ \frac{1}{2}\ O_{2(g)}$	$=\ SO_{3(g)}$	$N_{2(g)}$	Total gaz
7,6	11,0	0	81,4	100
$7{,}6-\xi$	$11{,}0-\frac{\xi}{2}$	ξ	81,4	$100-\frac{\xi}{2}$

La loi d'action des masses s'écrit alors :

$$K^0 = \frac{\xi}{(7{,}6-\xi)\left(11{,}0-\frac{\xi}{2}\right)}\sqrt{\frac{\left(100-\frac{\xi}{2}\right)P^0}{P}}.$$

2.b) En supposant que la transformation est *presque totale*, alors $\xi \approx 7{,}6$ mol.

On note $\varepsilon = 7{,}6 - \xi$, et l'on vérifie que ε est très inférieur à 7,6 en utilisant la valeur de K^0 :

$$190 = \frac{7{,}6}{\varepsilon\left(11{,}0-\frac{7{,}6}{2}\right)}\sqrt{\left(100-\frac{7{,}6}{2}\right)} \Rightarrow \varepsilon = 0{,}05 \text{ mol}.$$

$\varepsilon \ll 7{,}6$, ce qui valide l'approximation précédente. Le taux de conversion est par conséquent :

$$\boxed{\alpha = \frac{7{,}6-\varepsilon}{7{,}6} = 99\ \%}.$$

2.c) On peut considérer qu'à partir de $T = 800$ K, le taux de conversion chute notablement avec la température. L'intervalle de travail possible est $600 < T < 800$ K.

2.d) Si le rendement est de 65 %, alors $\xi = 0{,}65 \times 7{,}6 = 4{,}9$ mol. En utilisant le tableau d'avancement de la question **2.a)**, on obtient la composition du *mélange de sortie* ainsi que les proportions :

	$SO_{2(g)}$	$O_{2(g)}$	$SO_{3(g)}$	$N_{2(g)}$	Total gaz
Quantité (mol)	2,7	8,5	4,9	81,4	97,5
Proportion	2,8 %	8,7 %	5 %	84,5 %	

2.e) On suppose que la *transformation est adiabatique* ;

$$\Delta H = 0 = \xi_1 \Delta_r H_1^0 + \int_{T_{E1}}^{T_{S1}} \left(\sum_i n_i C_{P,i}^0\right) dT \Rightarrow T_{S_1} - T_{E1} = -\frac{\xi_1 \Delta_r H_1^0}{\sum_i n_i C_{P,i}^0} = 150 \text{ K}.$$

On en déduit : $\boxed{T_{S1} = 868 \text{ K}}$.

2.f) Si l'on introduit directement les gaz au second étage, alors le taux de conversion maximal que l'on peut espérer n'est plus que de 90 %. Si l'on continue ainsi pour les deux étages restants, on obtient un taux de conversion inférieur à celui atteint à l'issue du premier plateau.

Il faut donc *refroidir les gaz* en passant d'un étage à l'autre, ce qui peut se faire au moyen d'un *échangeur de chaleur.*

2.g) La composition à la *sortie du second plateau* (rendement de 80 %, soit $\xi = 0{,}80 \times 7{,}6 = 6{,}1$ mol) est désormais de :

$SO_{2(g)}$	$O_{2(g)}$	$SO_{3(g)}$	$N_{2(g)}$
1,5	8,0	6,1	81,4

Comme précédemment, *la transformation est adiabatique* :

$$T_{S2} - T_{E2} = -\frac{(\xi_2 - \xi_1)\Delta_r H_1^0}{\sum_i n_i C_{P,i}^0} = 34 \text{ K}.$$

La température de sortie est, par conséquent :

$\boxed{T_{S2} = 747 \text{ K}}$.

2.h) Le schéma complété est donné en Fig. 25.

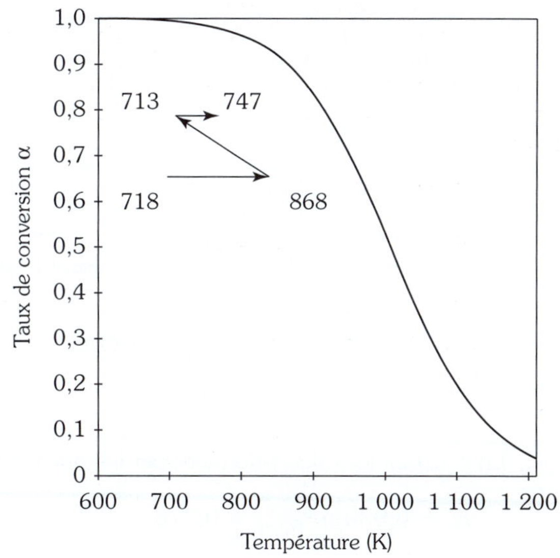

Figure 25

2.i) Comme précédemment, on refroidit encore le mélange à l'issue du 2e plateau, on injecte les gaz vers le 3e plateau. La cinétique est de plus en plus lente, mais l'avancement varie de moins en moins. Il faut encore refroidir les gaz à l'issue du 3e plateau, pour se rapprocher des 600 K, température à laquelle le taux de conversion vaut 1.

2.j) On peut proposer le *schéma synoptique* suivant, où les gaz se refroidissent entre deux plateaux en chauffant le mélange entrant dans le premier plateau (Fig. 26) :

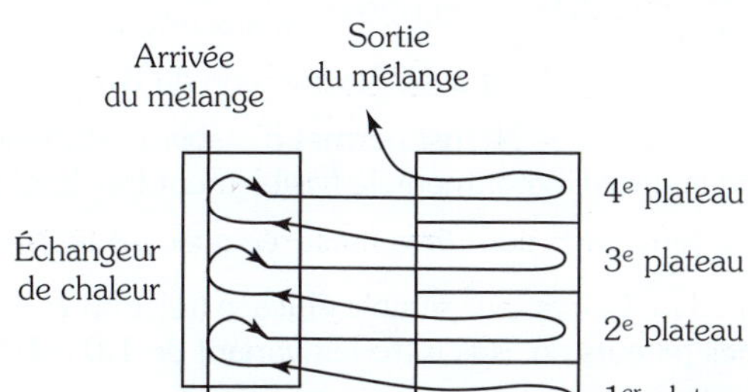

Figure 26

3.a) L'équilibre chimique qui s'établit au contact des deux électrodes est :

$$2\ SO_3 + O_2 + 4\ e^- \rightarrow 2\ SO_4^{2-}.$$

Le bilan global est par conséquent :

$$2\ SO_{3(m)} + O_{2(m)} \rightarrow 2\ SO_{3(ref)} + O_{2(ref)}.$$

Il s'agit d'*une pile de concentration.*

3.b) La loi de Nernst permet de déterminer le potentiel de chaque électrode :

$$E_m = E^0 + \frac{RT}{4F}\ln\frac{P^2_{SO_3,\,m}P_{O_2,\,m}}{a^2_{SO_4^{2-}}} \quad \text{et} \quad E_{ref} = E^0 + \frac{RT}{4F}\ln\frac{P^2_{SO_3,\,ref}P_{O_2,\,ref}}{a^2_{SO_4^{2-}}}.$$

La force électromotrice est alors : $\boxed{E = E_m - E_{ref} = \frac{RT}{4F}\ln\frac{P^2_{SO_3,\,m}P_{O_2,\,m}}{P^2_{SO_3,\,ref}P_{O_2,\,ref}}}$.

3.c) Si l'on suppose que les pressions partielles en SO_3 et en O_2 dans le compartiment de référence sont connues, on peut écrire E comme suit :

$$E = \frac{RT}{4F}\ln P^2_{SO_3,\,m}P_{O_2,\,m} + \text{Cte}\,, \text{ avec } \text{Cte} = -\frac{RT}{4F}\ln P^2_{SO_3,\,ref}P_{O_2,\,ref}.$$

E est une *fonction affine* de $\ln P_{SO_3,\,m}$ et de $\ln P_{O_2,\,m}$.

Si l'on suppose de plus que les pressions partielles en O_2 sont identiques, alors l'expression de E devient :

$$E = \frac{RT}{2F}\ln P_{SO_3,\,m} + \text{Cte}'\,, \text{ avec } \text{Cte}' = -\frac{RT}{2F}\ln P^2_{SO_3,\,ref}.$$

E est une *fonction affine* de $\ln P_{SO_3,\,m}$: après étalonnage, la force électromotrice permet d'avoir accès à la pression partielle en SO_3 dans le compartiment de mesure.

3.d) On utilise la relation r1, avec $\alpha = \frac{P_{SO_3}}{P_{SO_2\ int}}$:

$$\frac{P_{SO_3\,m}}{P_{SO_2\ int}} = \frac{1}{1+\frac{1}{K^0(T)}\sqrt{\frac{1}{P_{O_2m}}}} \Rightarrow P_{SO_3m} = \frac{K^0(T)P_{SO_3\ int}\sqrt{P_{O_2m}}}{1+K^0(T)\sqrt{P_{O_2m}}}.$$

3.e) *La force électromotrice* s'écrit, en utilisant l'expression de la question **3.b)** et en y injectant r3 :

$$E = \frac{RT}{4F}\ln\frac{\left(\frac{K^0(T)P_{SO_2\ int}\sqrt{P_{O_2m}}}{1+K^0(T)\sqrt{P_{O_2m}}}\right)^2 P_{O_2m}}{P^2_{SO_3\ ref}P_{O_2\ ref}}.$$

3.f) En injectant les valeurs données par l'énoncé, on obtient :

$$\boxed{E = 0{,}030\ln P_{SO_2\ int} + 0{,}276}.$$

3.g) Tout d'abord, la courbe $E = f(\ln P_{SO_2\ int})$ est effectivement *une droite*, ce qui confirme l'expression du **3.f)**. Les deux caractéristiques de cette droite sont sa pente et un point donné. La pente de la droite tracée est $\frac{0{,}1-(-0{,}1)}{-5{,}8-(-12{,}7)} = 0{,}029$, soit aux erreurs de lecture près la pente précédemment déterminée. Enfin, le point $(-9{,}2\ ;\ 0)$ est aussi cohérent avec l'expression du **3.f)**. L'expression établie en **3.f)** est celle de la courbe tracée par l'énoncé.

3.h) La loi de Nernst permet d'établir l'expression de la courbe $E = f(\ln P_{SO_2\ int})$. Le calcul du coefficient de corrélation de la droite expérimentale (visiblement très bon) permet de quantifier la validité de cette approche.

La tension E peut être mesurée avec un voltmètre.

B.3.i) Ce capteur semble efficace (relation $E = f(\ln P_{SO_2\ int})$ linéaire) pour $\ln P_{SO_2\ int}$ variant de $-13{,}8$ à $-4{,}6$, soit pour des teneurs en SO_2 introduit variant de $1{,}0$ à 10^4 ppm.

En supposant que la courbe $E = f(\ln P_{SO_2\ int})$ reste linéaire jusqu'à une teneur en SO_2 introduit de 350 ppm, la force électromotrice associée est $\boxed{E_S = 37 \text{ mV}}$.

Avertissement : sujets actuels d'option MP portant sur le programme PSI.

6. Le trioxyde de tungstène — Centrale-Supelec MP 2005

L'élément tungstène de symbole W (de son ancien nom wolfram) est toujours combiné à l'élément oxygène dans ses minerais. La plupart des traitements de ces minerais aboutissent à l'obtention du trioxyde de tungstène (VI) de formule WO_3. Ce problème s'intéresse à cet oxyde car, d'une part, il présente des propriétés optiques particulières, d'autre part, c'est à partir de cet oxyde que se fait ensuite l'élaboration du métal tungstène.

De nombreuses questions sont indépendantes. Certaines données numériques sont regroupées à la fin du sujet.

A. Étude structurale

A.1. L'élément tungstène a pour numéro atomique $Z = 74$.

a) Donner la configuration électronique d'un atome de tungstène à l'état fondamental.

b) À quelle famille appartient-il ?

c) Justifier sa grande facilité à former l'ion W^{6+}.

A.2. Donner la formule de Lewis et la géométrie de la molécule de trioxyde de tungstène gazeux WO_3. On précisera la valeur de l'angle OWO (W est l'atome central).

A.3. Le trioxyde de tungstène *solide* est, en première approximation, un oxyde ionique. Il présente une structure cubique telle que les ions tungstène W^{6+} occupent les sommets de maille et les ions oxyde O^{2-} le milieu des arêtes. On note a le paramètre de maille.

a) Dessiner une maille et vérifier la stœchiométrie du cristal.

b) Quelle est la coordinence de l'ion tungstène (par rapport à l'ion oxyde) et le nom du polyèdre de coordination de cet ion ? Quelle est la coordinence de l'ion oxyde (par rapport à l'ion tungstène) ? En déduire le nombre de polyèdres auxquels appartient chaque ion oxyde. Représenter une nouvelle maille déduite de celle du **A.3.a)** par une translation $\left(\frac{a}{2}, \frac{a}{2}, \frac{a}{2}\right)$ et proposer une autre description simple de la structure.

c) On admet une tangence anion-cation. Calculer la compacité du cristal WO_3. Conclure.

Le centre du cube et le milieu des faces de la maille dessinée au **A.3.a)** sont vides. Calculer le rayon maximal des cations M^+ qui pourraient s'insérer dans ces deux sites sans déformation de la structure. On observe expérimentalement que les cations M^+ avec M = H, Li, Na, K peuvent s'insérer dans le cristal et qu'ils s'insèrent tous dans le même type de site. En déduire le type de site occupé.

B. Propriétés optiques des bronzes de tungstène : électrochromisme

L'insertion de cations M^+, avec M = H, Li, Na, K, dans les sites du cristal d'oxyde WO_3 de couleur jaune très pâle, assimilé à *incolore* dans la suite du problème, conduit à la formation de composés de formule M_xWO_3 appelés « bronzes de tungstène » et de couleur bleu foncée. Pour préserver la neutralité électrique du matériau, cette insertion de cations doit s'accompagner d'une insertion d'électrons qui induisent la réduction d'une fraction d'ions tungstène W^{6+} en ions W^{5+}.

B.1. D'après la description de la structure de l'oxyde WO_3 décrite dans le **A.3.**, quelle est la valeur maximale théorique x_{max} que peut prendre x ?

B.2. La figure. 27 *donne* le spectre d'absorption d'un bronze de tungstène. Montrer qu'il y a cohérence avec la couleur bleue.

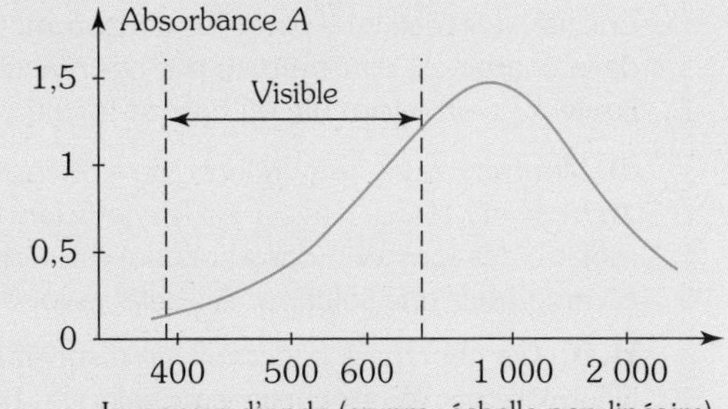

Spectre d'absorption d'un bronze de tungstène de composition $H_{0,17}WO_3$ en film mince.
Figure 27

B.3. Écrire la demi-équation redox relative au couple WO_3/M_xWO_3. Quelle est la fraction d'ions tungstène W^{6+} réduits en ions W^{5+} ?

B.4. Un film mince d'oxyde WO_3, de masse molaire M, d'épaisseur $\ell = 80$ nm, de surface S, de masse volumique $\mu = 7\,200$ kg · m^{-3}, est déposé sur une couche d'un corps transparent susceptible d'apporter des électrons (par exemple de l'oxyde d'indium InO_2 dopé à l'étain) déposé lui-même sur une lame de verre transparente. Cet ensemble, qui constitue une *première électrode plonge dans un électrolyte susceptible de fournir* des ions M^+, par exemple les ions H^+ d'une solution d'acide sulfurique. Une lame de platine plonge également dans la solution et constitue une deuxième électrode. Enfin, un générateur de courant est branché aux bornes de cette cellule (Fig.28).

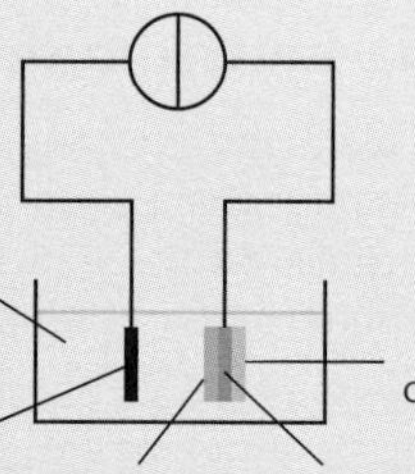

Figure 28

En choisissant le sens du branchement du générateur, on peut imposer la réduction de l'oxyde de tungstène en bronze de tungstène ou le phénomène inverse. Le *changement de couleur renversable associé est appelé* « ***électrochromisme*** ».

a) Reproduire simplement le schéma en précisant le sens du branchement du générateur qui permet d'observer le changement de couleur du film d'oxyde de tungstène : jaune pâle (« incolore ») $\rightarrow$ bleu foncé. On précisera également le sens du mouvement de tous les porteurs de charge dans la cellule.

b) Écrire les réactions électrochimiques qui se produisent aux deux électrodes.

B.5. On cherche maintenant la valeur maximale limite x_{lim} que peut atteindre x dans cette expérience. Pour cela, on exploite la figure 29 donnant l'absorbance A du film d'oxyde de tungstène à deux longueurs d'onde différentes en fonction de la charge Q délivrée par le générateur par unité de surface d'électrode (A est sans unité, Q est en mC · cm^{-2}). On simplifiera le modèle en supposant que la couleur bleue est attribuée exclusivement à la présence des ions W^{5+}.

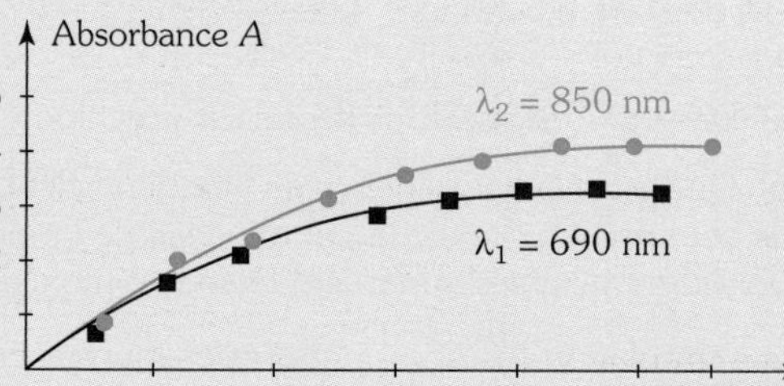

Figure 29

a) En supposant, dans un premier temps, que toute la charge surfacique Q est impliquée dans le processus d'insertion, exprimer x en fonction de Q, des données du texte et de la constante de *Faraday F*.

b) À partir du document, montrer que le processus d'insertion est limité. Évaluer la charge Q_{lim} correspondante.

c) En réalité l'hypothèse du **B.5.a)** n'est valable qu'au début de l'insertion.

Ensuite, des réactions parasites consomment de la charge. Des expériences complémentaires montrent que 50 % de la charge est consommée par ces réactions parasites au cours de la totalité de l'insertion. En déduire la valeur limite x_{lim} et la formule du bronze formé.

d) Montrer que, au début du phénomène d'insertion ($Q \leqslant 8$ mC · cm^{-2}), la loi de Beer-Lambert $A(\lambda) = \varepsilon(\lambda)\ell C_{W^{5+}}$ ($\varepsilon(\lambda)$ est le coefficient d'extinction molaire à la longueur d'onde λ et $C_{W^{5+}}$ est la concentration molaire des ions W^{5+} dans l'oxyde) est vérifiée aux deux longueurs d'onde λ_1 et λ_2 pour le film d'oxyde solide, comme pour une solution. Au-delà, la loi de Beer-Lambert est-elle mise en défaut ?

B.6. On cherche à concevoir un dispositif optique, dit dynamique, dont on pourrait moduler la transmission de la lumière par électrochromisme selon les besoins : vitrages de fenêtres (adaptation selon le temps…), rétroviseurs (adaptation pour éviter un éblouissement…).

a) On choisit plutôt un autre électrolyte, toujours transparent, mais solide : pourquoi ? Y a-t-il cependant un inconvénient ?

b) On supprime également la plaque de platine : pourquoi ? On la remplace par une autre électrode électrochrome. Le tableau ci-joint propose quelques exemples de matériaux : lequel vous paraît le plus judicieux pour cette deuxième électrode ? Pourquoi ?

Changement de couleur de quelques matériaux électrochromes		
Matériau électrochrome	Forme oxydée	Forme réduite
WO_3	jaune très pâle	bleu
MoO_3	– id –	– id –
V_2O_5	jaune	vert
IrO_x	bleu noir	incolore
$Ni(OH)_2$	jaune brun	incolore
Diphtalocyanine de lutécium	vert	rouge

c) En supposant que la cinétique du processus électrochrome est limitée par les échanges électrochimiques et en gardant pour simplifier la valeur de Q_{lim} déterminée en **B.5.b)**, calculer la durée Δt nécessaire au changement de couleur maximal du vitrage dynamique d'un rétroviseur de surface $S = 0{,}5\ dm^2$, alimenté par une batterie délivrant un courant d'intensité constante $I = 0{,}1$ A. Faire un commentaire. Expliquer pourquoi un tel système, bien que très confortable pour l'œil, ne peut pas encore remplacer les cristaux liquides dans les systèmes d'affichage des montres ou des calculatrices.

C. Élaboration de la poudre de tungstène métallique

La réduction du trioxyde de tungstène WO_3 par le dihydrogène est le procédé le plus utilisé pour élaborer la poudre de tungstène métallique avec un haut degré de pureté. Soin et précision sont nécessaires à l'élaboration d'un métal très pur aux qualités physiques et mécaniques exceptionnelles. En effet, le tungstène est parmi les métaux, celui qui a la température de fusion la plus élevée : $t_f = 3\,400$ °C. D'autre part il est très dur, ductile, très dense, bon conducteur de l'électricité... Il est utilisé dans la fabrication de filaments pour lampes à incandescence, de fils pour les fours électriques, de pointes pour les contacts électriques, dans les tubes à rayons X, dans les outils de coupe, dans la fabrication d'alliage, etc.

La réduction de l'oxyde WO_3 en métal tungstène W, se fait par l'intermédiaire de deux oxydes W_4O_{11}, de couleur bleue, et WO_2, de couleur marron, selon les trois équations-bilan équilibrées :

$$4\ WO_3 + H_2 = W_4O_{11} + H_2O \quad (1)$$

$$W_4O_{11} + 3\ H_2 = 4\ WO_2 + 3\ H_2O \quad (2)$$

$$WO_2 + 2\ H_2 = W + 2\ H_2O \quad (3).$$

Les opérations se produisent dans un four électrique dit « à passage » dans lequel on observe un double mouvement : le dihydrogène, très pur et très sec à l'entrée, en gros excès, passe à contre-courant sur la matière première disposée dans des nacelles métalliques qui circulent en sens inverse. Les réactions se font sous la pression atmosphérique assimilée à $P = 1$ bar.

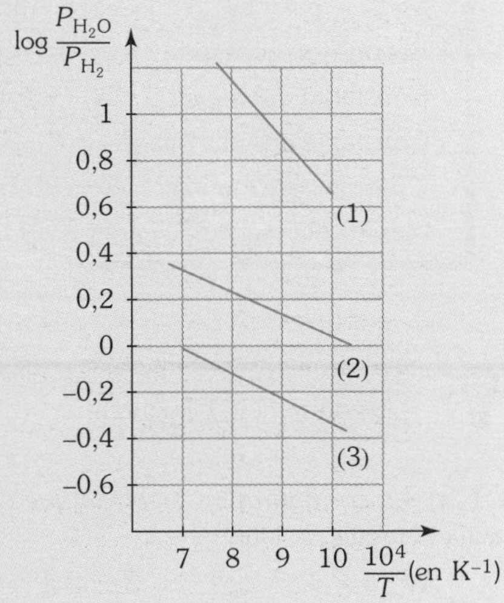

(1) $\log \frac{P_{H_2O}}{P_{H_2}} = -\frac{2\,468}{T} + 3{,}15$

(2) $\log \frac{P_{H_2O}}{P_{H_2}} = -\frac{817}{T} + 0{,}880$

(3) $\log \frac{P_{H_2O}}{P_{H_2}} = -\frac{1\,111}{T} + 0{,}845.$

Figure 30

Les contraintes thermodynamiques et cinétiques conduisent à mener les opérations entre 700 et 1 200 °C. Dans ce domaine de température, le métal et ses oxydes sont tous solides et non miscibles. Le dihydrogène et l'eau sont considérés comme des gaz parfaits. La figure 30 donne un diagramme d'équilibre de ce système dans le domaine de température cité ci-dessus. On appliquera l'approximation d'Ellingham.

C.1.a) Calculer les nombres (degrés) d'oxydation du tungstène dans le métal et ses oxydes. Justifier que chaque étape est bien une réduction par le dihydrogène.

b) D'après l'étude du **B.**, faire un commentaire sur la couleur de l'oxyde W_4O_{11}.

C.2.a) Dans le domaine de température proposé, les équilibres sont-ils successifs ou simultanés ? Justifier la réponse.

b) Reproduire simplement le diagramme sur la copie et noter les domaines d'existence de chaque solide, après avoir justifié leurs positions respectives.

C.3. On s'intéresse à la dernière étape uniquement, c'est-à-dire la réaction (3) : $WO_2 + 2\ H_2 = W + 2\ H_2O$, menée à $t = 1\ 000$ °C $(T = 1\ 273$ K).

a) Évaluer, dans le domaine de température proposé, l'enthalpie libre standard $\Delta_r G_3^0(T)$, l'enthalpie standard $\Delta_r H_3^0$ et l'entropie standard $\Delta_r S_3^0$ de la réaction (3). Commenter le signe de $\Delta_r H_3^0$ et la faible valeur de $\Delta_r S_3^0$.

b) Calculer la constante d'équilibre K_3^0 à $t = 1\ 000$ °C $(T = 1\ 273$ K). Commenter sa valeur numérique.

c) Donner une condition sur le rapport des pressions partielles en dihydrogène et vapeur d'eau pour que la réaction se produise dans le sens souhaité. Justifier alors l'intérêt de l'excès en dihydrogène et de la technique dite à contre-courant. Cette conduite opératoire convient-elle également aux deux réactions précédentes ? Quel traitement doit subir le dihydrogène en excès après chaque passage dans le four et avant d'y être réinjecté ?

Données :

Numéros atomiques : O : 8 ; W : 74.

Masses molaires atomiques ($g \cdot mol^{-1}$) : O : 16 ; W : 184.

Rayons ioniques (pm) : H^+ : 10^{-5} ; Li^+ : 78 ; Na^+ : 98 ; K^+ : 133 ; O^{2-} : 132 ; W^{6+} : 62.

Constante d'Avogadro : $N_A = 6{,}02\ 10^{23}\ mol^{-1}$.

Constante des gaz parfaits : $R = 8{,}31\ J \cdot mol^{-1} \cdot K^{-1}$.

Constante de Faraday : $F = 96\ 500\ C \cdot mol^{-1}$.

Masse volumique de l'eau à 25 °C : $\mu_{eau} = 1\ 000\ kg \cdot m^{-3}$.

Pré-requis : Structures électroniques, cristallographie, solutions aqueuses (électrolyse), pyrométallurgie (diagramme d'Ellingham).

A.1.a) *La configuration électronique* du tungstène est obtenue en appliquant la règle de Klechkowsky, le principe de Pauli et la règle de Hünd :

$$W : 1s^2\ 2s^2\ 2p^6\ 3s^2\ 3p^6\ 3d^{10}\ 4s^2\ 4p^6\ 4d^{10}\ 5s^2\ 5p^6\ 4f^{14}\ 5d^4\ 6s^2.$$

b) Le tungstène possède une couche *d* semi-remplie : c'est donc un *métal de transition*.

c) La configuration électronique de l'ion W^{6+} est la suivante :

$$1s^2\ 2s^2\ 2p^6\ 3s^2\ 3p^6\ 3d^{10}\ 4s^2\ 4p^6\ 4d^{10}\ 5s^2\ 5p^6\ 4f^{14}.$$

Toutes ses couches électroniques sont remplies, ce qui lui confère *une certaine stabilité*. C'est par conséquent un ion facile à former.

A.2. Le tungstène est *hexavalent*, il peut former 6 liaisons avec les oxygènes :

WO$_3$ est de type AX$_3$ parfait (molécule trigonale plane), les angles OWO valent tous 120°.

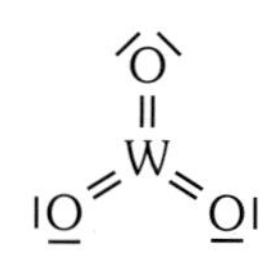

A.3.a) La structure de WO_3 solide est donnée en Fig. 31.

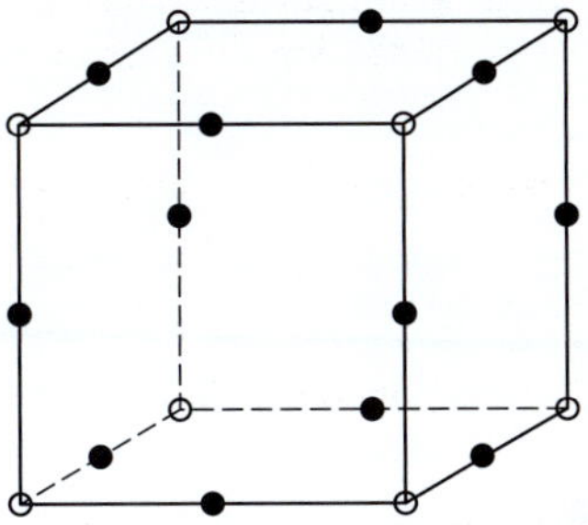

Figure 31

Dans chaque maille, il y a $8 \times \frac{1}{8} = 1$ ion W^{6+} et $12 \times \frac{1}{4} = 3$ O^{2-}.

Remarque :

La stœchiométrie et l'électroneutralité sont bien respectées dans cette structure.

b) L'ion tungstène a 6 ions oxyde pour plus proches voisins (un dans chaque direction de l'espace), ce qui correspond à une *coordinence* 6. Il est au centre d'un octaèdre régulier.

L'ion oxyde possède deux ions tungstène distants de $\frac{a}{2}$, il a une *coordinence* 2 vis-à-vis de W. Chaque oxygène appartient à deux octaèdres.

La nouvelle maille déduite de la précédente par translation de vecteur $\left(\frac{a}{2}, \frac{a}{2}, \frac{a}{2}\right)$ est représentée à la figure 32.

Cette structure contient un ion oxyde au centre de chaque face et un ion tungstène au centre de la maille.

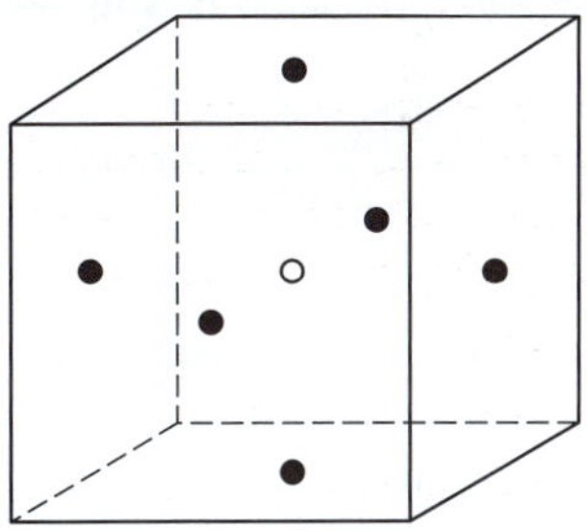

Figure 32

c) Dans cette nouvelle structure, la *condition de compacité* est :

$$a = 2(r_W + r_O) \Rightarrow a = 388 \text{ pm}.$$

La compacité de ce cristal est alors : $\boxed{C = \dfrac{3 \times \frac{4}{3}\pi r_O^3 + \frac{4}{3}\pi r_W^3}{a^3} = 52\ \%}$.

- Le rayon du cation M^+ pouvant *s'insérer au centre* de la structure vérifie : $r_{M^+} \leqslant \dfrac{a\sqrt{2} - 2r_O}{2} = \boxed{142 \text{ pm}}$.
- Ceux *s'insérant au centre des faces* vérifient : $r_{M^+} \leqslant \dfrac{a - 2r_O}{2} = \boxed{62 \text{ pm}}$.

D'après les valeurs données par l'énoncé, Li^+, Na^+ et K^+ ne peuvent s'insérer que dans le site situé au centre de la maille. C'est dans ce type de site que les cations s'inséreront, il permet de ne *pas déformer la structure du cristal.*

B.1. Il existe un seul site d'insertion possible par maille, donc : $\boxed{x_{max} = 1}$.

B.2. La couleur bleue foncé du bronze de tungstène correspond à la couleur complémentaire de la radiation absorbée qui se situe d'après le spectre d'absorption dans le rouge-orangé.

B.3. La demi-équation redox correspondante est la suivante :

$$WO_3 + x\,M^+ + x\,e^- = M_xWO_3.$$

B.4.a) *Le schéma de l'électrolyseur* est représenté sur la figure 33.

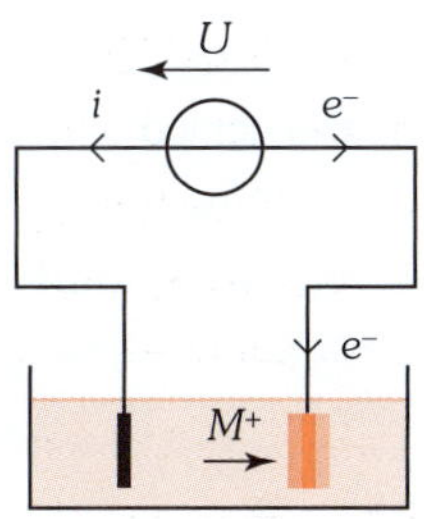

Figure 33

b) Les deux demi-réactions se produisant aux électrodes sont les suivantes :

- *Réduction cathodique* : $WO_3 + x\,M^+ + x\,e^- = M_xWO_3$.
- *Oxydation anodique* : $2\,H_2O = O_{2(g)} + 4\,H^+ + 4\,e^-$.

B.5.a) Pour une surface S, on a un volume de WO_3 de $V = S\ell$, ce qui correspond à une quantité de :

$$n_{WO_3} = \frac{V\mu}{M_{WO_3}} = \frac{\ell\mu}{M_W + 3M_O}S.$$

Si toute la charge surfacique sert à apporter des ions M^+, alors x vaut :

$$x = \frac{n_{e^-}}{n_{WO_3}} = \frac{\frac{Q}{F}S}{\frac{\ell\mu}{M_{WO_3}}S} = \frac{M_{WO_3}S}{\ell\mu F}.$$

b) Si le processus d'insertion était total, on devrait observer une droite pour $A = f(Q)$.

Cela semble être le cas au début, pour $Q < 8\ \text{mC}\cdot\text{cm}^{-2}$, mais il semble y avoir *une saturation au-delà*.

Remarque :

A est proportionnel à x d'après la loi de *Beer-Lambert*.

Au-delà de $Q_{lim} = 20\ \text{mC}\cdot\text{cm}^{-2}$, on n'observe plus de variation de l'absorbance : le bronze est saturé.

c) En utilisant la formule du **B.5.a)**, avec $Q = \frac{Q_{lim}}{2}$, on obtient :

$$x_{lim} = \frac{M_{WO_3}Q_{lim}}{2\ell\mu F} = 0{,}42$$ et formule du bronze $H_{0,42}WO_3$.

Remarque :

Ce x_{lim} est bien inférieur au x_{max} de la question **B.1.**

Au début du phénomène d'insertion, les réactions parasites n'ont pas encore lieu. La concentration en W^{5+} est par conséquent proportionnelle à la charge surfacique. On en déduit la relation suivante :

$$A = \varepsilon_{(\lambda)}\ell C_{W^{5+}} = \varepsilon_{(\lambda)}\ell kQ.$$

On s'attend à ce que la courbe $A = f(Q)$ soit une droite, ce qui est observé expérimentalement pour $Q < 8\ \text{mC}\cdot\text{cm}^{-2}$. Au-delà, la courbe n'est plus une droite, mais cela est plus dû aux *réactions parasites* (Q n'est plus proportionnel à $C_{W^{5+}}$) qu'à un défaut de la loi de Beer-Lambert.

B.6.a) *Pour le type d'applications souhaitées, il est plus facile* de travailler avec un solide, que l'on peut mouler contre la vitre ou le rétroviseur, qu'avec un liquide.

Le problème est que l'électrolyte doit permettre un flux d'ions, ce qui est un peu plus délicat dans le cas d'un solide (rigide) que dans le cas d'un liquide. Il doit en outre être transparent.

b) L'objectif est de passer d'un *recouvrement incolore à foncé* en changeant le potentiel aux électrodes. Il faut donc que lorsque WO_3 est réduit, la seconde électrode, oxydée, soit colorée, et que lorsque WO_3 est oxydé, la seconde électrode, réduite, soit incolore. On peut par exemple choisir IrO_x ou $Ni(OH)_2$.

c) *Le temps nécessaire* au changement de couleur est :

$$\Delta t = \frac{Q_{lim}S}{I} = 10\ \text{s}.$$

Cette valeur est trop grande pour une application dans les rétroviseurs, le temps de changement de couleur est bien supérieur à celui d'une illumination automobile. Par contre, il peut s'avérer intéressant pour le traitement des vitres.

Ce système n'est pas utilisé dans l'affichage des montres ou des calculettes *pour raison cinétique*.

C.1.a) *Les nombres d'oxydation* du tungstène sont donnés dans le tableau suivant :

Espèce	$W_{(s)}$	$WO_{2(s)}$	$WO_{3(s)}$	$W_4O_{11(s)}$
n.o. (W)	0	+IV	+VI	+XI / II

La chaîne de réaction passe de WO_3 à W_4O_{11}, puis à WO_2 et enfin à W. À chaque étape, le nombre d'oxydation du tungstène décroît. Il y a donc bien réduction du *tungstène* par le dihydrogène (Fig. 34).

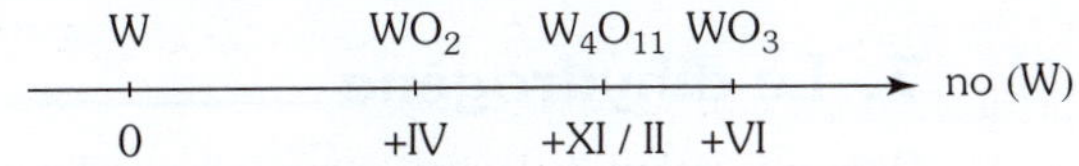

Figure 34

b) Le nombre d'oxydation de W dans W_4O_{11} n'est pas entier : certains W sont au degré d'oxydation +VI, d'autres au degré d'oxydation +V.

On peut alors supposer que des W^{5+} se sont insérés dans les sites de WO_3, comme le cas des M_xWO_3, et la présence de W^{5+} *explique la couleur bleue.*

Remarque :

Par électroneutralité, on trouve $(W^{6+})_2(W^{5+})_2(O^{2-})_{11}$.

C.2.a) D'après la figure 30 de l'énoncé, les trois équilibres de même expression littérale du quotient réactionnel Q (en se ramenant à 1 mol de H_2 et à 1 mol de H_2O), ne peuvent avoir lieu simultanément puisqu'à toute température leurs constantes d'équilibre sont différentes.

Ces équilibres sont *successifs*.

b) Plus la pression partielle de H_2 est importante, c'est-à-dire plus $\log \frac{P_{H_2O}}{P_{H_2}}$ est faible, plus le milieu sera réducteur. L'espèce réduite de chaque couple ne peut exister qu'en-deçà de la courbe de l'équilibre associé. On en déduit les attributions de la figure 35.

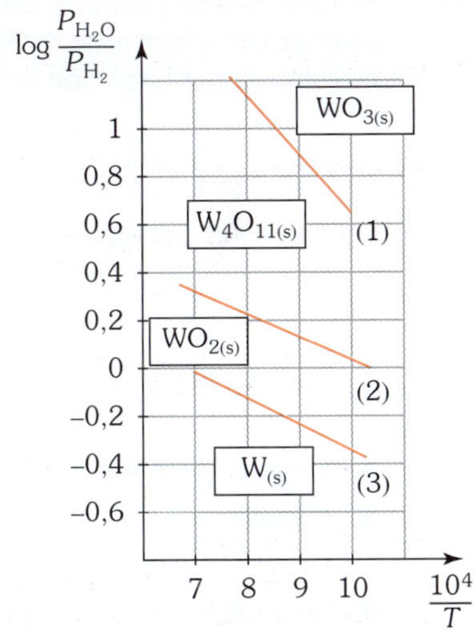

Figure 35

C.3.a) *La constante thermodynamique* de l'équilibre étudié est :

$$K_3^0 = \left(\frac{P_{H_2O}}{P_{H_2}}\right)^2.$$

On en déduit que :

$$\log\left(\frac{P_{H_2O}}{P_{H_2}}\right) = \frac{1}{2}\log K_3^0 = \frac{-\Delta_r G_3^0}{2RT\ln 10} \Rightarrow \log\left(\frac{P_{H_2O}}{P_{H_2}}\right) = -\frac{\Delta_r H_3^0}{2RT\ln 10} + \frac{\Delta_r S_3^0}{2R\ln 10}.$$

D'après *l'approximation d'Ellingham*, $\Delta_r H_3^0$ et $\Delta_r S_3^0$ ne dépendent pas de la température. Par identification avec les valeurs données, on en déduit :

$$\boxed{\Delta_r H_3^0 = 42{,}5 \text{ kJ} \cdot \text{mol}^{-1}} \quad \text{et} \quad \boxed{\Delta_r S_3^0 = 32{,}4 \text{ J} \cdot \text{mol}^{-1} \cdot \text{K}^{-1}}.$$

$\Delta_r H_3^0 < 0$, la réaction est endothermique, ce qui explique que l'on travaille à haute température. $\Delta_r S_3^0$ est relativement faible, ce qui est logique puisque la quantité gazeuse ne varie pas.

b) Pour $t = 1\,000$ °C, $\boxed{K_3^0 = \left(\frac{P_{H_2O}}{P_{H_2}}\right)^2 = 0{,}88}$. Cette valeur est inférieure à 1, quoique proche de 1. Cela signifie que la réaction n'est pas *thermodynamiquement favorable*, elle est presque équilibrée.

c) La réaction se produira dans le sens souhaité si initialement $Q < K_3^0$, soit si $P_{H_2O} \ll P_{H_2}$.

L'excès de dihydrogène dans la technique à contre-courant permet de déplacer l'équilibre dans le sens direct (formation de $W_{(s)}$).

Dans les deux autres réactions, H_2 est un réactif et H_2O un produit. Si l'on travaille en large excès de H_2 on déplacera également l'équilibre dans le sens direct.

Avant d'être réinjecté, le dihydrogène doit être séché afin d'éliminer l'eau qui a été produite lors du premier passage et rester en large excès de dihydrogène par rapport à H_2O.

7. Le dihydrogène — Mines-Ponts MP 2005

Depuis le début de la révolution industrielle, la diversification des sources d'énergie est une caractéristique fondamentale de l'évolution du système énergétique : bois, charbon, pétrole et gaz, nucléaire, éolien, solaire, etc. Un développement durable est à présent souhaité : une nouvelle forme d'énergie, le système dihydrogène-piles à combustible représente l'avenir proche de l'évolution des sources d'énergie.

Nous nous proposons dans ce problème de suivre le cheminement du dihydrogène, de sa production en passant par son application majoritaire actuelle, en synthèse industrielle, pour finir par son avenir proche de combustible pour pile.

Note : dans tout le problème, les gaz sont considérés comme parfaits et forment des mélanges parfaits. Le potentiel chimique des corps purs en phase condensée est indépendant de la pression.

I. Production du dihydrogène

Le dihydrogène peut être obtenu par électrolyse de l'eau, mais sa production la plus importante en tonnage est issue du vaporéformage du méthane. Cette transformation, réalisée à 800 °C sous une pression de 35 bar, peut être décrite par l'équation de réaction suivante :

$$CH_4 + 2\,H_2O = CO_2 + 4\,H_2.$$

Dans les conditions opératoires, tous les constituants sont sous forme gazeuse.

On donne les enthalpies standard de formation suivantes à 268 K :

	$CH_{4(g)}$	$H_2O_{(g)}$	$CO_{2(g)}$	$H_{2(g)}$
$\Delta_r H^0$ ($kJ \cdot mol^{-1}$)	−74	−242	−393	0

1. Pourquoi l'enthalpie standard de formation du dihydrogène est-elle nulle ?

2. Calculer à $T = 298$ K la valeur de l'enthalpie standard attachée à l'équation de vaporéformage. Quelle approximation faut-il faire pour considérer que sa valeur ne dépend pas de la température ?

3. Quel est le signe de l'entropie standard attachée à l'équation de vaporéformage ? Justifier qualitativement la réponse. En déduire dans le cadre de l'approximation indiquée à la question 2, qu'il existe une température minimale au-delà de laquelle un mélange constitué des quatre constituants précédents, chacun étant à une pression partielle égale à la pression standard, évolue dans le sens de la disparition du méthane.

REMARQUE. – *La valeur de cette température minimale est de l'ordre de* 630 °C.

Pour évaluer les besoins énergétiques associés au vaporéformage, on pose les hypothèses suivantes :

– la transformation est effectuée dans une enceinte fermée parfaitement adiabatique, à pression constante $P = 35$ bar, le méthane et la vapeur d'eau étant introduits en proportions stœchiomériques ;

– on suppose que la transformation est totale et que l'effet thermique dû à celle-ci se traduit uniquement par une baisse de la température des produits. Pour simplifier les calculs, les capacités thermiques molaires isobares $C_{Pm}(CO_2)$ et $C_{Pm}(H_2)$ sont prises constantes dans l'intervalle de température considéré.

On prendra : $C_{Pm}(CO_2) = 45\ J \cdot mol^{-1} \cdot K^{-1}$ et $C_{Pm}(H_2) = 27\ J \cdot mol^{-1} \cdot K^{-1}$.

4. Calculer la valeur approximative de la température finale du système dans le cadre de ces hypothèses. Commenter.

5. Quelle est l'influence d'une hausse de pression sur l'avancement de la transformation pour un système initialement équilibré ? On justifiera rigoureusement par un calcul d'affinité.

Pour isoler le dihydrogène, il faut éliminer le dioxyde de carbone du mélange gazeux. Une des solutions adoptées est d'absorber $CO_{2(g)}$ par une solution aqueuse basique. La base employée est l'ion carbonate $CO_{3(aq)}^{2-}$.

On donne : $pK_A(CO_2/HCO_3^-) = 6{,}3$ et $pK_A(HCO_3^-/CO_3^{2-}) = 10{,}3$, à $T = 298$ K.

6. Écrire l'équation de la réaction entre le dioxyde de carbone et les ions carbonate en solution aqueuse. Justifier que cette réaction soit totale dans les conditions usuelles. Dans quel domaine de pH se trouve le système en fin de réaction si les réactifs ont été introduits initialement en proportions stœchiométriques ?

7. Écrire les formules de Lewis de CO_2, HCO_3^- et CO_3^{2-}. Indiquer le nombre d'oxydation du carbone pour chacune de ces espèces.

II. Utilisations industrielles du dihydrogène

II.A. Réduction d'oxydes de fer

La réduction des oxydes de fer par le dihydrogène, opération mise en œuvre industriellement pour l'obtention de petites quantités de métal très pur, est schématisée par les trois équations suivantes, θ étant la température exprimée en degrés Celsius :

$$\theta < 570\ °C \quad (1) \quad \frac{1}{4}\ Fe_3O_4 + H_2 = \frac{3}{4}\ Fe + H_2O$$

$$\theta > 570\ °C \quad (2) \quad Fe_3O_4 + H_2 = 3\ FeO + H_2O$$

$$\text{et } (3) \quad FeO + H_2 = Fe + H_2O.$$

Le fer et ses composés sont sous forme solide et sont totalement non miscibles deux à deux dans les domaines de température considérés. Soient P_{H_2O} et P_{H_2} les pressions partielles respectives de l'eau et du dihydrogène.

8. Considérons un système où coexistent en équilibre, à la température T et sous la pression P, deux solides parmi les trois possibles et les deux constituants gazeux.

Exprimer la condition d'équilibre chimique à l'aide de la constante d'équilibre correspondante. Montrer que pour un tel système en équilibre, le rapport $\left(\dfrac{P_{H_2O}}{P_{H_2}}\right)_{éq}$ n'est une fonction que de la température.

On étudie le graphe qui représente les courbes d'équilibre correspondant aux trois réactions précédentes $\left(\dfrac{P_{H_2O}}{P_{H_2}}\right)_{éq} = f(\theta)$ (Fig. 36). Ces courbes sont assimilées à des segments de droite.

9. À l'aide des données du tableau ci-dessous, identifier chaque courbe en identifiant à quel couple de solides elle se rapporte. Justifier le raisonnement.

Données numériques : enthalpies standard attachées aux équations (*i*) :

	(1)	(2)	(3)
$\Delta_r H^0 (kJ \cdot mol^{-1})$	38	60	30

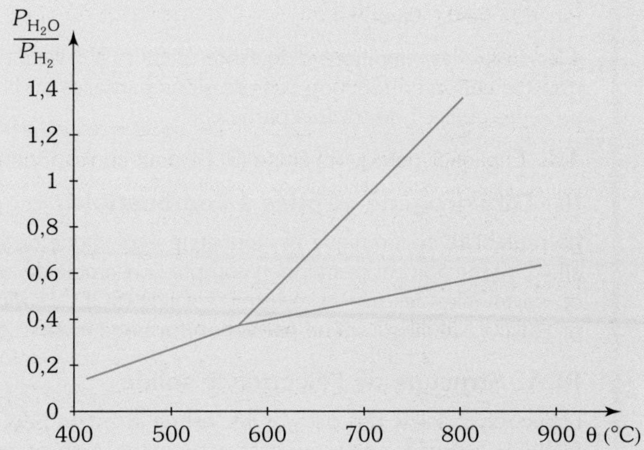

Figure 36

Considérons pour une température θ supérieure à 570 °C, un point M situé entre les deux droites. Ce point caractérise un système où sont présents dans l'état initial les trois solides et le mélange gazeux dont la composition est caractérisée par l'ordonnée de M.

10. Montrer qu'au point M, le seul solide stable en présence du mélange gazeux considéré est l'oxyde FeO. Un raisonnement thermodynamique précis utilisant l'affinité chimique est attendu. En déduire, sans refaire le raisonnement en détail, que les segments de droite tracés Fig. 36 délimitent les domaines d'existence d'un seul solide en présence du mélange gazeux, en fonction de la température. Reproduire schématiquement sur la copie la figure 36 et indiquer le solide stable dans les domaines ainsi délimités.

II.B. Aspects cinétiques de la synthèse de l'ammoniac

Le dihydrogène produit industriellement est principalement utilisé pour la synthèse de l'ammoniac, schématisée par l'équation de réaction suivant :

$$N_{2(g)} + 3\ H_{2(g)} = 2\ NH_{3(g)}$$

On utilise un catalyseur solide à base de fer pour réaliser cette transformation. Le mécanisme de cette transformation est très complexe, mais peut être schématisé par les étapes suivantes (l'espèce notée A représente un site d'adsorption vacant à la surface du catalyseur, l'espèce notée B représente une molécule de diazote adsorbée sur un site du catalyseur et l'espèce notée C un atome d'azote adsorbé sur un site du catalyseur).

(1) $A + N_2 \rightleftharpoons B$ équilibre établi à tout instant de constante K_1.

(2) $A + B \underset{k_{-2}}{\overset{k_2}{\rightleftharpoons}} 2\ C$ étapes cinétiquement déterminantes de constantes de vitesse k_2 et k_{-2}.

(3) $2\ C + 3\ H_2 \rightleftharpoons 2\ A + 2\ NH_3$ équilibre établi à tout instant de constante K_3.

REMARQUE. – En réalité, la troisième étape est la succession d'au moins cinq étapes bimoléculaires correspondant à des équilibres établis à tout instant. Le traitement de ce système complexe donne le même résultat que si l'on considère uniquement que C, H_2, A et l'ammoniac sont en équilibre selon l'équation (3).

On note θ_A le taux de sites vacants, θ_B le taux de sites occupés par l'espèce B et θ_C le taux de sites occupés par l'espèce C ($\theta_X = \dfrac{\text{nombre de sites occupés par l'espèce X}}{\text{nombre total de sites d'adsorption du catalyseur}}$ avec X = B ou C).

Pour simplifier, nous admettrons que dans les équations cinétiques, ce sont les taux de sites θ_X qui interviennent à la place des concentrations pour les espèces A, B, C, et que dans les équations thermodynamiques, les activités de ces espèces sont égales à ces mêmes taux de sites.

11. Donner l'expression de la vitesse v de la transformation, définie comme la vitesse globale de l'étape (2) en fonction de θ_A, θ_B et θ_C.

12. Écrire les conditions d'équilibre relatives aux équations (1) et (3). En déduire l'expression de la vitesse de la transformation en fonction des pressions partielles en N_2, H_2 et NH_3 ainsi que de θ_A. La réaction possède-t-elle un ordre global ? des ordres partiels ?

13. Expliquer pourquoi l'étape (3) ne peut correspondre à deux actes élémentaires opposés.

III. Dihydrogène et piles à combustible

La rentabilité économique et l'innocuité écologique de la production d'énergie à partir des piles à combustible dihydrogène doivent prendre en compte l'ensemble de la chaîne. Cinq types de piles à combustible sont à l'étude et, parmi elles, les piles à électrolyte solide (SOFC, *solid oxide fuel cell*) présentent l'avantage de permettre la production de dihydrogène par vaporéformage *in situ*, grâce à leur température de fonctionnement élevée.

III.A. Structure de l'électrolyte solide

L'électrolyte solide des piles SOFC est de la zircone ZrO_2 stabilisée avec de l'oxyde d'yttrium Y_2O_3. La zircone peut être assimilée en première approximation à un cristal ionique formé de cations Zr^{4+} et d'anions O^{2-} assimilés à des sphères dures de rayons respectifs $r+$ et $r-$.

14. Les cations Zr^{4+} sont distribués aux nœuds d'un réseau cubique faces centrées (cfc). Représenter la maille conventionnelle d'une telle structure en indiquant la position des ions Zr^{4+}. Indiquer le nombre d'ions Zr^{4+} contenus dans cette maille.

15. Où se situent les sites tétraédriques de cette maille ? Exprimer l'habitabilité de ces sites, définie comme le rayon maximal de la particule sphérique pouvant s'y insérer sans déformation, en fonction de a, le paramètre de maille et de $r+$.

16. Les anions O^{2-} occupent les sites tétraédriques de la maille cfc formée par les cations. Déterminer le nombre d'anions O^{2-} contenus dans cette maille. Donner la coordinence d'un anion par rapport aux cations, et d'un cation par rapport aux anions.

17. Exprimer la masse volumique de la zircone en fonction du paramètre de maille a, de la masse molaire du zirconium et de la masse molaire de l'oxygène.

III.B. Fonctionnement schématique d'une pile à combustible SOFC

Une pile à combustible est constituée d'une anode alimentée en combustible et d'une cathode alimentée en comburant, ces deux électrodes étant séparées par un électrolyte, conducteur ionique et isolant électrique. Dans le cas d'une pile alimentée en dihydrogène, l'équation de réaction s'écrit :

$$H_2 + \frac{1}{2}O_2 = H_2O\,.$$

18. Écrire la demi-équation de la réaction se produisant à l'anode et celle de la réaction se produisant à la cathode dans le cas où l'électrolyte est de l'eau acidifiée.

19. On tient compte à présent du fait que l'électrolyte est un oxyde solide et non de l'eau : les porteurs de charge étant des anions O^{2-}, les demi-équations ne sont plus ajustées avec des ions H^+. Écrire à nouveau les demi-équations d'oxydoréduction.

20. Faire un schéma légendé de la pile.

21. Quels peuvent être les avantages et les inconvénients d'une telle pile à combustible ?

Pré-requis : Thermodynamique chimique, diagramme d'Ellingham, formules de Lewis, cristallographie, électrochimie (piles).

1. Par définition, *l'enthalpie standard de formation* d'un composé est l'enthalpie standard de la réaction de formation de ce composé à partir de ses éléments constitutifs pris dans leur état standard de référence. Le dihydrogène est l'état standard de référence de l'hydrogène à la température considérée, son enthalpie standard de formation est *par conséquent nulle*.

2. On calcule l'enthalpie standard de la réaction à 298 K à l'aide de la formule suivante :

$$\Delta_r H^0 = \sum_i \nu_i \Delta_f H_i^0 = 165 \text{ kJ} \cdot \text{mol}^{-1}\,.$$

Si on se place dans *l'approximation d'Ellingham*, c'est-à-dire si l'on considère que $\Delta_r C_p = 0$, alors l'enthalpie standard de réaction ne dépend plus de la température (en l'absence de changement d'état).

3. On part de 3 molécules de gaz pour en former 5, on s'attend par conséquent à ce que $\Delta_r S^0 > 0$.

L'enthalpie libre associée à cette réaction est :

$$\Delta_r G = \Delta_r G^0 + RT\ln Q = \Delta_r H^0 - T\Delta_r S^0\,.$$

Remarque : En effet si toutes les pressions partielles sont égales à la pression standard, $Q = 1$.

$\Delta_r H^0$ et $\Delta_r S^0$ sont des grandeurs positives. Au-delà d'une température critique, $\Delta_r G$ sera négative, donc l'affinité chimique $\mathcal{A} = -\Delta_r G$ sera positive et la réaction aura lieu dans le sens direct, c'est-à-dire dans le sens de la disparition du méthane.

$$T_{\text{lim}} = \frac{\Delta_r H^0}{\Delta_r S^0}\,.$$

4. On a supposé l'enthalpie standard de réaction indépendante de la température, et la réaction totale :

	CH_4	+ $2\,H_2O$	= CO_2	+ $4\,H_2$
E.I.	n_0	$2\,n_0$		
E.F.			n_0	$4\,n_0$

L'avancement de la réaction est n_0. L'enceinte est adiabatique, on en déduit que l'énergie thermique nécessaire pour la réaction est prélevée aux constituants du système.

On choisit un chemin fictif : réaction isotherme à $T_i = 800\ °C = 1\ 073\ K$ et refroidissement des constituants présents en fin de réaction de T_i à T_f.

$$\Delta H = n_0 \Delta_r H^0 + \int_{1073}^{T_f} (n_0 C_{Pm}(CO_2) + 4 n_0 C_{Pm}(H_2)) dT = 0.$$

Les capacités thermiques ne dépendent pas de la température. On en déduit : $\boxed{T_f = -5\ K}$.

Cette température *n'a pas de sens physique* (inférieure au 0 absolu). *Les hypothèses du modèle ne sont pas valables* pour le calcul de T_f (Ellingham non vérifié vers les basses températures car changements d'état, et capacités thermiques dépendant de la température).

5. *L'affinité du système* s'écrit : $\mathcal{A} = \mathcal{A}^0 - RT\ln Q = \mathcal{A}^0 - RT\ln\left(\dfrac{P_{CO_2} P_{H_2}^4}{P_{CH_4} P_{H_2O}^2} \dfrac{1}{(P^0)^2}\right)$.

On peut également utiliser les fractions molaires en phase gaz, afin de faire apparaître la pression totale :

$$\mathcal{A} = \mathcal{A}^0 - RT\ln\left(\frac{x_{CO_2} x_{H_2}^4}{x_{CH_4} x_{H_2O}^2}\left(\frac{P}{P^0}\right)^2\right).$$

Si l'on fait varier la pression, à température et composition fixée, on obtient : $\boxed{d\mathcal{A} = -2RT\dfrac{dP}{P}}$.

Pour une augmentation de pression, on obtient $d\mathcal{A} < 0$, ce qui implique un déplacement d'équilibre dans le sens (2) indirect. *L'avancement diminue.*

6. La *réaction acide/base* est la suivante : $CO_{2(g)} + H_2O + CO_3^{2-} = 2\ HCO_3^-$.

La constante d'équilibre de cette réaction vaut : $K^0 = \dfrac{K_A(CO_2/HCO_3^-)}{K_A(HCO_3^-/CO_3^{2-})} = 10^4$.

On peut donc considérer que la réaction est *totale*.
Si l'on introduit les réactifs en proportions stœchiométriques, HCO_3^- est majoritaire en fin de réaction, ce qui signifie que l'on est dans le domaine de pH compris entre 7,3 et 9,3 (Fig. 37).

Remarque :

Un calcul de pH conduirait à :
$pH = \frac{1}{2}(pK_1 + pK_2) = 8,3$.

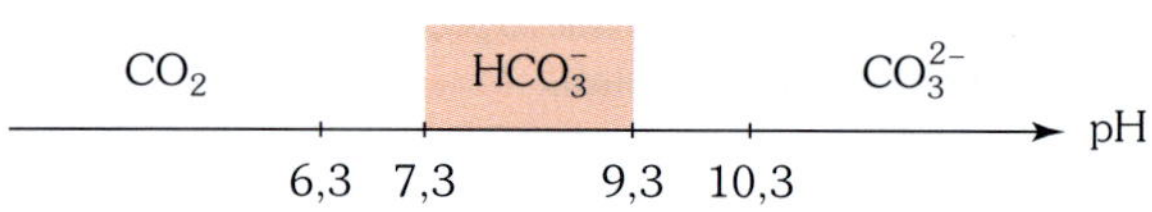

Diagramme de prédominance avec en bleu la zone de majorité de HCO_3^-

Figure 37

7. *Les formules de Lewis* de ces trois espèces sont les suivantes :

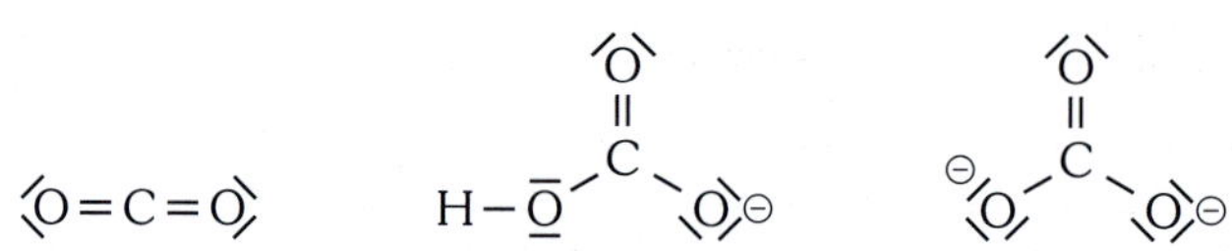

8. Pour les trois équilibres, l'équation bilan est de la forme : $A + H_2 = B + H_2O$.
Avec A et B les deux solides. La condition d'équilibre chimique est alors :

$$\boxed{\frac{a(B)\,a(H_2O)}{a(A)\,a(H_2)} = K^0 \Rightarrow \left.\frac{P_{H_2O}}{P_{H_2}}\right)_{éq} = K^0}.$$

Remarque :

En effet, chaque solide est seul dans sa phase, donc son activité vaut 1.

Le rapport des pressions partielles à l'équilibre vaut K^0, qui ne dépend que de la température.

9. D'après la loi de Van't Hoff :

$$\boxed{\frac{\mathrm{d}\ln K^0}{\mathrm{d}T} = \frac{\Delta_r H^0}{RT^2}}.$$

En un point donné, *la pente* de la courbe $K^0 = f(T)$ est d'autant *plus grande* que l'enthalpie standard de réaction est élevée. Avant 570 °C, le seul équilibre possible est (1). Au-delà, le segment de droite de plus forte pente correspond à la réaction de $\Delta_r H^0$ le plus élevé, à savoir (2). Le dernier segment de droite est par conséquent associé à l'équilibre (3).

10. Au point M : $Q = \frac{P_{H_2O}}{P_{H_2}} < K_2^0$. Les activités des gaz sont imposées par la pression extérieure, et les activités des solides sont indépendantes de l'avancement réactionnel. La réaction sera déplacée dans le sens direct jusqu'à épuisement des réactifs : $Fe_3O_{4(s)}$ n'est *pas stable* au point M.

De même : $Q = \frac{P_{H_2O}}{P_{H_2}} > K_3^0$; la réaction est déplacée dans le sens inverse jusqu'à épuisement des produits : $Fe_{(s)}$ n'est *pas stable* au point M.

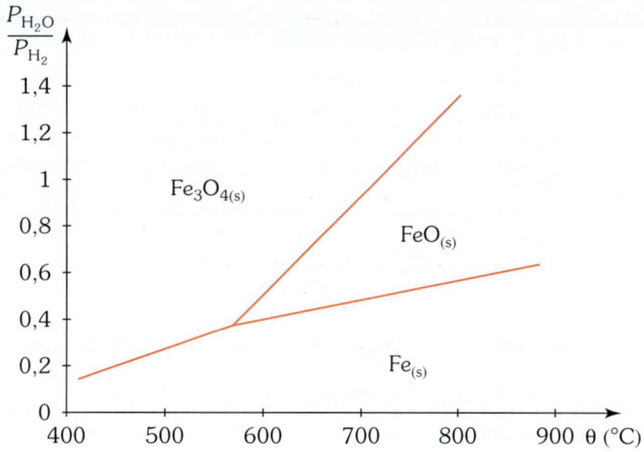

Figure 38

On en déduit que seul $FeO_{(s)}$ est stable au point M.
Dans chaque domaine, on est hors équilibre pour les 3 réactions, et on détermine de même le seul solide qui peut exister (Fig. 38).

Erreur à éviter :

Il s'agit donc de *domaine d'existence* et non de prédominance.

11. *La vitesse* de la transformation est :

$v = k_2[A][B] - k_{-2}[C]^2$, soit avec les conventions énoncées : $\boxed{v = k_2\theta_A\theta_B - k_{-2}\theta_C^2}$.

12. Les conditions d'équilibre des équations (1) et (3) s'écrivent, toujours avec les mêmes conventions :

$$\boxed{K_1 = \frac{\theta_B}{\theta_A}\frac{P^0}{P_{N_2}}} \quad \text{et} \quad \boxed{K_3 = \frac{\theta_A^2}{\theta_C^2}\frac{P_{NH_3}^2 P^0}{P_{H_2}^3}}.$$

On en déduit que la vitesse de la transformation vaut :

$$v = \left(\frac{k_2 K_1}{P^0}P_{N_2} - k_{-2}\frac{P_{NH_3}^2 P^0}{K_3 P_{H_2}^3}\right)\theta_A^2.$$

Cette vitesse n'admet *pas d'ordre global*, et un ordre partiel de 2 par rapport à A.

Remarque :

Il existe un *ordre initial* 2 par rapport à A et 1 par rapport à N_2, car $P(NH_3) = 0$ à $t = 0$.

13. L'étape 3 met en jeu 5 réactifs et 4 produits. La molécularité de la réaction est beaucoup trop élevée (2 ou 3 maximum pour un processus élémentaire) et induit des changements de structure importants (rupture de liaison H — H et N — site d'absorption, création de liaison N — H) pour être une réaction élémentaire.

14. La structure de type cfc est représentée sur la figure 39.
Il y a 8 atomes aux sommets du cube et 6 aux centres des faces. On en déduit que dans chaque maille : $\boxed{N_{Zr} = 8 \times \frac{1}{8} + 6 \times \frac{1}{2} = 4}$.

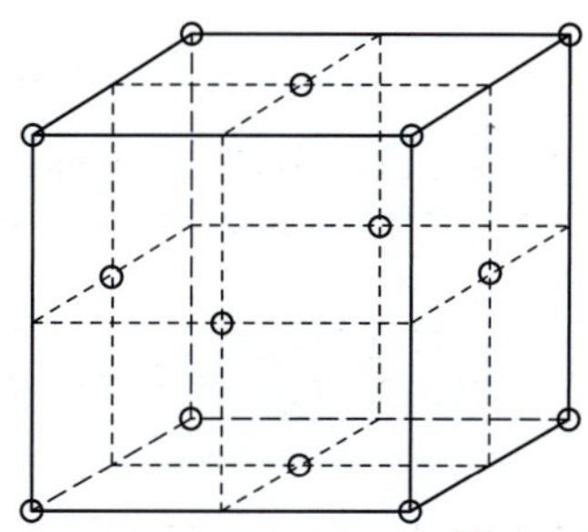

Figure 39

15. *Les sites tétraédriques* sont situés au centre des $\frac{1}{8}^e$ de cube de la maille. La particule sphérique de rayon maximal que l'on peut insérer dans le site tétraédrique est celle qui est tangente aux ions Zr^{4+}. Le contact s'effectue alors selon la diagonale du $\frac{1}{8}^e$ de cube :

$$\boxed{\frac{a\sqrt{3}}{4} = r_{max} + r_+ \Rightarrow r_{max} = \frac{a\sqrt{3}}{4} - r_+}.$$

16. Il y a 8 petits cubes par maille, et les ions O^{2-} situés au centre des $\frac{1}{8}^e$ de cube appartiennent en propre à la maille. Il y a donc 8 ions O^{2-} par maille. Cela respecte la *stœchiométrie du cristal* : ZrO_2.
Les ions O^{2-} sont dans un site tétraédrique, ils ont par conséquent une coordinence 4 par rapport aux cations. Chaque Zr^{4+} appartient à 8 petits cubes, contenant chacun un ion O^{2-}. La coordinence des cations par rapport aux anions est de 8.

Remarque :

Coordinence toujours dans l'ordre (cation, anion). Ici, coordinence (4, 8).

17. *La masse volumique* de la zircone est la masse volumique d'une maille :

$$\boxed{\rho = \frac{m}{V} = \frac{(4M_{Zr} + 8M_O)}{N_A a^3}}.$$

18. Décomposons *les réactions aux électrodes* dans cette pile :

- À l'anode, il y a une oxydation : $H_2 = 2\,H^+ + 2\,e^-$.
- À la cathode, il y a une réduction : $O_2 + 2\,e^- = O^{2-}$.

19. *Les nouvelles réactions aux électrodes* sont les suivantes :

- Oxydation anodique : $H_2 + O^{2-} = H_2O + 2\,e^-$.
- Réduction cathodique : $O_2 + 4\,e^- = 2\,O^{2-}$.

20. Le schéma de la pile à combustible est représenté à la figure 40.

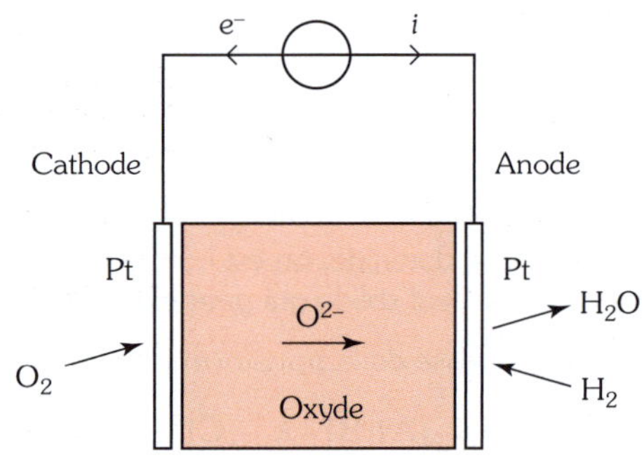

Figure 40

21. L'avantage est l'absence d'électrolyte liquide, ce qui évite les risques de fuites. Le combustible solide est facile à transporter, il n'y a pas de sous-produits polluants, et l'on peut s'attendre à un *rendement assez bon* de la pile. L'inconvénient est que la conductivité d'un solide est assez faible : il faut travailler à *haute température* pour que le système fonctionne bien, ce qui nécessite un apport d'énergie. D'autre part, si O_2 est abondant, ce n'est pas le cas de H_2. Ajouté à la nature de l'électrolyte, il apparaît un *problème de coût*.

Achevé d'imprimer sur G print mat 80 g en août 2006 sur les presses de la Nouvelle Imprimerie Laballery – 58500 Clamecy
Dépôt légal : août 2006
N° 857
Numéro d'impression : 608002

Imprimé en France

Index